高职高专机械设计与制造专业规划教材

Pro/E 5.0 基础教程与上机指导

魏　峥　乔　骞　主　编

郭　洋　郭德俊　副主编

清华大学出版社

北　京

内 容 简 介

本书以 Pro/E 软件为载体、以机械 CAD 基础知识为主线，将 CAD 基础知识的了解和 Pro/E 软件的学习有机结合起来，以达到快速入门和应用的目的。

本书突出应用主线，由浅入深、循序渐进地介绍建模模块、装配模块和制图模块的基本操作技能。主要内容包括：设计基础、参数化草图建模、拉伸和旋转特征建模、基准特征的创建、扫描和放样特征建模、使用辅助特征、系列化零件设计、典型零部件设计及相关知识、装配建模和工程图的构建等。

本书以教师课堂教学的形式安排内容，以单元讲解的形式安排章节。每一讲中，结合典型的实例一步一步进行了详细讲解，最后进行知识总结并提供大量习题以供实战练习。

为了使读者更直观地掌握本书中的有关操作和技巧，本书的配套资源中根据各章节内容制作了内容相关的视频教程，与本书相辅相成、互为补充，操作过程更直观，将最大限度地帮助读者快速掌握本书内容。

本书适合国内机械设计和生产企业的工程师阅读，可以作为培训机构的培训教材以及 CAD 爱好者和用户的自学教材与高校相关专业学生学习的教材。

图书在版编目(CIP)数据

Pro/E 5.0 基础教程与上机指导/魏峥，乔骞主编. —北京：清华大学出版社，2015 (2024.2重印)
(高职高专机械设计与制造专业规划教材)
ISBN 978-7-302-39275-0

Ⅰ. ①P… Ⅱ. ①魏… ②乔… Ⅲ. ①机械设计—计算机辅助设计—应用软件—高等职业教育—教材 Ⅳ. ①TH122

中国版本图书馆 CIP 数据核字(2015)第 024412 号

责任编辑： 陈冬梅 李玉萍
装帧设计： 杨玉兰
责任校对： 周剑云
责任印制： 曹婉颖

出版发行： 清华大学出版社
网　　址： https://www.tup.com.cn, https://www.wqxuetang.com
地　　址： 北京清华大学学研大厦 A 座　　**邮　　编：** 100084
社 总 机： 010-83470000　　**邮　　购：** 010-62786544
投稿与读者服务： 010-62776969, c-service@tup.tsinghua.edu.cn
质量反馈： 010-62772015, zhiliang@tup.tsinghua.edu.cn
课件下载： https://www.tup.com.cn，010-62791865
印 装 者： 三河市君旺印务有限公司
经　　销： 全国新华书店
开　　本： 185mm×260mm　**印　张：** 21.5　**字　数：** 521 千字
版　　次： 2015 年 5 月第 1 版　**印　次：** 2024 年 2 月第 8 次印刷
定　　价： 59.00 元

产品编号：061082-03

前　言

功能强大、易学易用和技术创新是 Pro/E 的三大特点，使得 Pro/E 成为领先的、主流的三维 CAD 解决方案。Pro/E 具有强大的建模能力、虚拟装配能力及灵活的工程图设计能力，其理念是帮助工程师设计优秀的产品，使设计师更关注产品的创新而非 CAD 软件本身。

本书具有如下特点。

(1) 符合应用类软件的学习规律。根据教学进度和教学要求精选剖析与机械设计和软件操作相关的案例，分析案例操作中可能出现的问题，在步骤点评中进行强化分析和拓展。

(2) 注意引导读者树立正确的设计理念和思路。要想有效率地使用建模软件，在建立模型前，必须先考虑好设计理念。对于模型变化的规划即为设计理念。

(3) 更符合操作图书的阅读习惯。本书具有清晰的层次结构。详尽的图文说明。

(4) 为方便读者学习，本书为大部分实例专门制作了多媒体视频，为随堂练习和课后练习提供了操作结果。读者“扫一扫”以下微信公众平台的二维条码，即可轻松获取本书实例素材和多媒体操作视频。

本书在写作过程中，充分吸取了 Pro/E 授课经验，同时，与 Pro/E 爱好者展开了良好的交流，充分了解他们在应用 Pro/E 过程中所急需掌握的知识内容，做到理论和实践相结合。

本书由魏峥、乔骞、郭洋、郭德俊、刘婷、武芳华、李腾训、杨宝磊编写，由王文昌主审。在编写过程中得到了清华大学出版社的指导，在此表示衷心感谢。

由于作者水平有限，加上时间仓促，图书虽经再三审阅，但仍有可能存在不足和错误，恳请各位专家和朋友批评指正！

编　者

目　　录

第 1 章　Pro/E 设计基础

CAD(Computer Aided Design)就是设计者利用以计算机为主的一整套系统在产品的全生命周期内帮助设计者进行产品的概念设计、方案设计、结构设计、工程分析、模拟仿真、工程绘图、文档整理等方面的工作。CAD 既是一门包含多学科的交叉学科，涉及计算机学科、数学学科、信息学科、工程技术等，又是一项高新技术，对企业产品质量的提高、产品设计及制造周期的缩短、提高企业对动态多变市场的响应能力及企业竞争能力都具有重要的作用。因而，CAD 技术在各行各业都得到了广泛的推广应用。

Pro/E 是美国 PTC 公司的标志性软件产品，是一套由设计至生产的机械自动化软件。Pro/E 软件以参数化著称，是参数化技术的最早应用者，在目前的三维造型软件领域中占有重要地位，Pro/E 作为当今世界 CAD/CAE/CAM 机械设计领域的新标准而得到业界的认可和推广，是现今主流的 CAD/CAE/CAM 软件之一，特别是在国内产品设计领域占据着重要位置。

1.1　Pro/E 设计入门

本节知识点：

(1) 用户界面。

(2) 零件设计基本操作。

(3) 文件操作。

1.1.1　在 Windows 平台启动 NX

双击 Pro/E 快捷方式图标，即可进入 Pro/E 系统。Pro/E 虽然一开始是 UNIX 系统下开发的应用程序，但经过多年的发展，其 Windows 平台版本已经非常完善，其用户界面以及许多操作和命令都与 Windows 应用程序非常相似，无论用户是否对 Windows 有经验，都会发现 Pro/E 的界面和命令工具是非常容易学习掌握的，如图 1-1 所示。

在工作界面中主要包括标题栏、菜单栏、工具栏、信息提示区、特征操控板、模型树、图形区、特征工具栏等内容。

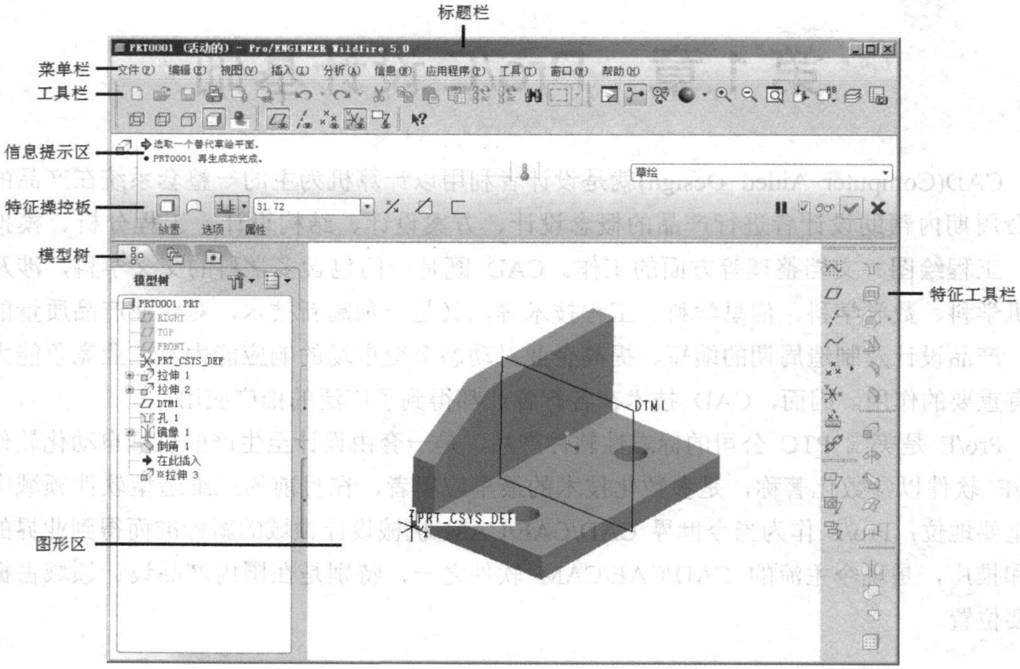

图 1-1 Pro/E 用户界面

1.1.2 总结与拓展——文件操作

文件操作主要包括设置工作目录、新建文件、打开文件、保存文件、删除文件和关闭文件等，这些操作可以通过【文件】菜单或者工具栏中的命令来完成。

1. 设置工作目录

选择【文件】|【设置工作目录】菜单命令，弹出【选取工作目录】对话框，如图 1-2 所示。在【名称】文本框中输入工作目录，例如“E:\My ProE”，单击【确定】按钮，即可将工作目录设置为此路径，以后保存图形文件或者打开图形文件均在此目录下。

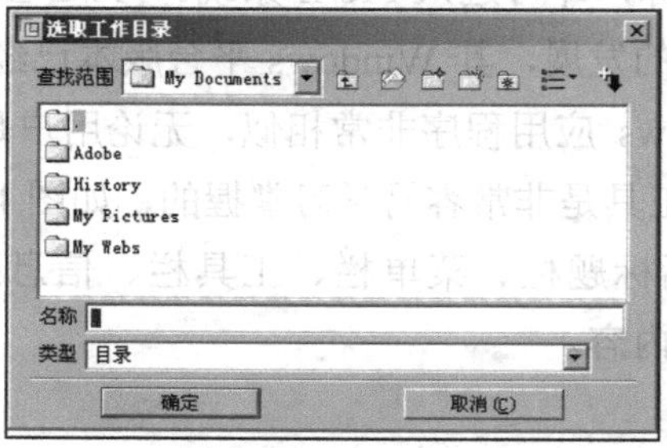

图 1-2 【选取工作目录】对话框

2. 新建图形文件

选择【文件】|【新建】菜单命令，弹出【新建】对话框，如图 1-3 所示。在该对话

框中可以选择不同的类型，系统默认选择的是零件类型。在【名称】文本框中输入零件名称，单击【确定】按钮，即可进入零件设计模式。在该模式下可以进行零件的三维设计。

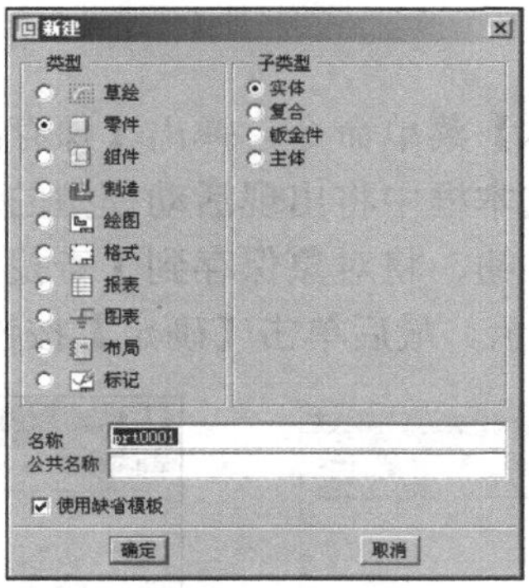

图 1-3　【新建】对话框

说明： Pro/E 新建文件的类型有 10 种，其中有的还包括若干子类型。常用的有“零件”类型、“组件”类型和“绘图”类型。

- “零件”类型：是机械设计中单独零件的文件，文件扩展名为“.prt”。
- “组件”类型：是机械设计中用于虚拟装配的文件，文件扩展名为“.asm”。
- “绘图”类型：用标准图纸形式描述零件和装配的文件，文件扩展名为“.drw”。

3. 打开图形文件

在环境界面下，选择【文件】|【打开】菜单命令，弹出【文件打开】对话框，选择文件所在的目录，并选择要打开的文件。单击【预览】按钮可以预览模型外形；单击【打开】按钮可以打开文件，如图 1-4 所示。

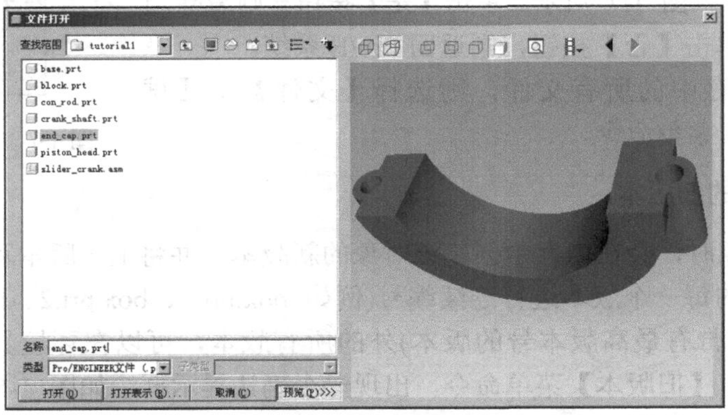

图 1-4　【文件打开】对话框

4. 存储图形文件

选择【文件】|【保存】菜单命令，弹出【保存对象】对话框，如图 1-5 所示。由于

先前已经设定了工作目录，因此在【保存对象】对话框中不可以更改目录。单击【确定】按钮，完成保存文件的操作。

5. 保存文件的副本

选择【文件】|【保存副本】菜单命令，弹出【保存副本】对话框，接受默认目录或浏览至新目录。在【模型名】文本框中将出现活动模型的名称。在【新建名称】文本框中输入新文件名。单击【确定】按钮，将对象保存到【查找范围】下拉列表框中所显示的目录，或选取子目录，如图 1-6 所示。最后单击【确定】按钮。

图 1-5 【保存对象】对话框

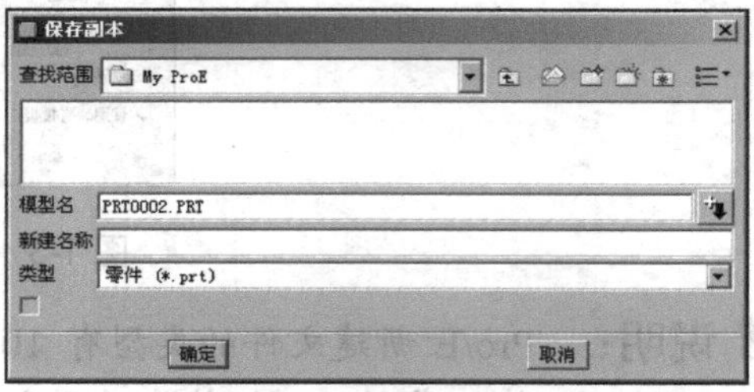

图 1-6 【保存副本】对话框

6. 关闭窗口

在环境界面下，选择【文件】|【关闭窗口】菜单命令，可关闭当前窗口。

说明： 与常见的 Windows 程序不同，Pro/E 即使关闭了窗口，其打开的文件仍然会在内存中常驻，可以在【文件打开】对话框中选择【在会话中】选项，即可查看在内存中的模型文件。

7. 从内存中删除当前对象

选择【文件】|【拭除】|【当前】菜单命令，弹出【拭除确认】对话框，如图 1-7 所示。单击【是】按钮，则清除当前图形文件；若单击【否】按钮，则返回 Pro/E 系统。

若要清除内存中的所有文件，则选择【文件】|【拭除】|【不显示】菜单命令。

图 1-7 【拭除确认】对话框

8. 删除文件的旧版本

每次保存对象时，会在内存中创建该对象的新版本，并将上一版本写入磁盘中。Pro/E 为对象存储文件的每一个版本进行连续编号(例如 box.prt.1、box.prt.2、box.prt.3)。要删除对象的最新版本(带有最高版本号的版本)外的所有版本，可以在环境界面下，选择【文件】|【删除】|【旧版本】菜单命令，出现一个确认提示框，如图 1-8 所示。如用户确认，则删除当前对象的旧版本。

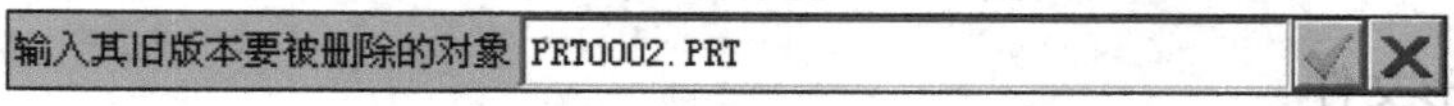

图 1-8 确认提示

说明： Pro/E 的文件管理方式采用了 UNIX 系统的习惯，在文件保存时不会将零件覆盖，而是在文件扩展名名的后面添加一个版本号进行保存，用户在设计过程中随时可以找到之前保存过的某个版本的文件进行恢复。这种文件管理方式提高了安全性，但也增加了文件数量和存储空间，因此在设计完成后，删除旧版本文件是有必要的。

1.1.3　Pro/E 建模体验

建立如图 1-9 所示的垫块。

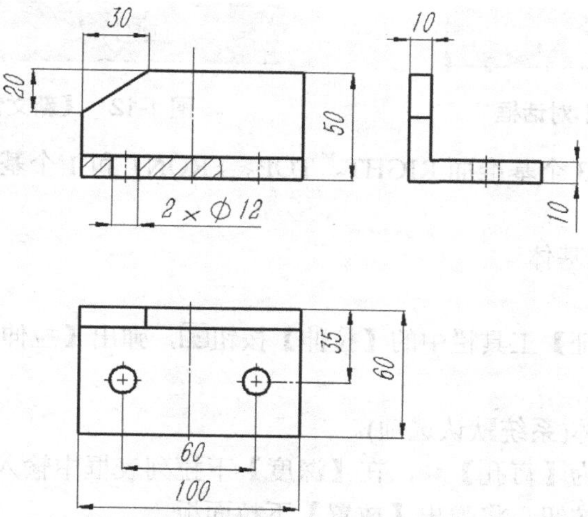

图 1-9　垫块

1. 关于本零件设计理念的考虑

建立模型时，首先建立模型基体，然后通过打孔和倒角完成工程细节设计，如图 1-10 所示。

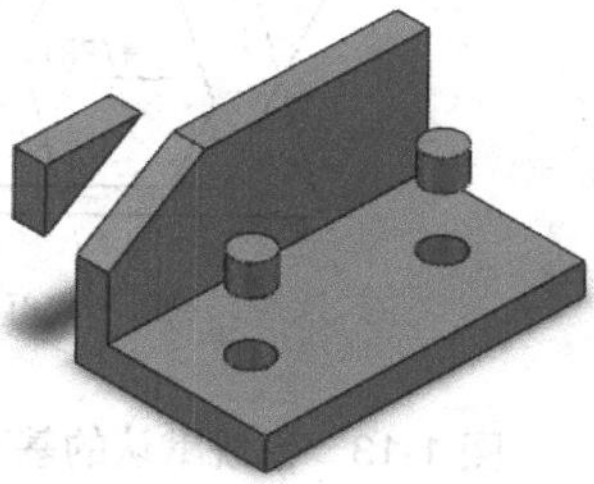

图 1-10　建模分析

2. 操作步骤

步骤一：新建零件

(1) 选择【文件】|【新建】菜单命令，弹出【新建】对话框，如图 1-11 所示。

① 在【类型】选项组中，选中【零件】单选按钮。

② 在【子类型】选项组，选中【实体】单选按钮。

③ 在【名称】文本框中输入“myFirstModel”。

④ 取消选中【使用缺省模板】复选框。

⑤ 单击【确定】按钮。

(2) 弹出【新文件选项】对话框，选择 mmns_part_solid 模板，如图 1-12 所示，单击【确定】按钮。

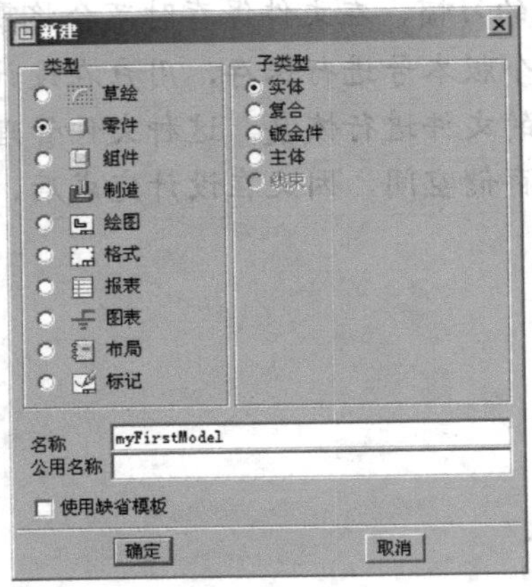

图 1-11　【新建】对话框

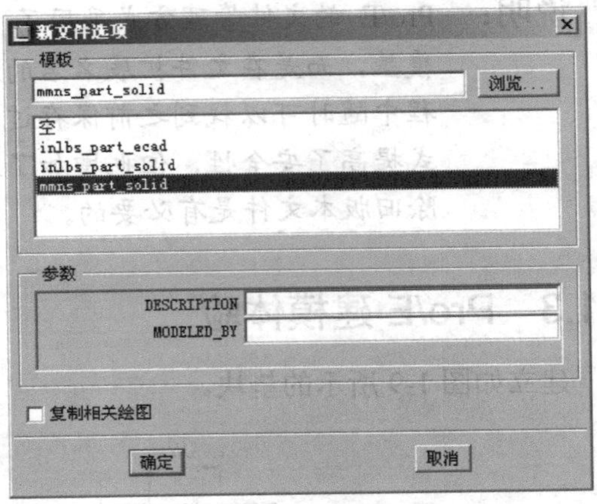

图 1-12　【新文件选项】对话框

(3) 系统自动建立 3 个基准面 RIGHT、TOP、FRONT 和 1 个基准坐标系 PRT_CSYS_DEF，如图 1-13 所示。

步骤二：创建模型基体

1) 新建拉伸特征

(1) 单击【基础特征】工具栏中的【拉伸】按钮，弹出【拉伸】操作面板，如图 1-14 所示。

① 确定拉伸为实体(系统默认选项)。

② 设置深度模式为【盲孔】，在【深度】下拉列表框中输入 10。

③ 单击【放置】按钮，将弹出【放置】下拉面板。

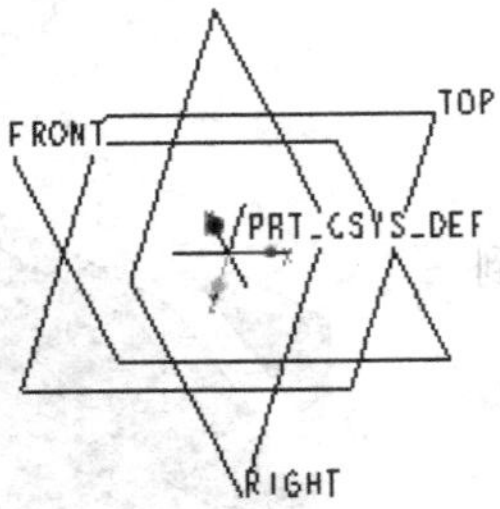

图 1-13　系统默认的基准面和坐标系

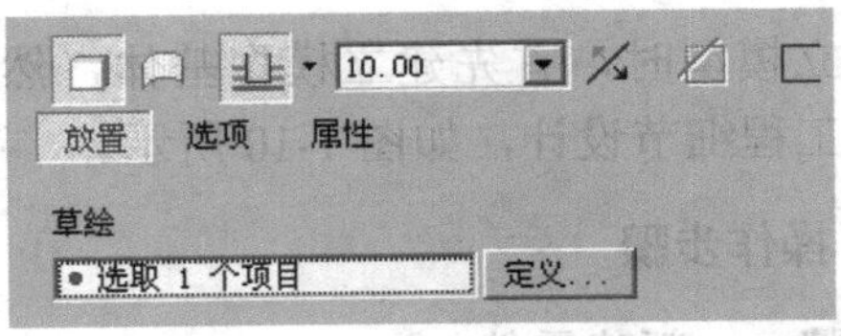

图 1-14　【拉伸】操作面板

(2) 单击【定义】按钮，弹出【草绘】对话框，如图 1-15 所示。

① 选择 TOP 基准面作为草绘平面。

② 选择 RIGHT 基准面作为参照平面。

③ 在【方向】下拉列表框中选择【右】选项。

(3) 单击【草绘】按钮，进入草绘模式。

2) 绘制草图

单击【草图】工具栏中的【矩形】按钮，绘制大致草图，绘制的矩形会自动标注尺寸，如图 1-16 所示。

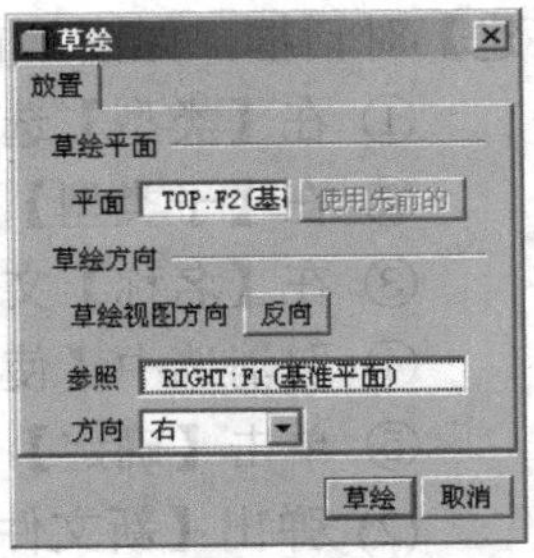

图 1-15　【草绘】对话框

3) 标注尺寸

双击需要修改的尺寸，对尺寸值进行修改，如图 1-17 所示，最后单击【完成】按钮。

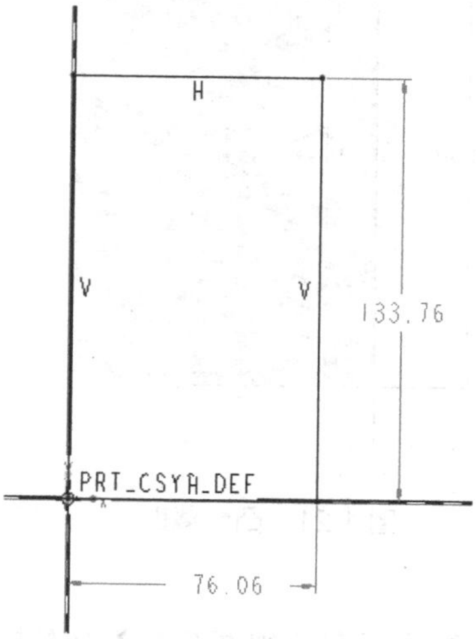

图 1-16 大致绘制草图

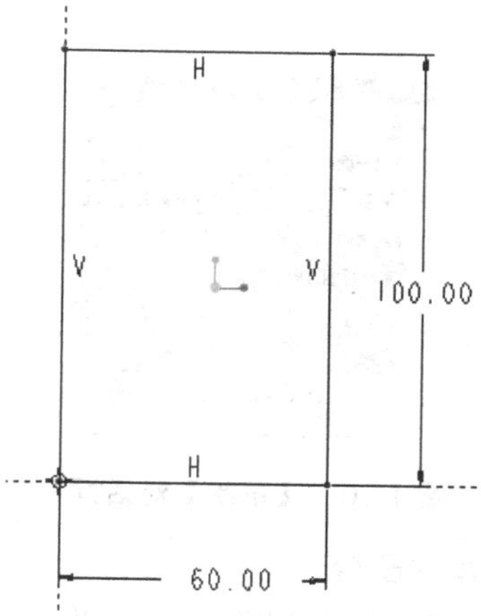

图 1-17 标注尺寸

4) 建立底板

返回【拉伸】操作面板，单击【视图】工具栏中的【保存的视图列表】按钮，切换视图为【标准方向】，如图 1-18 所示，单击【确定】按钮。

5) 新建拉伸特征

(1) 单击【基础特征】工具栏中的【拉伸】按钮，弹出【拉伸】操作面板，如图 1-19 所示。

① 确定拉伸为实体(系统默认选项)。

② 设置深度模式为【盲孔】，在【深度】下拉列表框中输入 50。

③ 单击【放置】按钮，将弹出【放置】下拉面板。

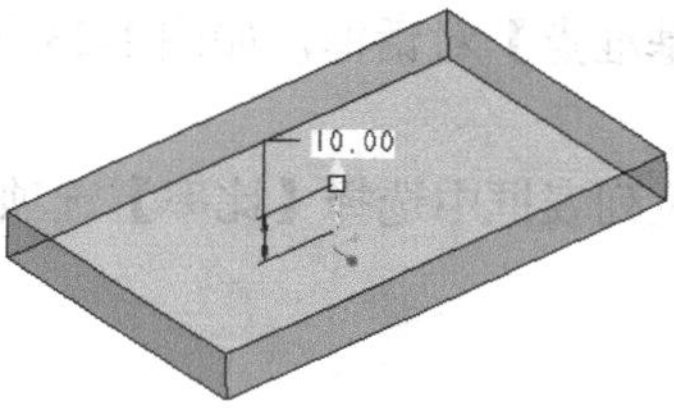

图 1-18 拉伸底板

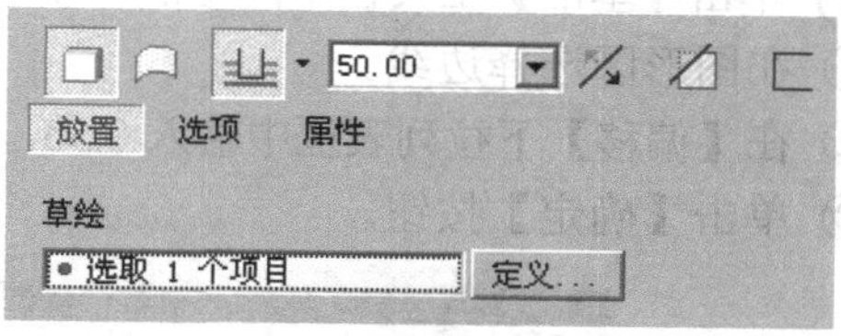

图 1-19 【拉伸】操作面板

(2) 单击【定义】按钮，弹出【草绘】对话框，单击【使用先前的】按钮，如图 1-20 所示，单击【草绘】按钮，进入草绘模式。

6) 绘制草图

绘制的草图如图 1-21 所示，单击【完成】按钮完成草图的绘制。

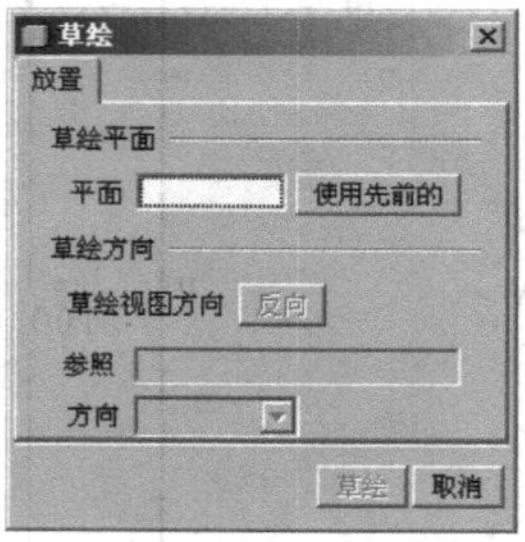

图 1-20 【草绘】对话框

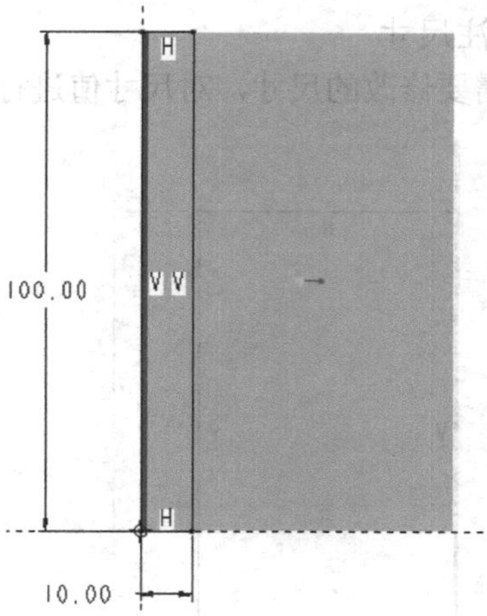

图 1-21 凸台截面

7) 建立凸台

返回【拉伸】操作面板，单击【视图】工具栏中的【保存的视图列表】按钮，切换视图为【标准方向】，如图 1-22 所示，单击【确定】按钮。

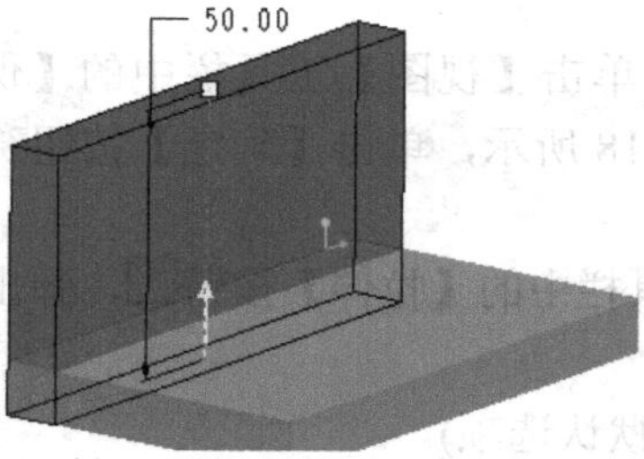

图 1-22 拉伸凸台

步骤三：创建工程特征

(1) 单击【基准】工具栏中的【点】按钮，弹出【基准点】对话框，如图 1-23 所示。

① 在图形区选择边线。

② 在【偏移】下拉列表框中输入 0.50，在右侧的下拉列表框中选择【比率】选项。

③ 单击【确定】按钮。

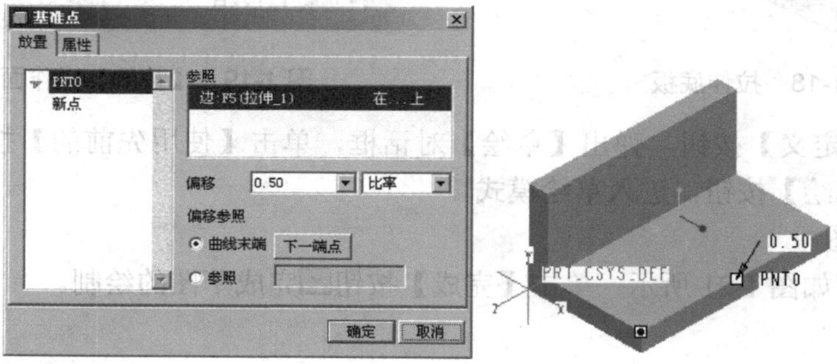

图 1-23 建立中心基准点

(2) 单击【基准】工具栏中的【平面】按钮，弹出【基准平面】对话框，按住 Ctrl 键，在图形区选择基体的侧面和基准点，如图 1-24 所示，单击【确定】按钮。

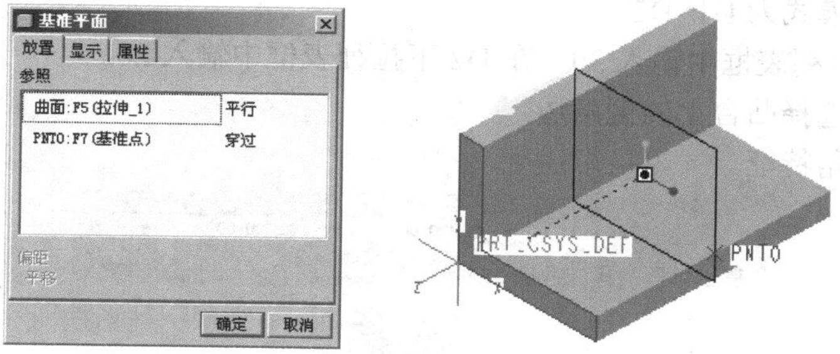

图 1-24　建立中间基准平面

(3) 选择【插入】|【孔】菜单命令，弹出【拉伸】操作面板，如图 1-25 所示。

① 在【孔直径】下拉列表框中输入 12。

② 设置深度模式为【穿透】。

③ 单击【放置】按钮，弹出【放置】下拉面板。

④ 在图形区选择底板的上表面作为放置面。

⑤ 按住 Ctrl 键，在图形区选择凸台的背面和基准面 DTM1。

⑥ 分别输入偏移值 35 和 30。

⑦ 单击【确定】按钮。

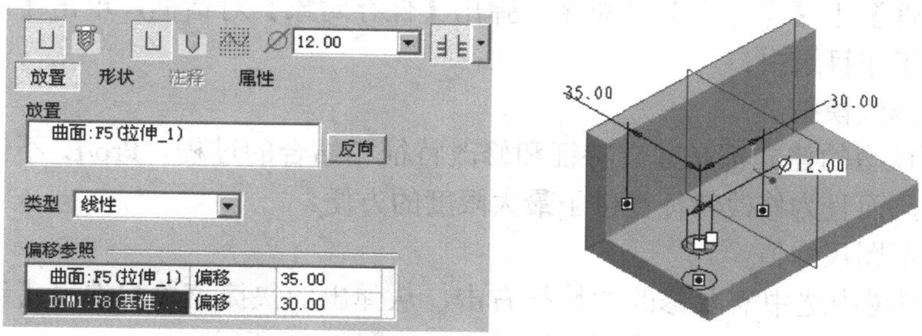

图 1-25　打孔

(4) 在左侧的模型树中，选择上一步建立的【孔 1】，选择【编辑】|【镜像】菜单命令，弹出【镜像】操作面板，在图形区选择 DTM1 作为镜像面，如图 1-26 所示，单击【确定】按钮，完成镜像特征。

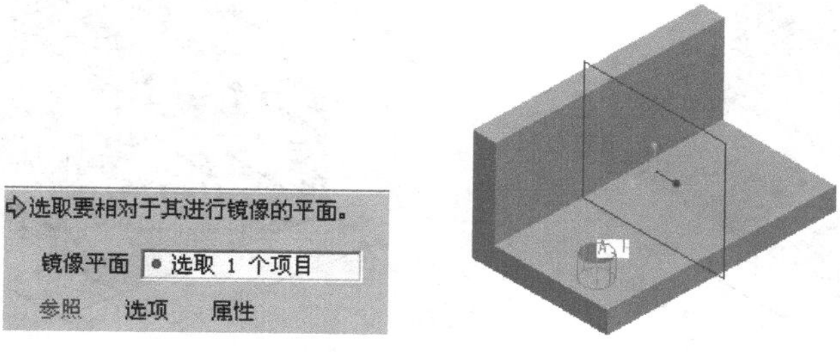

图 1-26　镜像孔

(5) 选择【插入】|【倒角】|【边倒角】菜单命令，弹出【边倒角】操作面板，如图 1-27 所示。

① 设置倒角模式为 D1×D2。

② 在 D1 下拉列表框中输入 30，在 D2 下拉列表框中输入 20。

③ 在图形区选择凸台上的倒角边。

④ 完成边倒角特征。

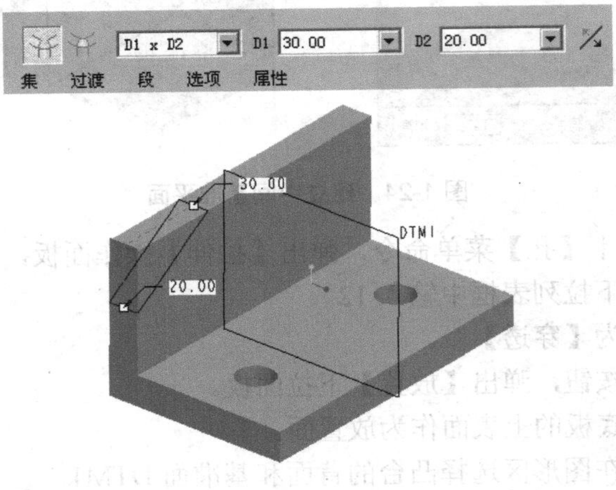

图 1-27　边倒角

步骤四：保存模型

选择【文件】|【保存】菜单命令，弹出【保存对象】对话框，单击【确定】按钮，将文件保存在工作目录中。

步骤五：修改模型

任何零件模型的建立都是建立特征和修改特征相结合的过程。Pro/E 不仅具有强大的特征建立工具，而且为修改特征提供了最大限度的方便。

1)　修改草图尺寸值

(1) 在模型树中选中需要修改的特征右击，从弹出的快捷菜单中选择【编辑】命令，则该特征中所有的尺寸值都显示在图形区域中，如图 1-28 所示。

(2) 在图形区域双击需要修改的草图尺寸值即可实现更改，如图 1-29 所示。

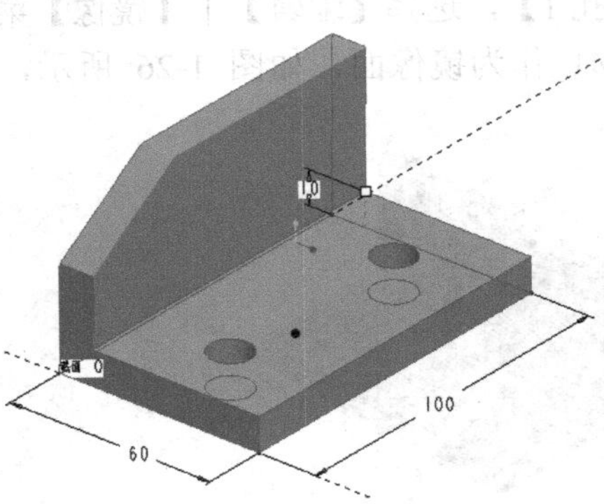

图 1-28　显示特征尺寸

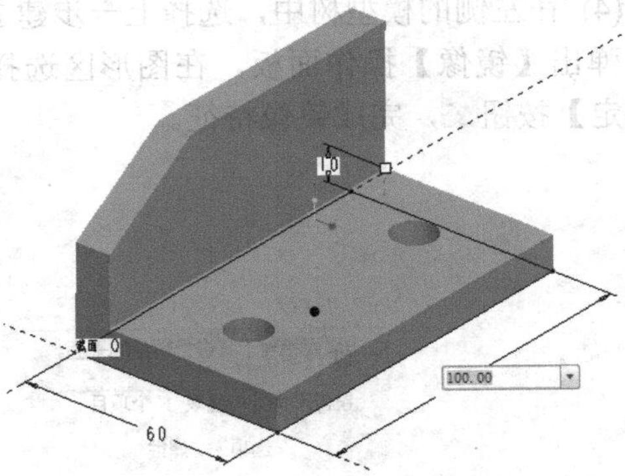

图 1-29　修改特征尺寸

(3) 选择【编辑】|【再生】菜单命令，可以将修改的尺寸应用于实践并重新建立模型。

2) 编辑特征

在模型树中选择特征右击，从弹出的快捷菜单中选择【编辑定义】命令，可以打开此特征对应的特征操控板，重新定义所选特征的有关参数，修改操作和定义特征相似。重新完成此特征后将自动再生模型。

3) 删除特征

在模型树中选择特征右击，从弹出的快捷菜单中选择【删除】命令，即可将该特征删除。如果删除的特征具有与之关联的其他特征，则其他特征也将被删除。

注意： *用户应该经常保存所做的工作，以免产生异常时丢失数据。*

1.1.4　随堂练习

1) 观察下拉式菜单

选择每一项下拉菜单，如图 1-30 所示，选择并单击所需选项进入工作界面。

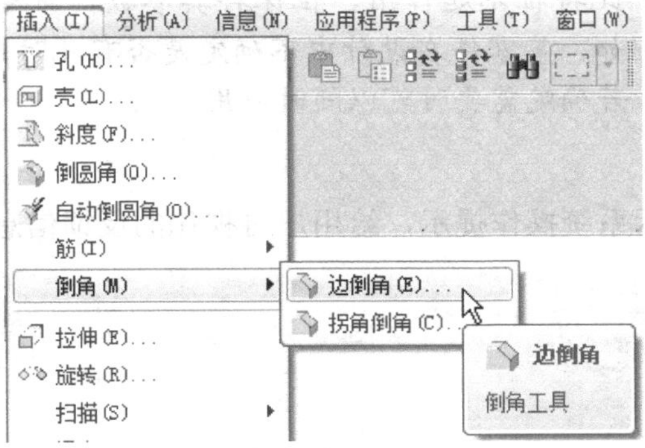

图 1-30　下拉式菜单

当鼠标悬停在某一命令之上时，将显示此命令的说明。

2) 使用浮动工具条

工具栏对于大部分 Pro/E 工具及插件产品均可使用。由于命令管理器中的命令显示在工具栏中，并占用了大部分工具栏，其余工具条一般情况下是默认关闭的。要显示其余 Pro/E 工具条，则可通过执行右键菜单命令，将工具条调出来，如图 1-31 所示。

说明： *Pro/E 的工具条都是浮动的，可以用鼠标左键拖动调整到任意所需位置。*

3) 使用模型树

Pro/E 界面窗口左边的模型树提供激活零件、装配图或工程图的大纲视图。用户通过模型树观察模型设计或装配图的建构流程，如图 1-32 所示。

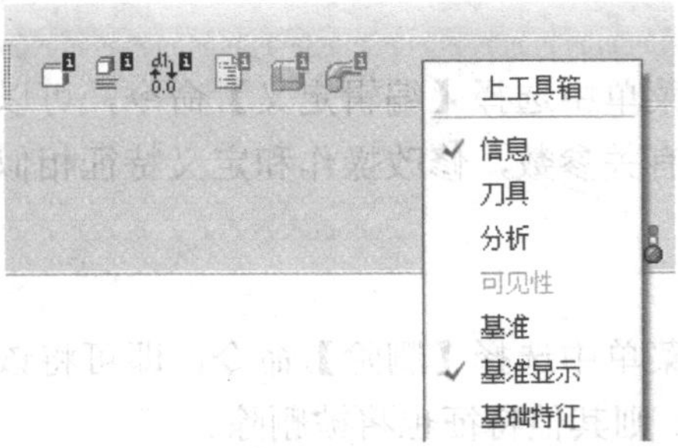

图 1-31　各种工具条

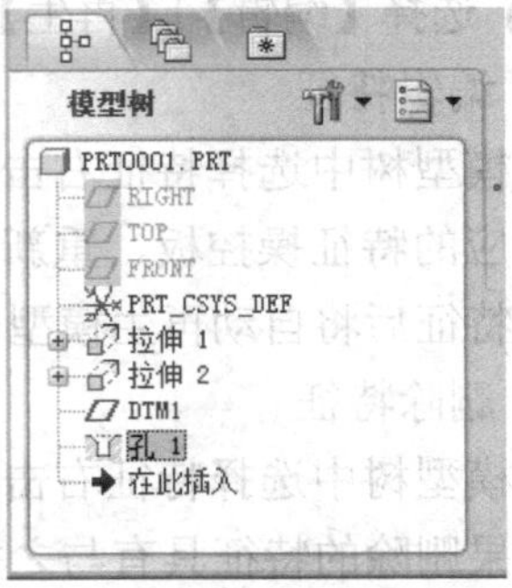

图 1-32　模型树

在模型树中选中某一特征右击，弹出快捷菜单，可以对选中的特征进行编辑、成组、阵列、隐藏、隐含、重命名等操作。

说明： 在建模的过程中经常用到隐藏和隐含指令，它们的区别如下。

- 隐藏：此特征起作用，但不现实。例如，可以将基准面隐藏以防止误选。
- 隐含：此特征不起作用，但保存其参数，希望其起作用时可以随时应用。例如，某零件在设计中不确定是否有孔时，可以先创建此孔，然后隐含，若确定需要时可以随时应用。

4) 观察信息提示区

状态栏主要用来显示系统操作提示，给用户可视化的反馈信息，如图 1-33 所示。

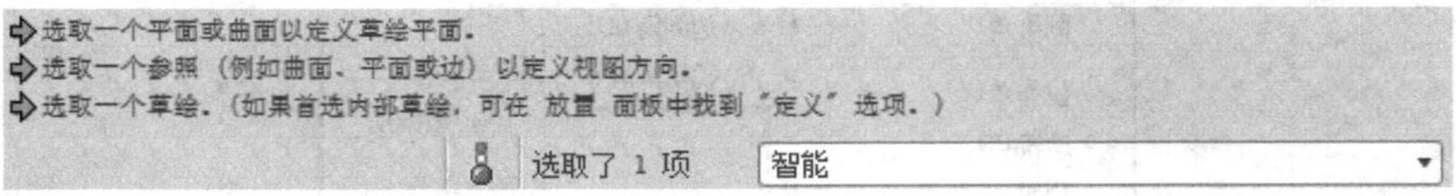

图 1-33　信息提示区

5) 认识图形区

图形区处于屏幕中间，显示图形工作成果。

1.2　视图的运用

本节知识点：

(1) 运用工具栏中的按钮进行视图操作。

(2) 运用鼠标和快捷键进行视图操作。

1.2.1　视图

在设计中常常需要通过观察模型来粗略检查模型设计是否合理，NX 软件提供的视图功能可以让设计者方便、快捷地观察模型。【视图】工具栏如图 1-34 所示。

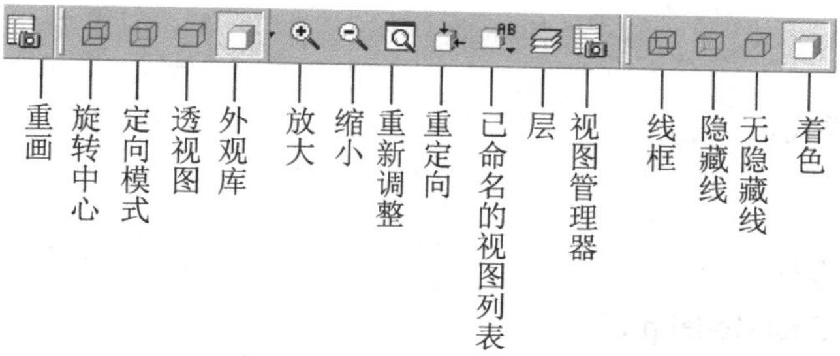

图 1-34　【视图】工具栏

1.2.2　模型颜色的设定

在 Pro/E 中可以使用【模型显示】工具栏中的【外观库】按钮，在库中找到合适的模型外观，并应用于模型的整体或部分表面上。

(1) 单击【模型显示】工具栏中的【外观库】按钮右侧的下三角箭头▾，弹出【外观库】菜单，如图 1-35 所示。

(2) 选择一个球形外观图标，在过滤器中选择目标为【零件】，将鼠标移至图形区的零件模型上，鼠标光标变为毛笔形状并出现【选取】对话框，如图 1-36 所示，在模型上单击鼠标左键，然后在【选取】对话框中单击【确定】按钮即可完成模型颜色的设定。

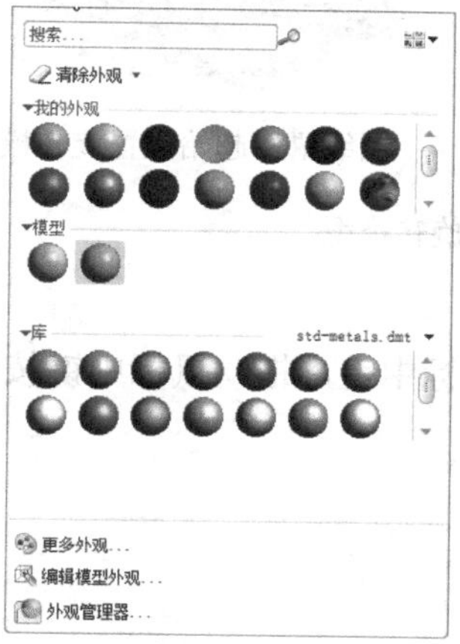

图 1-35　外观库

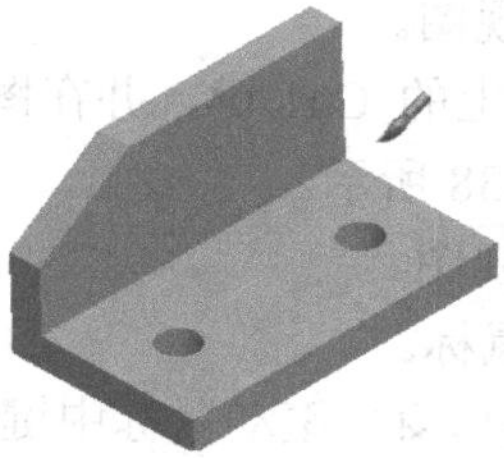

图 1-36　选取模型

提示：同一个零件的不同表面可以使用不同的颜色，只需在过滤器中选择【曲面】，再选择对应的模型表面，即可单独改变此表面的颜色。

1.2.3　视图操作应用

1. 要求

(1) 旋转、平移和缩放视图。

(2) 视图定向。

(3) 显示截面。

(4) 模型显示样式。

2. 操作步骤

步骤一：打开零件

打开文件“myFirstModel.prt”。

步骤二：旋转、平移和缩放视图

(1) 旋转视图。

- 在图形窗口中按住鼠标中键，并拖动鼠标中键按钮，即可旋转模型，此时的旋转中心为视图中心。
- 在【模型显示】工具栏中单击按钮，使其弹起，然后拖动鼠标中键，即可以鼠标光标所处的拖动起始点作为旋转中心旋转模型。

旋转、平移和缩放视图的操作如图 1-37 所示。

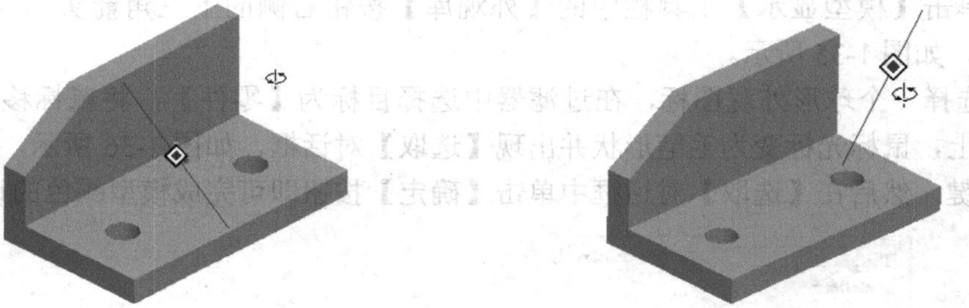

旋转中心作为视图中心　　　　围绕鼠标起始位置旋转模型

图 1-37　使用鼠标中键旋转模型

(2) 平移视图。

按住键盘上的 Ctrl 键，并在图形窗口中按住鼠标中键，拖动鼠标中键按钮，即可平移模型，如图 1-38 所示。

(3) 缩放视图。

① 使用鼠标。

- 在图形窗口滚动鼠标中键滚轮。
- 按住 Shift 键，在图形窗口按住鼠标中键上下拖动。

② 使用放大缩小功能。

- 单击【模型显示】工具栏上的【放大】按钮，在图形区框选需要放大的区域，视图的框选区域将被放大。
- 单击【模型显示】工具栏上的【缩小】按钮，视图将被整体缩小。

(4) 整屏显示全图。

- 单击【模型显示】工具栏上的【重新调整】按钮。
- 选择【视图】|【方向】|【重新调整】菜单命令。

系统就会调整视图直至适合当前窗口的大小。

步骤三：视图定向

单击【模型显示】工具栏中的【视图定向】按钮，出现下拉菜单，如图 1-39 所示。

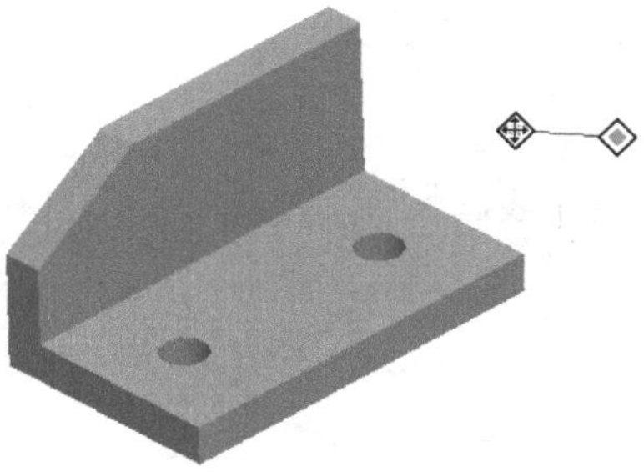

图 1-38　使用鼠标中键平移模型

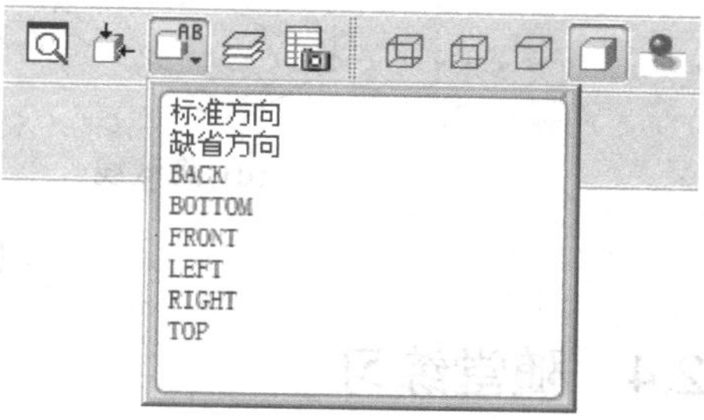

图 1-39　【视图定向】下拉菜单

利用其中的【标准方向】、【缺省方向】、BACK、BOTTOM、FRONT、LEFT、RIGHT 和 TOP 命令可分别得到六个基本视图方向和轴测方向的视觉效果，如图 1-40 所示。

步骤四：模型的显示方式

通过【模型显示】工具栏中的按钮，设置模型的显示模式，如图 1-41 所示。

各种模型显示模式如图 1-42 所示。

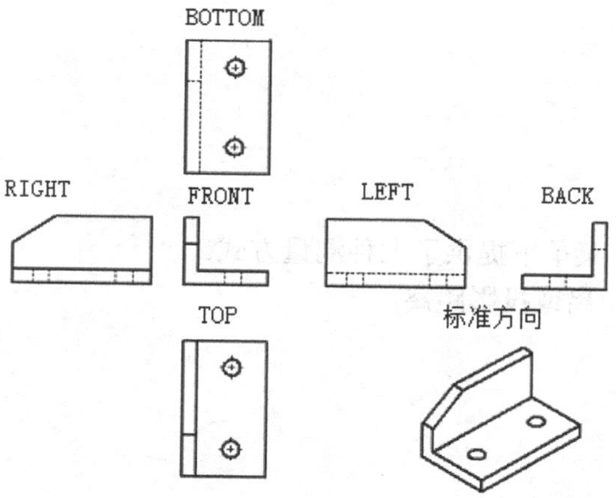

图 1-40　轴测方向与六个基本视图方向的视觉效果

图 1-41　【模型显示】工具栏

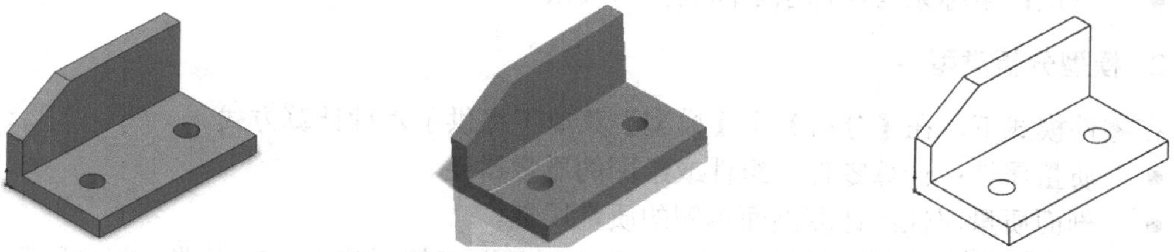

(a) 着色　(b) 增强的真实感　(c) 消隐

图 1-42　各种模型显示模式效果图

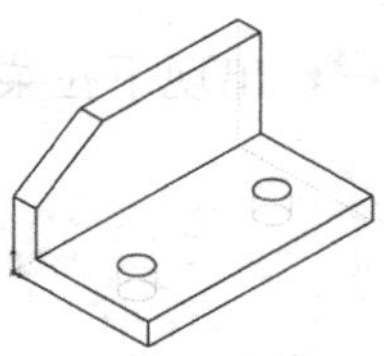

(d) 隐藏线

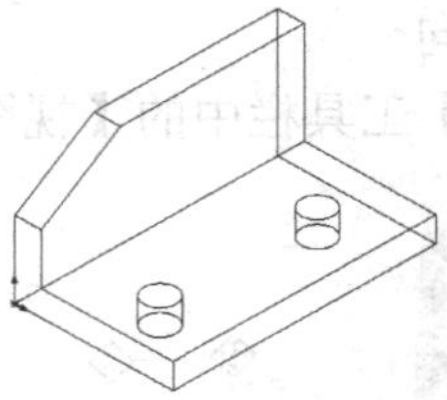

(e) 线框

图 1-42 (续)

1.2.4 随堂练习

打开文件“myFirstModel.prt”，分别运用鼠标、快捷键和工具栏命令观察此模型，并尝试改变模型的外观颜色。

1.3 模型测量

本节知识点：

(1) 测量工具的操作方法。

(2) 质量属性工具的操作方法。

1.3.1 测量与模型分析类型

1. 测量类型

在 Pro/E 中，在【分析】|【测量】菜单下提供了七种测量方式。

- 距离：测量两图元之间的最短距离或投影距离。
- 长度：测量曲线的长度。
- 角度：测量两图元之间的夹角。
- 面积：测量所选曲面的面积。
- 体积：测量零件的体积。
- 直径：测量所选圆柱面的直径。
- 变换：坐标系与坐标系之间的换算关系。

2. 模型分析类型

在零件模式下，在【分析】|【模型】菜单下提供了六种计算方式。

- 质量属性：计算零件、组件或绘图的质量属性。
- 剖面质量属性：计算剖面单侧的质量属性。
- 配合间隙：计算在模型中两个对象或图元之间的间隙距离或干涉。配合间隙类型的分析在零件、组件、管道和绘图模式下可用。
- 短边：计算所选零件或元件中的最短边的长度，并确定模型中有多少边比指定长度短。短边类型的分析在零件和组件模式下可用。

- 边类型：确定用于创建所选边的几何类型。边类型分析在零件、组件和绘图模式下可用。
- 厚度：检测零件的厚度是否大于最大值和/或小于最小值，并计算厚度检测的面积。厚度类型的分析在零件和组件模式下可用。

3. 分析保存类型

分析的结果可以是以下三种类型。

- 快速：做出选取时实时的结果，完成后结果不保存。快速为默认值。
- 已保存：将分析与模型一起保存。改变几何时，保存动态更新分析结果。
- 特征：用测量的结果创建一个新特征。新特征名显示在模型树中。分析特征可用于其他特征的参照，从而控制零件的设计。

说明： 使用已保存功能将测量结果保存后，可以使用【分析】|【保存的分析】菜单命令来访问已保存的类型。

1.3.2　对象与模型分析实例

1. 对已有的垫块模型进行测量

(1) 测量垫块总长度。
(2) 测量内孔直径。
(3) 测量倒角的角度。
(4) 测量体积和质量。

2. 操作步骤

步骤一：打开零件

打开文件“myFirstModel. prt”。

步骤二：测量垫块总长度

选择【分析】|【测量】|【距离】菜单命令，弹出【距离】对话框。在图形区的模型上，依次选择两顶点，如图 1-43 所示，即可自动计算出点的直线距离，完成距离的测量。

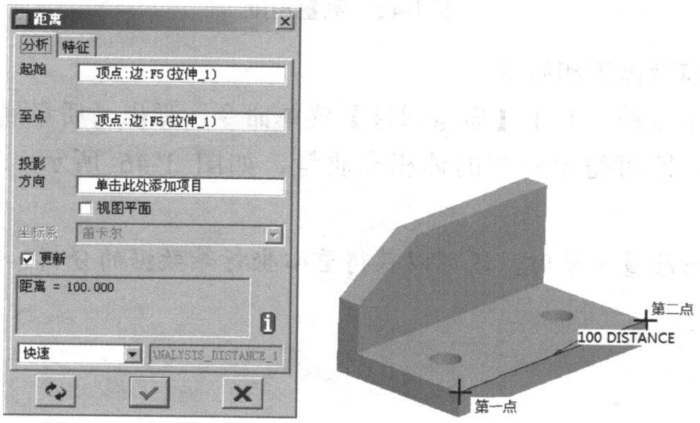

图 1-43　测量长度

步骤三：测量内孔直径

选择【分析】|【测量】|【直径】菜单命令，弹出【直径】对话框。在图形区的模型上选择内孔表面，如图 1-44 所示，即可自动计算出开口的直径，完成直径的测量。

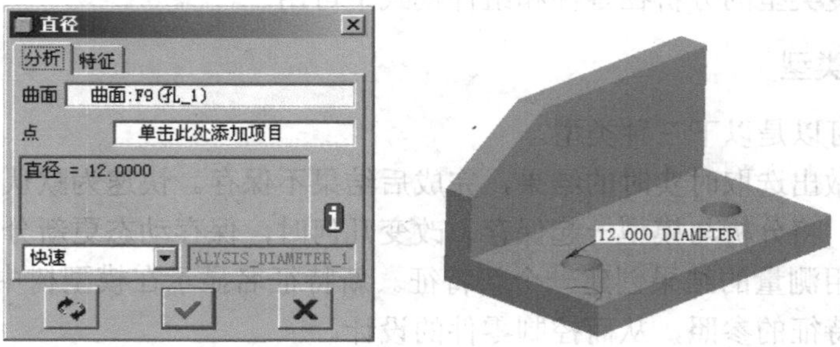

图 1-44　测量直径

步骤四：测量倒角角度

选择【分析】|【测量】|【角度】菜单命令，弹出【角】对话框。在过滤器中选择【边】，在图形区的模型上选择两个边，通过调整箭头，获得两个边在 90° 内的夹角，如图 1-45 所示，完成角度的测量。

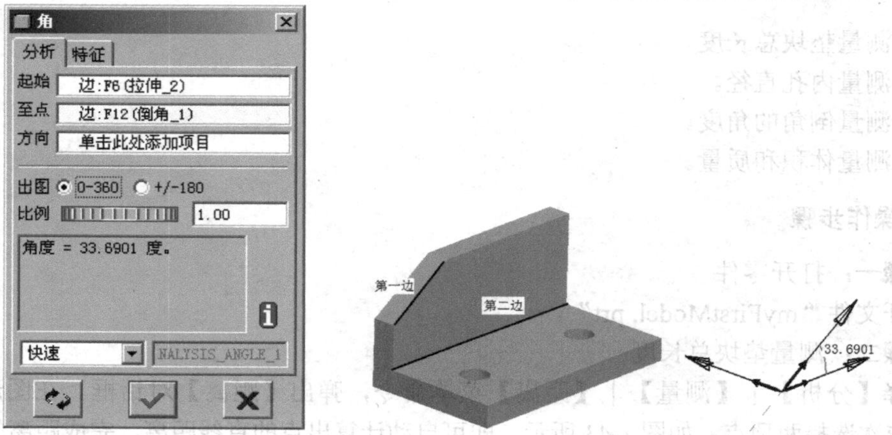

图 1-45　测量角度

步骤五：测量模型体积和质量

选择【分析】|【模型】|【质量属性】菜单命令，弹出【质量属性】对话框，单击【预览】按钮，即可得出模型的体积和质量，如图 1-46 所示，完成体积和质量的测量。

提示：在进行质量测量时，还可以获得重心坐标等数据的分析。

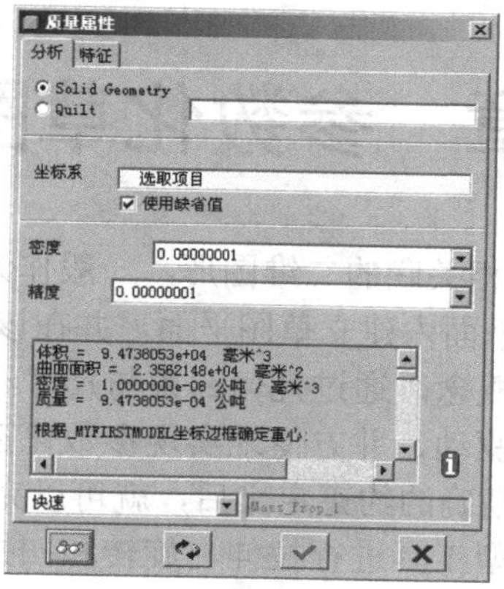

图 1-46　【质量属性】对话框

1.4　上 机 练 习

自定义合理尺寸建模并运用鼠标、快捷键和工具栏命令观察此模型。

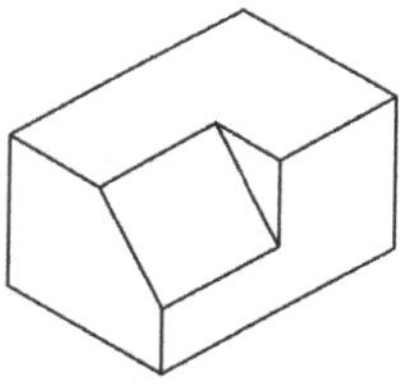

上机练习图 1

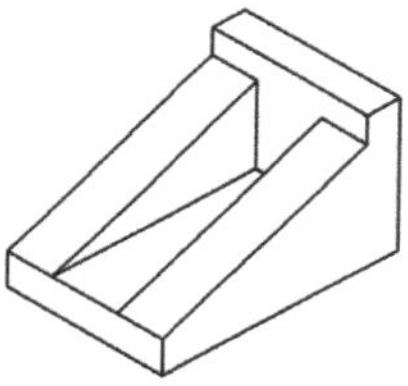

上机练习图 2

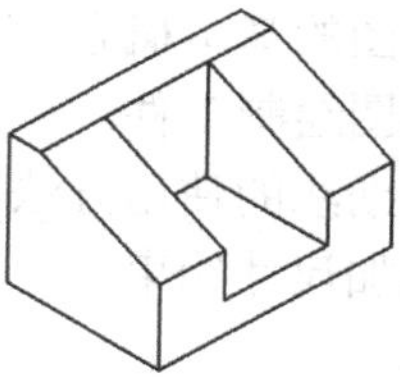

上机练习图 3

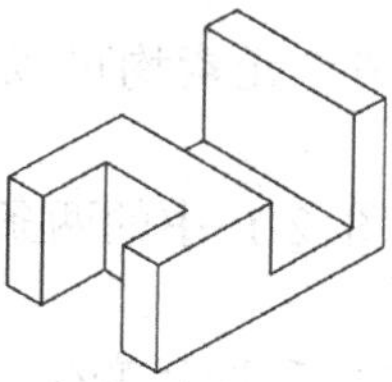

上机练习图 4

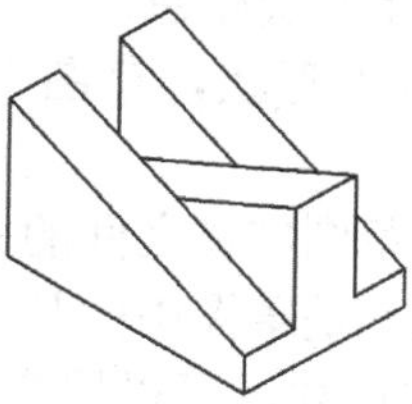

上机练习图 5

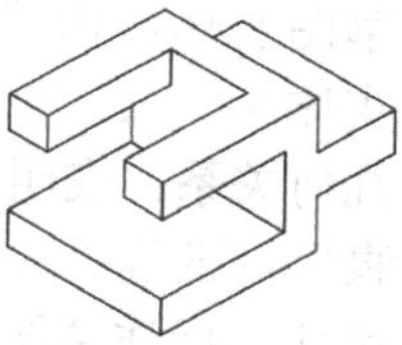

上机练习图 6

第 2 章　参数化草图建模

草图(Sketch)是与实体模型相关联的二维图形，一般作为三维实体模型的基础。该功能可以在三维空间中的任何一个平面内建立草图平面，并在该平面内绘制草图。

草图中提出了“约束”的概念，通过几何约束与尺寸约束控制草图中的图形，可以实现与特征建模模块同样的尺寸驱动，并方便地实现参数化建模。应用草图工具，用户可以绘制近似的曲线轮廓，再添加精确的约束定义后，就可以完整地表达设计的意图了。

建立的草图还可用实体造型工具进行拉伸、旋转和扫掠等操作，生成与草图相关联的实体模型。

草图在特征树上显示为一个特征，且特征具有参数化和便于编辑修改的特点。

2.1　绘制基本草图

本节知识点：

(1) 草图的基本概念。

(2) 草图绘制工件。

(3) 辅助线的使用方法。

(4) 添加尺寸约束。

2.1.1　草图的构成

在每一幅草图中，一般都包含以下几类信息。

- 草图实体：由线条构成的基本形状，草图中的线段、圆等元素均可以称为草图实体。
- 几何关系：表明草图实体或草图实体之间的关系，例如图 2-1 中的两条直线“垂直”，直线“水平”，这些都是草图中的几何关系。
- 尺寸：标注草图实体大小的尺寸，可以用来驱动草图实体和形状变化，如图 2-1 所示，当尺寸数值(例如 48)改变时可以改变外形的大小，因此草图中的尺寸是驱动尺寸。

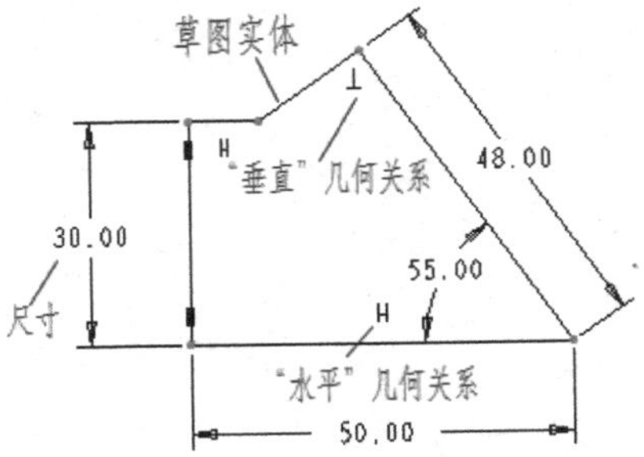

图 2-1　草图的构成

2.1.2　草绘环境设置

为了让草绘环境更加符合用户的习惯，Pro/E 支持用户根据自己的习惯对草绘环境进行设置，定制自己的草绘环境，包括草绘器优先选项、图形区背景颜色、网格线和绘图精度等。

1. 设置显示优先选项

在草绘界面中，选择【草绘】|【选项】菜单命令，弹出【草绘器优先选项】对话框，切换到【杂项】选项卡，通过其中的复选框可以使其在开关状态之间进行切换，如图 2-2 所示。

2. 设置约束优先选项

在【草绘器优先选项】对话框中切换到【约束】选项卡。该选项卡列出了各种约束选项，可以用来控制草绘界面的假定约束。通过其中的复选框可以使其在开关状态之间进行切换，如图 2-3 所示。

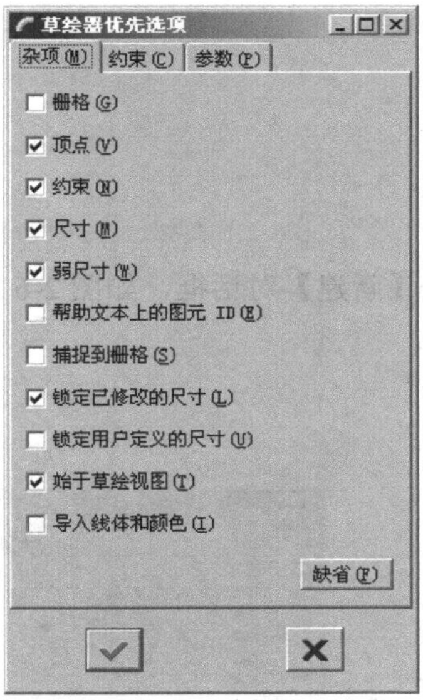

图 2-2　【杂项】选项卡

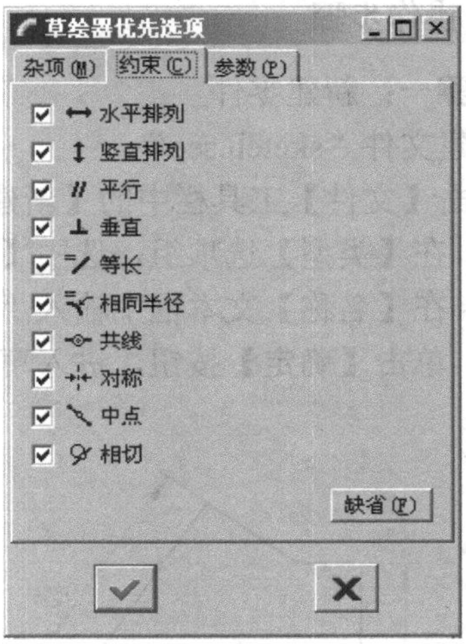

图 2-3　【约束】选项卡

3. 设置草绘参数

在【草绘器优先选项】对话框中切换到【参数】选项卡，如图 2-4 所示。通过该选项卡可以设置【栅格】、【栅格间距】和【精度】选项组。

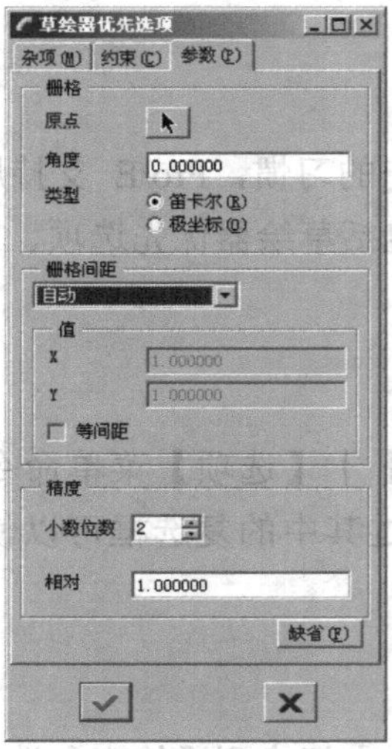

图 2-4　【参数】选项卡

2.1.3　绘制简单草图实例

绘制如图 2-5 所示的草图。

1. 操作步骤

步骤一：新建零件

新建文件“sketch.sec”。

单击【文件】工具栏中的【新建】按钮，弹出【新建】对话框，如图 2-6 所示。

(1) 在【类型】选项组，选中【草绘】单选按钮。

(2) 在【名称】文本框中输入“sketch”。

(3) 单击【确定】按钮，进入草绘模式。

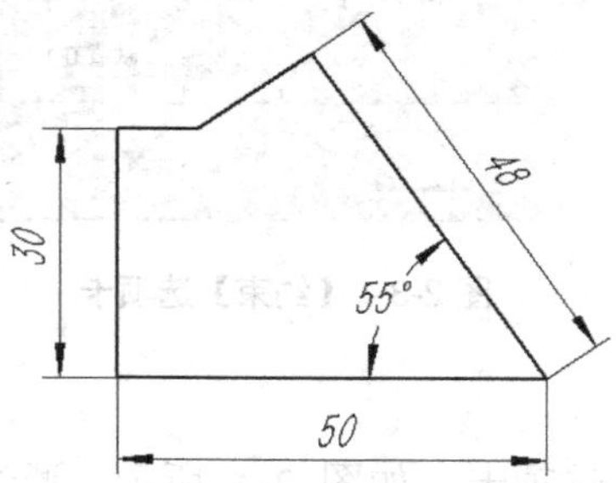

图 2-5　基本草图

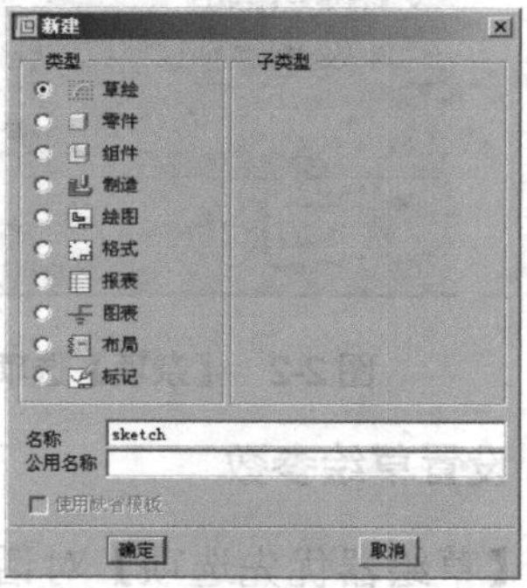

图 2-6　【新建】对话框

步骤二：绘制草图

(1) 绘制水平线。

单击【草绘】工具栏中的【矩形】按钮，在图形区中选择一点，向右移动鼠标，一条“橡皮筋”线附着在光标上出现，同时出现“H”，单击要终止直线的位置，在两点间创建一条直线，如图 2-7 所示，并开始另一条“橡皮筋”线的绘制。

(2) 绘制具有一定角度的直线，如图 2-8 所示。

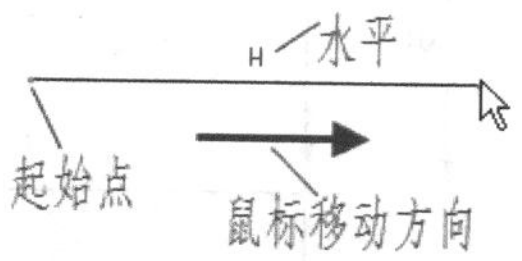

图 2-7　绘制水平直线

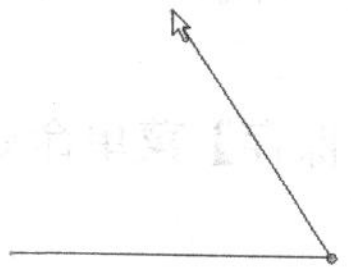

图 2-8　绘制具有一定角度的直线

(3) 绘制垂直线。

移动光标到与前一条线段垂直的方向，如图 2-9 所示。单击确定垂直线的终止点，当前所绘制的直线与前一条直线将会自动添加“垂直”几何关系。

(4) 绘制水平直线。

移动光标到与起点竖直位置，自动添加竖直关系，如图 2-10 所示，单击确定水平线的终止点。

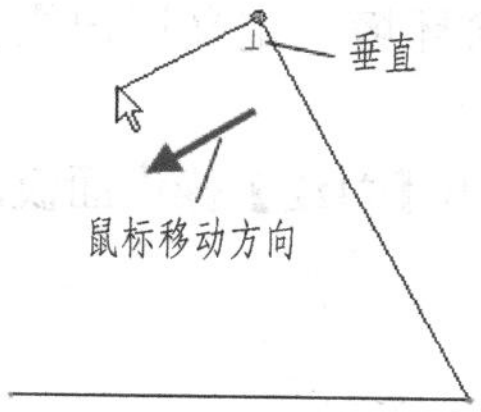

图 2-9　绘制垂直线

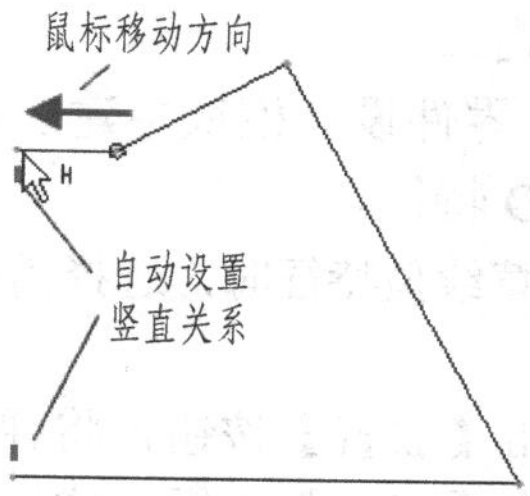

图 2-10　绘制水平直线

(5) 封闭草图。

移动鼠标到原点，单击确定终止点，如图 2-11 所示，单击鼠标中键，结束直线的创建，“橡皮筋”线消失。

步骤三：查看几何约束

单击【草绘器】工具栏中的【显示约束】按钮，在图形区显示约束，如图 2-12 所示。

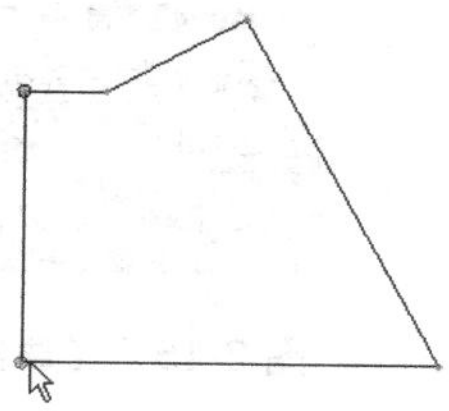

图 2-11　封闭草图

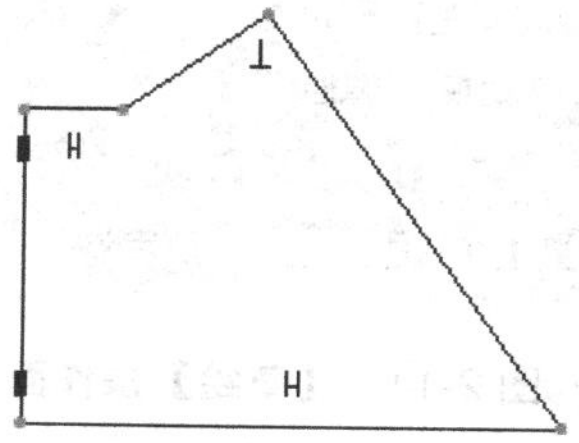

图 2-12　查看几何约束

步骤四：添加尺寸约束

单击【草绘】工具栏中的【创建定义尺寸】按钮，首先标注角度，接着继续标注水平线、斜线和竖直线，如图 2-13 所示。

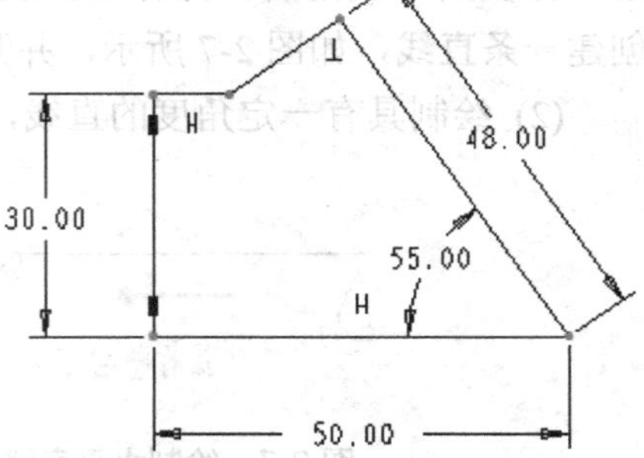

图 2-13　标注尺寸

步骤五：存盘

选择【文件】|【保存】菜单命令，保存文件。

2. 步骤点评

1) 对于步骤一：关于进入草图

进入草绘模式有以下两种方式。

(1) 方式一。

利用草绘器即【草绘】模块，在进入 3D 实体设计之前建立 2D 参考图形，以作为 3D 实体特征的基础线条，或设计时的边界定位依据和参照。

选择【文件】|【新建】菜单命令，或直接单击【文件】工具栏中的【新建】按钮，或按 Ctrl+N 快捷键，弹出【新建】对话框，如图 2-6 所示。在【类型】选项组，选中【草绘】单选按钮，在【名称】文本框中输入文件名称，然后单击【确定】按钮，进入草绘模式。

(2) 方式二。

在 3D 零件设计模块中建立草绘型特征时皆会进入草绘环境，定义用户需要的图形，从而建立 3D 特征。

在创建草绘型特征时，选择需要操作的草绘特征命令，弹出【草绘】操作面板，如图 2-14 所示。

① 单击【放置】按钮，将弹出【放置】下拉面板。

② 单击【定义】按钮，弹出【草绘】对话框，如图 2-15 所示。

③ 选择草绘平面。

④ 选择草绘方向的参照。

⑤ 选择草绘方向。

⑥ 单击【草绘】按钮，进入草绘模式。

图 2-14　【草绘】操作面板

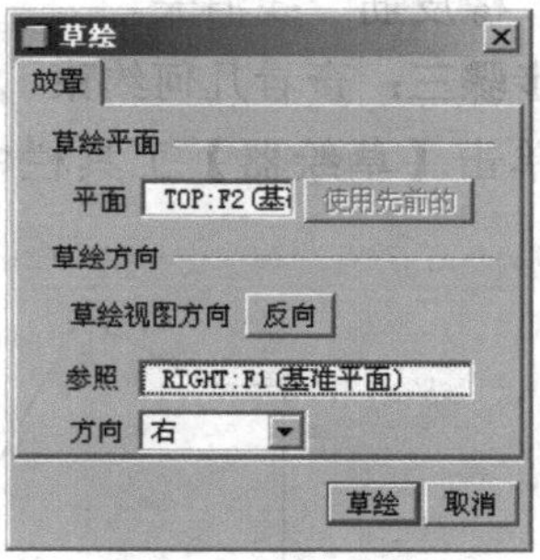

图 2-15　【草绘】对话框

2) 对于步骤二：关于绘制草图直线

在所有图形元素中，直线是最基本的图形元素。

单击【草绘】工具栏中的【直线】按钮，或选择【草绘】|【线】|【线】菜单

命令。

(1) 单击要开始直线的位置，一条“橡皮筋”线附着在光标上出现。

(2) 单击要终止直线的位置，在两点间创建一条直线，并开始另一条“橡皮筋”线的绘制。

(3) 重复步骤(2)，创建其他的线，单击鼠标中键，结束直线的创建，“橡皮筋”线消失，如图 2-16 所示。

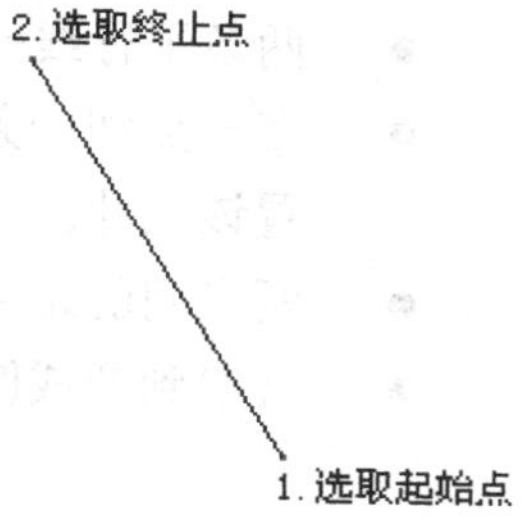

图 2-16　绘制直线

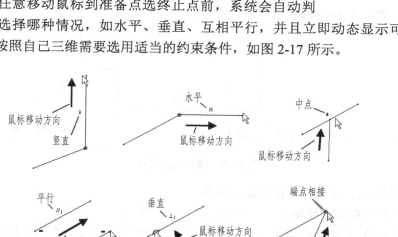

3) 对于步骤二：关于绘制草图直线自动添加约束

在绘制多条直线时，当用户绘制第二条直线时，在决定直线起点后，任意移动鼠标到准备点选终止点前，系统会自动判断用户可能选择哪种情况，如水平、垂直、互相平行，并且立即动态显示可用的约束条件，用户可按照自己三维需要选用适当的约束条件，如图 2-17 所示。

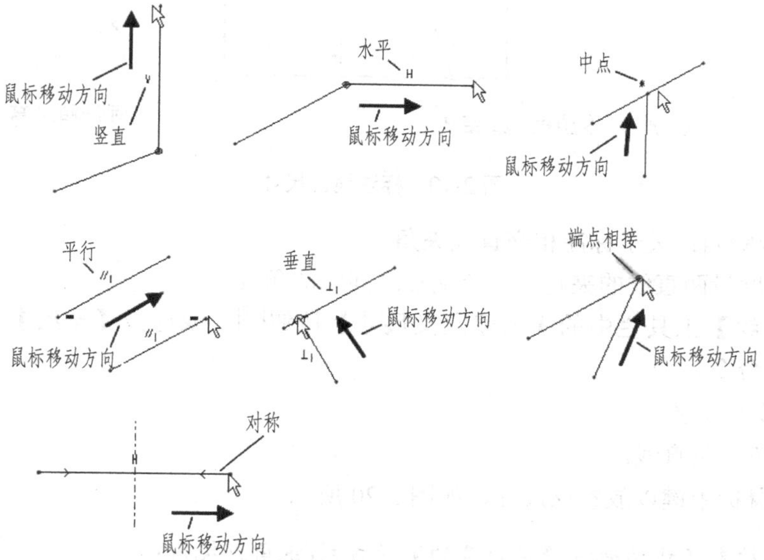

图 2-17　绘制直线显示的约束条件

4) 对于步骤三：设置图形的显示形式

在练习草绘时，如果不希望系统标注的尺寸显示，用户可以通过【草绘器】工具栏来控制标注尺寸的显示，【草绘器】工具栏如图 2-18 所示。

图 2-18 【草绘器】工具栏

按钮用于切换尺寸的显示(开/关)，按钮用于切换约束的显示(开/关)，按钮用于切换网格的显示(开/关)，按钮用于切换剖面顶点的显示(开/关)。

5) 对于步骤四：关于标注线性尺寸

单击【草绘】工具栏中的【创建定义尺寸】按钮，或选择【草绘】|【尺寸】|【垂直】菜单命令。线性尺寸包括以下几种。

- 线长度：单击该线，然后单击鼠标中键以放置该尺寸。
- 两条平行线间的距离：单击这两条直线，然后单击鼠标中键以放置该尺寸。
- 在一点和一条直线之间的距离：单击该直线，单击该点，然后单击鼠标中键以放置该尺寸。
- 两点间的距离：单击这两点，然后单击鼠标中键以放置该尺寸，如图 2-19 所示。
- 直线到圆或圆弧的距离：单击直线及圆，然后单击鼠标中键以放置该尺寸。

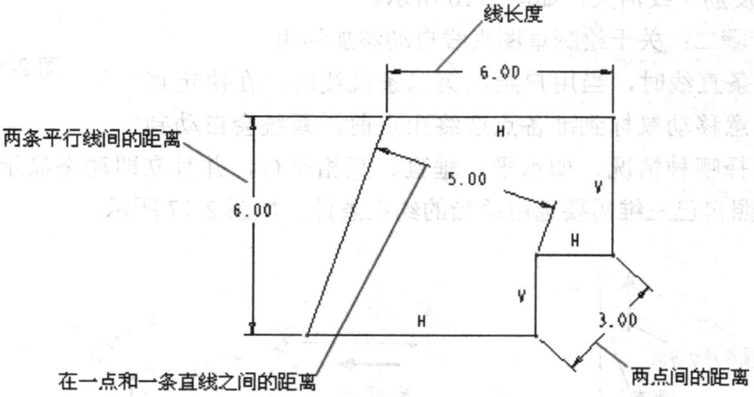

图 2-19　标注线性尺寸

6) 对于步骤四：关于标注相交直线夹角

角度尺寸度量两直线的夹角或两个端点之间弧的角度。

单击【草绘】工具栏中的【创建定义尺寸】按钮，或选择【草绘】|【尺寸】|【常规】菜单命令。

(1) 单击第一条直线。

(2) 单击第二条直线。

(3) 单击鼠标中键以放置该尺寸，如图 2-20 所示。

注意： *放置尺寸的地方确定角度的测量方式(锐角或钝角)。*

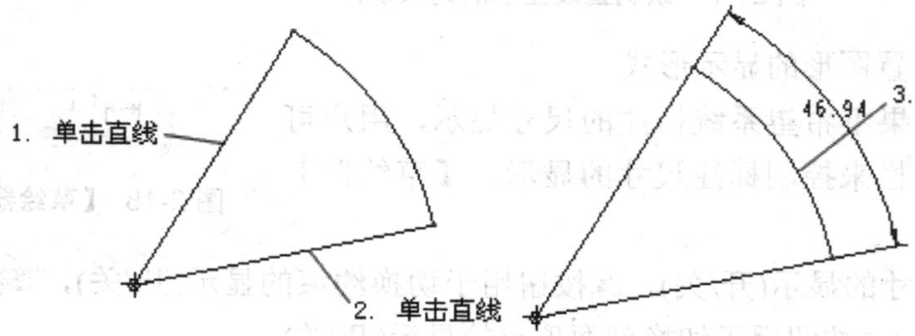

图 2-20　标注相交直线夹角

2.1.4 随堂练习

绘制如下草图。

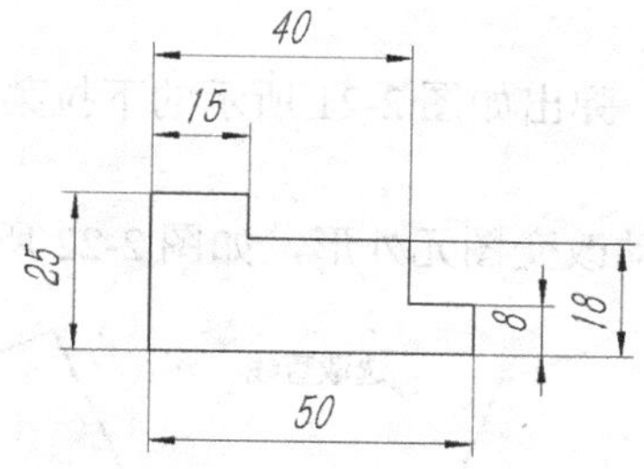

随堂练习 1

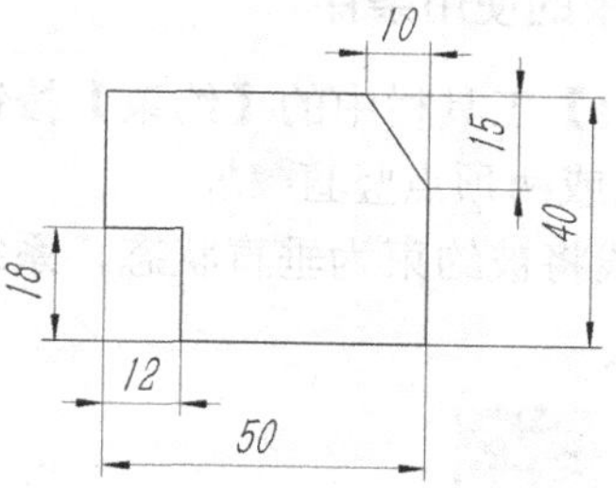

随堂练习 2

2.2 绘制对称零件草图

本节知识点：

(1) 添加几何约束。

(2) 对称零件的绘制方法。

(3) 添加对称约束。

2.2.1 添加几何约束

几何约束是指控制草图中草图实体的定位方向及草图实体之间的相互关系，几何约束显示为字母符号。

1. 常见的约束符号及其意义

在使用 Pro/E 软件时，由于使用意图管理器功能，在设计窗口中经常以各种符号来标记相关约束调节。在草绘模式下的定义如下。

- 中点：M
- 相同点：○
- 水平图元：H
- 竖直图元：V
- 图元上的点：-○- - -
- 相切图元：T
- 垂直图元：⊥
- 平行线：//1
- 相等半径：带有一个下标索引的 R
- 具有相等长度的线段：带有一个下标索引的 L(例如，L1)
- 对称：→←
- 图元水平或竖直排列：- - ¦
- 共线：═

- 对齐：用于适当对齐类型的符号
- 使用“边/偏移边”：—— ○

2. 各种约束的使用条件

单击【草绘】工具栏中的【约束】按钮，弹出如图 2-21 所示的下拉菜单。

(1) 使直线或两顶点竖直。

选取的直线将被约束为垂直状态，系统自动改变图元外形，如图 2-22 所示。

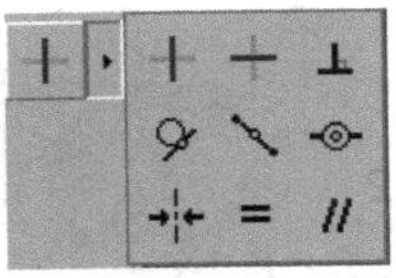

图 2-21 【约束】按钮菜单

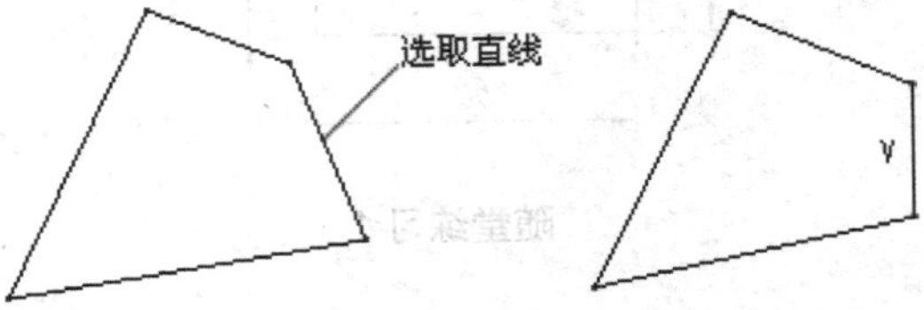

图 2-22 垂直约束

(2) 使直线或两顶点水平。

选取的直线将被约束为水平状态，系统自动改变图元外形，如图 2-23 所示。

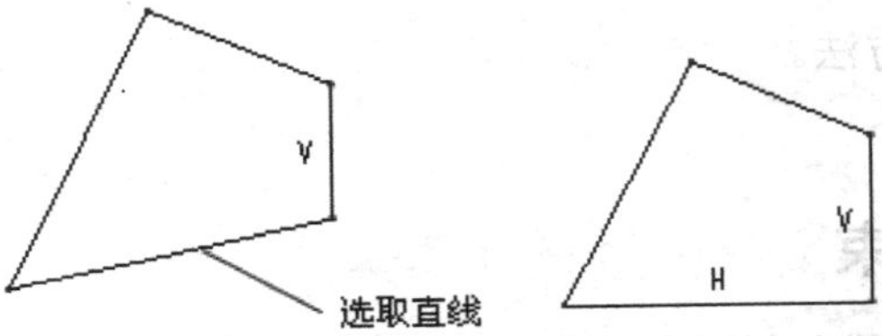

图 2-23 水平约束

(3) 使两图元正交。

使两图元正交，如果选取两直线，则两直线相互垂直，如图 2-24 所示。

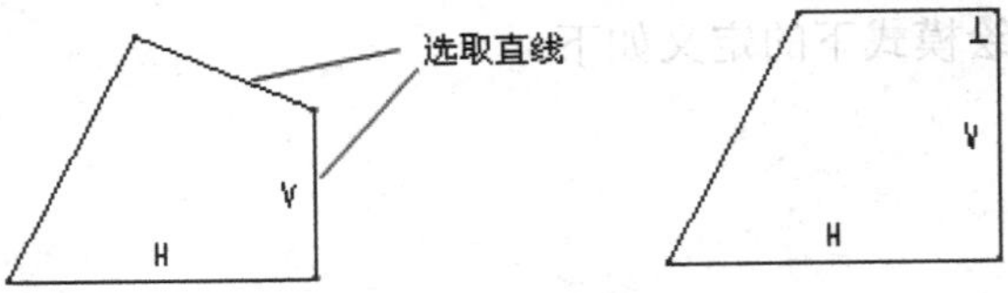

图 2-24 正交约束

(4) 使两图元相切。

使接近的两图元相切，如图 2-25 所示。

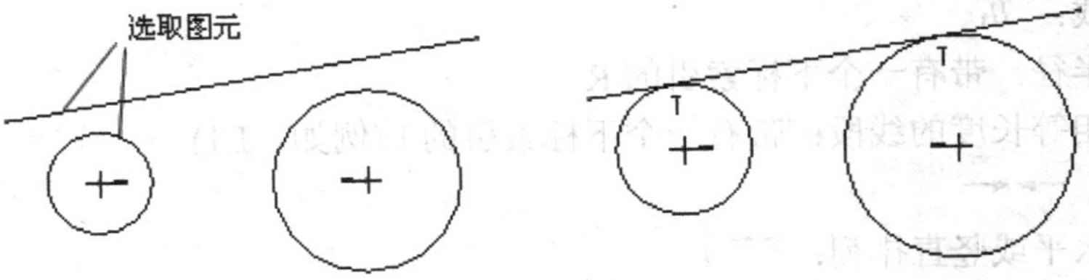

图 2-25 相切约束

(5) 在线的中间放置一点。

将直线上的点变成直线的中间点，如图 2-26 所示。

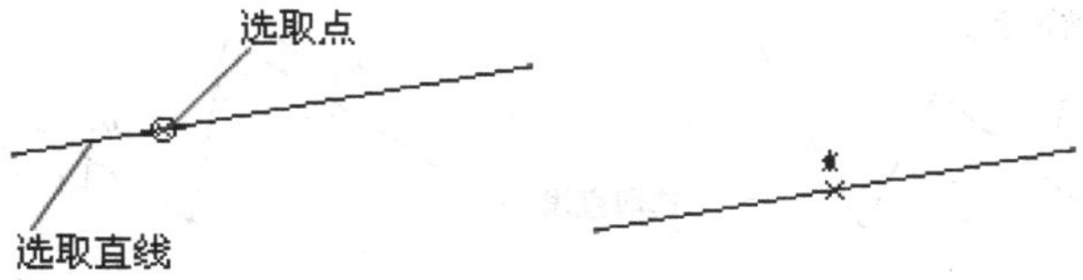

图 2-26　中点约束

(6) 使点一致。

使被选点成相同点、被选直线成共线，如图 2-27 所示。

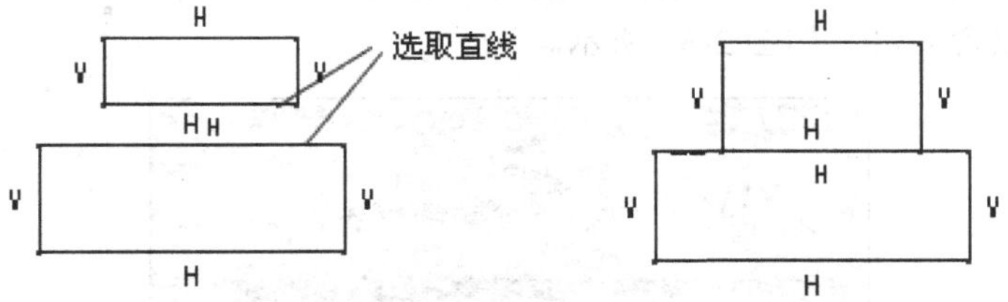

图 2-27　共线约束

(7) 使两点或顶点关于中心线对称。

使被选的两点关于中心线对称，如图 2-28 所示。

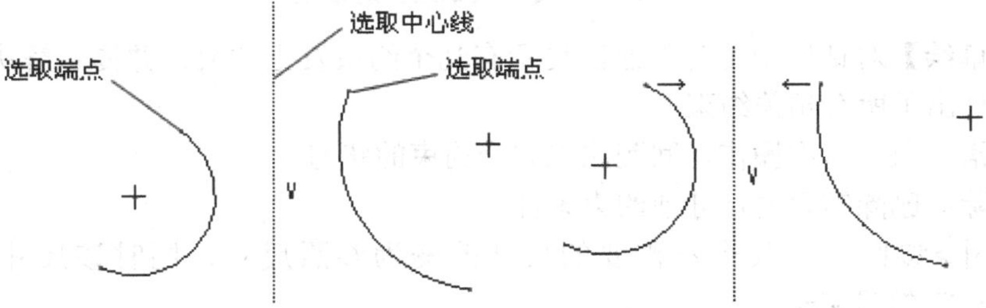

图 2-28　对称约束

(8) 创建相等长度、相等半径或相等曲率。

创建等长、等半径或者相同曲率的约束，两圆添加该约束后，圆半径相同，如图 2-29 所示。

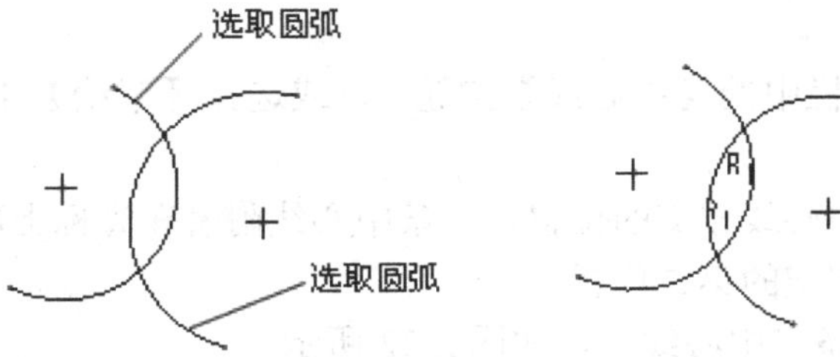

图 2-29　等半径约束

(9) 使两线平行。

使两直线平行，如图 2-30 所示。

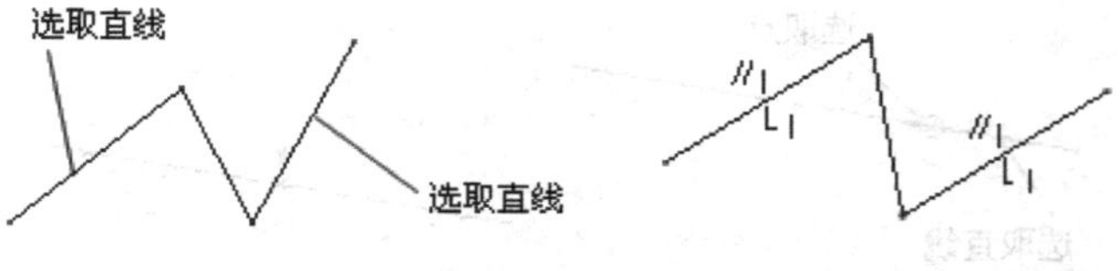

图 2-30　两线平行约束

3. 解决过度约束

Pro/E 对尺寸约束要求很严，尺寸过多或几何约束与尺寸约束有重合，都会导致过度约束，此时会弹出【解决草绘】对话框。根据该对话框中的提示或设计要求对显示的尺寸或约束进行相应取舍即可，如图 2-31 所示。

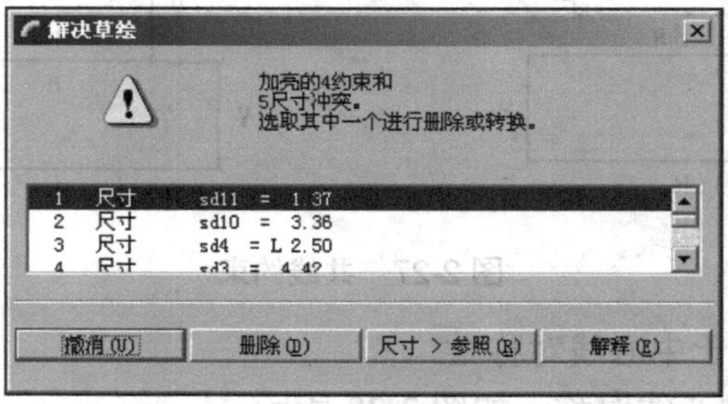

图 2-31　【解决草绘】对话框

【解决草绘】对话框中上部信息区提示有几个约束发生冲突，并提示解决办法。中部的列表框中列出了所有相关约束。

- 撤消：取消本次操作，回到原来完全约束的状态。
- 删除：删除需要的尺寸或约束条件。
- 尺寸>参照：将某个不需要的尺寸改变为参照尺寸，同时该尺寸数字前会有“ref”符号标记。
- 解释：信息窗口显示选中尺寸或尺寸约束条件的功能。

2.2.2　建立对称零件绘制方法

1. 绘制中心线

1) 方法一

单击【草绘】工具栏中的【中心线】按钮，或选择【草绘】|【线】|【中心线】菜单命令。

(1) 单击以选取与中心线相交的位置，一条中心线附着在光标上出现。

(2) 单击与中心线相交的第二位置。

在此两点间创建一条“中心线”，如图 2-32 所示。

2) 方法二

单击【草绘】工具栏中的【线】按钮，或选择【草绘】|【线】|【线】菜单命令。

(1) 绘制直线。

(2) 右击直线，从弹出的快捷菜单中选择【构建】命令。

这样就可以将直线转化成构造线，如图 2-33 所示。

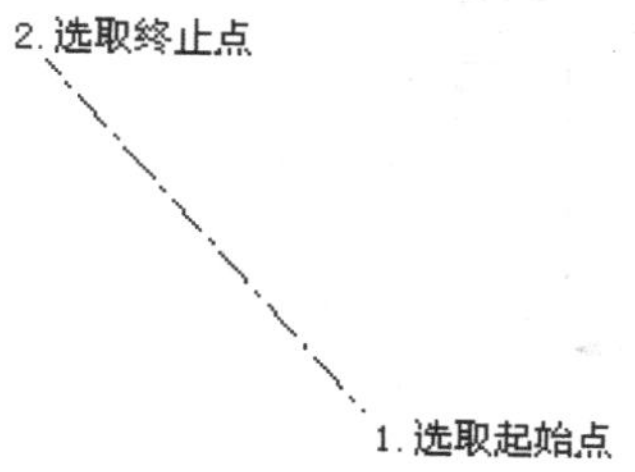

图 2-32　绘制中心线

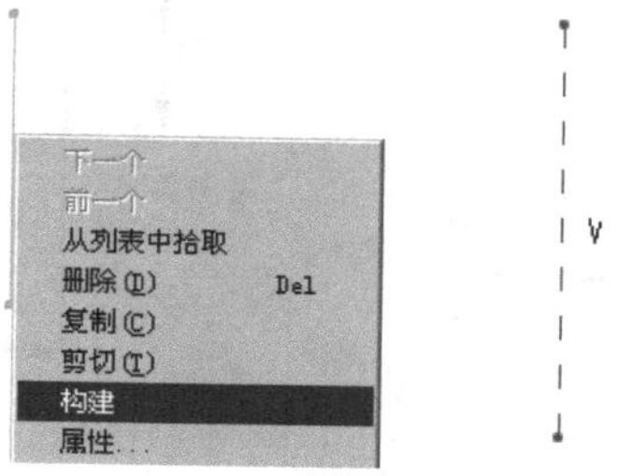

图 2-33　将直线转化成构造线

2. 使两点或顶点关于中心线对称

单击按钮使被选的两点关于中心线对称，如图 2-28 所示。

3. 草图实体的镜像

镜像草图实体用于生成一个与已知图元按指定中心线对称的图元。镜像图元的操作步骤如下。

(1) 选取要镜像的草图实体，使其处于高亮选中状态。

(2) 单击【草绘】工具栏中的【镜像选定图元】按钮。

(3) 单击镜像中心线即可完成图元的镜像，如图 2-34 所示。

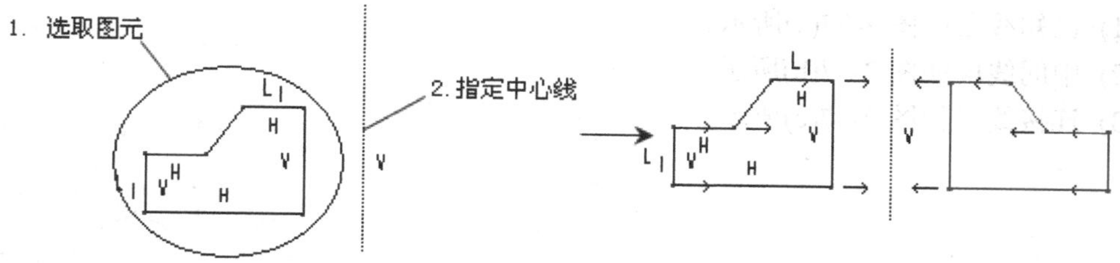

图 2-34　草图实体的镜像

2.2.3　对称零件绘制实例

绘制垫片草图，如图 2-35 所示。

1. 草图分析

1) 尺寸分析

(1) 尺寸基准如图 2-36(a)所示。

(2) 定位尺寸如图 2-36(b)所示。

(3) 定形尺寸如图 2-36(c)所示。

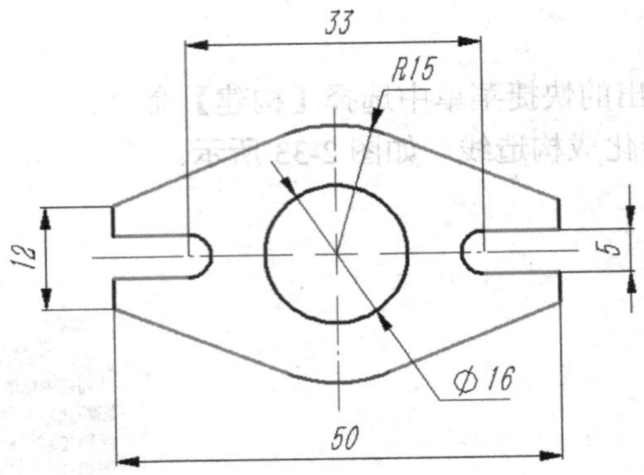

图 2-35　底座草图

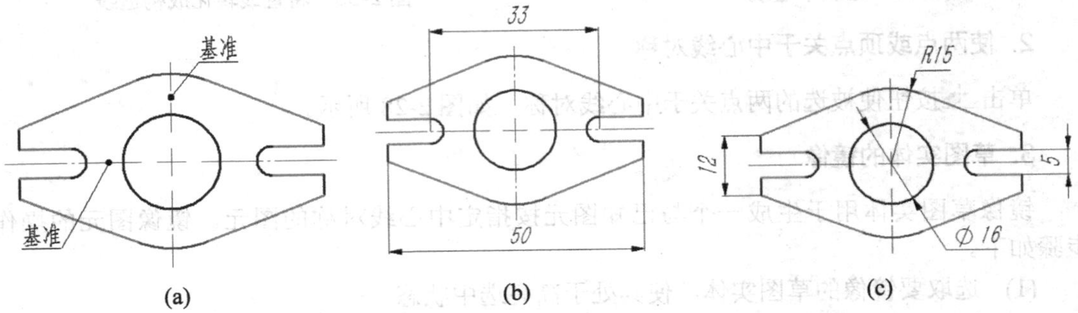

图 2-36　尺寸分析

2) 线段分析

(1) 已知线段如图 2-37(a)所示。

(2) 中间线段如图 2-37(b)所示。

(3) 连接线段如图 2-37(c)所示。

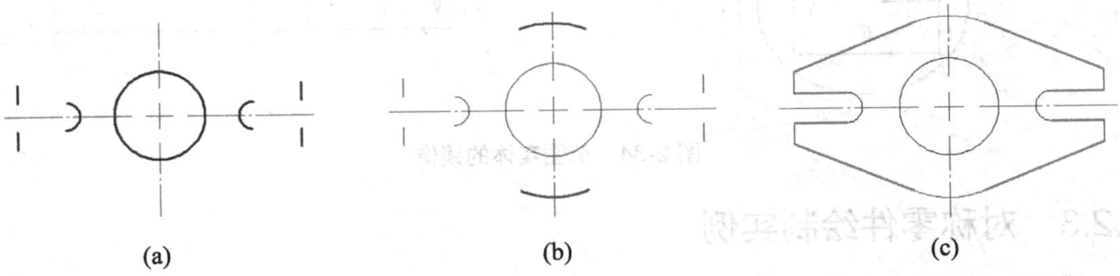

图 2-37　线段分析

2. 操作步骤

步骤一：新建零件

新建文件“base.sec”。

步骤二：绘制草图

(1) 画基准线。

利用【草绘】工具栏中的【中心线】按钮创建中心线、【直线】按钮创建直线，然后镜像建立对称关系，并转化成构造线，并利用【草绘】工具栏中的【创建定义尺寸】按钮，添加尺寸约束，如图 2-38 所示。

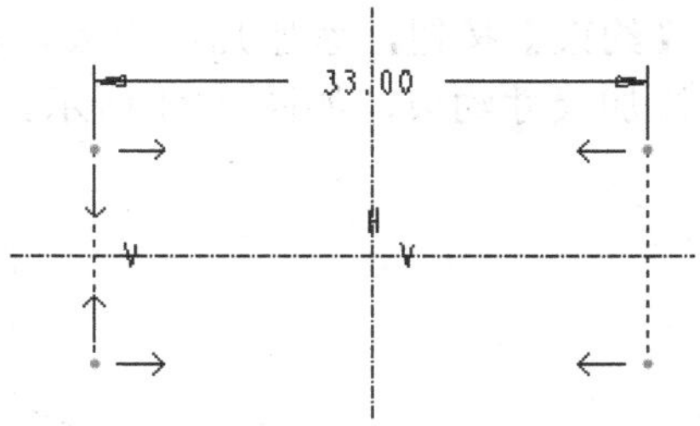

图 2-38　画基准线

(2) 画已知线段。

利用【草绘】工具栏中的【直线】和【圆】按钮，创建基本圆弧轮廓和直线，接着利用【草绘】工具栏中的【约束】按钮，添加几何约束，再利用【草绘】工具栏中的【创建定义尺寸】按钮，添加尺寸约束，如图 2-39 所示。

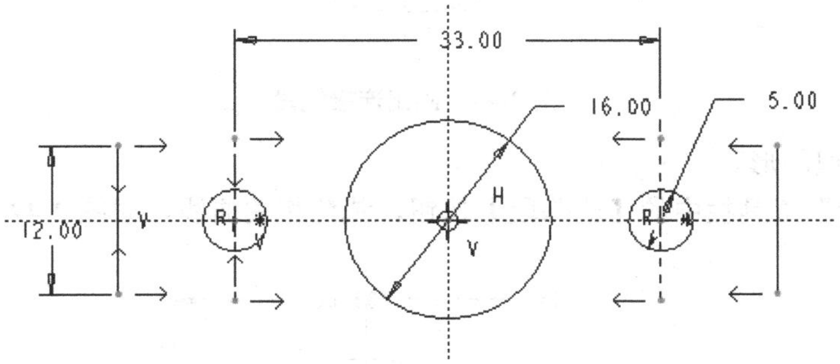

图 2-39　画已知线段

(3) 明确中间线段的连接关系，画出中间线段。

利用【草绘】工具栏中的曲线功能，创建基本圆弧轮廓，接着利用【草绘】工具栏中的【约束】按钮，添加几何约束，再利用【草绘】工具栏中的【尺寸】按钮，添加尺寸约束，如图 2-40 所示。

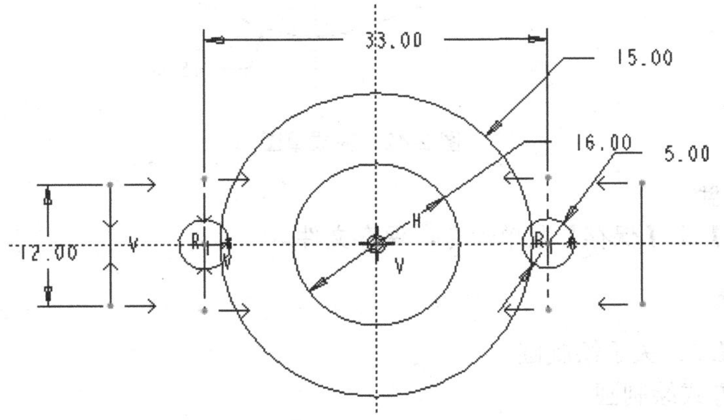

图 2-40　画出中间线段

(4) 明确连接线段的连接关系，画出连接线段。

利用【草绘】工具栏中的【直线】按钮，创建直线，接着利用【草绘】工具栏中的

【约束】按钮，添加几何约束，再利用【草绘】工具栏中的【创建定义尺寸】按钮，添加尺寸约束，如图 2-41 所示。

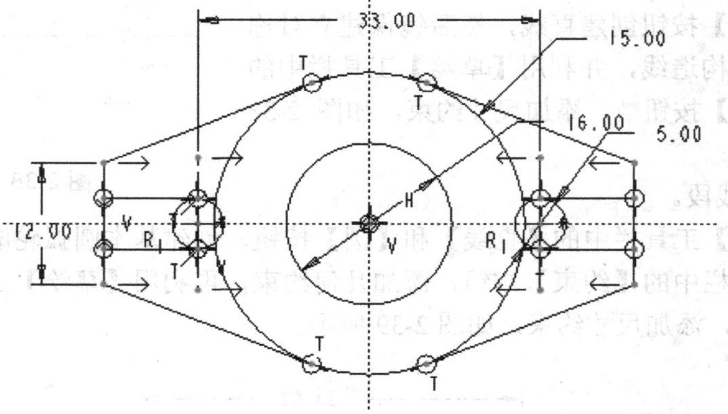

图 2-41 画出连接线段

(5) 检查整理图形。

利用【草绘】工具栏中的【删除段】按钮，裁剪相关曲线，如图 2-42 所示。

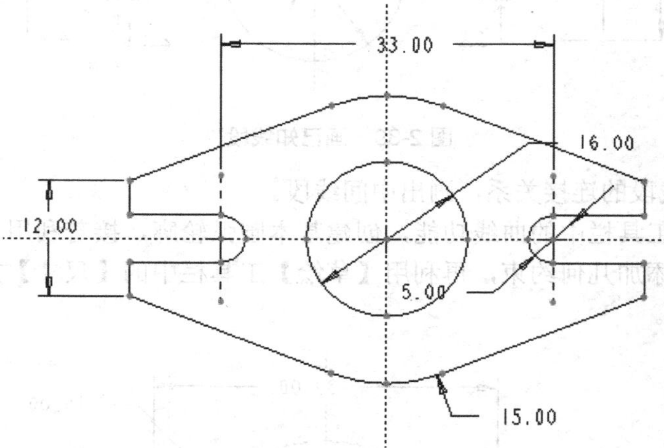

图 2-42 完成草图

步骤三：存盘

选择【文件】|【保存】菜单命令，保存文件。

3. 步骤点评

1) 对于步骤二：关于绘制圆

(1) 中心点方式绘制圆。

单击【草绘】工具栏中的【圆心和点】按钮，或选择【草绘】|【圆】|【圆心和点】菜单命令。

① 通过拾取中心点和圆上的一个点来创建圆。

② 单击鼠标中键，结束圆的绘制，如图 2-43 所示。

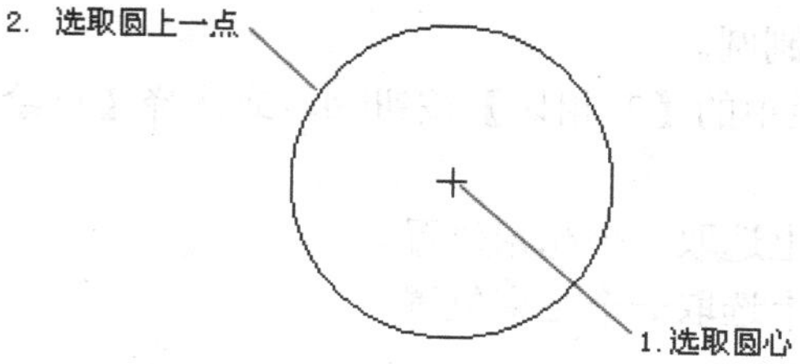

图 2-43　中心点方式绘制圆

(2) 同心圆方式绘制圆。

单击【草绘】工具栏中的【同心】按钮，或选择【草绘】|【圆】|【同心】菜单命令。

① 在绘图区单击一个已存在的圆或圆弧边线，移动鼠标，然后单击鼠标左键定义圆的大小。

② 单击鼠标中键，结束圆的绘制，如图 2-44 所示。

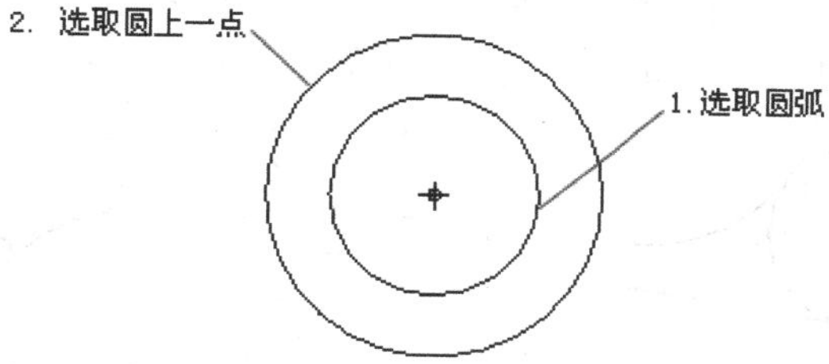

图 2-44　同心圆方式绘制圆

(3) 三点圆方式绘制圆。

单击【草绘】工具栏中的【3 点】按钮，或选择【草绘】|【圆】|【3 点】菜单命令。

① 选取圆上的第一个点。

② 选取圆上的第二个点。

注意： 在定义两个点后，可预览圆。

③ 选取圆上的第三个点，如图 2-45 所示。

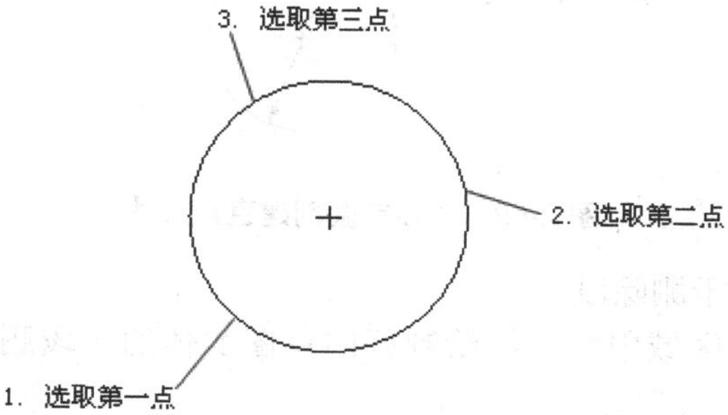

图 2-45　三点圆方式绘制圆

(4) 实体相切方式绘制圆。

单击【草绘】工具栏中的【3 相切】按钮，或选择【草绘】|【圆】|【3 相切】菜单命令。

① 在弧、圆或直线上选取一个起始位置。

② 在弧、圆或直线上选取一个结束位置。

注意： 在定义两个点后，可预览圆。

③ 在弧、圆或直线上选取第三个位置，如图 2-46 所示。

2) 对于步骤二：关于标注直径和半径

(1) 标注半径尺寸。

单击【草绘】工具栏中的【创建定义尺寸】按钮。

① 单击该圆或弧。

② 单击鼠标中键来放置该尺寸，如图 2-47 所示。

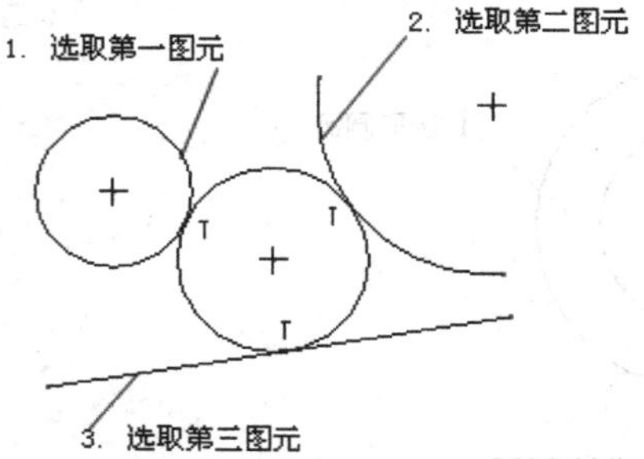

图 2-46 实体相切方式绘制圆

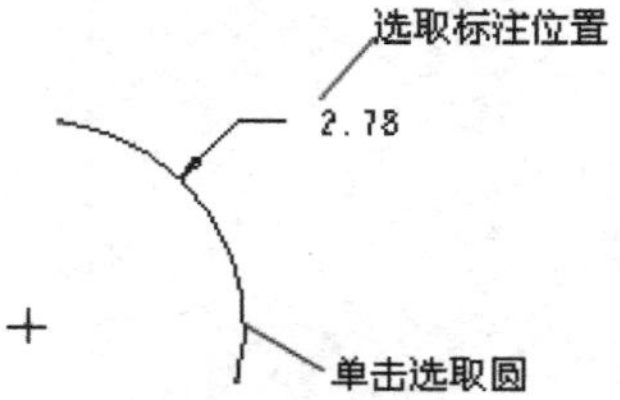

图 2-47 标注半径尺寸

(2) 标注直径尺寸。

单击【草绘】工具栏中的【创建定义尺寸】按钮。

① 双击该圆或弧。

② 单击鼠标中键来放置该尺寸，如图 2-48 所示。

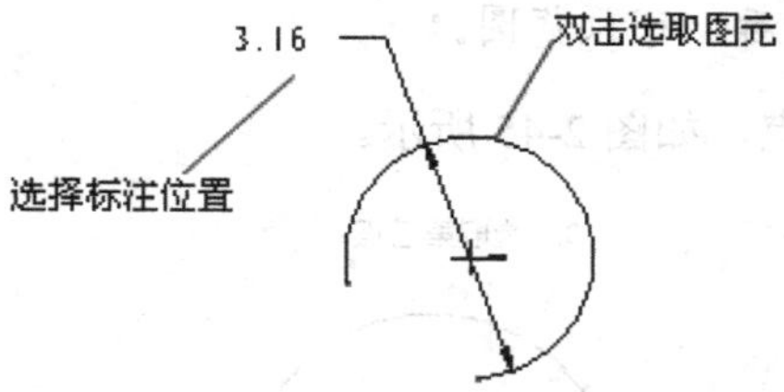

图 2-48 对弧或圆创建直径尺寸

3) 对于步骤二：关于删除段

删除段是指在绘图区域中将已经绘制好的草图实体的一段删除。删除段的操作步骤如下。

单击【草绘】工具栏中的【动态剪切剖面图元】按钮，在绘图区域的草图中，按下鼠标左键并移动光标，使其通过欲删除的线段。此时画面中会出现一条高亮显示的鼠标移动轨迹，只要是该轨迹通过的线段，都会高亮显示，此时放开鼠标左键，选中的线段即可被删除，如图 2-49 所示。

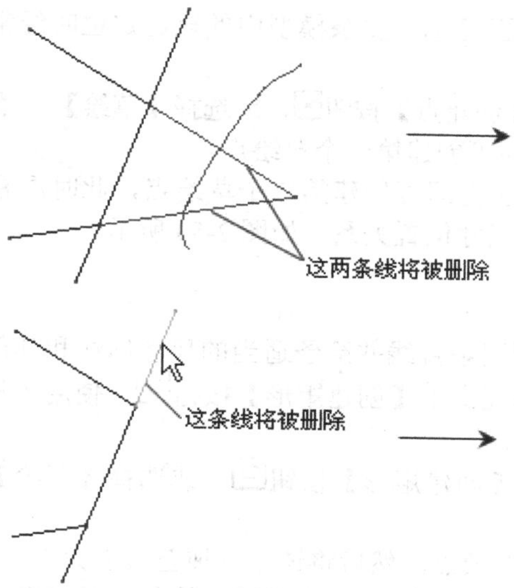

图 2-49　删除段

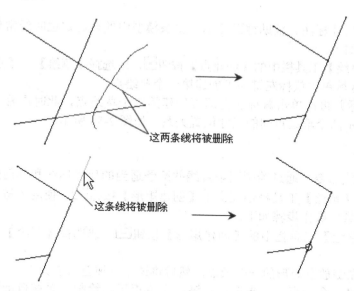

说明： 直接单击要删除的线段可以删除单一线段。

2.2.4　随堂练习

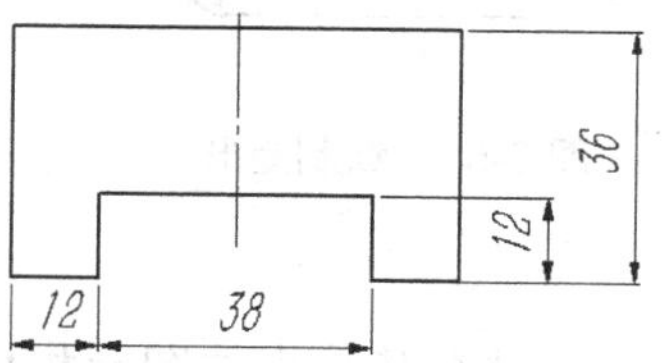

随堂练习 3

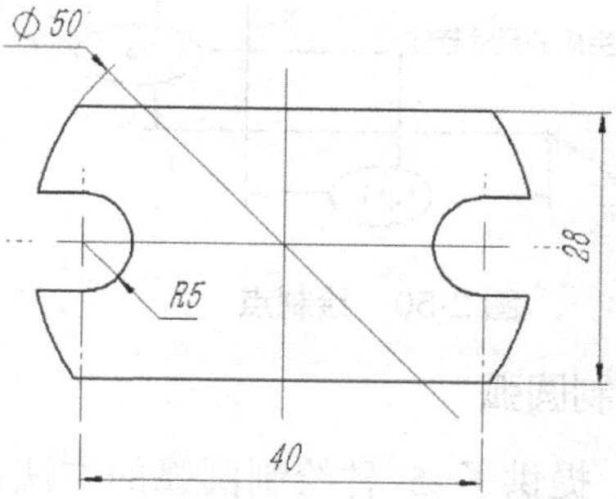

随堂练习 4

2.3　绘制复杂零件草图

本节知识点：

(1) 绘制基本几何图形的方法。

(2) 草图绘制技巧。

2.3.1 绘制基本几何图形

1. 绘制点

在进行辅助尺寸标注、辅助截面绘制、复杂模型中的轨迹定位时经常使用该命令。绘制点的操作步骤如下。

(1) 单击【草绘】工具栏中的【创建点】按钮，或选择【草绘】|【点】菜单命令。

(2) 在绘图区域单击鼠标左键即可创建第一个草绘点。

(3) 移动鼠标并再次单击鼠标左键即可创建第二个草绘点，此时屏幕上除了显示两个草绘点外，还显示两个草绘点间的尺寸位置关系，如图 2-50 所示。

2. 绘制矩形

使用绘制直线命令，通过绘制四条直线并给予适当的尺寸标注和几何约束即可绘制一个矩形。此外，【草绘】工具栏还提供了【创建矩形】按钮，使用该按钮可快速创建矩形。创建矩形的具体操作步骤如下。

(1) 单击【草绘】工具栏中的【创建矩形】按钮，或选择【草绘】|【矩形】菜单命令。

(2) 用鼠标左键放置矩形的一个顶点，然后将该矩形拖至所需大小。

(3) 要放置另一个顶点，单击鼠标左键，完成矩形的绘制，系统自动标注矩形相关的尺寸和约束条件，如图 2-51 所示。

说明： 该矩形的四条线是相互独立的。可以单独地处理(修剪、对齐等)它们。

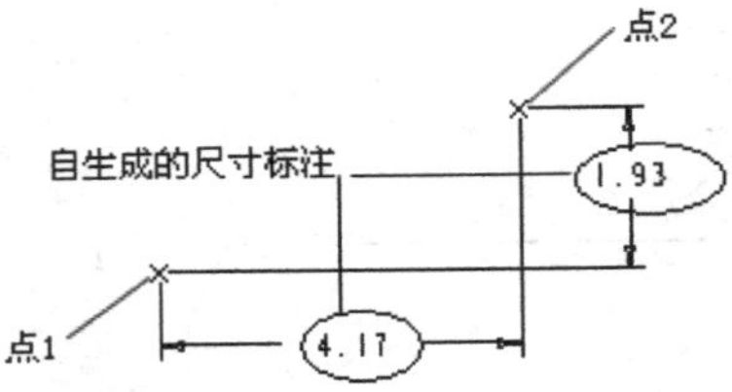

图 2-50　绘制点

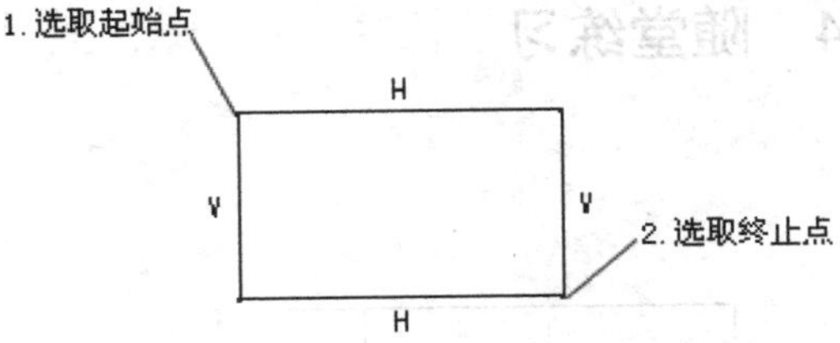

图 2-51　绘制矩形

3. 绘制圆弧

Pro/E 提供了 5 种绘制圆弧的方法：通过 3 点或通过在其端点与图元相切来创建圆弧、创建同心圆弧、通过选择圆弧心和端点来创建圆弧、创建与 3 个图元相切的弧和创建锥形弧。

1) 三点方式绘制圆弧

(1) 单击【草绘】工具栏中的【通过 3 点或通过在其端点与图元相切来创建圆弧】按钮，或选择【草绘】|【弧】|【3 点/相切端】菜单命令。

(2) 通过拾取弧的两个端点和弧上的一个附加点来创建一个 3 点弧。要创建一个相切弧，首先选择现有图元的一个端点来确定切点，然后选择弧另一端点的位置，如图 2-52 所示。

2) 同心方式绘制圆弧

(1) 单击【草绘】工具栏中的【创建同心圆弧】按钮，或选择【草绘】|【弧】|

【同心】菜单命令。

(2) 选取一条弧，用其中心，以“橡皮筋”线拉至所需半径，并草绘这条弧，如图 2-53 所示。

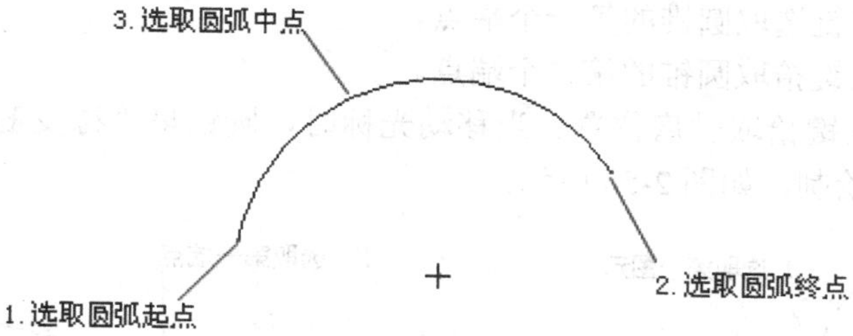

图 2-52 三点方式绘制圆弧

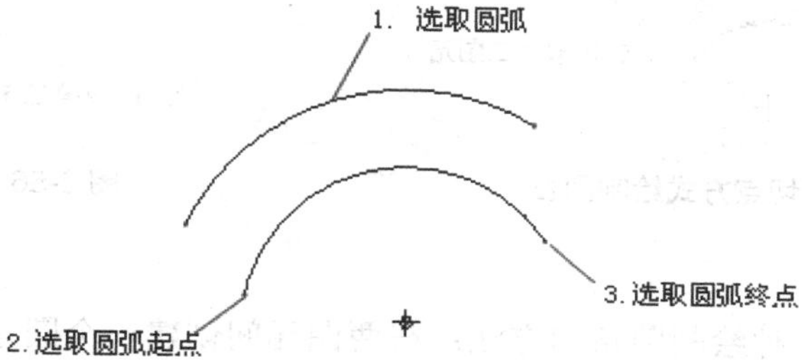

图 2-53 同心方式绘制圆弧

3) 中心点方式绘制圆弧

(1) 单击【草绘】工具栏中的【通过选择圆弧心和端点来创建圆弧】按钮，或选择【草绘】|【弧】|【圆心和端点】菜单命令。

(2) 通过选择弧的中心点和端点来创建圆弧，如图 2-54 所示。

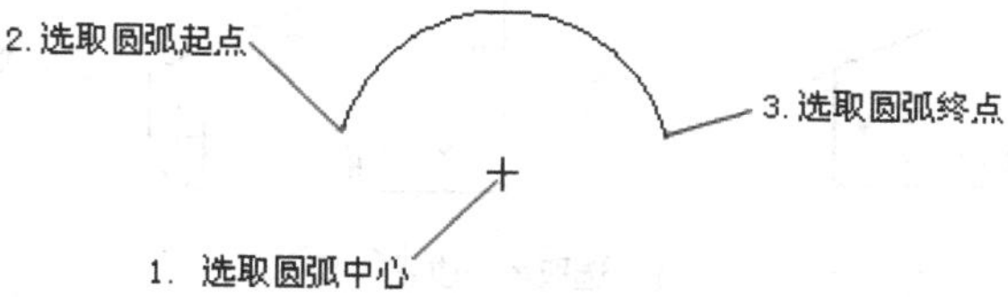

图 2-54 中心点方式绘制圆弧

4) 三切点方式绘制圆弧

(1) 单击【草绘】工具栏中的【创建与 3 个图元相切的弧】按钮，或选择【草绘】|【弧】|【3 相切】菜单命令。

(2) 在弧、圆或直线上选取一个起始位置。使用鼠标中键可结束命令。

(3) 在弧、圆或直线上选取一个结束位置。使用鼠标中键可结束命令。

注意： 在定义两个点后，可预览弧。

在弧、圆或直线上选取第三个位置。使用鼠标中键可结束命令，如图 2-55 所示。

5) 创建锥形弧

(1) 单击【草绘】工具栏中的【创建一锥形弧】按钮，或选择【草绘】|【弧】|【圆锥】菜单命令。

(2) 使用鼠标左键选取圆锥的第一个端点。

(3) 使用鼠标左键拾取圆锥的第二个端点。

(4) 使用鼠标左键拾取轴肩位置。当移动光标时，圆锥呈“橡皮筋”式，单击鼠标左键，完成锥形弧的绘制，如图 2-56 所示。

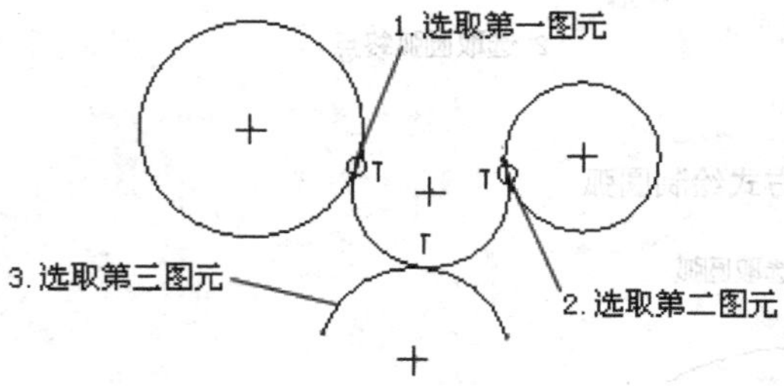

图 2-55 三切点方式绘制圆弧

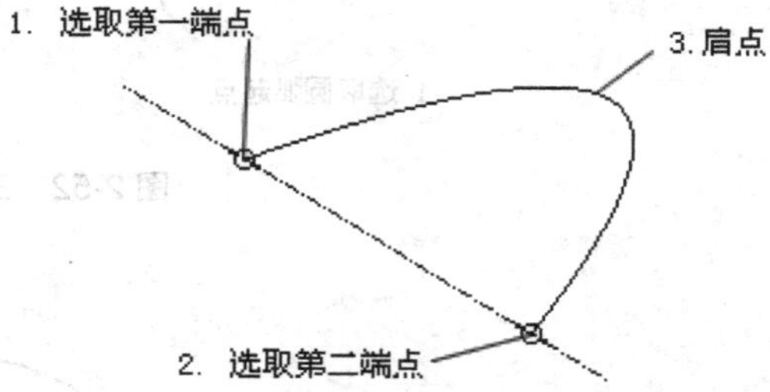

图 2-56 锥形弧

4. 绘制圆角

Pro/E 中提供了两种绘制圆角的方法：在两图元间创建一个圆角和在两图元间创建一个椭圆形圆角。

1) 在两图元间创建一个圆角

(1) 单击【草绘】工具栏中的【在两图元间创建一个圆角】按钮，或选择【草绘】|【圆角】|【圆形】菜单命令。

(2) 在图形区域选取相交的两条边，即可产生一个圆角，如图 2-57 所示。

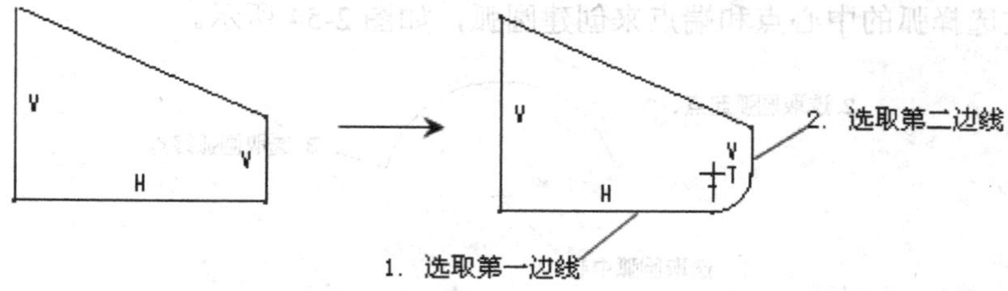

图 2-57 在两图元间创建一个圆角

2) 在两图元间创建一个椭圆形圆角

(1) 单击【草绘】工具栏中的【在两图元间创建一个椭圆形圆角】按钮，或选择【草绘】|【圆角】|【椭圆形】菜单命令。

(2) 在图形区域选取相交的两条边，即可产生一个椭圆形圆角，如图 2-58 所示。

5. 绘制文本

在 Pro/E 中文字也可作为剖面的一部分，如可对文字进行拉伸、旋转等操作。绘制文本的操作步骤如下。

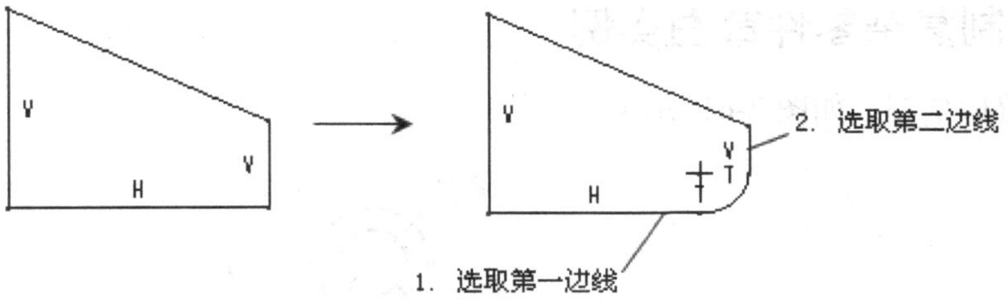

图 2-58　在两图元间创建一个椭圆形圆角

(1) 单击【草绘】工具栏中的【创建文本】按钮，或选择【草绘】|【文本】菜单命令。

(2) 在草绘平面上选取起点来设置文本的高度和方向。

(3) 单击一个终止点。草绘器在开始点和终止点之间创建了一条构建线。构建线的长度决定文本的高度，而该构建线的角度决定文本的方向。弹出【文本】对话框，如图 2-59 所示。

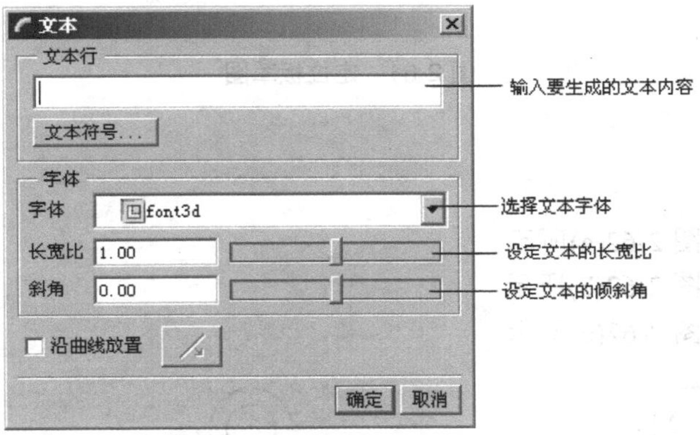

图 2-59　【文本】对话框

(4) 在【文本行】文本框中输入“山东理工大学”；在【字体】下拉列表框中选择 font3d 选项；长宽比的设定范围是 0.1～10，此处设定为 0.67；斜角的设定范围是-60°～60°，此处设定为 18°，然后单击【确定】按钮，生成如图 2-60 所示的文本。

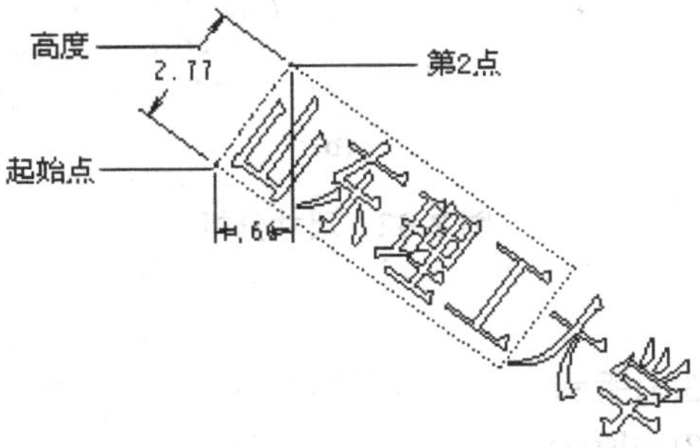

图 2-60　生成的文本

2.3.2 绘制复杂零件草图实例

绘制定位板草图，如图 2-61 所示。

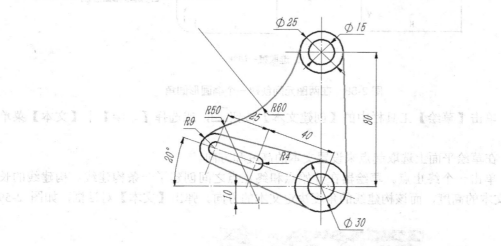

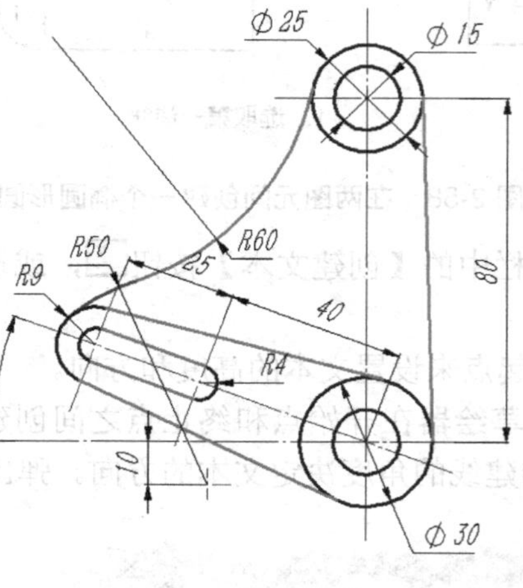

图 2-61 定位板草图

1. 草图分析

1) 尺寸分析

(1) 尺寸基准如图 2-62(a)所示。

(2) 定位尺寸如图 2-62(b)所示。

(3) 定形尺寸如图 2-62(c)所示。

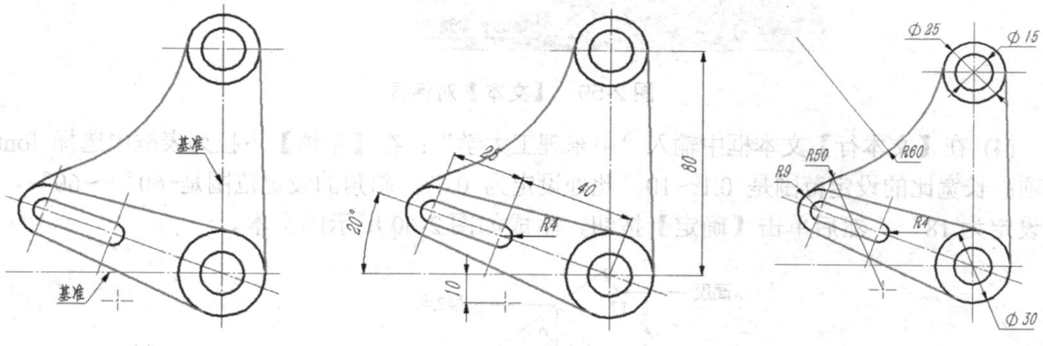

图 2-62 尺寸分析

2. 线段分析

(1) 已知线段如图 2-63(a)所示。

(2) 中间线段如图 2-63(b)所示。

(3) 连接线段如图 2-63(c)所示。

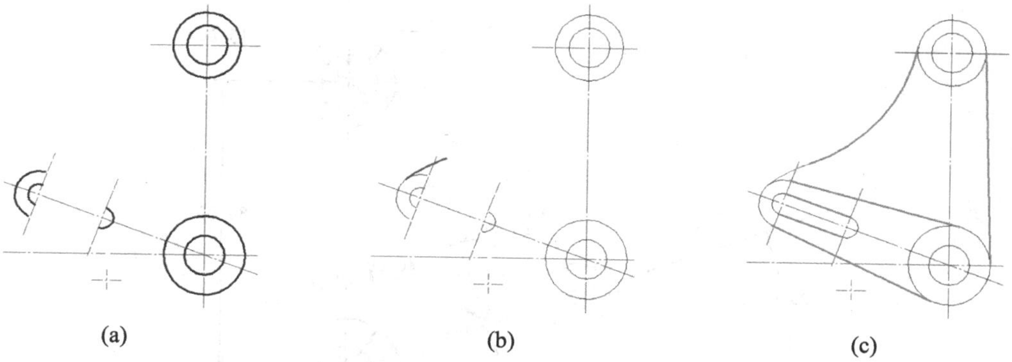

图 2-63　线段分析

3. 操作步骤

步骤一：新建零件

新建文件“base.sec”。

步骤二：绘制草图

(1) 画基准线。

利用【草绘】工具栏中的【中心线】按钮创建中心线，再利用【草绘】工具栏中的【直线】按钮创建直线，然后镜像建立对称关系，并转化成构造线，最后利用【草绘】工具栏中的【创建定义尺寸】按钮添加尺寸约束，如图 2-64 所示。

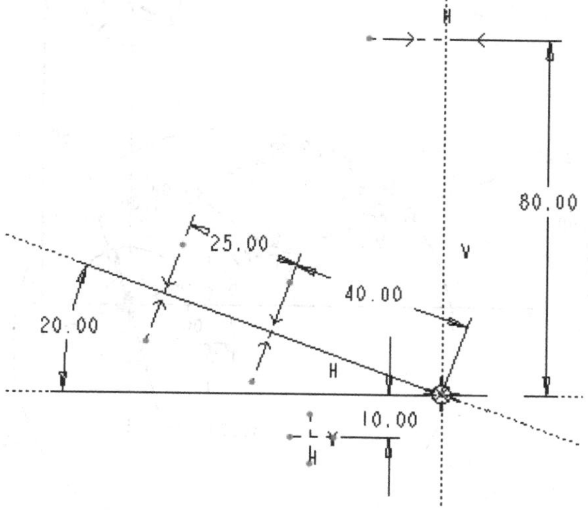

图 2-64　画基准线

(2) 画已知线段。

利用【草绘】工具栏中的【直线】和【圆】按钮，创建基本圆弧轮廓和直线，接着利用【草绘】工具栏中的【约束】按钮，添加几何约束，再利用【草绘】工具栏中的【创建定义尺寸】按钮，添加尺寸约束，如图 2-65 所示。

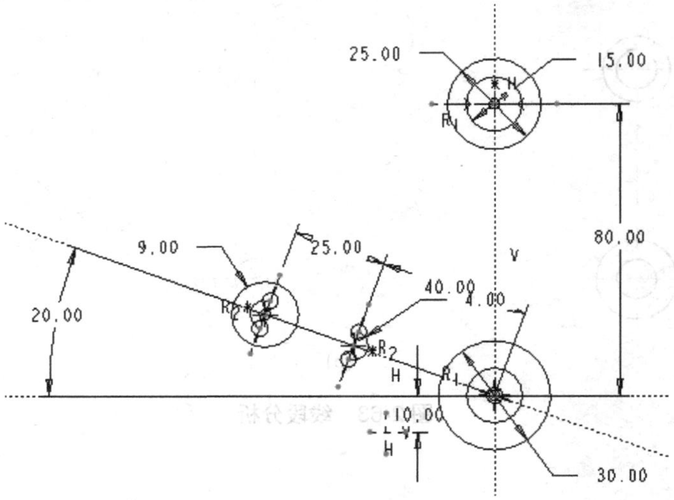

图 2-65　画已知线段

(3) 明确中间线段的连接关系，画出中间线段。

利用【草绘】工具栏中的【曲线】按钮，创建基本圆弧轮廓，接着利用【草绘】工具栏中的【约束】按钮，添加几何约束，利用【草绘】工具栏中的【尺寸】按钮，添加尺寸约束，如图 2-66 所示。

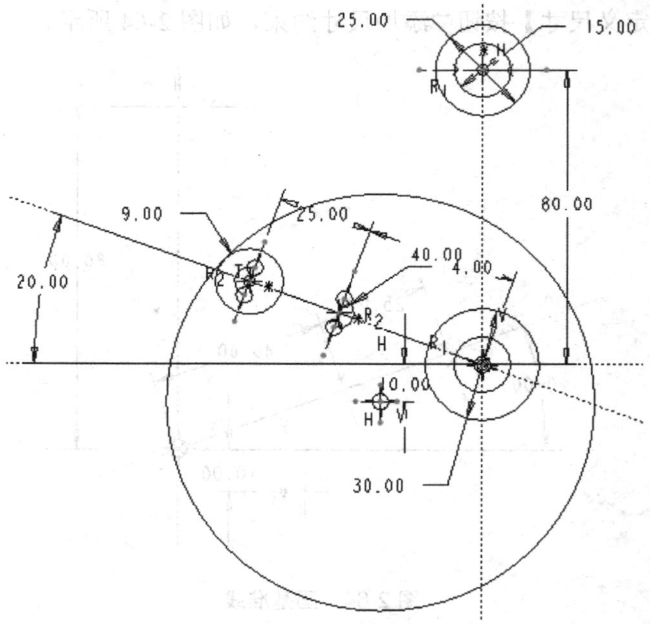

图 2-66　画出中间线段

(4) 明确连接线段的连接关系，画出连接线段。

利用【草绘】工具栏中的【直线】和【圆】按钮，创建直线和圆，接着利用【草绘】工具栏中的【约束】按钮，添加几何约束，利用【草绘】工具栏中的【创建定义尺寸】按钮，添加尺寸约束，如图 2-67 所示。

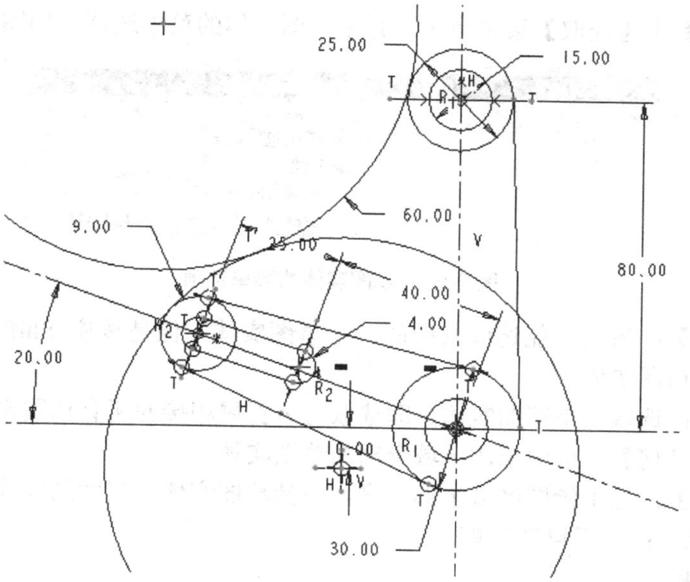

图 2-67　画出连接线段

(5) 检查整理图形。

利用【草绘】工具栏中的【删除段】按钮，裁剪相关曲线，如图 2-68 所示。

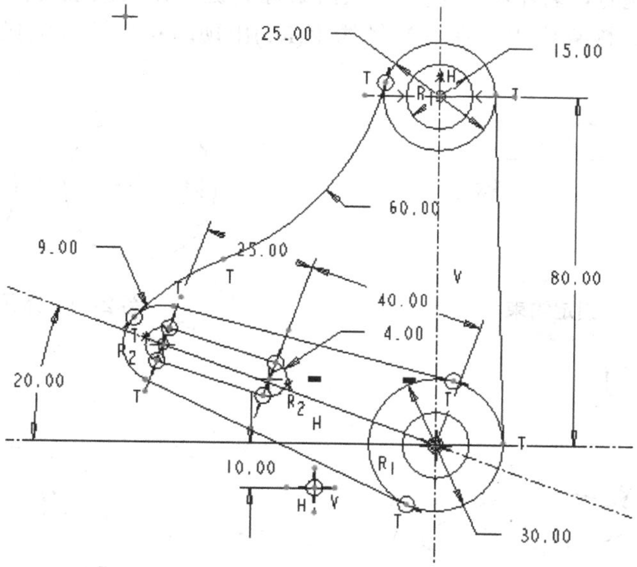

图 2-68　完成草图

步骤三：存盘

选择【文件】|【保存】菜单命令，保存文件。

4. 步骤点评

1) 对于步骤二：关于选取草图实体

在对草图实体进行编辑之前，首先需要选中草图实体，即让草图实体获得焦点。

选择【编辑】|【选取】菜单命令，弹出草图实体的菜单选项，如图 2-69 所示。

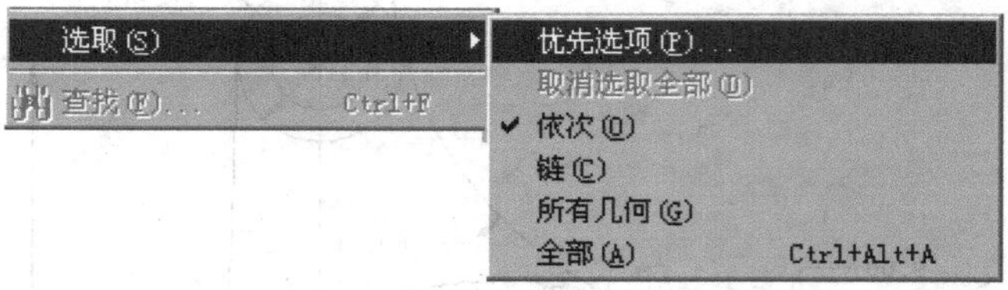

图 2-69　草图实体的菜单选项

- 【依次】：每次只能选取其中的一个草图实体，但是按住 Shift 键却可以连续选取多个草图实体。
- 【链】：选取一个草图实体，即选取与之首尾相接的所有草图实体。
- 【所有几何】：选中绘图区域全部的草图实体。
- 【全部】：选中绘图区域全部元素，包括草图实体、尺寸约束等。

2) 对于步骤二：关于自动约束

(1) 锁定约束。

在约束符号出现时，若符合要求，右击，该约束就会被锁定，如图 2-70 所示。在水平约束(H)出现时执行这样的操作后，该直线只能水平移动。

(2) 禁用约束。

在约束符号出现时，若不符合要求，双击鼠标右键，该约束就会被禁用，如图 2-71 所示，再单击约束又会恢复作用。在等半径约束(R1)出现时执行这样的操作后，该圆不建立等半径关系。

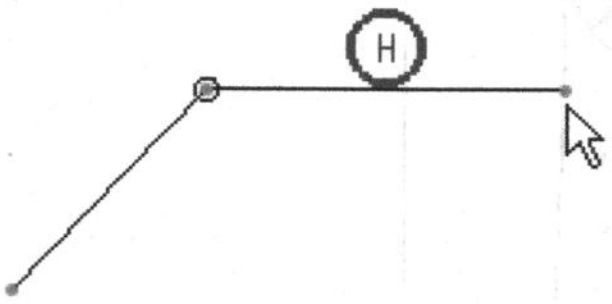

图 2-70　锁定约束

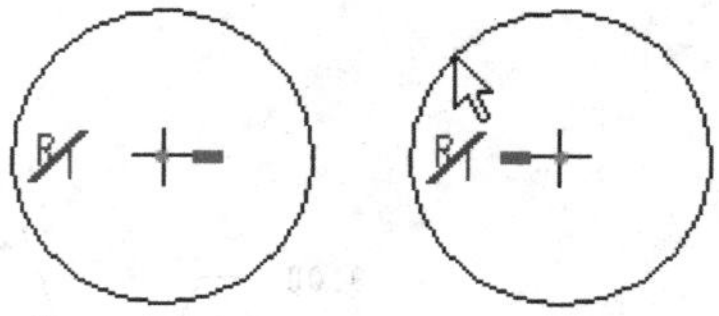

图 2-71　禁用约束

2.3.3　随堂练习

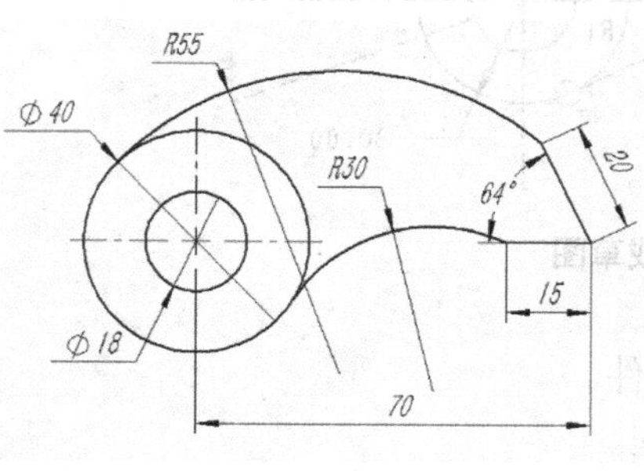

随堂练习 5

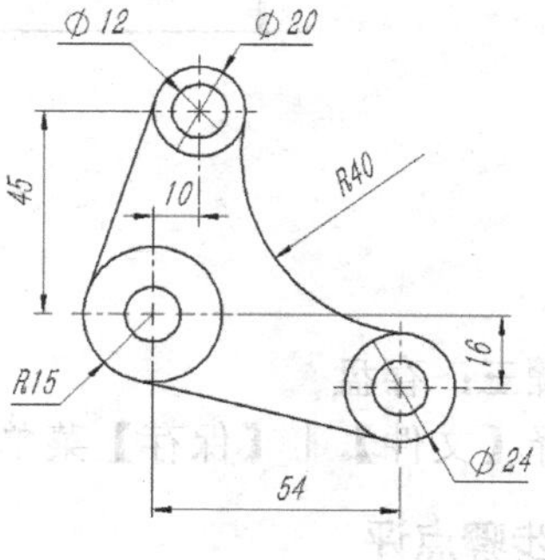

随堂练习 6

2.4 上 机 指 导

熟练掌握二维草图的绘制方法与技巧，建立如图 2-72 所示的草图。

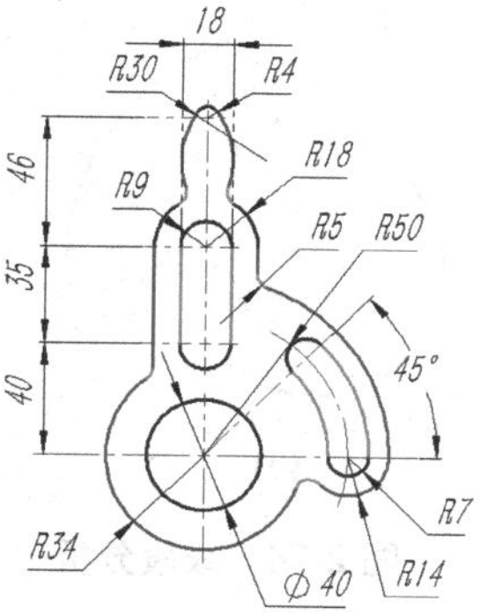

图 2-72 草图

2.4.1 草图分析

1. 尺寸分析

(1) 尺寸基准如图 2-73(a)所示。
(2) 定位尺寸如图 2-73(b)所示。
(3) 定形尺寸如图 2-73(c)所示。

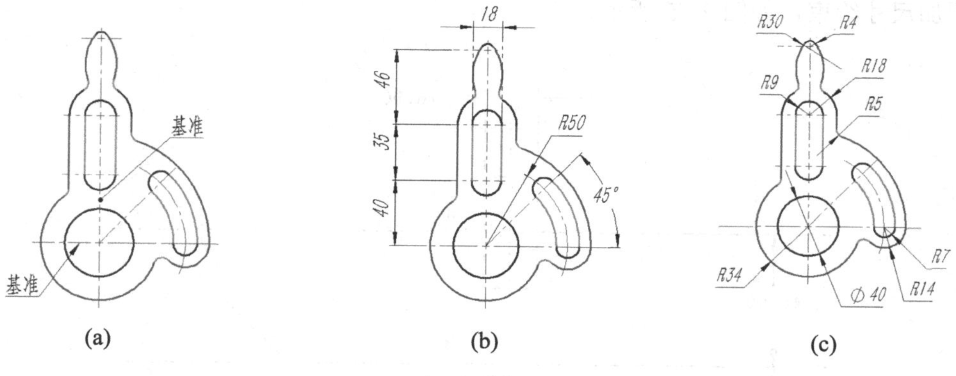

图 2-73 尺寸分析

2. 线段分析

(1) 已知线段如图 2-74(a)所示。
(2) 中间线段如图 2-74(b)所示。
(3) 连接线段如图 2-74(c)所示。

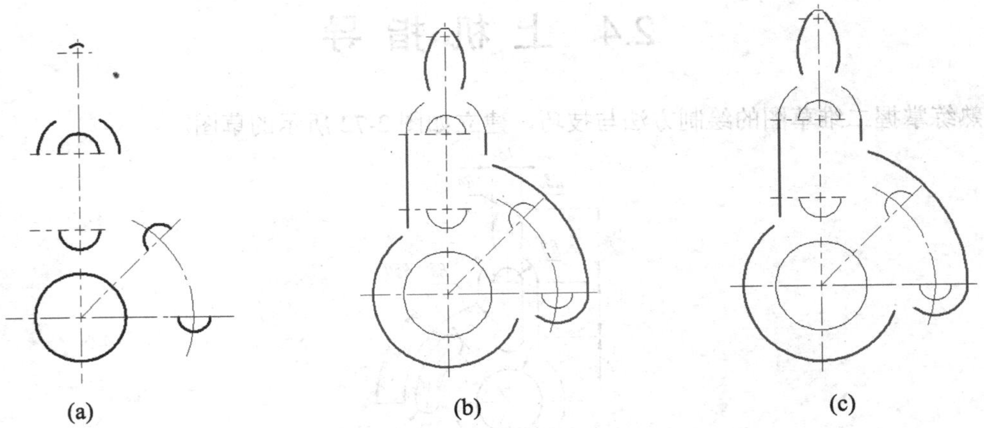

图 2-74　线段分析

2.4.2　操作步骤

步骤一：新建零件

新建文件“knob.sec”。

步骤二：绘制草图

(1) 画基准线。

利用【草绘】工具栏中的【直线】按钮，创建直线并且转换为构造线，接着利用【草绘】工具栏中的【约束】按钮，添加几何约束，再利用【草绘】工具栏中的【尺寸】按钮，添加尺寸约束，如图 2-75 所示。

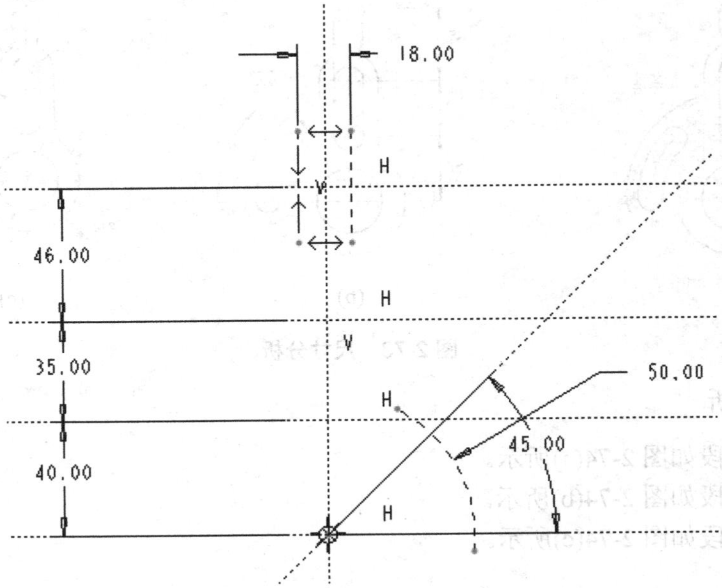

图 2-75　画基准线

(2) 画已知线段。

利用【草绘】工具栏中的【直线】和【圆】按钮，创建基本圆弧轮廓和直线，接着利用【草绘】工具栏中的【约束】按钮，添加几何约束，再利用【草绘】工具栏中的【创建定义尺寸】按钮，添加尺寸约束，如图 2-76 所示。

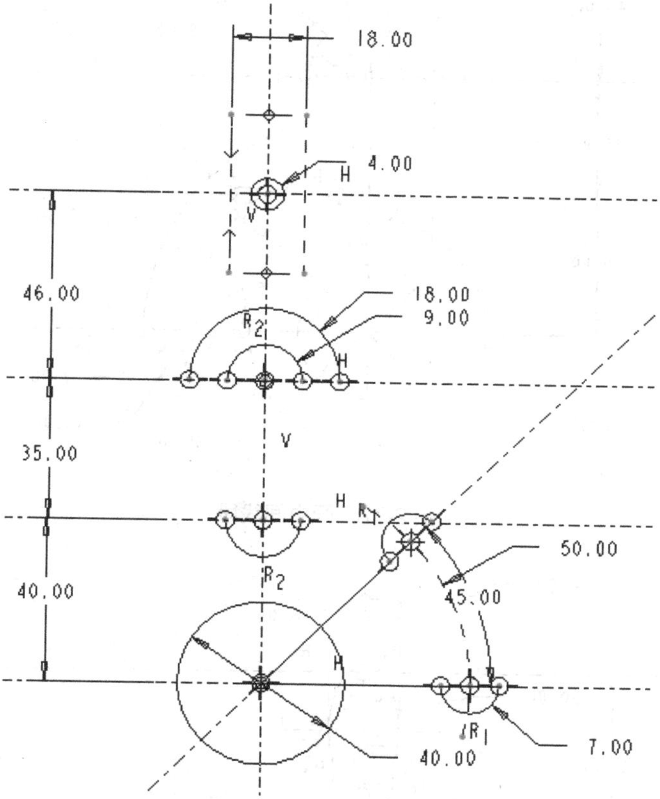

图 2-76　画已知线段

(3) 明确中间线段的连接关系，画出中间线段。

利用【草绘】工具栏中的【直线】和【圆】按钮，创建直线和圆，接着利用【草绘】工具栏中的【约束】按钮，添加几何约束，再利用【草绘】工具栏中的【创建定义尺寸】按钮，添加尺寸约束，如图 2-77 所示。

(4) 明确连接线段的连接关系，画出连接线段。

利用【草绘】工具栏中的【直线】和【圆】按钮，创建直线和圆，接着利用【草绘】工具栏中的【约束】按钮，添加几何约束，再利用【草绘】工具栏中的【创建定义尺寸】按钮，添加尺寸约束，最后利用【草绘】工具栏中的【删除段】按钮，裁剪相关曲线，如图 2-78 所示。

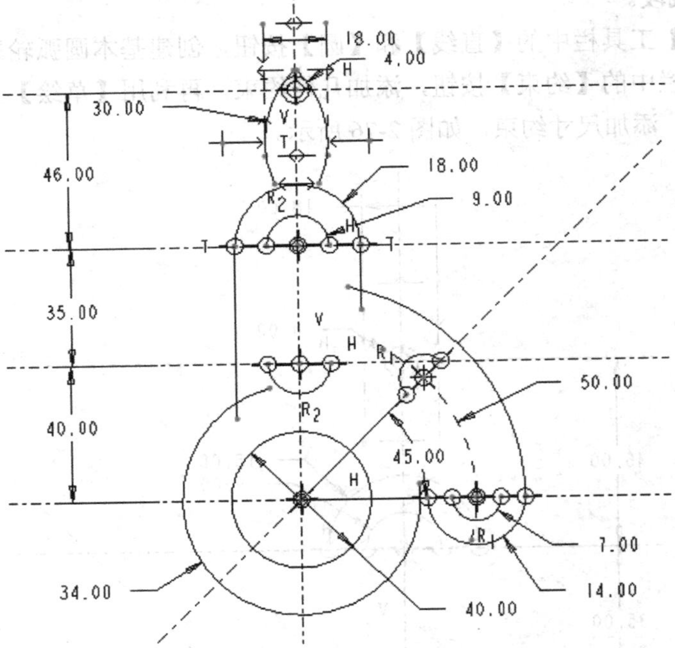

图 2-77　画中间线段

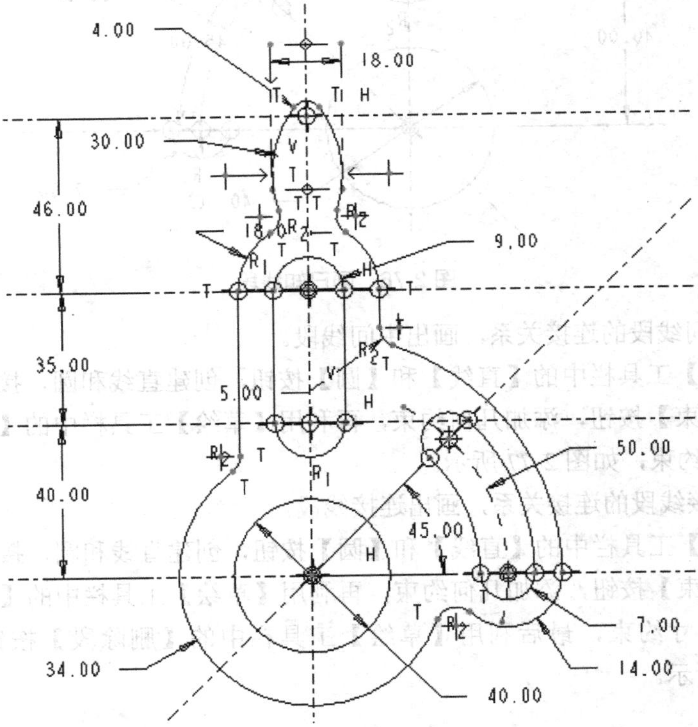

图 2-78　画连接线段

步骤三：存盘

选择【文件】|【保存】菜单命令，保存文件。

2.5　上 机 练 习

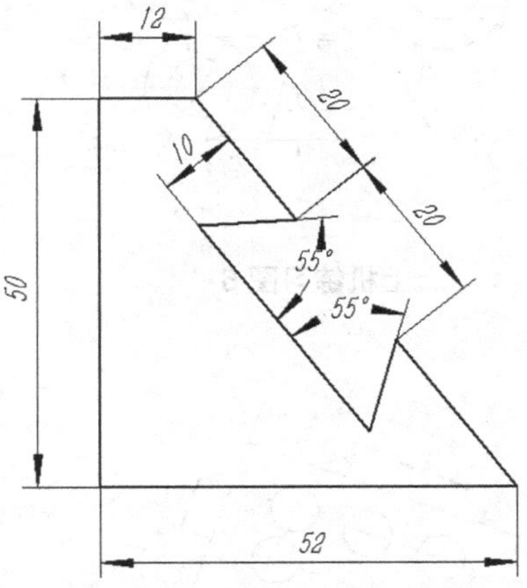

上机练习图 1

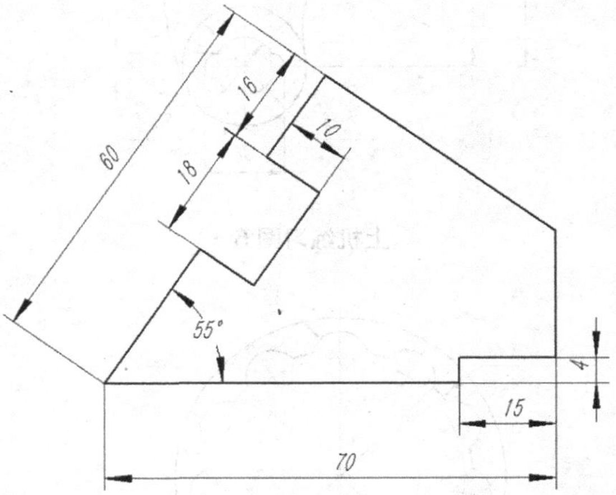

上机练习图 2

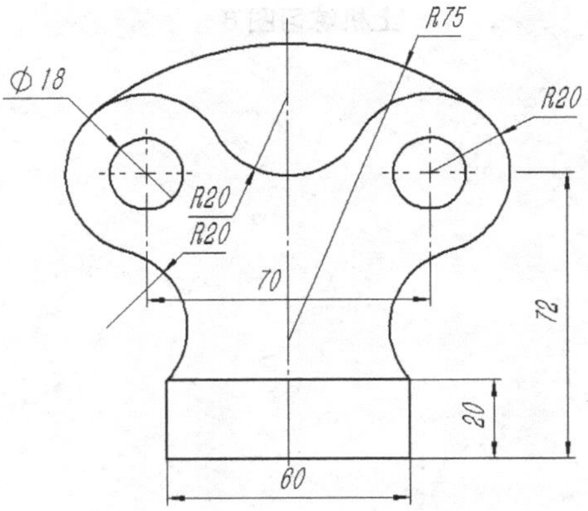

上机练习图 3

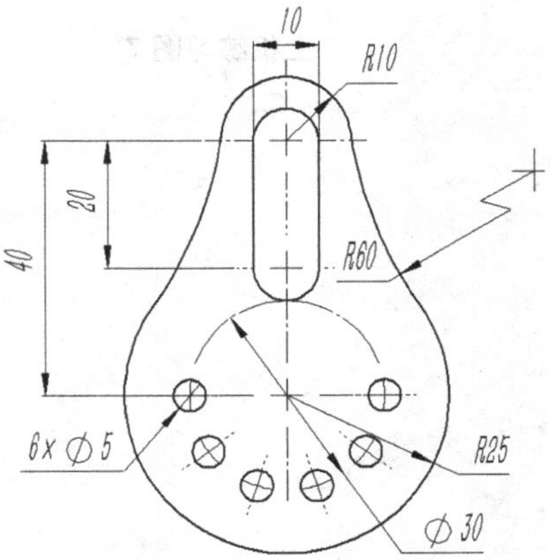

上机练习图 4

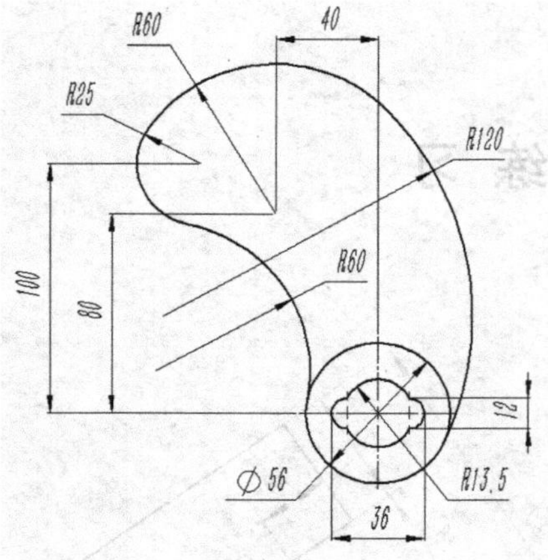

上机练习图 5

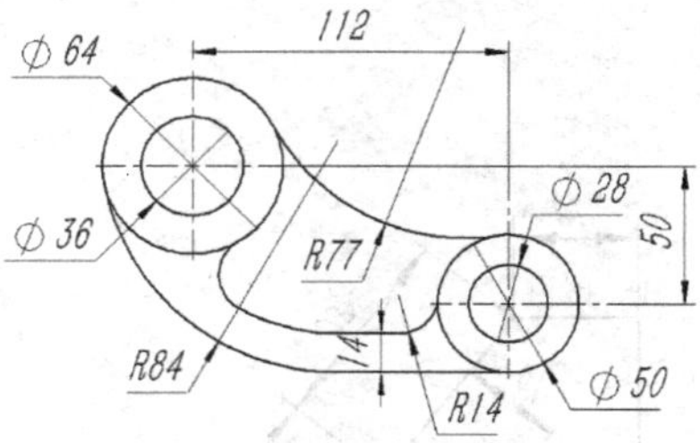

上机练习图 6

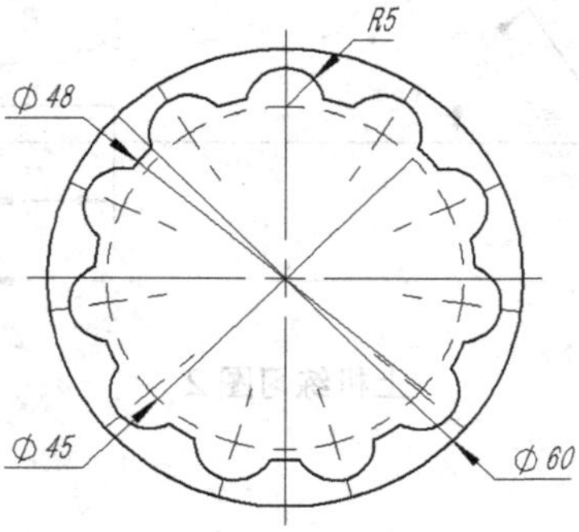

上机练习图 7

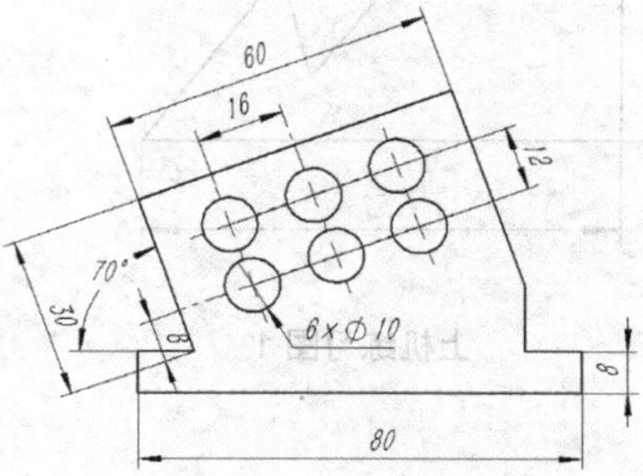

上机练习图 8

第 3 章　基础特征建模

基础特征是一个零件的主要轮廓特征。Pro/E 软件为基础特征提供了许多人性化的设置，用户可以随意地拖动特征箭头调整特征，也可以通过操作面板或对话框精确地生成模型。基础特征包括：拉伸特征、旋转特征、扫描特征和混合特征，熟练掌握基础特征的创建是学习三维设计的基本功。

3.1　拉 伸 建 模

本节知识点：

(1) 零件建模的基本规则。

(2) 创建拉伸特征方法。

3.1.1　拉伸特征创建流程

拉伸特征的创建流程如下。

(1) 单击【基础特征】工具栏中的【拉伸】按钮。

(2) 确定草绘平面。

(3) 草绘平面。

(4) 定义拉伸深度。

(5) 特征创建结束。

1. 拉伸截面

用于实体拉伸的截面，需注意下列创建截面的规则。

(1) 首次拉伸实体时，其拉伸截面必须封闭。

(2) 当已有实体存在时，若要在原有实体上另产生拉伸特征，则新的拉伸特征截面有以下两种情况。

① 当新的拉伸特征不超出原实体表面时，拉伸截面可以是开放的，此截面的端点必须与实体表面对齐，如图 3-1(a)所示。

② 当新的拉伸特征超出原实体表面时，拉伸截面必须封闭，如图 3-1(b)所示。

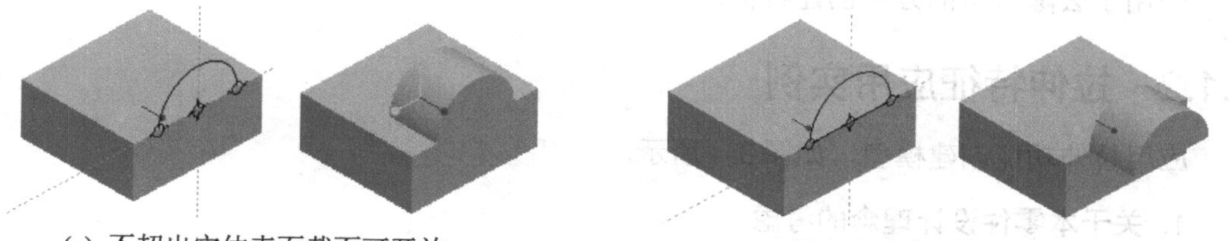

(a) 不超出实体表面截面可开放　　(b) 超出实体表面截面要封闭

图 3-1　拉伸截面的封闭与开放

(3) 拉伸截面也可为多重回路，系统会自动判断产生合理的结果，如图 3-2 所示。

(4) 拉伸截面中的封闭回路不能相交，如图 3-3 所示。

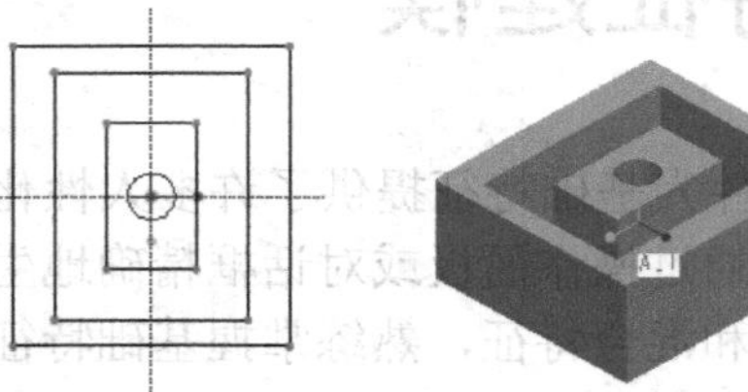

(a) 多重回路截面　　(b) 多重回路实体

图 3-2　拉伸截面也可为多重回路

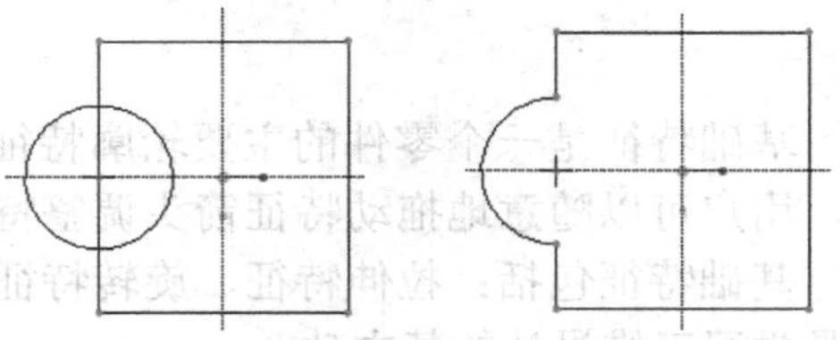

(a) 错误截面　　(b) 正确截面

图 3-3　拉伸截面中的封闭回路不能相交

2. 拉伸的深度设置

通过选取下列深度选项之一可指定拉伸特征的深度。

- 【盲孔】：自草绘平面以指定深度值拉伸截面。

注意： 指定一个负的深度值会反转深度方向。

- 【对称】：在草绘平面每一侧上以指定深度值的一半拉伸截面。
- 【穿至】：将截面拉伸，使其与选定曲面或平面相交。对于终止曲面，可选取下列各项。
  - 不要求零件曲面是平曲面。
  - 不要求基准平面平行于草绘平面。
  - 由一个或几个曲面所组成的面组。
  - 在一个组件中，可选取另一元件的几何。
- 【到下一个】：拉伸截面至下一曲面。使用此选项，在特征到达第一个曲面时将其终止。

注意： 基准平面不能被用作终止曲面。

- 【穿透】：拉伸截面，使之与所有曲面相交。使用此选项，在特征到达最后一个曲面时将其终止。
- 【到选定项】：将截面拉伸至一个选定点、曲线、平面或曲面。

3. 切除

用于去除材料的方法创建特征。

3.1.2　拉伸特征应用实例

应用拉伸功能创建模型，如图 3-4 所示。

1. 关于本零件设计理念的考虑

(1) 零件呈对称排列。

(2) 长度尺寸 35 必须能够在 30～50 范围内正确变化。

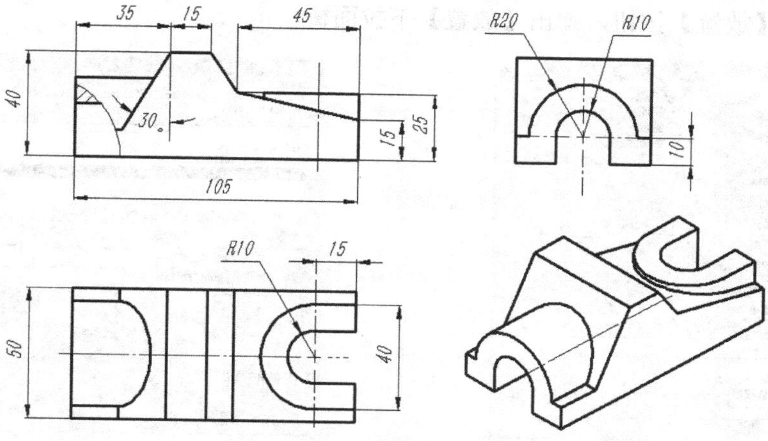

图 3-4　基本拉伸

(3) 两个槽口为完全贯通。

建模步骤如表 3-1 所示。

表 3-1　建模步骤

				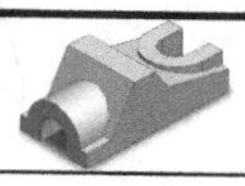
步骤一	步骤二	步骤三	步骤四	步骤五

2. 操作步骤

步骤一：新建文件、建立基体

1) 新建零件

(1) 选择【文件】|【新建】菜单命令，弹出【新建】对话框，如图 3-5 所示。

① 在【类型】选项组中，选中【零件】单选按钮。

② 在【子类型】选项组中，选中【实体】单选按钮。

③ 在【名称】文本框中输入“Base”。

④ 取消选中【使用缺省模板】复选框，如图 3-5 所示。

⑤ 单击【确定】按钮。

(2) 弹出【新文件选项】对话框，选用 mmns_part_solid 模板，如图 3-6 所示，单击【确定】按钮。

(3) 系统自动建立 3 个基准面 RIGHT、TOP、FRONT 和 1 个基准坐标系 PRT_CSYS_DEF，如图 3-7 所示。

2) 建立拉伸基体

(1) 单击【基础特征】工具栏中的【拉伸】按钮，弹出【拉伸】操作面板，如图 3-8 所示。

① 确定拉伸为实体(系统默认选项)。

② 单击【对称】按钮，在【深度】下拉列表框中输入 50。

③ 单击【放置】按钮，弹出【放置】下拉面板。

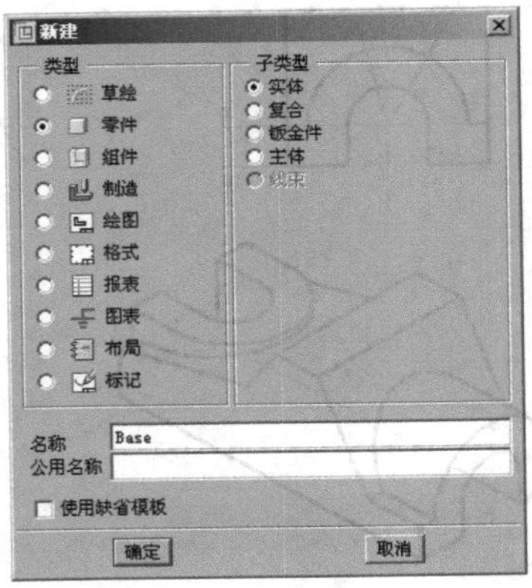

图 3-5 【新建】对话框

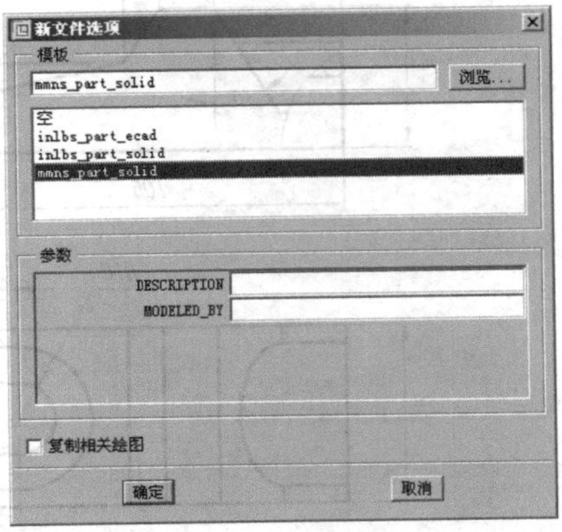

图 3-6 【新文件选项】对话框

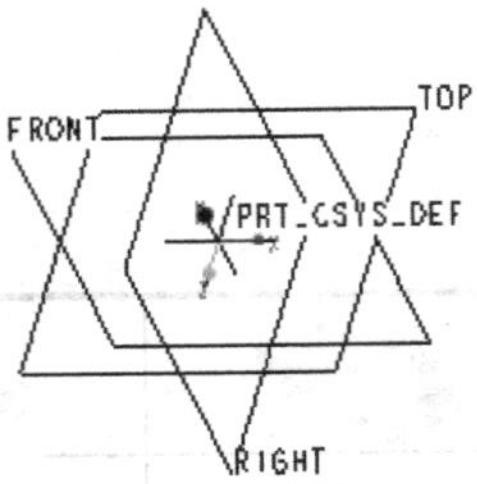

图 3-7 系统默认基准面和默认坐标系

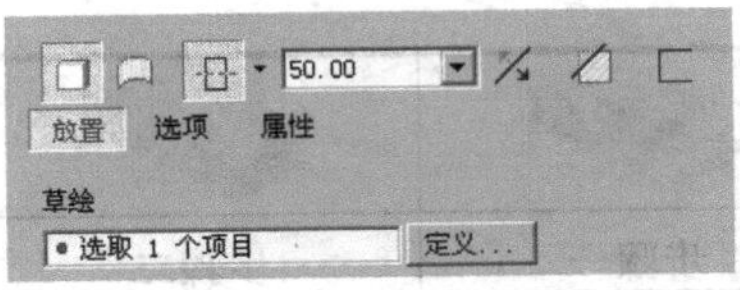

图 3-8 【拉伸】操作面板

(2) 单击【定义】按钮，弹出【草绘】对话框，如图 3-9 所示。

① 选择 RIGHT 基准面作为草绘平面。

② 选择 TOP 基准面作为参照平面。

③ 在【方向】下拉列表框中选择【顶】选项，单击【草绘】按钮，进入草绘模式。

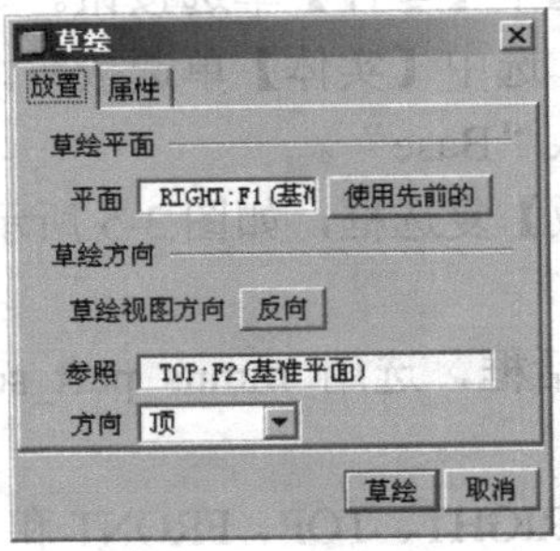

图 3-9 【草绘】对话框

(3) 绘制草图，如图 3-10 所示，单击【完成】按钮。

(4) 返回【拉伸】操作面板，并单击【视图】工具栏中的【保存的视图列表】按钮，切换视图为【标准方向】，如图 3-11 所示，单击【确定】按钮。

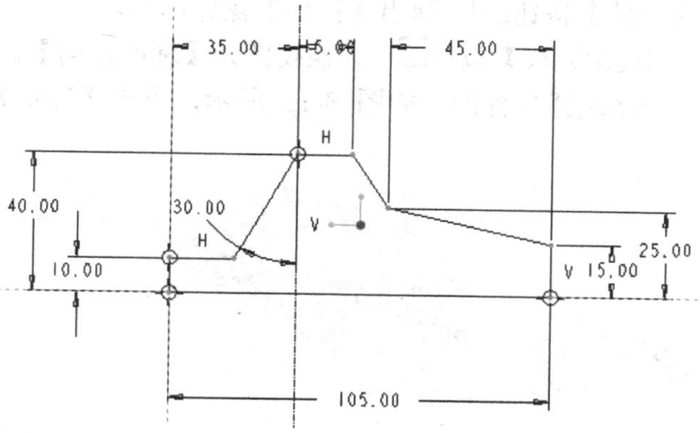

图 3-10　绘制草图

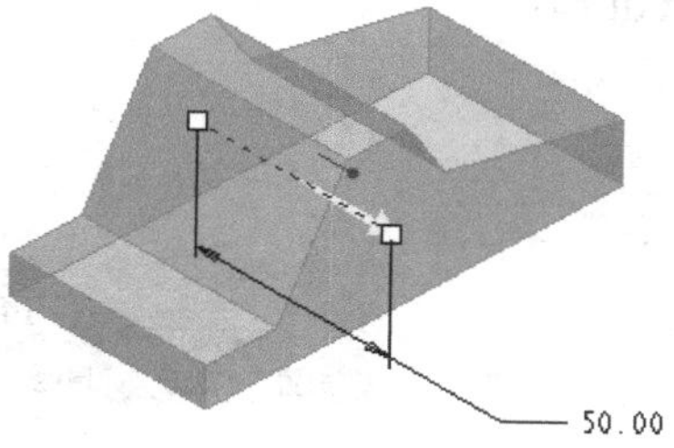

图 3-11　生成实体特征

步骤二：拉伸到选定对象

(1) 单击【草绘】工具栏中的按钮，弹出【草绘】对话框。

① 选中前表面作为草绘平面。

② 选择上表面作为参照平面。

③ 在【方向】下拉列表框中选择【顶】选项，如图 3-12 所示，单击【草绘】按钮，进入草绘模式。

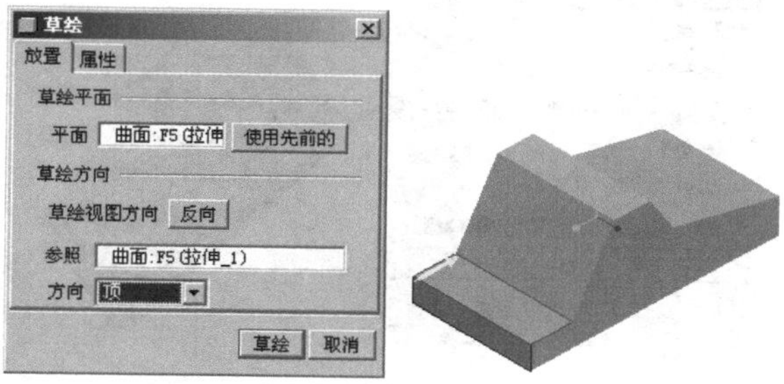

图 3-12　选择基准面

(2) 选择【草图】|【参照】菜单命令，弹出【参照】对话框，在图形区选择 RIGHT 基准面和左端上表面作为参照，如图 3-13 所示。

(3) 绘制草图，如图 3-14 所示，单击【完成】按钮。

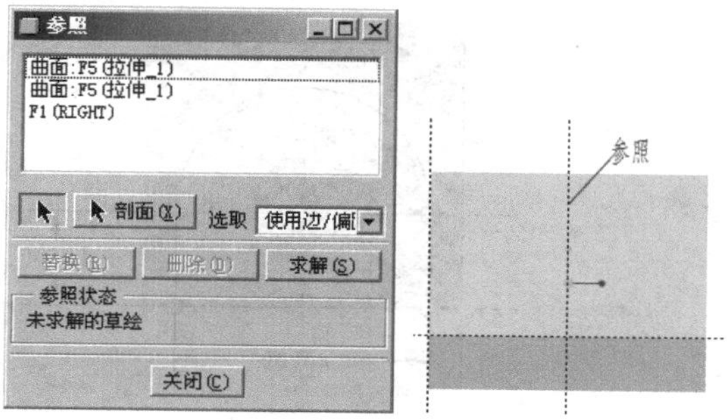

图 3-13　建立参照面

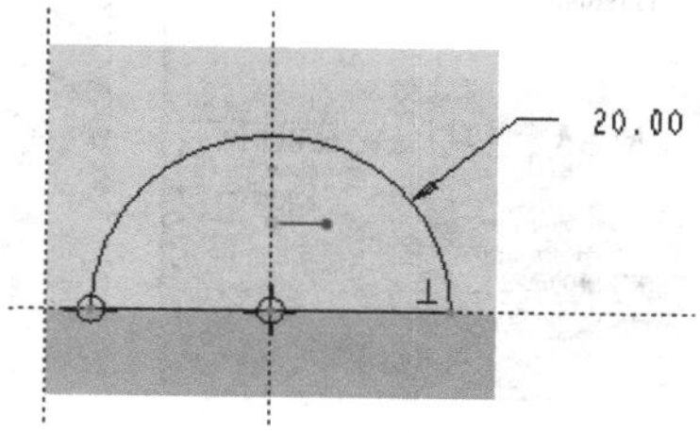

图 3-14　绘制草图

(4) 单击【基础特征】工具栏中的【拉伸】按钮，弹出【拉伸】操作面板。

① 单击【视图】工具栏中的【保存的视图列表】按钮，切换视图为【标准方向】。

② 单击【到选定项】按钮，在图形区选择目标面，如图 3-15 所示，单击【确定】按钮。

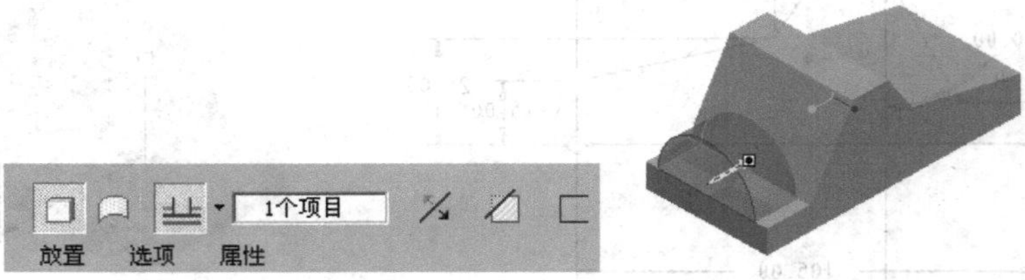

图 3-15　拉伸到选定

步骤三：按指定值拉伸

(1) 单击【草绘工具】按钮，弹出【草绘】对话框。

① 选中底面作为草绘平面。

② 选择下端面作为参照平面。

③ 在【方向】下拉列表框中选择【底部】选项，如图 3-16 所示，单击【草绘】按钮，进入草绘模式。

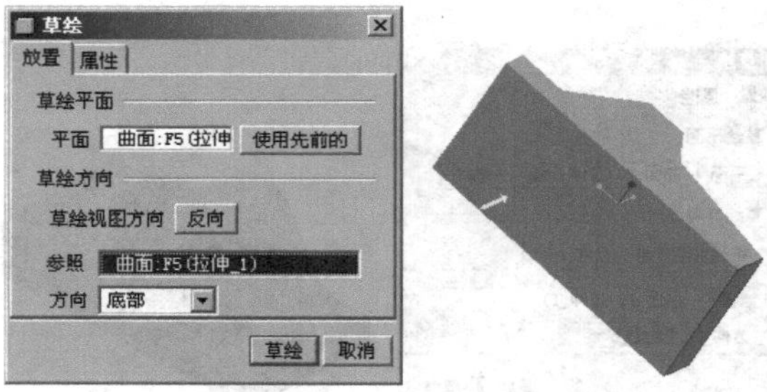

图 3-16　选择基准面

(2) 选择【草图】|【参照】菜单命令，弹出【参照】对话框，在图形区选择 RIGHT 基准面作为参照，如图 3-17 所示。

(3) 绘制草图，如图 3-18 所示，单击【完成】按钮。

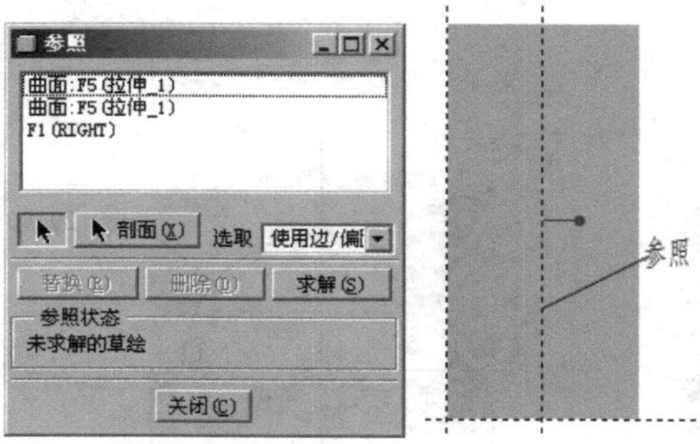

图 3-17　建立参照面

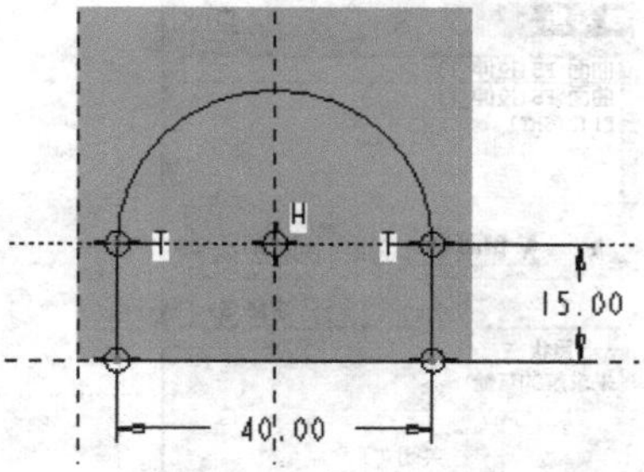

图 3-18　绘制草图

(4) 单击【基础特征】工具栏中的【拉伸】按钮，弹出【拉伸】操作面板。

① 单击【视图】工具栏中的【保存的视图列表】按钮，切换视图为【标准方向】。

② 单击【盲孔】按钮，在【深度】下拉列表框中输入 25，如图 3-19 所示，单击【确定】按钮。

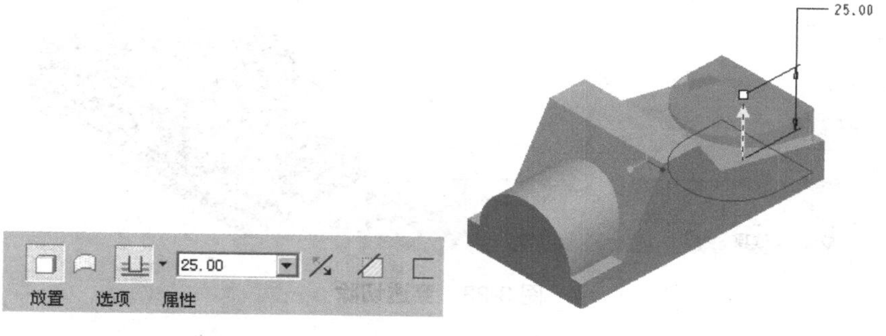

图 3-19　设置拉伸的深度值

步骤四：贯穿切除

(1) 单击【草绘工具】按钮，弹出【草绘】对话框，如图 3-20 所示。

① 单击【使用先前的】按钮。

② 单击【草绘】按钮，进入草绘模式。

(2) 选择【草图】|【参照】菜单命令，弹出【参照】对话框，在图形区选择 RIGHT 基准面和左端上表面作为参照，如图 3-21 所示。

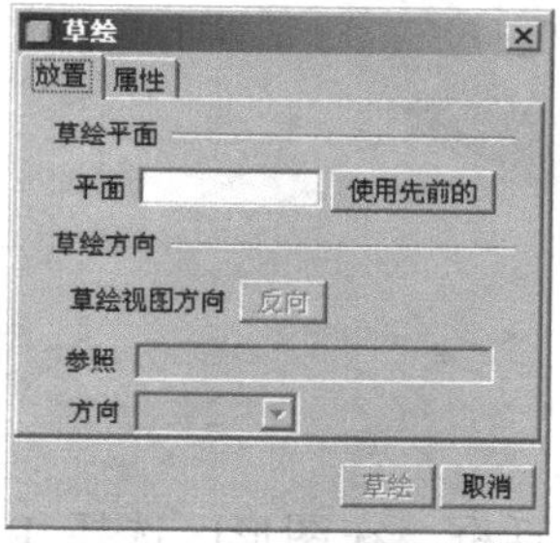

图 3-20　【草绘】对话框

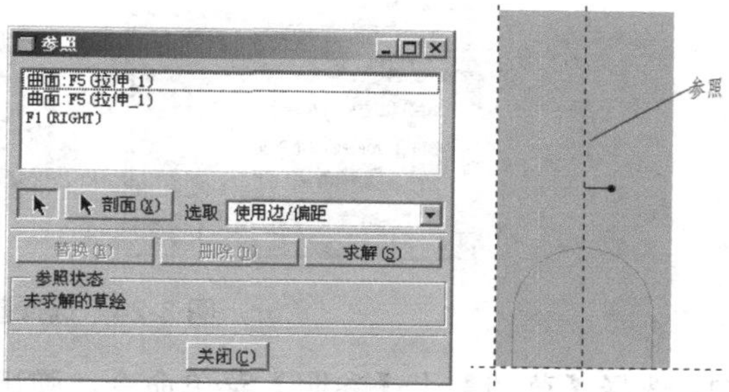

图 3-21　建立参照面

(3) 绘制草图，如图 3-22 所示，单击【完成】按钮。

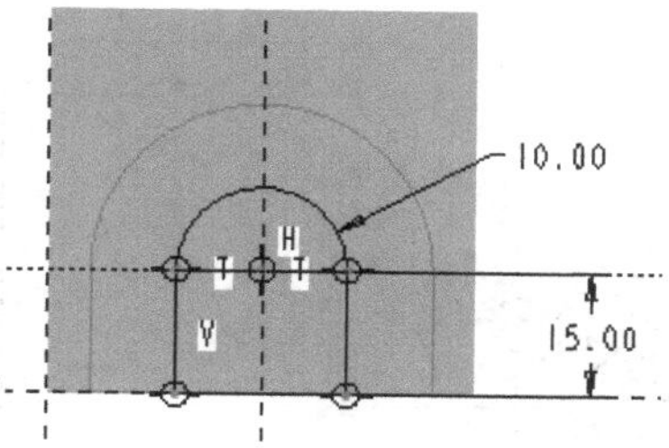

图 3-22　绘制草图

(4) 单击【基础特征】工具栏中的【拉伸】按钮，弹出【拉伸】操作面板。

① 单击【视图】工具栏中的【保存的视图列表】按钮，切换视图为【标准方向】。

② 单击【穿透】按钮。

③ 单击【去除材料】按钮，如图 3-23 所示，再单击【确定】按钮。

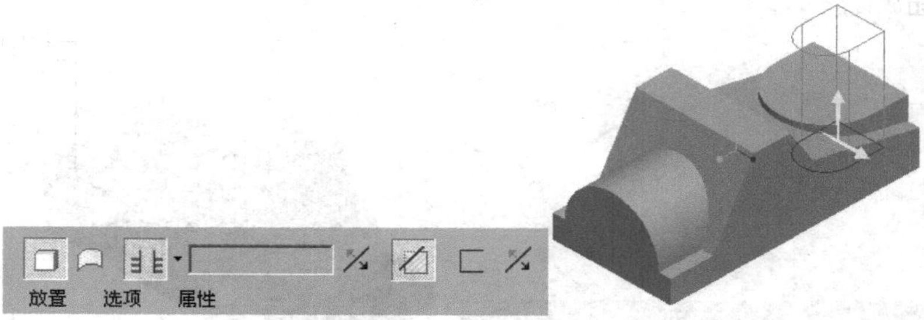

图 3-23　穿透切除

步骤五：贯穿切除

(1) 单击【草绘工具】按钮，弹出【草绘】对话框。

① 选中前表面作为草绘平面。

② 选择 TOP 基准面作为参照平面。

③ 在【方向】下拉列表框中选择【顶】选项，如图 3-24 所示，单击【草绘】按钮，进入草绘模式。

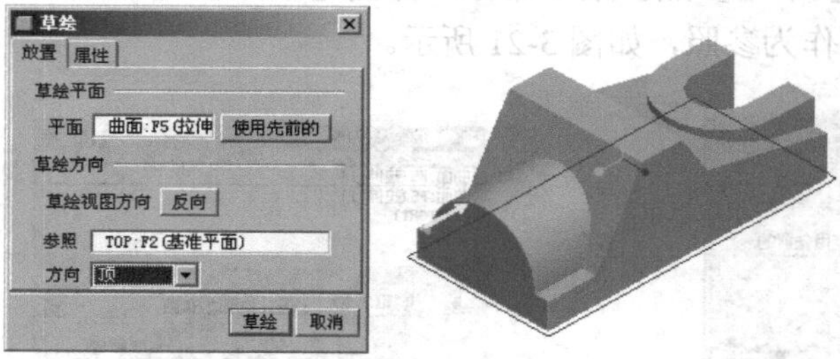

图 3-24　选择基准面

(2) 选择【草图】|【参照】菜单命令，弹出【参照】对话框，在图形区选择 RIGHT 基准面和左端上表面作为参照，如图 3-25 所示。

(3) 绘制草图，如图 3-26 所示，单击【完成】按钮。

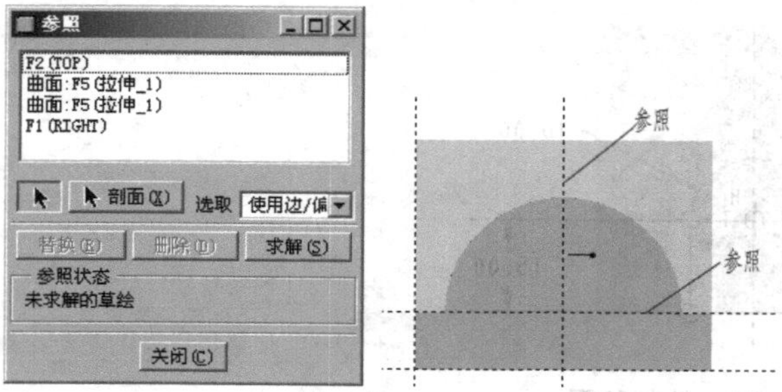

图 3-25　建立参照面

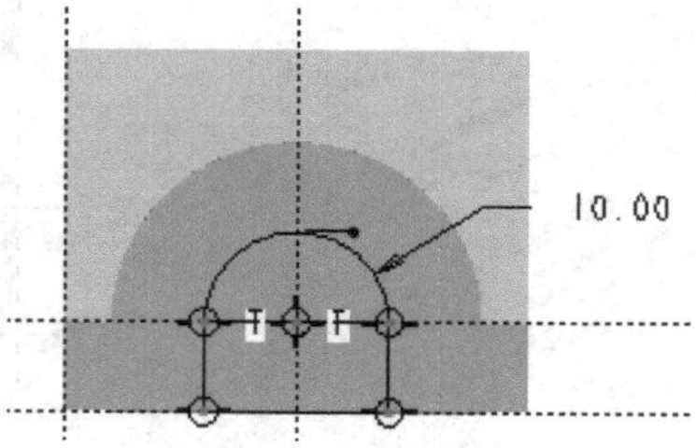

图 3-26　绘制草图

(4) 单击【基础特征】工具栏中的【拉伸】按钮，弹出【拉伸】操作面板。

① 单击【视图】工具栏中的【保存的视图列表】按钮，切换视图为【标准方向】。

② 单击【穿透】按钮。

③ 单击【去除材料】按钮，如图 3-27 所示，再单击【确定】按钮。

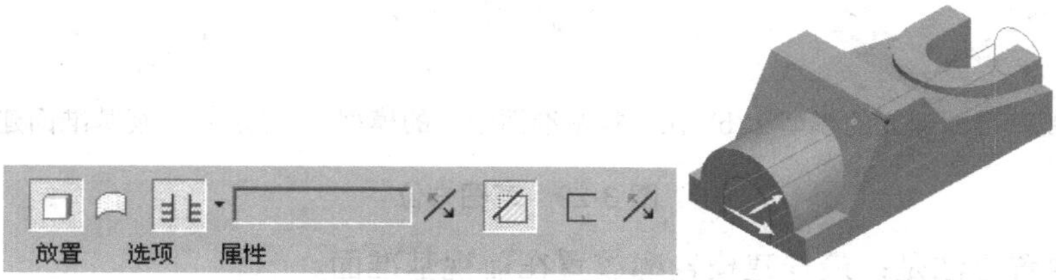

图 3-27　穿透切除

步骤六：存盘

选择【文件】|【保存】菜单命令，保存文件。

3. 步骤点评

1) 对于步骤一：关于新建模型

在新建文件时，系统提示用户进行模板文件的选择。默认设置为英制，根据我国的实际情况，建议选用公制。

2) 对于步骤一：关于选择最佳轮廓和选择草图平面

(1) 选择最佳轮廓。

分析模型，选择最佳建模轮廓，如图 3-28 所示。

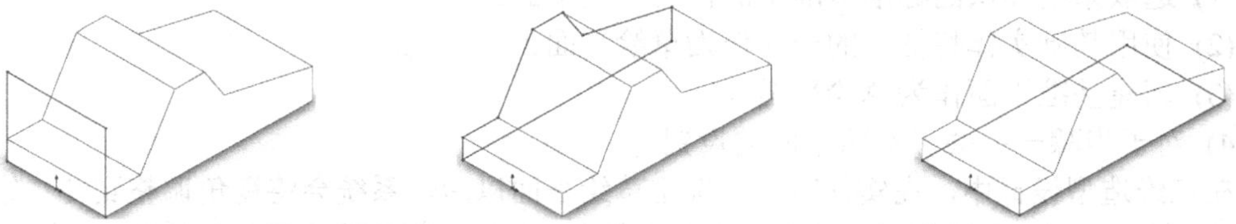

(a) 轮廓 A　　(b) 轮廓 B　　(c) 轮廓 C

图 3-28　分析选择最佳建模轮廓

- 轮廓 A：这个轮廓是矩形的，拉伸后，需要很多的切除才能完成毛坯建模。
- 轮廓 B：这个轮廓只需添加两个凸台，就可以完成毛坯建模。
- 轮廓 C：这个轮廓是矩形的，拉伸后，需要很多的切除才能完成毛坯建模。

本实例的最佳选择就是轮廓 B。

(2) 选择草图平面。

分析模型，选择最佳建模轮廓放置基准面，如图 3-29 所示。

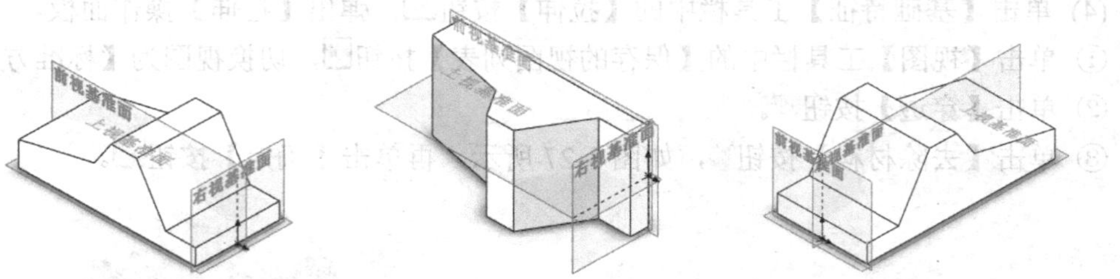

(a) 在前视基准面建立的模型　(b) 在上视基准面建立的模型　(c) 在右视基准面建立的模型

图 3-29　草图方位

第一种放置方法是：最佳建模轮廓放置在前视基准面。

第二种放置方法是：最佳建模轮廓放置在上视基准面。

第三种放置方法是：最佳建模轮廓放置在右视基准面。

根据模型放置方法分析如下。

(1) 考虑零件本身的显示方位。

零件本身的显示方位决定模型怎样放置在标准视图中，例如轴测图。

(2) 考虑零件在装配图中的方位。

装配图中固定零件的方位决定了整个装配模型怎样放置在标准视图中，例如轴测图。

(3) 考虑零件在工程图中的方位。

建模时应该使模型的右视图与工程图的主视图完全一致。

从上面三种分析来看，第三种放置方法最佳。

3) 对于步骤一：关于选择草图平面

在使用 Pro/E 进行三维设计时，可以选择以下三种草绘平面。

(1) 选取系统提供的标准基准平面作为草绘平面。

(2) 使用基础实体特征上的表面作为草绘平面。

(3) 新建基准平面作为草绘平面。

4) 对于步骤一：关于参照平面的设置

在三维造型设计中，在实体特征上选定草绘平面以后，系统会将视角调整到纯二维平面草绘的状态，草绘平面会被放置到与屏幕完全重合的位置，因此草绘平面会有四种放置位置。

在草绘时，经常需要通过参照平面来确定草绘平面的位置。参考面是一种特殊的平面，可以选择基准平面或实体特征的表面作为参考面。参考面必须和草绘平面正交(垂直)，这时参考平面在草绘图形中积聚为一条直线。

在实体特征上选定草绘平面和参照平面，根据参照平面在草绘平面上的相对位置来正确放置，如图 3-30 所示。

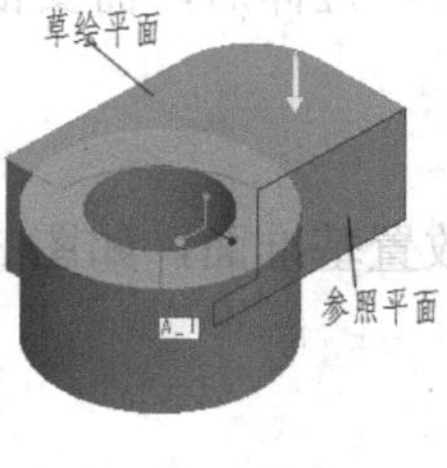

图 3-30　实体特征上选定草绘平面和参照平面

在二维草绘平面上，参考平面的放置方位有四种，如图 3-31 所示。

(1) 上(顶)：正确放置草绘平面后，参照平面位于草绘平面的上部(顶部)。

(2) 下(底)：正确放置草绘平面后，参照平面位于草绘平面的下部(底部)。

(3) 左：正确放置草绘平面后，参照平面位于草绘平面的左边。

(4) 右：正确放置草绘平面后，参照平面位于草绘平面的右边。

(a) 上部(顶部)　(b) 下部(底部)　(c) 左边　(d) 右边

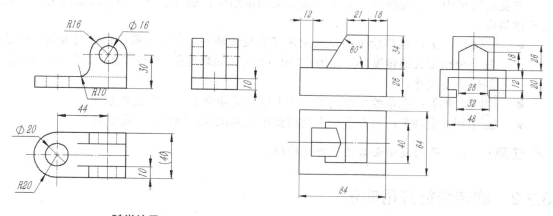

图 3-31　参考平面的放置方位

3.1.3　随堂练习

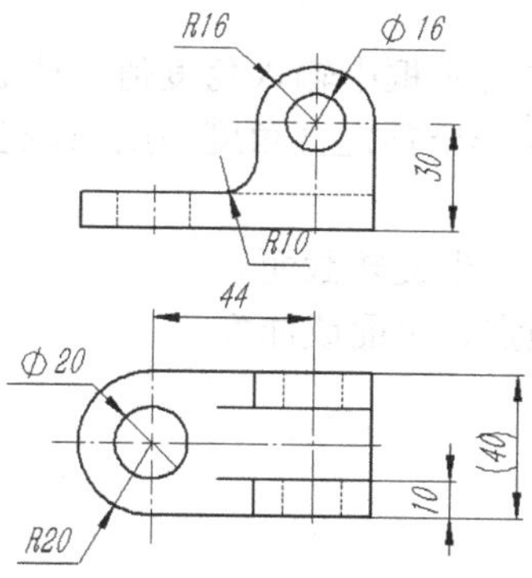

随堂练习 1

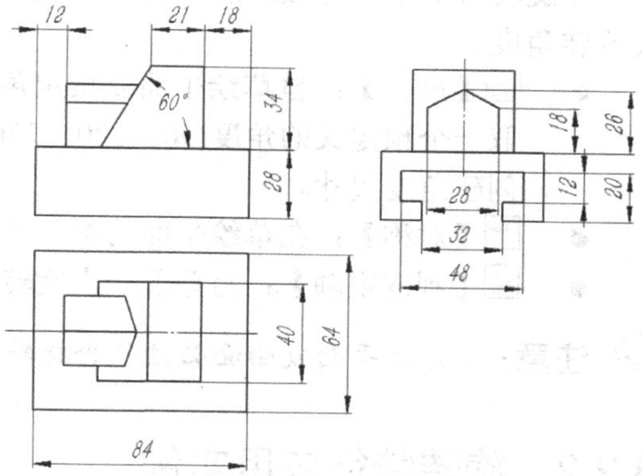

随堂练习 2

3.2　旋 转 建 模

本节知识点：创建旋转特征方法。

3.2.1　旋转特征创建流程

旋转特征的创建流程如下。

(1) 单击【基础特征】工具栏中的【旋转】按钮。

(2) 确定草绘平面。

(3) 草绘平面。

(4) 定义旋转角度。

(5) 特征创建结束。

1. 旋转截面

旋转截面用于实体旋转的截面，需要注意下列创建截面的规则。

(1) 在实体模型中，旋转特征的截面必须是封闭的，且允许有多重回路。

(2) 绘制的旋转截面必须位于旋转轴的同一侧，不允许跨在旋转轴两侧。

2. 旋转轴

(1) 草绘截面时必须建立一条中心线作为旋转轴，且截面外形不允许跨越中心线。

(2) 若因草图所需而建立多条中心线(如【镜像】、【标注尺寸】等)，此时系统会选用第1条(最先建立)作为旋转轴。

(3) 若未将第1条作为旋转轴，则需要用户指定。

(4) 选中作为旋转轴的中心线，选择【草绘】|【特征工具】|【旋转轴】菜单命令，确定旋转轴。

3. 旋转角度的设置

在旋转特征中，将截面绕一旋转轴旋转至指定角度。通过选取下列角度选项之一可定义旋转角度。

- 【可变】：自草绘平面以指定角度值旋转截面。在文本框中输入角度值，或选取一个预定义的角度(90、180、270、360)。如果选取一个预定义角度，则系统会创建角度尺寸。
- 【对称】：在草绘平面的每个侧上以指定角度值的一半旋转截面。
- 【到选定项】：将截面一直旋转到选定基准点、顶点、平面或曲面。

注意： 终止平面或曲面必须包含旋转轴。

3.2.2 旋转特征应用实例

应用旋转功能创建模型，如图3-32所示。

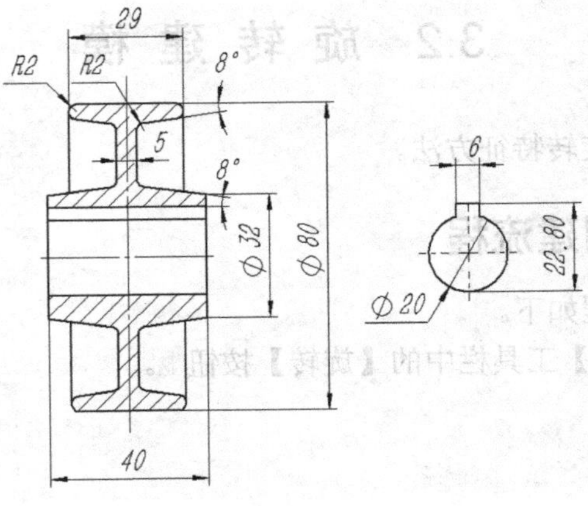

图3-32 带轮

1. 关于本零件设计理念的考虑

(1) 零件为旋转体，主体部分采用旋转命令实现。

(2) 键槽部分采用拉伸切除的方法实现。

建模步骤如表 3-2 所示。

表 3-2 建模步骤

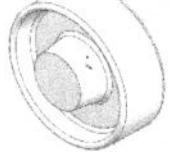	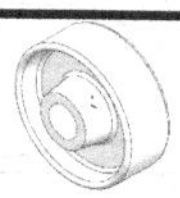	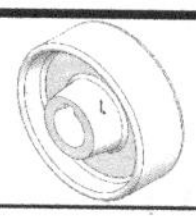
步骤一	步骤二	步骤三

2. 操作步骤

步骤一：新建模型，创建旋转特征

(1) 新建文件“wheel.prt”。

(2) 建立旋转基体。

① 单击【基础特征】工具栏中的【旋转】按钮，弹出【旋转】操作面板，如图 3-33 所示。

② 确定旋转为实体(系统默认选项)。

③ 单击【可变】按钮，在【角度】下拉列表框中输入 360。

④ 单击【放置】按钮，弹出【放置】下拉面板。

图 3-33 【旋转】操作面板

⑤ 单击【定义】按钮，弹出【草绘】对话框。

⑥ 选择 RIGHT 基准面作为草绘平面。

⑦ 选择 TOP 基准面作为参照平面。

⑧ 在【方向】下拉列表框中选择【顶】选项，如图 3-34 所示，单击【草绘】按钮，进入草绘模式。

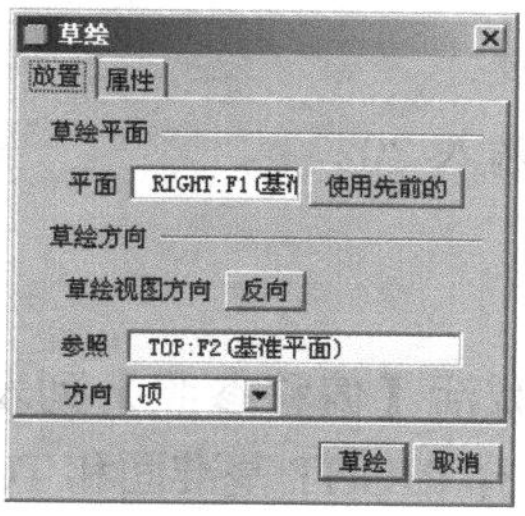

图 3-34 【草绘】对话框

⑨ 绘制草图，如图3-35所示。

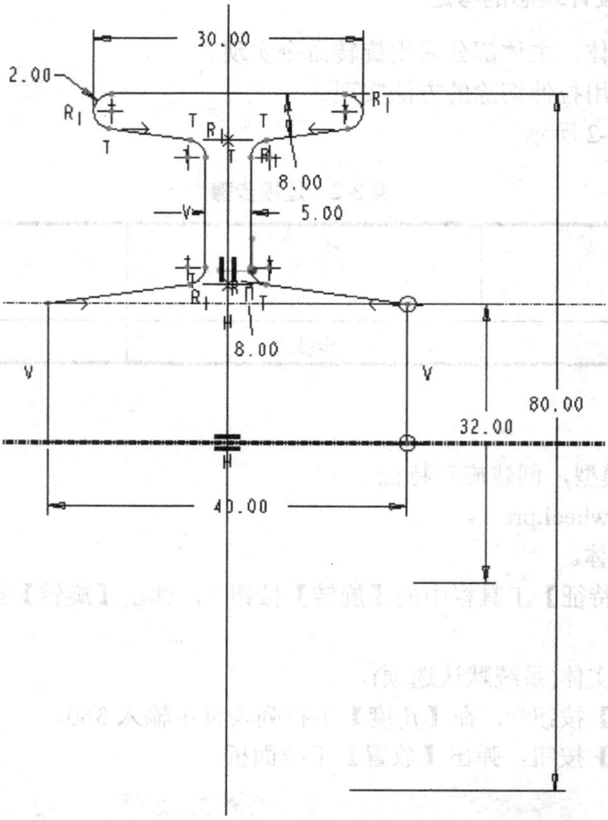

图 3-35 绘制草图

⑩ 选中作为旋转轴的中心线，选择【草绘】|【特征工具】|【旋转轴】菜单命令，确定旋转轴。

⑪ 单击【完成】按钮，返回【旋转】操作面板，单击【视图】工具栏中的【保存的视图列表】按钮，切换视图为【标准方向】，如图3-36所示，单击【确定】按钮。

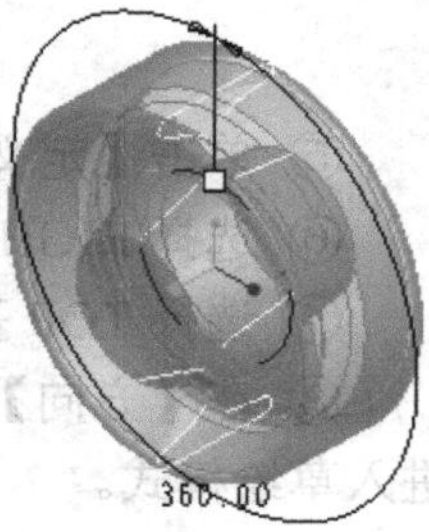

图 3-36 生成实体特征

步骤二：打孔

(1) 单击【工具特征】工具栏中的【孔工具】按钮，弹出【孔】操作面板。

(2) 单击【创建简单孔】按钮。

(3) 在【直径】下拉列表框中输入20。

(4) 单击【穿透】按钮。

(5) 选取前端面来放置孔。

(6) 单击【放置】下拉面板，激活【偏移参照】列表。

(7) 在图形区，按住Ctrl键，选择RIGHT基准面和TOP基准面，偏移量均为0。如图3-37所示，单击【确定】按钮。

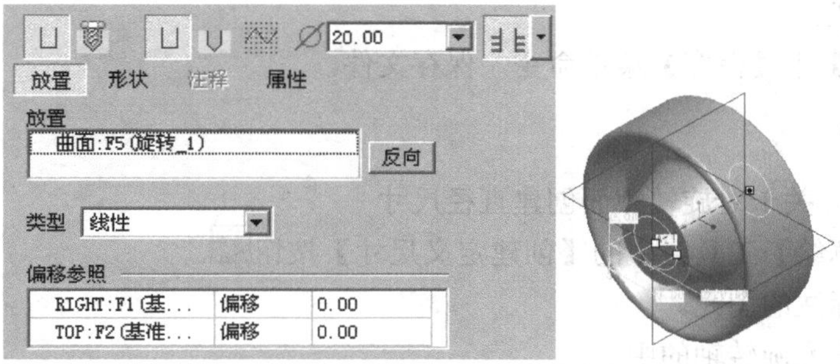

图 3-37　【孔】操作面板

步骤三：开键槽

(1) 单击【草绘工具】按钮，弹出【草绘】对话框。

① 选中前端面作为草绘平面。

② 选择 TOP 作为参照平面。

③ 在【方向】下拉列表框中选择【顶】选项，如图 3-38 所示，单击【草绘】按钮，进入草绘模式。

(2) 绘制草图，如图 3-39 所示，单击【完成】按钮。

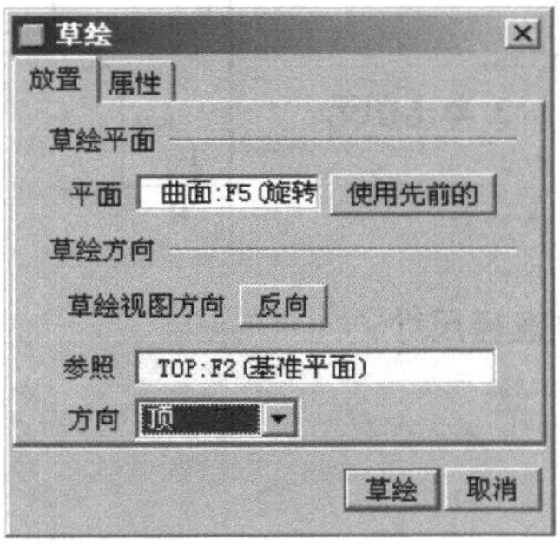

图 3-38　选择基准面

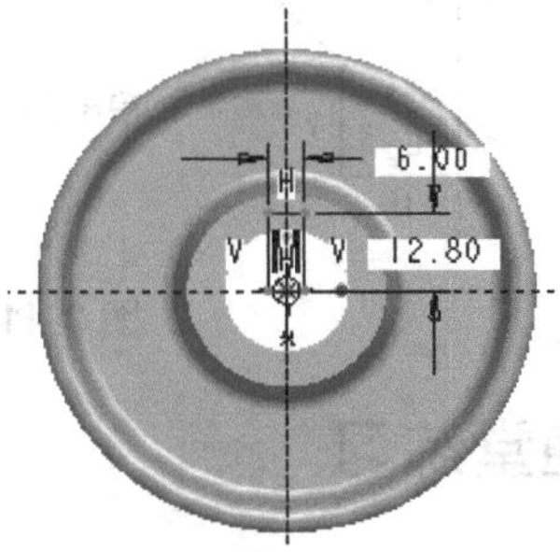

图 3-39　绘制草图

(3) 单击【基础特征】工具栏中的【拉伸】按钮，弹出【拉伸】操作面板。

① 单击【视图】工具栏中的【保存的视图列表】按钮，切换视图为【标准方向】。

② 单击【穿透】按钮。

③ 单击【去除材料】按钮，如图 3-40 所示，单击【确定】按钮。

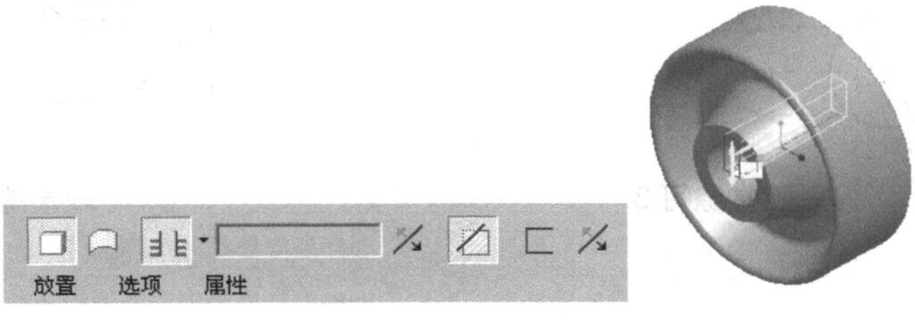

图 3-40　切键槽

步骤四：存盘

选择【文件】|【保存】菜单命令，保存文件。

3. 步骤点评

对于步骤一：关于对旋转截面创建直径尺寸

(1) 单击【草绘】工具栏中的【创建定义尺寸】按钮。

(2) 单击要标注的图元。

(3) 单击要作为旋转轴的中心线。

(4) 再次单击图元。

(5) 单击鼠标中键来放置该尺寸，如图 3-41 所示。

注意： 旋转特征的直径尺寸延伸到中心线以外，表示是直径尺寸而不是半径尺寸。

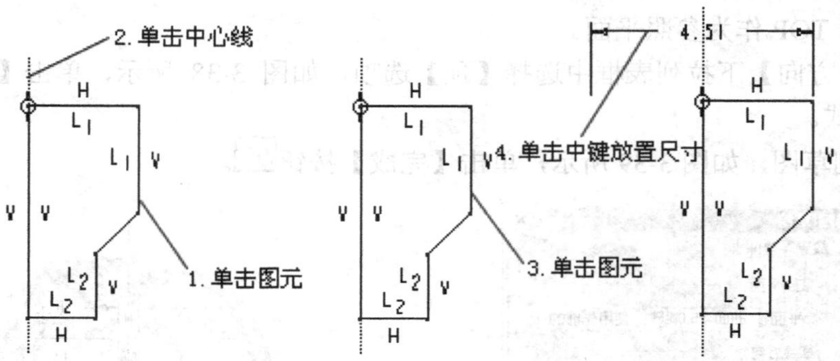

图 3-41 对旋转截面创建直径尺寸

3.2.3 随堂练习

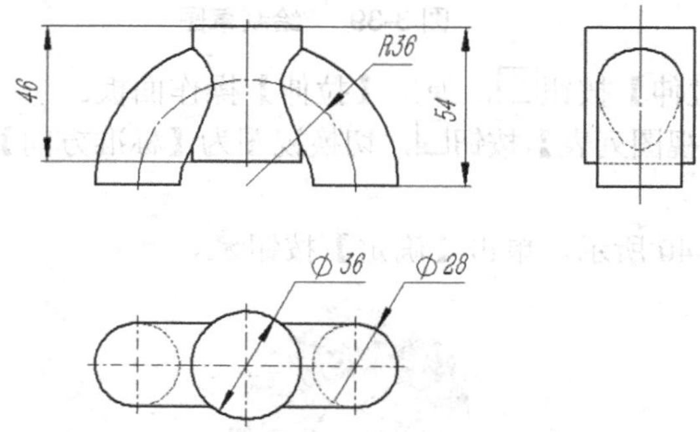

随堂练习 3

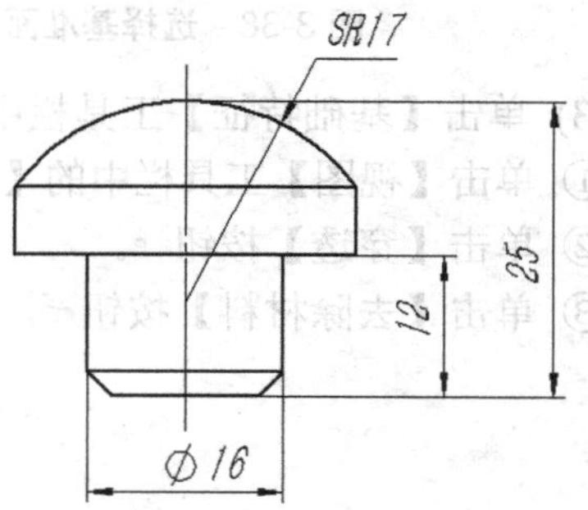

随堂练习 4

3.3 扫描建模

本节知识点：扫描特征的操作。

3.3.1 扫描特征创建流程

扫描特征的创建流程如下。

(1) 选择【插入】|【扫描】|【伸出项】菜单命令。

(2) 选择扫描轨迹生成方式(草绘或选取)。

(3) 确定扫描轨迹草绘平面。

(4) 确定参考平面。

(5) 草绘扫描轨迹线。

(6) 选择属性。

(7) 绘制剖面。

(8) 特征创建结束。

1. 扫描轨迹

【扫描轨迹】菜单管理器中提供了两种扫描轨迹的方法：草绘轨迹和选取轨迹。

- 草绘轨迹：用草绘器模式绘制 2D 曲线作为扫描轨迹。
- 选取轨迹：选取现有曲线或边的链作为扫描轨迹(2D 或 3D 曲线)，通常选取实体特征的边或基准曲线作为扫描轨迹。

2. 扫描特征的属性

系统根据扫描轨迹是否封闭，将扫描特征的属性分为以下两种情况。

1) 当轨迹线闭合

(1) 截面开放，在【属性】菜单管理器中，选择【增加内部因素】命令，再选择【完成】命令，这样生成的扫描特征为上、下表面封闭的实体，如图 3-42 所示。

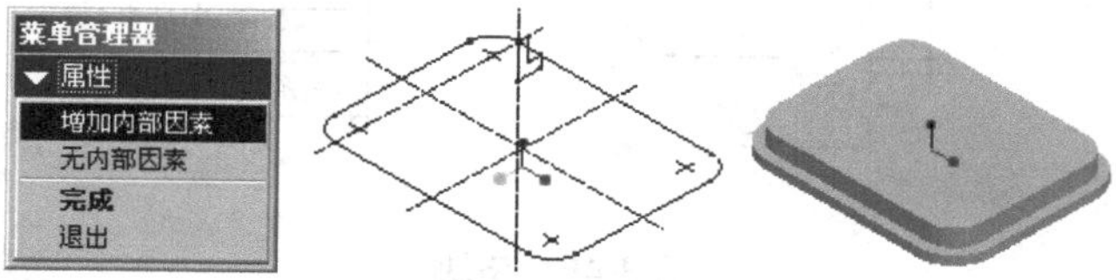

图 3-42　轨迹线闭合、截面开放的【增加内部因素】扫描实体

(2) 截面开放，在【属性】菜单管理器中，选择【无内部因素】命令，再选择【完成】命令，这样生成的扫描特征为上、下表面开放的实体，如图 3-43 所示。

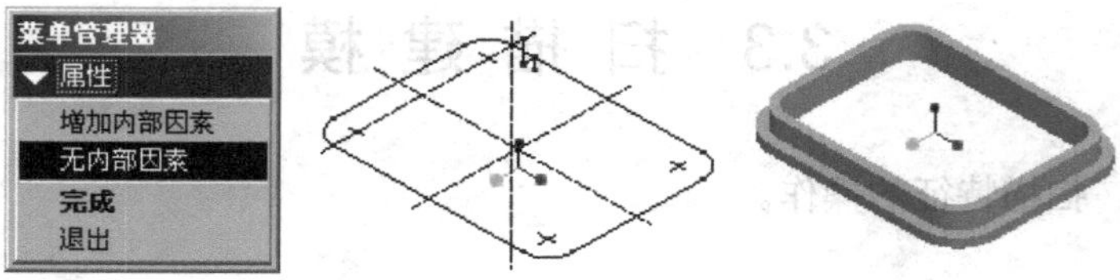

图 3-43 轨迹线闭合，截面开放的【无内部因素】扫描实体

2) 当轨迹线开放

在【属性】菜单管理器中，选择【合并终点】命令，再选择【完成】命令，这样生成的扫描特征的首尾截面和其他实体融化，如图 3-44 所示。

在【属性】菜单管理器中，选择【自由端点】命令，再选择【完成】命令，这样生成的扫描特征的首尾截面保持原状，生成时就如同其他实体不存在一样，如图 3-45 所示。

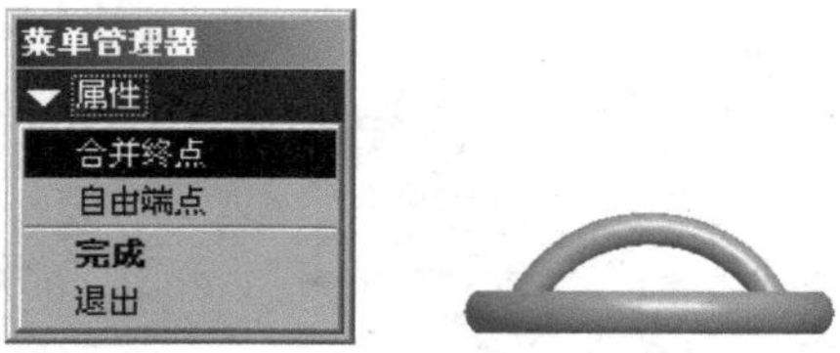

图 3-44 轨迹线开放，合并终点

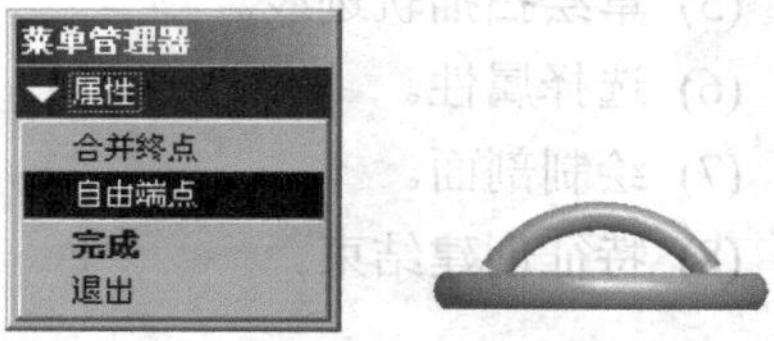

图 3-45 轨迹线闭合，自由端点

3.3.2 扫描特征应用实例

建立如图 3-46 所示的垫块。

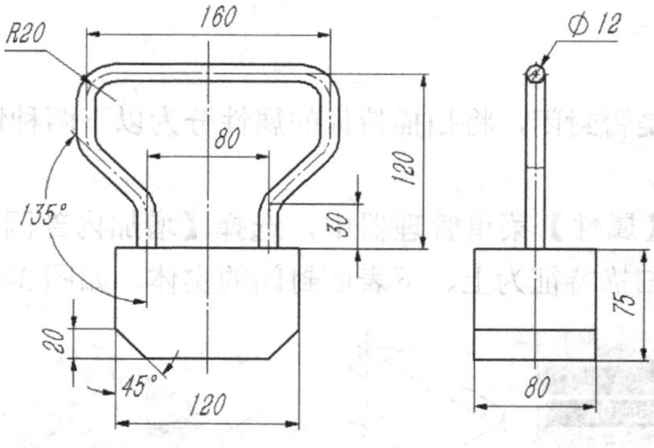

图 3-46 垫块

1. 关于本零件设计理念的考虑

(1) 零件呈对称排列。

(2) 手柄部分截面是等半径的圆。

建模步骤如表 3-3 所示。

表 3-3 建模步骤

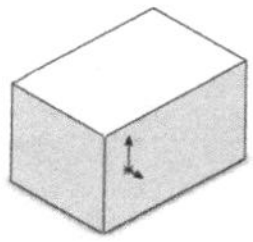	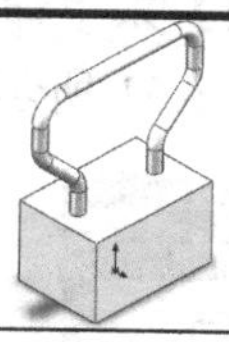	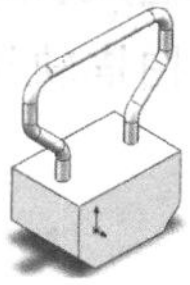
步骤一	步骤二	步骤三

2. 操作步骤

步骤一：新建模型，建立块

(1) 新建文件“Block.prt”。

(2) 单击【基础特征】工具栏中的【拉伸】按钮，弹出【拉伸】操作面板，如图 3-47 所示。

① 确定拉伸为实体(系统默认选项)。

② 单击【对称】按钮，在【深度】下拉列表框中输入 120。

③ 单击【放置】按钮，弹出【设置】下拉面板。

图 3-47 【拉伸】操作面板

(3) 单击【定义】按钮，弹出【草绘】对话框，如图 3-48 所示。

① 选择 FRONT 基准面作为草绘平面。

② 选择 TOP 基准面作为参照平面。

③ 在【方向】下拉列表框中选择【顶】选项，单击【草绘】按钮，进入草绘模式。

④ 绘制草图，如图 3-49 所示，单击【完成】按钮。

⑤ 返回【拉伸】操作面板，单击【视图】工具栏中的【保存的视图列表】按钮，切换视图为【标准方向】，如图 3-50 所示，单击【确定】按钮。

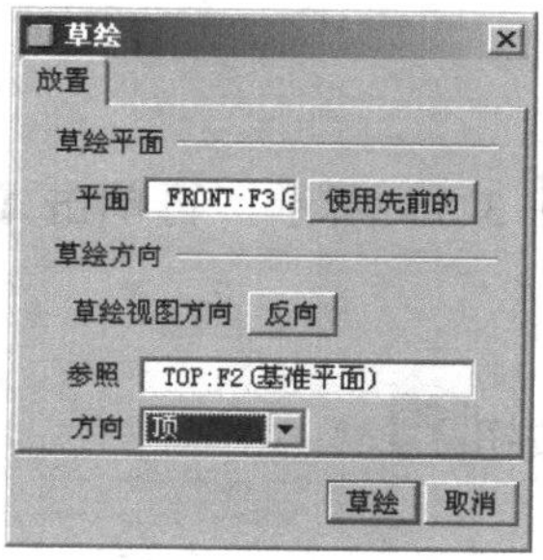

图 3-48 【草绘】对话框

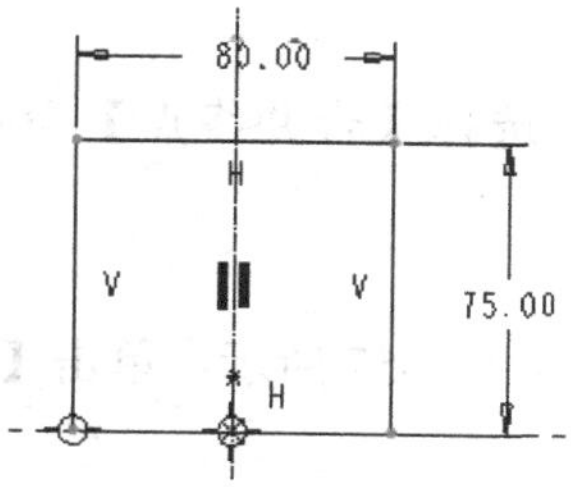

图 3-49 绘制草图

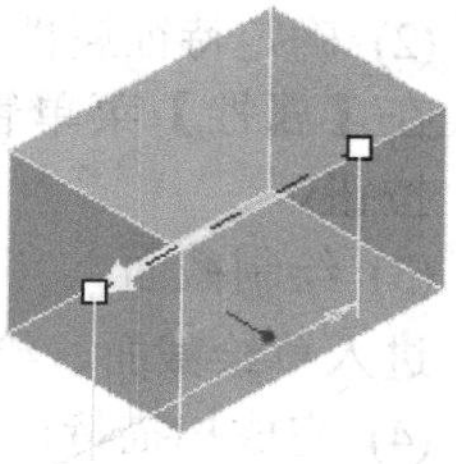

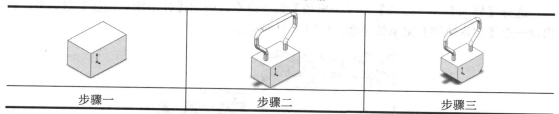

图 3-50 生成实体特征

步骤二：建立扫描特征

选择【插入】|【扫描】|【伸出项】菜单命令，弹出【伸出项：扫描】对话框，并出现一个【扫描轨迹】菜单管理器，如图 3-51 所示。

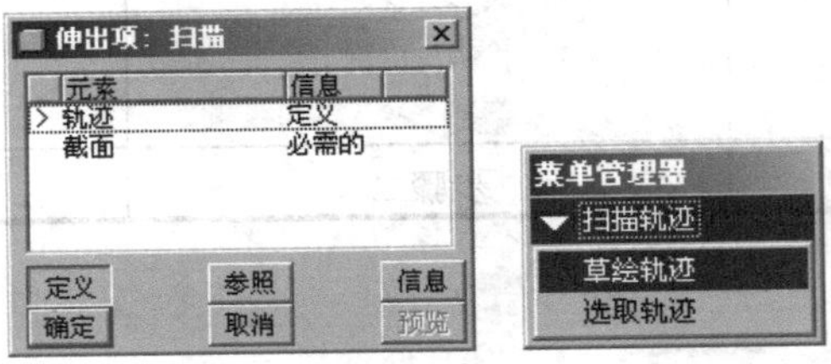

图 3-51 【伸出项：扫描】对话框和【扫描轨迹】菜单管理器

(1) 绘制扫描轨迹线。

① 选择【草绘轨迹】命令，弹出【设置草绘平面】菜单管理器，系统默认为选择【新设置】命令。

② 在【设置平面】菜单管理器中，系统默认为选择【平面】命令，提示选择草绘平面，选取 RIGHT 基准面作为绘制轨迹线的草绘平面，如图 3-52 所示。

③ 弹出【方向】菜单管理器，选择【正向】命令，如图 3-53 所示。

④ 弹出【草绘视图】菜单管理器，选择【顶】命令。

⑤ 弹出【设置平面】菜单管理器，系统默认为选择【平面】命令，提示为草绘平面选择顶部参照，选取上表面作为草绘平面顶部参照，如图 3-54 所示，进入草绘模式。

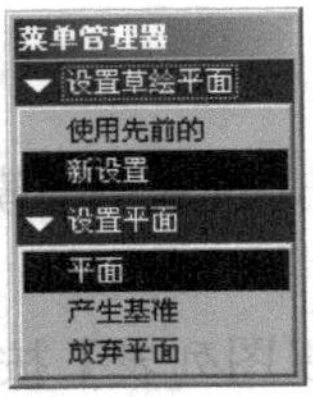

图 3-52 选择草绘平面

图 3-53 确定草绘平面方向

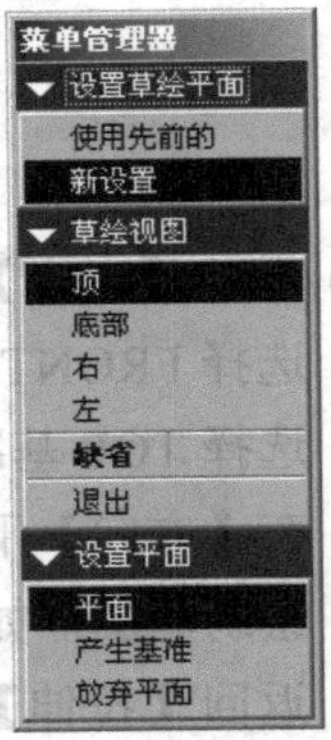

图 3-54 确定参照

⑥ 绘制草图，如图 3-55 所示，单击【完成】按钮。

(2) 确定特征属性。

在【属性】菜单管理器中，选择【合并终点】命令，如图 3-56 所示，再单击【完成】按钮。

(3) 绘制截面。

进入草绘截面，绘制草图，如图 3-57 所示，单击【完成】按钮。

(4) 完成扫描特征。

单击【伸出项：扫描】对话框中的【确定】按钮，完成扫描特征的创建，如图 3-58 所示。

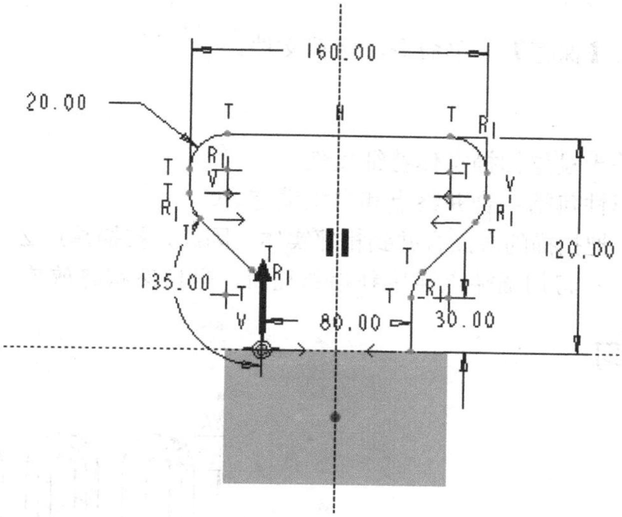

图 3-55　绘制轨迹草图

图 3-56　合并终点

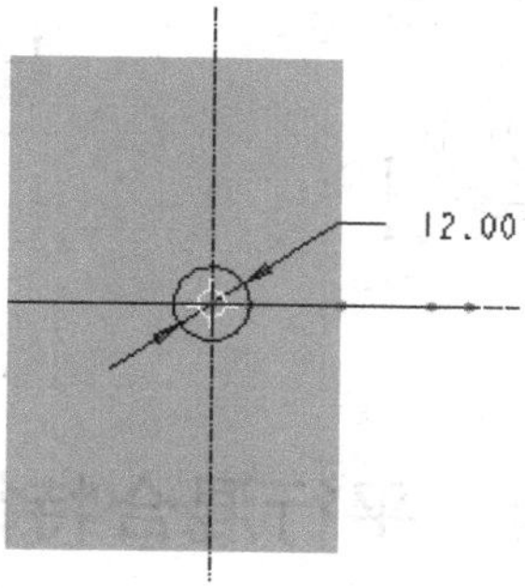

图 3-57　建立截面草图

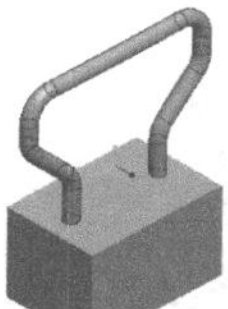

图 3-58　完成扫描特征

步骤三：倒角

(1) 单击【工程特征】工具栏中的【倒角工具】按钮，弹出【倒角】操作面板，如图 3-59 所示。

(2) 在【边倒角】下拉列表框中选择 45×D 选项。

(3) 在【角度值】下拉列表框中输入 20。

(4) 在图形区中选择需要倒角的边。

(5) 单击【确定】按钮，完成边倒角。

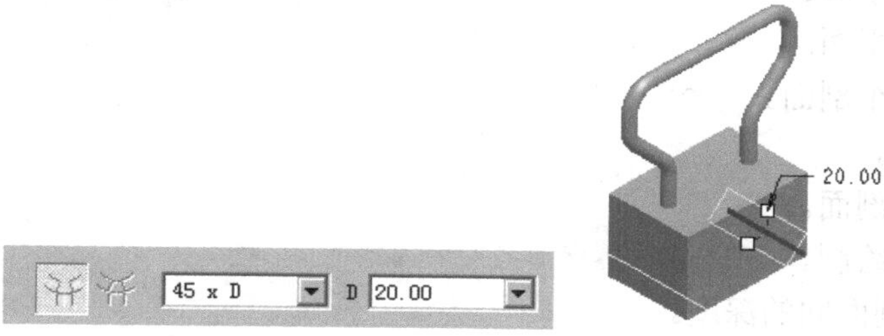

图 3-59　边倒角

步骤四：存盘

选择【文件】|【保存】菜单命令，保存文件。

3. 步骤点评

对于步骤二：关于设置扫描实体特征属性

扫描实体特征属性包括：合并终点和自由端点。

- 合并终点：把扫描的端点合并到相邻实体。因此，扫描端点必须连接到零件几何。
- 自由端点：不将扫描端点连接到相邻几何，呈自然状态放置。

3.3.3 随堂练习

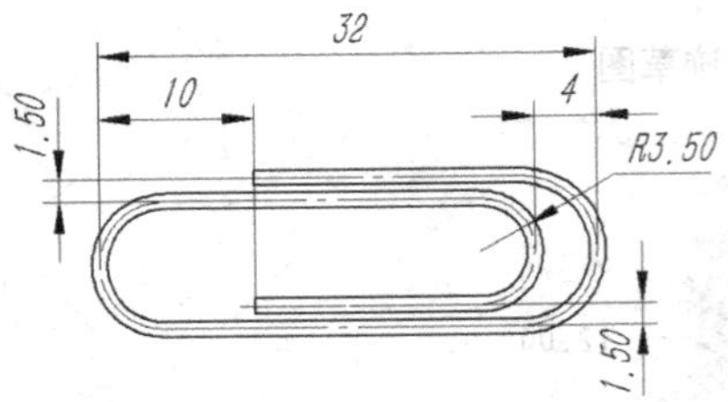

随堂练习 5

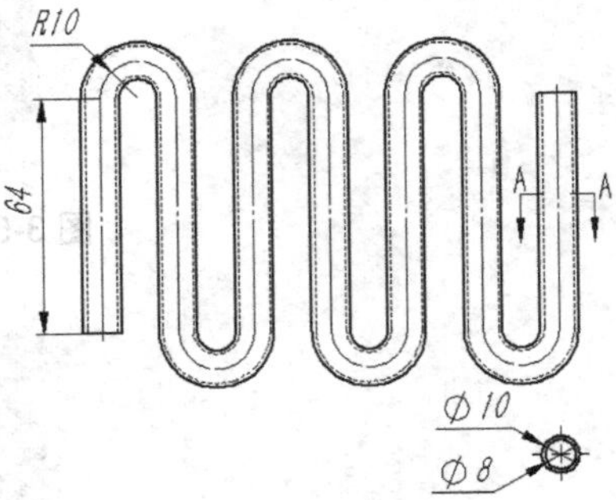

随堂练习 6

3.4 平行混合特征建模

本节知识点：平行混合特征的操作。

3.4.1 平行混合特征创建流程

平行混合特征的创建流程如下。

(1) 选择【插入】|【混合】|【伸出项】菜单命令。

(2) 依次单击【平行】按钮、【规则截面】按钮、【草图截面】按钮、【完成】按钮。

(3) 确定属性。

(4) 确定草绘平面。

(5) 确定参考平面。

(6) 绘制第 1 个剖面。

(7) 剖面切换。

(8) 绘制其他剖面。

(9) 结束剖面绘制。

(10) 确定各剖面间的深度。

(11) 特征创建结束。

用于混合特征的截面，需注意下列创建截面的规则。

(1) 混合特征的截面数量必须为 2 个或 2 个以上，即不能少于 2 个截面。

(2) 平行混合所有截面都在同一草绘平面内绘制，且每个截面必须按绘制第 1 个截面时确定的截面标注基准进行标注，这样才能确定各截面间的相对位置关系。

(3) 混合特征的截面必须是封闭的，且各截面只能有一个封闭轮廓。

(4) 点可以和任何图元混合。

(5) 混合特征各截面的图元数量必须始终保持相同，即每个混合截面具有相同数目的边或顶点。

保证各截面图元相等的常用方法有以下两种。

① 将某条边打断成几段，保证两个截面的图元数量相等。

② 在某个顶点处绘制一个混合顶点(Blend Vertex)。该混合顶点同时代表两个点，相邻截面上的两个点会连接至所指定的混合顶点。起始点不可设置为混合顶点。

选中点后，选择【草图】|【特征工具】|【混合顶点】菜单命令，此时在该顶点处显示一个小圆圈，表示混合顶点创建成功，如图 3-60 所示。

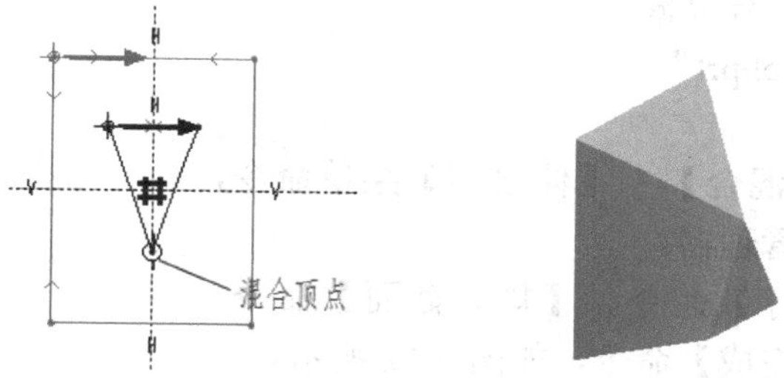

图 3-60　运用混合顶点混合实体特征

3.4.2　平行混合特征应用实例

建立如图 3-61 所示的漏斗。

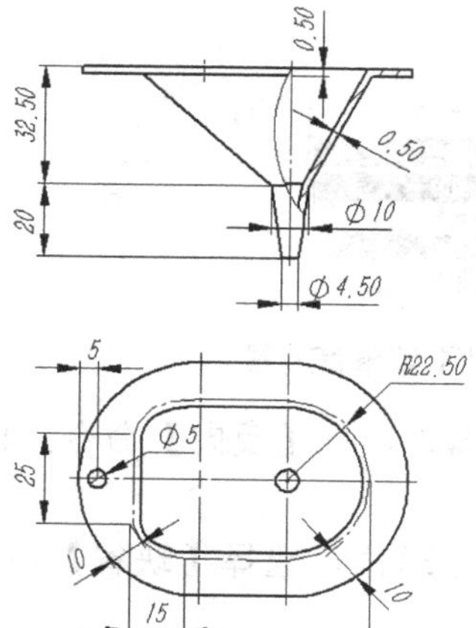

图 3-61　漏斗

1. 关于本零件设计理念的考虑

(1) 零件呈对称排列。

(2) 抽壳厚度为 0.5mm。

建模步骤如表 3-4 所示。

表 3-4 建模步骤

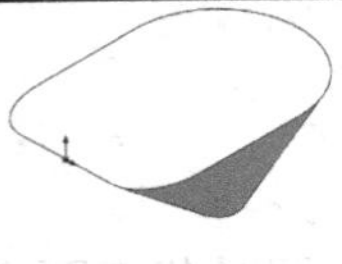	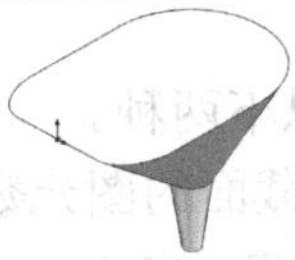	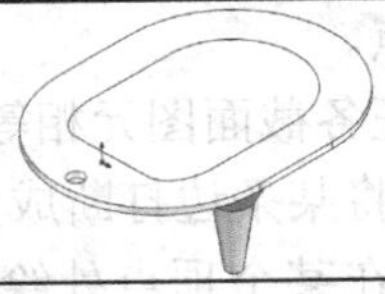
步骤一	步骤二	步骤三

2. 操作步骤

步骤一：新建模型，建立漏斗头

(1) 新建文件“funnel.prt”。

(2) 建立漏斗头。

选择【插入】|【混合】|【伸出项】菜单命令，弹出【混合选项】菜单管理器。

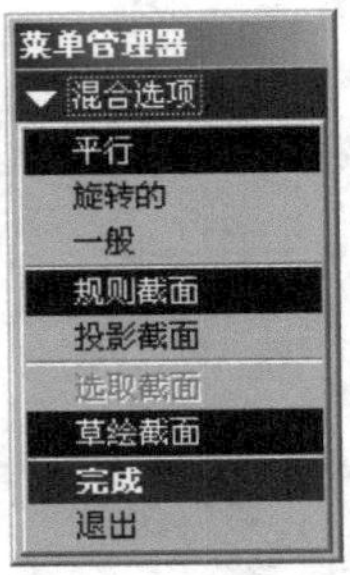

图 3-62 【混合选项】菜单管理器

① 依次选择【平行】命令、【规则截面】命令、【草绘截面】命令、【完成】命令，如图 3-62 所示。

② 弹出混合元素对话框，并弹出【属性】菜单管理器，如图 3-63 所示。

③ 弹出【设置平面】菜单管理器，系统默认为选择【平面】命令，提示选择草绘平面，选取 TOP 基准面作为草绘平面，如图 3-64 所示。

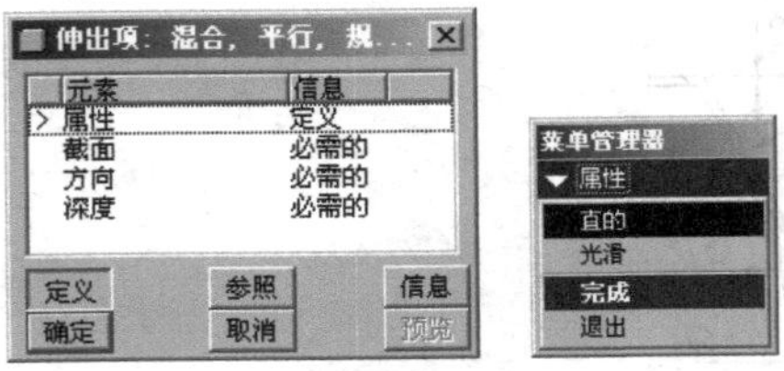

图 3-63 混合元素对话框和【属性】菜单管理器

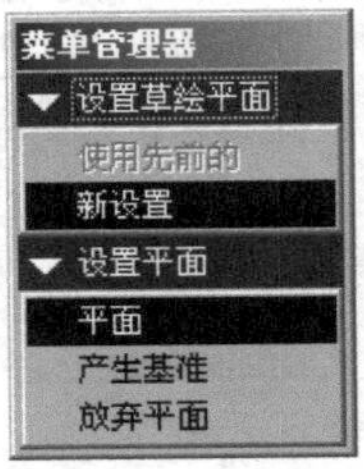

图 3-64 【设置平面】菜单管理器

④ 弹出【方向】菜单管理器，选择【反向】命令，再选择【正向】命令，如图 3-65 所示。

⑤ 弹出【草绘视图】菜单管理器，选择【缺省】命令，如图 3-66 所示，进入草绘状态。

⑥ 绘制第 1 个截面，如图 3-67 所示。

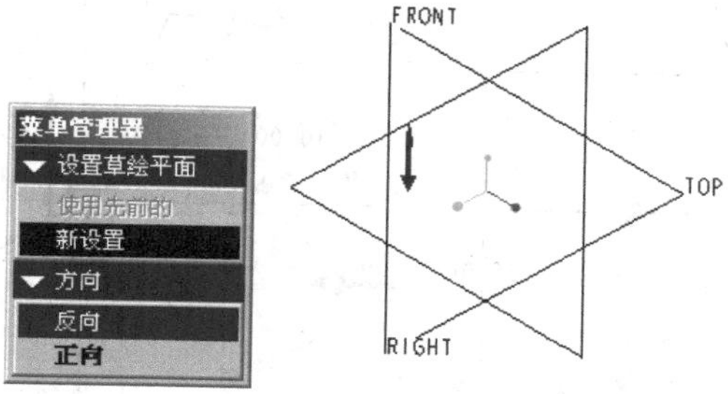

图 3-65　【方向】菜单管理器

图 3-66　【草绘视图】菜单管理器

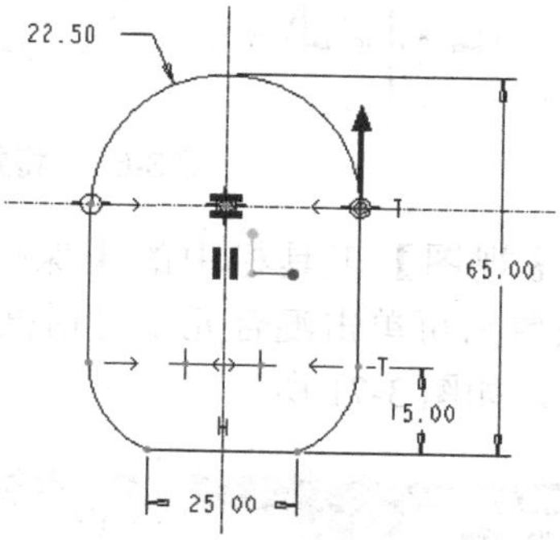

图 3-67　绘制第 1 个截面

⑦ 在绘图区右击，从弹出的快捷菜单中选择【切换剖面】命令，第 1 个截面颜色变淡。绘制的第 2 个截面如图 3-68 所示。

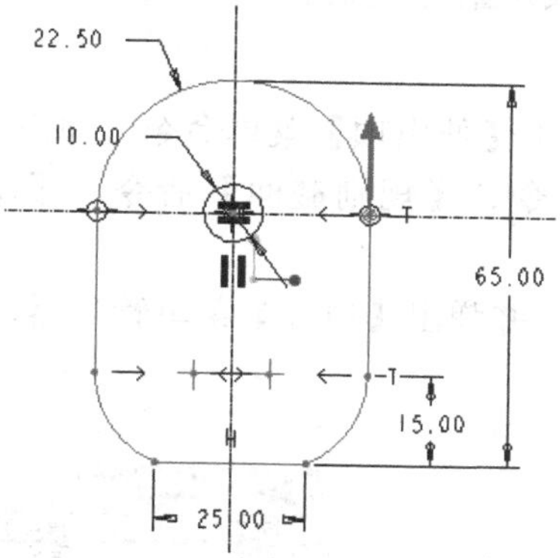

图 3-68　绘制的第 2 个截面

⑧ 单击第 2 个截面的圆心和第 1 个截面上的各端点，绘制中心线，利用【草绘】工具栏中的【分割】按钮，在中心线与圆交点处将整圆打断成六段圆弧，如图 3-69 所示。

⑨ 单击【草绘】工具栏中的【确定】按钮，即可完成混合截面的绘制，弹出【消息输入窗口】对话框，在【输入截面 2 的深度】文本框中输入 32.5，如图 3-70 所示，单击【确定】按钮。

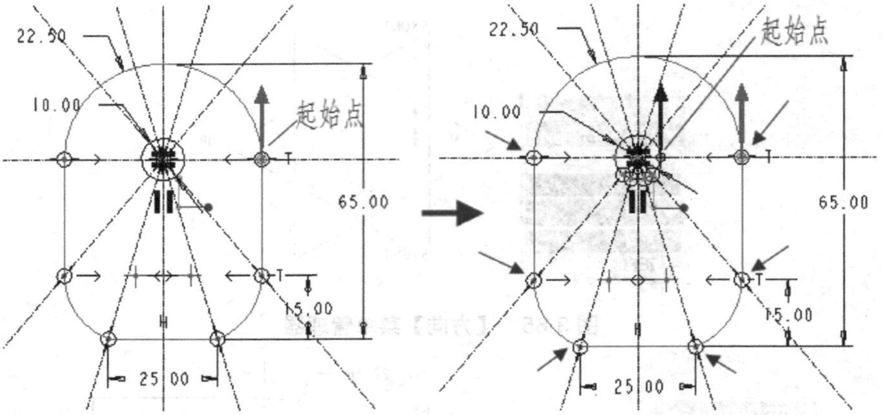

图 3-69　将整圆打断成六段圆弧

⑩ 单击【视图】工具栏中的【保持的视图列表】按钮，切换视图为【标准方向】，完成设置后可单击混合元素对话框中的【预览】按钮，再单击【确定】按钮，完成混合特征，如图 3-71 所示。

图 3-70　【消息输入窗口】对话框

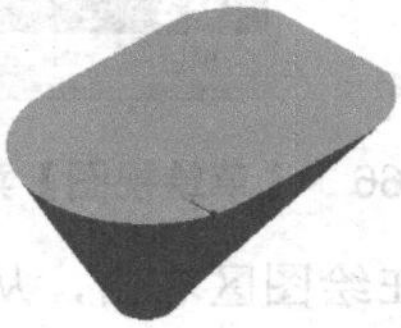

图 3-71　完成平行混合特征

步骤二：建立漏斗嘴

选择【插入】|【混合】|【伸出项】菜单命令，弹出【混合选项】菜单管理器。

(1) 依次选择【平行】命令、【规则截面】命令、【草绘截面】命令、【完成】命令，如图 3-72 所示。

(2) 弹出混合元素对话框，并弹出【属性】菜单管理器，如图 3-73 所示。

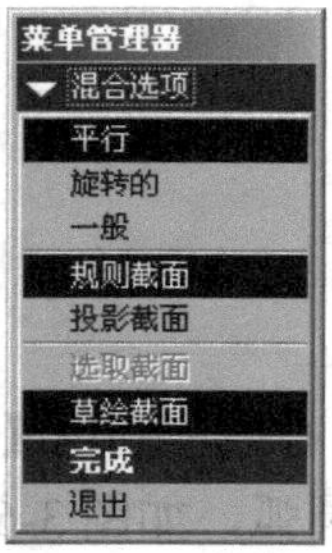

图 3-72　【混合选项】菜单管理器

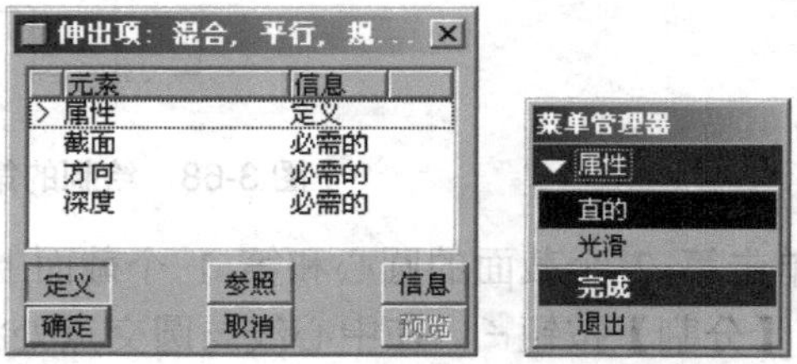

图 3-73　混合元素对话框和【属性】菜单管理器

(3) 弹出【设置平面】菜单管理器，系统默认为选择【平面】命令，提示选择草绘平面，选取漏斗下端面作为草绘平面，如图 3-74 所示。

(4) 弹出【方向】菜单管理器，选择【正向】命令，如图 3-75 所示。

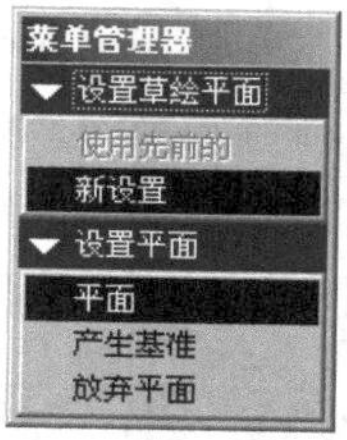

图 3-74　【设置平面】菜单管理器

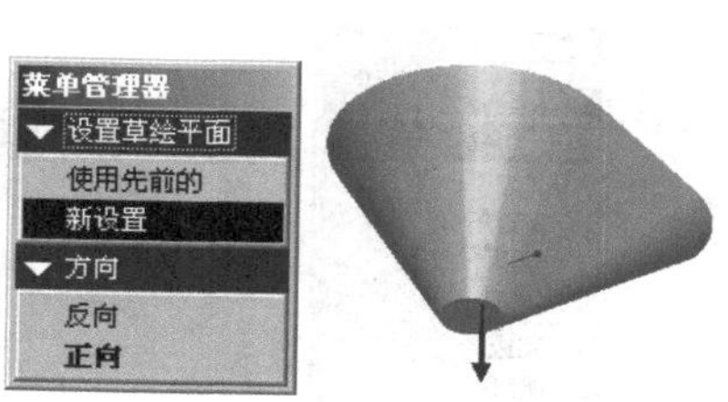

图 3-75　【方向】菜单管理器

(5) 弹出【草绘视图】菜单管理器，选择【缺省】命令，如图 3-76 所示。

(6) 弹出【参照】对话框，在图形区选取底部外圆作为参照，如图 3-77 所示，单击【关闭】按钮，进入草绘状态。

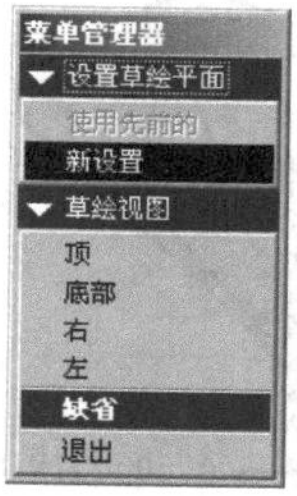

图 3-76　【草绘视图】菜单管理器

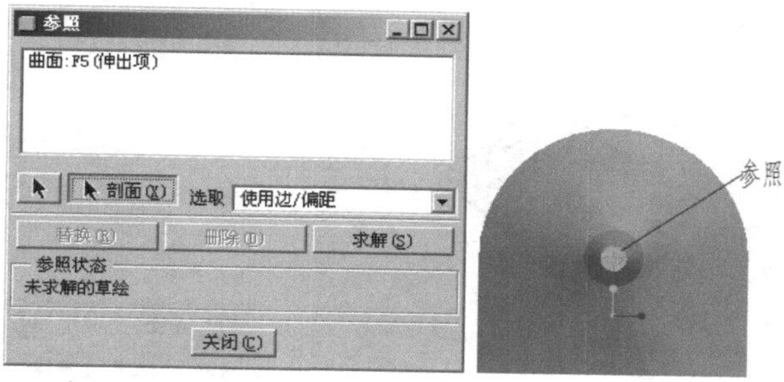

图 3-77　添加参照

(7) 绘制第 1 个截面，如图 3-78 所示。

(8) 在绘图区中右击，从弹出的快捷菜单中选择【切换剖面】命令，第 1 个截面颜色变淡。绘制的第 2 个截面如图 3-79 所示。

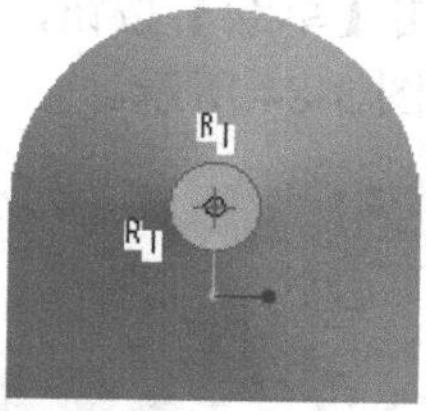

图 3-78　绘制第 1 个截面

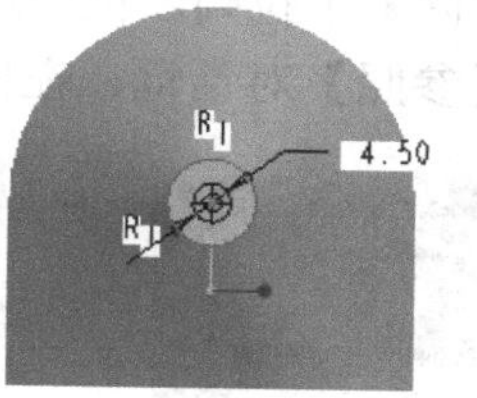

图 3-79　绘制第 2 个截面

(9) 单击【草绘】工具栏中的【确定】按钮，即可完成混合截面的绘制。弹出【深度】菜单管理器，单击【完成】按钮，弹出【消息输入窗口】对话框，在【输入截面 2 的深度】文本框中输入 20，如图 3-80 所示，单击【确定】按钮。

(10) 单击【视图】工具栏中的【保持的视图列表】按钮，切换视图为【标准方向】。完成设置后可单击混合元素对话框中的【预览】按钮，再单击【确定】按钮，完成混合特征，如图 3-81 所示。

步骤三：抽壳，建立边缘

(1) 单击【工程特征】工具栏中的【壳】按钮，弹出【壳】操作面板。

图 3-80 【消息输入窗口】对话框

① 在【厚度】下拉列表框中输入 0.5。
② 按住 Ctrl 键，在图形区中选择上下两面作为要删除的面，如图 3-82 所示。
③ 单击【确定】按钮，区完成抽壳，如图 3-82 所示。

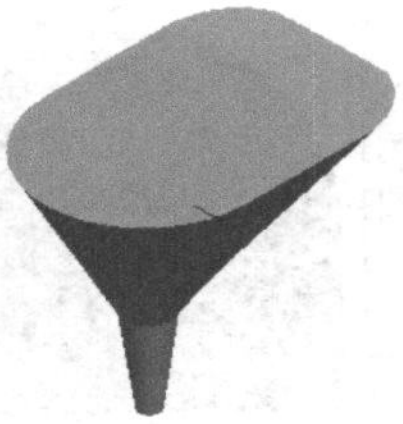

图 3-81 完成平行混合特征

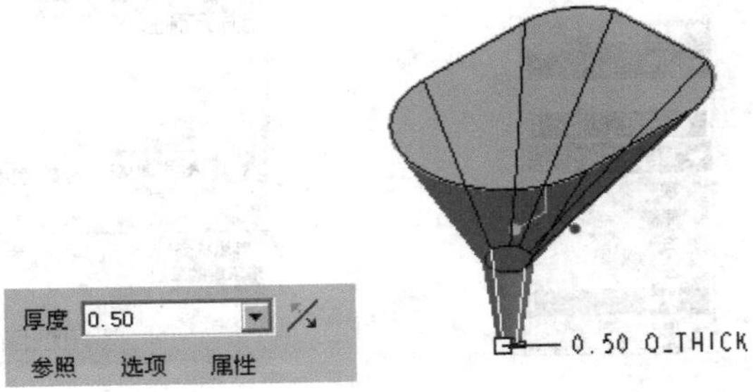

图 3-82 完成抽壳

(2) 单击【草绘工具】按钮，弹出【草绘】对话框，如图 3-83 所示。
① 选中上表面作为草绘平面。
② 选择 RIGHT 基准面作为参照平面。
③ 在【方向】下拉列表框中选择【底部】选项，单击【草绘】按钮，进入草绘模式。
④ 弹出【参照】对话框，在图形区选择外边线，如图 3-84 所示。

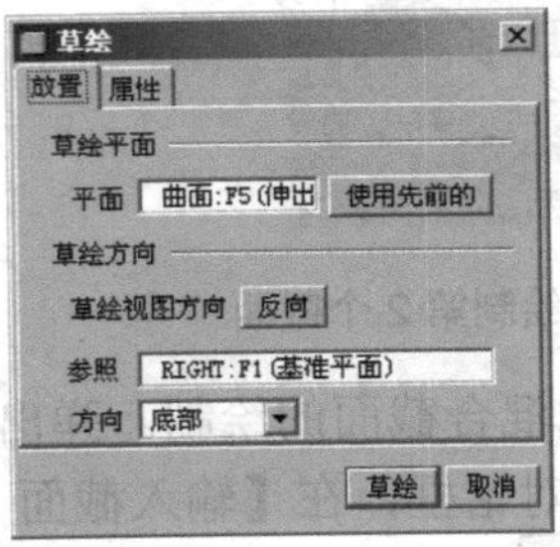

图 3-83 选择基准面

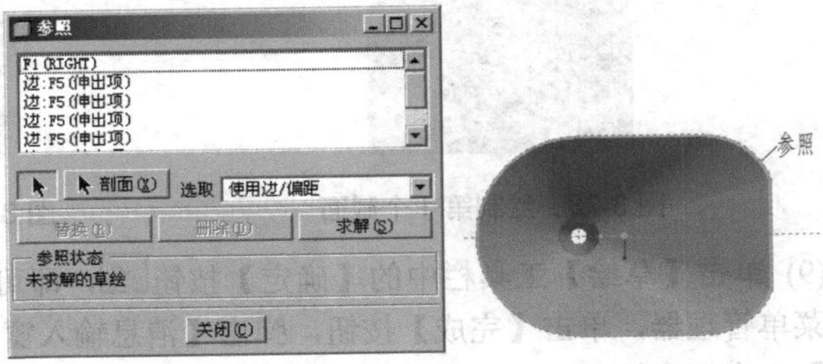

图 3-84 建立参照面

(3) 绘制草图，如图 3-85 所示，单击【完成】按钮。
(4) 单击【基础特征】工具栏中的【拉伸】按钮，弹出【拉伸】操作面板。
① 单击【视图】工具栏中的【保存的视图列表】按钮，切换视图为【标准方向】。
② 单击【盲孔】按钮，在【深度】下拉列表框中输入 0.5，如图 3-86 所示，单击【确定】按钮。

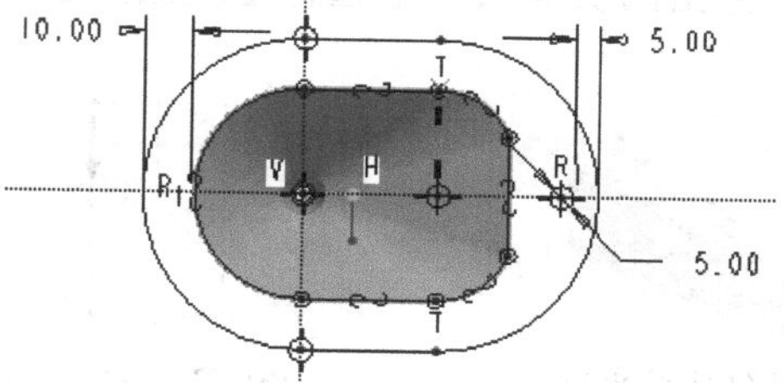

图 3-85　绘制草图

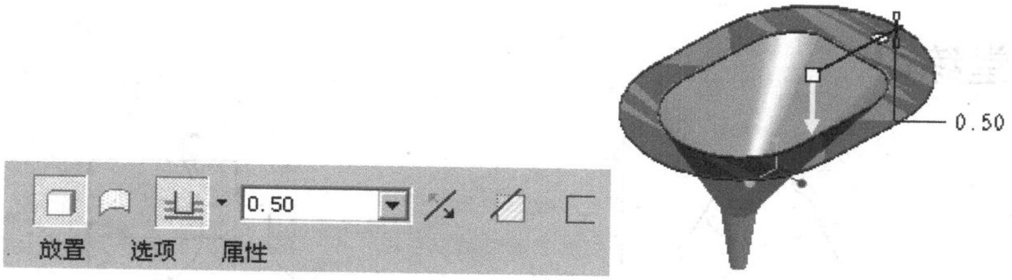

图 3-86　拉伸壁

步骤四：存盘

选择【文件】|【保存】菜单命令，保存文件。

3. 步骤点评

1) 对于步骤一：关于混合实体特征属性

特征属性用于决定混合特征的各种截面间用哪种方式进行连接，特征属性有以下两种。

- 直的：各截面间直接连接，如图 3-87(a)所示，三个截面间以直线连接。
- 光滑：各截面间光滑连接，如图 3-87(b)所示，三个截面间以光滑连接。

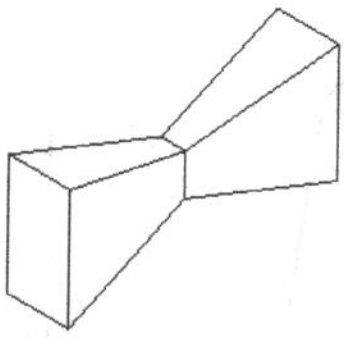

(a) 属性为【直的】

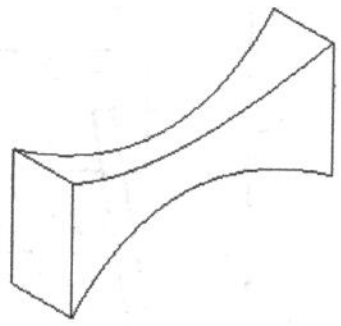

(b) 属性为【光滑】

图 3-87　相同截面不同特征属性的两种情况

当混合特征的截面数为 2 个时，属性【直的】和【光滑】没有区别；当混合特征的截面数为 3 个或 3 个以上时，属性【直的】和【光滑】才有区别。

2) 对于步骤一：关于混合实体特征的起始点

各截面间有特定的连接顺序，起始点的位置和方向不同，会产生不同的混合结果。

(1) 起始点如果位于相同的方位，产生的混合特征比较平直，如图 3-88(a)所示。

(2) 起始点如果位于不同的方位，产生的混合特征会发生扭曲，如图 3-88(b)所示。

改变截面起始点位置及方向的方法如下。

(1) 选择要设置为新起始点的点(如要改变原起始点的方向，则单击原起始点)。

(2) 单击鼠标右键，在弹出的快捷菜单中选择【起始点】命令即可改变起始点的位置(或方向)。

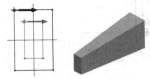

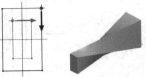

(a) 产生的混合特征比较平直　　(b) 产生的混合特征会发生扭曲

图 3-88　关于混合实体特征的起始点

3.4.3　随堂练习

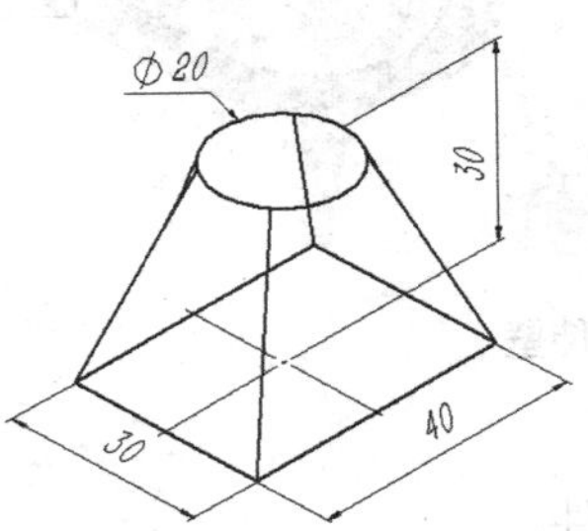

随堂练习 7

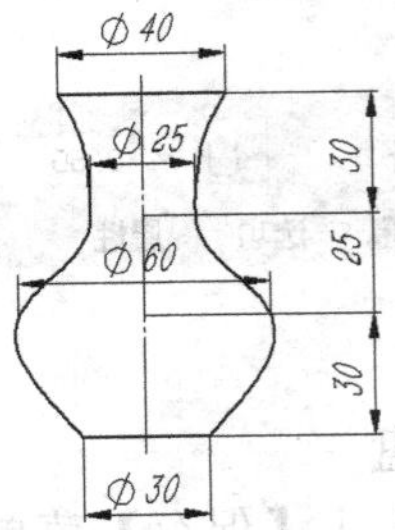

随堂练习 8

3.5　上 机 指 导

创建支架模型，如图 3-89 所示。

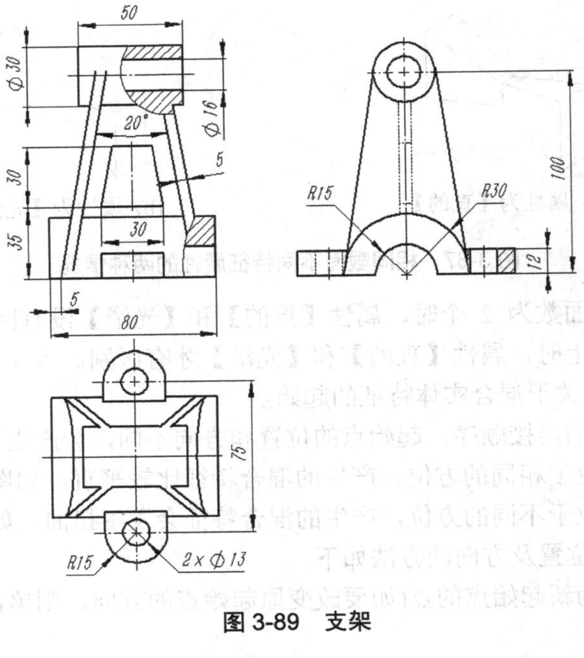

图 3-89　支架

3.5.1　建模理念

关于本零件设计理念的考虑如下。

(1) 零件呈对称排列。

(2) 利用桥接连接多个实体。

(3) 利用布尔运算设计肋板。

建模步骤如表 3-5 所示。

表 3-5　建模步骤

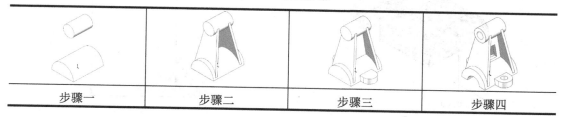

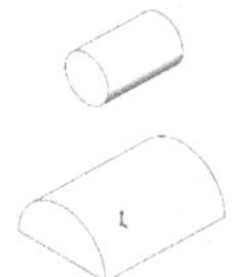	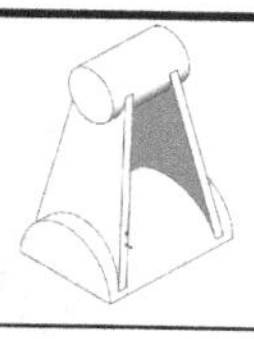	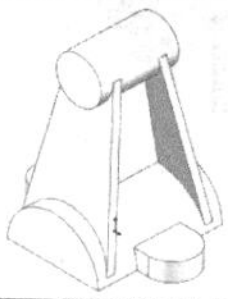	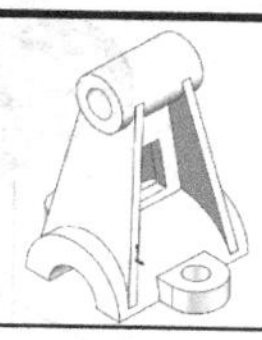
步骤一	步骤二	步骤三	步骤四

3.5.2　操作步骤

步骤一：新建文件，建立毛坯

(1) 新建文件“support.prt”。

① 单击【基础特征】工具栏中的【拉伸】按钮，弹出【拉伸】操作面板，如图 3-90 所示。

② 单击【对称】按钮，在【深度】下拉列表框中输入 80。

③ 单击【放置】按钮，弹出【放置】下拉面板。

④ 单击【定义】按钮，弹出【草绘】对话框。

⑤ 选择 FRONT 基准面作为草绘平面。

⑥ 选择 TOP 基准面作为参照平面。

⑦ 在【方向】下拉列表框中选择【顶】选项，单击【草绘】按钮，进入草绘模式。

⑧ 绘制草图，如图 3-91 所示，单击【完成】按钮。

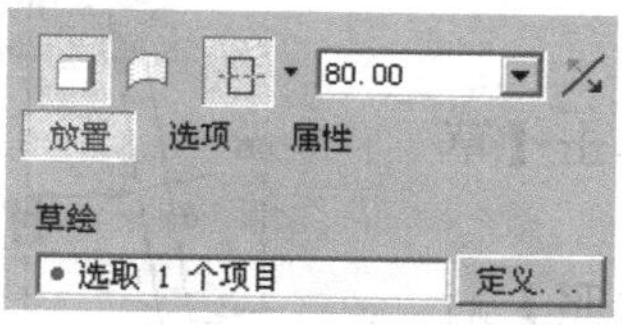

图 3-90　【拉伸】操作面板

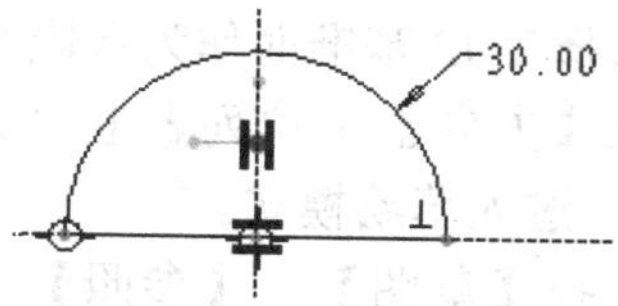

图 3-91　绘制草图

⑨ 返回【拉伸】操作面板，单击【视图】工具栏中的【保存的视图列表】按钮，切换视图为【标准方向】，如图 3-92 所示，单击【确定】按钮。

(2) 单击【草绘工具】按钮，弹出【草绘】对话框。

① 单击【使用先前的】按钮，再单击【草绘】按钮，进入草绘模式。

② 绘制草图，如图 3-93 所示，单击【完成】按钮。

(3) 单击【基础特征】工具栏中的【拉伸】按钮，弹出【拉伸】操作面板。

① 单击【视图】工具栏中的【保存的视图列表】按钮，切换视图为【标准方向】。

② 单击【对称】按钮，在【深度】下拉列表框中输入 50，如图 3-94 所示，单击【确定】按钮。

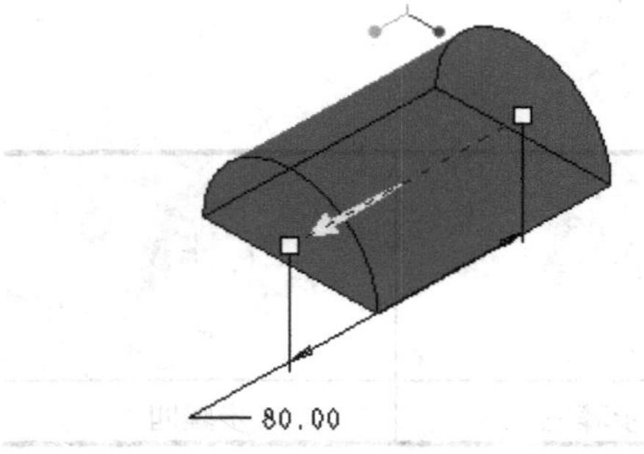

图 3-92　生成实体特征

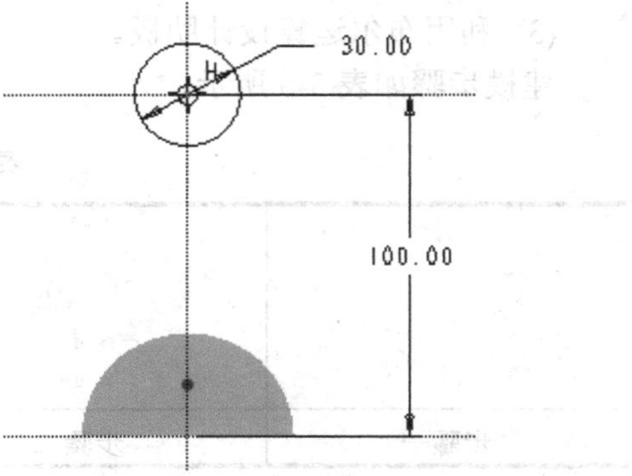

图 3-93　绘制草图

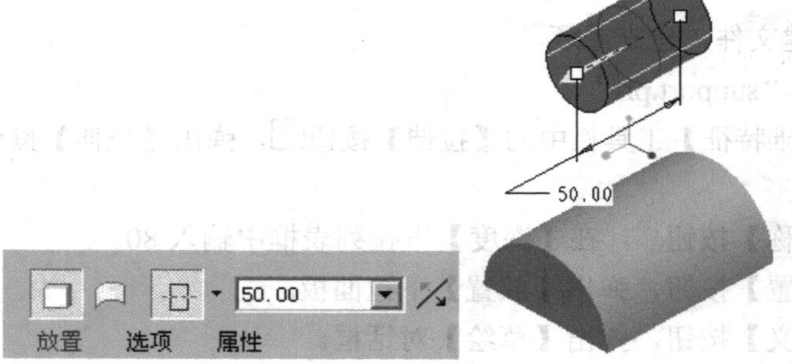

图 3-94　两侧对称

步骤二：建立链接

(1) 单击【草绘工具】按钮，弹出【草绘】对话框。

① 选择 RIGHT 基准面作为草绘平面。

② 选择 TOP 基准面作为参照平面。

③ 在【方向】下拉列表框中选择【顶】选项，单击【草绘】按钮，进入草绘模式。

④ 选择【草图】|【参照】菜单命令，弹出【参照】对话框，在图形区选择参照。

⑤ 绘制草图，如图 3-95 所示，单击【完成】按钮。

(2) 单击【基础特征】工具栏中的【拉伸】按钮，弹出【拉伸】操作面板。

① 单击【视图】工具栏中的【保存的视图列表】按钮，切换视图为【标准方向】。

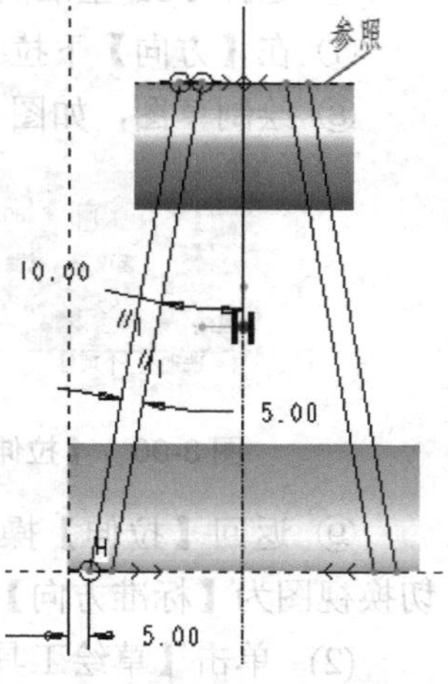

图 3-95　绘制草图

② 单击【对称】按钮，在【深度】下拉列表框中输入 60，如图 3-96 所示，单击【确定】按钮。

(3) 单击【草绘工具】按钮，弹出【草绘】对话框。

① 在图形区选择前端面作为草绘平面。

② 选择 TOP 基准面作为参照平面。

③ 在【方向】下拉列表框中选择【顶】选项，单击【草绘】按钮，进入草绘模式。

④ 绘制草图，如图 3-97 所示，单击【完成】按钮。

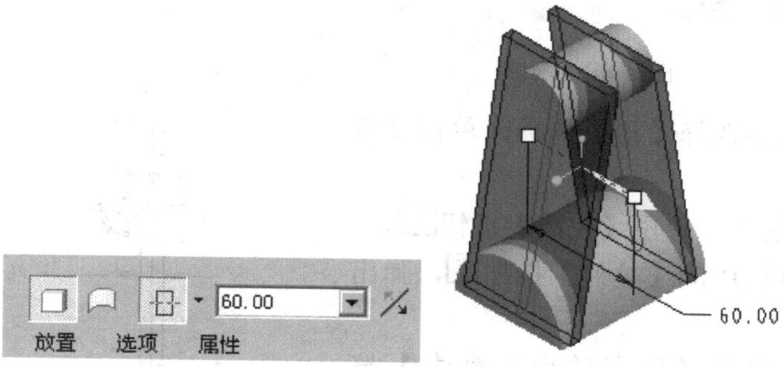

图 3-96　设置拉伸的深度值

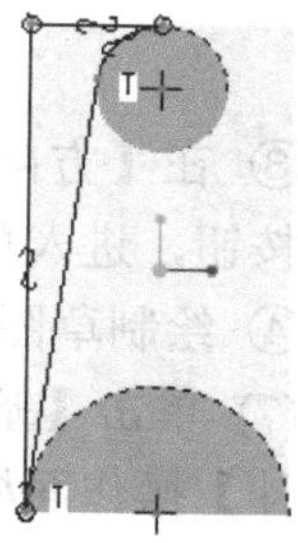

图 3-97　绘制草图

(4) 单击【基础特征】工具栏中的【拉伸】按钮，弹出【拉伸】操作面板。

① 单击【视图】工具栏中的【保存的视图列表】按钮，切换视图为【标准方向】。

② 单击【穿透】按钮。

③ 单击【去除材料】按钮，如图 3-98 所示，单击【确定】按钮。

图 3-98　拉伸凸台

(5) 选择刚建立的切除特征，选择【编辑】|【镜像】菜单命令，弹出【镜像】操作面板，在图形区选择 RIGHT 基准面作为镜像平面，如图 3-99 所示，单击【确定】按钮。

(6) 单击【草绘工具】按钮，弹出【草绘】对话框。

① 在图形区选择 FRONT 基准面作为草绘平面。

② 选择 TOP 基准面为参照平面。

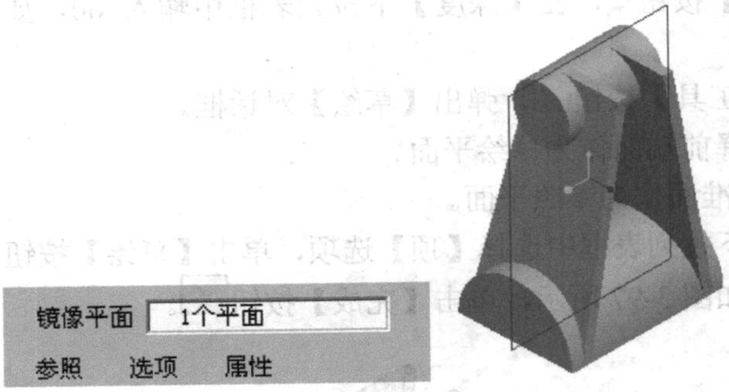

图 3-99　镜像

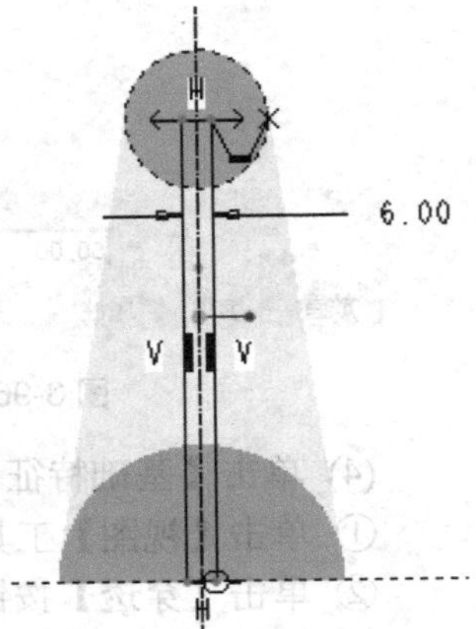

图 3-100　绘制草图

③ 在【方向】下拉列表框中选择【顶】选项，单击【草绘】按钮，进入草绘模式。

④ 绘制草图，如图 3-100 所示，单击【完成】按钮。

(7) 单击【基础特征】工具栏中的【拉伸】按钮，弹出【拉伸】操作面板。

① 单击【视图】工具栏中的【保存的视图列表】按钮，切换视图为【标准方向】。

② 单击【选项】按钮，弹出【选项】下拉面板，如图 3-101 所示。

③ 在【第 1 侧】下拉列表框中选择【穿至】选项，在图形区选择面。

④ 在【第 2 侧】下拉列表框中选择【穿至】选项，在图形区选择面。

⑤ 单击【确定】按钮。

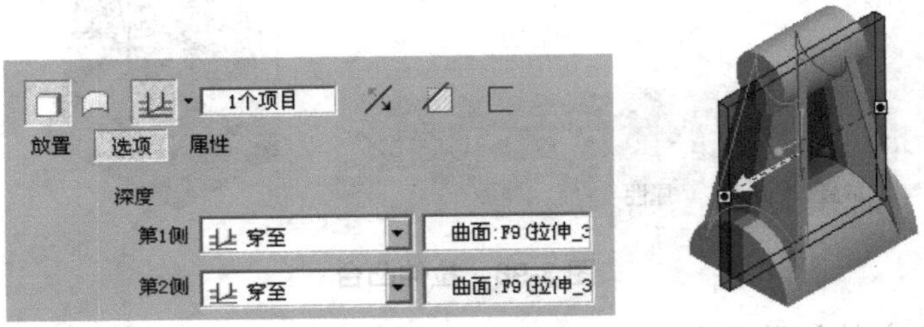

图 3-101　拉伸凸台

步骤三：建立底部固定

(1) 单击【草绘工具】按钮，弹出【草绘】对话框。

① 在图形区选择底面作为草绘平面。

② 选择 FRONT 基准面作为参照平面。

③ 在【方向】下拉列表框中选择【顶】选项，单击【草绘】按钮，进入草绘模式。

④ 绘制草图，如图 3-102 所示，单击【完成】按钮。

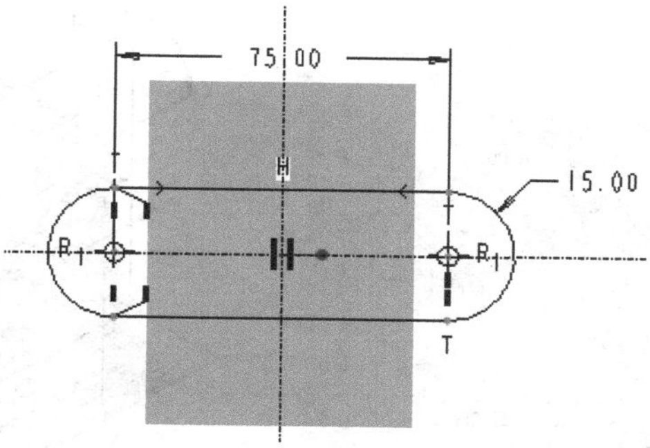

图 3-102　绘制草图

(2) 单击【基础特征】工具栏中的【拉伸】按钮，弹出【拉伸】操作面板，如图 3-103 所示。

① 单击【视图】工具栏中的【保存的视图列表】按钮，切换视图为【标准方向】。

② 单击【盲孔】按钮，在【深度】下拉列表框中输入 12。

③ 单击【确定】按钮。

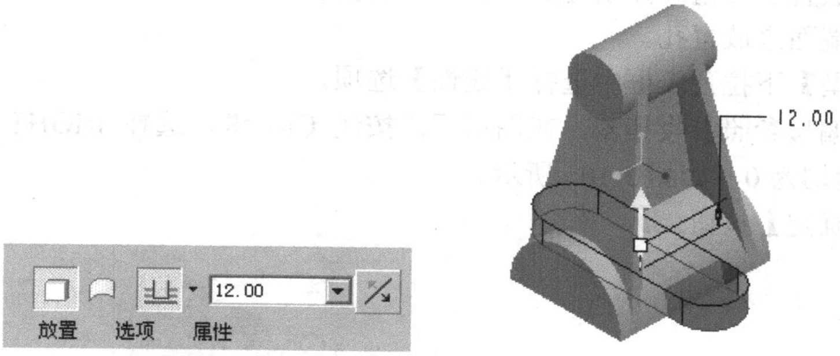

图 3-103　拉伸凸台

步骤四：建立底部固定

(1) 单击【工具特征】工具栏中的【孔工具】按钮，弹出【孔】操作面板。

① 单击【创建简单孔】按钮。

② 在【直径】下拉列表框中输入 16。

③ 单击【穿透】按钮。

④ 单击【放置】按钮，弹出【放置】下拉面板。

⑤ 选取前端面来放置孔。

⑥ 在【类型】下拉列表框中选择【直径】选项。

⑦ 激活【偏移参照】收集器，按住 Ctrl 键，选择轴基准和 RIGHT 基准面，偏移量分别为 0 和 0。

⑧ 单击【确定】按钮，建立的孔特征，如图 3-104 所示。

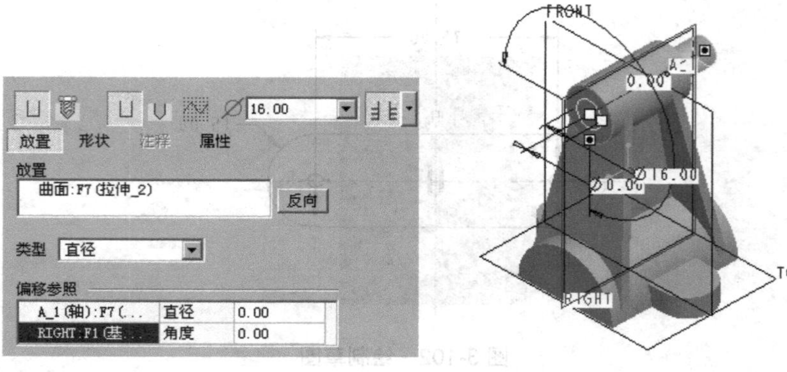

图 3-104 建立孔特征

(2) 单击【工具特征】工具栏中的【孔工具】按钮，弹出【孔】操作面板。

① 单击【创建简单孔】按钮。

② 在【直径】下拉列表框中输入 30。

③ 单击【穿透】按钮。

④ 单击【放置】按钮，弹出【放置】下拉面板。

⑤ 选取前端面来放置孔。

⑥ 在【类型】下拉列表框中选择【线性】选项。

⑦ 激活【偏移参照】收集器，在图形区，按住 Ctrl 键，选择 RIGHT 基准面和 TOP 基准面，偏移量均为 0，如图 3-105 所示。

⑧ 单击【确定】按钮。

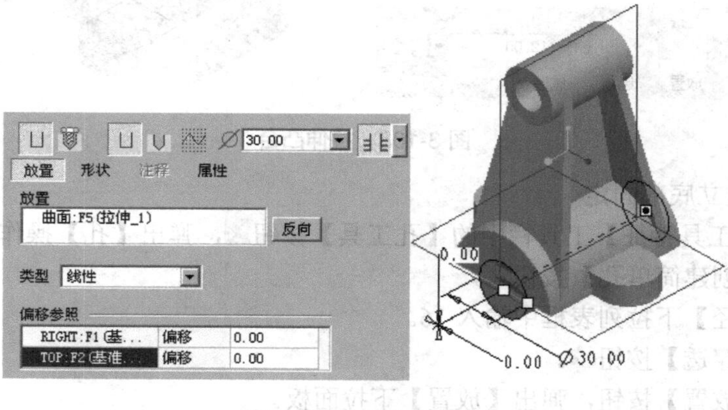

图 3-105 建立孔特征

(3) 单击【工具特征】工具栏中的【孔工具】按钮，弹出【孔】操作面板。

① 单击【创建简单孔】按钮。

② 在【直径】下拉列表框中输入 13。

③ 单击【穿透】按钮。

④ 单击【放置】按钮，弹出【放置】下拉面板。

⑤ 选取固定块上表面来放置孔。

⑥ 在【类型】下拉列表框中选择【线性】选项。

⑦ 激活【偏移参照】收集器，在图形区，按住 Ctrl 键，选择 FRONT 基准面和 RIGHT 基准面，偏移量分别为 0 和 37.5，如图 3-106 所示。

⑧ 单击【确定】按钮☑。

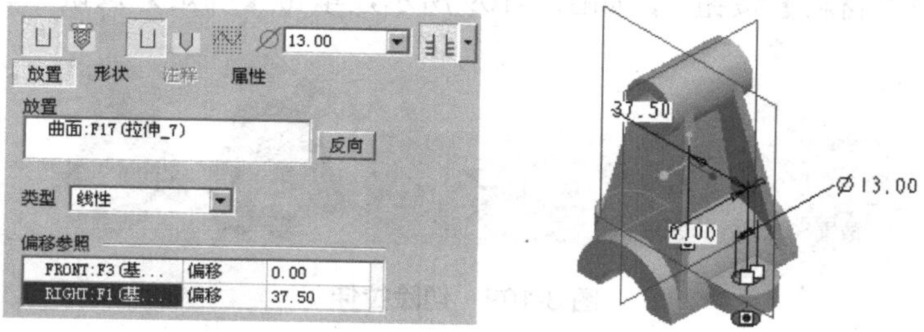

图 3-106 打孔

(4) 选择刚建立的孔，选择【编辑】|【镜像】菜单命令，弹出【镜像】操作面板，在图形区选择 RIGHT 基准面作为镜像平面，如图 3-107 所示，单击【确定】按钮☑。

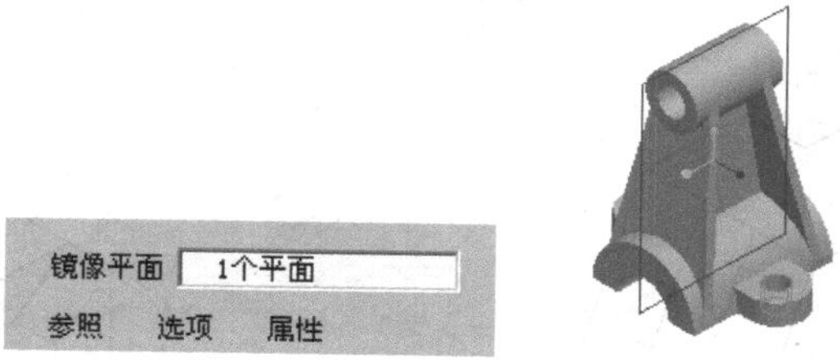

图 3-107 镜像孔

(5) 单击【草绘工具】按钮，弹出【草绘】对话框。

① 在图形区选择前表面作为草绘平面。

② 选择 FRONT 基准面作为参照平面。

③ 在【方向】下拉列表框中选择【左】选项，单击【草绘】按钮，进入草绘模式。

④ 绘制草图，如图 3-108 所示，单击【完成】按钮☑。

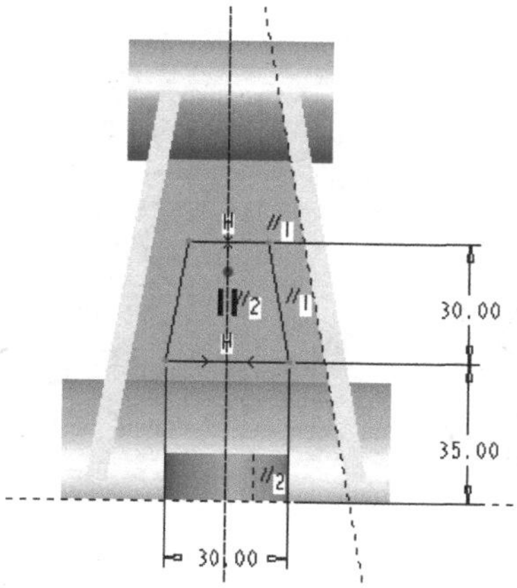

图 3-108 绘制草图

(6) 单击【基础特征】工具栏中的【拉伸】按钮，弹出【拉伸】操作面板。

① 单击【视图】工具栏中的【保存的视图列表】按钮，切换视图为【标准方向】。

② 单击【穿透】按钮。

③ 单击【去除材料】按钮，如图 3-109 所示，单击【确定】按钮。

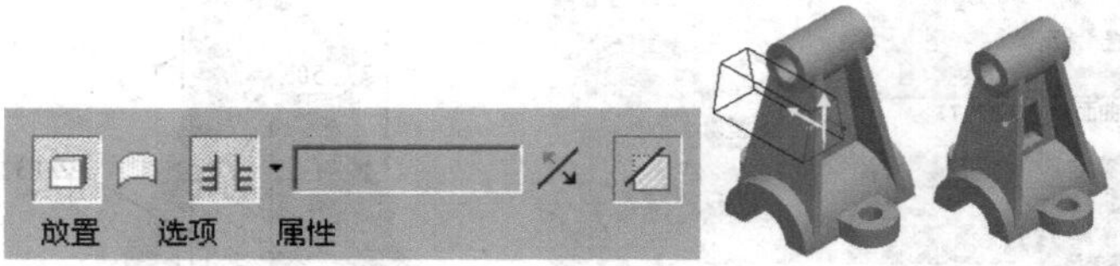

图 3-109　切除拉伸

步骤五：存盘

选择【文件】|【保存】菜单命令，保存文件。

3.6 上机练习

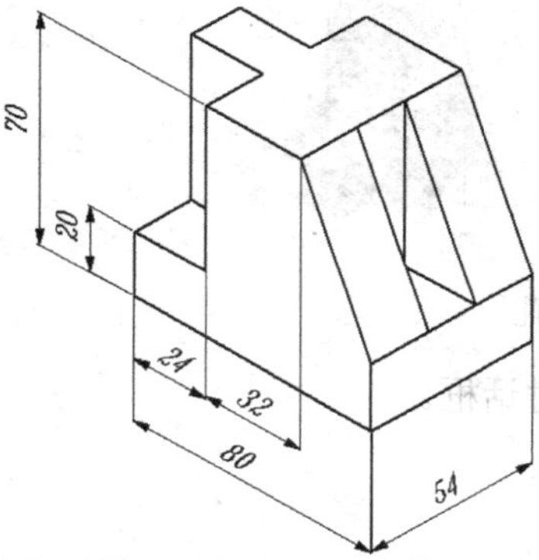

上机练习图 1

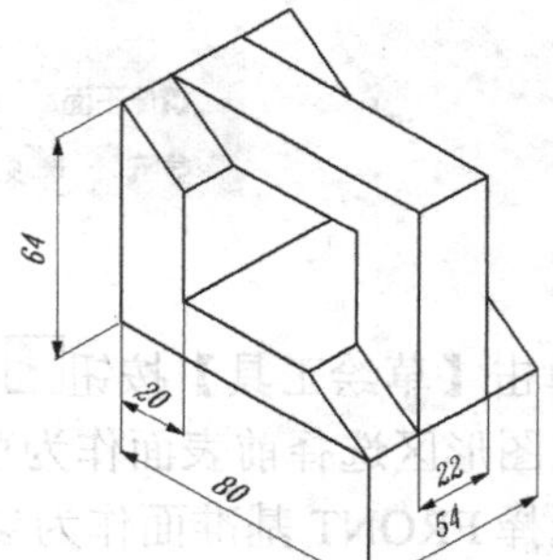

上机练习图 2

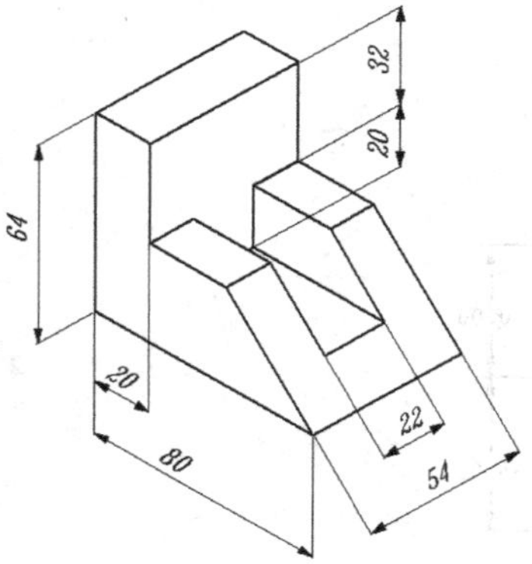

上机练习图 3

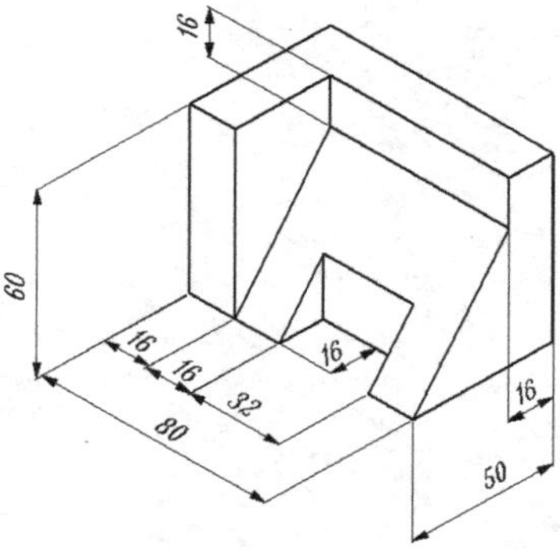

上机练习图 4

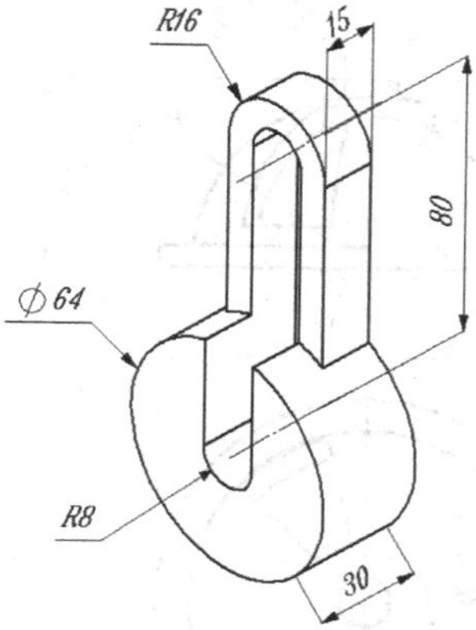

上机练习图 5

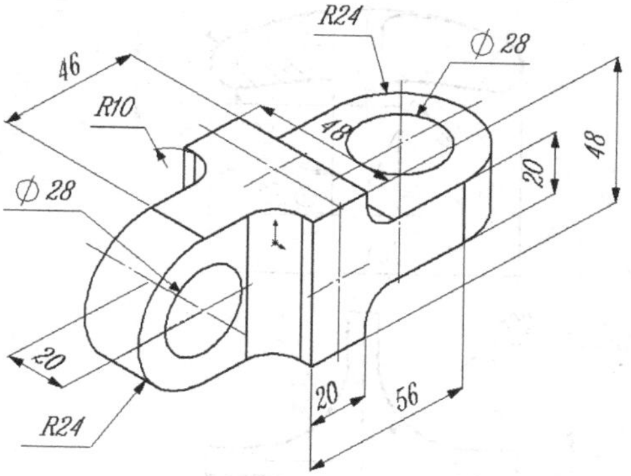

上机练习图 6

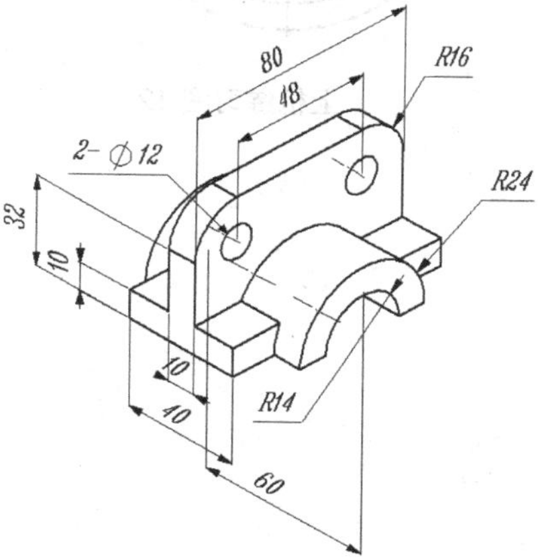

上机练习图 7

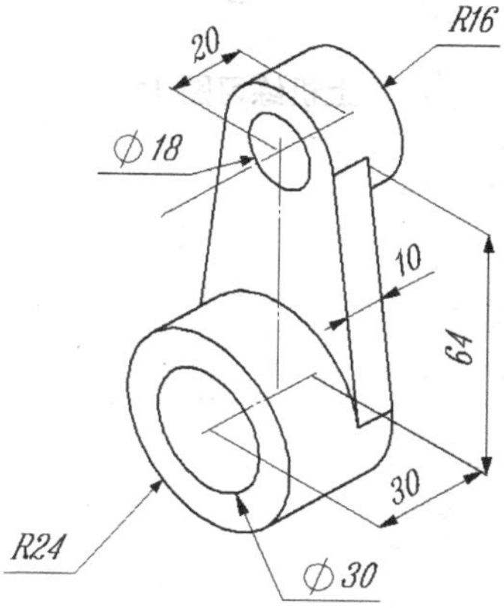

上机练习图 8

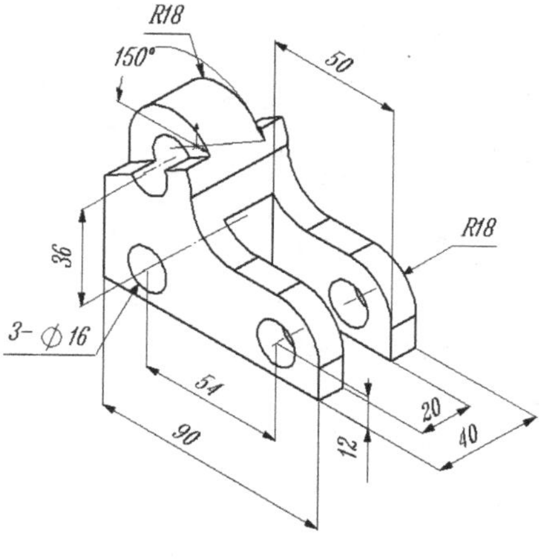

上机练习图 9

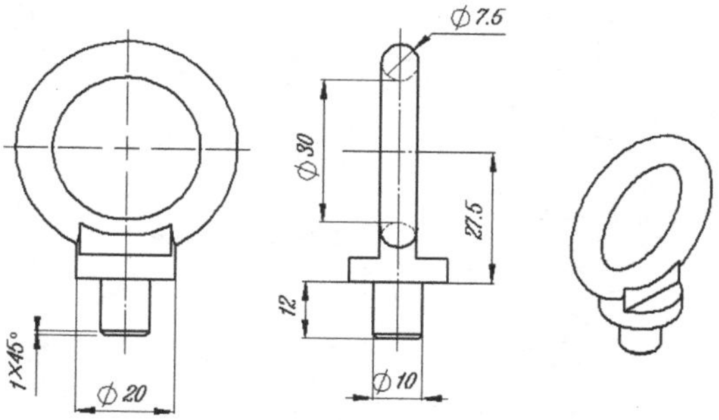

上机练习图 10

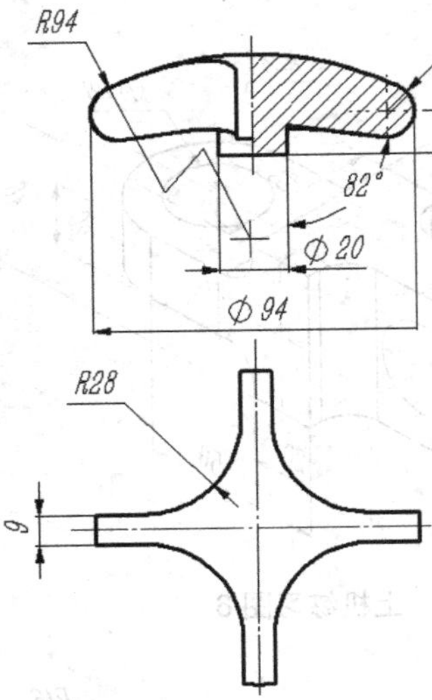

上机练习图 11

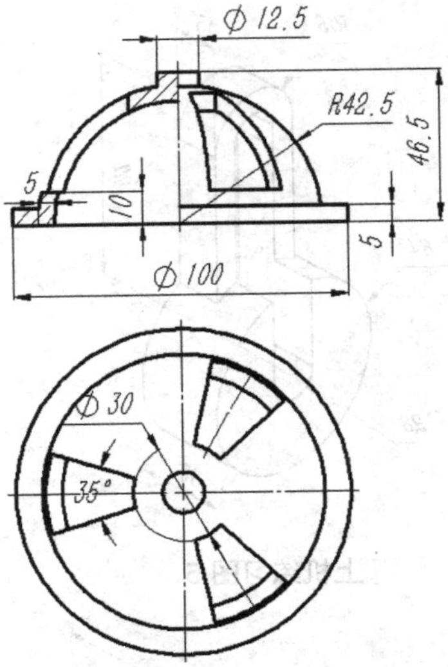

上机练习图 12

第 4 章　创建基准特征

基准特征是零件建模的参考特征，它的主要用途是为实体造型提供参考，也可以作为绘制草图时的参考面。基准特征有相对基准与固定基准之分。

一般应尽量使用相对基准面与相对基准轴。因为相对基准是相关和参数化的特征，与目标实体的表面、边缘、控制点相关。

4.1　创建相对基准平面

本节知识点：

(1) 基准面的概念。

(2) 创建相对基准面的方法。

4.1.1　设置基准特征的显示状态

使用工具栏中的【基准显示】按钮，这些按钮都有开/关两种状态。

【基准平面开/关】：显示或关闭工作区内的所有基准平面。

【基准轴开/关】：显示或关闭工作区内的所有基准轴。

【基准点开/关】：显示或关闭工作区内的所有基准点。

【坐标系开/关】：显示或关闭工作区内的坐标系。

4.1.2　创建基准面

基准平面既可用作草绘特征的草绘平面和参照平面，也可用于放置特征的放置平面；另外，基准平面也可作为尺寸标注基准、零件装配基准等。

基准平面理论上是一个无限大的面，如只是为了便于观察可以设定其大小，以适用于建立的参照特征。基准平面有两个方向面，系统默认的颜色为棕色和黑色。在正视时为棕色边界线的平面，而平面转到和最次的视角相反的一面时，基准面变为黑色边界线显示。

要想创建一个基准平面，就需要分别指定一个或多个约束条件和参照条件，系统会根据指定的条件创建基准平面。

【穿过】：新的基准平面通过选择的参照。

【法向】：新的基准平面垂直选择的参照。

【平行】：新的基准平面平行选择的参照。

【偏移】：新的基准平面偏移选择的参照。

【相切】：新的基准平面与选择的参照相切。

说明： 若要选择多个对象作为参照，应按下 Ctrl 键。

4.1.3　建立相对基准面实例

将建立关联到一实体模型的相对基准面，如图 4-1 所示。

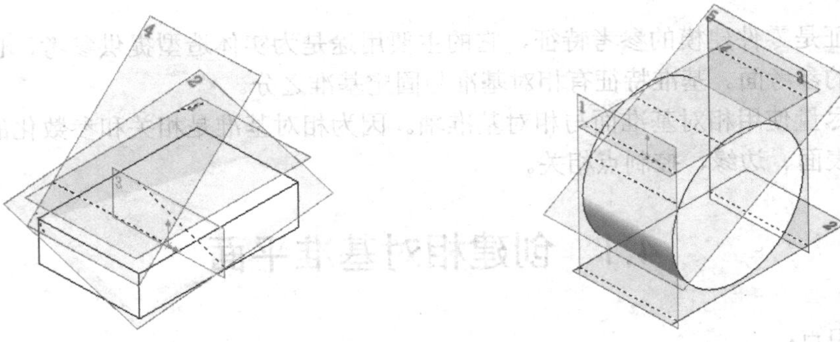

(a)　　(b)

图 4-1　建立关联到一实体模型的相对基准面

1. 要求

按下列要求创建第一组相对基准面，如图 4-1(a)所示。

(1) 按某一距离创建基准面 1。

(2) 过三点建基准面 2。

(3) 二等分基准面 3。

(4) 与上表面成角度基准面 4。

按下列要求创建第二组相对基准面，如图 4-1(b)所示。

(1) 与圆柱相切基准面 1～4。

(2) 与圆柱相切和基准面 1 成 60° 角基准面 5。

2. 操作步骤

步骤一：新建文件

(1) 新建文件“Relative_Datum_Plane1.prt”。

(2) 创建块，建立第一组基准面。

根据适合比例建立块，如图 4-2 所示。

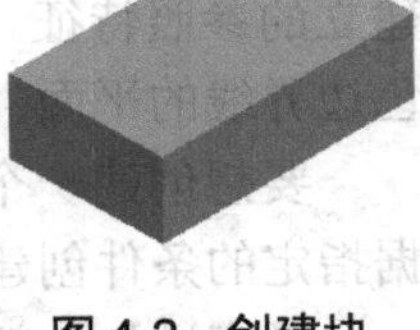

图 4-2　创建块

步骤二：按某一距离创建基准面 1

单击【基准】工具栏中的【平面】按钮，弹出【基准平面】对话框，如图 4-3 所示。

(1) 在图形区选择基体的上表面。

(2) 设置曲面的约束条件为【偏移】。

(3) 在【平移】下拉列表框中输入 30。

(4) 单击【确定】按钮。

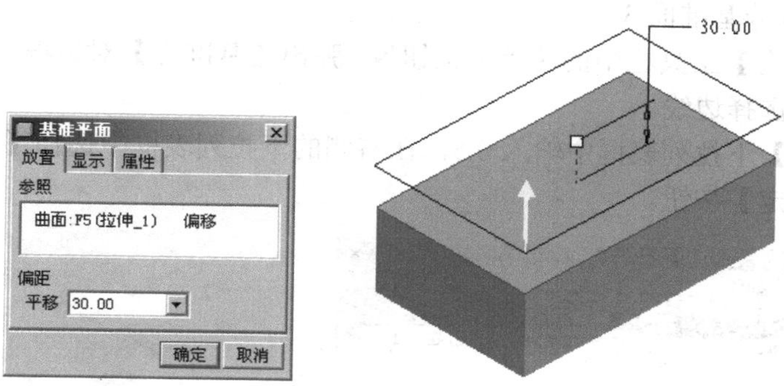

图 4-3　创建基准面 1

步骤三：过三点建基准面 2

(1) 单击【基准】工具栏中的【点】按钮，弹出【基准点】对话框，如图 4-4 所示。

① 在图形区选择边线。

② 在【偏移】下拉列表框中输入 0.5，选择【比率】选项。

③ 单击【确定】按钮。

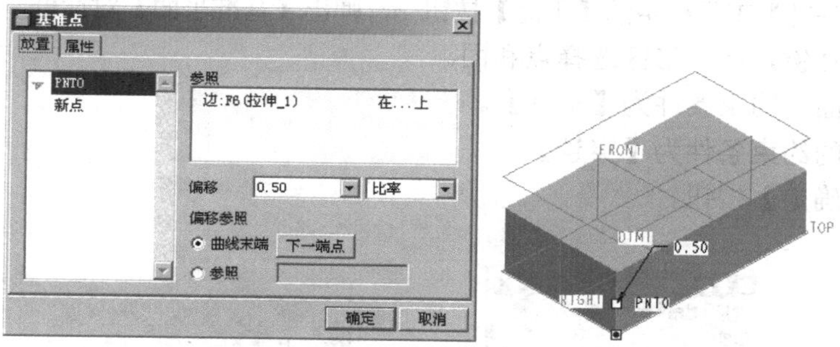

图 4-4　创建基准点 1

(2) 单击【基准】工具栏中的【平面】按钮，弹出【基准平面】对话框，如图 4-5 所示。

① 按住 Ctrl 键，在图形区选择三点。

② 三顶点的约束条件均为【穿过】。

③ 单击【确定】按钮。

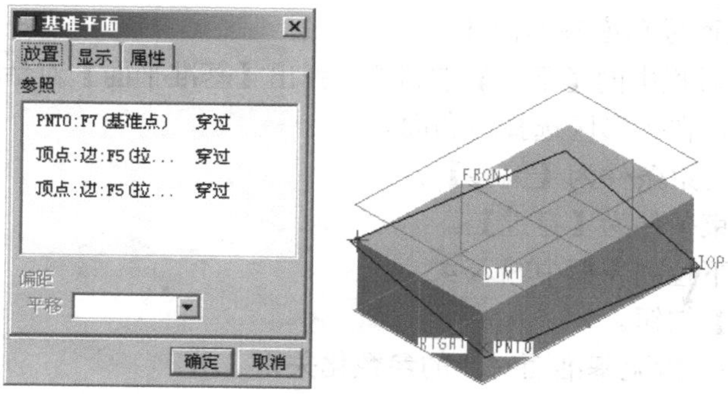

图 4-5　创建基准面 2

步骤四：二等分基准面 3

(1) 单击【基准】工具栏中的【点】按钮，弹出【基准点】对话框，如图 4-6 所示。

① 在图形区选择边线。

② 在【偏移】下拉列表框中输入 0.5，在右侧的下拉列表框中选择【比率】选项。

③ 单击【确定】按钮。

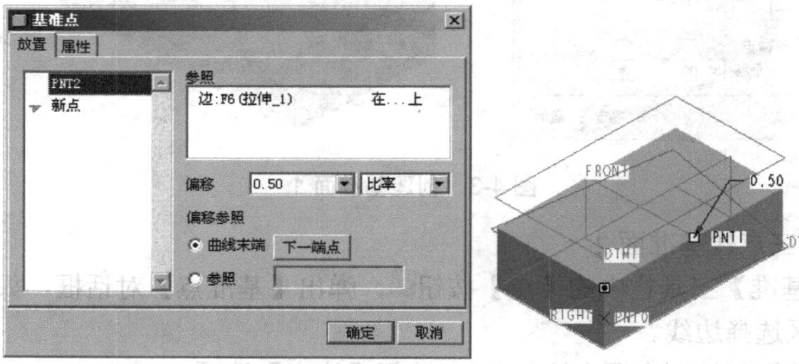

图 4-6　创建基准点 2

(2) 单击【基准】工具栏中的【平面】按钮，弹出【基准平面】对话框，如图 4-7 所示。

① 按住 Ctrl 键，在图形区选择点和面。

② 设置曲面的约束条件为【平行】。

③ 设置点的约束条件为【穿越】。

④ 单击【确定】按钮。

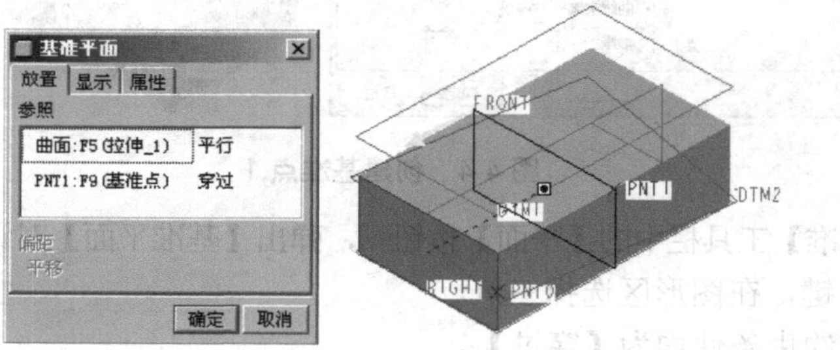

图 4-7　创建基准面 3

步骤五：与上表面成角度基准面 4

单击【基准】工具栏中的【平面】按钮，弹出【基准平面】对话框，如图 4-8 所示。

(1) 按住 Ctrl 键，在图形区选择边和面。

(2) 设置曲面的约束条件为【偏移】。

(3) 设置边的约束条件为【穿过】。

(4) 在【旋转】下拉列表框中输入 45。

(5) 单击【确定】按钮。

步骤六：编辑块，检验基准面对块的参数化关系

观察所建基准面，如图 4-9 所示。

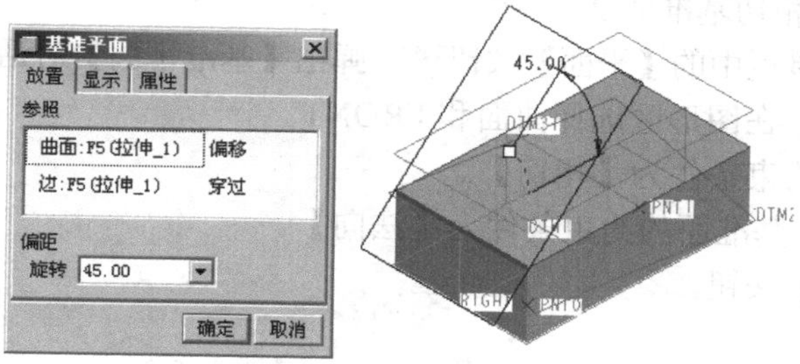

图 4-8　创建基准面 4

步骤七：存盘

选择【文件】|【保存】菜单命令，保存文件。

步骤八：创建圆柱，建立第二组基准面

(1) 新建文件“Relative_Datum_Plane2.prt”。

(2) 根据适合比例建立圆柱，如图 4-10 所示。

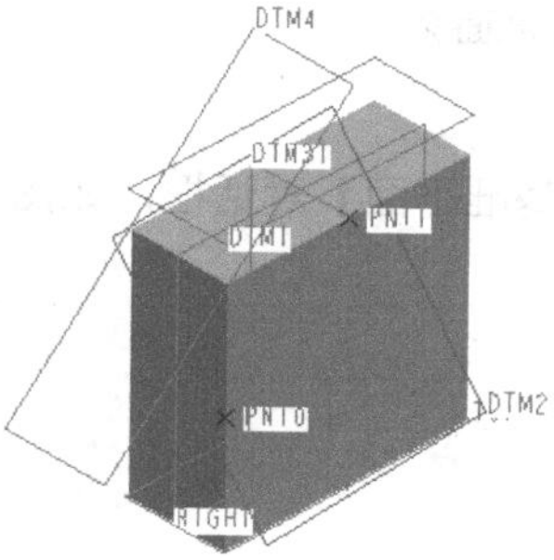

图 4-9　相关改变

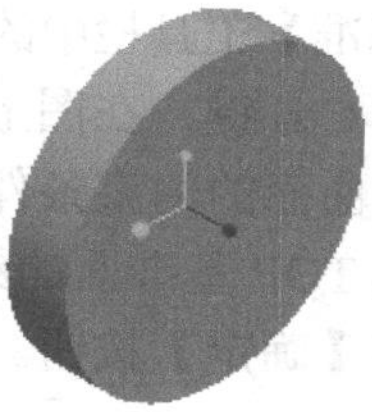

图 4-10　创建圆柱体

步骤九：与圆柱相切基准面 1

单击【基准】工具栏中的【平面】按钮，弹出【基准平面】对话框，如图 4-11 所示。

(1) 按住 Ctrl 键，在图形区选择曲面和 TOP。

(2) 设置曲面的约束条件为【相切】。

(3) 设置 TOP 基准面的约束条件为【法向】。

(4) 单击【确定】按钮。

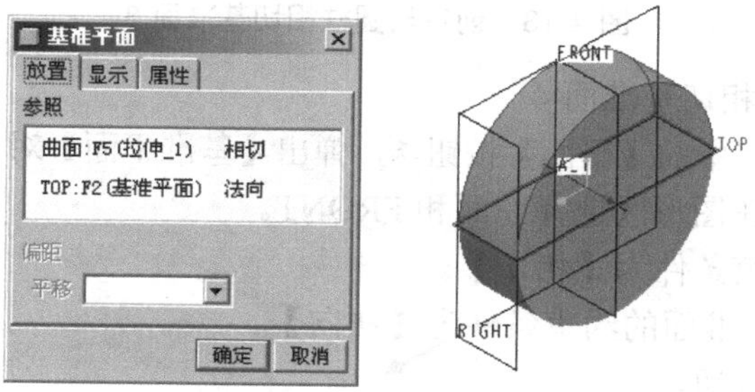

图 4-11　创建与圆柱相切基准面 1

步骤十：与圆柱相切基准面 2

单击【基准】工具栏中的【平面】按钮，弹出【基准平面】对话框，如图 4-12 所示。

(1) 按住 Ctrl 键，在图形区选择曲面和 FRONT。

(2) 设置曲面的约束条件为【相切】。

(3) 设置 FRONT 基准面的约束条件为【法向】。

(4) 单击【确定】按钮。

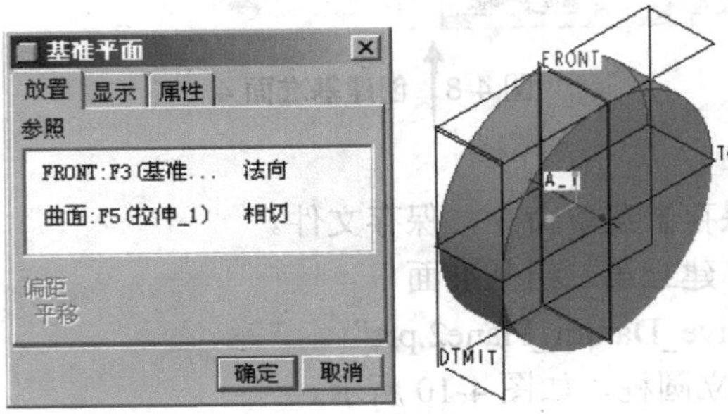

图 4-12　创建与圆柱相切基准面 2

步骤十一：与圆柱相切基准面 3

单击【基准】工具栏中的【平面】按钮，弹出【基准平面】对话框，如图 4-13 所示。

(1) 按住 Ctrl 键，在图形区选择曲面和 TOP。

(2) 设置曲面的约束条件为【相切】。

(3) 设置 TOP 基准面的约束条件为【法向】。

(4) 单击【确定】按钮。

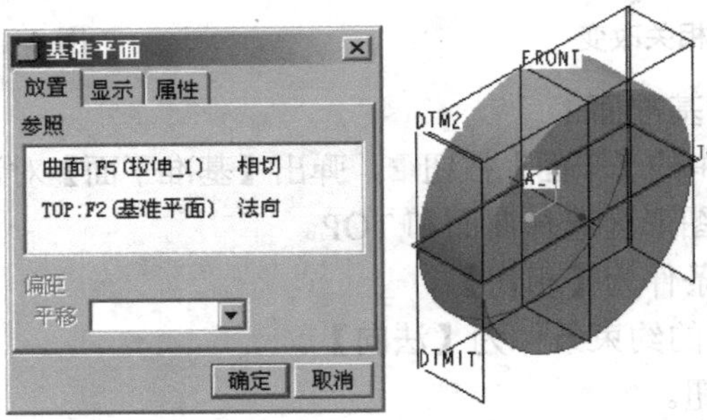

图 4-13　创建与圆柱相切基准面 3

步骤十二：与圆柱相切基准面 4

单击【基准】工具栏中的【平面】按钮，弹出【基准平面】对话框，如图 4-14 所示。

(1) 按住 Ctrl 键，在图形区选择曲面和 FRONT。

(2) 设置曲面的约束条件为【相切】。

(3) 设置 FRONT 基准面的约束条件为【法向】。

(4) 单击【确定】按钮。

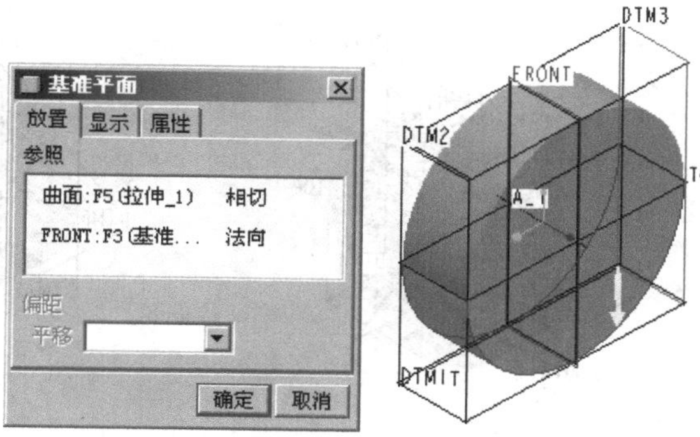

图 4-14　创建与圆柱相切基准面 4

步骤十三：与圆柱相切和基准面 3 成 60° 角基准面 5

(1) 单击【基准】工具栏中的【平面】按钮，弹出【基准平面】对话框，如图 4-15 所示。

① 按住 Ctrl 键，在图形区选择曲面和 TOP 基准面。

② 设置曲面的约束条件为【穿过】。

③ 设置 TOP 基准面的约束条件为【偏移】。

④ 在【旋转】下拉列表框中输入 120。

⑤ 单击【确定】按钮。

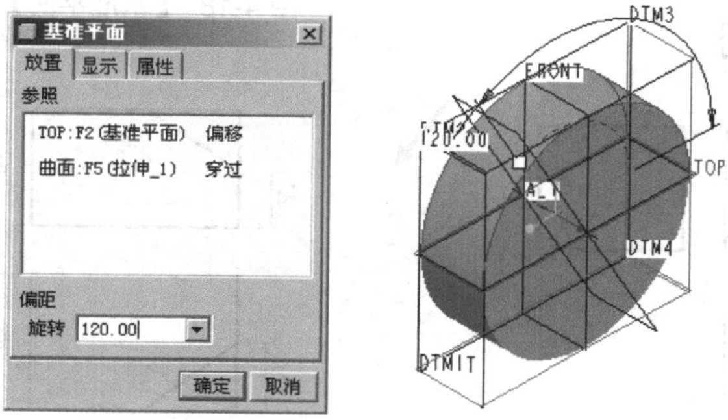

图 4-15　创建穿过中心线与 TOP 基准面相交 120° 的基准面

(2) 单击【基准】工具栏中的【平面】按钮，弹出【基准平面】对话框，如图 4-16 所示。

① 按住 Ctrl 键，在图形区选择曲面和基准面 5。

② 设置曲面的约束条件为【相切】。

③ 设置基准面 5 的约束条件为【法向】。

④ 单击【确定】按钮。

步骤十四：编辑圆柱，检验基准面对块的参数化关系

改变直径和长度，完成改变，如图 4-17 所示，观察所建基准面。

步骤十五：存盘

选择【文件】|【保持】菜单命令，保存文件。

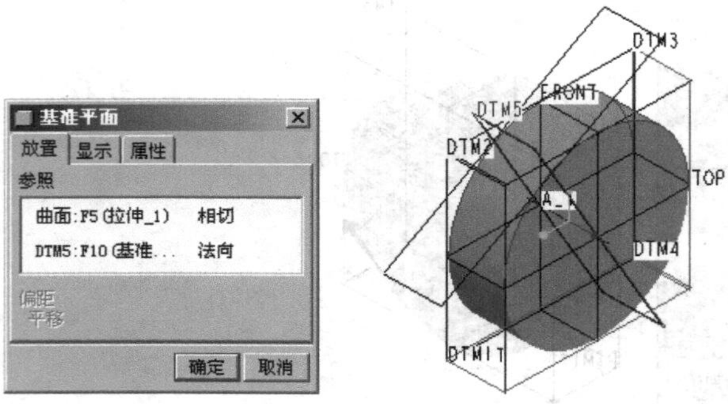

图 4-16　创建相切基准面与一面成角度

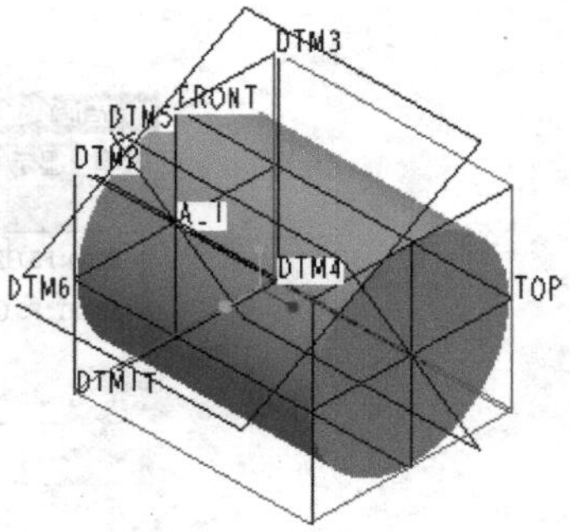

图 4-17　完成相关改变

3. 步骤点评

对于步骤二：关于基准面的显示。

【基准平面】对话框的【显示】选项卡，如图 4-18 所示。

(1) 选中【调整轮廓】复选框。

(2) 选择【大小】选项。

(3) 确定宽度和高度。

(4) 决定是否选中【锁定长宽比】复选框。

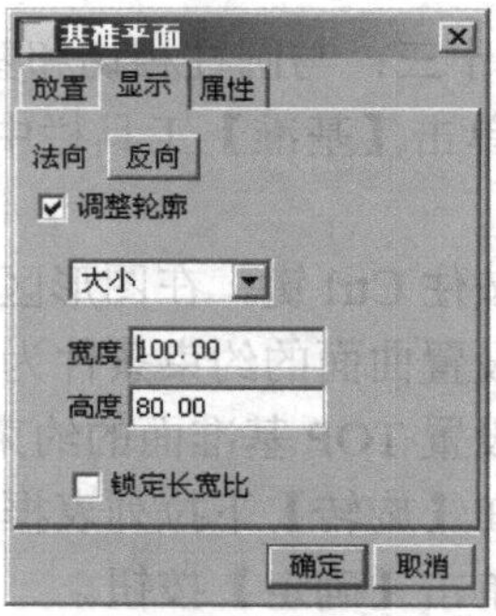

图 4-18 【基准平面】对话框的【显示】选项卡

4.1.4　随堂练习

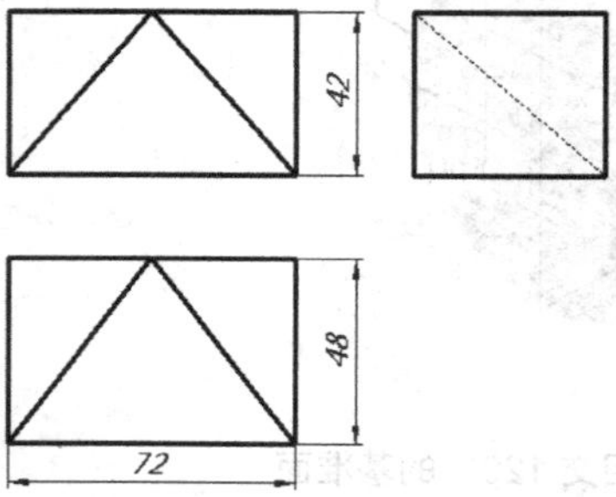

随堂练习 1

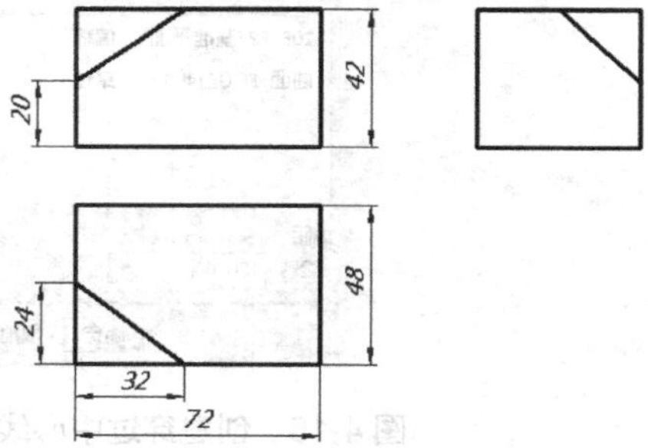

随堂练习 2

4.2　创建相对基准轴

本节知识点：基准轴的建立方法。

4.2.1　基准轴

要想创建一个基准轴，就需要分别指定一个或多个约束条件和参照条件，系统会根据指定的条件创建基准轴。

【穿过】：新的基准轴通过选择的参照。

【法向】：放置垂直与选定参照的基准轴(与穿过配合使用)。

【相切】：放置与选定参照相切的基准轴(与穿过配合使用)。

说明： 若选择多个对象作为参照，应按下 Ctrl 键。

4.2.2　建立相对基准轴实例

1. 要求

将建立关联到一实体模型的相对基准轴，如图 4-19 所示。

(1) 通过一条草图直线、边线或轴，创建基准轴 1。

(2) 通过两个平面，即两个平面的交线，创建基准轴 2。

(3) 通过两个点或模型顶点，也可以使中点，创建基准轴 3。

(4) 通过圆柱面/圆锥面的轴线，创建基准轴 4。

(5) 通过点并垂直于给定的面或基准面，创建基准轴 5。

2. 操作步骤

步骤一：新建文件

(1) 新建文件“Relative_Datum_shaft.prt”。

(2) 创建模型，根据适当比例建立模型，如图 4-20 所示。

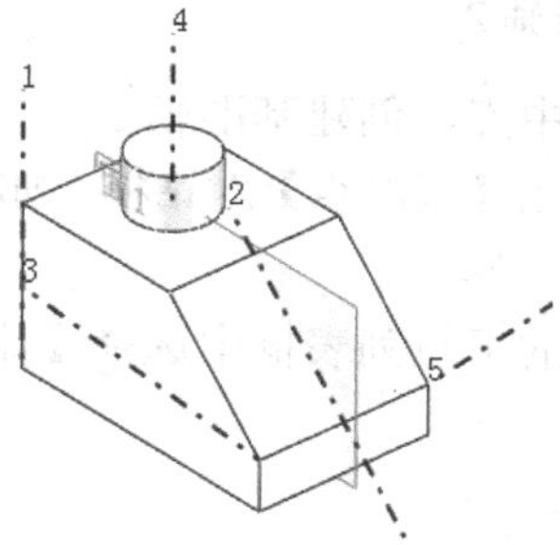

图 4-19　创建关联到一实体模型的相对基准轴

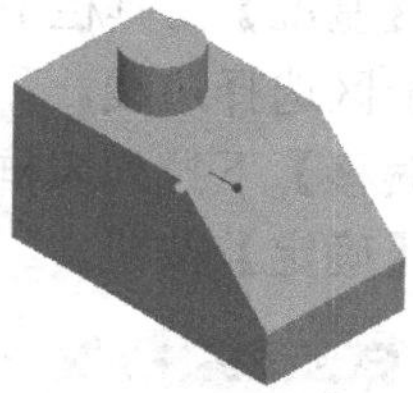

图 4-20　创建模型

步骤二：通过一条草图直线、边线或轴，创建基准轴 1

单击【基准】工具栏中的【轴】按钮，弹出【基准轴】对话框，如图 4-21 所示。

(1) 在图形区选择基体的边。

(2) 设置边的约束条件为【穿过】。

(3) 单击【确定】按钮。

步骤三：通过两个平面，即两个平面的交线，创建基准轴 2

单击【基准】工具栏上的【轴】按钮，弹出【基准轴】对话框，如图 4-22 所示。

(1) 按住 Ctrl 键，在图形区选择由面和 FRONT 基准面。

(2) 设置曲面的约束条件为【穿过】。

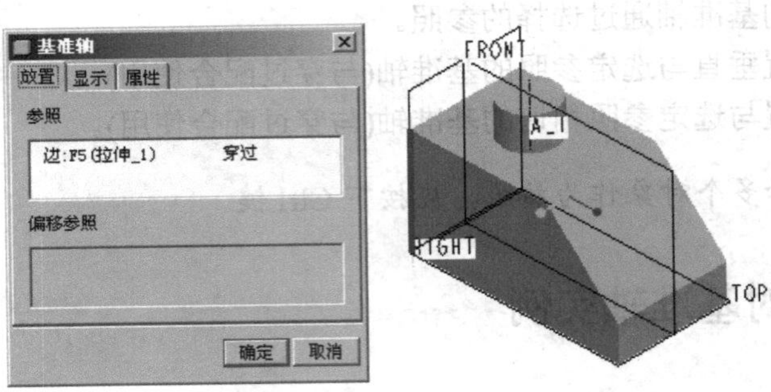

图 4-21　创建基准轴 1

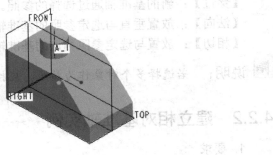

(3) 设置 FRONT 基准面的约束条件为【穿过】。

(4) 单击【确定】按钮。

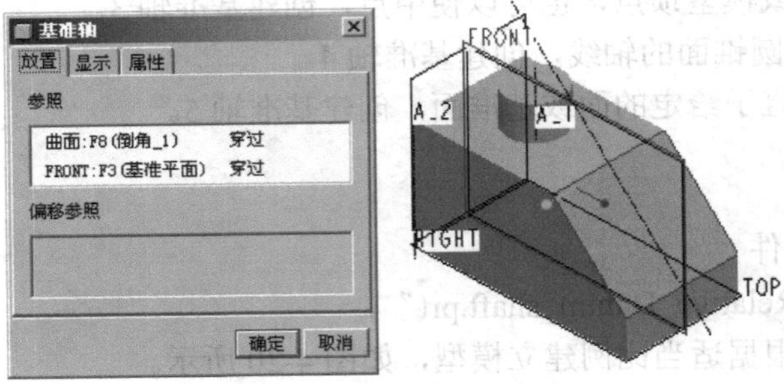

图 4-22　创建基准轴 2

步骤四：通过两个点或模型顶点，也可以使用中点，创建基准轴 3

(1) 单击【基准】工具栏中的【点】按钮，弹出【基准点】对话框，如图 4-23 所示。

① 在图形区选择边线。

② 在【偏移】下拉列表框中输入 0.5，在后面的下拉列表框中选择【比率】选项。

③ 单击【确定】按钮。

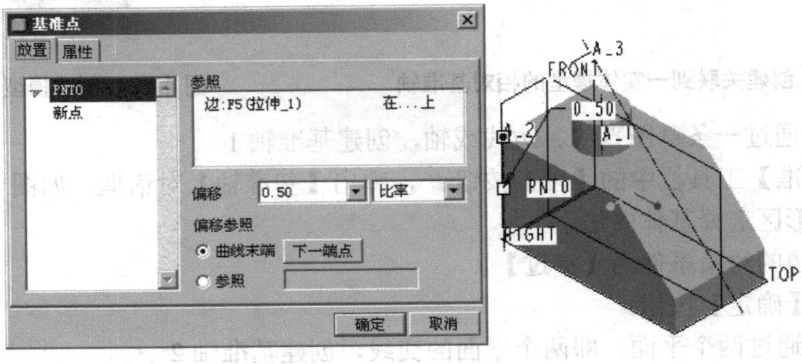

图 4-23　创建基准点

(2) 单击【基准】工具栏中的【轴】按钮，弹出【基准轴】对话框，如图 4-24 所示。

① 按住 Ctrl 键，在图形区选择基准点和顶点。

② 基准点的约束条件为【穿过】。

③ 设置顶点的约束条件为【穿过】。

④ 单击【确定】按钮。

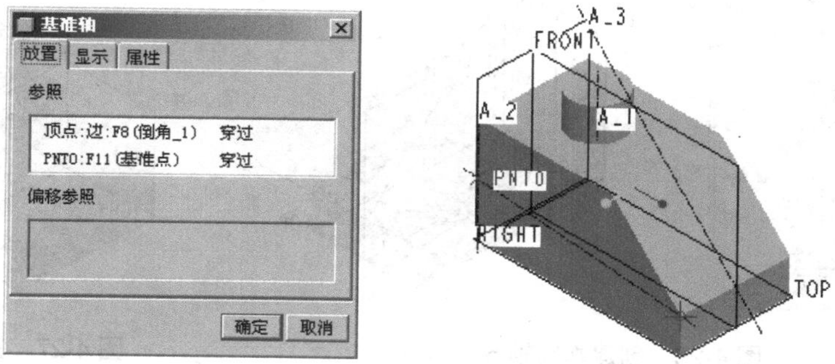

图 4-24　创建基准轴 3

步骤五： 通过圆柱面/圆锥面的轴线，创建基准轴 4

单击【基准】工具栏中的【轴】按钮，弹出【基准轴】对话框，如图 4-25 所示。

(1) 在图形区选择圆柱外表面。

(2) 设置曲面的约束条件为【穿过】。

(3) 单击【确定】按钮。

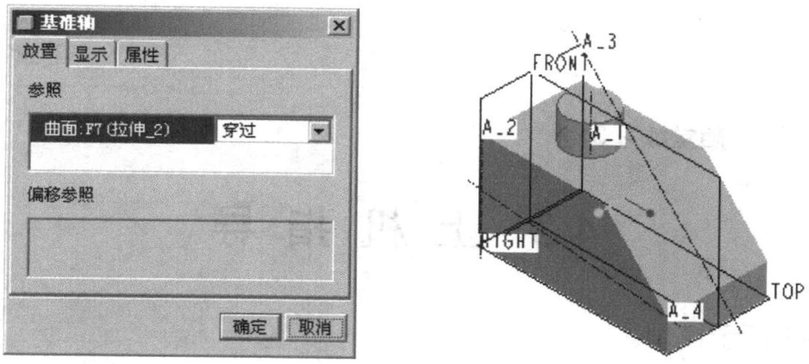

图 4-25　创建基准轴 4

步骤六： 通过点并垂直于给定的面或基准面，创建基准轴 5

单击【基准】工具栏中的【轴】按钮，弹出【基准轴】对话框，如图 4-26 所示。

(1) 按住 Ctrl 键，在图形区选择顶点和曲面。

(2) 设置顶点的约束条件为【穿过】。

(3) 设置曲面的约束条件为【法向】。

(4) 单击【确定】按钮。

步骤七： 编辑圆柱，检验基准轴对块的参数化关系

观察所建基准面，如图 4-27 所示。

步骤八： 存盘

选择【文件】|【保存】菜单命令，保存文件。

3. 步骤点评

对于步骤二：关于基准轴命名

Pro/E 将基准轴命名为 A_*，此处*是指已创建的基准轴的号码，如 A_1、A_2。

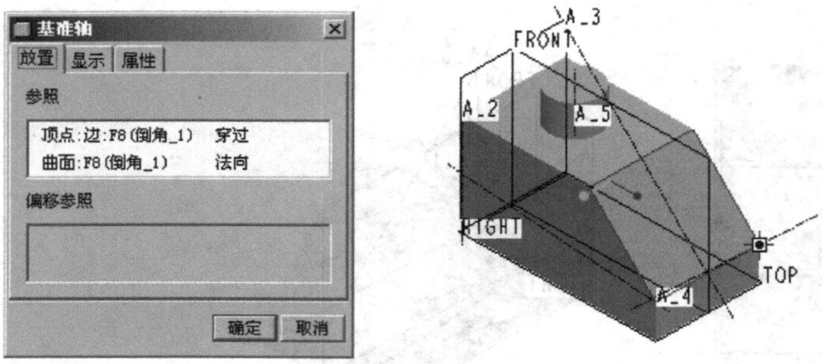

图 4-26　创建基准轴 5

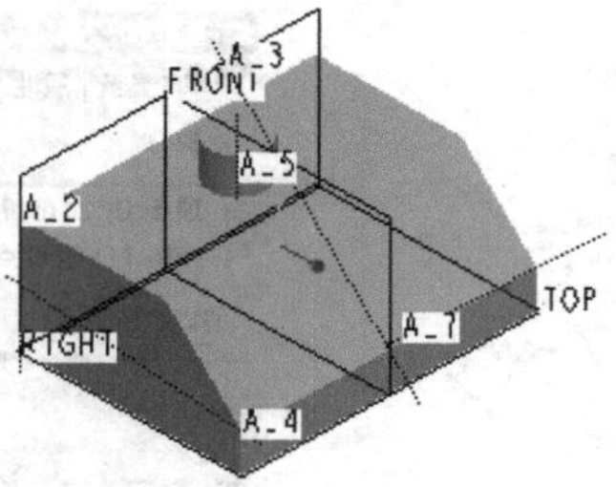

图 4-27　完成相关改变

4.2.3　随堂练习

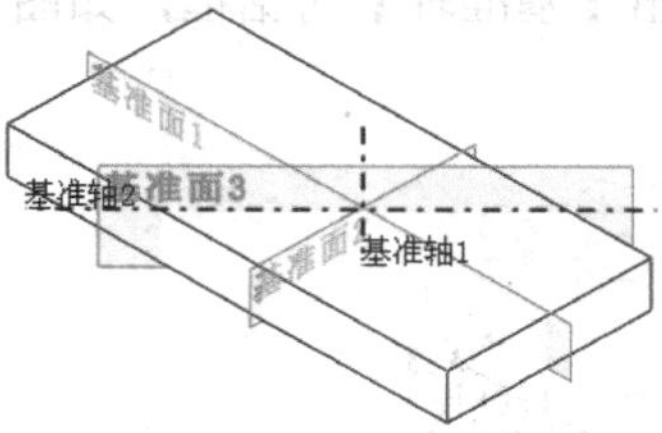

随堂练习 3

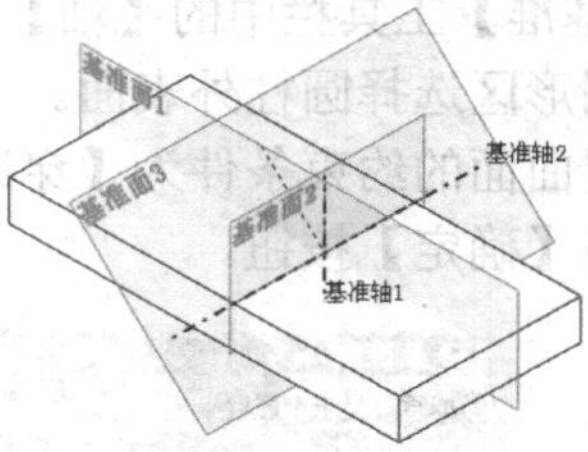

随堂练习 4

4.3　上 机 指 导

设计如图 4-28 所示模型。

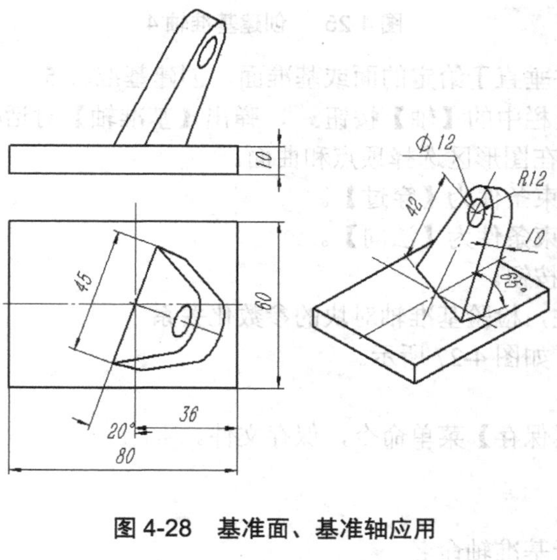

图 4-28　基准面、基准轴应用

4.3.1 建模理念

关于本零件设计理念的考虑：

(1) 底板为对称。

(2) 斜块底部中点落在底板中心线上。

建模步骤如表 4-1 所示。

表 4-1 建模步骤

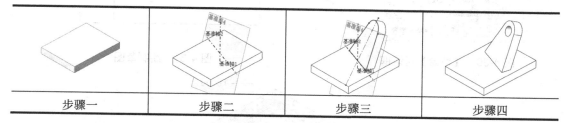

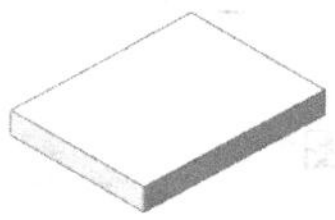	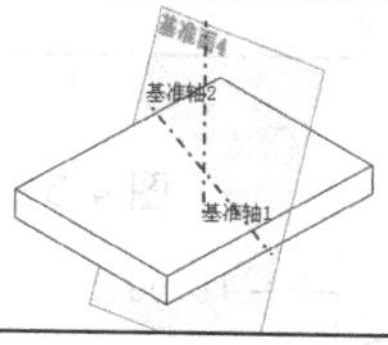	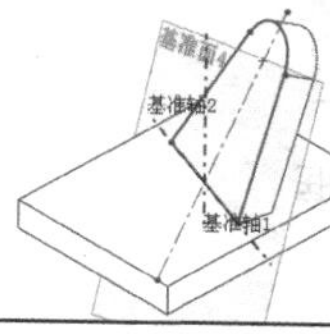	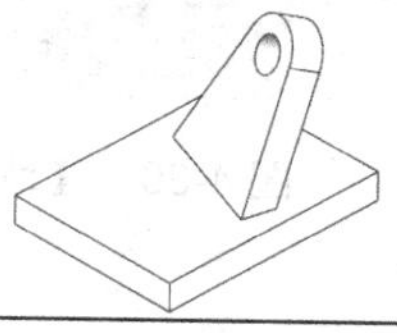
步骤一	步骤二	步骤三	步骤四

4.3.2 操作步骤

步骤一： 新建文件，建立毛坯

(1) 新建文件“Relative _Datum_ Axis.prt”。

(2) 单击【基础特征】工具栏中的【拉伸】按钮，弹出【拉伸】操作面板，如图 4-29 所示。

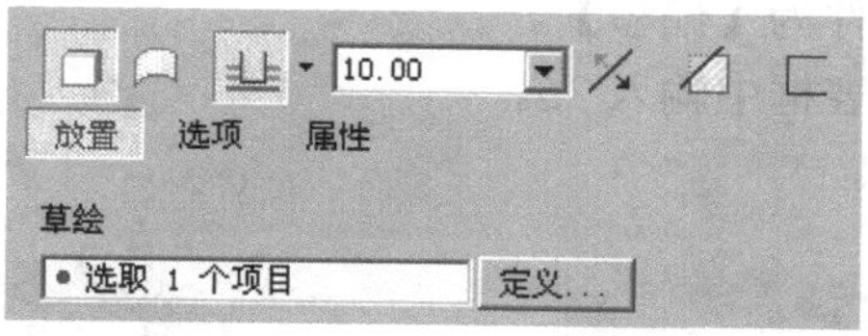

图 4-29 【拉伸】操作面板

① 单击【盲孔】按钮，在【深度】下拉列表框中输入 10。

② 单击【放置】按钮，弹出【放置】下拉面板。

③ 单击【定义】按钮，出现【草绘】对话框。

④ 在图形区选择 TOP 基准面作为草绘平面。

⑤ 选择 RIGHT 基准面作为参照平面。

⑥ 在【方向】下拉列表框中选择【顶】选项，如图 4-30 所示，单击【草绘】按钮，进入草绘模式。

⑦ 绘制草图，如图 4-31 所示，单击【完成】按钮。

⑧ 返回【拉伸】操作面板，单击【视图】工具栏中的【保存的视图列表】按钮，切换视图为【标准方向】，如图 4-32 所示，单击【确定】按钮。

步骤二： 创建等距基准面

(1) 单击【基准】工具栏中的【平面】按钮，弹出【基准平面】对话框，如图 4-33 所示。

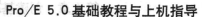

① 在图形区选择基体的上表面。

图 4-30　【草绘】对话框

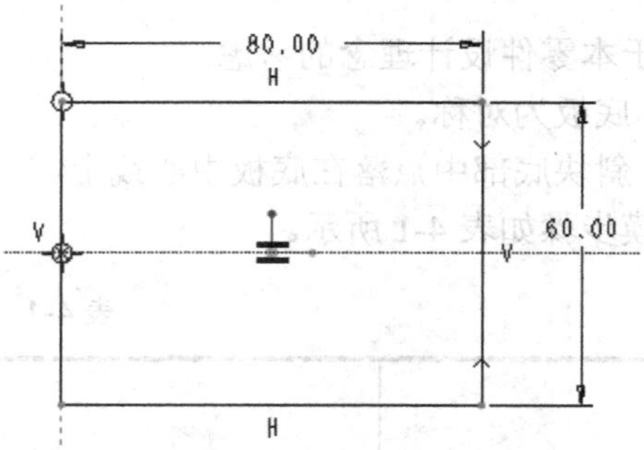

图 4-31　绘制草图

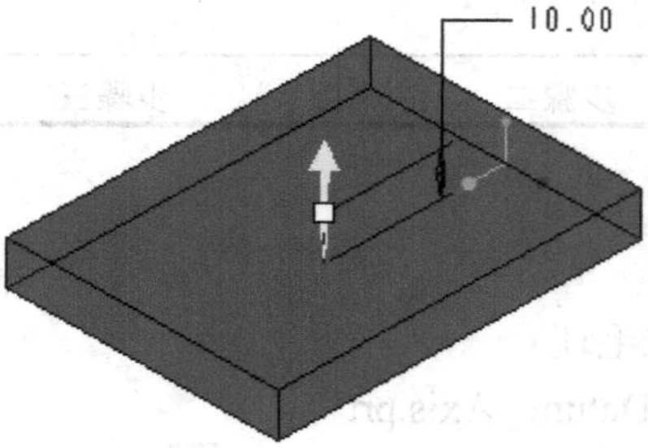

图 4-32　生成实体特征

② 设置曲面的约束条件为【偏移】。

③ 在【平移】下拉列表框中输入 36。

④ 单击【确定】按钮。

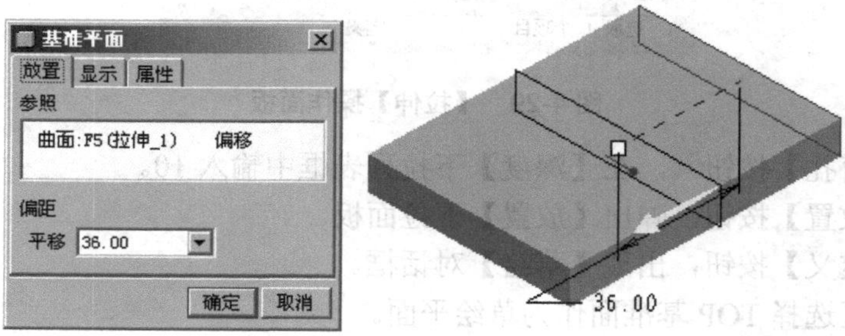

图 4-33　创建等距基准面

(2) 单击【基准】工具栏中的【轴】按钮，弹出【基准轴】对话框，如图 4-34 所示。

① 按住 Ctrl 键，在图形区选择基准面 1 和 RIGHT 基准面。

② 设置基准面 1 的约束条件为【穿过】。

③ 设置 RIGHT 基准面的约束条件为【穿过】。

④ 单击【确定】按钮。

(3) 单击【基准】工具栏中的【平面】按钮，弹出【基准平面】对话框，如图 4-35 所示。

① 按住 Ctrl 键，在图形区选择基准面 1 和基准轴 1。

② 设置基准面 1 的约束条件为【偏移】。

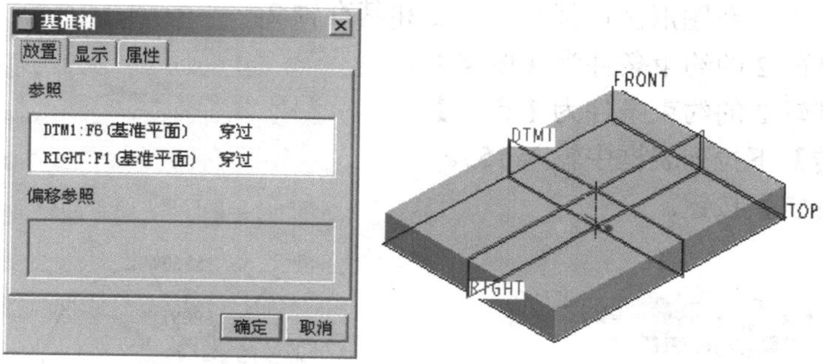

图 4-34　创建基准轴 1

③ 设置基准轴 1 的约束条件为【穿过】。

④ 在【旋转】下拉列表框中输入 160。

⑤ 单击【确定】按钮。

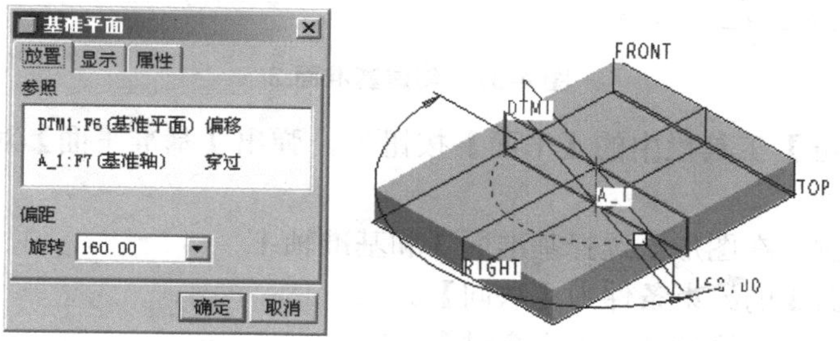

图 4-35　创建基准面 1

(4) 单击【基准】工具栏中的【轴】按钮，弹出【基准轴】对话框，如图 4-36 所示。

① 按住 Ctrl 键，在图形区选择基准面 2 和曲面。

② 设置基准面 2 的约束条件为【穿过】。

③ 设置曲面的约束条件为【穿过】。

④ 单击【确定】按钮。

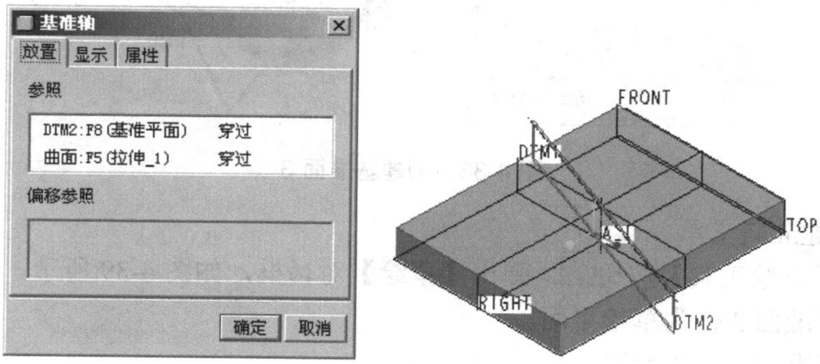

图 4-36　创建基准轴 2

(5) 单击【基准】工具栏中的【平面】按钮，弹出【基准平面】对话框，如图 4-37 所示。

① 按住 Ctrl 键，在图形区选择基准面 2 和基准轴 2。

② 设置基准面 2 的约束条件为【偏移】。

③ 设置基准轴 2 的约束条件为【穿过】。

④ 在【旋转】下拉列表框中输入 155。

⑤ 单击【确定】按钮。

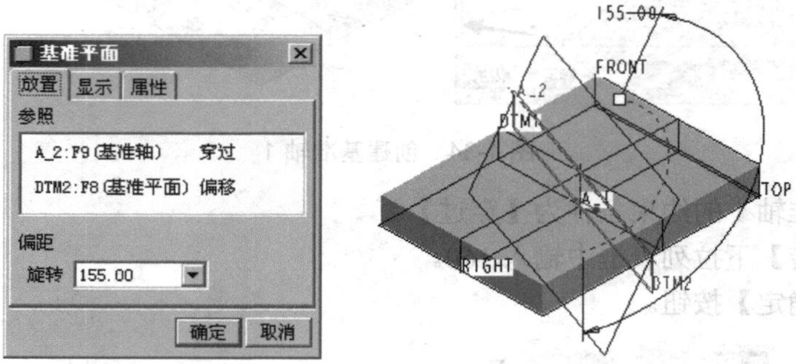

图 4-37　创建基准面 2

(6) 单击【基准】工具栏中的【平面】按钮，弹出【基准平面】对话框，如图 4-38 所示。

① 按住 Ctrl 键，在图形区选择基准面 3 和基准轴 1。

② 设置基准面 3 的约束条件为【法向】。

③ 设置基准轴 1 的约束条件为【穿过】。

④ 单击【确定】按钮。

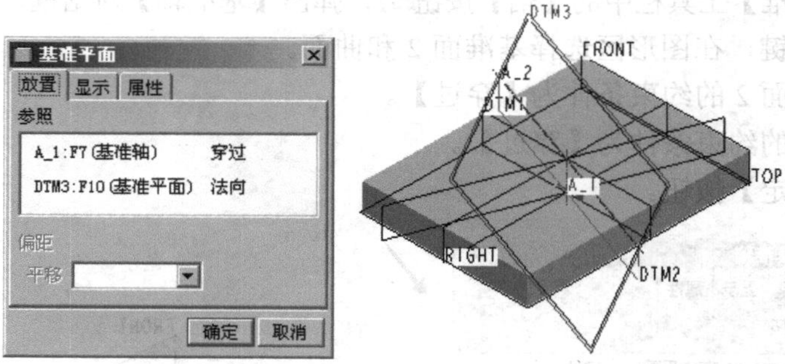

图 4-38　创建基准面 3

步骤三：建立斜支承

(1) 单击【草绘工具】按钮，弹出【草绘】对话框，如图 4-39 所示。

① 选择基准面 3 作为草绘平面。

② 选择基准面 4 作为参照平面。

③ 从【方向】下拉列表框中选择【右】选项，单击【草绘】按钮，进入草绘模式。

(2) 选择【草图】|【参照】菜单命令，弹出【参照】对话框，在图形区选择基准面 4 和基准轴 2 为参照，如图 4-40 所示。

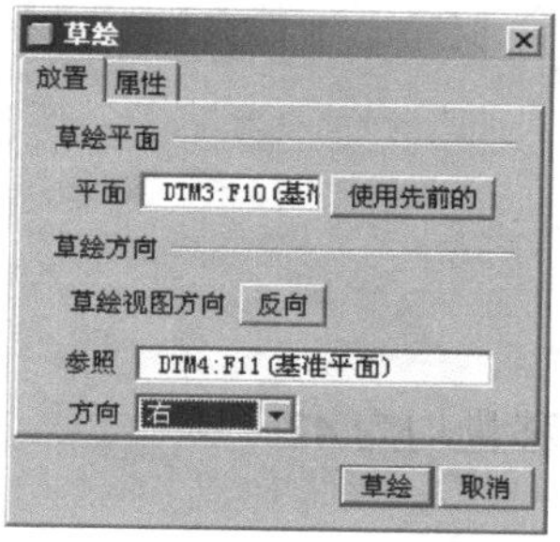

图 4-39 隐藏基准面

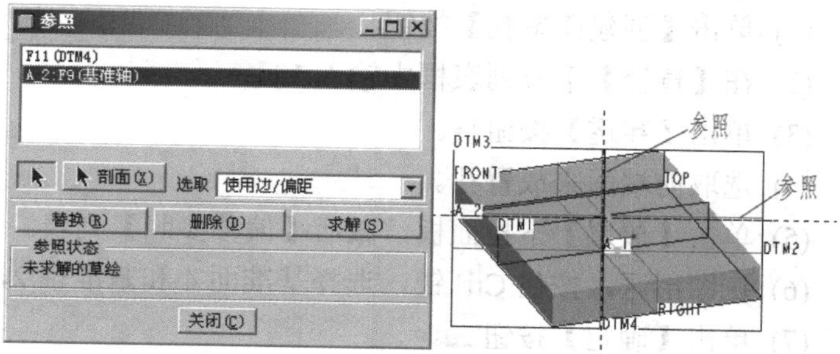

图 4-40 创建参照面

(3) 绘制草图，如图 4-41 所示，单击【完成】按钮。

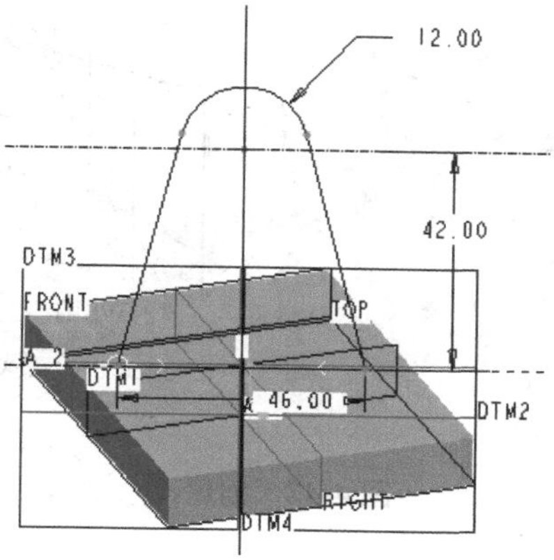

图 4-41 绘制斜支承草图

(4) 单击【基础特征】工具栏中的【拉伸】按钮，弹出【拉伸】操作面板，如图 4-42 所示。

① 单击【视图】工具栏中的【保存的视图列表】按钮，切换视图为【标准方向】。

② 单击【盲孔】按钮，在【深度】下拉列表框中输入 10，单击【确定】按钮。

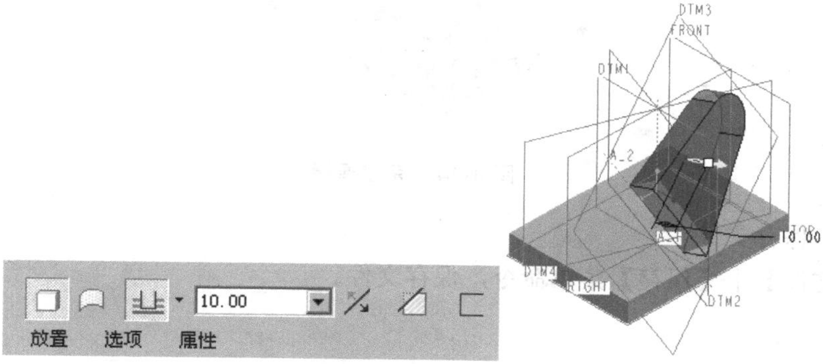

图 4-42 创建斜支承

步骤四：打孔

单击【工具特征】工具栏中的【孔工具】按钮，弹出【孔】操作面板，如图4-43所示。

(1) 单击【创建简单孔】按钮。

(2) 在【直径】下拉列表框中输入12。

(3) 单击【穿透】按钮。

(4) 选取前端面来放置孔。

(5) 单击【放置】下拉面板，激活【偏移参照】列表。

(6) 在图形区，按住Ctrl键，选择基准面4和基准轴2，偏移量均为42。

(7) 单击【确定】按钮。

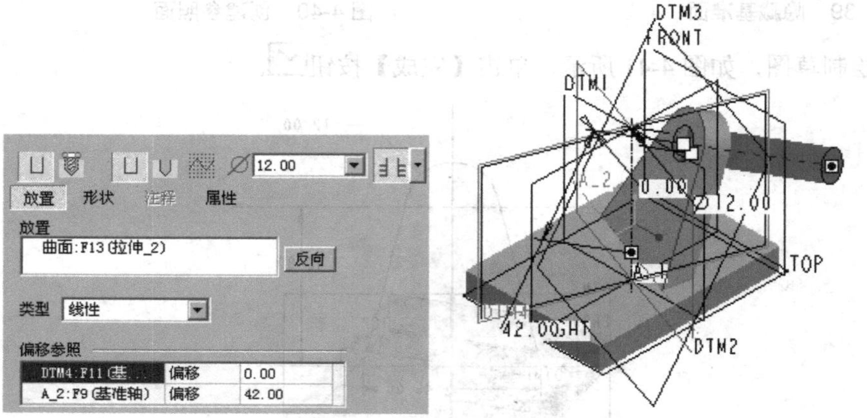

图4-43　创建孔

步骤五：隐藏基准

隐藏基准轴和基准面，完成建模，如图4-44所示。

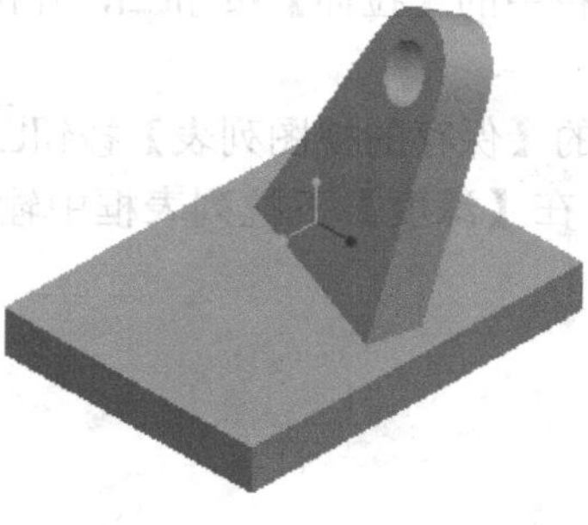

图4-44　完成建模

步骤六：保存文件

选择【文件】|【保存】菜单命令，保存文件。

4.4 上机练习

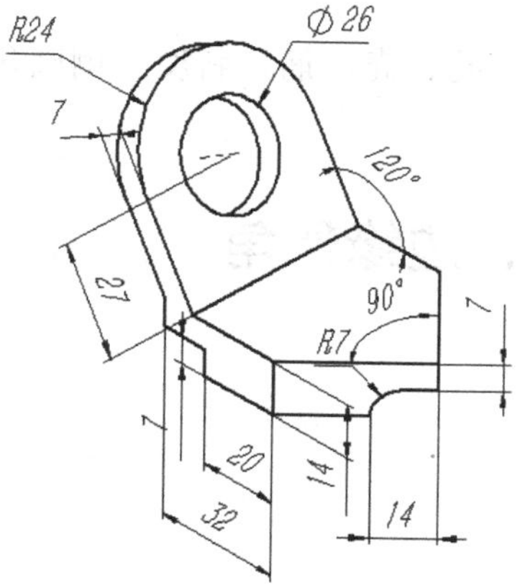

上机练习图 1

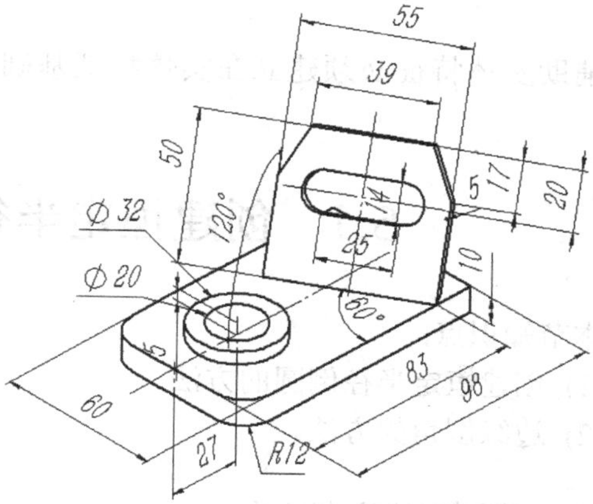

上机练习图 2

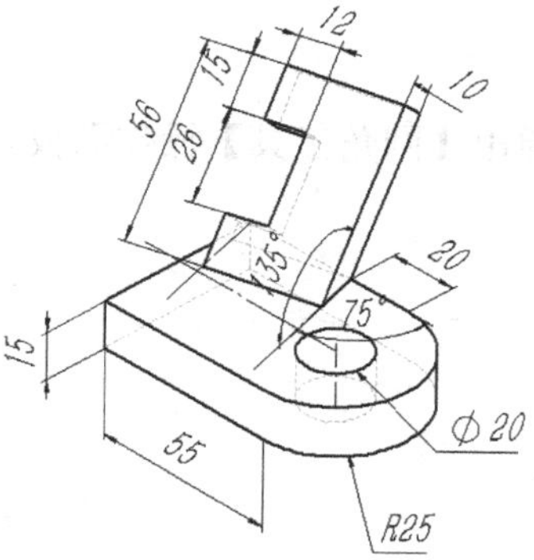

上机练习图 3

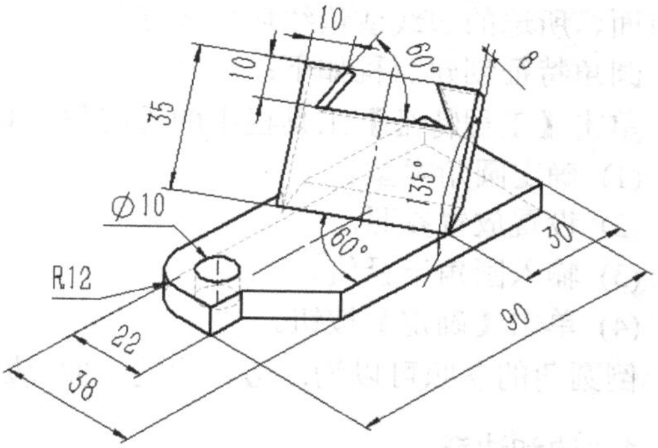

上机练习图 4

第 5 章　使用辅助特征

辅助实体特征必须建立在实体特征基础上，包括：孔、壳、筋、斜度、倒圆角和倒角等。

5.1　创建恒定半径倒圆、边缘倒角

本节知识点：

(1) 创建恒定半径倒圆的方法。

(2) 边缘倒角的方法。

5.1.1　恒定半径倒圆

圆角用于在零件上生成一个内圆角或外圆角面，还可以为一个面的所有边线、所选的多组面、所选的边线或边线环生成圆角。

圆角特征创建流程如下：

单击【工程特征】工具栏中的【圆角工具】按钮，弹出【圆角工具】操作面板。

(1) 确定圆角类型。

(2) 设置放置参照。

(3) 输入圆角半径值。

(4) 单击【确定】按钮。

倒圆角的参照可以为：边、边链、面-边和面-面。

1．边和边链

通过选取一条或多条边或者使用一个边链来放置倒圆角。以此边参照为边界的曲面将形成该倒圆角的滚动相切连接，如图 5-1 所示。

注意： 倒圆角沿着相切的邻边进行传播，直至在切线中遇到断点。但是，如果使用“依次”链，倒圆角则不会沿着相切的邻边进行传播。

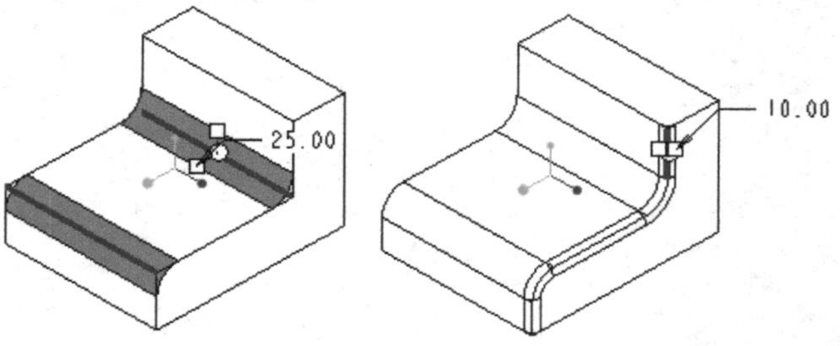

图 5-1　边和边链

参照为边链(倒圆角会沿着相切的邻边进行传播)。

2. 面-边

通过先选取曲面，然后选取边来放置倒圆角，如图 5-2 所示。该倒圆角与曲面保持相切。边参照不保持相切。

注意： 图中深色面的宽度必须大于深色线所在竖直面的高度才能构建几何。

3. 面-面

通过选取两个曲面来放置倒圆角，如图 5-3 所示。倒圆角的边与参照曲面仍保持相切。

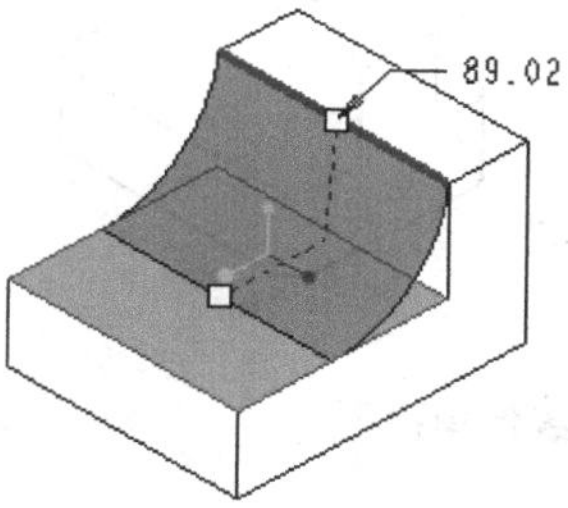

图 5-2 面-边

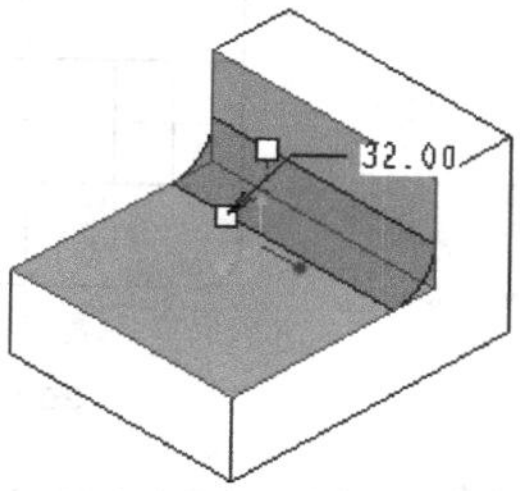

图 5-3 面-面

5.1.2 倒角

倒角工具的作用是在所选边线、面或顶点上生成一个倾斜特征。

圆角特征创建流程如下：

单击【工程特征】工具栏中的【倒角工具】按钮，弹出【倒角工具】操作面板。

(1) 选择倒角类型。

(2) 输入有关数值。

(3) 选择边线、面或顶点。

(4) 单击【确定】按钮。

边倒角包括 4 种倒角类型。

(1) 45×D：创建一个倒角，它与两个曲面都成 45° 角，且与各曲面上的边的距离为 D。

(2) D×D：在各曲面上与边相距 D 处创建倒角。Pro/E 默认选取此选项。

(3) D1×D2：在一个曲面距选定边(D1)、在另一个曲面距选定边(D2)处创建倒角。

(4) Angle×D：创建一个倒角，它与相邻曲面的选定边距离为 D，与该曲面的夹角为指定角度 Angle。

5.1.3 恒定半径倒圆、边缘倒角应用实例

建立如图 5-4 所示恒定半径倒圆、边缘倒角模型。

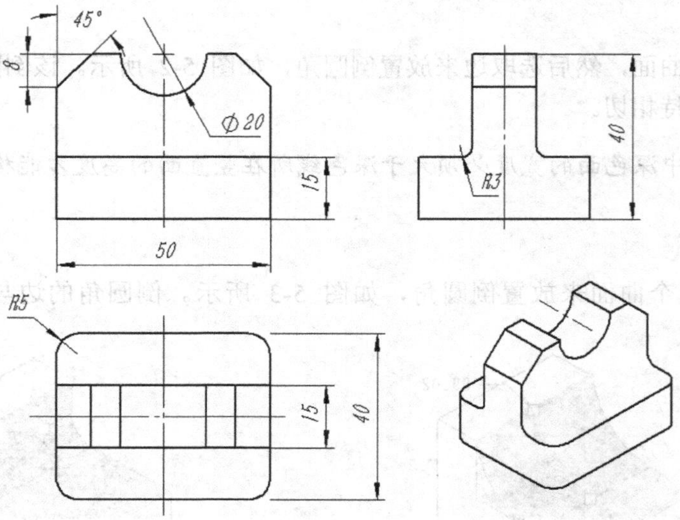

图 5-4　恒定半径倒圆、边缘倒角模型

1. 关于本零件设计理念的考虑

(1) 零件呈对称排列。

(2) 采用恒定半径倒圆角。

建模步骤如表 5-1 所示。

表 5-1　建模步骤

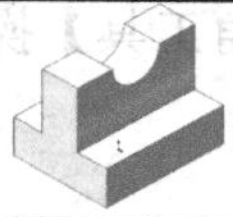	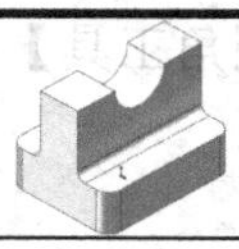	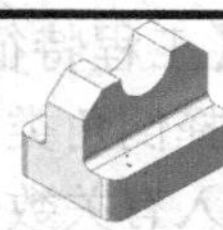
步骤一	步骤二	周三

2. 操作步骤

步骤一：新建文件，创建毛坯

(1) 新建文件“Edge_Blend.prt”。

(2) 单击【基础特征】工具栏中的【拉伸】按钮，弹出【拉伸】操作面板，如图 5-5 所示。

① 单击【盲孔】按钮，在【深度】下拉列表框中输入 15。

② 单击【放置】按钮，弹出【放置】下拉面板。

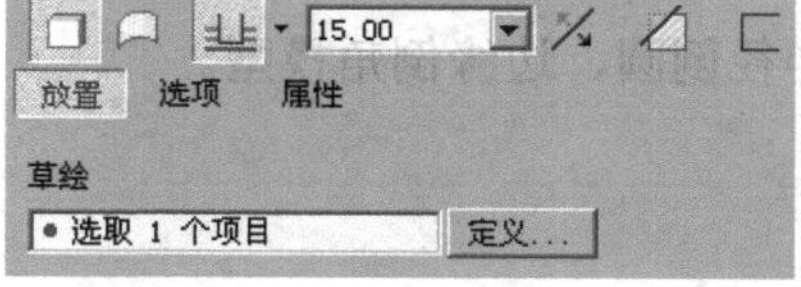

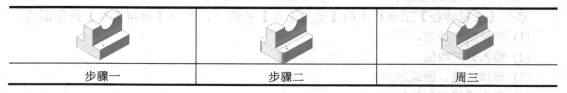

图 5-5　【拉伸】操作面板

③ 单击【定义】按钮，弹出【草绘】对话框。

④ 在图形区选择 TOP 基准面作为草绘平面。

⑤ 选择 RIGHT 基准面作为参照平面。

⑥ 从【方向】下拉列表框中选择【顶】选项，单击【草绘】按钮，进入草绘模式。

⑦ 绘制草图，如图 5-6 所示，单击【完成】按钮。

⑧ 返回【拉伸】操作面板，单击【视图】工具栏中的【保存的视图列表】按钮，切换视图为【标准方向】，如图 5-7 所示，单击【确定】按钮。

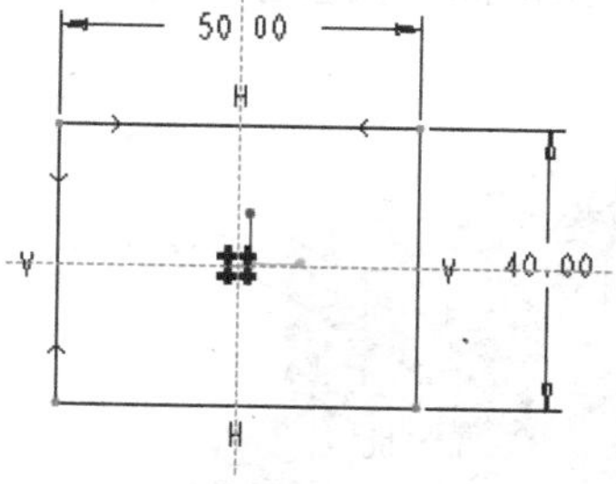

图 5-6 绘制草图

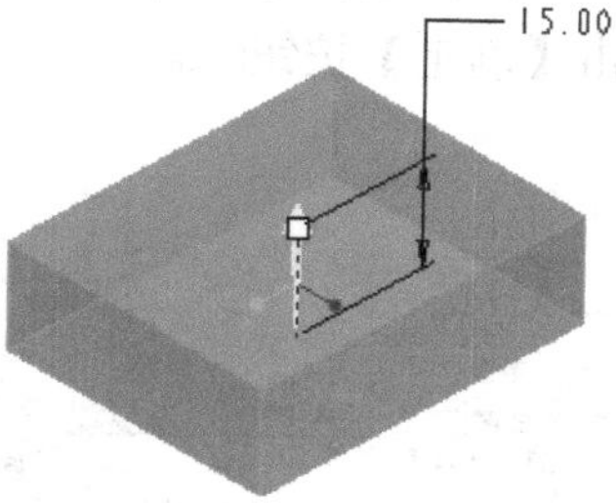

图 5-7 生成实体特征

(3) 单击【草绘工具】按钮，弹出【草绘】对话框，单击【使用先前的】按钮，进入草绘模式。

① 选择【草图】|【参照】菜单命令，弹出【参照】对话框，在图形区选择左右两面为参照。

② 在上表面绘制草图，如图 5-8 所示，单击【完成】按钮。

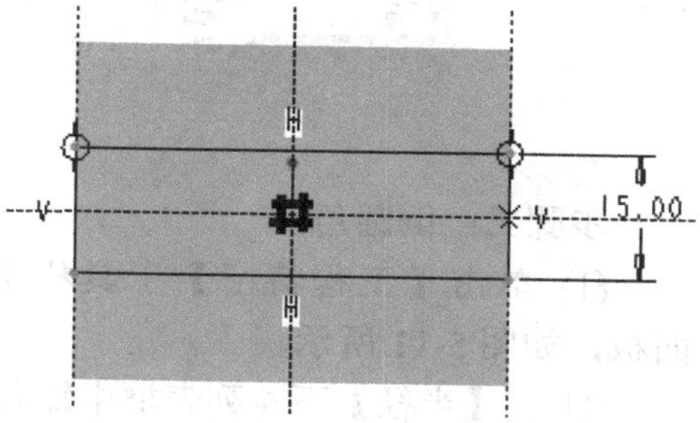

图 5-8 绘制草图

(4) 单击【视图】工具栏中的【保存的视图列表】按钮，切换视图为【标准方向】。

(5) 单击【基础特征】工具栏中的【拉伸】按钮，弹出【拉伸】操作面板。

① 单击【盲孔】按钮。

② 在【深度】下拉列表框中输入 40，如图 5-9 所示，单击【确定】按钮。

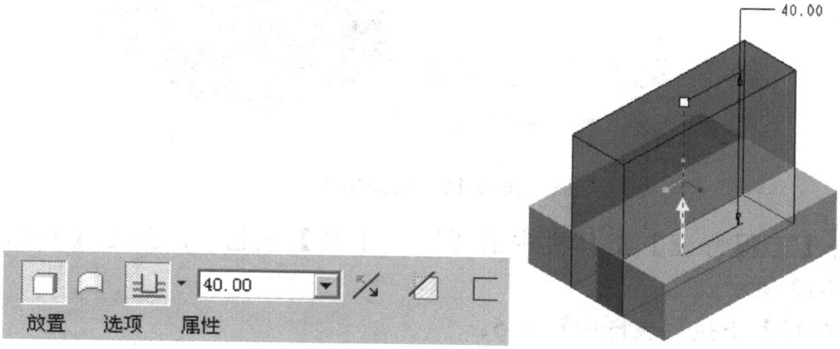

图 5-9 设置拉伸的深度值

(6) 单击【工具特征】工具栏中的【孔工具】按钮，弹出【孔】操作面板，如图 5-10 所示。

① 单击【创建简单孔】按钮。

② 在【直径】下拉列表框中输入 20。

③ 单击【穿透】按钮。

④ 选取前端面来放置孔。

⑤ 单击【放置】下拉面板，激活【偏移参照】列表。

⑥ 在图形区，按住 Ctrl 键，选择边线和 FRONT 基准面，偏移量均为 0。

⑦ 单击【确定】按钮。

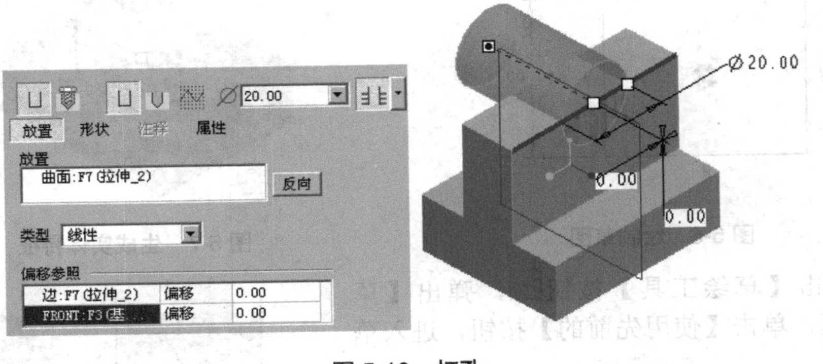

图 5-10　打孔

步骤二：倒圆角

(1) 单击【工程特征】工具栏中的【圆角工具】按钮，弹出【圆角工具】操作面板，如图 5-11 所示。

① 在【半径】下拉列表框中输入 3。

② 按住 Ctrl 键，在图形区选择 2 边。

③ 单击【确定】按钮。

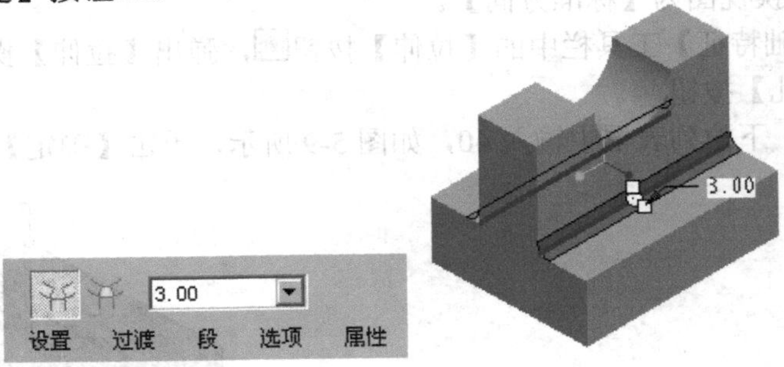

图 5-11　倒圆角 1

(2) 单击【工程特征】工具栏中的【圆角工具】按钮，弹出【圆角工具】操作面板，如图 5-12 所示。

① 在【半径】下拉列表框中输入 5。

② 按住 Ctrl 键，在图形区选择 4 边。

③ 单击【确定】按钮。

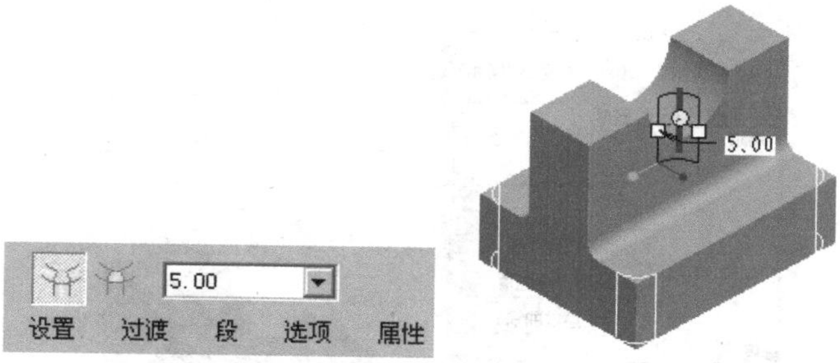

图 5-12 倒圆角 2

步骤三：倒斜角

单击【工程特征】工具栏中的【倒角工具】按钮，弹出【倒角工具】操作面板，如图 5-13 所示。

(1) 从【边倒角类型】下拉列表框中选择 45×D 选项。
(2) 在【距离】下拉列表框中输入 8。
(3) 按住 Ctrl 键，在图形区选择 2 边线。
(4) 单击【确定】按钮。

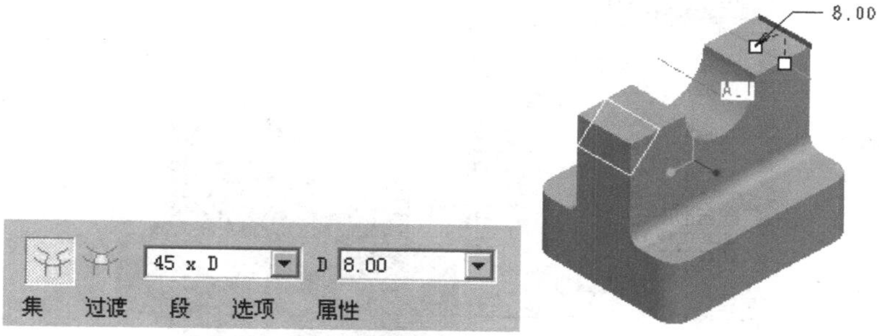

图 5-13 倒斜角

步骤四：存盘

选择【文件】|【保存】菜单命令，保存文件。

3. 步骤点评

对于步骤三：关于多半径倒圆角。

单击【工程特征】工具栏中的【圆角工具】按钮，弹出【圆角工具】操作面板，如图 5-14 所示。

(1) 在【半径】文本框中输入 3。
(2) 单击【设置】按钮，弹出【设置】下拉面板。
(3) 按住 Ctrl 键，在图形区选择两条边线。
(4) 单击【新组】选项，如图 5-15 所示。
(5) 在【半径】下拉列表框中输入 5。
(6) 按住 Ctrl 键，在图形区选择 4 边。
(7) 单击【确定】按钮。

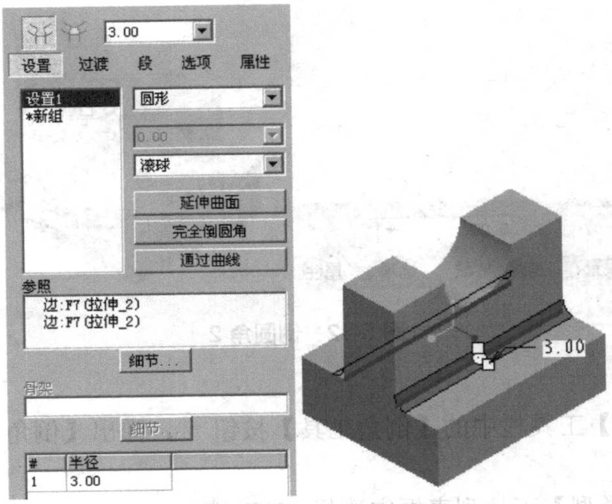

图 5-14　倒 R3 圆角

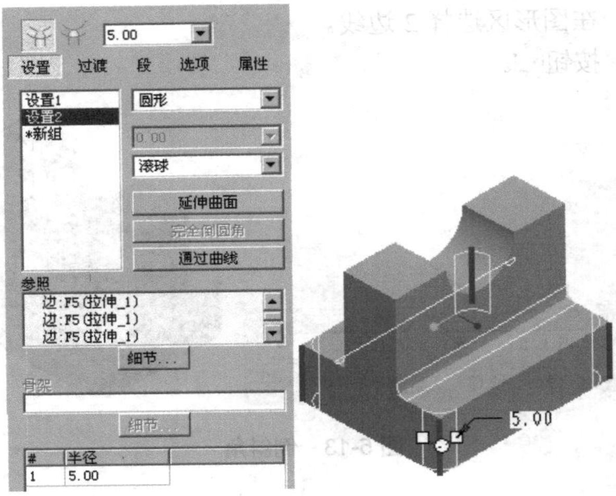

图 5-15　倒 R5 圆角

5.1.4　生成圆角的建议

一般而言，在生成圆角时最好遵循以下规则。

(1) 在添加小圆角之前添加较大圆角。当有多个圆角汇聚于一个顶点时，先生成较大的圆角。

(2) 在生成圆角前先添加拔模。如果要生成具有多个圆角边线及拔模面的铸模零件，在大多数的情况下，应在添加圆角之前添加拔模特征。

(3) 最后添加装饰用的圆角。在大多数其他几何体定位后尝试添加装饰圆角。如果越早添加它们，则系统需要花费越长的时间重建零件。

(4) 如要加快零件重建的速度，可使用一单一圆角操作来处理需要相同半径圆角的多条边线。然而，如果改变此圆角的半径，则在同一操作中生成的所有圆角都会改变。

5.1.5 随堂练习

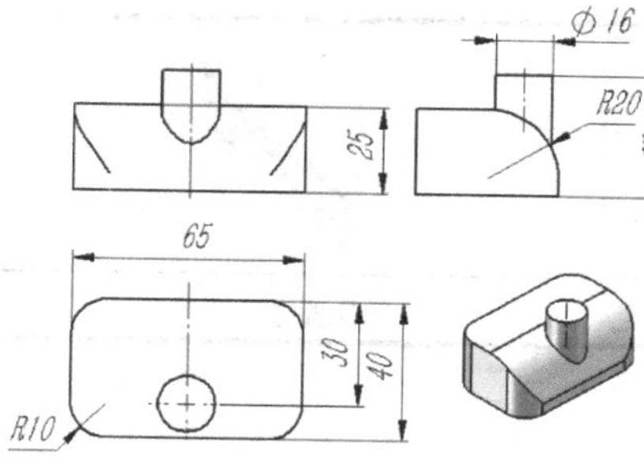

随堂练习 1

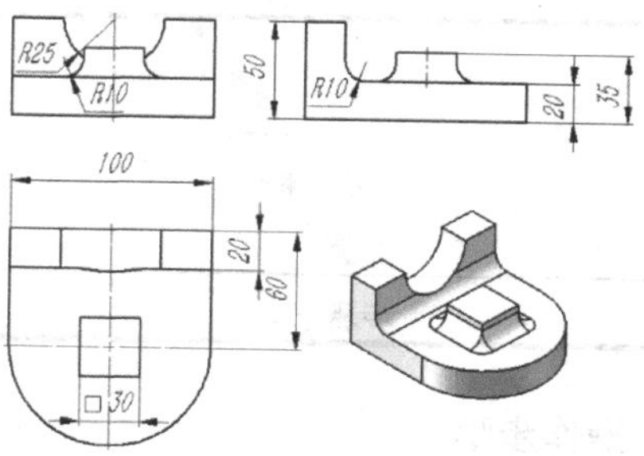

随堂练习 2

5.2 创建可变半径倒圆

本节知识点：创建变半径倒圆的方法。

5.2.1 变半径倒圆角

通常是选择图中一条边，系统自动产生一个默认的半径值。然后右击，在弹出的快捷菜单中，选择【添加半径】命令，添加圆角控制点。有几个变半径值就要添加几个控制点。在这些点处的小数是该点在该线的位置，如图 5-16 所示。

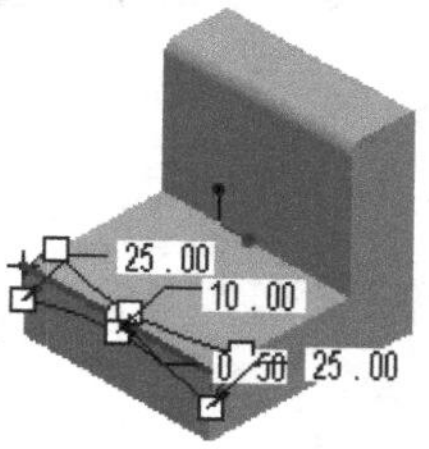

图 5-16 变半径倒圆角

5.2.2 变半径倒圆角应用实例

建立如图 5-17 所示可变半径倒圆模型。

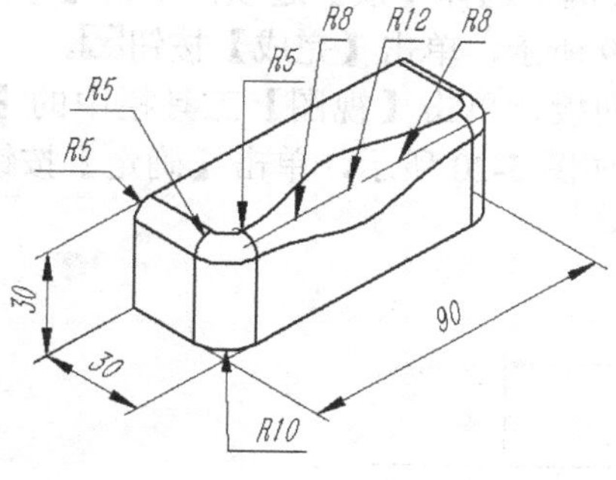

图 5-17 可变半径倒圆

1. 关于本零件设计理念的考虑

(1) 采用恒定半径倒角 $R10$。

(2) 采用变半径倒圆。

建模步骤如表 5-2 所示。

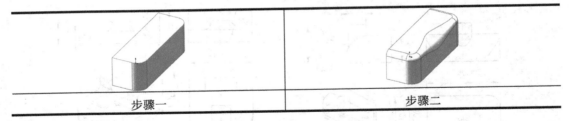

表 5-2　变半径建模步骤

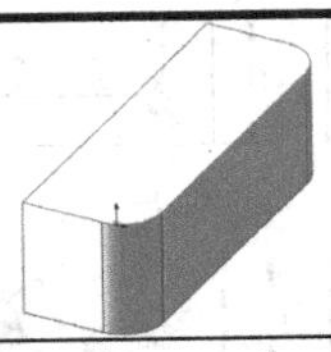	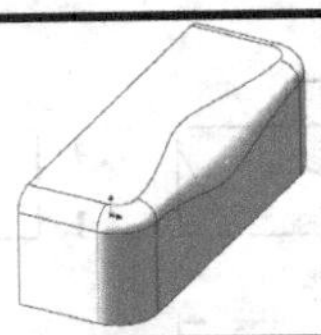
步骤一	步骤二

2. 操作步骤

步骤一：新建文件，创建毛坯

(1) 新建文件“Var_Radius.prt”。

(2) 单击【基础特征】工具栏中的【拉伸】按钮，弹出【拉伸】操作面板，如图 5-18 所示。

① 单击【盲孔】按钮，在【深度】下拉列表框中输入 30。

② 单击【放置】按钮，弹出【放置】下拉面板。

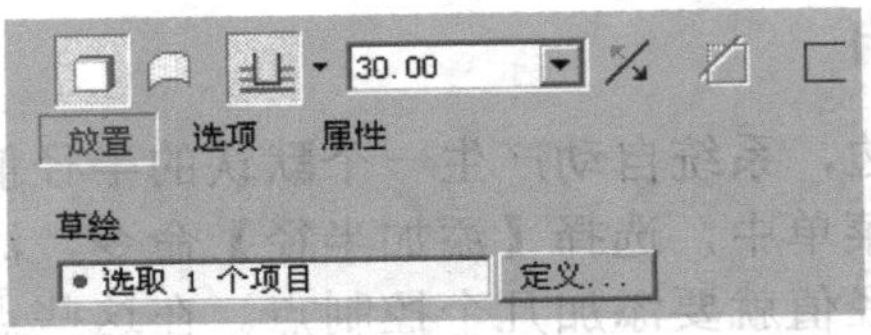

图 5-18　【拉伸】操作面板

③ 单击【定义】按钮，弹出【草绘】对话框。

④ 在图形区选择 TOP 基准面作为草绘平面。

⑤ 选择 RIGHT 基准面作为参照平面。

⑥ 在【方向】下拉列表框中选择【顶】选项，单击【草绘】按钮，进入草绘模式。

⑦ 绘制草图，如图 5-19 所示，单击【完成】按钮。

⑧ 返回【拉伸】操作面板，单击【视图】工具栏中的【保存的视图列表】按钮，切换视图为【标准方向】，如图 5-20 所示，单击【确定】按钮。

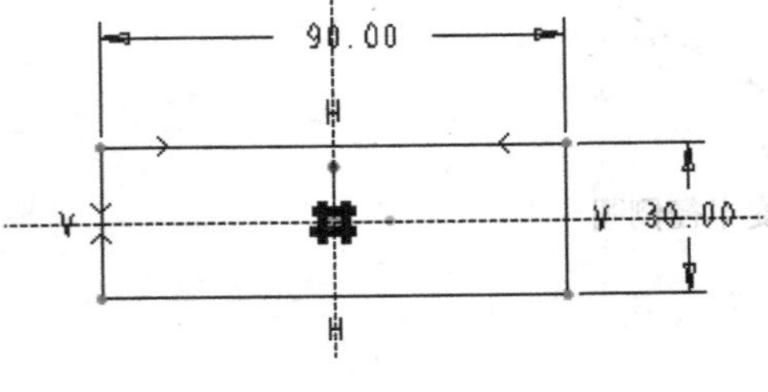

图 5-19　绘制草图

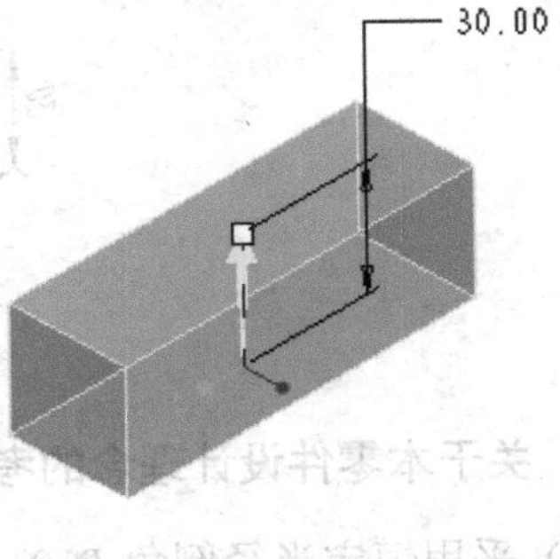

图 5-20　生成实体特征

(3) 单击【工程特征】工具栏中的【圆角工具】按钮，弹出【圆角工具】操作面板，如图 5-21 所示。

① 在【半径】下拉列表框中输入 10。

② 按住 Ctrl 键，在图形区选择 2 边。

③ 单击【确定】按钮。

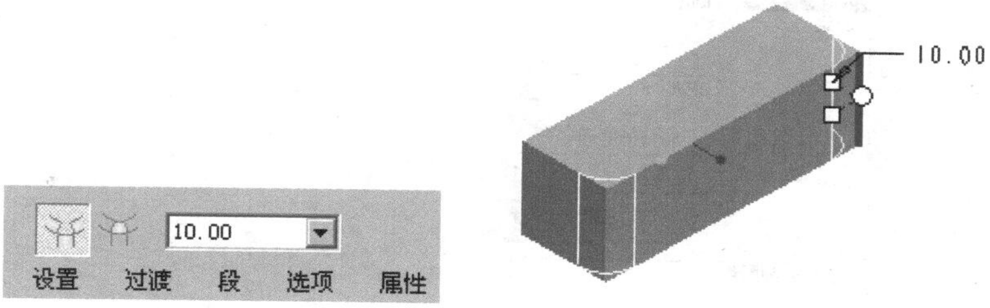

图 5-21 倒圆角

步骤二：变半径倒角

单击【工程特征】工具栏中的【圆角工具】按钮，弹出【圆角工具】操作面板，如图 5-22 所示。

(1) 在【半径】下拉列表框中输入 5。

(2) 在图形区选择边。

(3) 单击【确定】按钮。

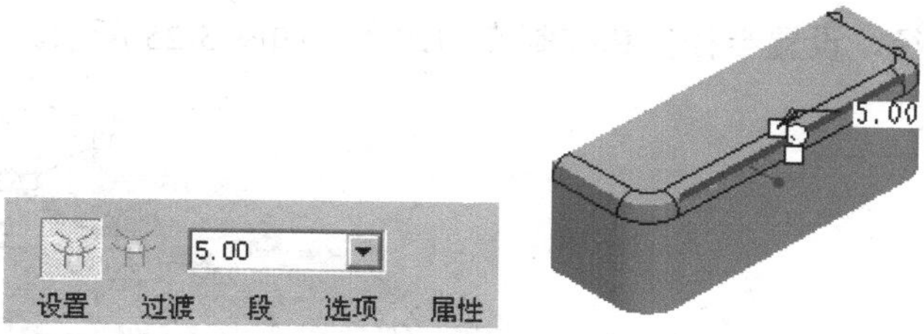

图 5-22 选取倒角边

(4) 在选择的边上右击，从弹出的快捷菜单中选择【成为变量】命令，系统在此边的两个端点出现可调的圆角值，如图 5-23 所示。

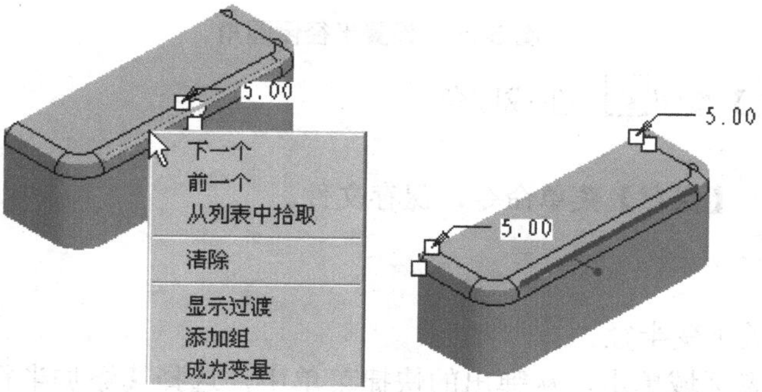

图 5-23 端点圆角值成为变量

(5) 单击【设置】按钮，弹出【设置】下拉面板，在【半径】列表区域右击，从弹出的快捷菜单中，选择【添加半径】命令，在选择的边上多了一个控制点，如图5-24所示。

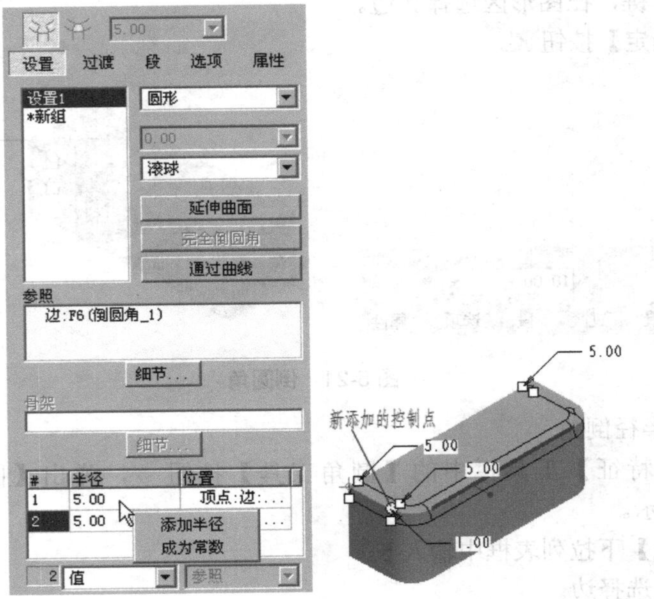

图5-24　添加半径

(6) 继续添加半径，设置半径值和控制点的比率，如图5-25所示。

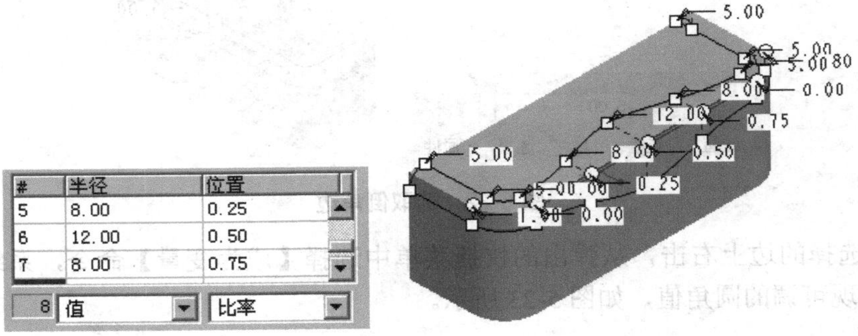

图5-25　设置半径倒圆角

(7) 单击【确定】按钮，生成圆角。

步骤三：存盘

选择【文件】|【保存】菜单命令，保存文件。

3. 步骤点评

对于步骤二：关于变半径

在【半径】列表区域单击，从弹出的快捷菜单中，选择【添加半径】命令，在选择的边上多了一个控制点，此点包含了一个比例值和一个圆角值。修改比例值可以改变点在边上的位置；修改圆角值可以改变此点处圆角半径的大小。

5.2.3　曲线驱动的倒圆角

单击【工程特征】工具栏中的【圆角工具】按钮，弹出【圆角工具】操作面板，如图 5-26 所示。

(1) 单击【设置】按钮，弹出【设置】下拉面板。

(2) 激活【参照】列表，在图形区选择边。

(3) 激活【驱动曲线】列表，在图形区选择驱动曲线，单击【确定】按钮。

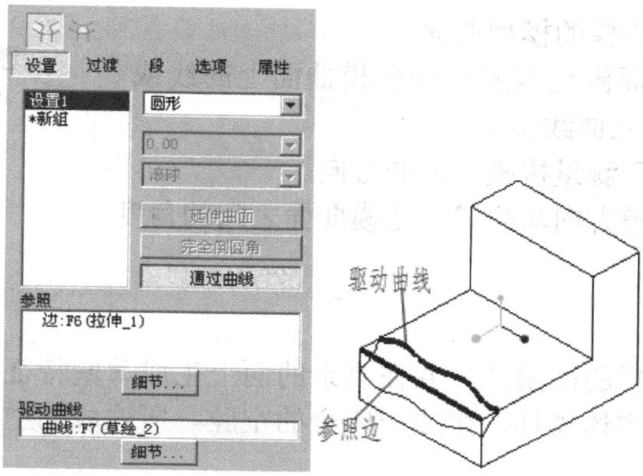

图 5-26　曲线驱动圆角

5.2.4　随堂练习

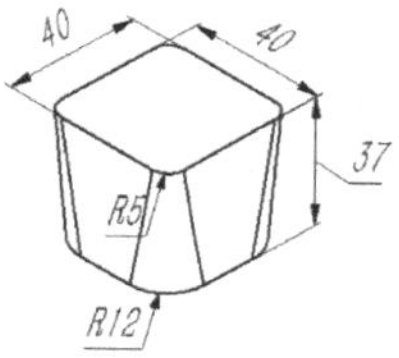

随堂练习 3

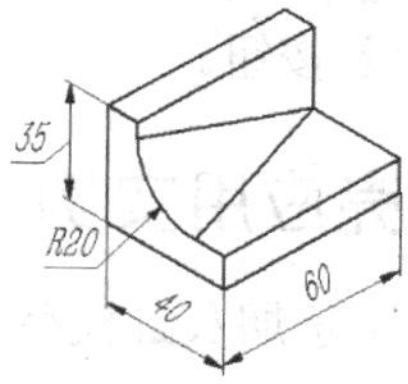

随堂练习 4

5.3　创建拔模、壳

本节知识点：

(1) 创建拔模的方法。

(2) 创建抽壳的方法。

5.3.1　拔模

在工程领域中，凡是以开模方式产生的零件，如塑料模、压铸模、铸造模和锻模等开模时，考虑到成型工艺性，零件一般沿开模方向都要设计出拔模斜度，以便从模具中取出零件，随着零件材料及成型工艺的不同，对拔模角的大小也有不同的要求。

拔模特征创建流程如下：

单击【工程特征】工具栏中的【拔模】按钮，弹出【拔模】操作面板。

(1) 选择圆角类型。

(2) 设置【参照】属性。

(3) 设置【分割】属性。

(4) 单击【确定】按钮。

拔模相关术语，如图 5-27 所示。

- 拔模曲面：要拔模的模型曲面。
- 拔模枢轴：曲面围绕其旋转的拔模曲面上的线或曲线(也称为中立曲线)。
- 拖动方向：用于测量拔模角度的方向。
- 拔模角度：拔模方向与生成的拔模曲面之间的角度。

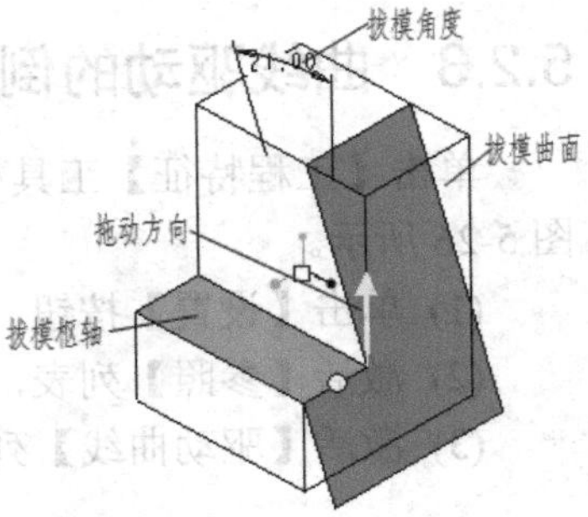

图 5-27　拔模相关术语

5.3.2　壳

抽壳工具会使所选择的面敞开，并在剩余的面上生成薄壁特征。如果没有选择模型上的任何面，可抽壳一个实体零件，生成一闭合的空腔。所建成的空心实体可分为等厚度及不等厚度两种。

壳特征创建流程如下：

单击【工程特征】工具栏中的【壳工具】按钮，弹出【壳工具】操作面板。

(1) 输入【厚度】参数。

(2) 设置【参照】属性。

(3) 单击【确定】按钮。

5.3.3　拔模、壳应用实例

建立如图 5-28 所示烟灰缸模型。

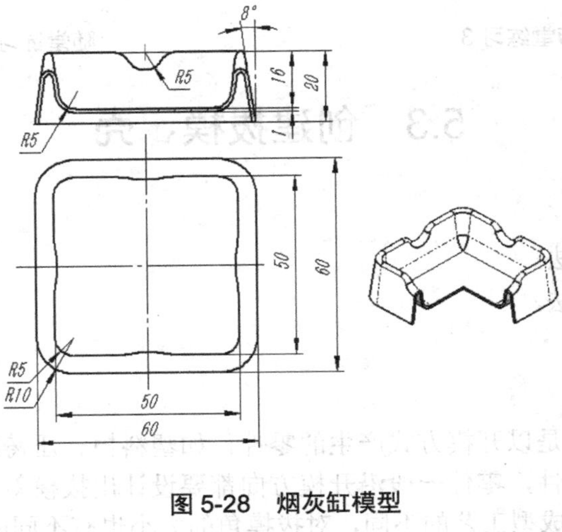

图 5-28　烟灰缸模型

1. 关于本零件设计理念的考虑

(1) 零件呈对称排列。

(2) 上端面采用面圆角。

(3) 采用抽壳，壳体厚度为 1mm。

建模步骤如表 5-3 所示。

表 5-3　建模步骤

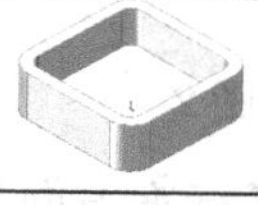	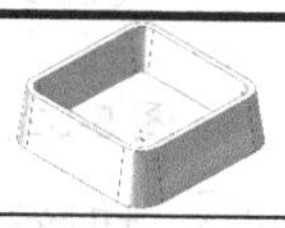	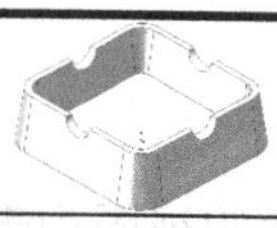	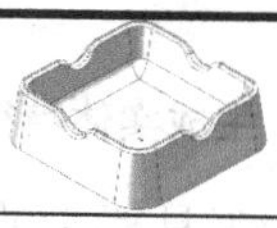	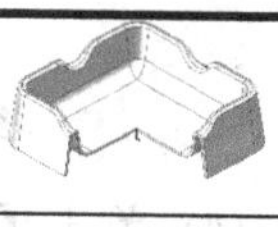
步骤一	步骤二	步骤三	步骤四	步骤五

2. 操作步骤

步骤一：新建文件，建立毛坯

(1) 新建文件“ashtray.prt”。

(2) 单击【基础特征】工具栏中的【拉伸】按钮，弹出【拉伸】操作面板，如图 5-29 所示。

① 单击【盲孔】按钮，在【深度】下拉列表框中输入 20。

② 单击【放置】按钮，弹出【放置】下拉面板。

③ 单击【定义】按钮，弹出【草绘】对话框。

④ 在图形区选择 TOP 基准面作为草绘平面。

⑤ 选择 RIGHT 基准面作为参照平面。

⑥ 在【方向】下拉列表框中选择【顶】选项，单击【草绘】按钮，进入草绘模式。

⑦ 绘制草图，如图 5-30 所示，单击【完成】按钮。

图 5-29　【拉伸】操作面板

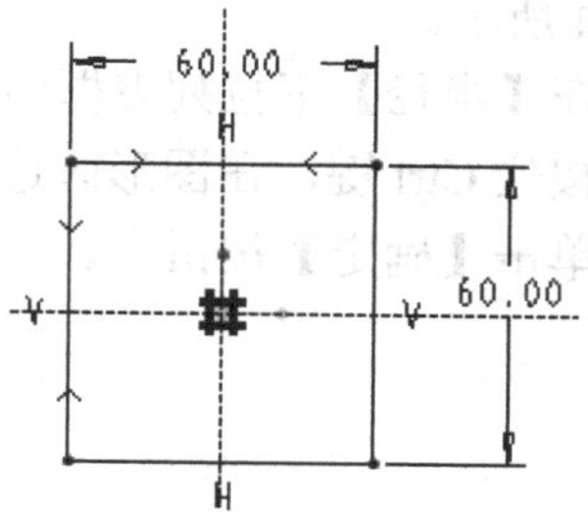

图 5-30　绘制草图 1

⑧ 返回【拉伸】操作面板，单击【视图】工具栏中的【保存的视图列表】按钮，切换视图为【标准方向】，如图 5-31 所示，单击【确定】按钮。

(3) 单击【草绘工具】按钮，弹出【草绘】对话框。

① 选择上表面作为草绘平面。

② 选择 RIGHT 基准面作为参照平面。

③ 从【方向】下拉列表框中选择【顶】选项，单击【草绘】按钮，进入草绘模式。

④ 绘制草图，如图 5-32 所示，单击【确定】按钮。

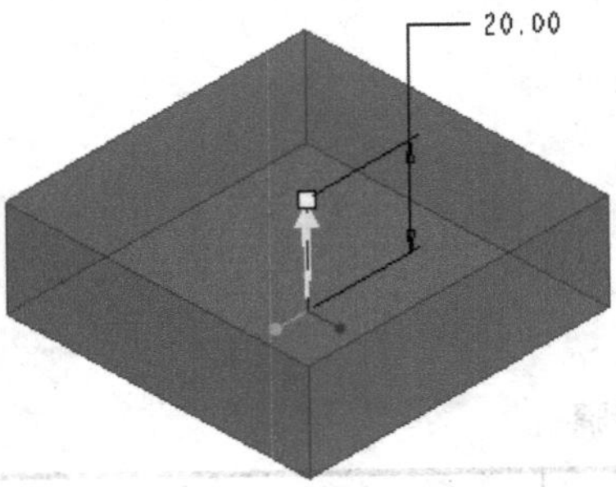

图 5-31 生成实体特征

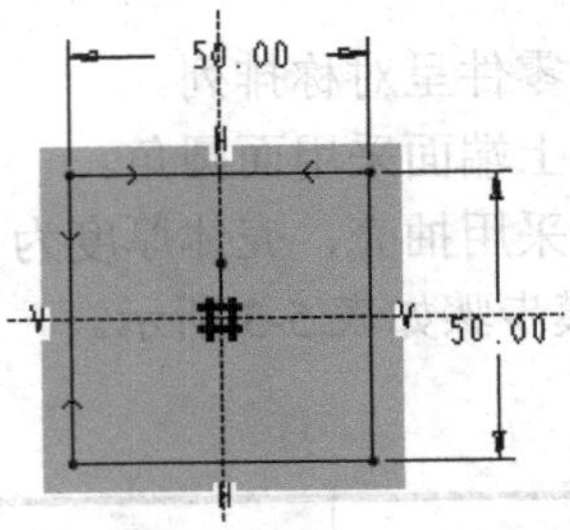

图 5-32 绘制草图 2

(4) 单击【视图】工具栏中的【保存的视图列表】按钮，切换视图为【标准方向】。

(5) 单击【基础特征】工具栏中的【拉伸】按钮，弹出【拉伸】操作面板，如图 5-33 所示。

① 单击【盲孔】按钮。

② 在【深度】下拉列表框中输入 16。

③ 单击【去除材料】按钮，单击【确定】按钮。

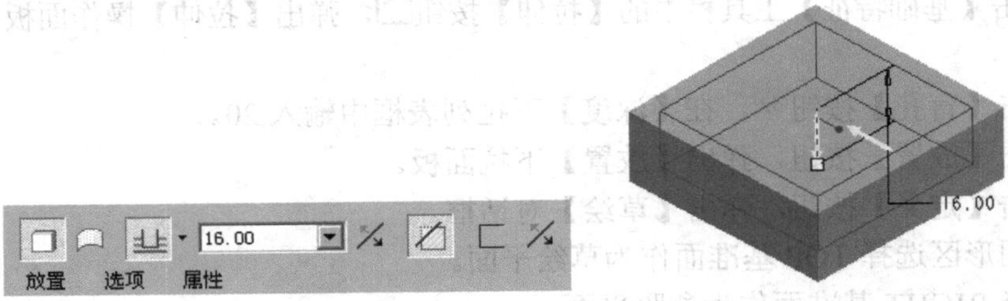

图 5-33 切除

(6) 单击【工程特征】工具栏中的【圆角工具】按钮，弹出【圆角工具】操作面板，如图 5-34 所示。

① 在【半径】下拉列表框中输入 10。

② 按住 Ctrl 键，在图形区选择外 4 条边。

③ 单击【确定】按钮。

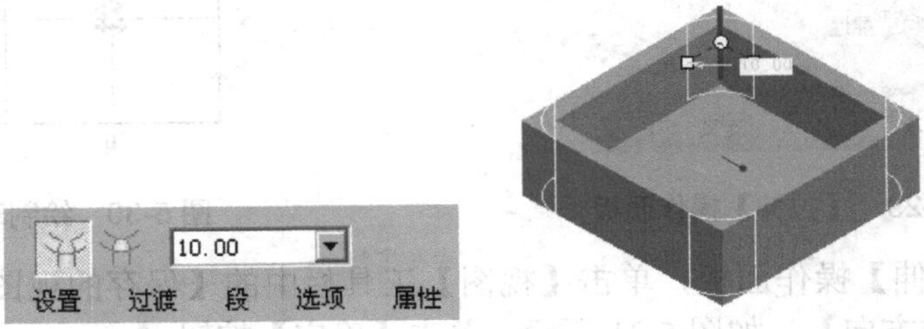

图 5-34 倒外圆角

(7) 单击【工程特征】工具栏中的【圆角工具】按钮，弹出【圆角工具】操作面板，如图 5-35 所示。

① 在【半径】下拉列表框中输入 5。

② 按住 Ctrl 键，在图形区选择内 4 条边。

③ 单击【确定】按钮。

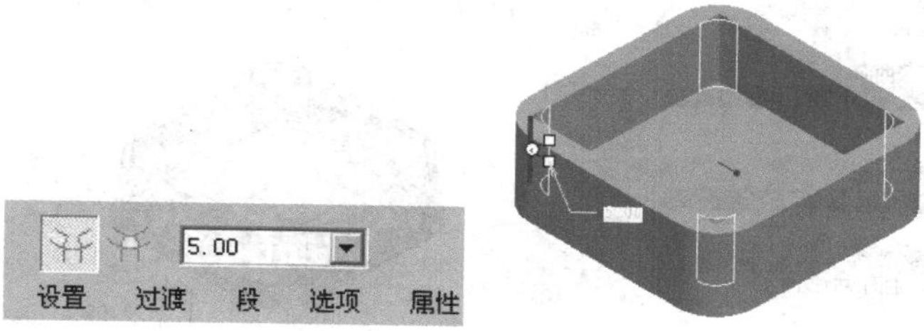

图 5-35 倒内圆角

步骤二：创建拔模

(1) 单击【工程特征】工具栏中的【拔模】按钮，弹出【拔模】操作面板，如图 5-36 所示。

① 单击【参照】按钮，弹出【参照】下拉面板。

② 激活【拔模枢轴】收集器，在图形区选取面作为拔模枢轴。

③ 激活【拔模曲面】收集器，按住 Ctrl 键，在图形区选取一组内曲面进行拔模。

④ 在【角度 1】下拉列表框中输入 8。

⑤ 单击【确定】按钮。

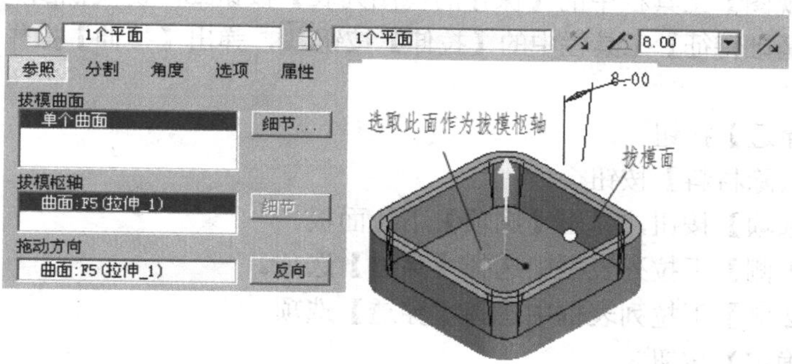

图 5-36 拔模内表面

(2) 单击【工程特征】工具栏中的【拔模】按钮，弹出【拔模】操作面板，如图 5-37 所示。

① 单击【参照】按钮，弹出【参照】下拉面板。

② 激活【拔模枢轴】收集器，在图形区选取面作为拔模枢轴。

③ 激活【拔模曲面】收集器，按住 Ctrl 键，在图形区选取一组内曲面进行拔模。

④ 在【角度 1】下拉列表框中输入 8。

⑤ 单击【确定】按钮。

步骤三：切口

(1) 单击【草绘工具】按钮，弹出【草绘】对话框。

① 选中 RIGHT 基准面作为草绘平面。

② 选择上表面作为参照平面。

③ 从【方向】下拉列表框中选择【顶】选项，单击【草绘】按钮，进入草绘模式。

④ 绘制草图，如图 5-38 所示，单击【完成】按钮。

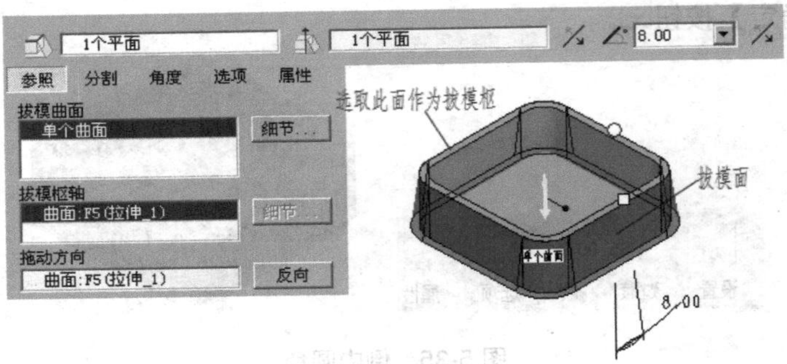

图 5-37　拔模外表面

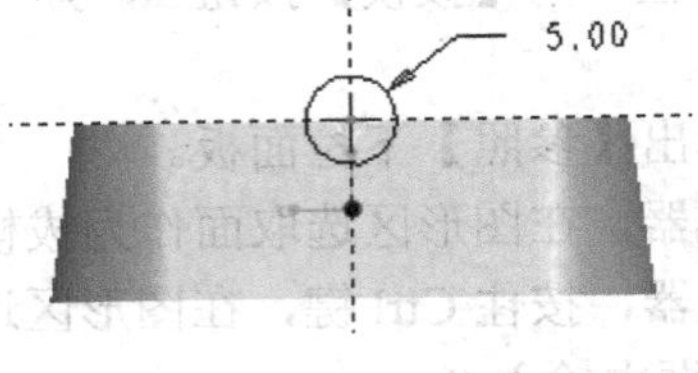

图 5-38　绘制草图 3

(2) 单击【视图】工具栏中的【保存的视图列表】按钮，切换视图为【标准方向】。

(3) 单击【基础特征】工具栏中的【拉伸】按钮，弹出【拉伸】操作面板，如图 5-39 所示。

① 单击【穿透】按钮。

② 单击【去除材料】按钮。

③ 单击【选项】按钮，弹出【选项】下拉面板。

④ 从【第 1 侧】下拉列表框中选择【穿透】选项。

⑤ 从【第 2 侧】下拉列表框中选择【穿透】选项。

⑥ 单击【确定】按钮。

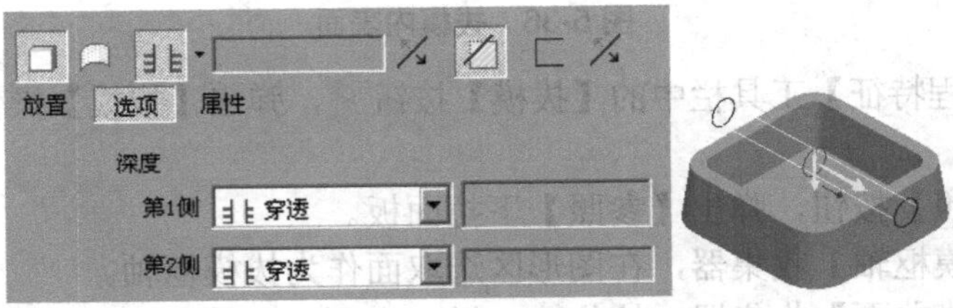

图 5-39　切口

(4) 使用同样的方法创建另一切口，如图 5-40 所示。

步骤四：倒圆角

(1) 单击【工程特征】工具栏中的【圆角工具】按钮，弹出【圆角工具】操作面板，如图 5-41 所示。

① 在【半径】下拉列表框中输入 5。

② 按住 Ctrl 键，在图形区选择倒角边。

③ 单击【确定】按钮。

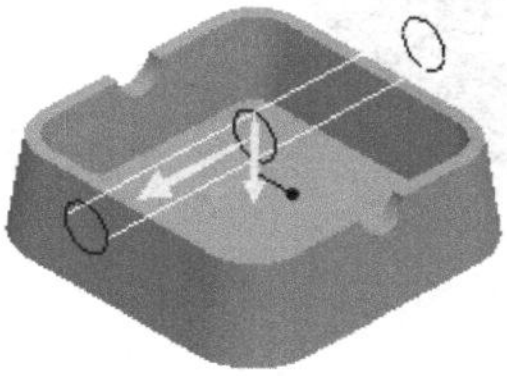

图 5-40　切口

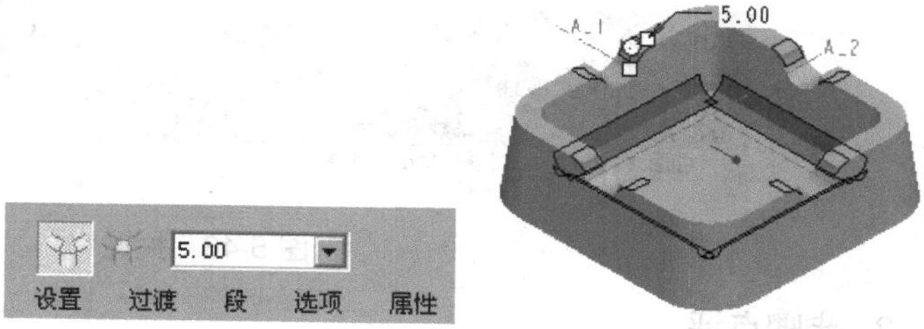

图 5-41　倒圆角

(2) 单击【工程特征】工具栏中的【圆角工具】按钮，弹出【圆角工具】操作面板，如图 5-42 所示。

① 单击【设置】按钮，弹出【设置】下拉面板。

② 单击【完全倒圆角】按钮。

③ 激活【参照】收集器，按住 Ctrl 键，在图形区选择 2 边线。

④ 单击【确定】按钮。

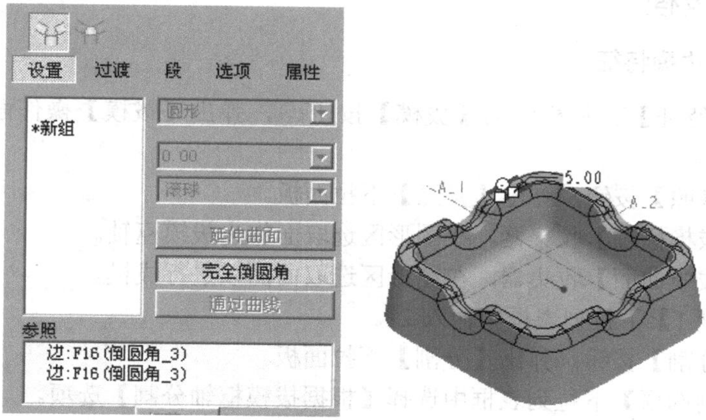

图 5-42　倒完整圆角

步骤五：抽壳

单击【工程特征】工具栏中的【壳工具】按钮，弹出【壳工具】操作面板。

(1) 在【厚度】下拉列表框中输入 1。

(2) 单击【参照】按钮。

(3) 激活【移除的曲面】收集器，在图形区选取底面，如图 5-43 所示。

步骤六：存盘

选择【文件】｜【保存】菜单命令，保存文件。

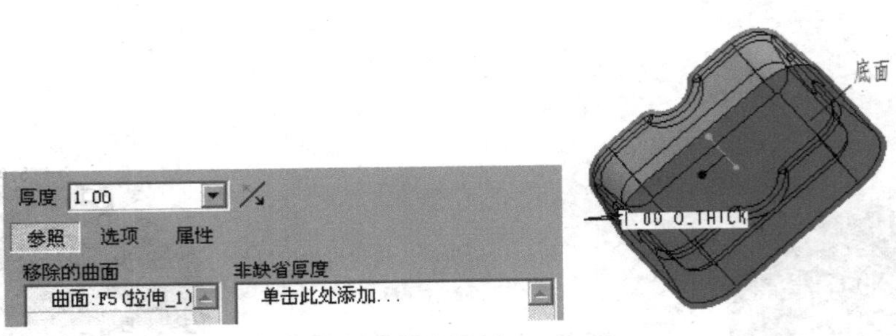

图 5-43 抽壳

3. 步骤点评

对于步骤五：关于抽壳中的圆角。

抽壳前对边缘加入圆角而且圆角半径大于壁厚，零件抽壳后形成的内圆角就会自动形成圆角，内壁圆角的半径等于圆角半径减去壁厚。利用这个优势可省去烦琐地在零件内部创建圆角的工作。

注意： 如果壁厚大于圆角半径，内圆角将会是尖角。

5.3.4 分割拔模

1. 创建分割拔模特征

单击【工程特征】工具栏中的【拔模】按钮，弹出【拔模】操作面板，如图 5-44 所示。

(1) 单击【参照】按钮，弹出【参照】下拉面板。

(2) 激活【拔模枢轴】收集器，在图形区选取面作为拔模枢轴。

(3) 激活【拔模曲面】收集器，在图形区选取曲面以进行拔模。

(4) 在【角度 1】下拉列表框中输入 21。

(5) 单击【分割】按钮，弹出【分割】下拉面板。

(6) 从【分割选项】下拉列表框中选择【根据拔模枢轴分割】选项。

(7) 在【角度 2】下拉列表框中输入 15。

(8) 单击【确定】按钮。

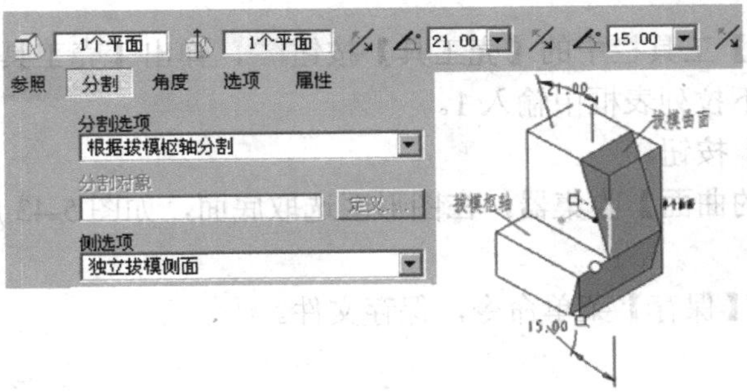

图 5-44 创建分割拔模特征

2. 选择曲线作为拔模枢轴，创建分割拔模特征

选择曲线作为拔模枢轴，创建拔模特征，如图 5-45 所示。

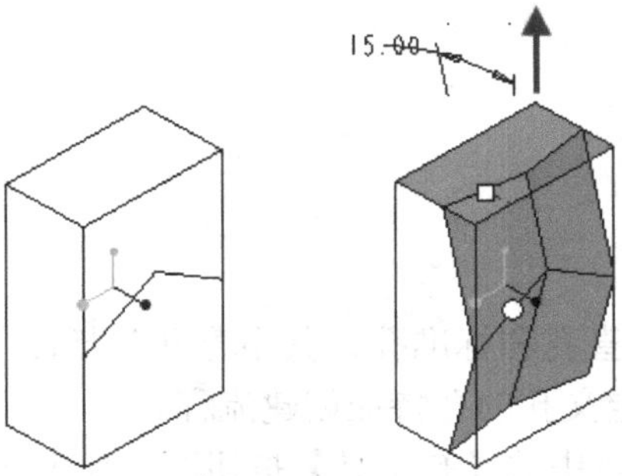

图 5-45　选择曲线作为拔模枢轴

5.3.5　不等厚度抽壳

单击【工程特征】工具栏中的【壳工具】按钮，弹出【壳工具】操作面板，如图 5-46 所示。

(1) 在【厚度】下拉列表框中输入 20。

(2) 单击【参照】按钮。

(3) 激活【移除的曲面】收集器，在图形区选取移除的曲面。

(4) 激活【非缺省厚度】收集器，在图形选取非缺省厚度的面，指定此面厚度为 40。

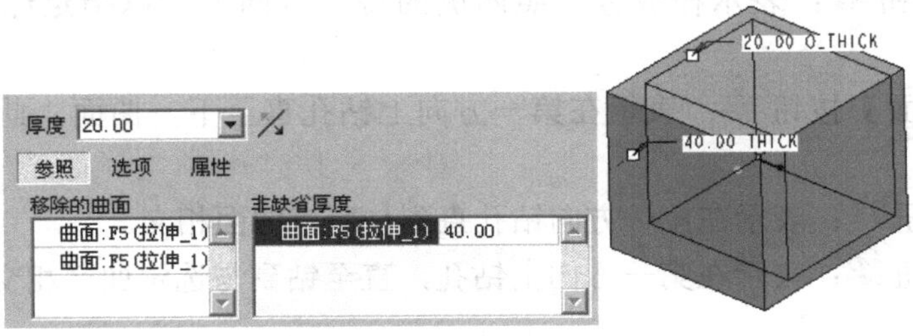

图 5-46　不等厚度抽壳

5.3.6　随堂练习

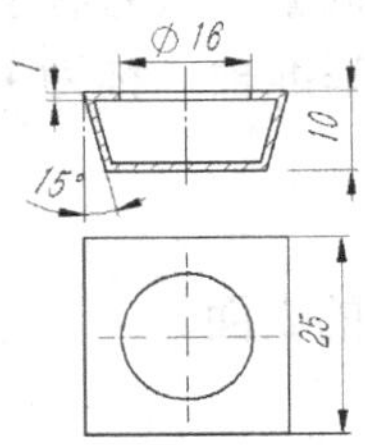

随堂练习 5

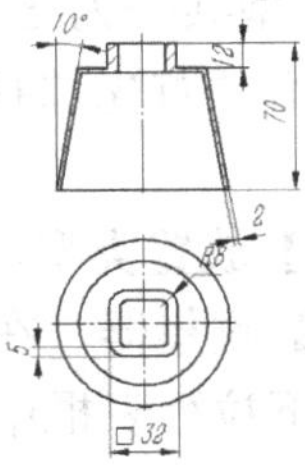

随堂练习 6

5.4 创 建 孔

本节知识点：

(1) 创建简单孔的方法。

(2) 创建异型孔的方法。

5.4.1 孔

孔工具可向模型中添加直孔和标准孔，其中直孔包括简单孔和草绘孔。通过定义放置参照、设置次(偏置)参照及定义孔的孔特征创建流程。

单击【工具特征】工具栏中的【孔工具】按钮，弹出【孔】操作面板。

(1) 选择孔的类型。

(2) 设置孔的主、次参照。

(3) 输入孔的直径和深度。

(4) 单击【确定】按钮。

1. 钻孔深度

通过选取下列深度选项可指定钻孔深度。

【盲孔】按钮：表示在第一方向上从放置参照钻孔到指定深度。此按钮为默认命令。

【对称】按钮：表示在放置参照两侧的每一方向上，以指定深度值的一半进行钻孔。

【到下一个面】按钮：表示在第一方向上钻孔直至下一曲面，此命令在组件中不可用。

【穿透】按钮：表示在第一方向钻孔直到与所有曲面相交。

【穿至】按钮：表示在第一方向上钻孔，直至钻到与选定曲面相交，此命令在组件中不可用。

【到选定项】按钮：表示在第一方向上钻孔至选定点、曲线、平面或曲面。

2. 钻孔放置

孔特征的放置类型共分为 5 种，即【线性】、【径向】、【直径】、【同轴】和【在点上】，这 5 种都必须首先选择放置面(平面、曲面)或基准轴，称为主参照。接着选择次参照。

(1) 设置【线性】放置类型，如图 5-47 所示。

① 激活【放置】收集器，在图形区选择实体特征上的表面。

② 从【类型】下拉列表框中选择【线性】选项。

③ 激活【偏移参照】收集器，在图形区选择 2 个线性参考并定义距离。实体边、基准轴或基准面都可以作为线性参考。

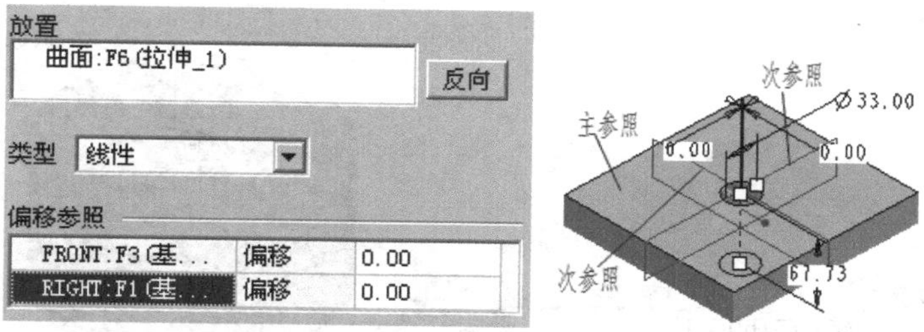

图 5-47　设置【线性】放置类型

(2) 设置【径向】放置类型，如图 5-48 所示。

① 激活【放置】收集器，在图形区选择圆柱表面。

② 从【类型】下拉列表框中选择【径向】选项。

③ 激活【偏移参照】收集器，在图形区选择选择 2 个垂直平面并定义距离和角度。

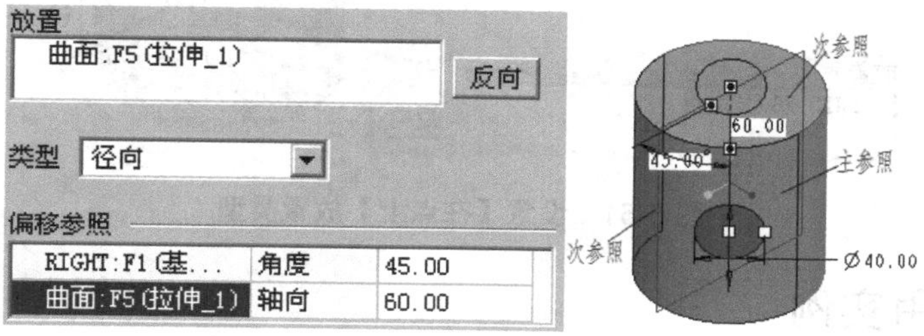

图 5-48　设置【径向】放置类型

(3) 设置【直径】放置类型，如图 5-49 所示。

① 激活【放置】收集器，在图形区选择圆柱上表面。

② 从【类型】下拉列表框中选择【直径】选项。

③ 激活【偏移参照】收集器，在图形区选择基准轴和平面并定义直径和角度。

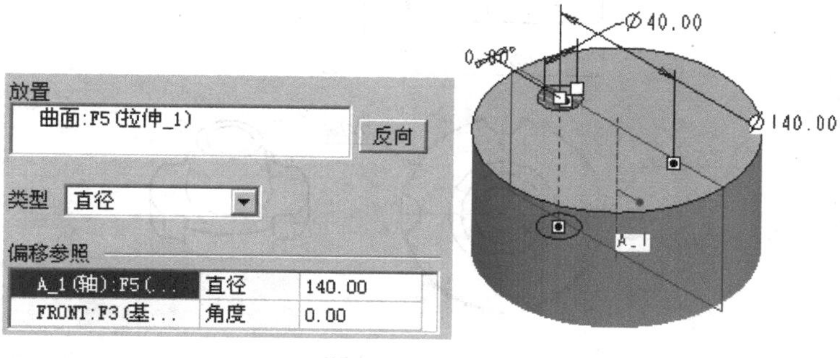

图 5-49　设置【直径】放置类型

(4) 设置【同轴】放置类型，如图 5-50 所示。

激活【放置】收集器，在图形区选择基准轴和圆柱上表面。

(5) 设置【在点上】放置类型，如图 5-51 所示。

激活【放置】收集器，在图形区选择基准点。

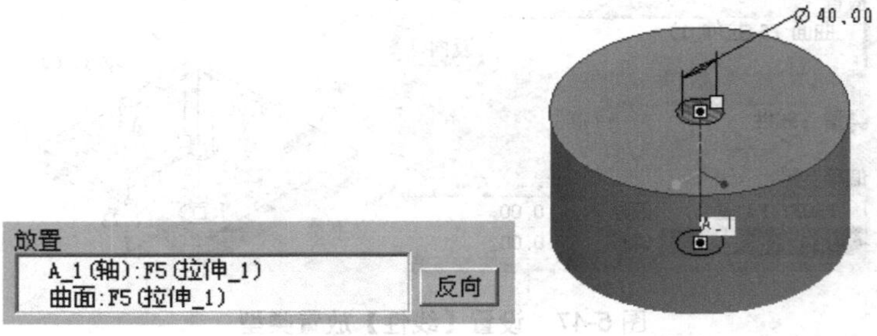

图 5-50　设置【同轴】放置类型

图 5-51　设置【在点上】放置类型

5.4.2　孔应用实例

建立如图 5-52 所示支座模型。

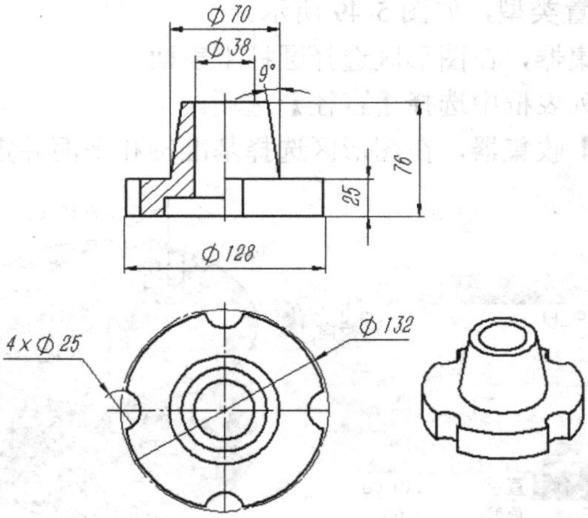

图 5-52　支座模型

1. 关于本零件设计理念的考虑

(1) 零件拔模角度为 9°。

(2) 孔的直径 $\phi 25$，在圆周上均布。

建模步骤如表 5-4 所示。

表 5-4　建模步骤

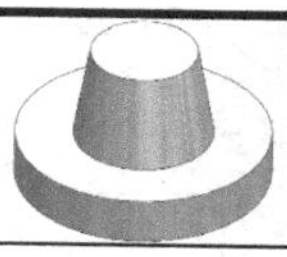	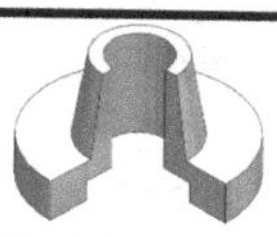	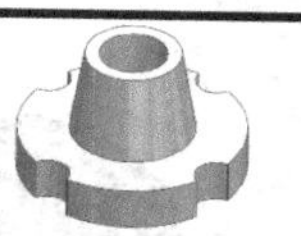
步骤一	步骤二	步骤三

2. 操作步骤

步骤一：新建文件，建立毛坯

(1) 新建文件“flange_sld.prt”。

(2) 单击【基础特征】工具栏中的【拉伸】按钮，弹出【拉伸】操作面板。

① 单击【盲孔】按钮，在【深度】下拉列表框中输入 25。

② 单击【放置】按钮，弹出【放置】下拉面板，如图 5-53 所示。

③ 单击【定义】按钮，弹出【草绘】对话框。

④ 在图形区选择 TOP 基准面作为草绘平面。

⑤ 选择 RIGHT 基准面作为参照平面。

⑥ 在【方向】下拉列表框中选择【顶】选项，单击【草绘】按钮，进入草绘模式。

⑦ 绘制草图，如图 5-54 所示，单击【完成】按钮。

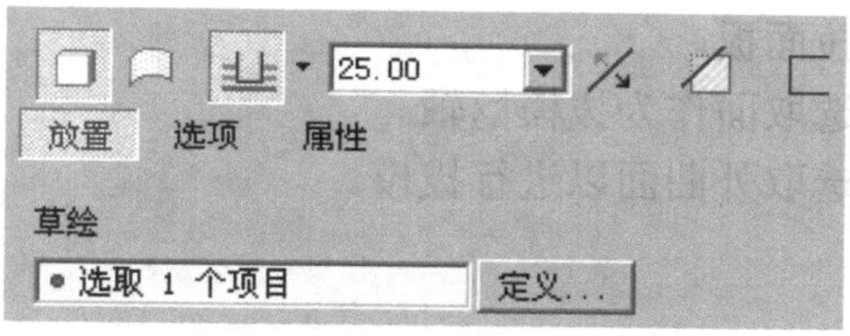

图 5-53　【拉伸】操作面板

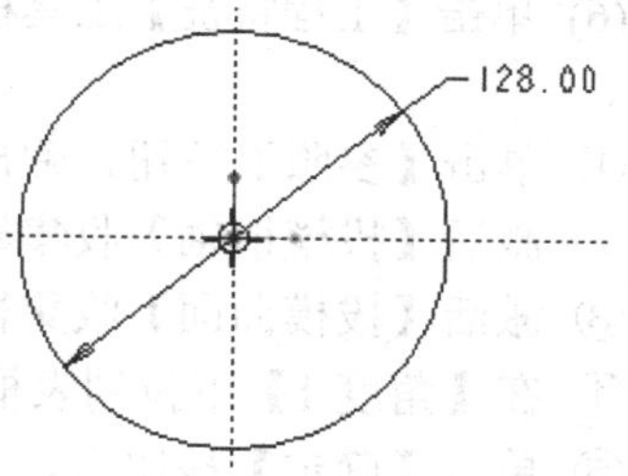

图 5-54　绘制草图 1

⑧ 返回【拉伸】操作面板，单击【视图】工具栏中的【保存的视图列表】按钮，切换视图为【标准方向】，如图 5-55 所示，单击【确定】按钮。

(3) 单击【草绘工具】按钮，弹出【草绘】对话框。

① 在图形区选择上表面作为草绘平面。

② 选择 RIGHT 基准面作为参照平面。

③ 在【方向】下拉列表框中选择【顶】选项，单击【草绘】按钮，进入草绘模式。

④ 绘制草图，如图 5-56 所示，单击【完成】按钮。

(4) 单击【视图】工具栏中的【保存的视图列表】按钮，切换视图为【标准方向】。

(5) 单击【基础特征】工具栏中的【拉伸】按钮，出现【拉伸】操作面板。

① 单击【盲孔】按钮。

② 在【深度】下拉列表框中输入 51，如图 5-57 所示，单击【确定】按钮。

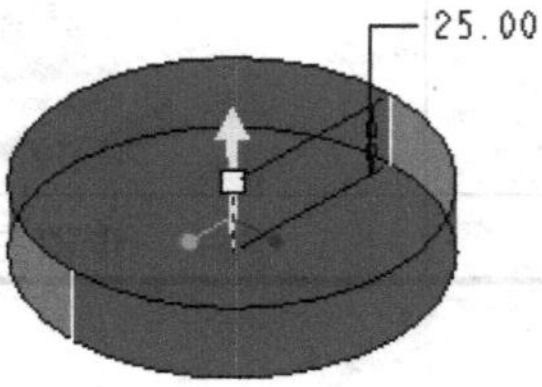

图 5-55　生成实体特征

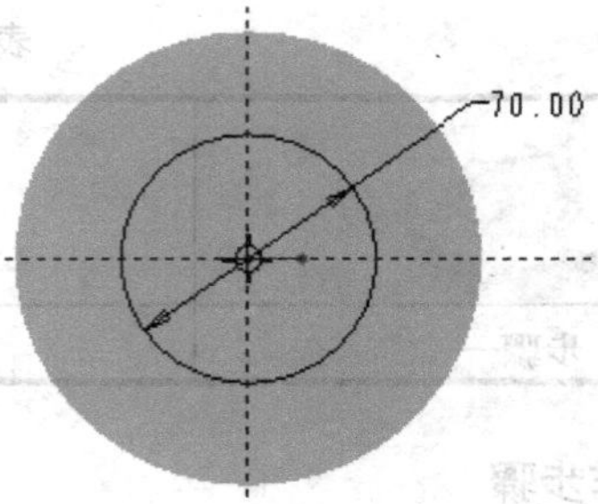

图 5-56　绘制草图 2

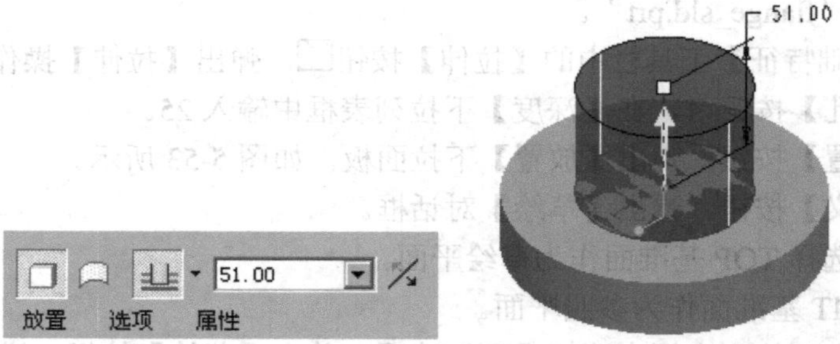

图 5-57　拉伸凸台

(6) 单击【工程特征】工具栏中的【拔模】按钮，弹出【拔模】操作面板，如图 5-58 所示。

① 单击【参照】按钮，弹出【参照】下拉面板。

② 激活【拔模枢轴】收集器，在图形区选取面作为拔模枢轴。

③ 激活【拔模曲面】收集器，在图形区选取外曲面以进行拔模。

④ 在【角度 1】下拉列表框中输入 9。

⑤ 单击【确定】按钮。

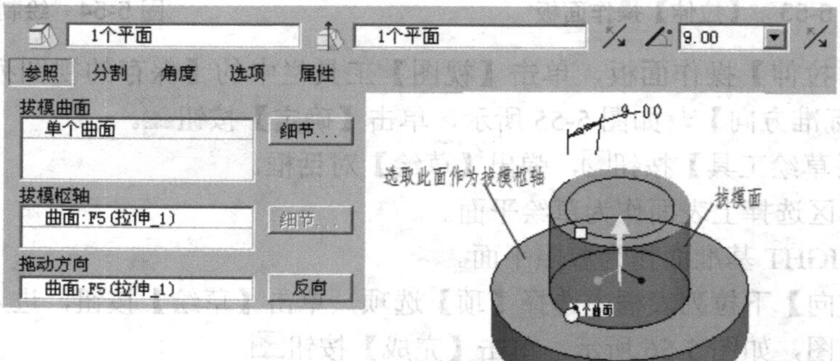

图 5-58　拔模

步骤二：打标准孔

单击【工具特征】工具栏中的【孔工具】按钮，弹出【孔】操作面板，如图 5-59 所示。

(1) 单击【创建标准孔】按钮。

(2) 在【直径】下拉列表框中输入 38。

(3) 单击【穿透】按钮。

(4) 单击【添加沉孔】按钮。

(5) 单击【放置】按钮，弹出【放置】下拉面板。

(6) 激活【放置】收集器，在图形区，按住 Ctrl 键，选择基准轴和凸台下底面。

(7) 单击【确定】按钮。

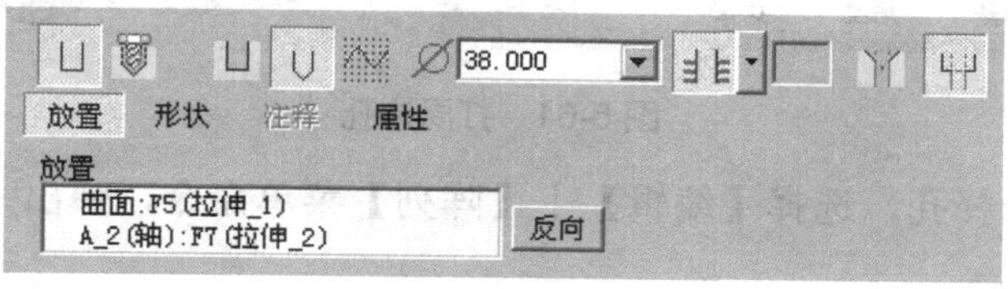

图 5-59　【异形孔向导】应用

(8) 单击【形状】按钮，弹出【形状】下拉面板，输入参数，如图 5-60 所示，单击【确定】按钮。

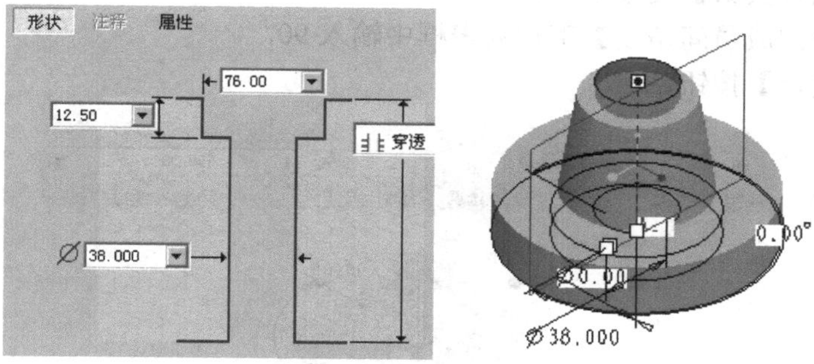

图 5-60　确定孔形状

步骤三：打简单孔

(1) 单击【工具特征】工具栏中的【孔工具】按钮，弹出【孔】操作面板，如图 5-61 所示。

① 单击【创建简单孔】按钮。

② 在【直径】下拉列表框中输入 25。

③ 单击【穿透】按钮。

④ 单击【放置】按钮，弹出【放置】下拉面板。

⑤ 选取上端面来放置孔。

⑥ 从【类型】下拉列表框中选择【直径】选项。

⑦ 激活【偏移参照】收集器，在图形区，按住 Ctrl 键，选择基准轴和 FRONT 基准面。

⑧ 与 FRONT 基准面角度为 0，直径为 132。

⑨ 单击【确定】按钮。

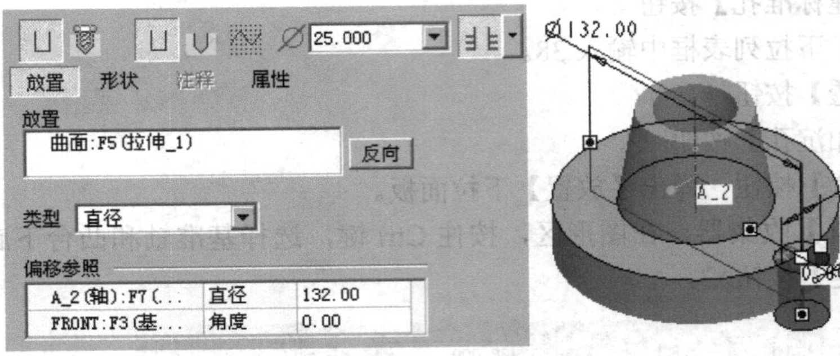

图 5-61　打周边孔

(2) 在图形区选择孔，选择【编辑】|【阵列】菜单命令，弹出【阵列工具】操作面板，如图 5-62 所示。

① 从【阵列种类】下拉列表框中选择【轴】选项。

② 选取基准轴作为阵列的中心，系统就会在角度方向创建默认阵列，阵列成员以黑点表示。

③ 在【阵列成员数】文本框中输入 4。

④ 在【在阵列成员间角度】下拉列表框中输入 90。

⑤ 单击【确定】按钮✓。

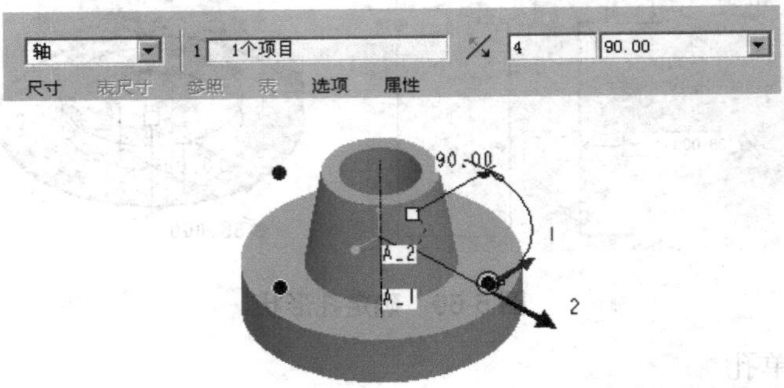

图 5-62　圆周阵列孔

步骤四：存盘

选择【文件】|【保存】菜单命令，保存文件。

3. 步骤点评

对于步骤三：关于参数化设计思想

如需建立本例中的圆周均布孔，根据参数化建模思想，应采用圆周阵列，不宜在草图中建立圆周阵列点。

5.4.3　以草绘方式创建孔

单击【工具特征】工具栏中的【孔工具】按钮，弹出【孔】操作面板。

(1) 单击【使用草绘定义钻孔轮廓】按钮。

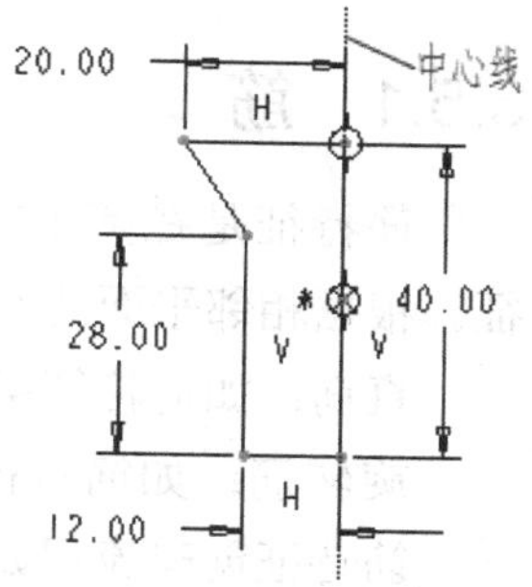

图 5-63　绘制草图 3

(2) 单击【激活草绘器以创建剖面】按钮，绘制草图，如图 5-63 所示。

(3) 完成基本图形的绘制后，单击【草绘】工具栏上的【继续当前部分】按钮，完成草绘孔特征截面绘制。

(4) 单击【放置】按钮，弹出【放置】下拉面板，如图 5-64 所示。

(5) 激活【放置】收集器，在图形区选择实体特征上的表面。

(6) 从【类型】下拉列表框中选择【线性】选项。

(7) 激活【偏移参照】收集器，在图形区选择两面并定义距离。

(8) 单击【确定】按钮。

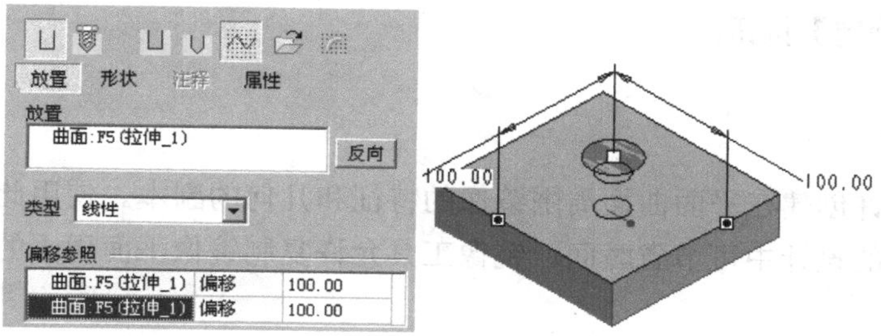

图 5-64　以草绘方式创建孔

5.4.4　随堂练习

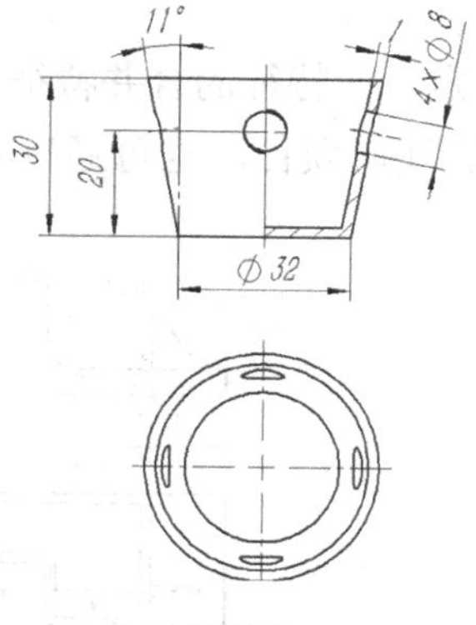

随堂练习 7

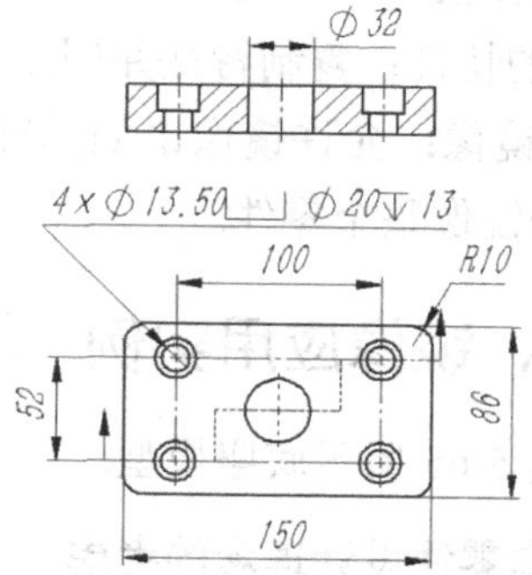

随堂练习 8

5.5　创建筋、镜像

本节知识点：

(1) 创建筋的方法。

(2) 创建镜像的方法。

5.5.1 筋

筋特征是在两个或两个以上的相邻平面间添加加强筋，该特征是一种特殊的增料特征。根据相邻平面的类型不同，生成的筋分成直筋和旋转筋两种形式。

直筋：如筋特征所附着的实体特征表面皆为平面，则称其为直线型筋特征。

旋转筋：如筋特征所附着的实体特征表面中有旋转曲面，则称其为旋转型筋特征。

筋特征创建流程如下：

单击【工程特征】工具栏中的【筋工具】按钮，弹出【筋】操作面板。

(1) 绘制筋的剖面。

(2) 确定筋的创建方向。

(3) 输入筋的厚度。

(4) 单击【确定】按钮。

5.5.2 镜像

镜像工具允许创建在平面曲面周围镜像的特征和几何的副本。使用此工具将简单零件镜像到较为复杂的设计中可节省时间。镜像工具允许复制镜像平面周围的曲面、曲线和基准特征。

可用多种方法创建镜像。

(1) 特征镜像：允许采用两种镜像特征方法。

① 所有特征：此方法可复制特征并创建包含模型所有几何特征的合并特征。要使用此方法，必须在模型树中选取所有特征和零件节点。

② 选定的特征：复制特征并创建包含模型中所选定几何特征的合并特征。

(2) 几何镜像：允许镜像诸如基准、面组和曲面等几何项目。也可通过在模型树中选取相应节点来镜像整个零件。

5.5.3 筋、镜像应用实例

建立如图 5-65 所示底座模型。

1. 关于本零件设计理念的考虑

(1) 零件呈对称排列。

(2) 上端面采用面圆角。

(3) 采用抽壳，壳体厚度为 1mm。

建模步骤如表 5-5 所示。

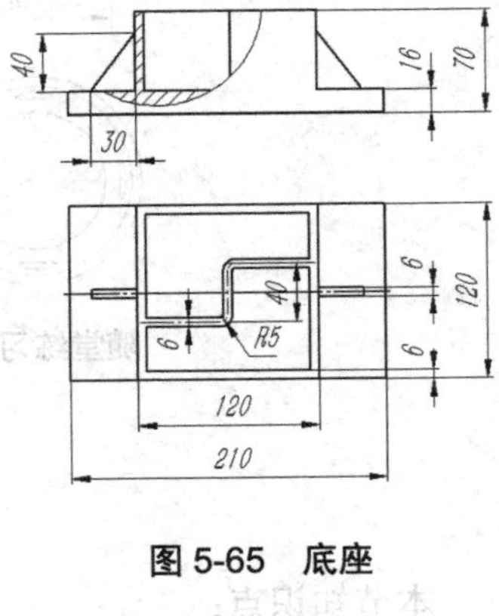

图 5-65 底座

表 5-5 建模步骤

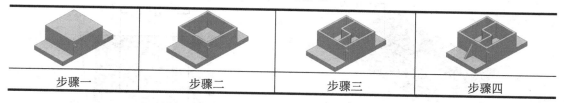

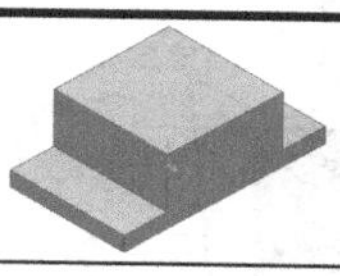	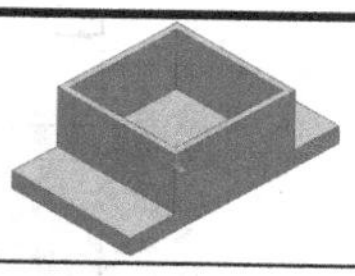	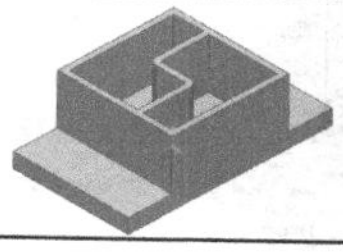	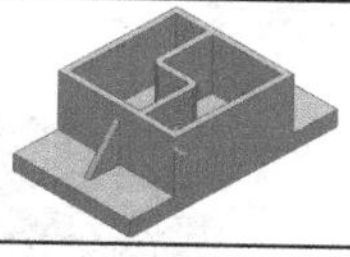
步骤一	步骤二	步骤三	步骤四

2. 操作步骤

步骤一：新建文件，建立毛坯

(1) 新建文件“seat.prt”。

(2) 单击【基础特征】工具栏中的【拉伸】按钮，弹出【拉伸】操作面板，如图 5-66 所示。

① 单击【盲孔】按钮，在【深度】下拉列表框中输入 16。

② 单击【放置】按钮，弹出【放置】下拉面板。

③ 单击【定义】按钮，弹出【草绘】对话框。

④ 在图形区选择 TOP 基准面作为草绘平面。

⑤ 选择 RIGHT 基准面作为参照平面。

⑥ 在【方向】下拉列表框中选择【顶】选项，单击【草绘】按钮，进入草绘模式。

⑦ 绘制草图，如图 5-67 所示，单击【完成】按钮。

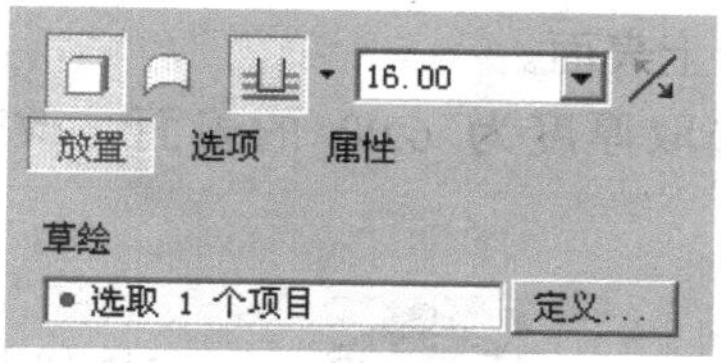

图 5-66 【拉伸】操作面板

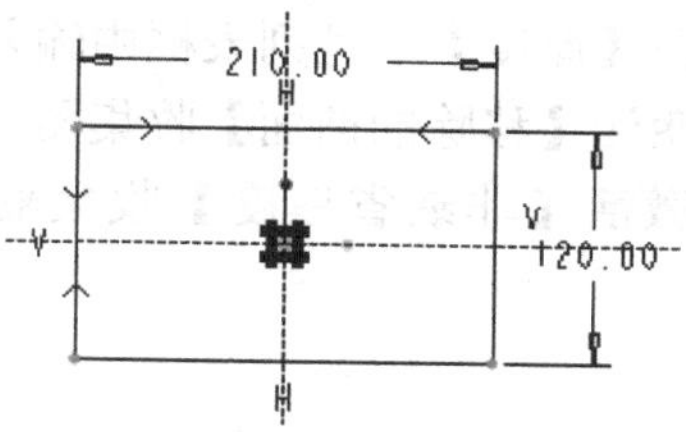

图 5-67 绘制草图

⑧ 返回【拉伸】操作面板，单击【视图】工具栏中的【保存的视图列表】按钮，切换视图为【标准方向】，如图 5-68 所示，单击【确定】按钮。

(2) 单击【草绘工具】按钮，弹出【草绘】对话框，单击【使用先前的】按钮，进入草绘模式。

① 选择【草图】|【参照】菜单命令，弹出【参照】对话框，在图形区选择上下两面作为参照。

② 绘制草图，如图 5-69 所示。

(3) 单击【视图】工具栏中的【保存的视图列表】按钮，切换视图为【标准方向】。

(4) 单击【基础特征】工具栏中的【拉伸】按钮，弹出【拉伸】操作面板。

① 单击【盲孔】按钮。

② 在【深度】下拉列表框中输入 70，如图 5-70 所示，单击【确定】按钮。

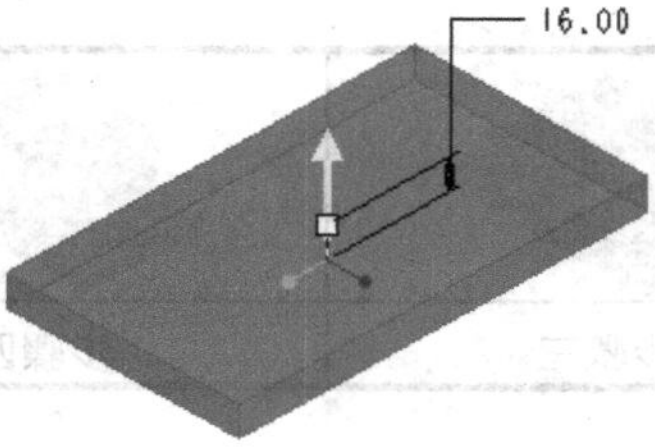

图 5-68　生成实体特征

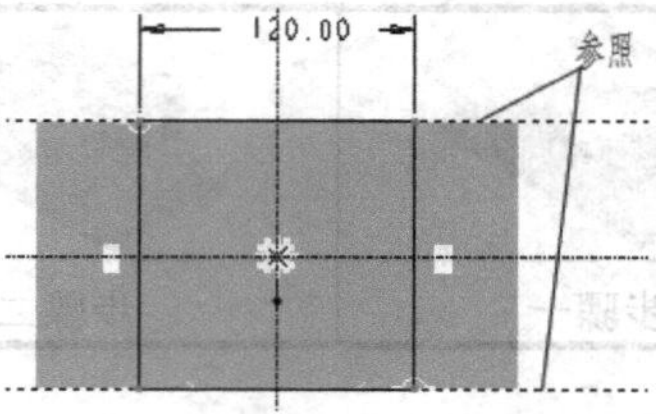

图 5-69　绘制草图 2

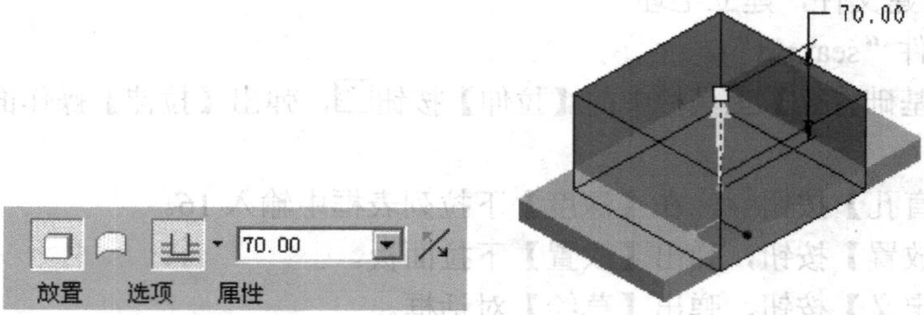

图 5-70　拉伸凸台

步骤二：抽壳

单击【工程特征】工具栏中的【壳工具】按钮，弹出【壳工具】操作面板，如图 5-71 所示。

(1) 在【厚度】下拉列表框中输入 6。

(2) 激活【移除的曲面】收集器，在图形区选取上表面。

(3) 激活【非缺省厚度】收集器，在图形区选取厚度为 6.00 的表面，改变厚度为 16.00。

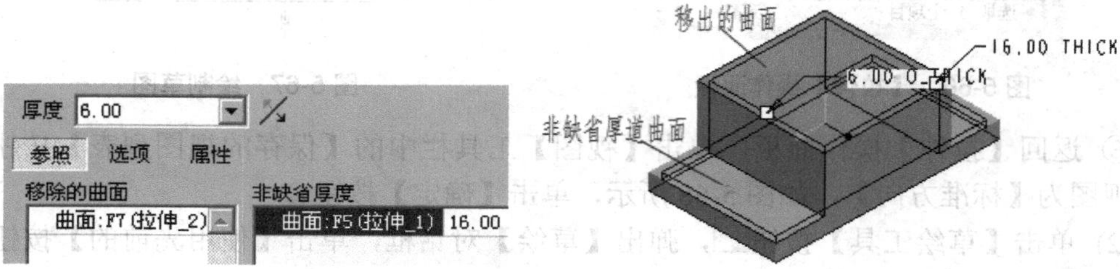

图 5-71　抽壳

步骤三：创建直线型筋板

单击【工程特征】工具栏中的【筋工具】按钮，弹出【筋】操作面板，如图 5-72 所示。

(1) 在【宽度】下拉列表框中输入 6。

(2) 单击【放置】按钮，弹出【放置】下拉面板。

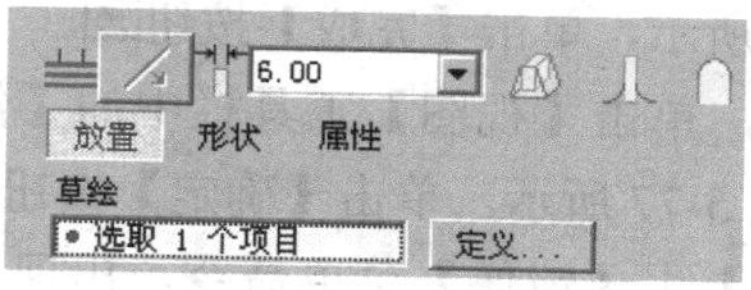

图 5-72 【筋】操作面板

(3) 单击【定义】按钮，弹出【草绘】对话框。

(4) 在图形区选择上表面作为草绘平面。

(5) 选择 FRONT 基准面作为参照平面。

(6) 从【方向】下拉列表框中选择【底部】选项，单击【草绘】按钮，进入草绘模式。

(7) 绘制草图，如图 5-73 所示，单击【完成】按钮。

(8) 返回【筋】操作面板，单击【视图】工具栏中的【保存的视图列表】按钮，切换视图为【标准方向】，如图 5-74 所示，单击【确定】按钮。

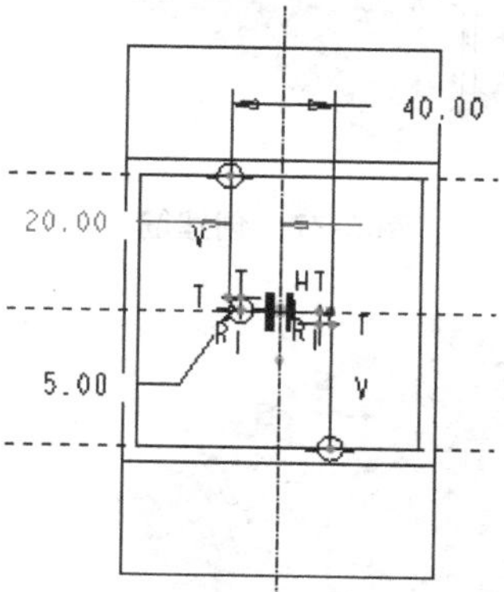

图 5-73 绘制草图 3

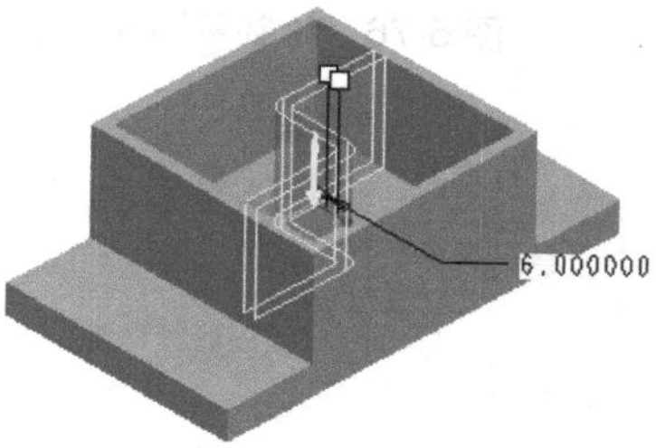

图 5-74 创建筋

步骤四：创建旋转型筋板并镜像

(1) 单击【工程特征】工具栏中的【筋工具】按钮，弹出【筋】操作面板，如图 5-75 所示。

① 在【宽度】下拉列表框中输入 6。

② 单击【参照】按钮，弹出【草绘】下拉面板。

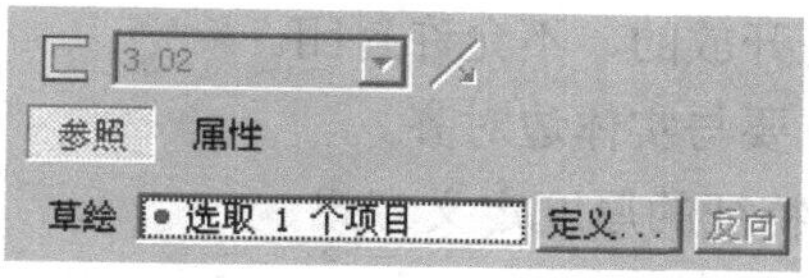

图 5-75 【筋】操作面板

③ 单击【定义】按钮，弹出【草绘】对话框。

④ 在图形区选择 RIGHT 基准面为草绘平面。

⑤ 选择 TOP 基准面为参照平面。

⑥ 从【方向】下拉列表框中选择【顶】选项，单击【草绘】按钮，进入草绘模式。

⑦ 绘制草图，如图 5-76 所示，单击【完成】按钮。

⑧ 返回【筋】操作面板，单击【视图】工具栏中的【保存的视图列表】按钮，切换视图为【标准方向】，如图 5-77 所示，单击【确定】按钮。

(2) 选择筋，选择【编辑】|【镜像】菜单命令，出现【镜像】操作面板，在图形区选择 FRONT 基准面作为镜像平面，如图 5-78 所示，单击【确定】按钮。

步骤五：存盘

选择【文件】|【保存】菜单命令，保存文件。

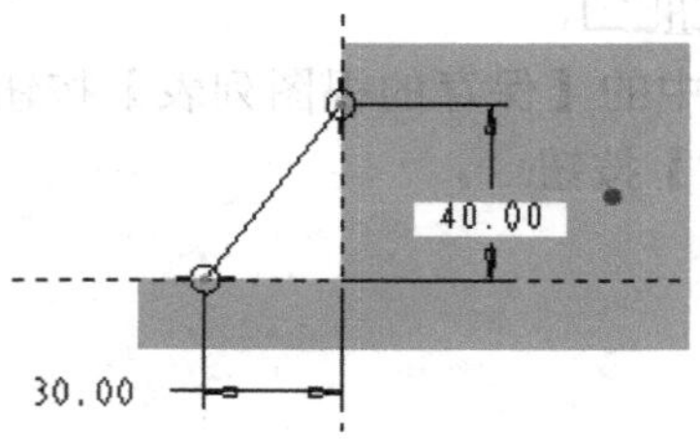

图 5-76　绘制草图 4

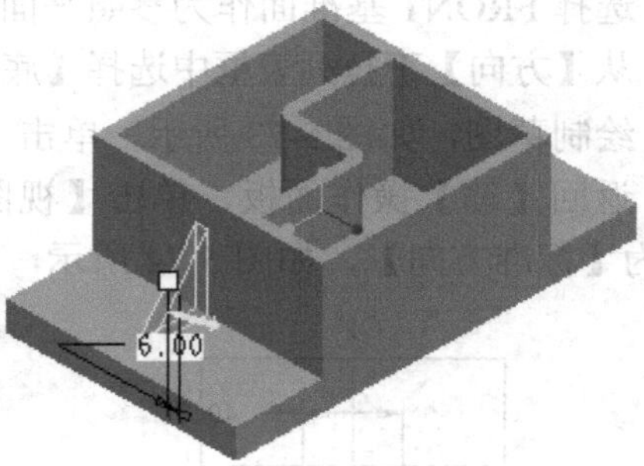

图 5-77　创建筋

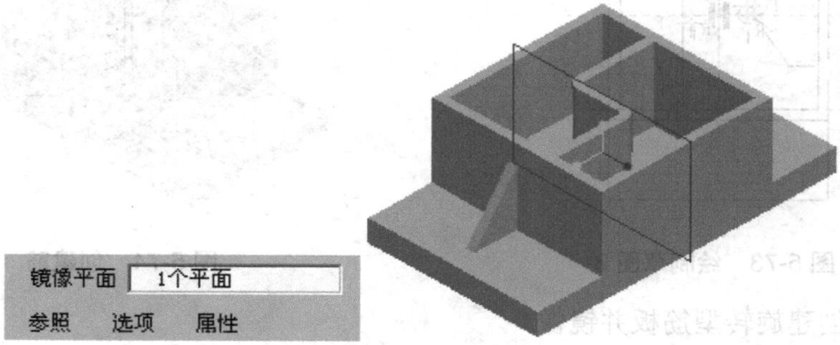

图 5-78　镜像筋

3. 步骤点评

1) 对于步骤三：关于筋的剖面

(1) 筋特征的剖面必须是开放的，不允许封闭。

(2) 筋开放剖面的两端点要与实体边对齐。

2) 对于步骤三：关于筋特征的厚度定义方式

筋特征的厚度为两侧对称延伸。

3) 对于步骤四：关于镜像

使用几何体的镜像来生成对称的结构，既保证了特征结构的一致性，又减少了特征树中特征的数量及设计工作量。

5.5.4　随堂练习

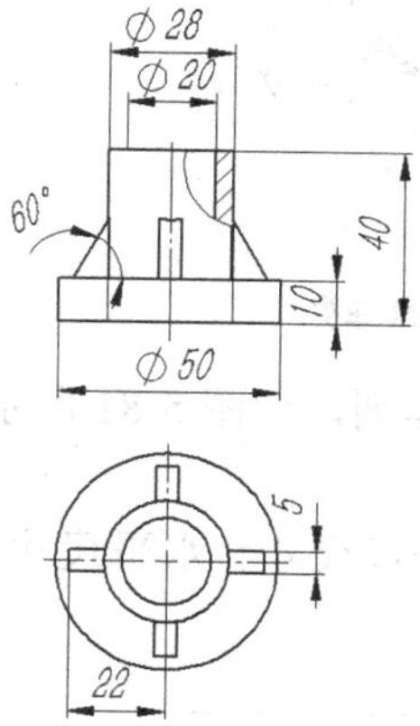

随堂练习 9

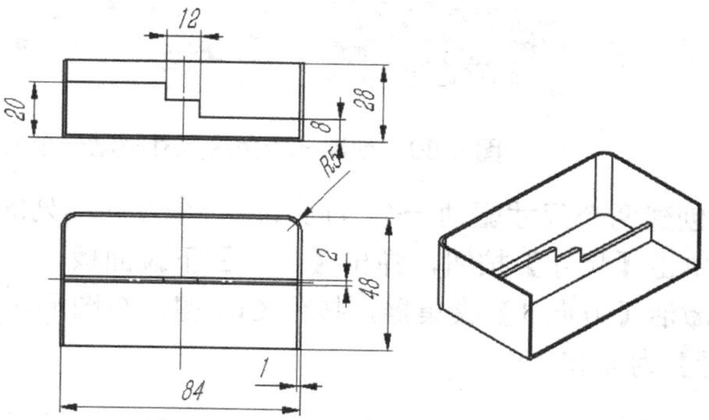

随堂练习 10

5.6　阵　　列

本节知识点：创建阵列的方法。

5.6.1　阵列特征

阵列特征是按照一定的排列方式复制特征。在建模过程中，如果需要建立许多相同或类似的特征，如手机的按键、法兰的固定孔等，都需要使用阵列特征。

系统允许只阵列一个单独特征。要阵列多个特征，可创建一个组，然后阵列这个组。创建组阵列后，也可取消阵列或分解组以便对其中的特征进行单独修改。

(1) 创建一个尺寸驱动一个方向且沿一个方向阵列的普通阵列，如图 5-79 所示。

① 单击【尺寸】按钮，弹出【尺寸】下拉面板。

② 激活【方向 1】收集器，在图形区选择水平尺寸，输入【增量】为 10。

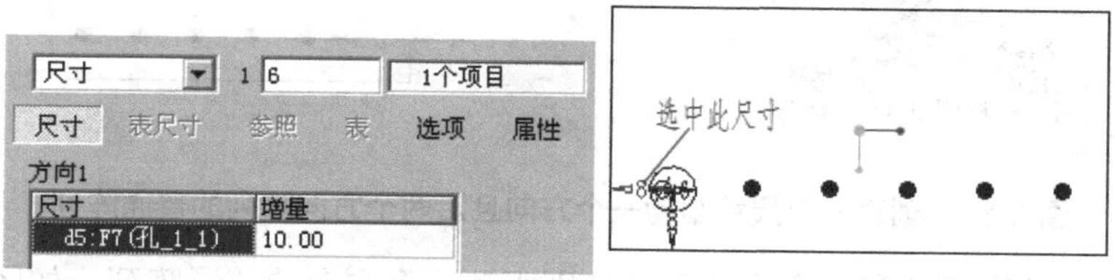

图 5-79　创建一个尺寸驱动一个方向且沿一个方向阵列的普通阵列

(2) 创建一个角度尺寸驱动一个方向的普通阵列，如图 5-80 所示。

① 单击【尺寸】按钮，弹出【尺寸】下拉面板。

② 激活【方向 1】收集器，在图形区选择角度，输入【增量】为 60。

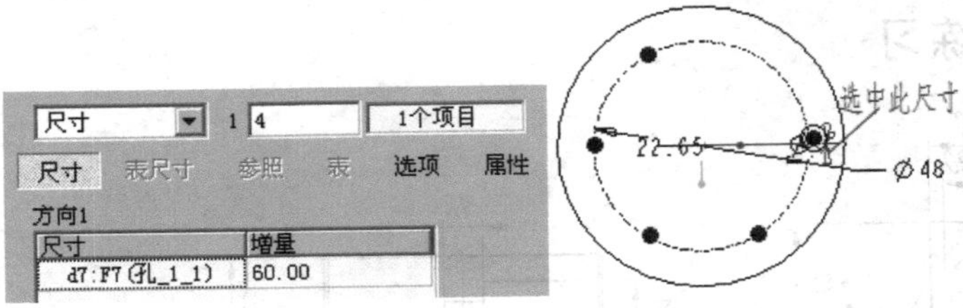

图 5-80　创建一个角度尺寸驱动一个方向的普通阵列

(3) 创建两个尺寸驱动一个方向且沿一个方向阵列的普通阵列，如图 5-81 所示。

① 单击【尺寸】按钮，弹出【尺寸】下拉面板。

② 激活【方向 1】收集器，按住 Ctrl 键，在图形区选择垂直尺寸和水平尺寸，分别输入【增量】为 8 和 10。

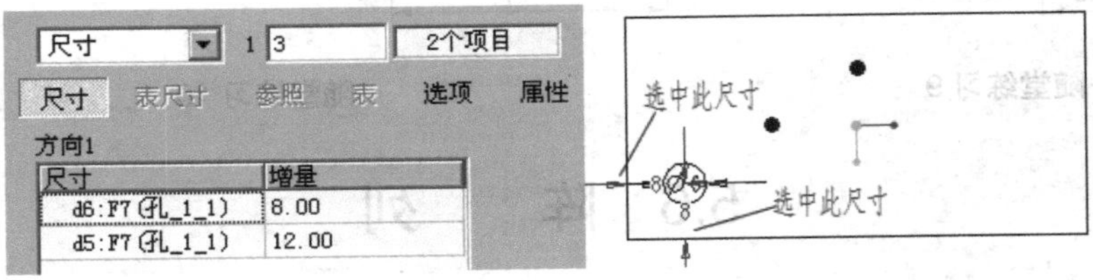

图 5-81　创建两个尺寸驱动一个方向且沿一个方向阵列的普通阵列

(4) 创建一个尺寸驱动一个方向且沿两个方向阵列的普通阵列，如图 5-82 所示。

① 单击【尺寸】按钮，弹出【尺寸】下拉面板。

② 激活【方向 1】收集器，在图形区选择水平尺寸，输入【增量】为 10。

③ 激活【方向 2】收集器，在图形区选择垂直尺寸，输入【增量】为 12。

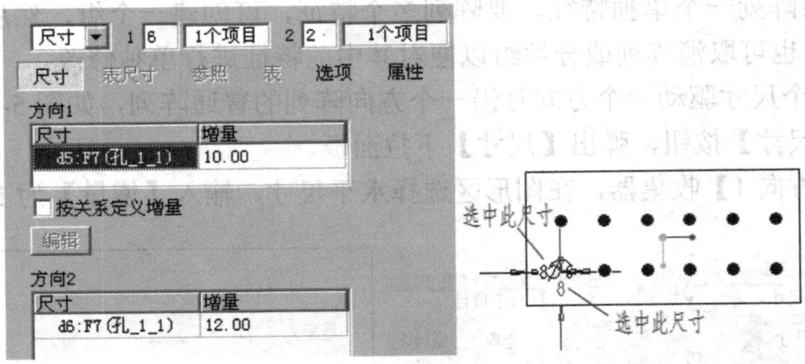

图 5-82　创建一个尺寸驱动一个方向且沿两个方向阵列的普通阵列

(5) 创建一个角度尺寸和一个附加尺寸分别驱动一个方向的普通阵列，如图 5-83 所示。

① 单击【尺寸】按钮，弹出【尺寸】下拉面板。

② 激活【方向 1】收集器，在图形区选择角度尺寸，输入【增量】为 60。

③ 激活【方向 2】收集器，在图形区选择直径尺寸，输入【增量】为-15。

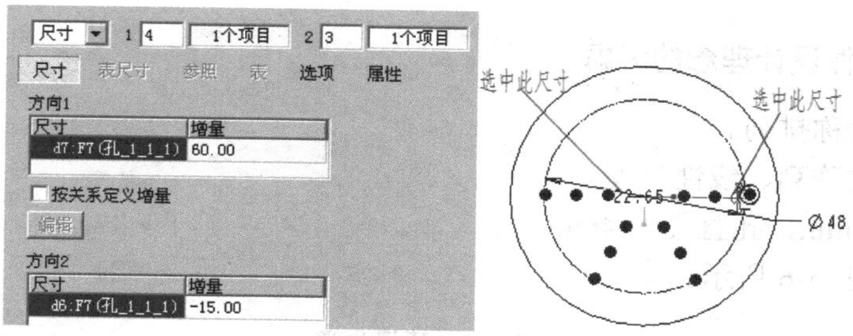

图 5-83 创建一个角度尺寸和一个附加尺寸分别驱动一个方向的普通阵列

(6) 创建两个尺寸驱动一个方向且沿两个方向阵列的普通阵列，如图 5-84 所示。

① 单击【尺寸】按钮，弹出【尺寸】下拉面板。

② 激活【方向 1】收集器，按住 Ctrl 键，在图形区选择水平尺寸和垂直尺寸，输入【增量】为 10。

③ 激活【方向 2】收集器，在图形区选择垂直尺寸，输入【增量】为 10。

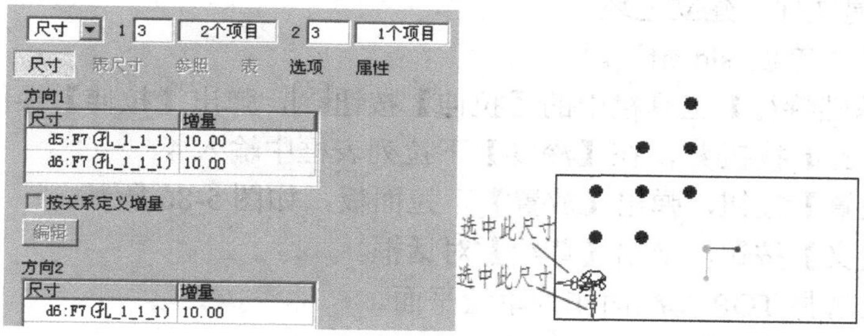

图 5-84 创建两个尺寸驱动一个方向且沿两个方向阵列的普通阵列

5.6.2 阵列应用实例

创建盖板，如图 5-85 所示。

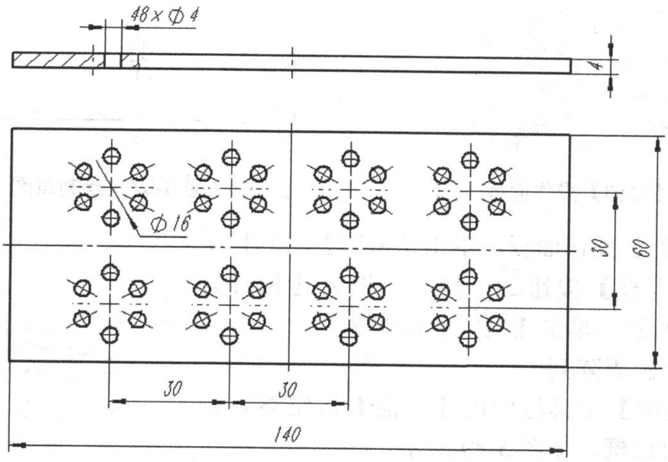

图 5-85 盖板

1. 关于本零件设计理念的考虑

(1) 零件呈对称排列。
(2) 采用圆周阵列、线性整理。
(3) 板厚为 4mm，孔直径为 4mm。
建模步骤如表 5-6 所示。

表 5-6 建模步骤

步骤一	步骤二	步骤三

2. 操作步骤

步骤一：新建文件，建立毛坯

(1) 新建文件“盖板_sld.prt”。
(2) 单击【基础特征】工具栏中的【拉伸】按钮，弹出【拉伸】操作面板。
① 单击【盲孔】按钮，在【深度】下拉列表框中输入 4。
② 单击【放置】按钮，弹出【放置】下拉面板，如图 5-86 所示。
③ 单击【定义】按钮，弹出【草绘】对话框。
④ 在图形区选择 TOP 基准面作为草绘平面。
⑤ 选择 RIGHT 基准面作为参照平面。
⑥ 在【方向】下拉列表框中选择【顶】选项，单击【草绘】按钮，进入草绘模式。
⑦ 绘制草图，如图 5-87 所示，单击【完成】按钮。

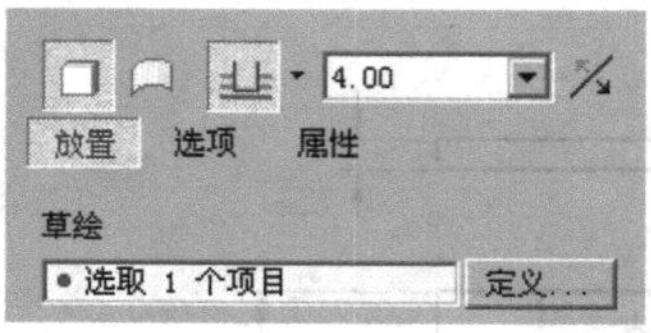

图 5-86 【拉伸】操作面板

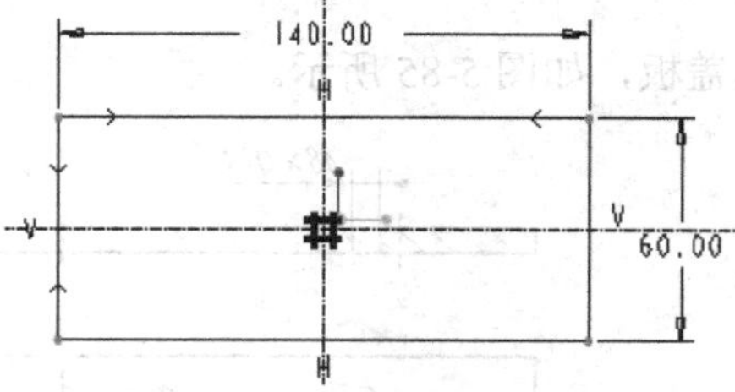

图 5-87 绘制草图

⑧ 返回【拉伸】操作面板，单击【视图】工具栏中的【保存的视图列表】按钮，切换视图为【标准方向】，如图 5-88 所示，单击【确定】按钮。

步骤二：建立圆周阵列

(1) 单击【基准】工具栏中的【平面】按钮，弹出【基准平面】对话框，如图 5-89 所示。
① 在图形区选择毛坯的后表面。
② 设置曲面的约束条件为【偏移】。

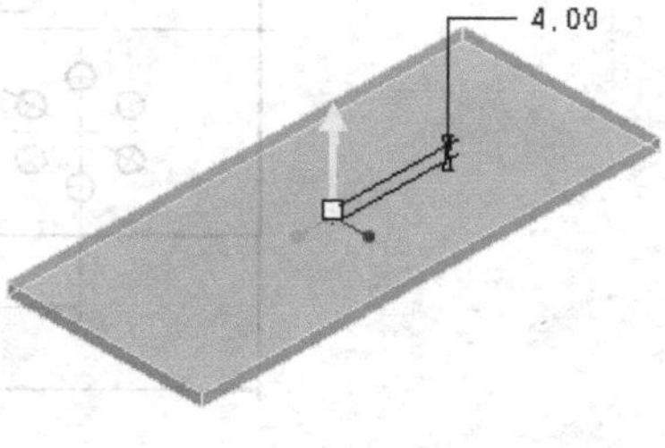

图 5-88 建立毛坯

③ 在【平移】下拉列表框中输入 15。

④ 单击【确定】按钮。

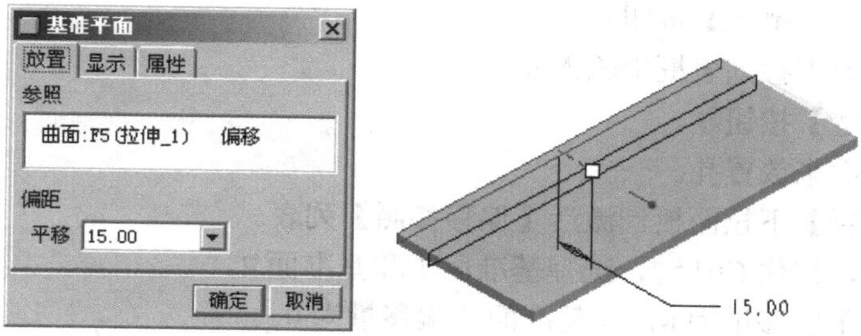

图 5-89　建立基准面 1

(2) 单击【基准】工具栏中的【平面】按钮，弹出【基准平面】对话框，如图 5-90 所示。

① 在图形区选择毛坯的左表面。

② 设置曲面的约束条件为【偏移】。

③ 在【平移】下拉列表框中输入 25。

④ 单击【确定】按钮。

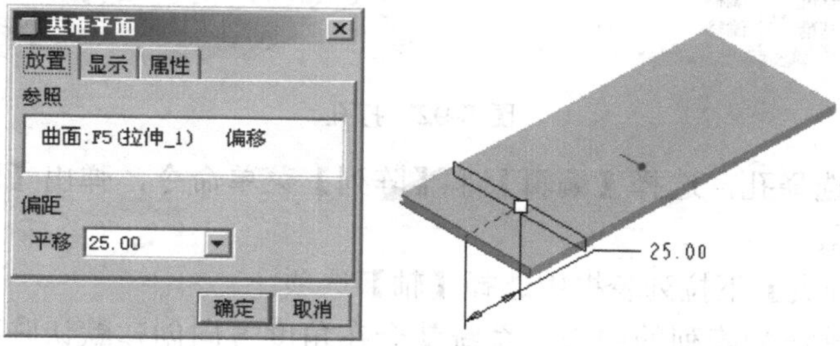

图 5-90　建立基准面 2

(3) 单击【基准】工具栏中的【轴】按钮，弹出【基准轴】对话框，如图 5-91 所示。

① 按住 Ctrl 键，在图形区选择基准面 1 和基准面 2。

② 设置基准面 1 的约束条件为【穿过】。

③ 设置基准面 2 的约束条件为【穿过】。

④ 单击【确定】按钮。

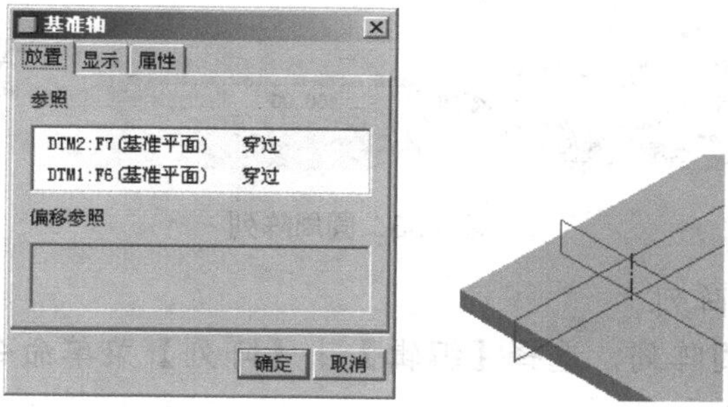

图 5-91　建立基准轴

(4) 单击【工具特征】工具栏中的【孔工具】按钮，弹出【孔】操作面板，如图 5-92 所示。

① 单击【创建简单孔】按钮。

② 在【直径】下拉列表框中输入 4。

③ 单击【穿透】按钮。

④ 选取前端面来放置孔。

⑤ 单击【放置】下拉面板，激活【偏移参照】列表。

⑥ 在图形区，按住 Ctrl 键，选择基准面 1 和基准面 2。

⑦ 与基准面 1 偏移量为 8，与基准面 2 偏移量为 0。

⑧ 单击【确定】按钮。

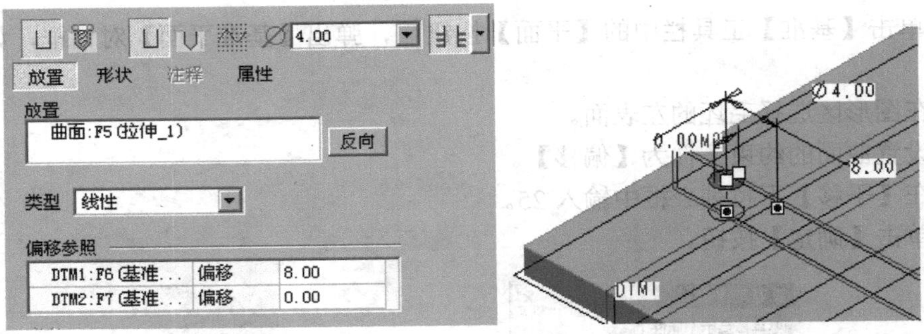

图 5-92　打孔

(5) 在图形区选择孔，选择【编辑】|【阵列】菜单命令，弹出【阵列工具】操作面板，如图 5-93 所示。

① 从【阵列种类】下拉列表框中选择【轴】选项。

② 选取基准轴作为阵列的中心。系统就会在角度方向创建默认阵列。阵列成员以黑点表示。

③ 在【阵列成员数】文本框中输入 6。

④ 在【在阵列成员间角度】下拉列表框中输入 60。

⑤ 单击【确定】按钮。

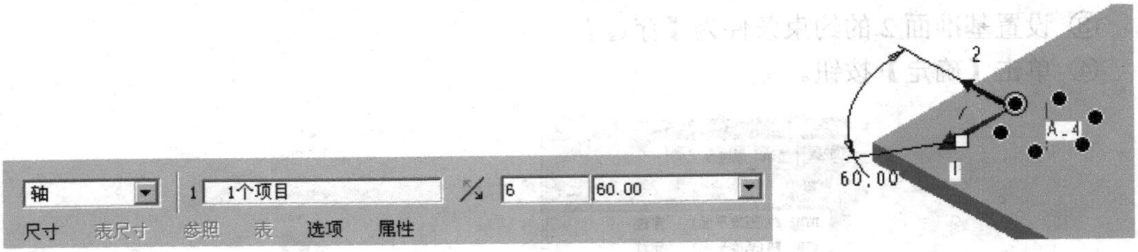

图 5-93　圆周阵列

步骤三：建立线性阵列

在图形区选择圆周阵列，选择【编辑】|【阵列】菜单命令，弹出【阵列工具】操作面板，如图 5-94 所示。

(1) 从【阵列种类】下拉列表框中选择【方向】选项。

(2) 在图形区选择边左边线作为第 1 方向，在【成员数】中输入 2，在【间距】下拉列表框中输入 30。

(3) 在图形区选择边前边线作为第 2 方向，在【成员数】中输入 4，在【间距】下拉列表框中输入 30。

(4) 单击【确定】按钮✓。

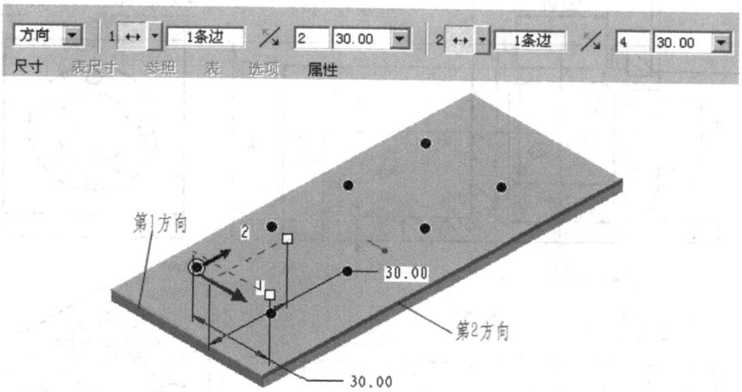

图 5-94　线性阵列

步骤四：存盘

选择【文件】|【保存】菜单命令，保存文件。

3. 步骤点评

1) 对于步骤二：关于轴阵列

通过围绕一选定轴旋转特征，使用轴阵列来创建阵列。

2) 对于步骤三：

使用方向阵列在一个或两个选定方向上添加阵列成员。

5.6.3　随堂练习

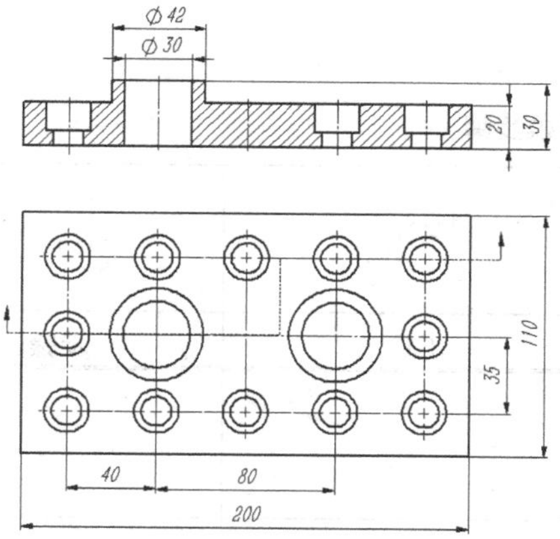

随堂练习 11

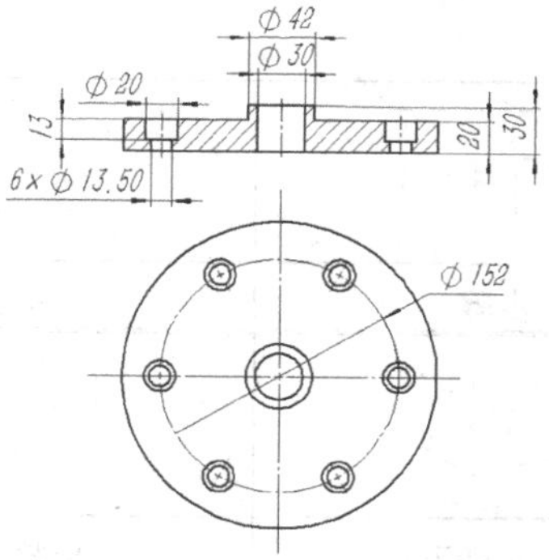

随堂练习 12

5.7 上机指导

设计如图 5-95 所示模型。

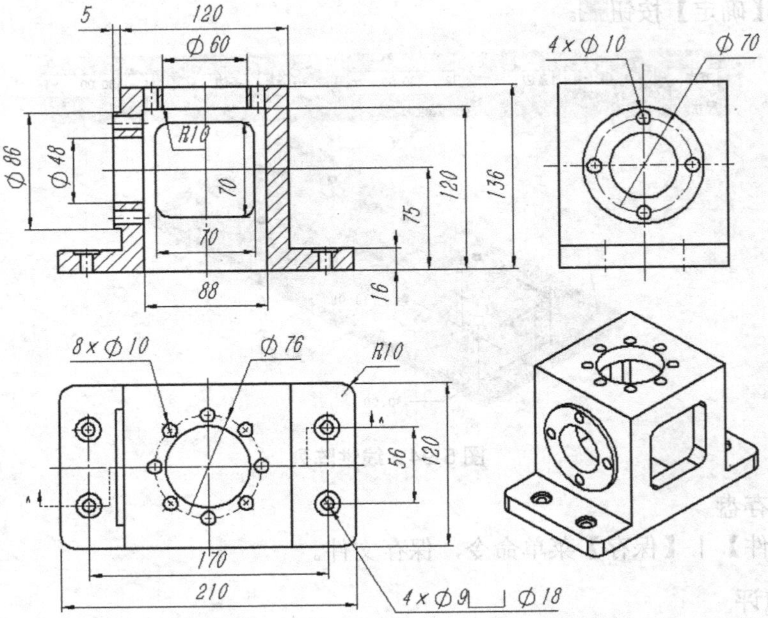

图 5-95　底座

5.7.1　建模理念

关于本零件设计理念的考虑：

(1) 利用基准面，确定三个方向的设计基准。

(2) 采用阵列完成系列孔创建。

建模步骤如表 5-7 所示。

表 5-7　建模步骤

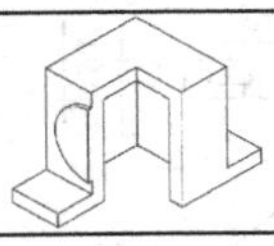	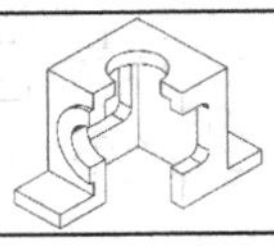	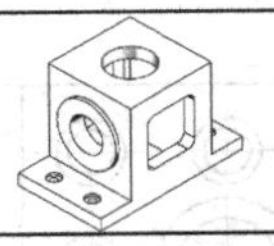	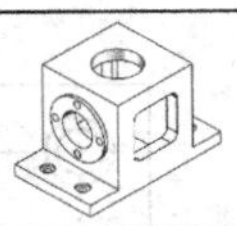
步骤一	步骤二	步骤三	步骤四
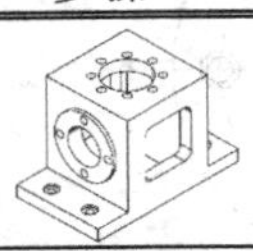	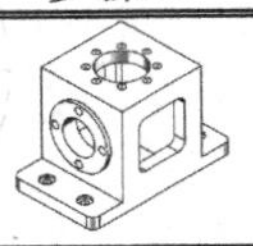		
步骤五	步骤六		

5.7.2 操作步骤

步骤一：新建文件，创建毛坯

(1) 新建文件“Base.prt”。

(2) 单击【基础特征】工具栏中的【拉伸】按钮，弹出【拉伸】操作面板，如图 5-96 所示。

① 单击【盲孔】按钮，在【深度】下拉列表框中输入 16。

② 单击【放置】按钮，弹出【放置】下拉面板。

③ 单击【定义】按钮，弹出【草绘】对话框。

④ 在图形区选择 TOP 基准面作为草绘平面。

⑤ 选择 RIGHT 基准面作为参照平面。

⑥ 从【方向】下拉列表框中选择【顶】选项，单击【草绘】按钮，进入草绘模式。

⑦ 绘制草图，如图 5-97 所示，单击【完成】按钮。

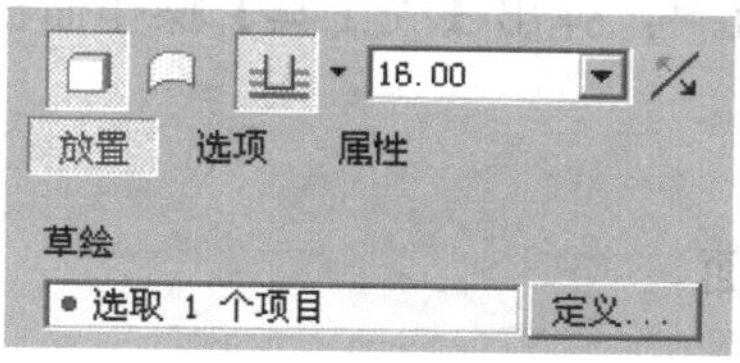

图 5-96 【拉伸】操作面板

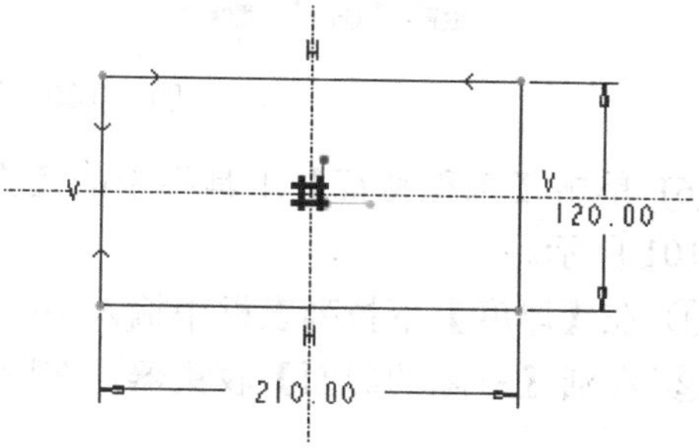

图 5-97 绘制草图 1

⑧ 返回【拉伸】操作面板，单击【视图】工具栏中的【保存的视图列表】按钮，切换视图为【标准方向】，如图 5-98 所示，单击【确定】按钮。

(3) 单击【草绘工具】按钮，弹出【草绘】对话框，单击【使用先前的】按钮，进入草绘模式。

① 选择【草图】|【参照】菜单命令，弹出【参照】对话框，在图形区选择上下两面作为参照。

② 在上表面绘制草图，如图 5-99 所示，单击【完成】按钮。

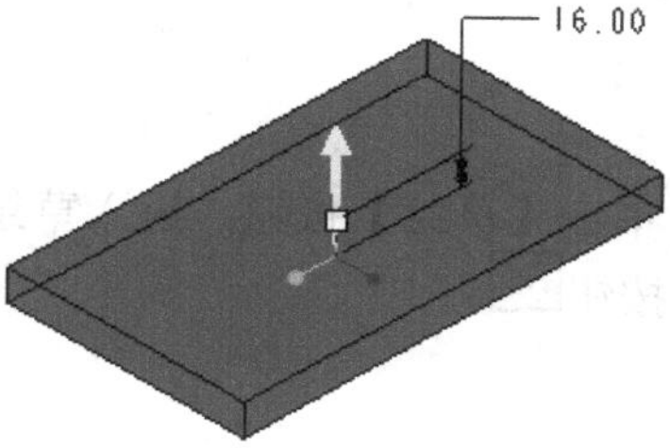

图 5-98 生成实体特征

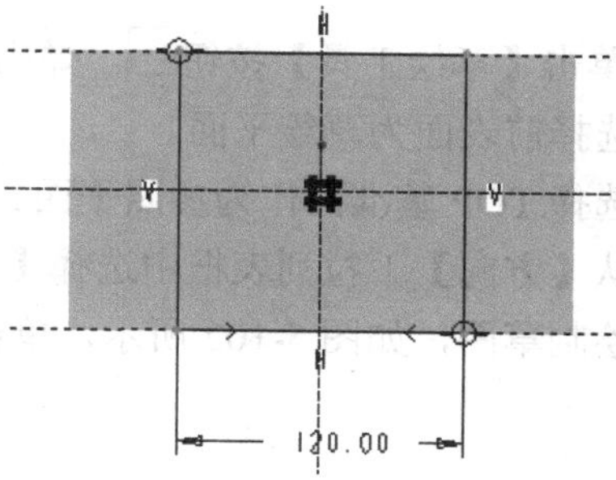

图 5-99 绘制草图 2

(4) 单击【视图】工具栏中的【保存的视图列表】按钮，切换视图为【标准方向】。

(5) 单击【基础特征】工具栏中的【拉伸】按钮，弹出【拉伸】操作面板，如图 5-100 所示。

① 单击【盲孔】按钮。

② 在【深度】下拉列表框中输入 136，单击【确定】按钮。

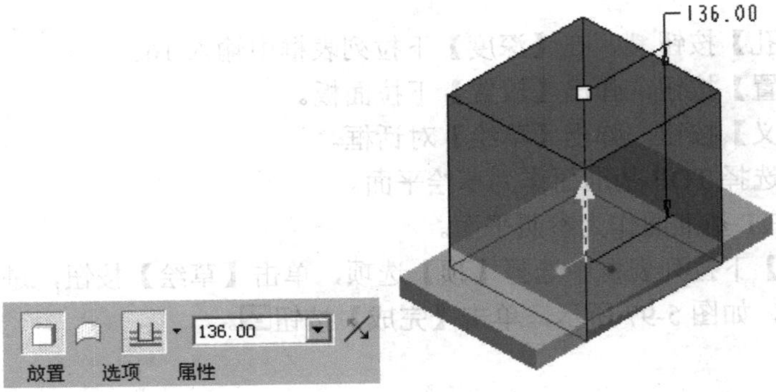

图 5-100　设置拉伸的深度值

(6) 单击【工程特征】工具栏中的【壳工具】按钮，弹出【壳工具】操作面板，如图 5-101 所示。

① 在【厚度】下拉列表框中输入 16。

② 激活【移除的曲面】收集器，在图形区选取底面。

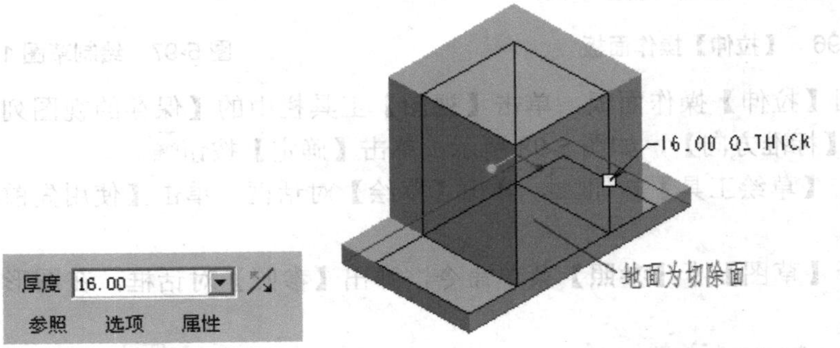

图 5-101　抽壳

(7) 单击【草绘工具】按钮，弹出【草绘】对话框。

① 选择前表面为草绘平面。

② 选择 TOP 基准面作为参照平面。

③ 从【方向】下拉列表框中选择【顶】选项，单击【草绘】按钮，进入草绘模式。

④ 绘制草图，如图 5-102 所示，单击【完成】按钮。

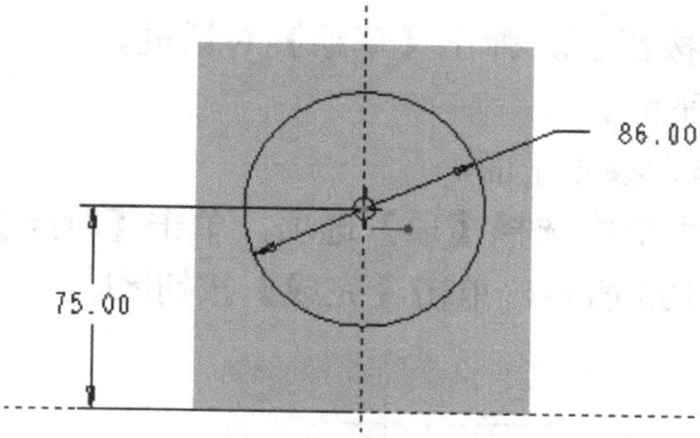

图 5-102　绘制草图 3

(8) 单击【基础特征】工具栏中的【拉伸】按钮，弹出【拉伸】操作面板。

① 单击【视图】工具栏中的【保存的视图列表】按钮，切换视图为【标准方向】。

② 单击【盲孔】按钮，在【深度】下拉列表框中输入 5，如图 5-103 所示，单击【确定】按钮。

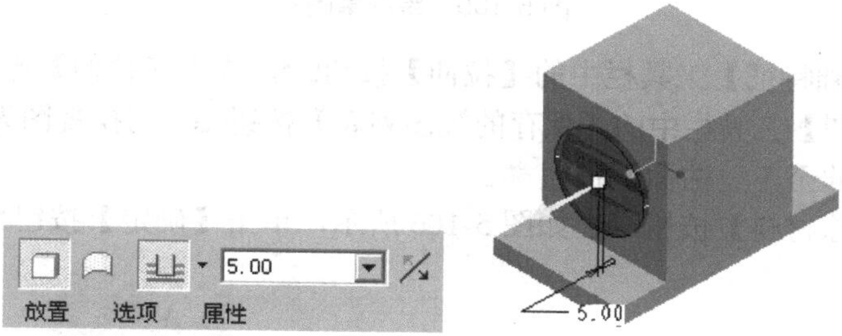

图 5-103　拉伸凸台

步骤二：打孔

(1) 单击【工具特征】工具栏中的【孔工具】按钮，弹出【孔】操作面板，如图 5-104 所示。

① 单击【创建标准孔】按钮。

② 在【直径】下拉列表框中输入 48。

③ 单击【钻孔至下一曲面】按钮。

④ 单击【放置】按钮，弹出【放置】下拉面板。

⑤ 激活【放置】收集器，在图形区，按住 Ctrl 键，选择基准轴和凸台表面。

⑥ 单击【确定】按钮。

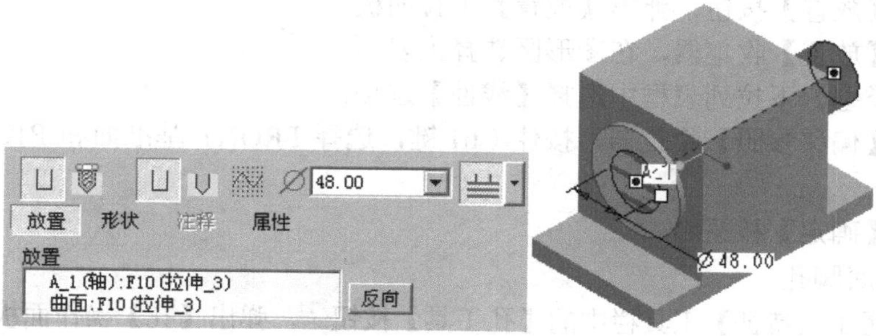

图 5-104　孔

(2) 单击【草绘工具】按钮，弹出【草绘】对话框。

① 选择前表面为草绘平面。

② 选择 TOP 基准面作为参照平面。

③ 从【方向】下拉列表框中选择【顶】选项，单击【草绘】按钮，进入草绘模式。

④ 绘制草图，如图 5-105 所示，单击【完成】按钮。

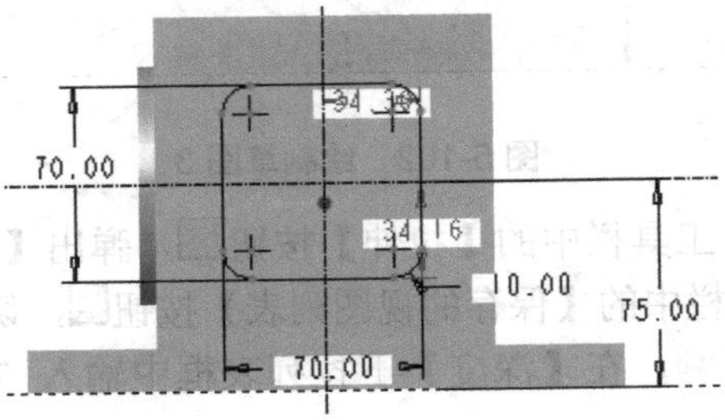

图 5-105　绘制草图 4

(3) 单击【基础特征】工具栏中的【拉伸】按钮，弹出【拉伸】操作面板。

① 单击【视图】工具栏中的【保存的视图列表】按钮，切换视图为【标准方向】。

② 单击【拉伸至下一曲面】按钮。

③ 单击【去除材料】按钮，如图 5-106 所示，单击【确定】按钮。

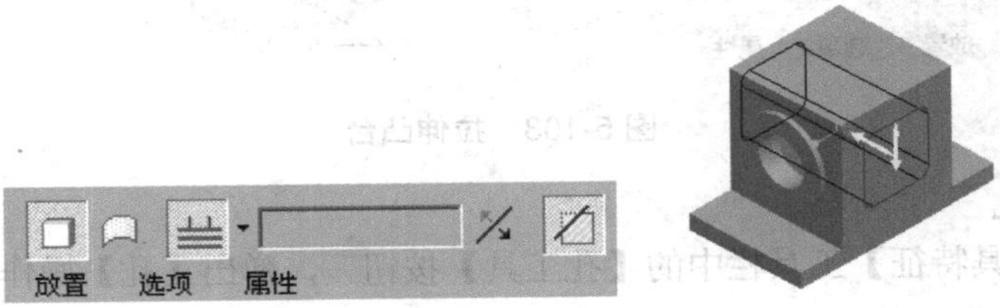

图 5-106　切除

(4) 单击【工具特征】工具栏中的【孔工具】按钮，弹出【孔】操作面板，如图 5-107 所示。

① 单击【创建标准孔】按钮。

② 在【直径】下拉列表框中输入 60。

③ 单击【钻孔至下一曲面】按钮。

④ 单击【放置】按钮，弹出【放置】下拉面板。

⑤ 激活【放置】收集器，在图形区选择上表面。

⑥ 从【类型】下拉列表框中选择【线性】选项。

⑦ 激活【偏移参照】收集器，按住 Ctrl 键，选择 FRONT 基准面和 RIGHT 基准面，偏移均为 0。

⑧ 单击【确定】按钮。

步骤三：底脚孔

(1) 单击【工具特征】工具栏中的【孔工具】按钮，弹出【孔】操作面板，如图 5-108 所示。

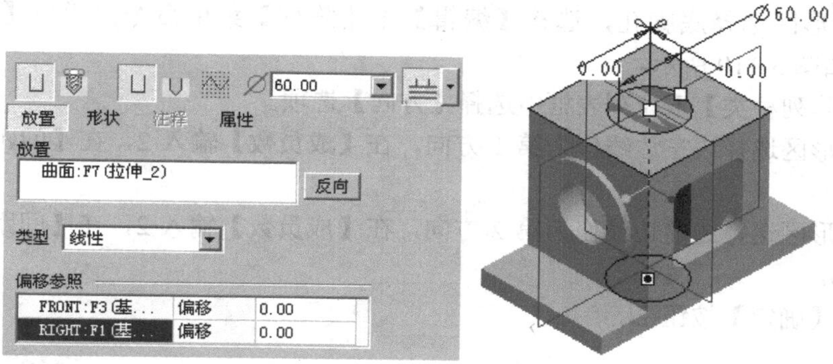

图 5-107　打孔

① 单击【创建标准孔】按钮。

② 在【直径】下拉列表框中输入 9。

③ 单击【穿透】按钮。

④ 单击【添加沉孔】按钮。

⑤ 单击【放置】按钮，弹出【放置】下拉面板。

⑥ 激活【放置】收集器，在图形区，按住 Ctrl 键，选择 RIGHT 基准面和 FRONT 基准面，偏移分别为 28 和 85，如图 5-108 所示。

⑦ 单击【确定】按钮。

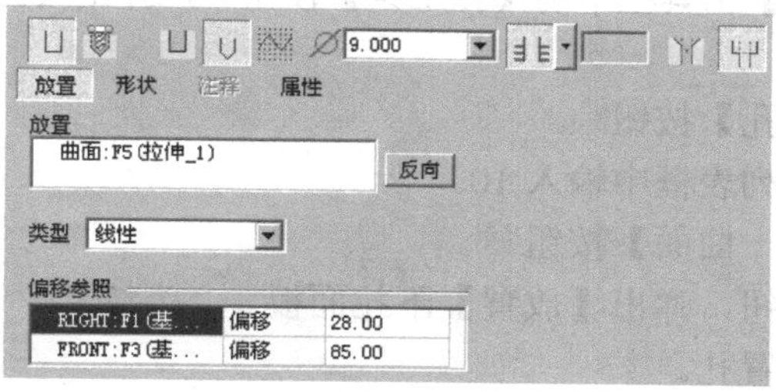

图 5-108　打孔

⑧ 单击【形状】按钮，弹出【形状】下拉面板，输入参数，如图 5-109 所示，单击【确定】按钮。

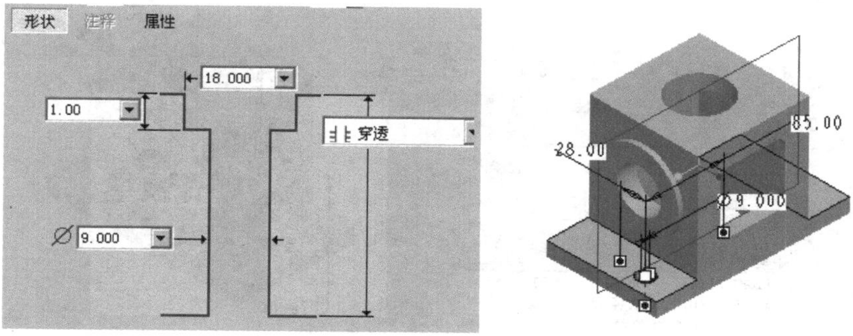

图 5-109　设置孔形状

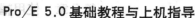

(2) 在图形区选择底脚孔，选择【编辑】|【阵列】菜单命令，弹出【阵列工具】操作面板，如图 5-110 所示。

① 从【阵列种类】下拉列表框中选择【方向】选项。

② 在图形区选择边左边线作为第 1 方向，在【成员数】输入 2，在【间距】下拉列表框中输入 56。

③ 在图形区选择边前边线作为第 2 方向，在【成员数】输入 2，在【间距】下拉列表框中输入 170。

④ 单击【确定】按钮。

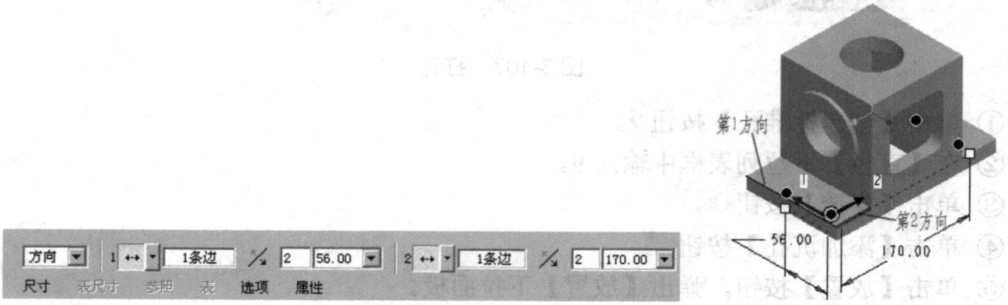

图 5-110　线性阵列沉头孔

步骤四：左连接孔

(1) 单击【工具特征】工具栏中的【孔工具】按钮，弹出【孔】操作面板，如图 5-111 所示。

① 单击【创建简单孔】按钮。

② 在【直径】下拉列表框中输入 10。

③ 单击【钻孔至下一曲面】按钮。

④ 单击【放置】按钮，弹出【放置】下拉面板。

⑤ 选择左端面来放置孔。

⑥ 从【类型】下拉列表框中选择【直径】选项。

⑦ 激活【偏移参照】收集器，在图形区，按住 Ctrl 键，选择基准轴和 RIGHT 基准面。

⑧ 与 RIGHT 基准面角度为 0，与“A_1 轴”直径量为 70。

⑨ 单击【确定】按钮。

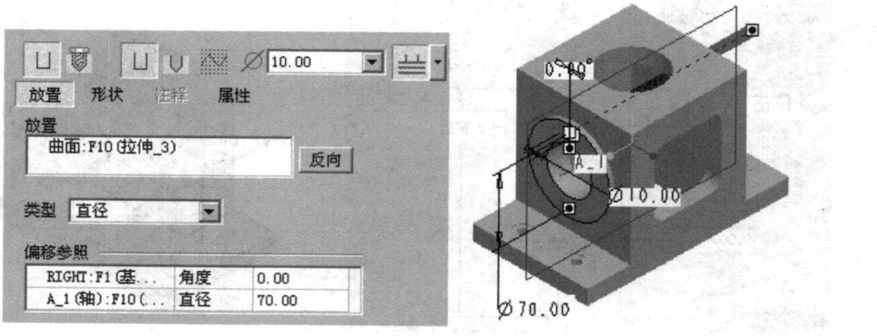

图 5-111　绘制圆心点草图

(2) 在图形区选择孔，选择【编辑】|【阵列】菜单命令，弹出【阵列工具】操作面板，如图 5-112 所示。

① 从【阵列种类】下拉列表框中选择【轴】选项。

② 选取基准轴作为阵列的中心，系统就会在角度方向创建默认阵列，阵列成员以黑点表示。

③ 在【阵列成员数】文本框中输入 4。

④ 在【在阵列成员间角度】下拉列表框中输入 90。

⑤ 单击【确定】按钮 。

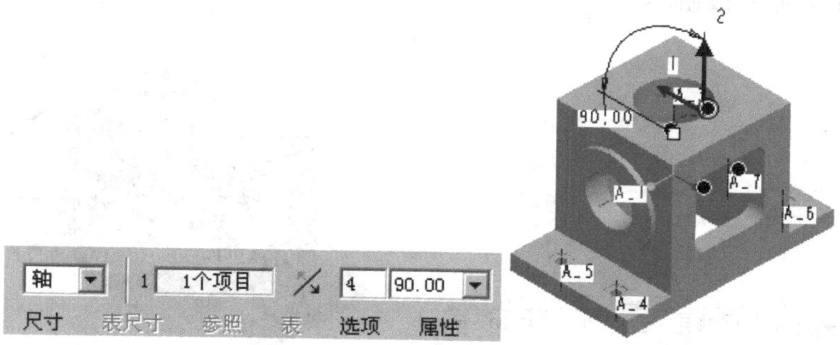

图 5-112　圆周阵列

步骤五：上连接孔

(1) 单击【工具特征】工具栏中的【孔工具】按钮 ，弹出【孔】操作面板，如图 5-113 所示。

① 单击【创建简单孔】按钮 。

② 在【直径】下拉列表框中输入 10。

③ 单击【穿透】按钮 。

④ 单击【放置】按钮，弹出【放置】下滑面板。

⑤ 选择左端面来放置孔。

⑥ 从【类型】下拉列表框中选择【直径】选项。

⑦ 激活【偏移参照】收集器，在图形区，按住 Ctrl 键，选择基准轴和 RIGHT 基准面。

⑧ 与 A_1 轴直径量为 70，与 RIGHT 基准面角度为 0。

⑨ 单击【确定】按钮 。

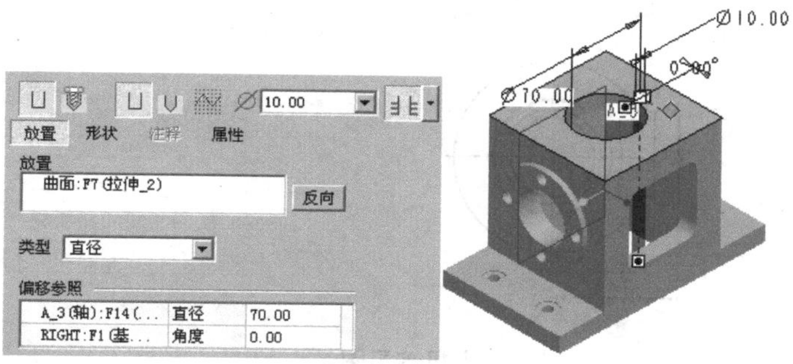

图 5-113　上连接孔

(2) 在图形区选择孔，选择【编辑】|【阵列】菜单命令，弹出【阵列工具】操作面板，如图 5-114 所示。

① 从【阵列种类】下拉列表框中选择【轴】选项。

② 选取基准轴作为阵列的中心，系统就会在角度方向创建默认阵列，阵列成员以黑点表示。

③ 在【阵列成员数】文本框中输入 8。

④ 在【在阵列成员间角度】下拉列表框中输入 45。

⑤ 单击【确定】按钮✓。

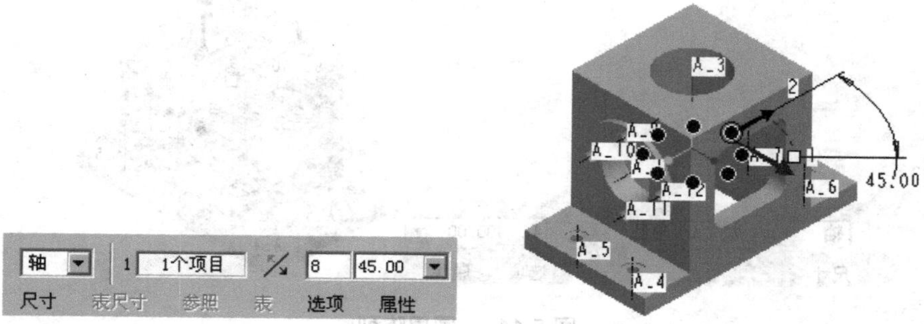

图 5-114　圆周阵列

步骤六：存盘

选择【文件】|【保存】菜单命令，保存文件。

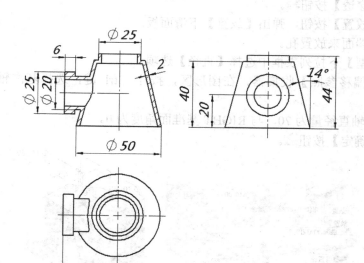

5.8 上 机 练 习

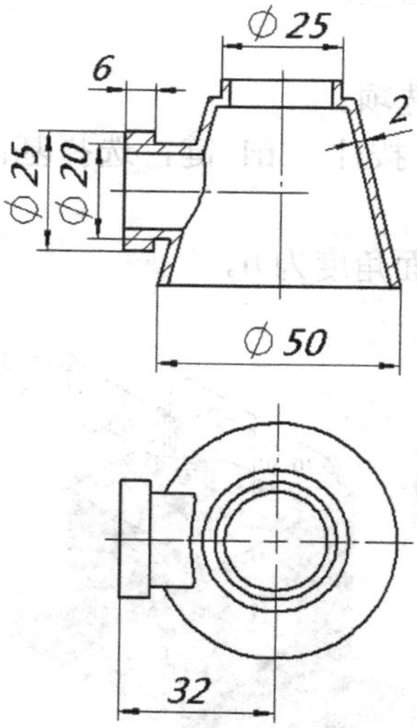

上机练习图 1

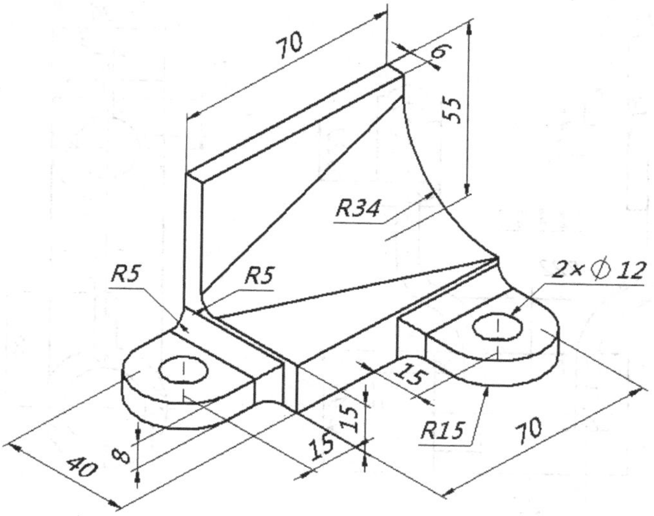

上机练习图 2

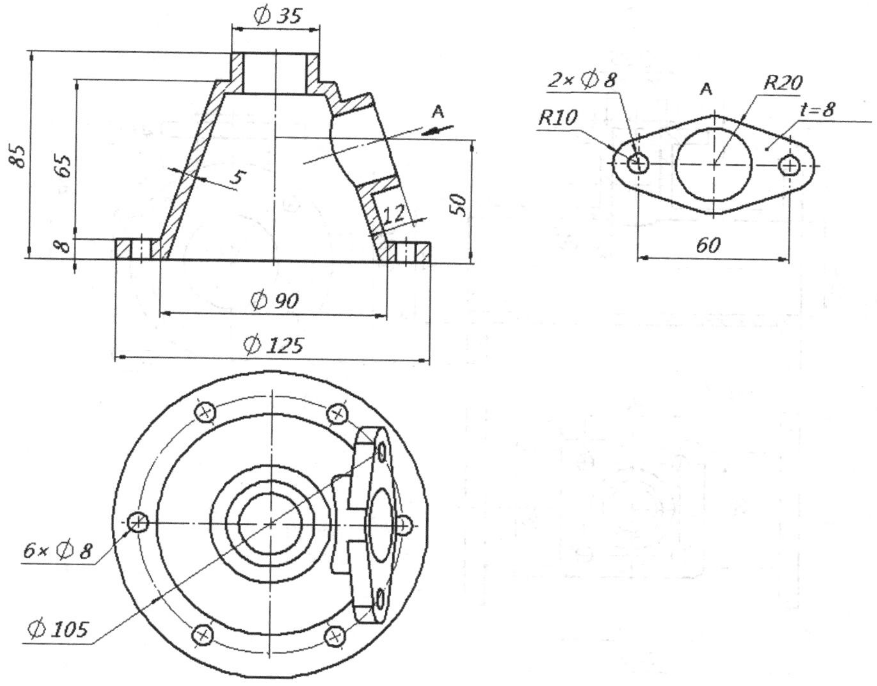

上机练习图 3

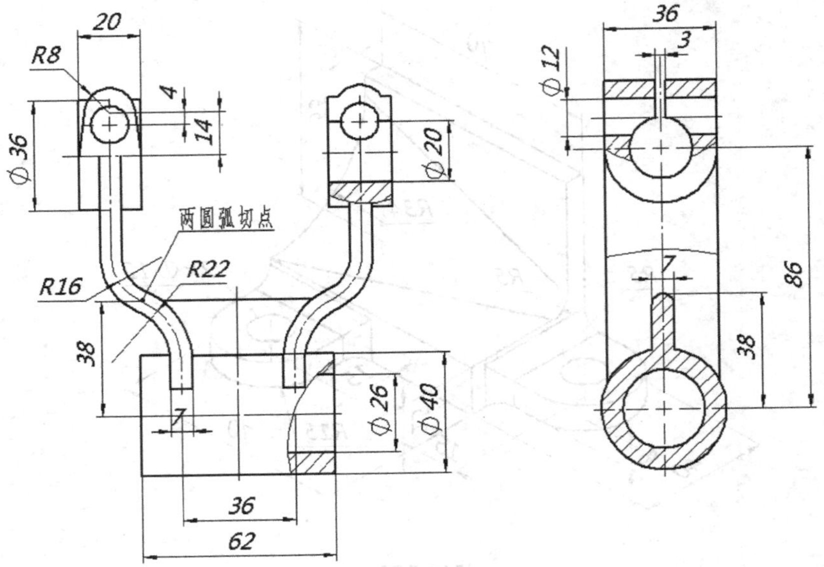

上机练习图 4

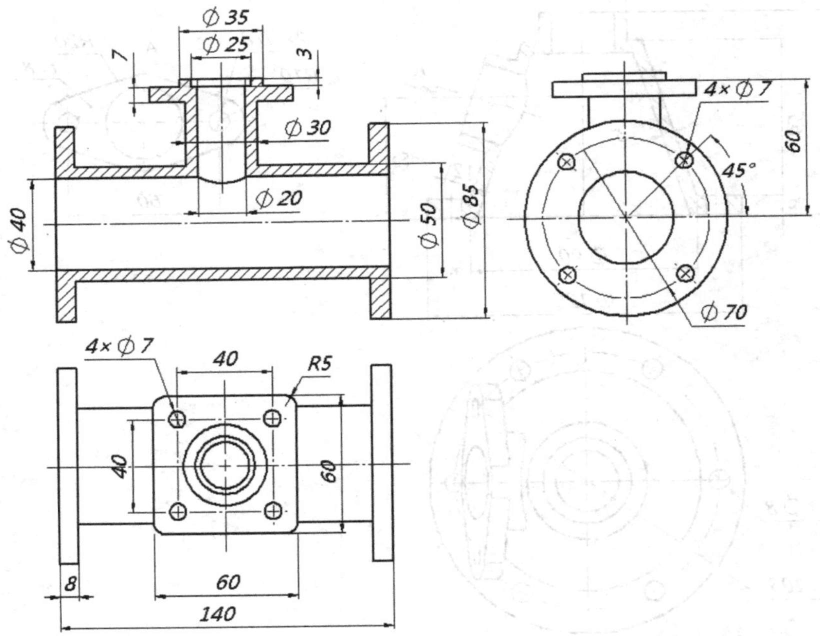

上机练习图 5

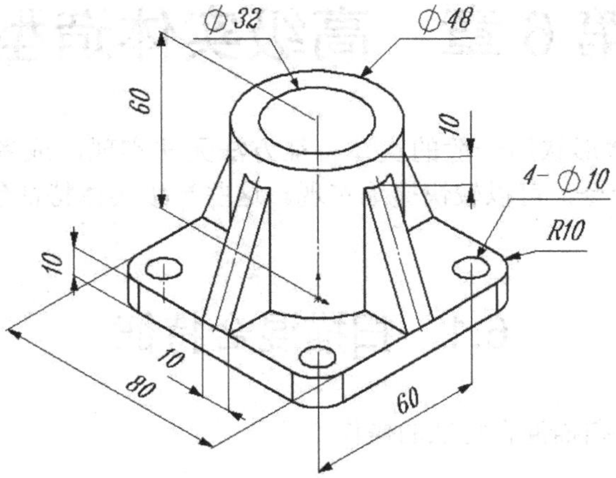

上机练习图 6

第 6 章　高级实体造型

某些较复杂的实体形状用一般的实体特征方法无法实现，或者实现起来非常烦琐困难，而高级实体特征命令，可以较快捷地实现。这些高级实体特征包括扫描混合、螺旋扫描及可变剖面扫描。

6.1　扫描混合特征

本节知识点：使用扫描混合特征的操作。

6.1.1　扫描混合特征创建流程

扫描混合的特征创建流程如下。

(1) 创建轨迹。

(2) 选择【插入】|【扫描混合】菜单命令。

(3) 选取轨迹。

(4) 绘制草绘剖面 1。

(5) 绘制草绘剖面 2、3 等。

(6) 预览几何并完成特征。

6.1.2　扫描混合特征应用实例

建立如图 6-1 所示吊钩。

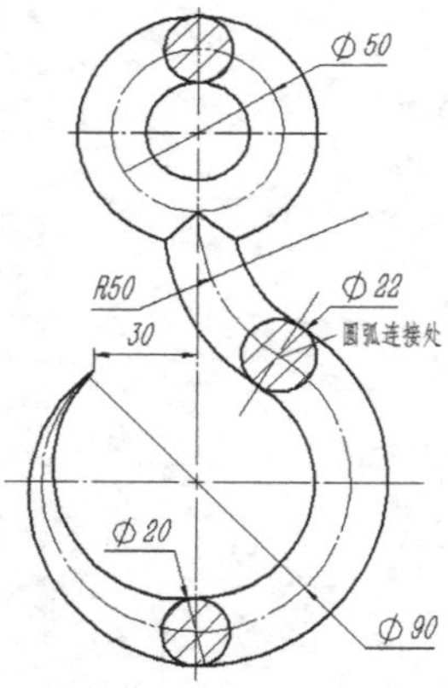

图 6-1　吊钩

1. 关于本零件设计理念的考虑

(1) 采用中心线控制零件的形状。

(2) 在不同截面有关键形状控制。

建模步骤如表 6-1 所示。

表 6-1　建模步骤

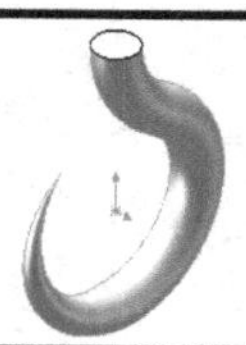	
步骤一	步骤二

2. 操作步骤

步骤一：新建文件，建立钩体

(1) 新建文件“hook.prt”。

(2) 绘制轨迹线。

① 单击【基准特征】工具栏中的【草绘工具】按钮，弹出【草绘】对话框。

② 选中 RIGHT 基准面作为草绘平面。

③ 选择 TOP 基准面作为参照平面。

④ 从【方向】下拉列表框中选择【顶】选项，单击【草绘】按钮，进入草绘模式。

⑤ 绘制草图，如图 6-2 所示，单击【完成】按钮。

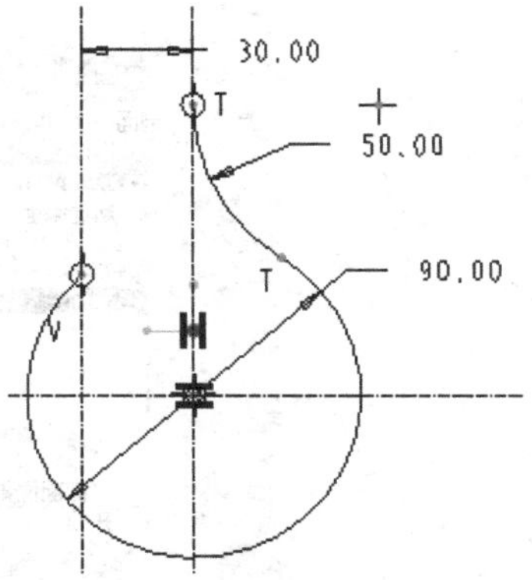

图 6-2　绘制轨迹

(3) 单击【基准】工具栏中的【点】按钮，弹出【基准点】对话框，按住 Ctrl 键，在图形区选择草图 1 和 FRONT 基准面，如图 6-3 所示，单击【确定】按钮，建立基准点。

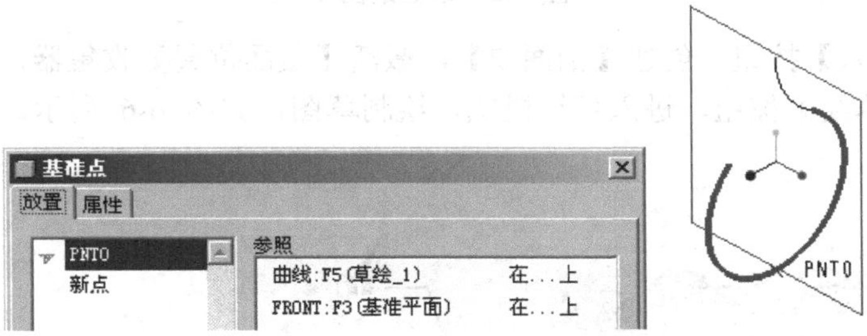

图 6-3　建立基准点

(4) 选择【插入】|【扫描混合】菜单命令，弹出【扫描混合】操作面板。

① 单击【参照】按钮，弹出【参照】下拉面板。

② 激活【轨迹】收集器，在图形区选择“草绘 1”，在曲线起始端出现一箭头，如图 6-4 所示。

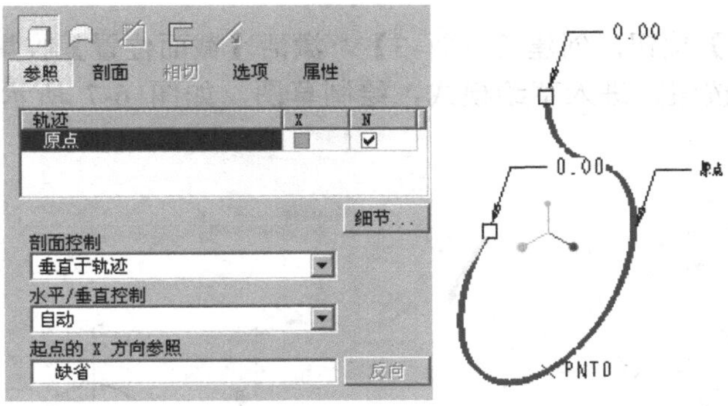

图 6-4　选择轨迹

③ 单击【剖面】按钮，弹出【剖面】下拉面板。

④ 激活【截面位置】收集器，在图形区选择点 1，单击【草绘】按钮，进入草绘模式。

⑤ 绘制草图，如图 6-5 所示，单击【完成】按钮。

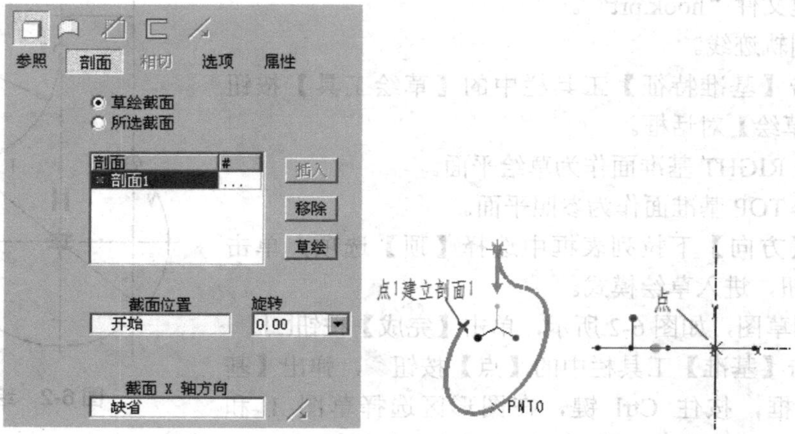

图 6-5　建立剖面 1

⑥ 单击【插入】按钮，创建【剖面 2】，激活【截面位置】收集器，在图形区选择基准点 1，单击【草绘】按钮，进入草绘模式，绘制草图，如图 6-6 所示，单击【完成】按钮☑。

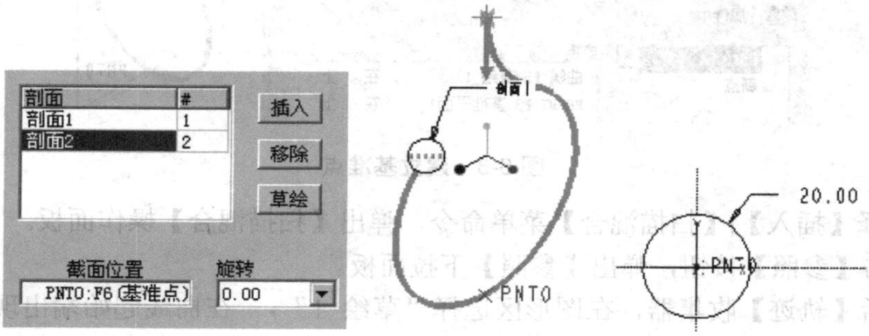

图 6-6　建立剖面 2

⑦ 单击【插入】按钮，创建【剖面 3】，激活【截面位置】收集器，在图形区选择点，单击【草绘】按钮，进入草绘模式，绘制草图，如图 6-7 所示，单击【完成】按钮☑。

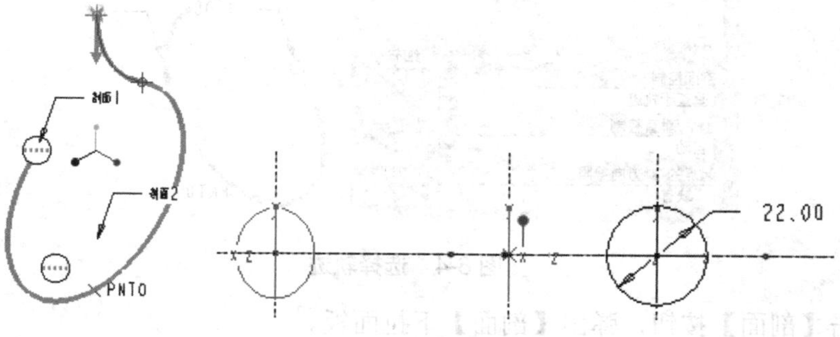

图 6-7　建立剖面 3

⑧ 单击【插入】按钮，创建【剖面 4】，激活【截面位置】收集器，在图形区选择点，单击【草绘】按钮，进入草绘模式，绘制草图，如图 6-8 所示，单击【完成】按钮☑。

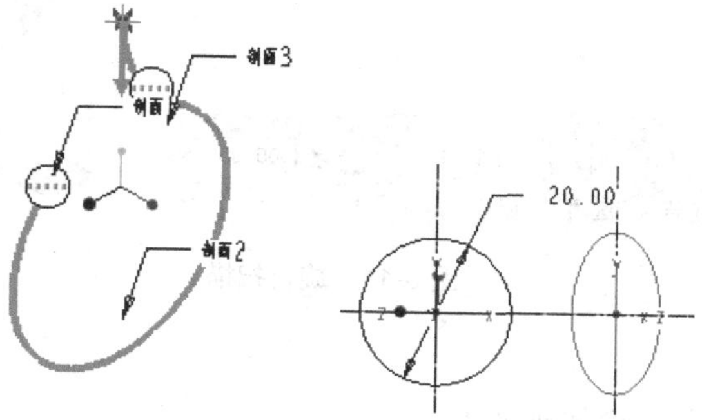

图 6-8　建立剖面 4

⑨ 如图 6-9 所示，单击【完成】按钮☑。

步骤二：建立钩环

(1) 单击【草绘工具】按钮，弹出【草绘】对话框。

① 选中 FRONT 基准面作为草绘平面。

② 选择端面为参照平面。

③ 从【方向】下拉列表框中选择【顶】选项，单击【草绘】按钮，进入草绘模式。

④ 绘制草图，如图 6-10 所示，单击【完成】按钮☑。

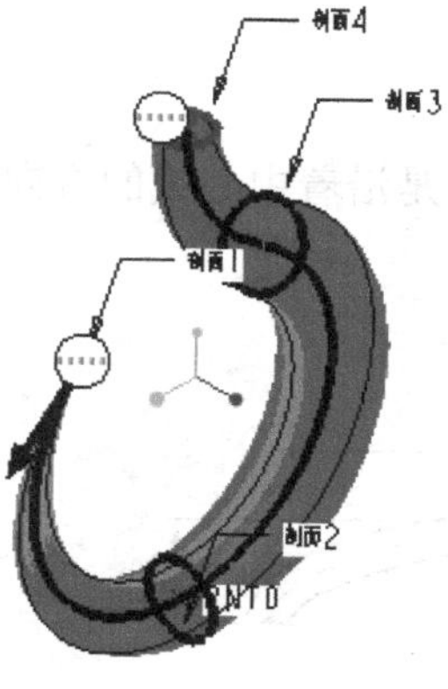

图 6-9　建立扫描混合

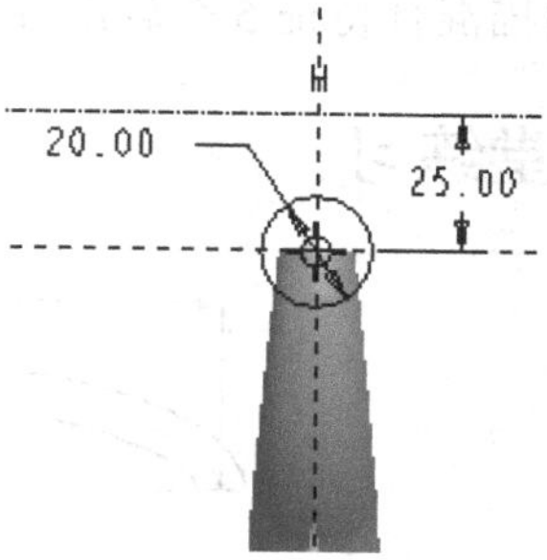

图 6-10　绘制草图

(2) 单击【基础特征】工具栏中的【旋转】按钮，弹出【旋转】操作面板。

① 单击【可变】按钮，在【角度】下拉列表框中输入 360。

② 单击【视图】工具栏中的【保存的视图列表】按钮，切换视图为【标准方向】，如图 6-11 所示，单击【确定】按钮☑。

步骤三：存盘

选择【文件】|【保存】菜单命令，保存文件。

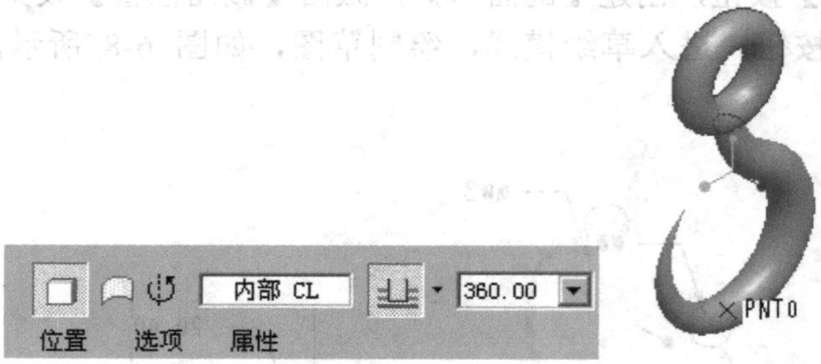

图 6-11 旋转扫描

3. 步骤点评

1) 对于步骤一：关于绘制轨迹线

可以收集最多两条链作为扫描混合的轨迹：原点轨迹(必选)和第二轨迹(可选)。每个轨迹特征必须至少有两个剖面，且可在这两个剖面间添加剖面。可选取一条草绘曲线/基准曲线或边作为扫描轨迹。

2) 对于步骤一：关于剖面控制条件

剖面控制条件包括：垂直于轨迹、垂直于投影和恒定法向。

垂直于轨迹：剖面平面将垂直于指定的轨迹，即截面平面在整个长度上保持与【原点轨迹】垂直，此选项为默认设置。

垂直于投影：剖面平面沿指定方向垂直于原点轨迹的 2D 投影。

恒定法向：剖面平面垂直向量保持与指定的方向参照平行，即沿投影方向看去，截面平面保持与原点轨迹垂直。

3) 对于步骤一：关于轮廓

建立的扫描混合特征 5 个轮廓并不是直接相连，而是沿着中心线的方向过渡。

6.1.3 随堂练习

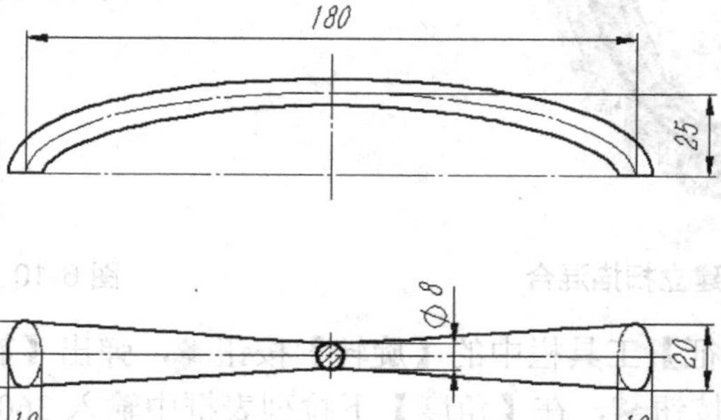

随堂练习 1

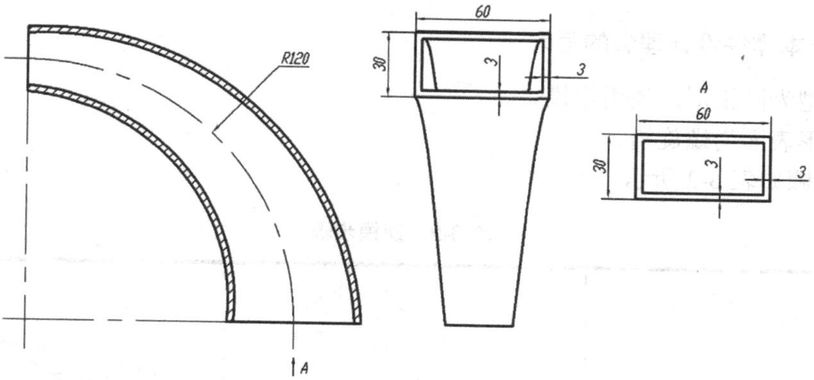

随堂练习 2

6.2　螺旋扫描特征建模

本节知识点：螺旋曲线操作。

6.2.1　螺旋扫描的特征创建流程

螺旋扫描的特征创建流程如下。

(1) 选择【插入】|【螺旋扫描】|【伸出项】或【切口】菜单命令。

(2) 确定螺旋扫描特征属性。

(3) 选取轨迹线草绘平面。

(4) 确定参考平面。

(5) 绘制旋转中心线及扫描轨迹线。

(6) 确定螺旋扫描节距。

(7) 绘制螺旋扫描剖面。

(8) 特征创建结束。

6.2.2　螺旋扫描的特征应用实例

建立如图 6-12 所示锥形轴。

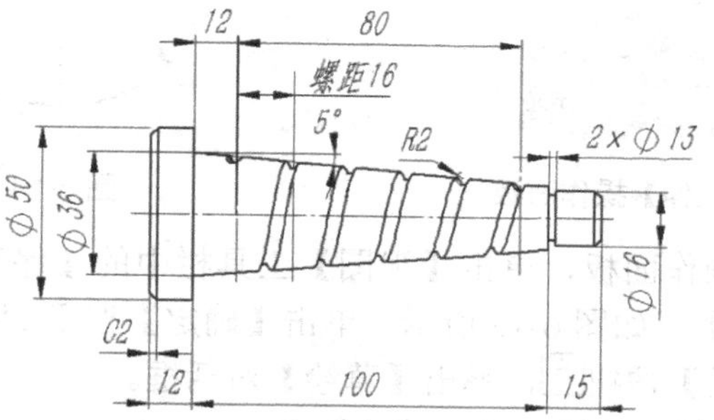

图 6-12　锥形轴

1. 关于本零件设计理念的考虑

(1) 模型为圆锥形，使用拔模。

(2) 锥形表面为螺旋槽。

建模步骤如表 6-2 所示。

表 6-2　建模步骤

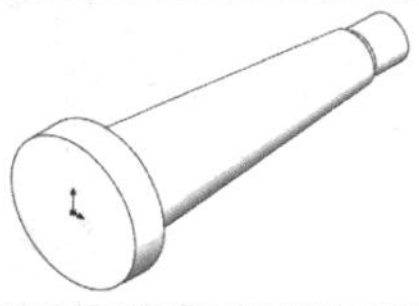	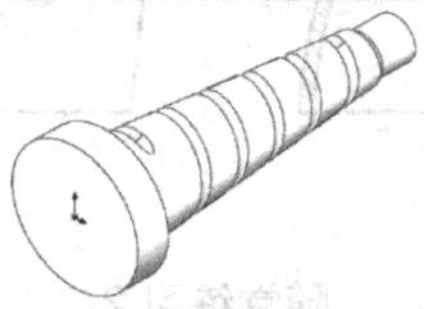	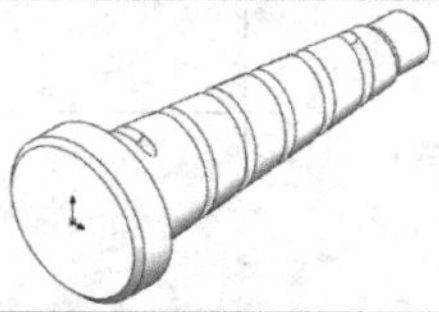
步骤一	步骤二	步骤三

2. 操作步骤

步骤一：新建文件，建立毛坯

(1) 新建文件“tapered_shaft.prt”。

(2) 单击【基础特征】工具栏中的【拉伸】按钮，弹出【拉伸】操作面板，如图 6-13 所示。

① 单击【盲孔】按钮，在【深度】下拉列表框中输入 12。

② 单击【放置】按钮，弹出【放置】下拉面板。

③ 单击【定义】按钮，弹出【草绘】对话框。

④ 在图形区选择 TOP 基准面为草绘平面。

⑤ 选择 RIGHT 基准面作为参照平面。

⑥ 在【方向】下拉列表框中选择【顶】选项，单击【草绘】按钮，进入草绘模式。

⑦ 绘制草图，如图 6-14 所示，单击【完成】按钮。

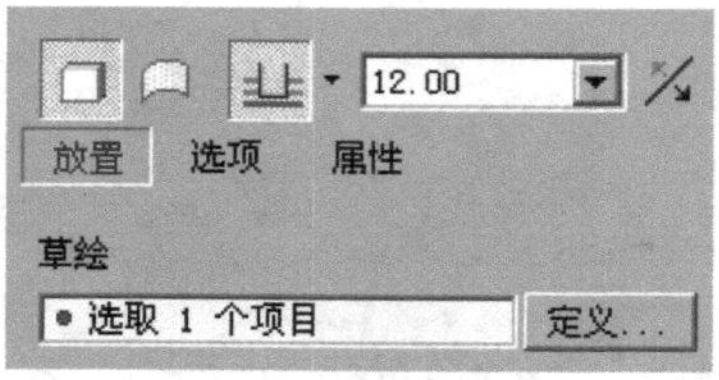

图 6-13　【拉伸】操作面板

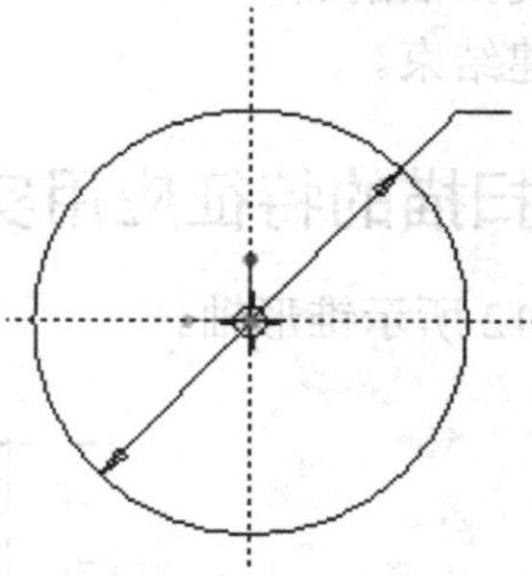

图 6-14　绘制草图

⑧ 返回【拉伸】操作面板，单击【视图】工具栏中的【保存的视图列表】按钮，切换视图为【标准方向】，如图 6-15 所示，单击【确定】按钮。

(3) 单击【草绘工具】按钮，弹出【草绘】对话框。

① 单击【使用先前的】按钮，进入草绘模式。

② 绘制草图，如图 6-16 所示，单击【完成】按钮。

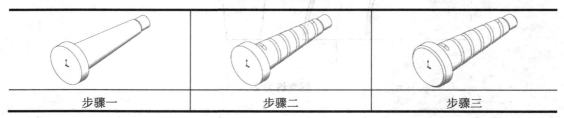

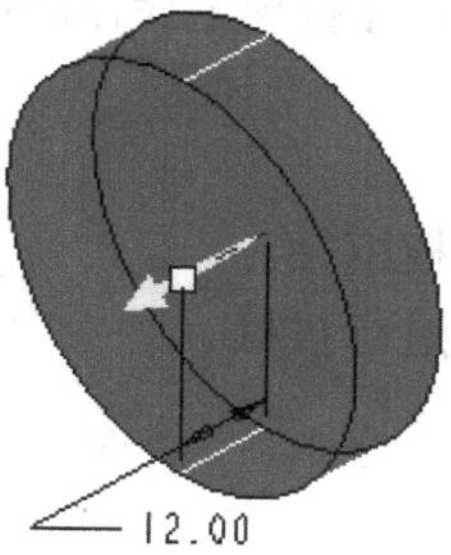

图 6-15　生成实体特征

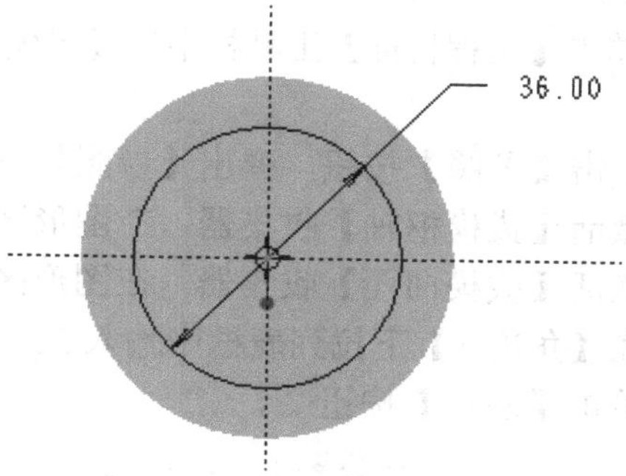

图 6-16　绘制草图

(4) 单击【视图】工具栏中的【保存的视图列表】按钮，切换视图为【标准方向】。

(5) 单击【基础特征】工具栏中的【拉伸】按钮，弹出【拉伸】操作面板，如图 6-17 所示。

① 单击【盲孔】按钮。

② 在【深度】下拉列表框中输入 100，单击【确定】按钮。

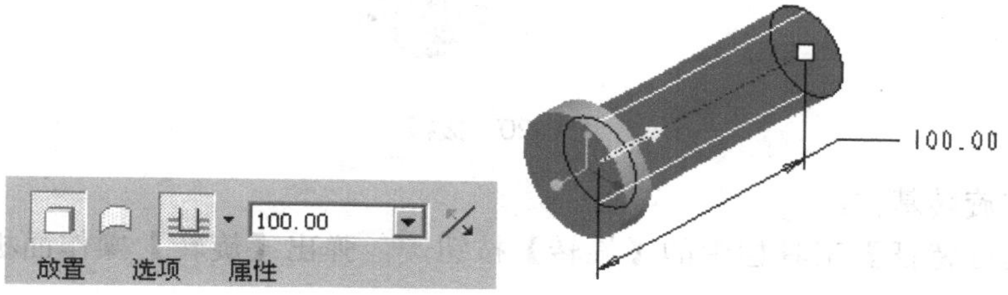

图 6-17　拉伸凸台

(6) 单击【草绘工具】按钮，弹出【草绘】对话框。

① 在图形区选择上表面为草绘平面。

② 选择 RIGHT 基准面作为参照平面。

③ 在【方向】下拉列表框中选择【顶】选项，单击【草绘】按钮，进入草绘模式。

④ 绘制草图，如图 6-18 所示，单击【完成】按钮。

(7) 单击【视图】工具栏中的【保存的视图列表】按钮，切换视图为【标准方向】。

(8) 单击【基础特征】工具栏中的【拉伸】按钮，弹出【拉伸】操作面板，如图 6-19 所示。

① 单击【盲孔】按钮。

② 在【深度】下拉列表框中输入 15，单击【确定】按钮。

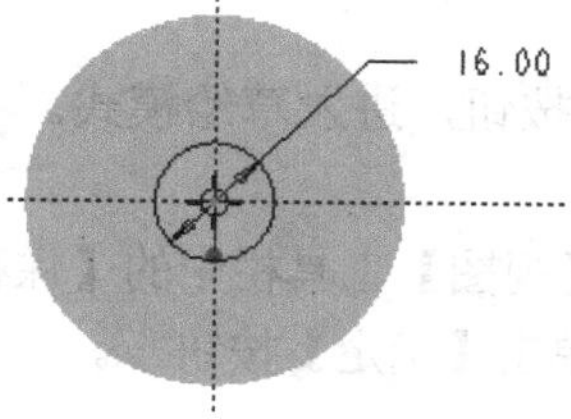

图 6-18　绘制草图

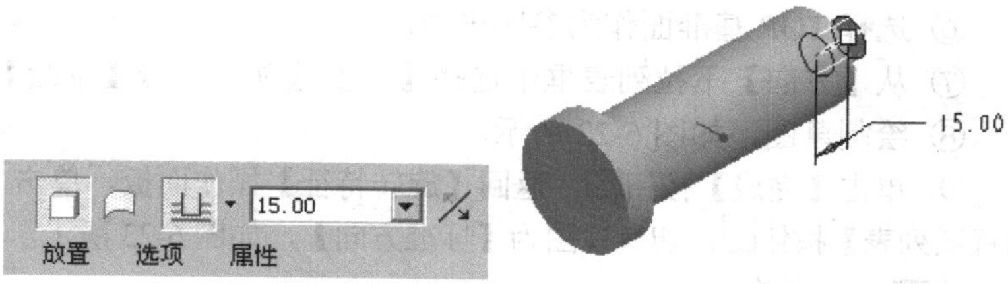

图 6-19　拉伸凸台

(9) 单击【工程特征】工具栏中的【拔模】按钮，弹出【拔模】操作面板，如图 6-20 所示。

① 单击【参照】按钮，弹出【参照】下滑面板。

② 激活【拔模枢轴】收集器，在图形区选取面作为拔模枢轴。

③ 激活【拔模曲面】收集器，在图形区选取外曲面以进行拔模。

④ 在【角度 1】下拉列表框中输入 5。

⑤ 单击【确定】按钮。

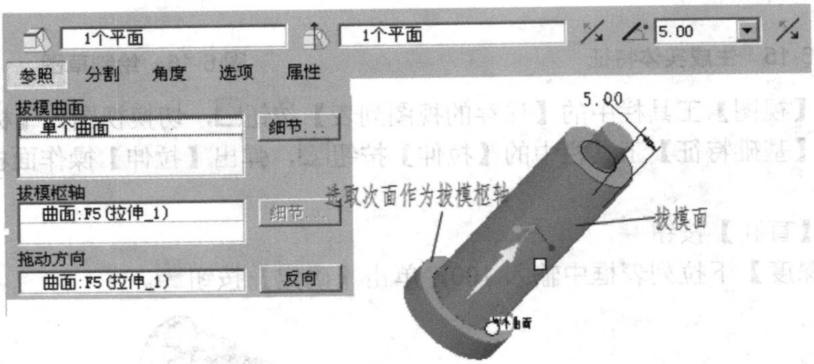

图 6-20　拔模

(10) 建立旋转基体。

单击【基础特征】工具栏中的【旋转】按钮，弹出【旋转】操作面板，如图 6-21 所示。

① 确定旋转为实体(系统默认选项)。

② 单击【可变】按钮，在【角度】下拉列表框中输入 360。

③ 单击【位置】按钮，出现【草绘】下滑面板。

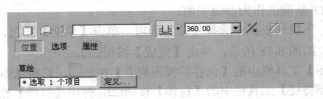

图 6-21　【旋转】操作面板

④ 单击【定义】按钮，弹出【草绘】对话框。

⑤ 在图形区选择 RIGHT 基准面作为草绘平面。

⑥ 选择 TOP 基准面作为参照平面。

⑦ 从【方向】下拉列表框中选择【顶】选项，单击【草绘】按钮，进入草绘模式。

⑧ 绘制草图，如图 6-22 所示。

⑨ 单击【完成】按钮，返回【旋转特征】操作面板，单击【视图】工具栏中的【保存的视图列表】按钮，切换视图为【标准方向】，如图 6-23 所示，单击【确定】按钮。

步骤二：螺旋切割

(1) 选择【插入】|【螺旋扫描】|【切口】菜单命令，弹出【切剪：螺旋扫描】对话

框，并出现一个【属性】菜单管理器，如图 6-24 所示。

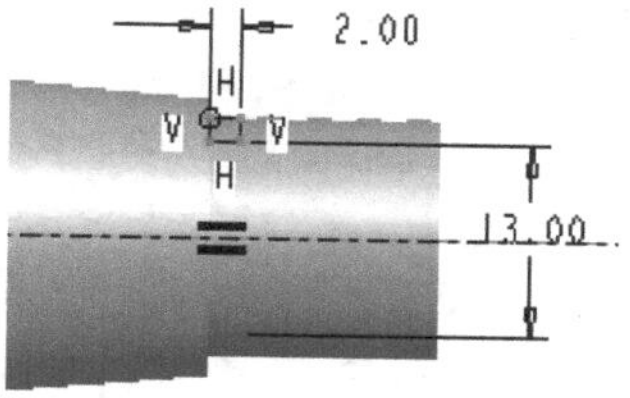

图 6-22　绘制草图

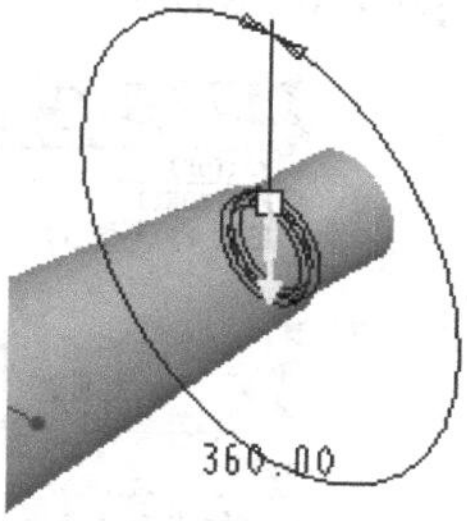

图 6-23　生成实体特征

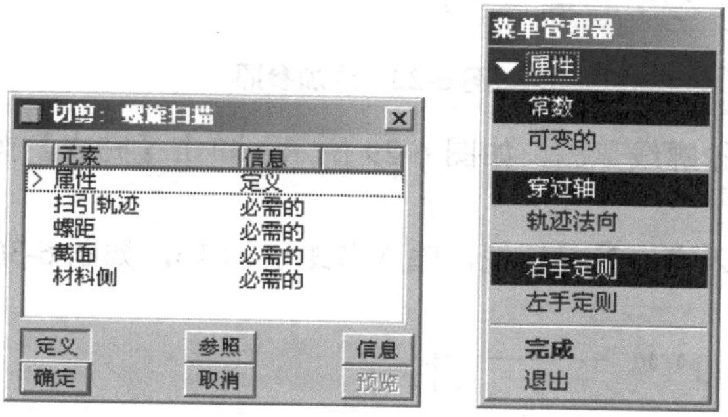

图 6-24　【切剪：螺旋扫描】对话框和【属性】菜单管理器

① 系统默认【常数】、【穿过轴】、【右手定则】，选择【完成】命令，弹出【设置草绘平面】菜单管理器，系统默认【新设置】，在【设置平面】菜单管理器，系统默认【平面】命令，如图 6-25 所示。

图 6-25　【设置草绘平面】菜单管理器和【设置平面】菜单管理器

② 在绘图区选择 RIGHT 基准面作为草绘平面，弹出【方向】菜单管理器，选择【正向】命令，如图 6-26 所示。

③ 弹出【草绘视图】菜单，选择【缺省】命令，如图 6-27 所示，系统进入草绘状态。

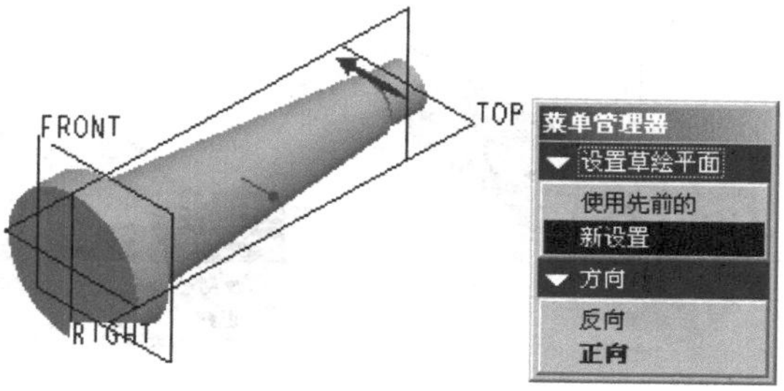

图 6-26　【方向】菜单管理器

图 6-27　【草绘视图】菜单管理器

④ 选择【草图】|【参照】菜单命令，弹出【参照】对话框，在图形区选择斜外圆面作为参照，如图 6-28 所示。

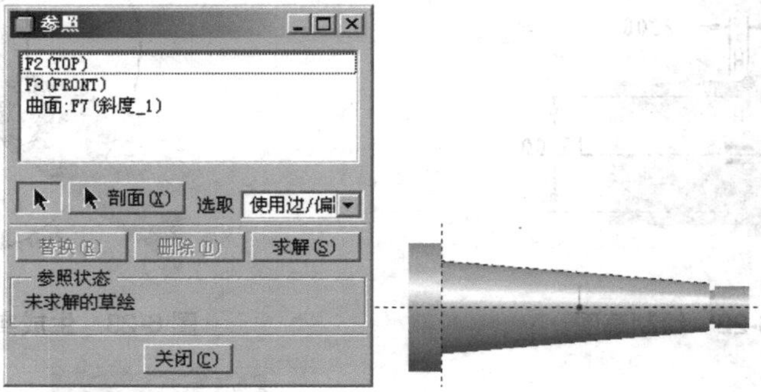

图 6-28　添加参照

⑤ 绘制旋转轴和轮廓线草图，如图 6-29 所示，单击【完成】按钮✓，完成旋转轴与轮廓线的绘制。

⑥ 出现【消息输入窗口】对话框，输入节距值为 16，如图 6-30 所示。

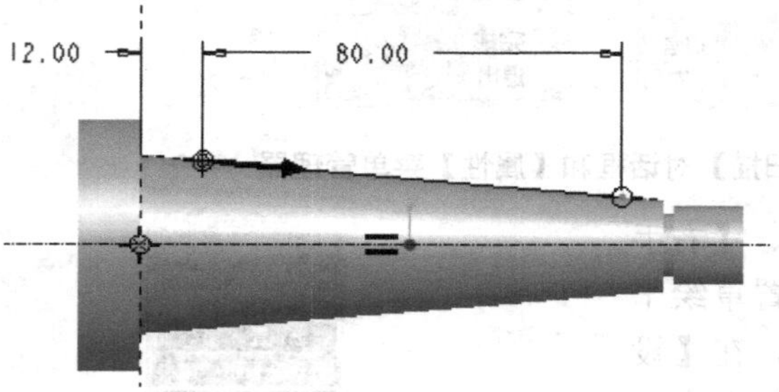

图 6-29　绘制轨迹

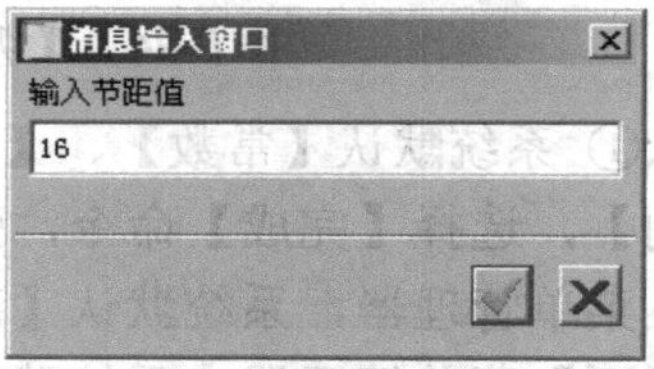

图 6-30　【消息输入窗口】对话框

⑦ 在起始中心绘制一直径为 12 的圆，如图 6-31 所示，单击【完成】按钮✓，完成剖面的绘制。

⑧ 弹出【方向】菜单管理器，单击【正向】按钮，如图 6-32 所示。

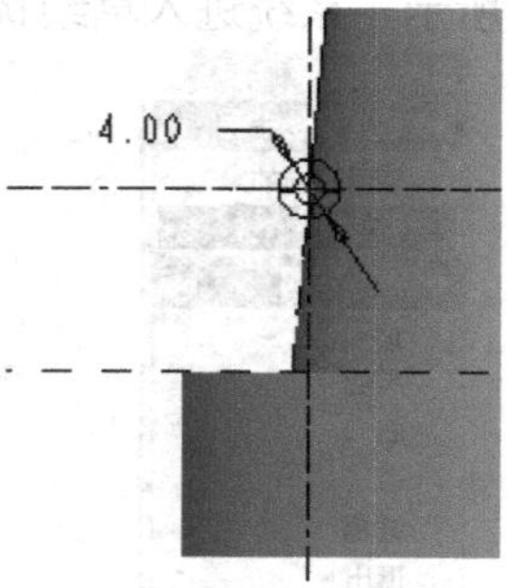

图 6-31　绘制截面

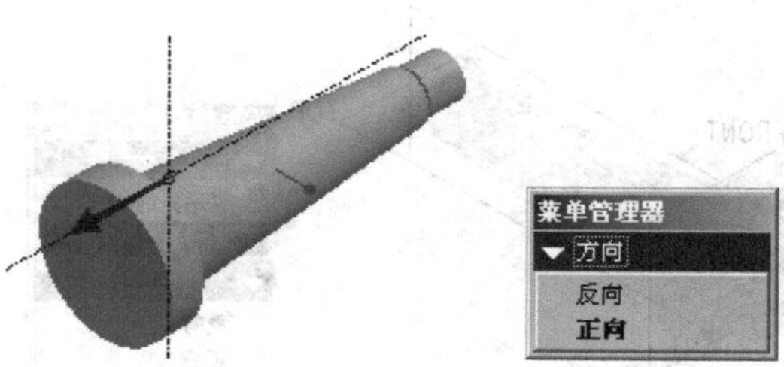

图 6-32　【方向】菜单管理器

⑨ 选择【切剪：螺旋扫描】对话框中【确定】命令，完成螺旋扫描切成型，如图 6-33 所示。

(2) 单击【草绘工具】按钮，弹出【草绘】对话框。

① 选择螺旋切口端面作为草绘平面，其余默认，单击【草绘】按钮，进入草绘模式。

② 绘制草图，如图 6-34 所示，单击【完成】按钮。

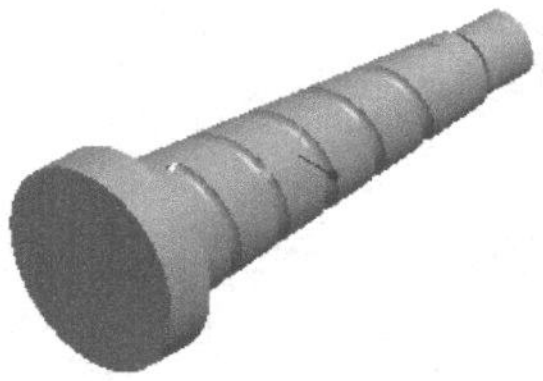

图 6-33　建立螺旋切除

图 6-34　草图

(3) 单击【基础特征】工具栏中的【拉伸】按钮，弹出【拉伸】操作面板。

① 单击【视图】工具栏中的【保存的视图列表】按钮，切换视图为【标准方向】。

② 单击【穿透】按钮。

③ 单击【去除材料】按钮，如图 6-35 所示，单击【确定】按钮。

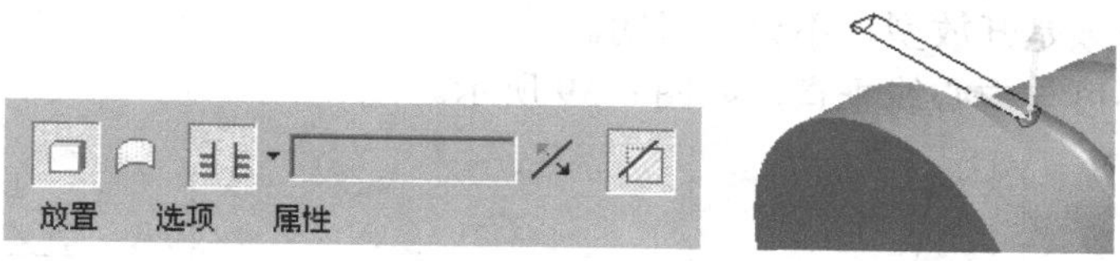

图 6-35　切除端面

(4) 按同样方法，切除另一端，如图 6-36 所示。

步骤三：倒角

单击【工程特征】工具栏中的【倒角工具】按钮，弹出【倒角工具】操作面板，如图 6-37 所示。

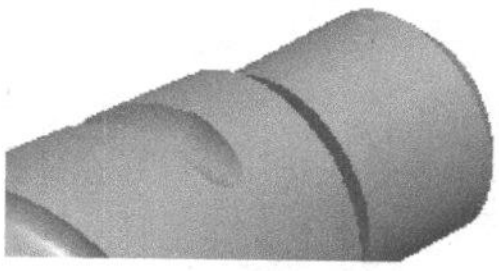

图 6-36　切除另一端

(1) 从【边倒角类型】下拉列表框中选择 45×D 选项。

(2) 在【距离】下拉列表框中输入 2。

(3) 按住 Ctrl 键，在图形区选择两边线。

(4) 单击【确定】按钮。

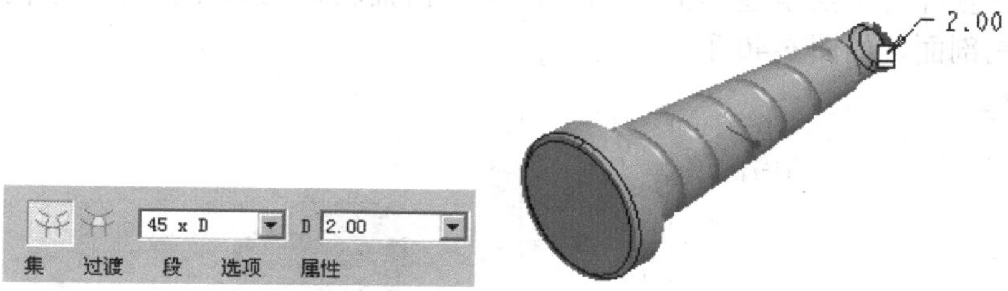

图 6-37　倒角

步骤四：存盘

选择【文件】|【保存】菜单命令，保存文件。

3. 步骤点评

1) 对于步骤二：关于定义螺旋扫描特征

定义螺旋扫描特征：

- 常数：螺距为常数。
- 可变：螺距是可变的，并由某图形定义。
- 贯穿轴：恒剖面位于旋转轴通过的平面内。
- 法向于轨迹：确定恒剖面方向，使其垂直于轨迹。
- 右手定则：即右旋，使其右手规则来定义轨迹。
- 左手定则：即左旋，使用左手规则来定义轨迹。

2) 对于步骤二：关于螺旋扫描旋转轴

在绘制螺旋扫描轮廓时，必须同时绘制中心线，用该中心线作为螺旋扫描旋转轴，如图 6-38 所示。

3) 对于步骤二：关于螺旋扫描轮廓

(1) 在轮廓线上会显示起始点，扫描轨迹线会绕中心线扫描出一个假象轮廓面，如图 6-38 所示。

(2) 轮廓线必须是开放型，不允许封闭。

(3) 轮廓线不可与中心线垂直，如图 6-39 所示。

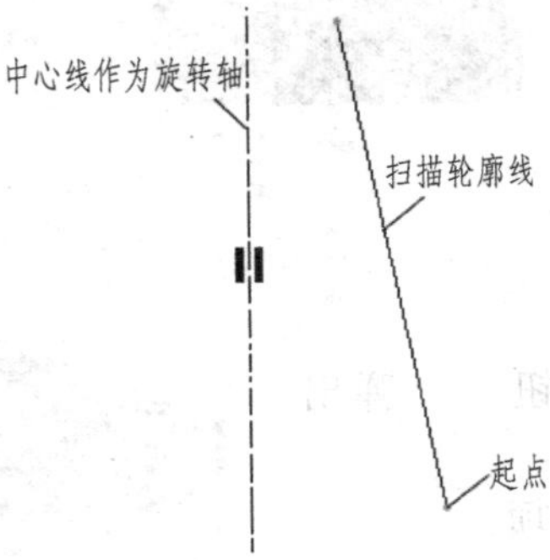

图 6-38　扫描旋转轴、扫描轮廓和起点

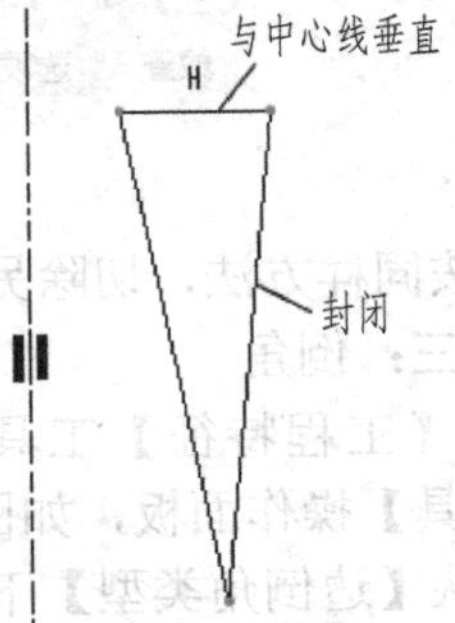

图 6-39　关于扫描轮廓

4) 对于步骤二：关于螺旋扫描剖面

(1) 系统会自动切换至适当的绘图面，并在扫描轨迹的起始点处显示两条正交中心线，以便绘制剖面，如图 6-40 所示。

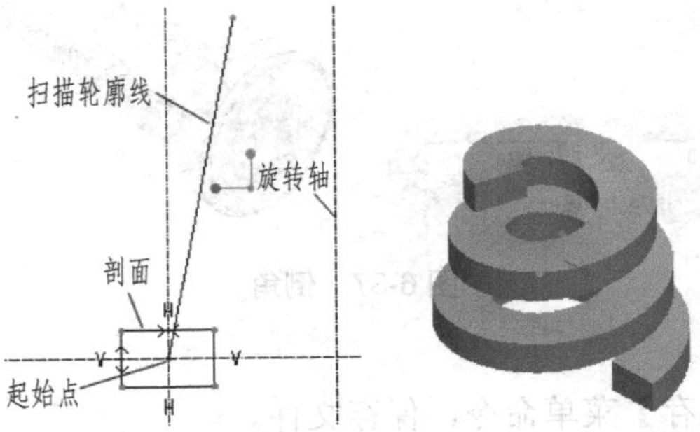

图 6-40　剖面与扫描轮廓的位置

(2) 螺旋扫描的剖面必须封闭。

6.2.3　随堂练习

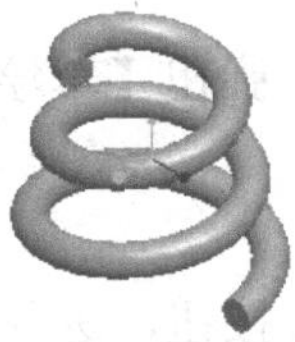

随堂练习 3

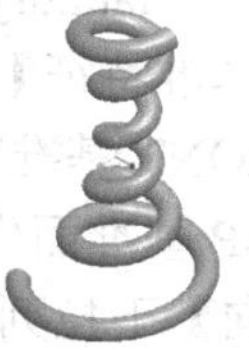

随堂练习 4

6.3　创建可变截面扫描特征

本节知识点：可变截面扫描操作。

6.3.1　可变截面扫描特征创建流程

可变截面扫描命令用于创建截面不相同的模型，绘制的截面将沿着轨迹线和轮廓线进行扫描操作。截面的形状大小将随着轨迹线和轮廓线的变化而变化。可选择现有基准曲线作为轨迹线或轮廓线，也可在构造特征时绘制轨迹线或轮廓线。

(1) 建立原始轨迹和引导线。

(2) 选择【插入】|【可变剖面扫描】菜单命令。

(3) 根据需要添加轨迹线和引导线。

(4) 指定截面以及水平线和垂直方向控制。

(5) 草绘截面进行扫描。

(6) 预览几何并完成特征。

6.3.2　可变截面扫描特征应用实例

建立如图 6-41 所示洗发水瓶。

1. 关于本零件设计理念的考虑

采用变截面扫描建立瓶体。

建模步骤如表 6-3 所示。

表 6-3　建模步骤

步骤一	步骤二	步骤三

2. 操作步骤

步骤一：新建文件，建立瓶体

(1) 新建文件“laundry_bottle. prt”。

(2) 单击【基准特征】工具栏中的【草绘工具】按钮，弹出【草绘】对话框。

① 选中 FRONT 基准面为草绘平面。

② 选择 TOP 基准面作为参照平面。

③ 从【方向】下拉列表选择【顶】选项，单击【草绘】按钮，进入草绘模式。

④ 绘制草图，如图 6-42 所示，单击【完成】按钮。

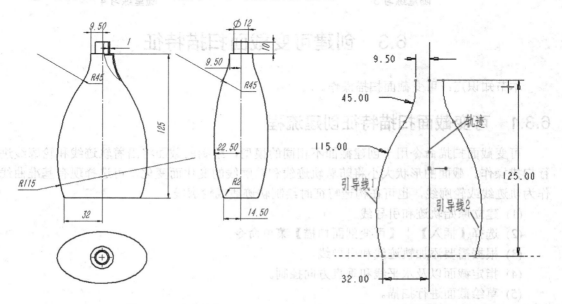

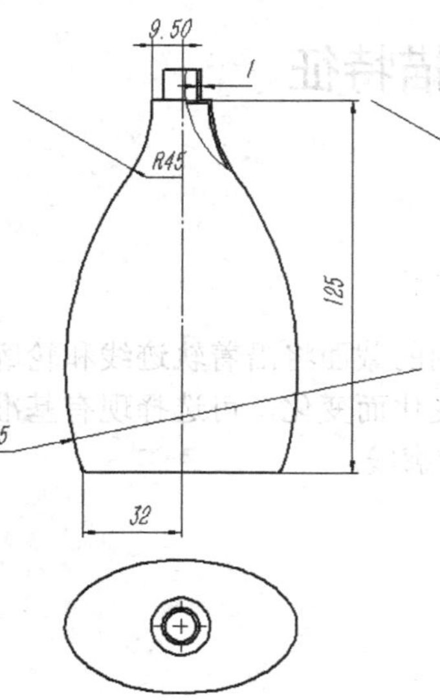

图 6-41　洗发水瓶

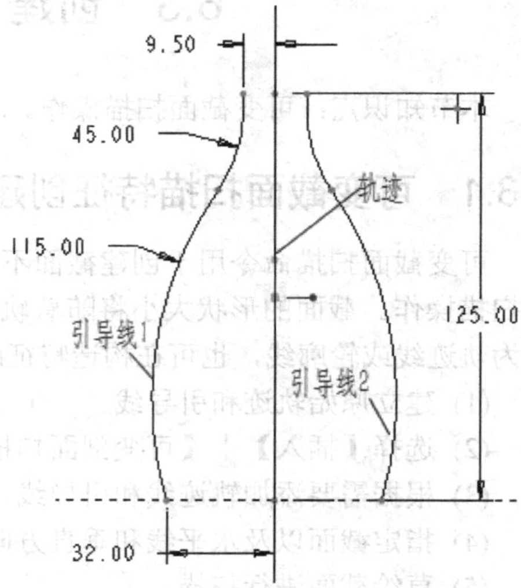

图 6-42　绘制轨迹和引导线

(3) 单击【基准特征】工具栏中的【草绘工具】按钮，弹出【草绘】对话框。

① 选中 RIGHT 基准面作为草绘平面。

② 选择 TOP 基准面作为参照平面。

③ 从【方向】下拉列表框中选择【顶】选项，单击【草绘】按钮，进入草绘模式。

④ 绘制草图，如图 6-43 所示，单击【完成】按钮。

(4) 单击【基准特征】工具栏中的【可变剖面扫描】按钮，弹出【扫描】操作面板。

① 单击【参照】按钮，弹出【参照】下拉面板。

② 激活【轨迹】收集器，按住 Ctrl 键，在图形区分别选择“轨迹”、“引导线 1”、“引导线 2”、“引导线 3”、“引导线 4”。

③ 从【剖面控制】下拉列表框中选择【垂直于轨迹】选项。

④ 从【水平/垂直控制】下拉列表框中选择【自动】选项。

⑤ 从【起点的 X 方向参照】下拉列表框中选择【缺省】选项，如图 6-44 所示。

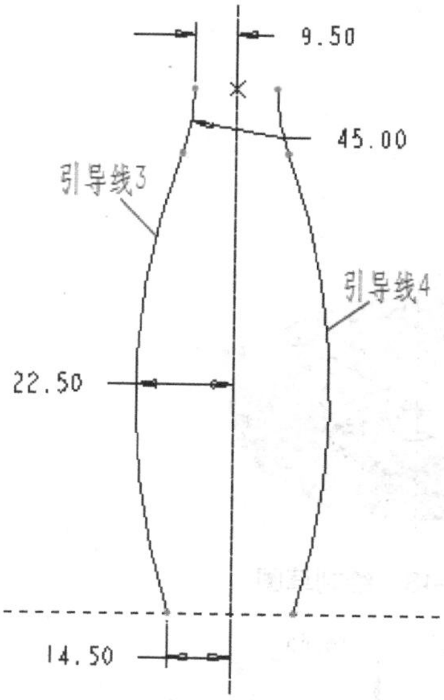

图 6-43　绘制轨迹和引导线

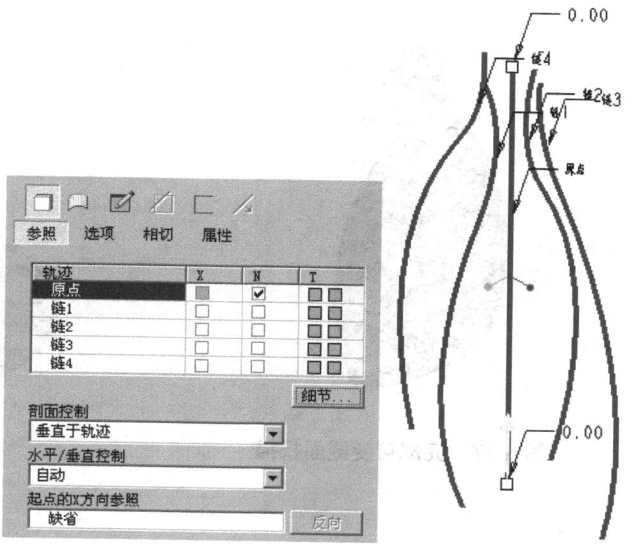

图 6-44　设置参照

⑥ 单击【选项】按钮，弹出【选项】下拉面板，单击【可变剖面】按钮，如图 6-45 所示。

⑦ 单击【草绘】按钮，系统进入草绘状态，绘制如图 6-46 所示椭圆，单击【完成】按钮。

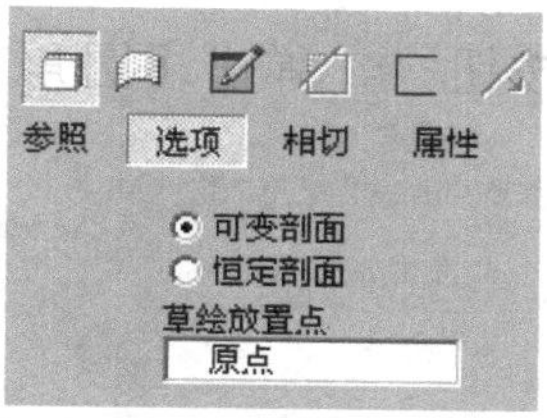

图 6-45　设置选项

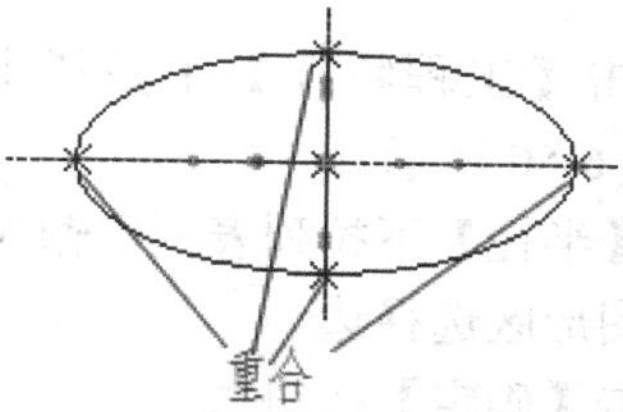

图 6-46　绘制剖面

⑧ 返回操作面板，如图 6-47 所示，单击【确定】按钮。

步骤二：创建瓶嘴

(1) 单击【草绘工具】按钮，弹出【草绘】对话框。

① 在图形区选择上表面为草绘平面。

② 选择 RIGHT 基准面作为参照平面。

③ 在【方向】下拉列表框中选择【右】选项，单击【草绘】按钮，进入草绘模式。

④ 绘制草图，如图 6-48 所示，单击【完成】按钮。

(2) 单击【视图】工具栏中的【保存的视图列表】按钮，切换视图为【标准方向】。

(3) 单击【基础特征】工具栏中的【拉伸】按钮，弹出【拉伸】操作面板，如图 6-49 所示。

① 单击【盲孔】按钮。

② 在【深度】下拉列表框中输入 10，单击【确定】按钮。

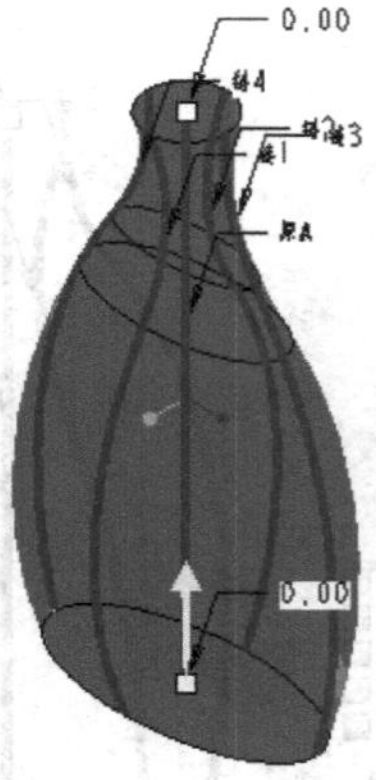

图 6-47　完成可变截面扫描

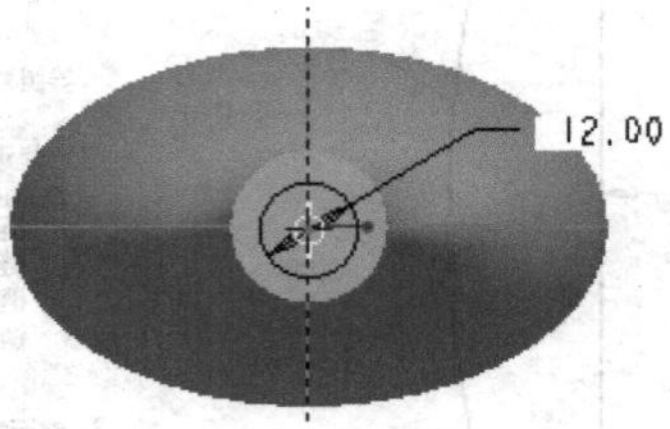

图 6-48　绘制草图

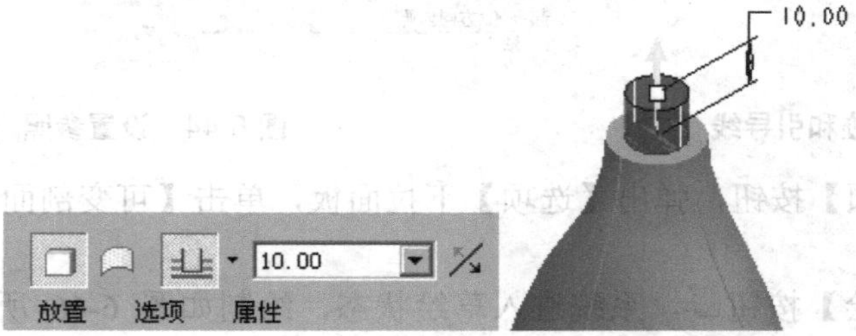

图 6-49　拉伸凸台

(4) 单击【工程特征】工具栏中的【圆角工具】按钮，弹出【圆角工具】操作面板，如图 6-50 所示。

① 在【半径】下拉列表框中输入 2。

② 在图形区选择边。

③ 单击【确定】按钮。

图 6-50　倒圆角

步骤三：抽壳

单击【工程特征】工具栏中的【壳工具】按钮，弹出【壳工具】操作面板，如图 6-51 所示。

(1) 在【厚度】下拉列表框中输入 1。

(2) 激活【移除的曲面】收集器，在图形区选取底面。

(3) 单击【确定】按钮。

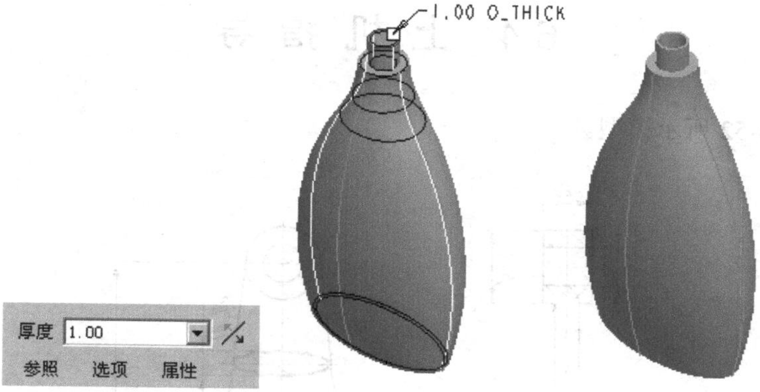

图 6-51　抽壳

步骤四：存盘

选择【文件】|【保存】菜单命令，保存文件。

3. 步骤点评

1) 对于步骤一：关于【轨迹】收集器

可变剖面扫描可以选取任何数量的链作为扫描的轨迹，包含 3 种类型的轨迹：原始轨迹(第一条选择)、X-轨迹(第二条选择)和附加轨迹(第二条以后选择的)。

2) 对于步骤一：关于【选项】收集器

(1) 可以设置【可变剖面】和【恒定剖面】。

(2) 【草绘放置点】：指定【原始轨迹】上想要草绘剖面的点。如果【草绘放置点】为空，则将扫描的起始点用作草绘剖面的默认位置。

6.3.3　随堂练习

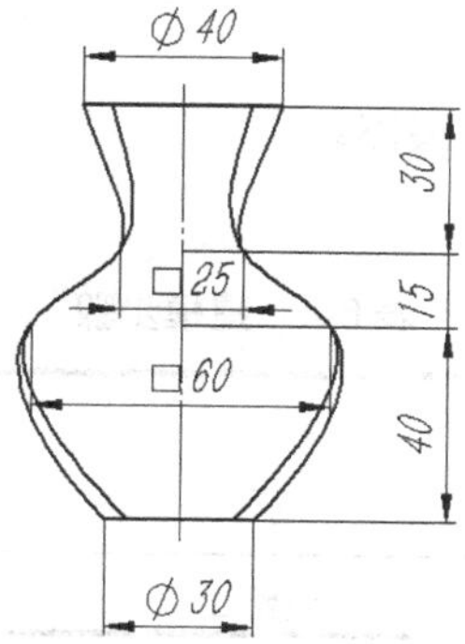

随堂练习 5

6.4 上 机 指 导

设计如图 6-52 所示模型。

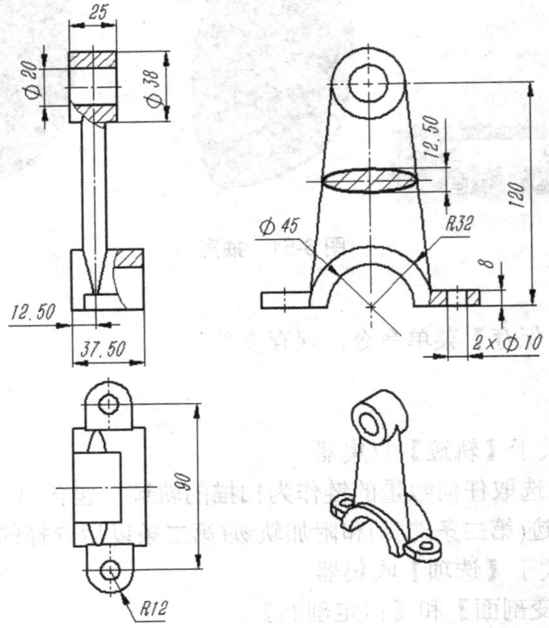

图 6-52 支架

6.4.1 建模理念

关于本零件设计理念的考虑：

(1) 零件呈对称排列。

(2) 利用扫描混合桥接连接多个实体。

建模步骤如表 6-4 所示。

表 6-4 建模步骤

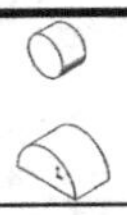		
步骤一	步骤二	步骤三

6.4.2 操作步骤

步骤一：新建模型，建立两端部

(1) 新建文件“support.prt”。

(2) 单击【基础特征】工具栏中的【拉伸】按钮，弹出【拉伸】操作面板，如图 6-53

所示。

① 单击【放置】按钮，弹出【放置】下拉面板。

② 单击【定义】按钮，弹出【草绘】对话框。

③ 在图形区选择 FRONT 基准面作为草绘平面。

④ 选择 TOP 基准面作为参照平面。

⑤ 从【方向】下拉列表框中选择【顶】选项，单击【草绘】按钮，进入草绘模式。

⑥ 绘制草图，如图 6-54 所示，单击【完成】按钮。

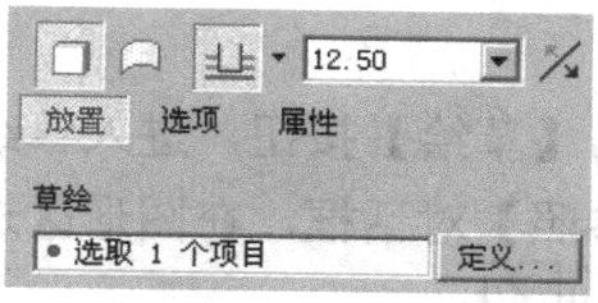

图 6-53　【草绘】下拉面板

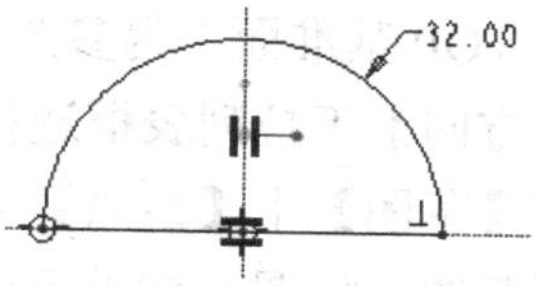

图 6-54　绘制草图

⑦ 返回【拉伸】操作面板，单击【视图】工具栏中的【保存的视图列表】按钮，切换视图为【标准方向】。

⑧ 单击【选项】按钮，弹出【选项】下拉面板，如图 6-55 所示。

⑨ 从【第 1 侧】下拉列表框中选择【盲孔】选项，在【深度】下拉列表框中输入 12.5。

⑩ 从【第 2 侧】下拉列表框中选择【盲孔】选项，在【深度】下拉列表框中输入 25。如图 6-56 所示，单击【确定】按钮。

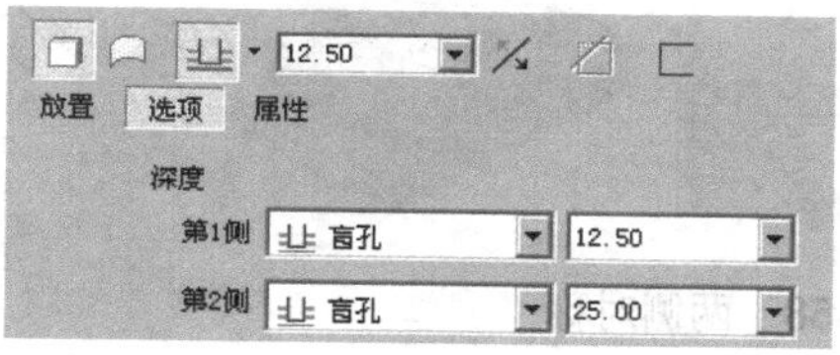

图 6-55　【拉伸】操作面板

(3) 单击【草绘工具】按钮，弹出【草绘】对话框。

① 单击【使用先前的】按钮，单击【草绘】按钮，进入草绘模式。

② 绘制草图，如图 6-57 所示，单击【完成】按钮。

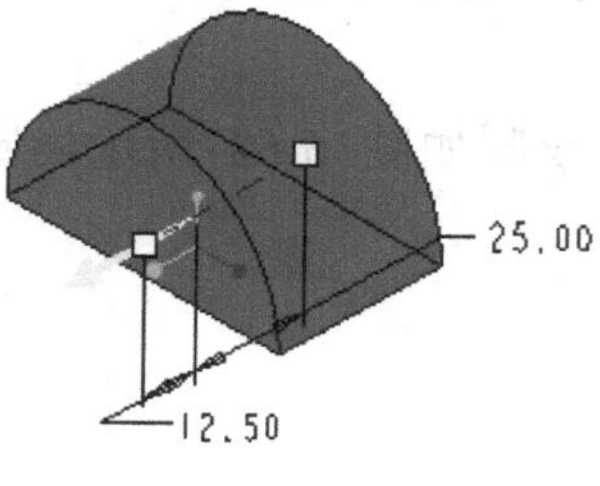

图 6-56　生成实体特征

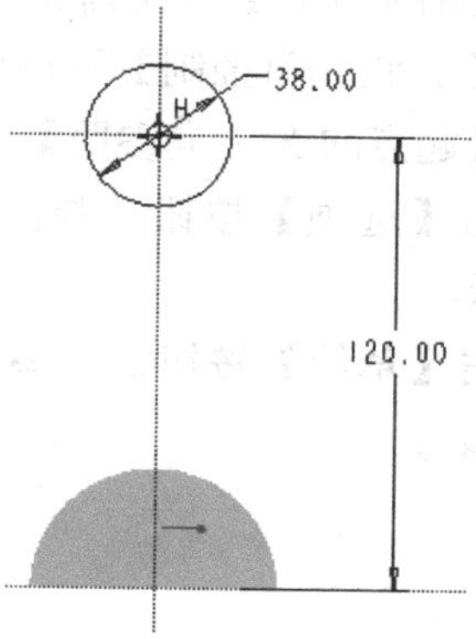

图 6-57　绘制草图

(4) 单击【基础特征】工具栏中的【拉伸】按钮，弹出【拉伸】操作面板。

① 单击【视图】工具栏中的【保存的视图列表】按钮，切换视图为【标准方向】。

② 单击【对称】按钮，在【深度】下拉列表框中输入 50，如图 6-58 所示，单击【确定】按钮。

步骤二：建立链接

(1) 单击【草绘工具】按钮，弹出【草绘】对话框。

① 在图形区选择 FRONT 基准面作为草绘平面。

② 选择 TOP 基准面作为参照平面。

③ 从【方向】下拉列表框选择【顶】选项，单击【草绘】按钮，进入草绘模式。

④ 选择【草图】|【参照】菜单命令，弹出【参照】对话框，在图形区选择参照。

⑤ 绘制草图，如图 6-59 所示，单击【完成】按钮。

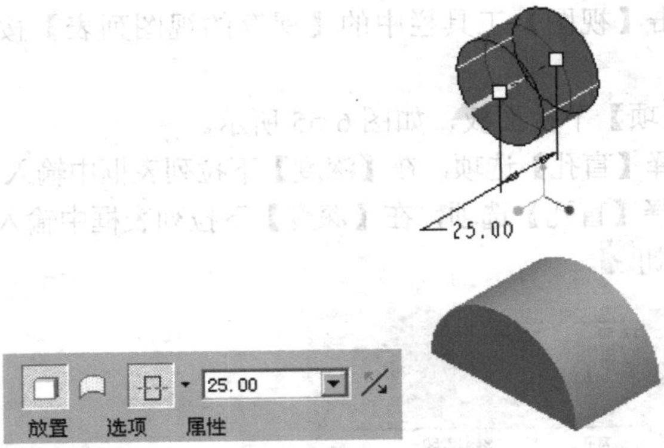

图 6-58 两侧对称

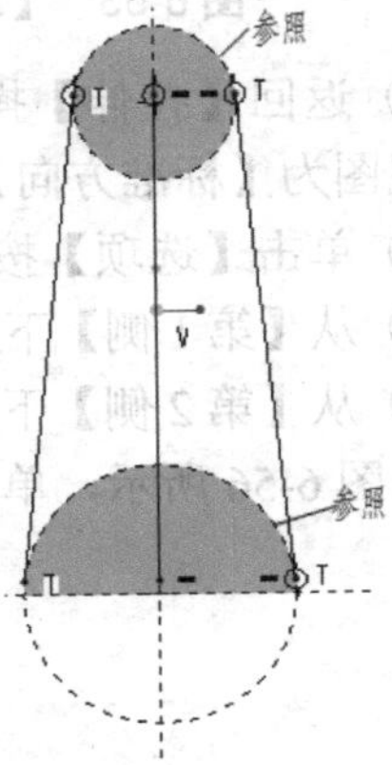

图 6-59 绘制草图

(2) 单击【基准特征】工具栏中的【可变剖面扫描】按钮，弹出【扫描】操作面板。

① 单击【参照】按钮，弹出【参照】下拉面板。

② 激活【轨迹】收集器，按住 Ctrl 键，在图形区分别选择“轨迹”、“引导线 1”、“引导线 2”。

③ 从【剖面控制】下拉列表框中选择【垂直于轨迹】选项。

④ 从【水平/垂直控制】下拉列表框中选择【自动】选项。

⑤ 从【起点的 X 方向参照】文本框中选择【缺省】选项，如图 6-60 所示。

⑥ 单击【选项】按钮，弹出【选项】下拉面板，选中【恒定剖面】单选按钮，如图 6-61 所示。

⑦ 单击【草绘】按钮，系统进入草绘状态，绘制如图 6-62 所示椭圆，单击【完成】按钮。

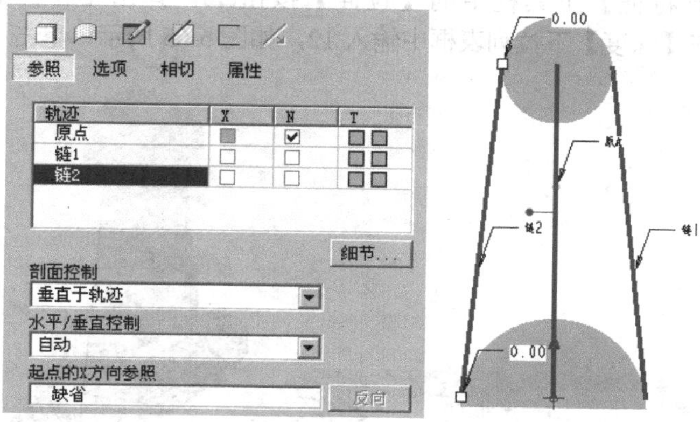

图 6-60　设置参照

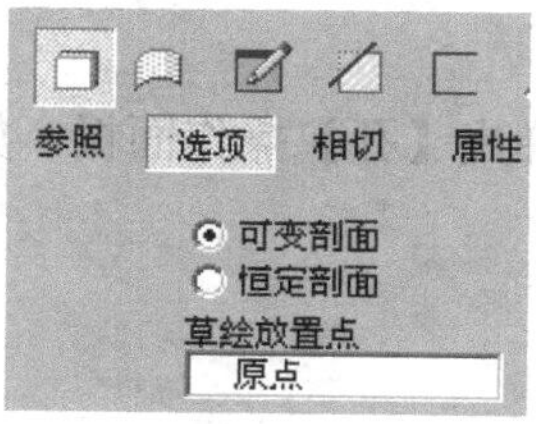

图 6-61　设置选项

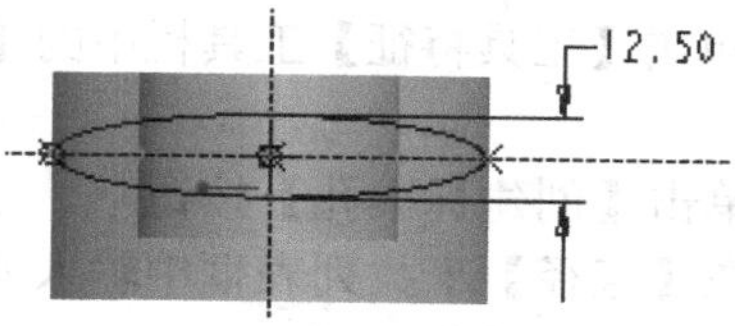

图 6-62　绘制剖面

⑧ 返回操作面板，如图 6-63 所示，单击【确定】按钮。

步骤三：建立固定

(1) 单击【草绘工具】按钮，弹出【草绘】对话框。

① 在图形区选择底面为草绘平面。

② 选择 FRONT 基准面作为参照平面。

③ 从【方向】下拉列表框中选择【顶】选项，单击【草绘】按钮，进入草绘模式。

④ 绘制草图，如图 6-64 所示，单击【完成】按钮。

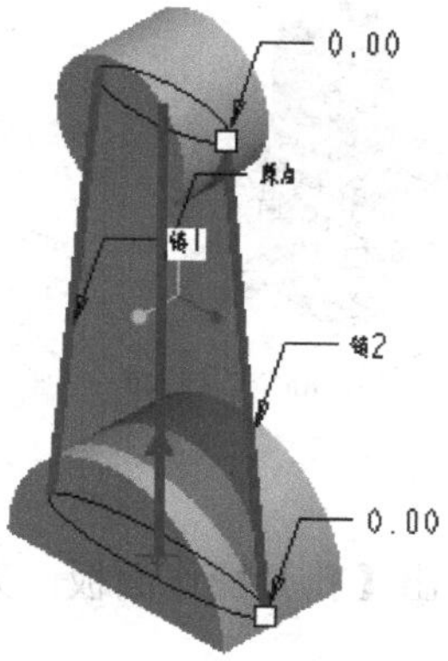

图 6-63　可变剖面扫描

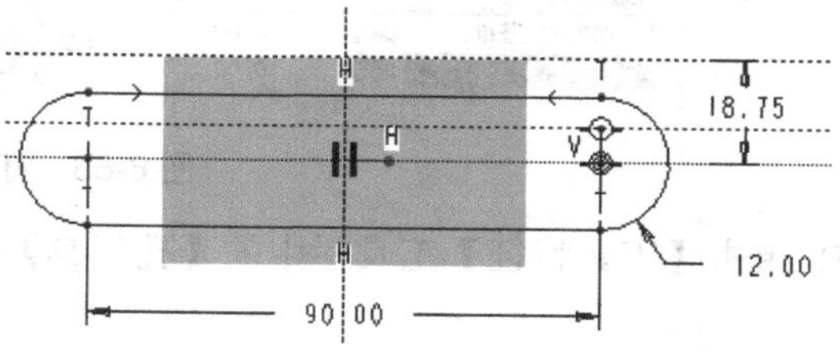

图 6-64　绘制草图

(2) 单击【视图】工具栏中的【保存的视图列表】按钮，切换视图为【标准方向】。

(3) 单击【基础特征】工具栏中的【拉伸】按钮，弹出【拉伸】操作面板，单击【盲孔】按钮，在【深度】下拉列表框中输入 12，如图 6-65 所示，单击【确定】按钮。

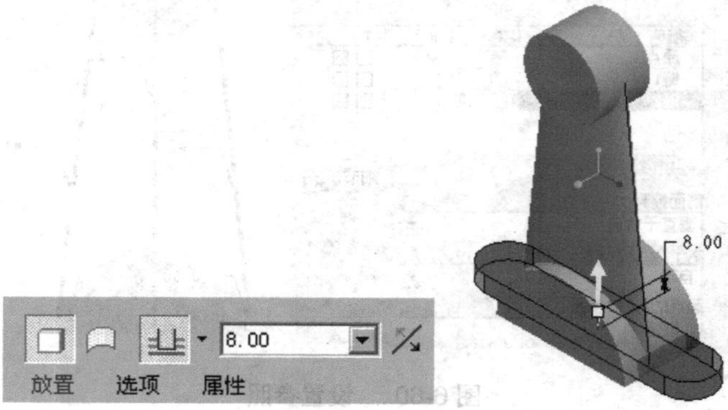

图 6-65　拉伸凸台

(4) 单击【工具特征】工具栏中的【孔工具】按钮，弹出【孔】操作面板，如图 6-66 所示。

① 单击【创建标准孔】按钮。

② 在【直径】下拉列表框中输入 45。

③ 单击【穿透】按钮。

④ 单击【放置】按钮，弹出【放置】下拉面板。

⑤ 激活【放置】收集器，在图形区选择前端面。

⑥ 从【类型】下拉列表框中选择【线性】选项。

⑦ 激活【偏移参照】收集器，按住 Ctrl 键，选择 TOP 基准面和 RIGHT 基准面，偏移均为 0。

⑧ 单击【确定】按钮。

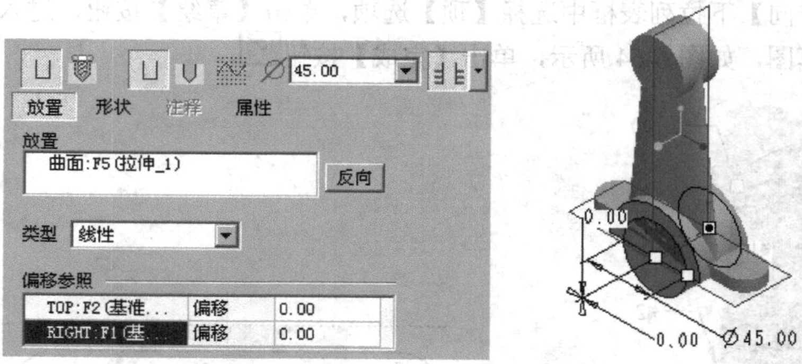

图 6-66　打孔

(5) 单击【工具特征】工具栏中的【孔工具】按钮，弹出【孔】操作面板，如图 6-67 所示。

① 单击【创建标准孔】按钮。

② 在【直径】下拉列表框中输入 20。

③ 单击【穿透】按钮。

④ 单击【放置】按钮，弹出【放置】下拉面板。

⑤ 激活【放置】收集器，按住 Ctrl 键，在图形区选择前端面和基准轴。

⑥ 单击【确定】按钮。

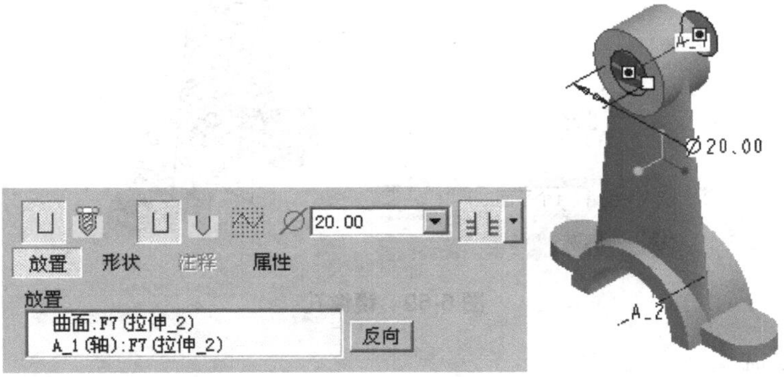

图 6-67　打孔

(6) 单击【工具特征】工具栏中的【孔工具】按钮，弹出【孔】操作面板，如图 6-68 所示。

① 单击【创建标准孔】按钮。

② 在【直径】下拉列表框中输入 10。

③ 单击【穿透】按钮。

④ 单击【放置】按钮，弹出【放置】下拉面板。

⑤ 激活【放置】收集器，在图形区选择前端面。

⑥ 从【类型】下拉列表框中选择【线性】选项。

⑦ 激活【偏移参照】收集器，按住 Ctrl 键，选择 RIGHT 基准面和前端面，偏移分别为 45 和 18.75。

⑧ 单击【确定】按钮。

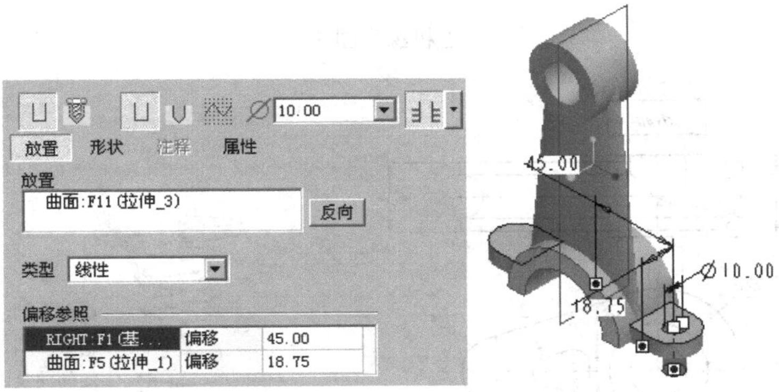

图 6-68　打孔

(7) 选择孔，选择【编辑】|【镜像】菜单命令，弹出【镜像】操作面板，在图形区选择 RIGHT 基准面为镜像平面，如图 6-69 所示，单击【确定】按钮。

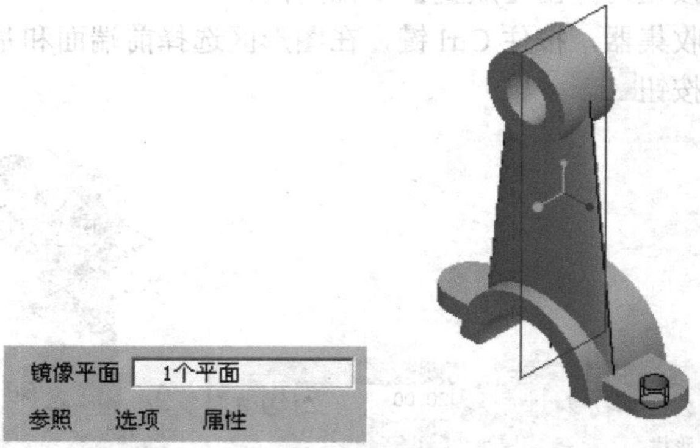

图 6-69　镜像孔

步骤四：存盘

选择【文件】|【保存】菜单命令，保存文件。

6.5　上机练习

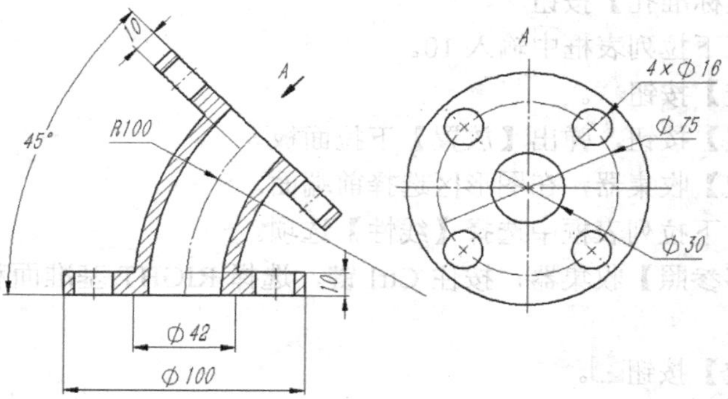

上机练习图 1

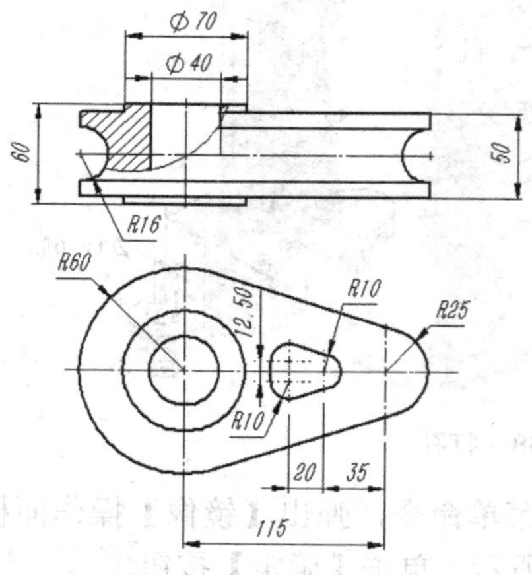

上机练习图 2

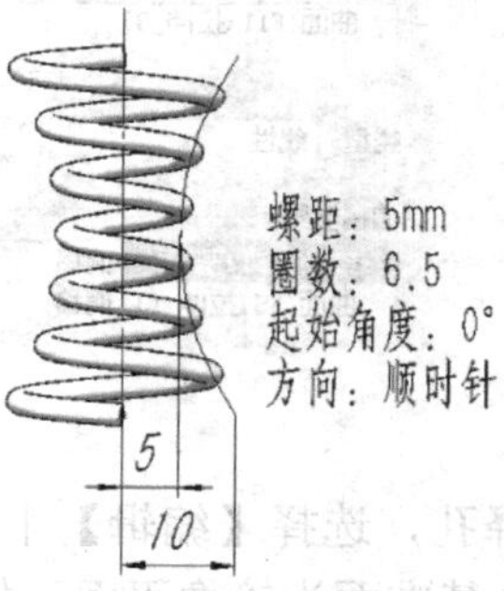

上机练习图 3

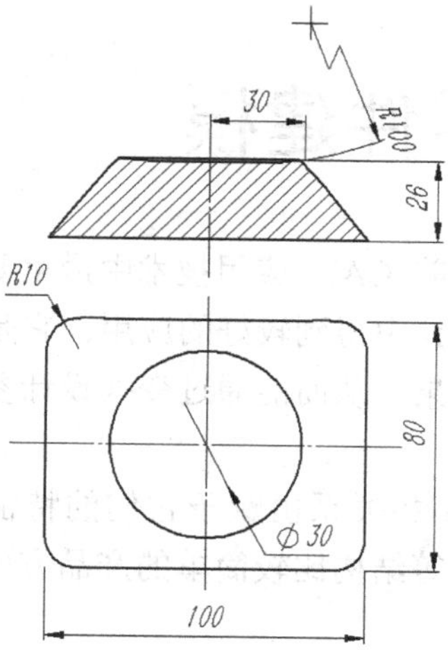

上机练习图 4

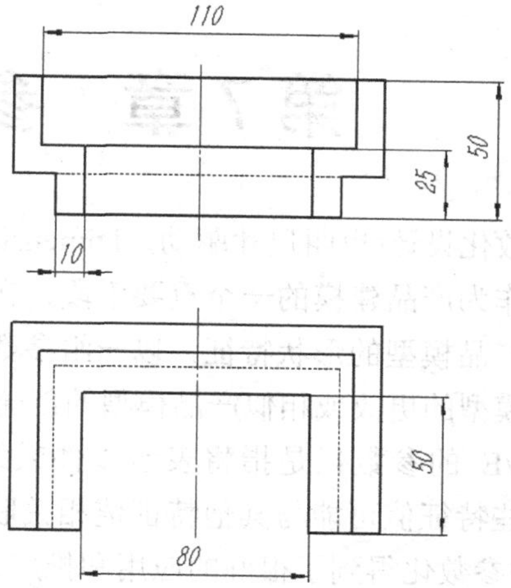

上机练习图 5

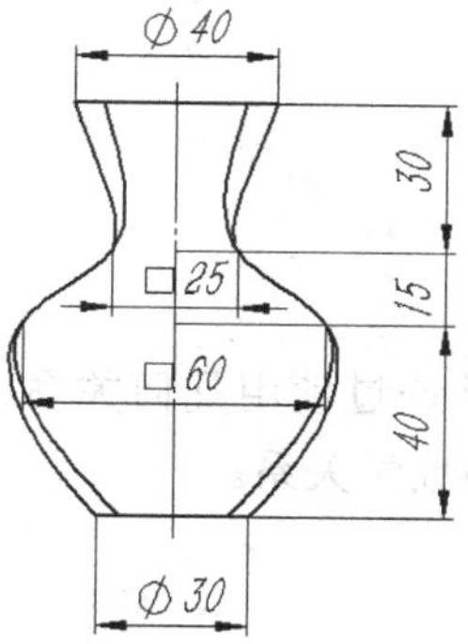

上机练习图 6

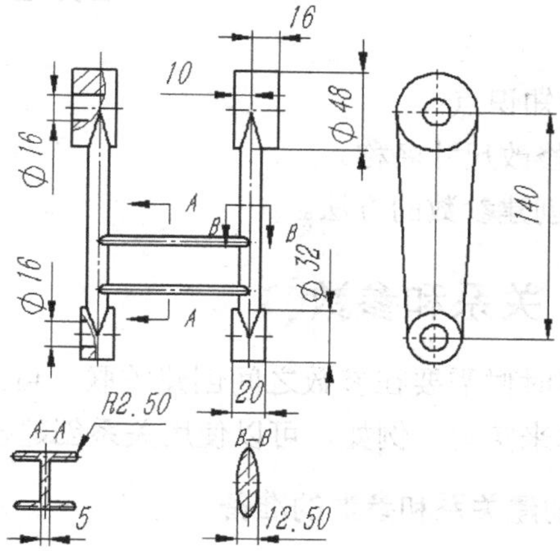

上机练习图 7

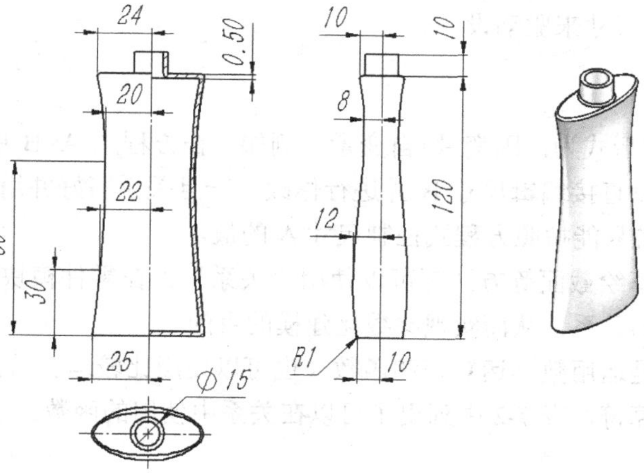

上机练习图 8

第 7 章　参数化零件建模

参数化设计(也叫尺寸驱动，Dimension-Driven)是目前 CAD 应用技术中最重要的技术之一，作为产品建模的一个重要手段，在系列化产品设计中得到较好的应用。它是以约束来表达产品模型的形状特征，以一组参数来控制设计结果，从而能通过变换设计参数来实现产品模型的更改或相似产品模型的创建。

Pro/E 的参数化是指将表示零件或组件的形状和拓扑关系由赋予它们的特征值来控制，这些特征值可能与其他特征值相关联。在齿轮、轴等结构比较简单的产品方面，基于 Pro/E 的参数化得到了很好的应用和推广。

7.1　创建关系和参数

本节知识点：

(1) 修改尺寸名称。

(2) 创建参数的方法。

7.1.1　关系和参数

很多时候需要在参数之间创建关联，可是这个关联却无法通过使用几何关系或常规的建模技术来实现。例如，可以使用关系创建模型中尺寸之间的数学关系。

1. 创建关系和参数的准备

(1) 尺寸改名。

(2) 确定因变量与自变量的关系。

(3) 确定由那个尺寸来驱动设计。

2. 关系形式

Por/E 中关系的形式为：因变量=自变量。例如，在方程式 A=B 中，系统由尺寸 B 求解尺寸 A，用户可以直接编辑尺寸 B 并进行修改。一旦关系写好并用到模型中，就不能直接修改尺寸 A，系统只能按照方程式控制尺寸 A 的值。

在特征创建和草绘截面等方法都可以使用“关系”，在零件模块中，使用“关系”可以建立零件尺寸间的关系，从而实现参数化建模的目的。

定义关系主要是运用数学运算符和函数，也可以使用比较运算符，在表 7-1 中列出了定义关系的数学运算符，表 7-2 中列出了可以在关系中使用的函数。

表 7-1 数学运算符

运 算 符	说 明
+	加
-	减
×	乘
/	除
=	赋值
∧	乘方
==	等于
>	大于
>=	大于等于
<	小于
<=	小于等于
!=	不等于
|	逻辑或
&	逻辑与
～	逻辑非

表 7-2 函数

函 数	说 明
sqrt()	平方根
sin()	正弦
cos()	余弦
tan()	正切
asin()	反正弦
acos()	反余弦
atan()	反正切
log()	对数
ln()	自然对数
exp()	指数
abs()	绝对值
ceil()	大于数值的最小整数
floor()	小于数值的最小整数
max()	最大值
min()	最小值

条件语句可以控制关系的参数，从而达到原有的设计思想。

例如：在一根长 L1、截面直径为 d1 的木棒中，如果 d1<50，则 L1=20；如果 d1≥50，则 L1=40。条件关系如下所述：

```
IF  d1<50
L1=20
ELSE
L1=40
ENDIF
```

从上面这个条件语句中可以看出，条件关系定义在 IF 语句和 ENDIF 语句之间。当 IF 语句里的表达式不成立，则执行 ELSE 语句里的表达式。

7.1.2 关系和参数应用实例

建立如图 7-1 所示法兰。

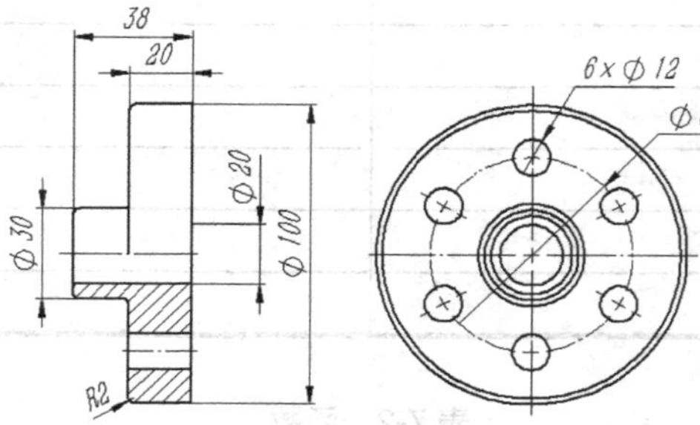

图 7-1 法兰

1. 关于本零件设计理念的考虑

(1) 阵列的孔等距分布。
(2) 圆角为 $R2$。
(3) 孔的中心线直径与法兰的外径和套筒的内径有如下数学关系：
阵列位于法兰的外径和套筒的内径中间，即ϕ65=(ϕ100+ϕ30)/2。

2. 操作步骤

步骤一：新建文件
新建文件“flange.prt”。
步骤二：创建参数
选择【工具】|【参数】菜单命令，弹出【参数】对话框，如图 7-2 所示。
(1) 单击【添加新参数】按钮+，输入名称为 D_OUT，输入值为 100。
(2) 单击【添加新参数】按钮+，输入名称为 D_IN，输入值为 30。
(3) 单击【添加新参数】按钮+，输入名称为 D_MID，输入值为 65。
(4) 单击 OK 按钮。

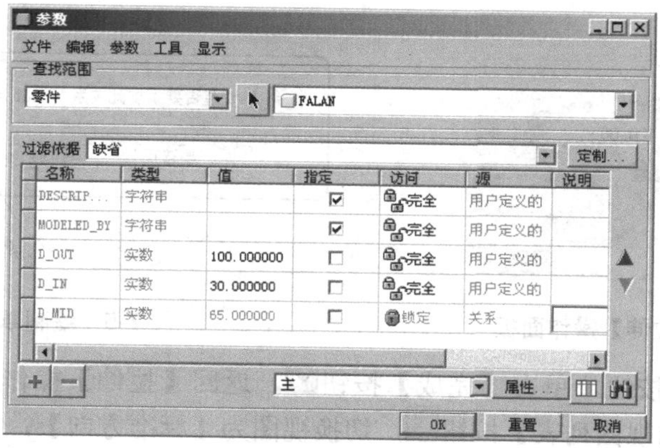

图 7-2 【参数】对话框

步骤三：创建关系

选择【工具】|【关系】菜单命令，弹出【关系】对话框，输入关系式：D_MID=(D_OUT+D_IN)/2，如图 7-3 所示，单击 OK 按钮。

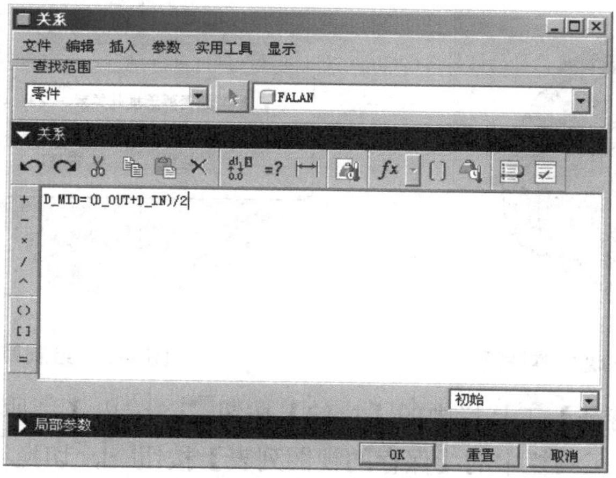

图 7-3 【关系】对话框

步骤四：建立毛坯

(1) 单击【基础特征】工具栏中的【拉伸】按钮，弹出【拉伸】操作面板，如图 7-4 所示。

① 单击【盲孔】按钮，在【深度】下拉列表框中输入 20。

② 单击【放置】按钮，弹出【放置】下拉面板。

③ 单击【定义】按钮，弹出【草绘】对话框。

④ 在图形区选择 FRONT 基准面为草绘平面。

⑤ 选择 TOP 基准面为参照平面。

⑥ 从【方向】下拉列表框中选择【顶】选项，单击【草绘】按钮，进入草绘模式。

⑦ 绘制草图，在【直径】文本框中输入 D_out，如图 7-5 所示。

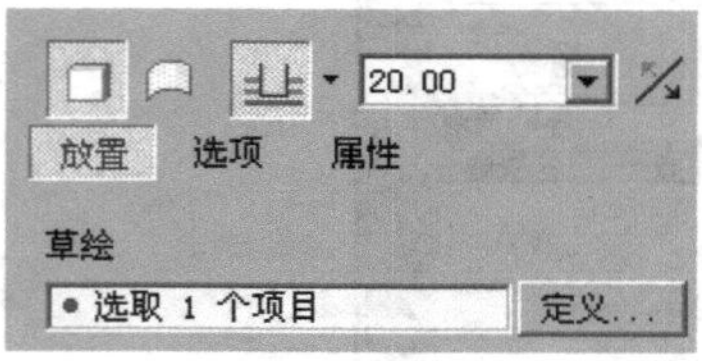

图 7-4 【拉伸】操作面板

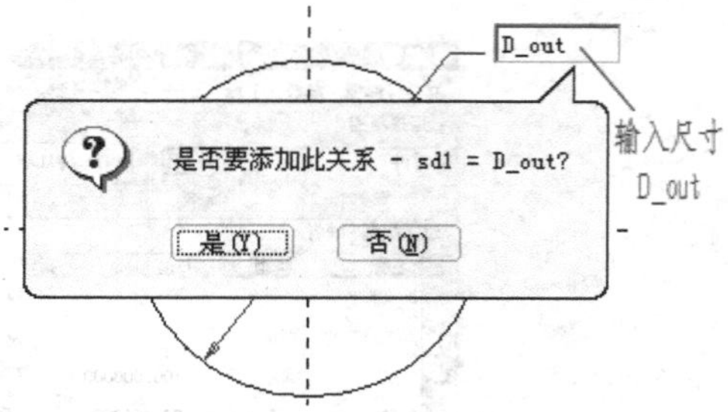

图 7-5 绘制草图

⑧ 单击【是】按钮，单击【完成】按钮，返回【拉伸】操作面板，单击【视图】工具栏中的【保存的视图列表】按钮，切换视图为【标准方向】，如图 7-6 所示，单击【确定】按钮。

(2) 单击【草绘工具】按钮，弹出【草绘】对话框，单击【使用先前的】按钮，进入草绘模式，绘制草图，在【直径】文本框中输入 D_in，如图 7-7 所示，单击【是(Y)】按钮，单击【完成】按钮。

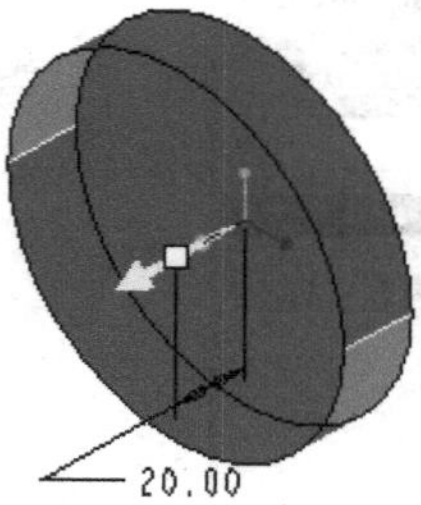

图 7-6 生成实体特征

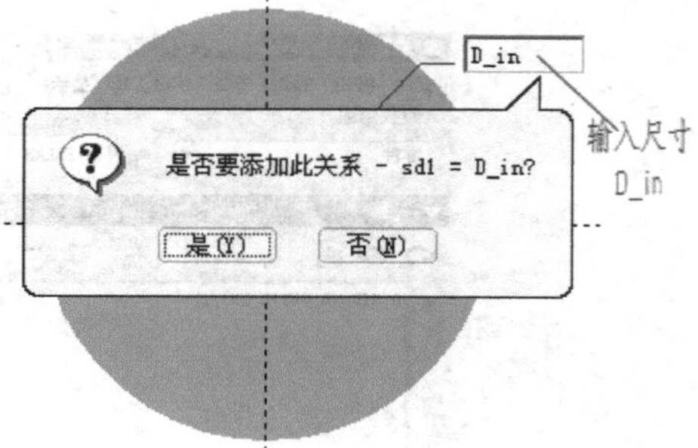

图 7-7 绘制草图

(3) 单击【基础特征】工具栏中的【拉伸】按钮，弹出【拉伸】操作面板。

① 单击【视图】工具栏中的【保存的视图列表】按钮，切换视图为【标准方向】。

② 单击【盲孔】按钮，在【深度】下拉列表框中输入 38，如图 7-8 所示，单击【确定】按钮。

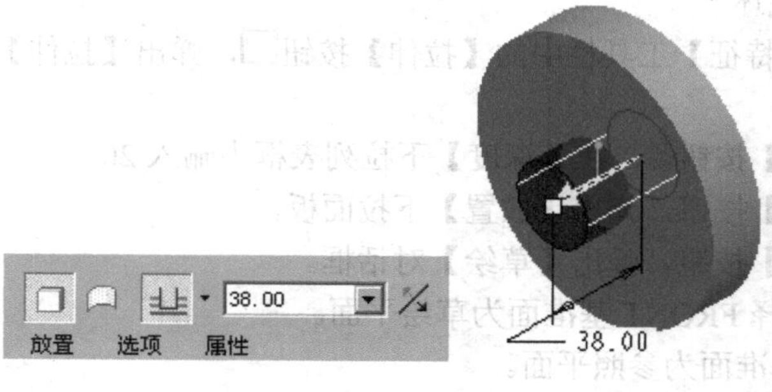

图 7-8 拉伸到选定

(4) 单击【工具特征】工具栏中的【孔工具】按钮，弹出【孔】操作面板，如图 7-9 所示。

① 单击【创建简单孔】按钮⊔。
② 在【直径】下拉列表框中输入 20。
③ 单击【穿透】按钮╡╞。
④ 单击【放置】按钮，弹出【放置】下拉面板。
⑤ 激活【放置】收集器，在图形区，按住 Ctrl 键，选择基准轴和凸台前表面。
⑥ 单击【确定】按钮✓。

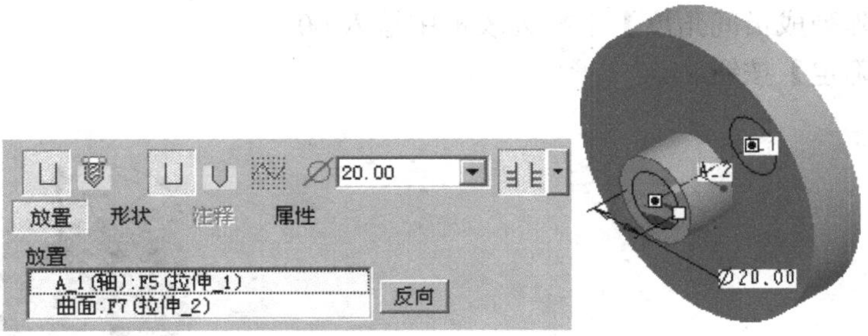

图 7-9　打孔

(5) 单击【工具特征】工具栏中的【孔工具】按钮，弹出【孔】操作面板，如图 7-10 所示。

① 单击【创建简单孔】按钮⊔。
② 在【直径】下拉列表框中输入 12。
③ 单击【穿透】按钮╡╞。
④ 单击【放置】按钮，弹出【放置】下拉面板。
⑤ 选取前端面来放置孔。
⑥ 从【类型】下拉列表框中选择【直径】选项。
⑦ 激活【偏移参照】收集器，在图形区，按住 Ctrl 键，选择基准轴和 RIGHT 基准面。
⑧ 与 RIGHT 基准面角度为 0，与基准值直径输入“D_mid”，单击【是】按钮。
⑨ 单击【确定】按钮✓。

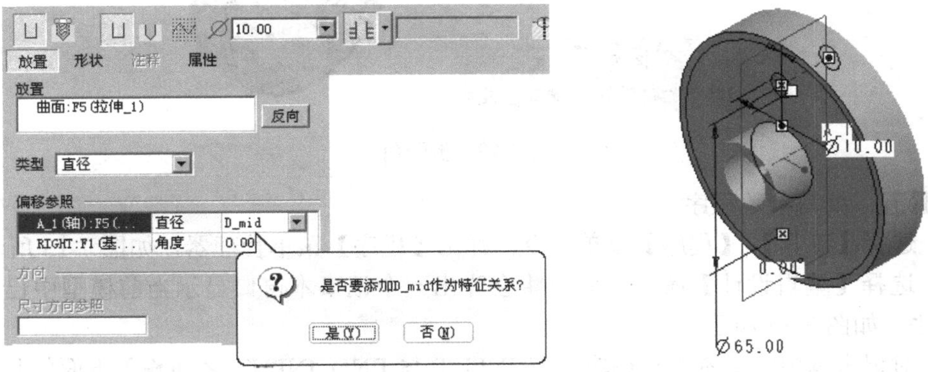

图 7-10　打孔

(6) 选择 ϕ12 的孔，选择【编辑】|【阵列】菜单命令，弹出【阵列工具】操作面板，如图 7-11 所示。

① 从【阵列种类】下拉列表框中选择【轴】选项。

② 选取基准轴作为阵列的中心。系统就会在角度方向创建默认阵列。阵列成员以黑点表示。

③ 在【阵列成员数】文本框中输入 6。

④ 在【在阵列成员间角度】下拉列表框中输入 60。

⑤ 单击【确定】按钮✓。

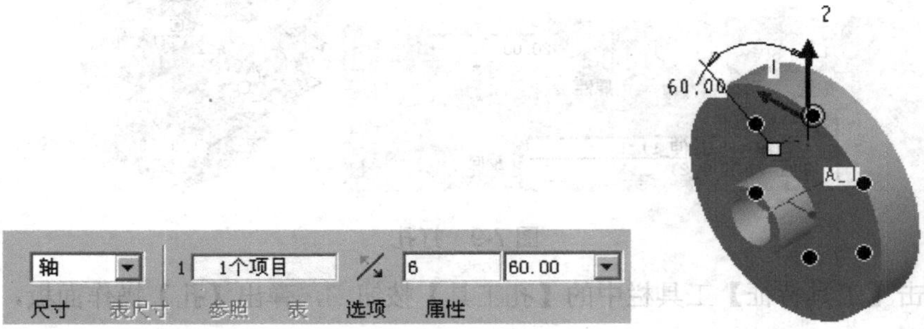

图 7-11　阵列圆孔

(7) 单击【工程特征】工具栏中的【圆角工具】按钮，弹出【圆角工具】操作面板，如图 7-12 所示。

① 在【半径】下拉列表框中输入 2。

② 按住 Ctrl 键，在图形区选择 3 边。

③ 单击【确定】按钮✓。

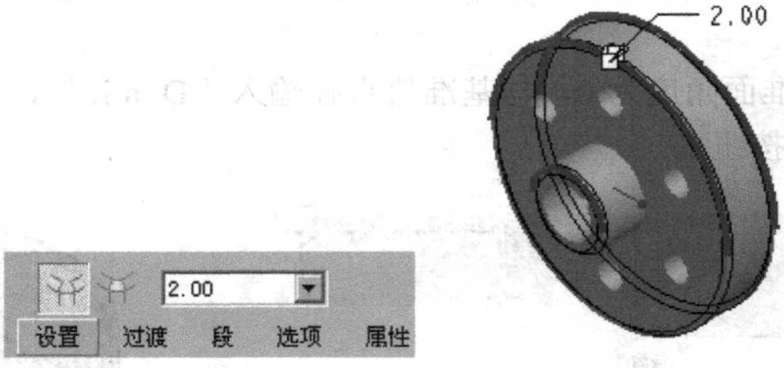

图 7-12　倒圆角

步骤五：编写参数程序

(1) 选择【工具】|【程序】菜单命令，弹出【程序】菜单管理器，如图 7-13 所示。

(2) 选择【编辑设计】命令，此时将会弹出一个记事本窗口显示当前模型中已包含的所有程序，如图 7-14 所示。

(3) 对记事本中的文本进行编辑，在 INPUT 与 END INPUT 之间输入下面的几行程序语句(注意文本中除汉字之外的字符都为半角)，如图 7-15 所示。

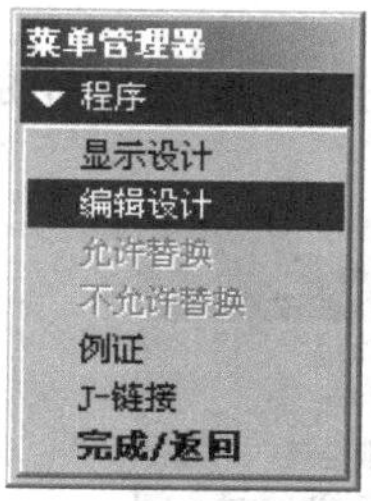

图 7-13　【程序】菜单管理器

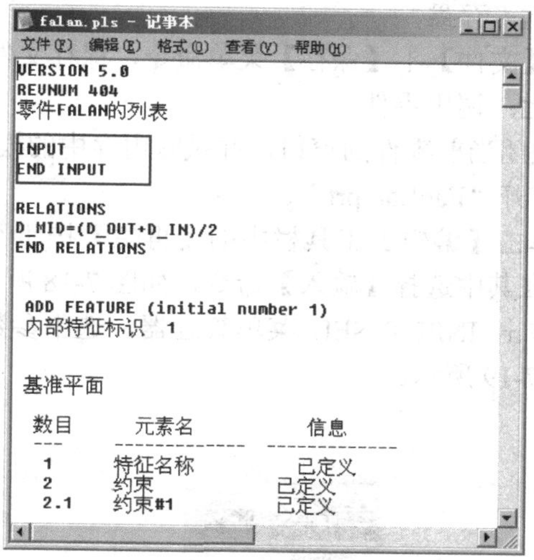

图 7-14　记事本

(4) 在记事本中选择【文件】|【保存】菜单命令，关闭记事本程序。此时 Pro/E 会在信息提示区提示：“要将所做的修改体现到模型中？”，如图 7-16 所示，单击【是】按钮。

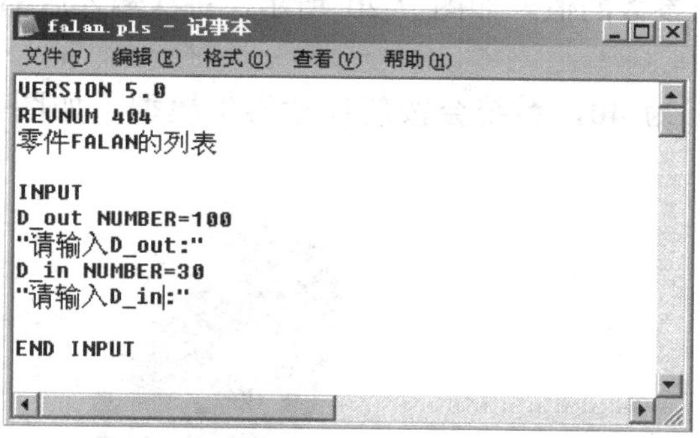

图 7-15　输入程序

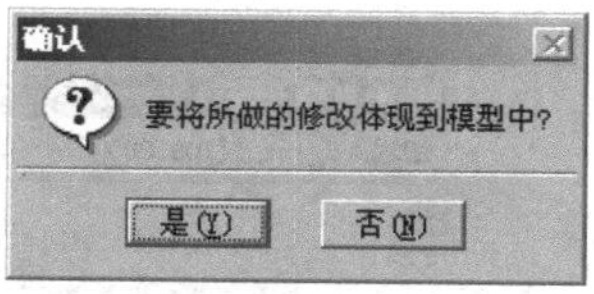

图 7-16　信息提示

(5) 在【得到输入】菜单管理器中选择【当前值】命令，再选择【完成/返回】命令，如图 7-17 所示。

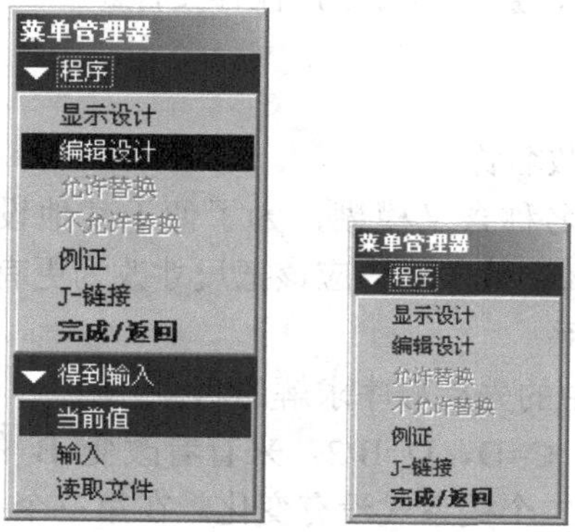

图 7-17　设定得到输入

步骤六：存盘

选择【文件】|【保存】菜单命令，保存文件。

步骤七：调用零件

(1) 关闭当前零件的窗口，并拭除内存中的模型。

(2) 打开“FanLan.prt”。

(3) 单击【编辑】工具栏中的【再生】按钮，将模型再生，弹出【得到输入】菜单管理器，在其中选择【输入】命令，如图 7-18 所示。

(4) 弹出 INPUT SEL 菜单管理器，选中参数 D_OUT、D_IN，选择【完成选取】命令，如图 7-19 所示。

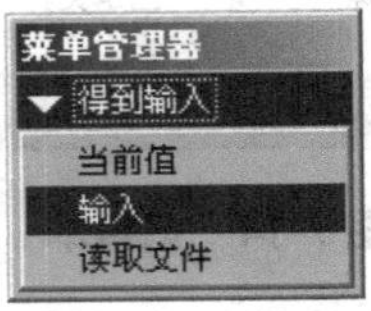

图 7-18 【得到输入】菜单管理器

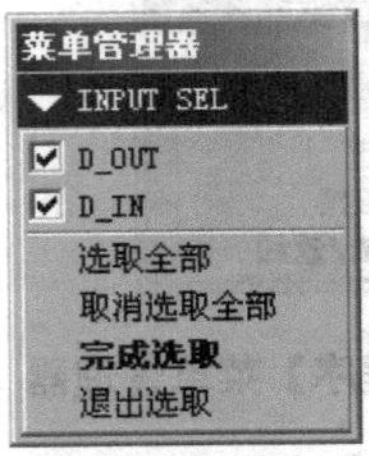

图 7-19 INPUT SEL 菜单管理器

(5) 在信息提示区会依次提示输入各个参数的值，如图 7-20 所示，每次输入后都要单击【确认】按钮。

(6) 例如输入 D_OUT 为 120，D_IN 为 40，系统会按新尺寸再生模型，如图 7-21 所示。

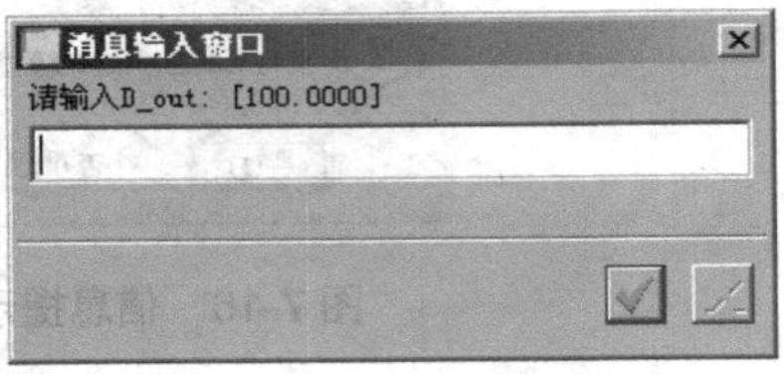

图 7-20 消息输入窗口

图 7-21 系统按新尺寸再生模型

(7) 选择【文件】|【保存】菜单命令，保存文件。

3. 步骤点评

1) 对于步骤二：关于参数名称

系统为尺寸创建的默认名称含义模糊，为了便于其他设计人员更容易理解关系和参数，并知道关系控制的是什么参数，用户应该把尺寸改为更有逻辑并容易明白的名字。

2) 对于步骤三：关于关系

关系是根据它们在列表中的先后顺序求解的。

列出三个关系式：A=B、C=D、D=B/2，来看看改变 B 的值会发生什么变化。首先系统会算出一个新的 A 值，第二个关系式没有变化。在第三个关系式中，B 值变化会产生一个新的 D 值，然而只有到第二次重建时，新的 D 值才会作用到 C 值上，将关系式重新排列就能解决这个问题。正确的顺序是：A=B、D=B/2、C=D。

7.1.3　随堂练习

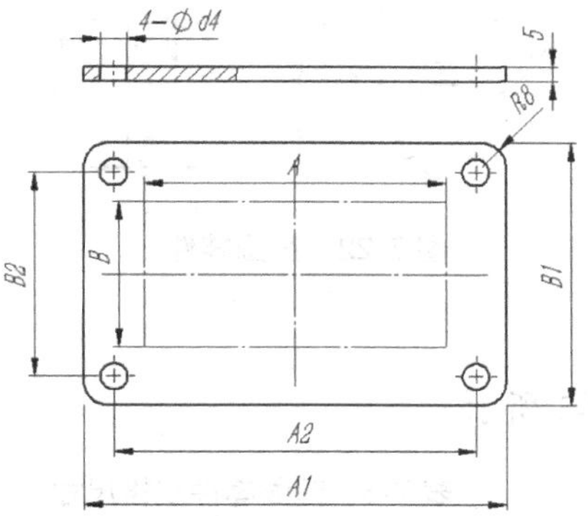

A	100，　120，150，180，200
A_1	A_1=A+(5~6)d_4
A_2	A_2=(A+A_1)/2
B	50,60,75,90,100
B_1	B_1=B+(5~6)d_4
B_2	B_2=(B+B_1)/2
d_4	d_4=(M6~M8)

随堂练习 1

7.2　零 件 族 表

本节知识点：建立零件族表。

7.2.1　族表的简介

在产品设计中，有些零部件是标准化的，如紧固件、轴承、弹簧、法兰、液压件、机车车辆通用件和机床夹具零部件等，为了提高产品设计效率，经常把这些标准件入库，在需要使用时就调用，因而就有了族表的产生。通过参数化和使参数产生关系，在使用时，就通过族表把需要的标准件调出来。特征在装配较为复杂的机构时，族表的作用更为突出，本节就是围绕族表展开的。

7.2.2　建立零件族表应用实例

建立垫圈零件库，如图 7-22 所示。

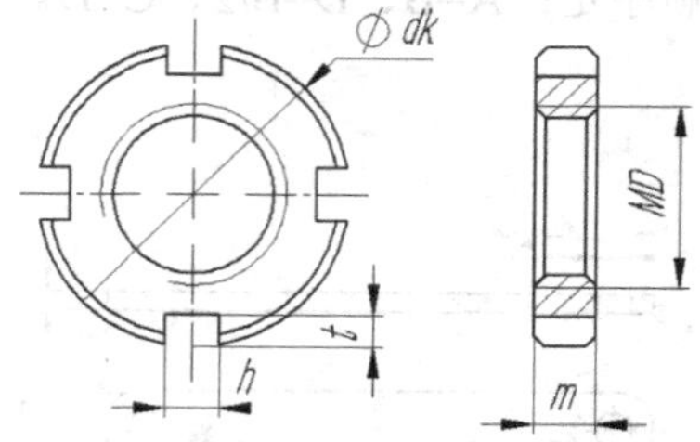

图 7-22　垫圈零件

1. 要求

垫圈零件规格尺寸如表 7-3 所示。

表 7-3　垫圈零件规格尺寸

mm

<table>
<tr><th>D</th><th>dk</th><th>m</th><th>h</th><th>t</th></tr>
<tr><td>10</td><td>20</td><td rowspan="4">6</td><td rowspan="3">4.3</td><td rowspan="3">2.6</td></tr>
<tr><td>12</td><td>22</td></tr>
<tr><td>16</td><td>28</td></tr>
<tr><td>20</td><td>32</td><td rowspan="2">5.3</td><td rowspan="2">3.1</td></tr>
<tr><td>24</td><td>38</td><td>8</td></tr>
</table>

倒角 0.5×45°

2. 操作步骤

步骤一：新建文件

新建文件“washer.prt”。

步骤二：创建参数

选择【工具】|【参数】菜单命令，弹出【参数】对话框。

(1) 单击【添加新参数】按钮，输入名称为 D，输入值为 10。

(2) 单击【添加新参数】按钮，输入名称为 dk，输入值为 20。

(3) 单击【添加新参数】按钮，输入名称为 m，输入值为 6。

(4) 单击【添加新参数】按钮，输入名称为 h，输入值为 4.3。

(5) 单击【添加新参数】按钮，输入名称为 t，输入值为 2.6。

如图 7-23 所示，单击 OK 按钮。

步骤三：建立毛坯

(1) 单击【基础特征】工具栏上的【拉伸】按钮，出现【拉伸】操作面板。

① 单击【盲孔】按钮，在【深度】下拉列表框中输入 m，单击【是】按钮。

② 单击【放置】按钮，弹出【放置】下拉面板，如图 7-24 所示。

③ 单击【定义】按钮，弹出【草绘】对话框。

④ 在图形区选择 FRONT 基准面作为草绘平面。

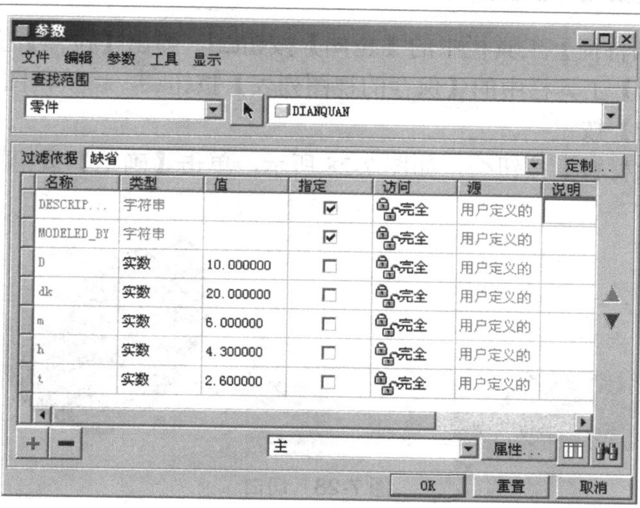

图 7-23　输入参数

⑤ 选择 TOP 基准面作为参照平面。

⑥ 从【方向】下拉列表框中选择【顶】选项，单击【草绘】按钮，进入草绘模式。

⑦ 绘制草图，在【直径】文本框中输入 dk，单击【是】按钮，如图 7-25 所示。

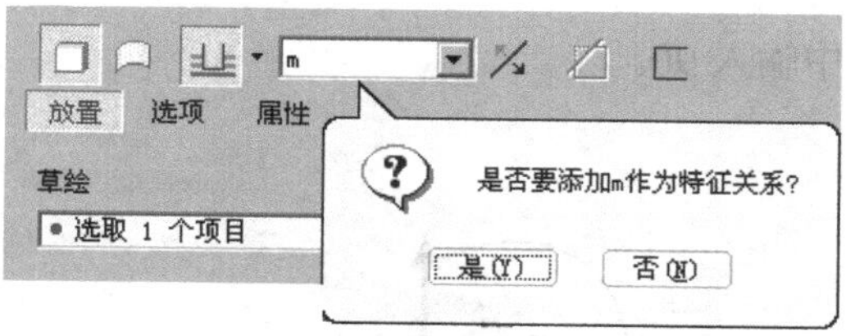

图 7-24　【拉伸】操作面板

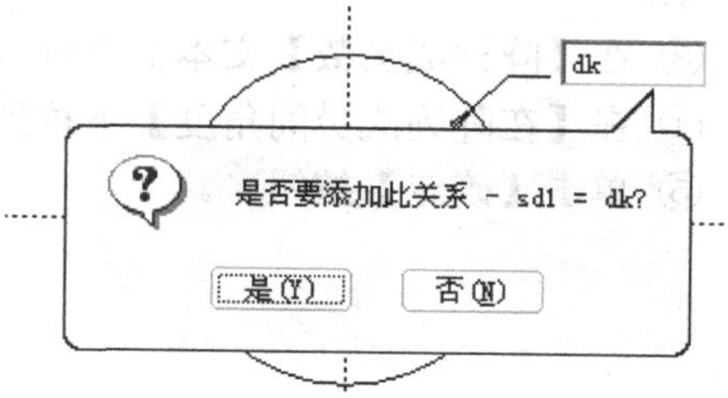

图 7-25　绘制草图

⑧ 单击【完成】按钮，返回【拉伸】操作面板，单击【视图】工具栏中的【保存的视图列表】按钮，切换视图为【标准方向】，如图 7-26 所示，单击【确定】按钮。

(2) 单击【草绘工具】按钮，弹出【草绘】对话框，单击【使用先前的】按钮，进入草绘模式，绘制草图，如图 7-27 所示，单击【完成】按钮。

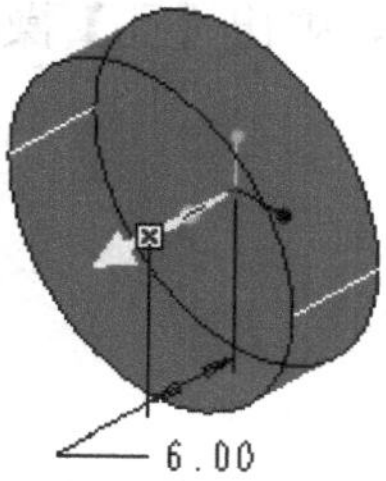

图 7-26　生成实体特征

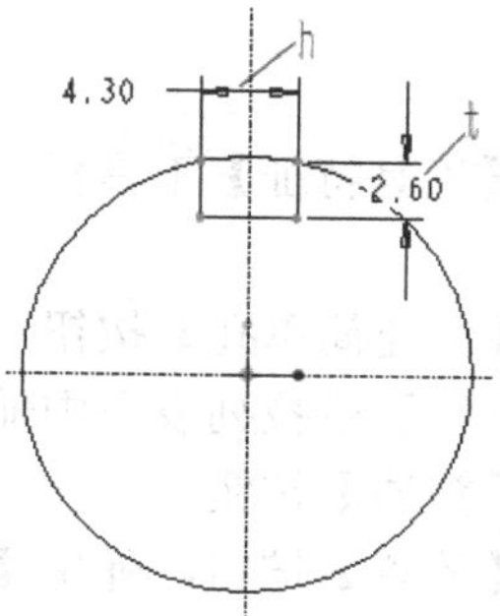

图 7-27　绘制草图

(3) 单击【基础特征】工具栏中的【拉伸】按钮，弹出【拉伸】操作面板。

① 单击【视图】工具栏中的【保存的视图列表】按钮，切换视图为【标准方向】。

② 单击【穿透】按钮。

③ 单击【去除材料】按钮，如图 7-28 所示，单击【确定】按钮。

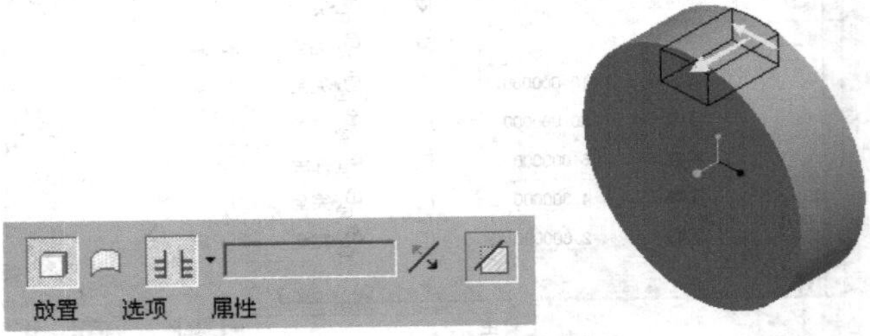

图 7-28　切口

(4) 选择切口，选择【编辑】|【阵列】菜单命令，弹出【阵列工具】操作面板，如图 7-29 所示。

① 从【阵列种类】下拉列表框中选择【轴】选项。

② 选取基准轴作为阵列的中心，系统就会在角度方向创建默认阵列，阵列成员以黑点表示。

③ 在【阵列成员数】文本框中输入 4。

④ 在【在阵列成员间角度】下拉列表框中输入 90。

⑤ 单击【确定】按钮。

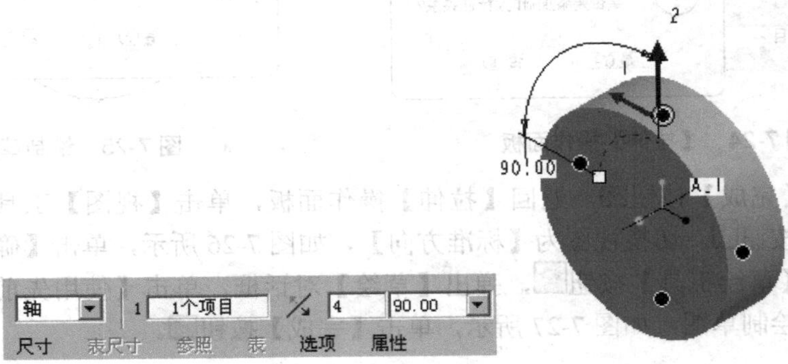

图 7-29　阵列切口

(5) 单击【工具特征】工具栏中的【孔工具】按钮，弹出【孔】操作面板，如图 7-30 所示。

① 单击【创建简单孔】按钮。

② 在【直径】下拉列表框中输入 D。

③ 单击【穿透】按钮。

④ 单击【放置】按钮，弹出【放置】下拉面板。

⑤ 激活【放置】收集器，在图形区，按住 Ctrl 键，选择基准轴和前表面。

⑥ 单击【确定】按钮。

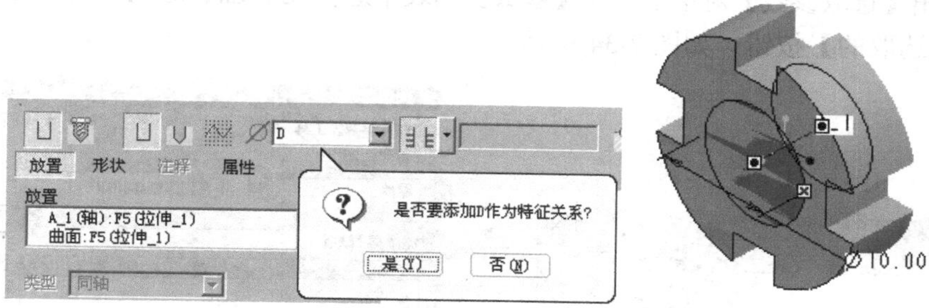

图 7-30　打孔

(6) 单击【工程特征】工具栏中的【倒角工具】按钮，弹出【倒角工具】操作面板，如图 7-31 所示。

① 在【边倒角类型】下拉列表框中选择 45×D 选项。

② 在【距离】下拉列表框中输入 0.50。

③ 按住 Ctrl 键，在图形区选择 8 边线。

④ 单击【确定】按钮。

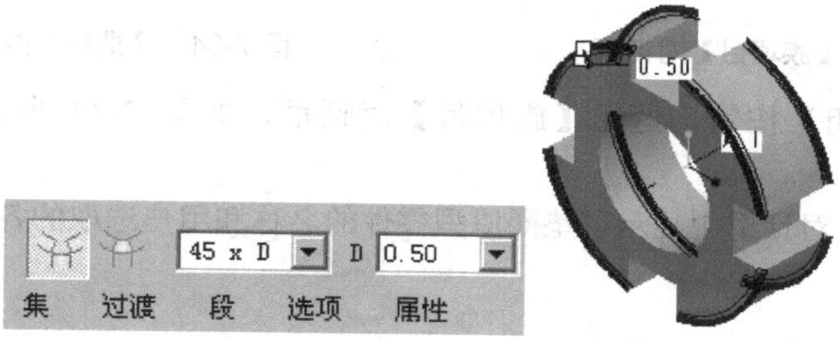

图 7-31　倒角

步骤四：创建族表

(1) 选择【工具】|【族表】菜单命令，弹出【族表】对话框。由于还没有创建当前模型的族表，因此会在对窗口中显示“此模型当前没有族表设计变量”等字样，如图 7-32 所示。

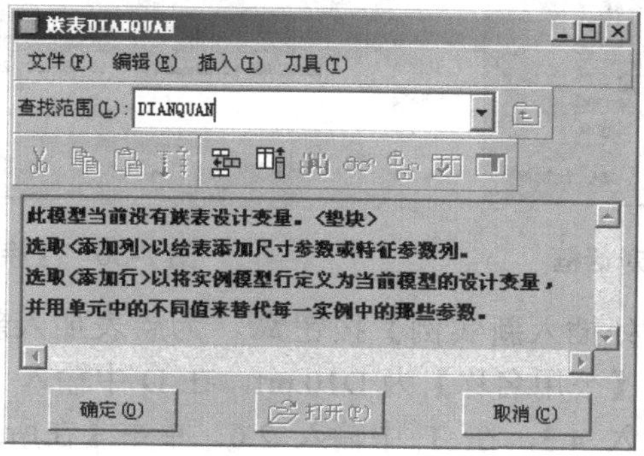

图 7-32　【族表】对话框

(2) 单击【添加/删除表列】按钮，弹出【族项目】对话框，在【添加项目】选项组中，选中【参数】单选按钮，如图 7-33 所示。

(3) 弹出【选取参数】对话框，在【参数】列表中选择 D、dk、m、h、t 这 5 个参数，单击【插入选取的】按钮，如图 7-34 所示。

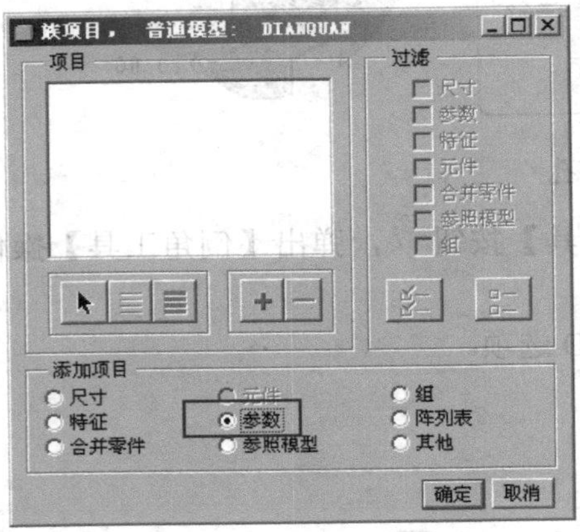

图 7-33 【族项目】对话框

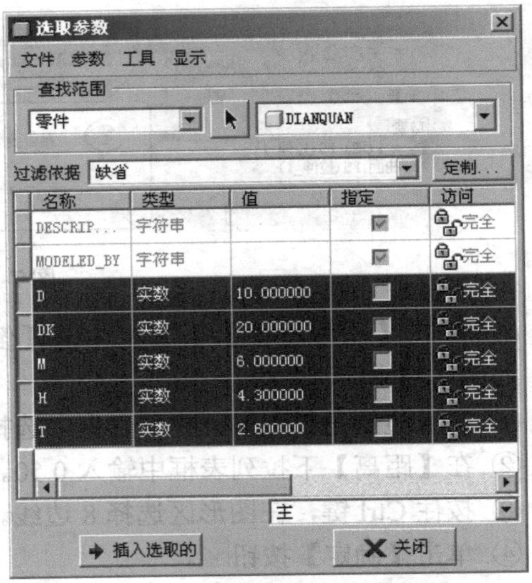

图 7-34 【选取参数】对话框

(4) 单击【关闭】按钮，返回【族项目】对话框，如图 7-35 所示，单击【确定】按钮。

(5) 在【族表】对话框中显示了垫圈原型零件的名称和用户选取的各项参数，如图 7-36 所示。

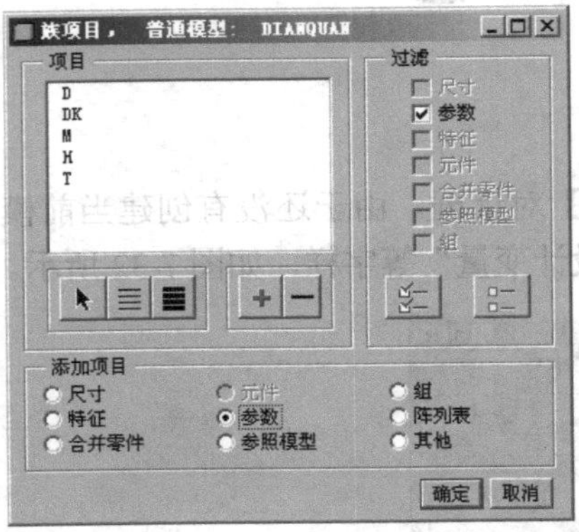

图 7-35 【族项目】对话框

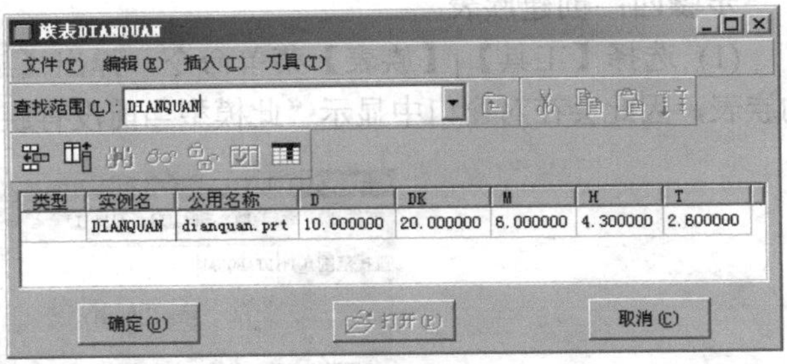

图 7-36 【族表】对话框

(6) 单击【在所选行处插入新实例】按钮，为族表加入新的一行，输入新项目数据，【实例名】为 D10，【公用名称】为 D10.prt，在 D 中输入 10，在 DK 中输入 20，在 M 中输入 6，在 H 中输入 4.3，在 T 中输入 2.6。单击【在所选行处插入新实例】按钮，加入新的项目，直到将需要的 5 种垫圈规格全部添加至族表，如图 7-37 所示。

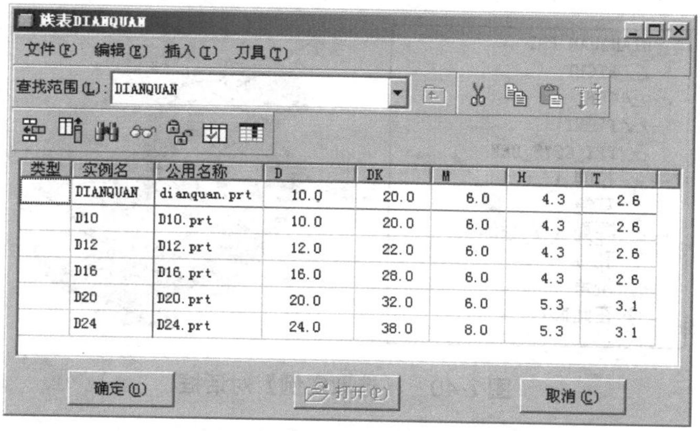

图 7-37　5 种垫圈规格全部添加至族表

步骤五：验证族表项目

单击【校验族的实例】按钮，出现【族树】对话框。单击【校验】按钮，系统会按照族表规定的尺寸逐个族表项目，若项目的尺寸能够被再生，则会在校验状态中显示【成功】，若不能按族表的尺寸再生，则显示【失败】。本例族表的 5 个项目均能成功再生，如图 7-38 所示。

步骤六：存盘

选择【文件】|【保存】菜单命令，保存文件。

步骤七：族表零件的使用

打开 DianQuan.prt 零件，弹出【选取实例】对话框，选择 D12，如图 7-39 所示，打开 D12 垫圈。

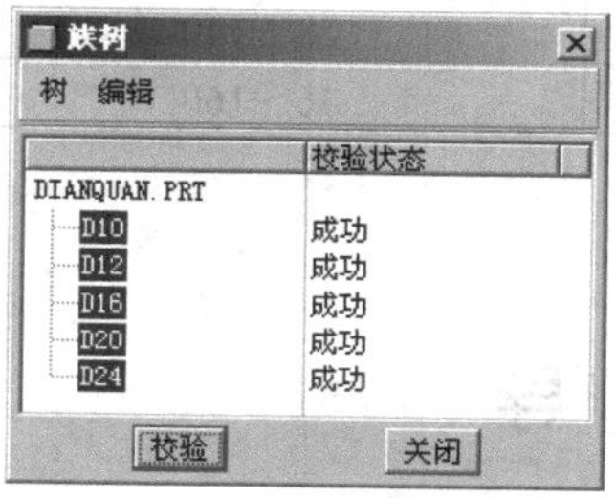

图 7-38　验证族表项目

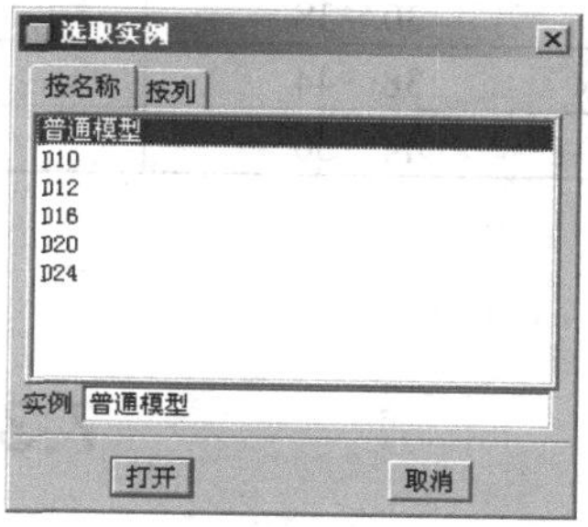

图 7-39　【选取实例】对话框

3. 步骤点评

对于步骤四：关于添加项目。

单击【添加/删除表列】按钮，弹出【族项目】对话框，在【添加项目】选项组中，选中【尺寸】单选按钮，在导航器中选择特征，图形中显示此特征的参数，在图形区选择需要的尺寸作为参数，如图 7-40 所示。

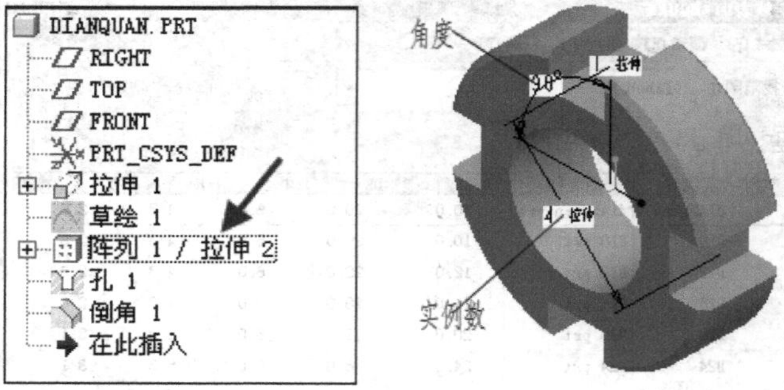

图 7-40 【选取实例】对话框

7.2.3 随堂练习

建立平键。

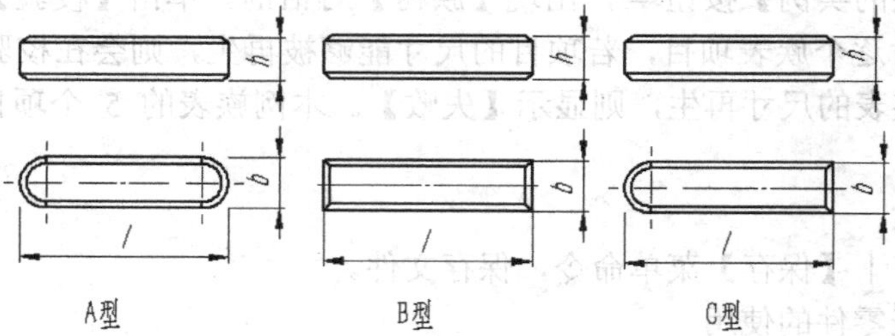

d	b×h	l
20～30	8×7	18～90
30～38	10×8	22～110
38～44	12×8	28～140
44～50	14×9	36～160

随堂练习 2

7.3 上机指导

建立深沟球轴承零件库，如图 7-41 所示。

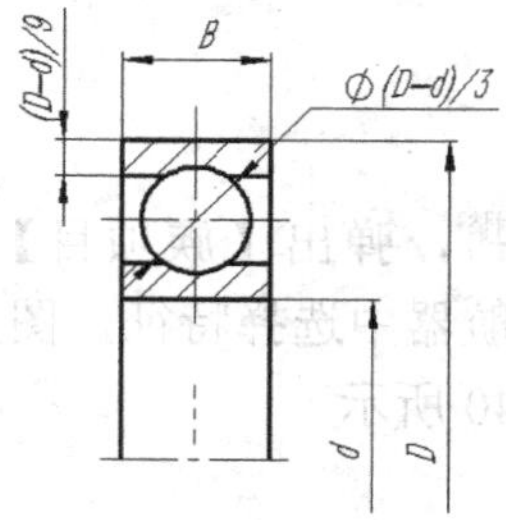

图 7-41 深沟球轴承

7.3.1　建模理念

深沟球轴承规格尺寸如表 7-4 所示。

表 7-4　深沟球轴承规格尺寸　　mm

轴承代号	d	D	B	n
204	20	47	14	8
205	25	52	15	9
206	30	62	16	9
207	35	72	17	9
208	40	80	18	10

7.3.2　操作步骤

步骤一：新建文件

新建文件“ball_bearing.prt”。

步骤二：创建参数

选择【工具】|【参数】菜单命令，弹出【参数】对话框，如图 7-42 所示。

(1) 单击【添加新参数】按钮，输入名称为 D_HOLE，输入值为 40。

(2) 单击【添加新参数】按钮，输入名称为 D_SHAFT，输入值为 80。

(3) 单击【添加新参数】按钮，输入名称为 B_WIDTH，输入值为 18。

(4) 单击 OK 按钮。

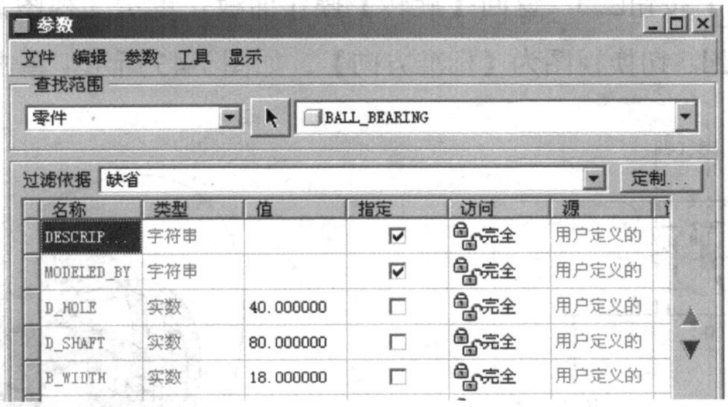

图 7-42　输入参数

步骤三：创建关系

选择【工具】|【关系】菜单命令，弹出【关系】对话框，输入关系式：

```
d_Ball=(D_Shaft-d_Hole)/3
b=d_Ball/3
```

如图 7-43 所示，单击 OK 按钮。

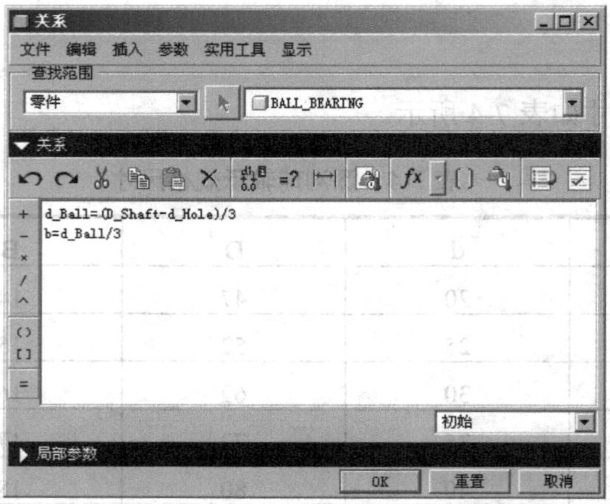

图 7-43 【关系】对话框

步骤四：建立毛坯

(1) 单击【基础特征】工具栏中的【旋转】按钮，弹出【旋转】操作面板。

① 单击【可变】按钮，在【角度】下拉列表框中输入 360。

② 单击【放置】按钮，弹出【放置】下拉面板。

③ 单击【定义】按钮，弹出【草绘】对话框。

④ 在图形区选择 RIGHT 基准面作为草绘平面。

⑤ 选择 TOP 基准面作为参照平面。

⑥ 从【方向】下拉列表框中选择【顶】选项，单击【草绘】按钮，进入草绘模式。

⑦ 绘制草图，如图 7-44 所示。

⑧ 单击【完成】按钮，返回【旋转】操作面板，单击【视图】工具栏中的【保存的视图列表】按钮，切换视图为【标准方向】，如图 7-45 所示，单击【确定】按钮。

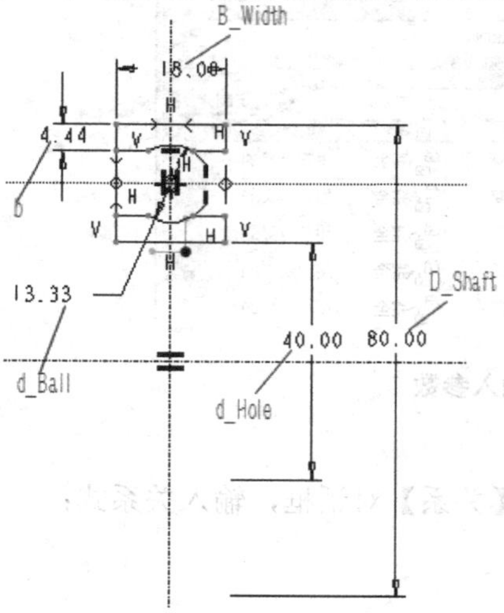

图 7-44 绘制草图

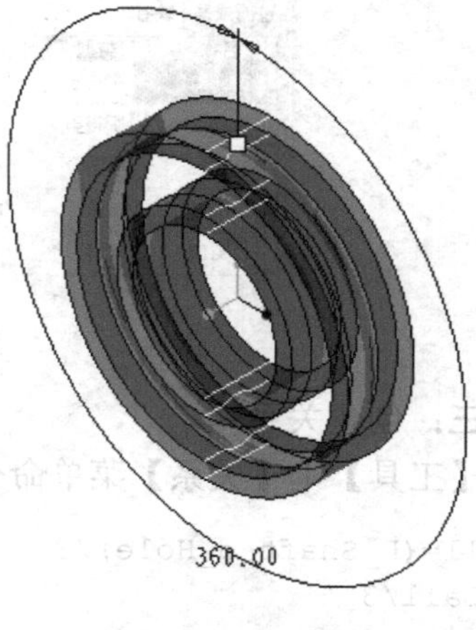

图 7-45 生成实体特征

(2) 单击【草绘工具】按钮，弹出【草绘】对话框，单击【使用先前的】按钮，进入草绘模式，绘制草图，如图 7-46 所示，单击【完成】按钮。

图 7-46　绘制草图

(3) 单击【视图】工具栏中的【保存的视图列表】按钮，切换视图为【标准方向】。

(4) 单击【基础特征】工具栏中的【旋转】按钮，弹出【旋转】操作面板，单击【可变】按钮，在【角度】下拉列表框中输入 360，如图 7-47 所示，单击【确定】按钮。

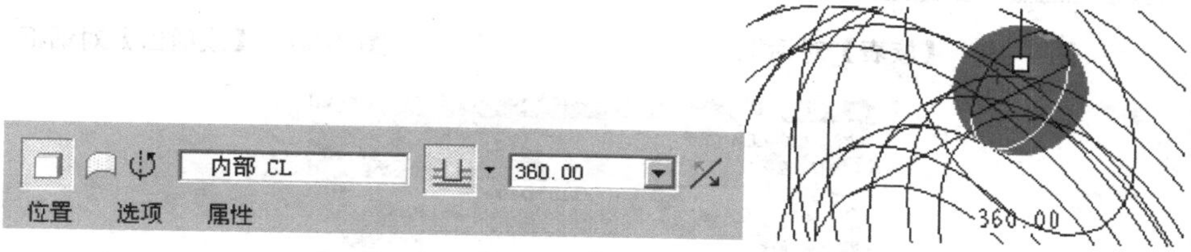

图 7-47　创建滚珠

(5) 在图形区选择滚珠，选择【编辑】|【阵列】菜单命令，弹出【阵列工具】操作面板，如图 7-48 所示。

① 从【阵列种类】列表选择【轴】选项。

② 选取基准轴作为阵列的中心，系统就会在角度方向创建默认阵列，阵列成员以黑点表示。

③ 在【阵列成员数】文本框中输入 10。

④ 在【在阵列成员间角度】下拉列表框中输入 36。

⑤ 单击【确定】按钮。

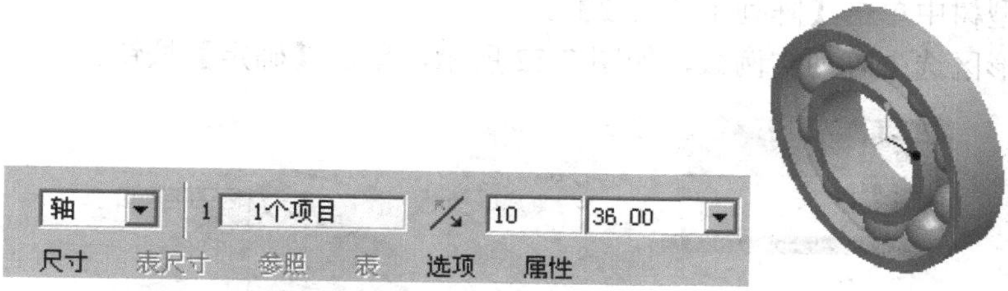

图 7-48　阵列滚珠

步骤五：创建族表

(1) 选择【工具】|【族表】菜单命令，弹出【族表】对话框。由于还没有创建当前模型的族表，因此会在窗口中显示“此模型当前没有族表设计变量”等字样，如图 7-49 所示。

(2) 单击【添加/删除表列】按钮，弹出【族项目】对话框，在【添加项目】选项组中选中【参数】单选按钮，如图 7-50 所示。

(3) 弹出【选取参数】对话框，在【参数】列表中选择 D、dk、m、h、t 这 5 个参数，单击【插入选取的】按钮，如图 7-51 所示。

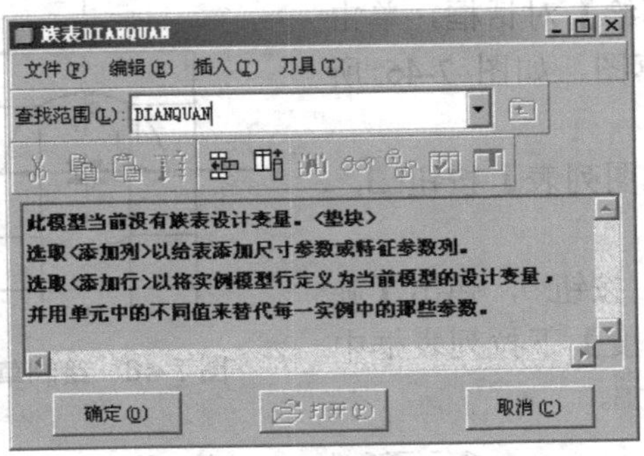

图 7-49 【族表】对话框

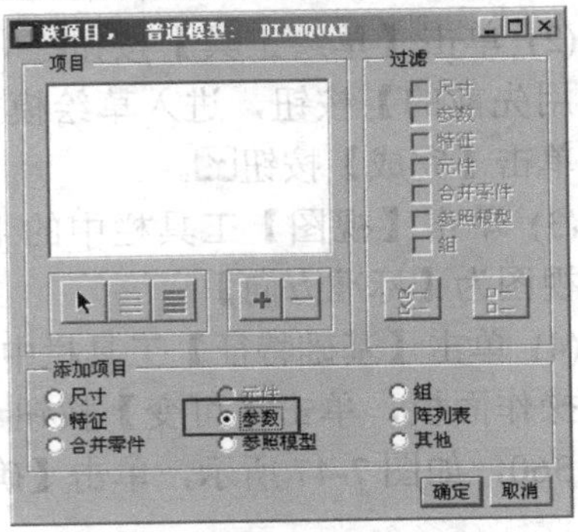

图 7-50 【族项目】对话框

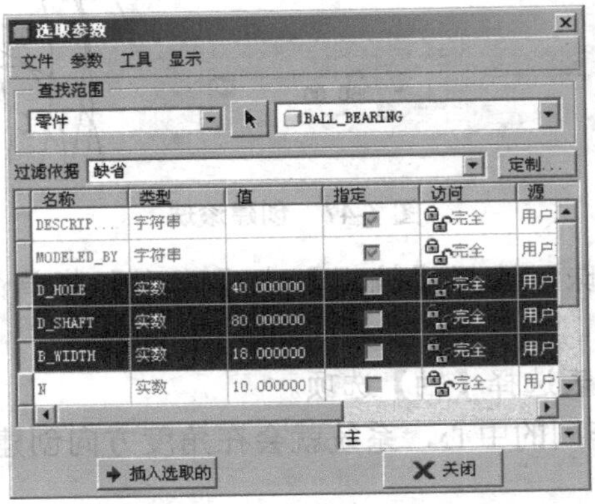

图 7-51 【选取参数】对话框

(4) 单击【关闭】按钮，返回【族项目】对话框。

① 在【添加项目】选项组中选中【尺寸】单选按钮。

② 在模型树中单击【阵列 1/旋转 2】。

③ 在图形区选中阵列实例数，如图 7-52 所示，单击【确定】按钮。

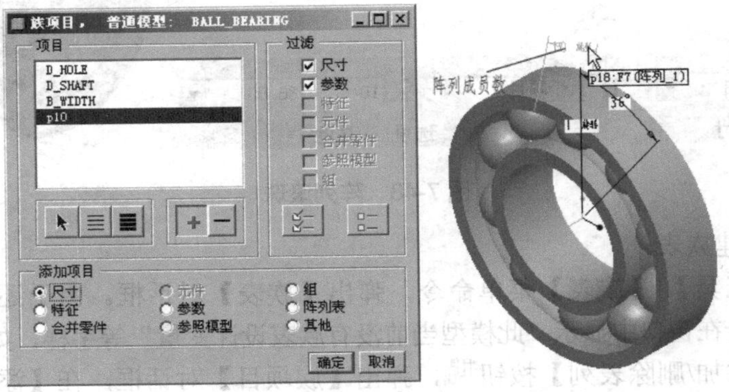

图 7-52 【族项目】对话框

(5) 在【族表】对话框中显示了垫圈原型零件的名称和用户选取的各项参数，如图 7-53 所示，单击【确定】按钮。

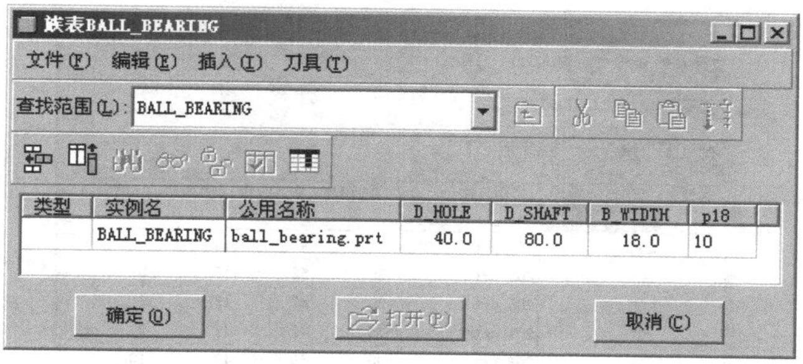

图 7-53 【族表】对话框

(6) 选择【工具】|【关系】菜单命令，弹出【关系】对话框，如图 7-54 所示，输入关系式：

```
d_Ball=(D_Shaft-d_Hole)/3
b=d_Ball/3
```

单击 OK 按钮。

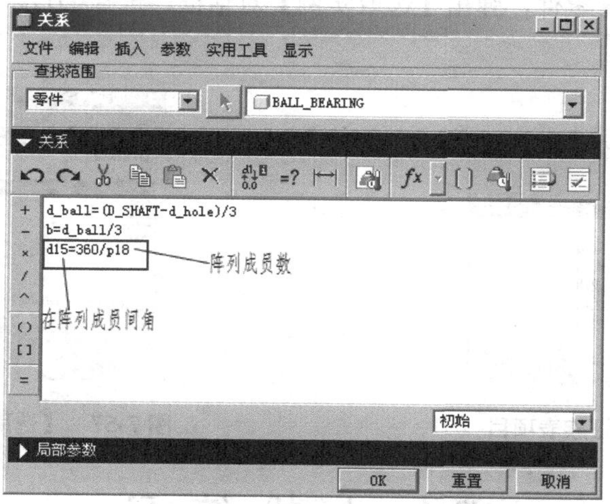

图 7-54 【关系】对话框

(7) 选择【工具】|【族表】菜单命令，弹出【族表】对话框。

单击【在所选行处插入新实例】按钮，为族在表加入新的一行，输入新项目数据，【实例名】为 D10，【公用名称】为 D10.prt，在 D 中输入 10，在 dk 中输入 20，在 m 中输入 6，在 h 中输入 4.3，在 t 中输入 2.6。单击【在所选行处插入新实例】按钮，加入新的项目，直到将需要的 5 种垫圈规格全部添加至族表，如图 7-55 所示。

步骤六：验证族表项目

单击【校验族的实例】按钮按钮，弹出【族树】对话框。单击【校验】按钮，系统会按照族表规定的尺寸逐个族表项目，若项目的尺寸能够被再生，则会在校验状态中显示【成功】，若不能按族表的尺寸再生，则显示【失败】。本例族表的 5 个项目均能成功再生，如图 7-56 所示。

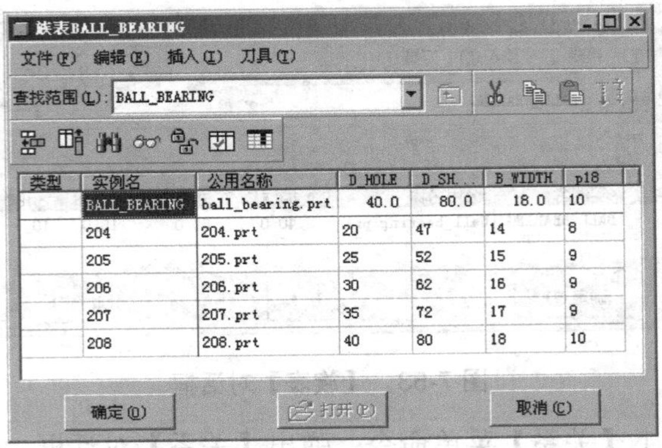

图 7-55　5 种垫圈规格全部添加至族表

步骤七：存盘

选择【文件】|【保存】菜单命令，保存文件。

步骤八：族表零件的使用

打开 DianQuan.prt 零件，弹出【选取实例】对话框，选择 D12，如图 7-57 所示，打开 D12 垫圈。

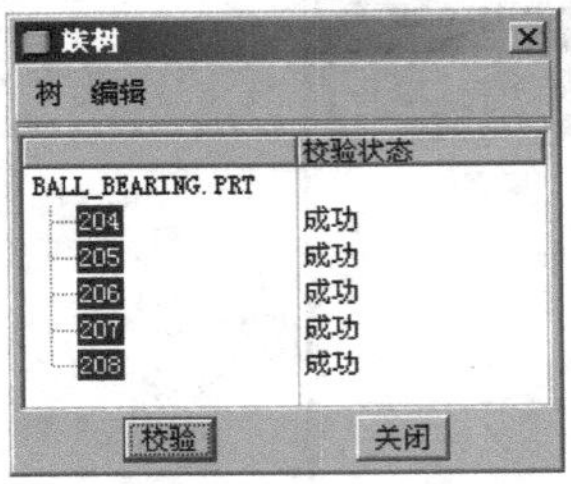

图 7-56　验证族表项目

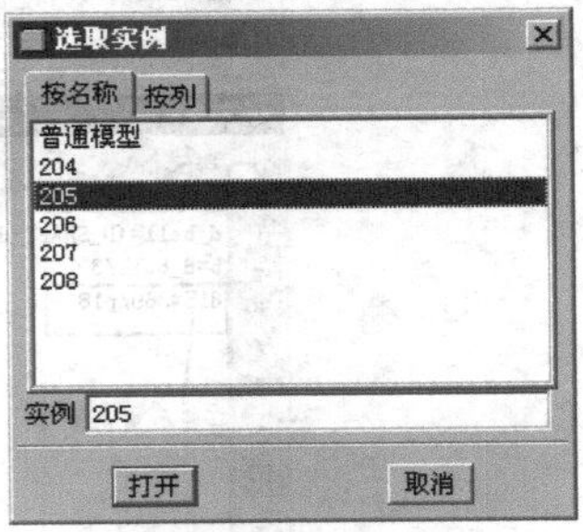

图 7-57　【选取实例】对话框

7.4　上 机 练 习

(1) 建立垫圈零件库，如习题图 1 所示。

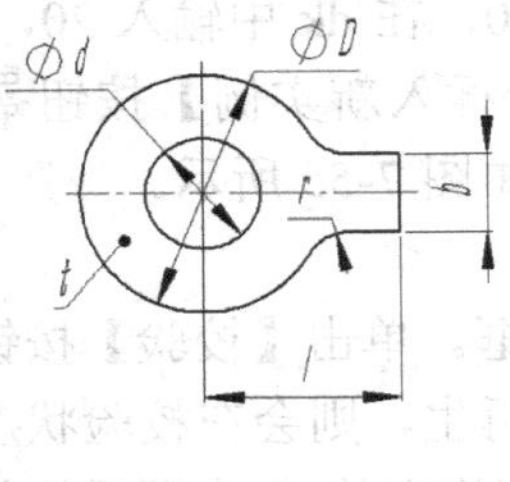

公制螺纹	单舌垫圈					
	d	D	t	L	b	r
6	6.5	18	0.5	15	6	3
10	10.5	26	0.8	22	9	5
16	17	38	1.2	32	12	6
20	21	45	1.2	36	15	8

上机练习图 1

(2) 建立轴承压盖零件库，如习题图 2 所示。

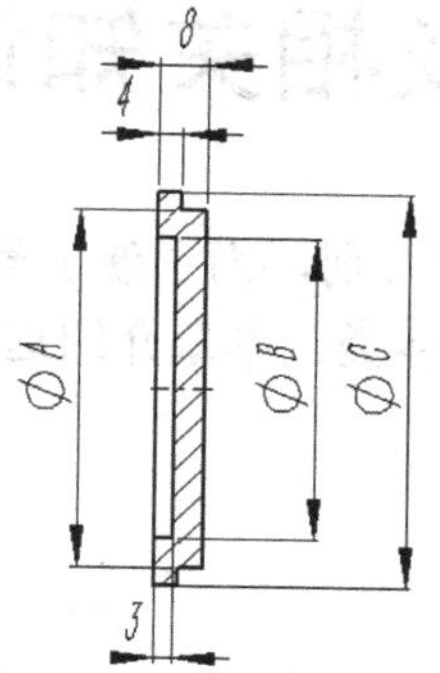

	A	B	C
1	62	52	68
2	47	37	52
3	30	20	35

上机练习图 2

第 8 章　典型零部件设计及相关知识

由于一般零件都是按单独的使用要求设计，结构形状千差万别，为了便于教学，将非标准件按结构功能特点分为轴套类、盘类、叉架类、盖类和箱体类。本章介绍这 5 类零件的建模方法。

8.1　轴套类零件设计

本节知识点：轴套类零件设计的一般方法。

8.1.1　轴套类零件的表达分析

1. 结构特点

(1) 这类零件包括各种轴、丝杆、套筒、衬套等，各组成部分多是同轴线的回转体，且轴向尺寸长，径向尺寸短，从总体上看是细而长的回转体。

(2) 根据设计和工艺的要求，这类零件常带有轴肩、键槽、螺纹、挡圈槽、退刀槽、中心孔等结构。为去除金属锐边，并便于轴上零件装配，轴的两端均有倒角。

2. 常用的表达方法

(1) 一般只用一个完整的基本视图(即主视图)即可把轴套上各回转体的相对位置和主要形状表示清楚。

(2) 这类零件常在车床和磨床上加工，选择主视图时，多按加工位置将轴线水平放置。主视图的投射方向垂直于轴线。

(3) 建模时一般将小直径的一端朝右，以符合零件最终加工位置；平键键槽朝前、半圆键键槽朝上，以利于形状特征的表达。

(4) 常用断面、局部剖视、局部视图、局部放大图等图样画法表示键槽、退刀槽和其他槽、孔等结构。

(5) 对于形状简单而轴向尺寸较长的部分常断开后缩短绘制。

(6) 空心套类零件中由于多存在内部结构，一般采用全剖、半剖或局部剖绘制。

8.1.2　轴套类零件设计实例

铣刀头轴如图 8-1 所示。

1. 设计理念

(1) 铣刀头轴径向尺寸和基准，如图 8-2 所示。

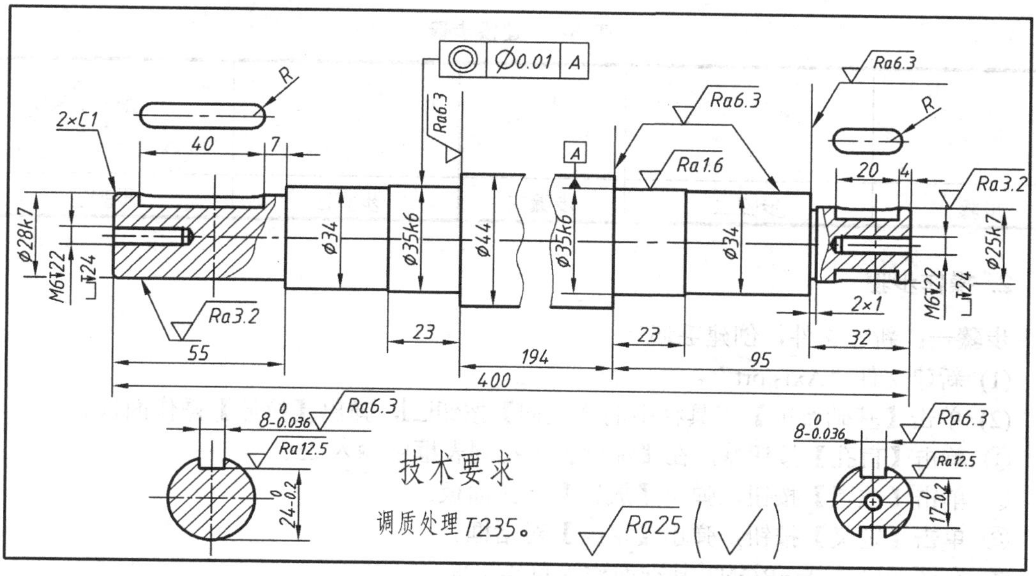

图 8-1 铣刀头轴

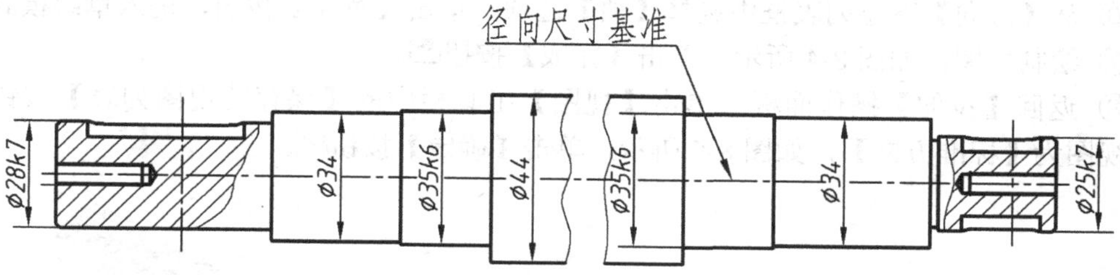

图 8-2 铣刀头轴径向尺寸和基准

(2) 铣刀头轴轴向主要尺寸和基准，如图 8-3 所示。

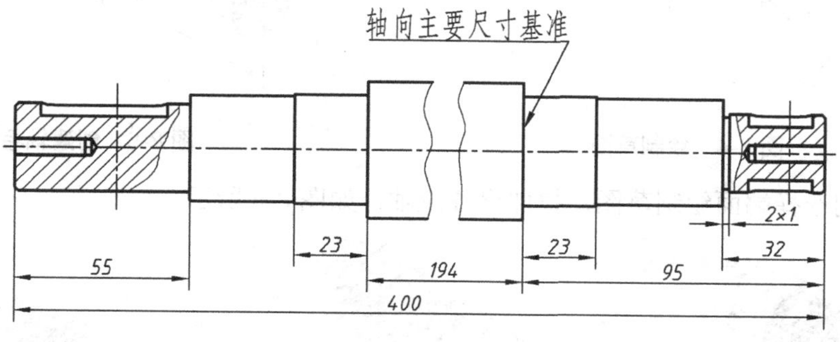

图 8-3 铣刀头轴轴向尺寸和基准

(3) 倒角 1×45°。

建模步骤如表 8-1 所示。

表 8-1　建模步骤

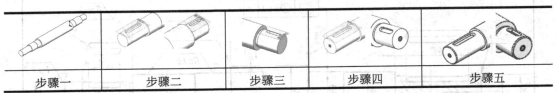

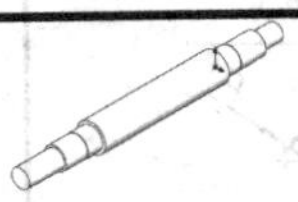	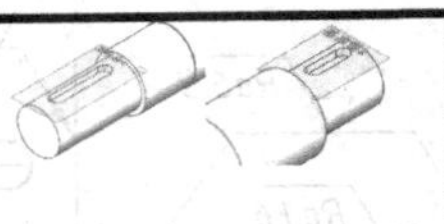	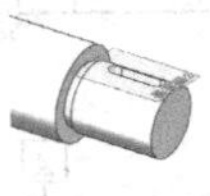	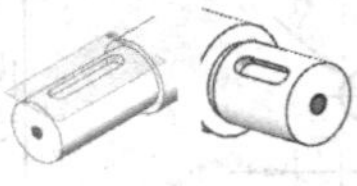	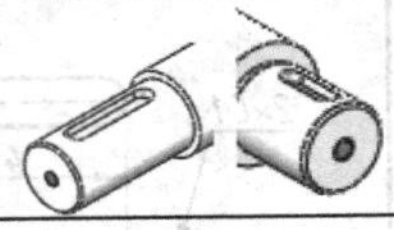
步骤一	步骤二	步骤三	步骤四	步骤五

2. 操作步骤

步骤一：新建文件，创建毛坯

(1) 新建文件“Axis.prt”。

(2) 单击【基础特征】工具栏中的【拉伸】按钮，弹出【拉伸】操作面板。

① 单击【盲孔】按钮，在【深度】下拉列表框中输入 25。

② 单击【放置】按钮，弹出【放置】下拉面板。

③ 单击【定义】按钮，弹出【草绘】对话框。

④ 在图形区选择 FRONT 基准面作为草绘平面。

⑤ 选择 TOP 基准面作为参照平面。

⑥ 从【方向】下拉列表框中选择【顶】选项，单击【草绘】按钮，进入草绘模式。

⑦ 绘制草图，如图 8-4 所示，单击【完成】按钮。

⑧ 返回【拉伸】操作面板，单击【视图】工具栏中的【保存的视图列表】按钮，切换视图为【标准方向】，如图 8-5 所示，单击【确定】按钮。

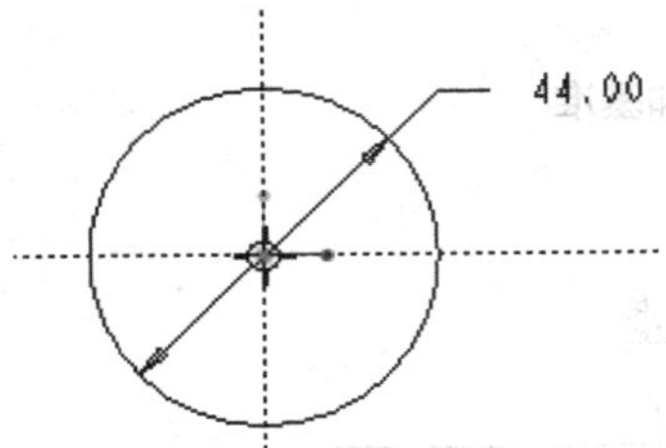

图 8-4　绘制草图

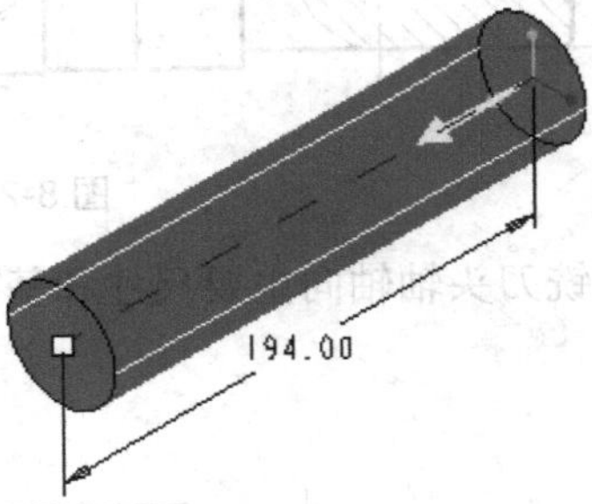

图 8-5　创建轴毛坯

(3) 分别选择端面绘制草图，拉伸出各段轴，如图 8-6 所示。

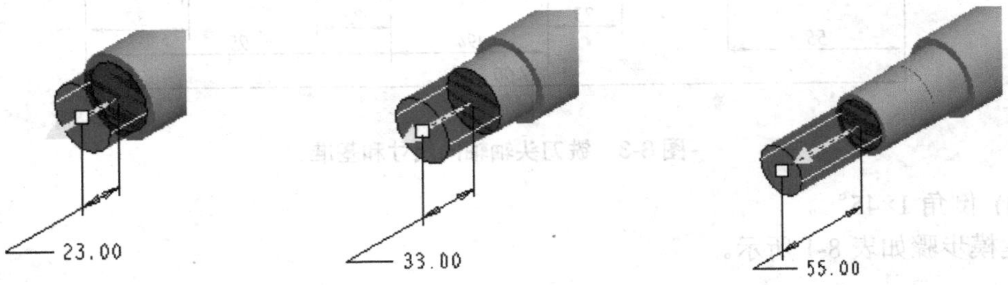

图 8-6　创建各段轴

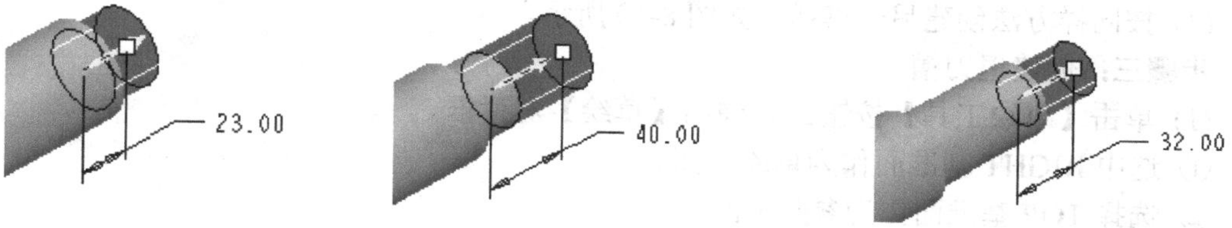

图 8-6　(续)

步骤二：创建键槽

(1) 单击【基准】工具栏中的【平面】按钮，弹出【基准平面】对话框，如图 8-7 所示。

① 按住 Ctrl 键，在图形区选择曲面和 RIGHT。

② 设置曲面的约束条件为【相切】。

③ 设置 RIGHT 基准面的约束条件为【法向】。

④ 单击【确定】按钮。

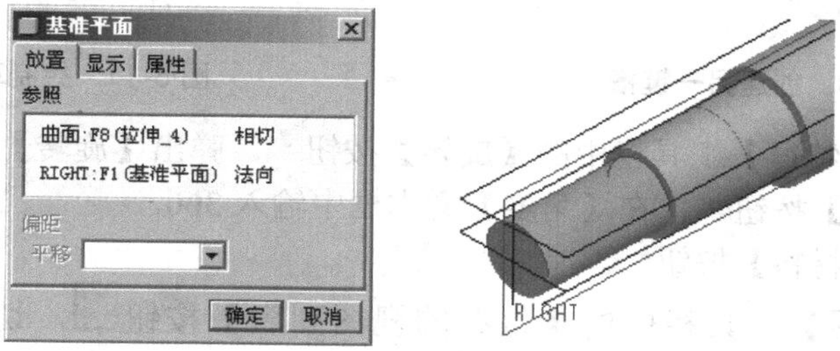

图 8-7　建立基准面

(2) 单击【草绘工具】按钮，弹出【草绘】对话框。

① 选中基准面作为草绘平面。

② 选择 TOP 基准面作为参照平面。

③ 从【方向】下拉列表框中选择【底部】选项，单击【草绘】按钮，进入草绘模式。

④ 绘制草图，如图 8-8 所示，单击【完成】按钮。

(3) 单击【基础特征】工具栏中的【拉伸】按钮，弹出【拉伸】操作面板。

① 单击【视图】工具栏中的【保存的视图列表】按钮，切换视图为【标准方向】。

② 单击【盲孔】按钮，在【深度】下拉列表框中输入 4。

③ 单击【去除材料】按钮，如图 8-9 所示，单击【确定】按钮。

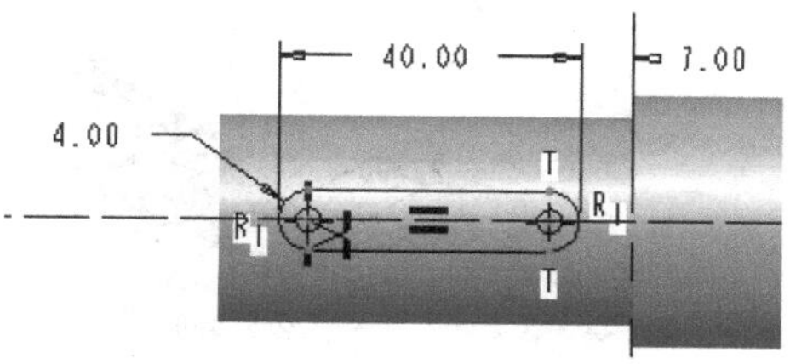

图 8-8　绘制草图

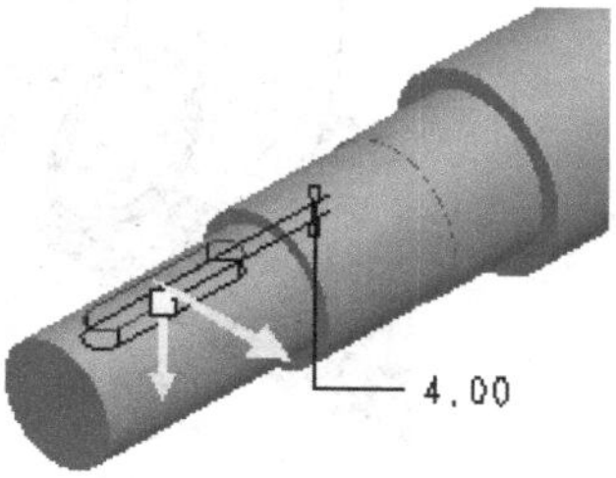

图 8-9　创建键槽

(4) 按同样方法创建另一键槽，如图 8-10 所示。

步骤三： 创建退刀槽

(1) 单击【草绘工具】按钮，弹出【草绘】对话框。

① 选中 RIGHT 基准面作为草绘平面。

② 选择 TOP 基准面作为参照平面。

③ 从【方向】下拉列表框中选择【底部】选项，单击【草绘】按钮，进入草绘模式。

④ 绘制草图，如图 8-11 所示，单击【完成】按钮。

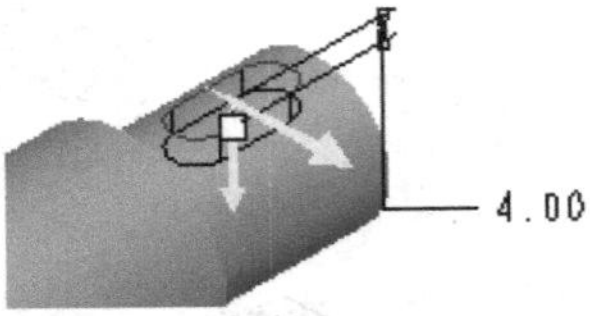

图 8-10　创建另一键槽

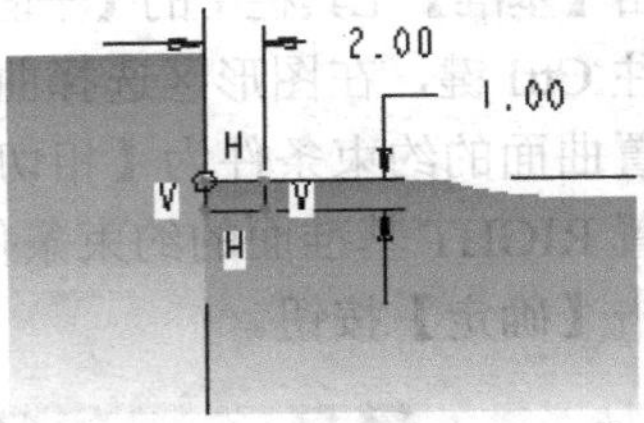

图 8-11　绘制草图

(2) 单击【基础特征】工具栏中的【旋转】按钮，弹出【旋转】操作面板。

① 单击【可变】按钮，在【角度】文本框中输入 360。

② 单击【去除材料】按钮。

③ 单击【视图】工具栏中的【保存的视图列表】按钮，切换视图为【标准方向】，如图 8-12 所示，单击【确定】按钮。

步骤四： 创建螺纹孔

(1) 单击【工具特征】工具栏中的【孔工具】按钮，弹出【孔】操作面板。

① 单击【创建标准孔】按钮。

② 从【螺钉直径】列表中选择 M6×1 选项。

③ 单击【盲孔】按钮，在【深度】下拉列表框中输入 22。

④ 单击【放置】按钮，弹出【放置】下拉面板。

⑤ 激活【放置】收集器，在图形区，按住 Ctrl 键，选择基准轴和轴前端面。如图 8-13 所示，单击【确定】按钮。

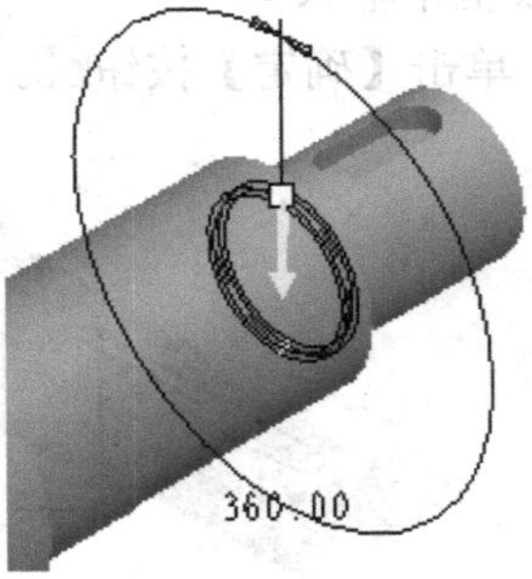

图 8-12　建立退刀槽

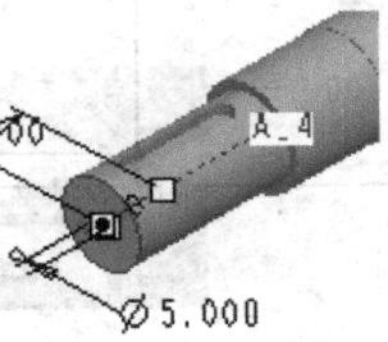

图 8-13　创建螺纹孔

(2) 按同样方法创建另一端螺纹孔，如图 8-14 所示。

步骤五：创建倒角

单击【工程特征】工具栏中的【倒角工具】按钮，弹出【倒角工具】操作面板，如图 8-15 所示。

(1) 从【边倒角类型】下拉列表框中选择 45×D 选项。

(2) 在【距离】下拉列表框中输入 1。

(3) 按住 Ctrl 键，在图形区选择两边线。

(4) 单击【确定】按钮。

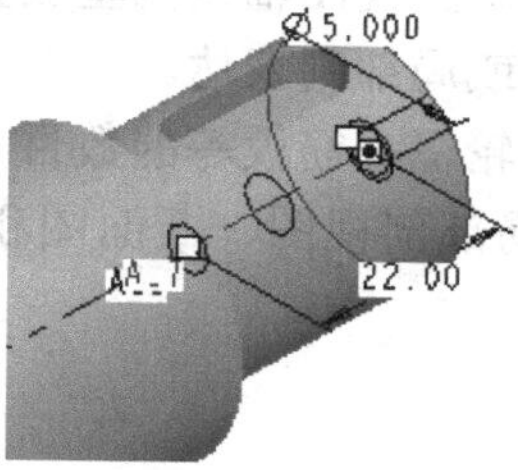

图 8-14　创建螺纹孔

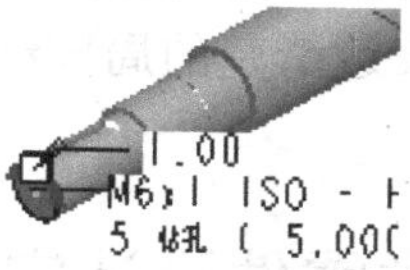

图 8-15　倒角

步骤六：存盘

选择【文件】|【保存】菜单命令，保存文件。

8.1.3　随堂练习

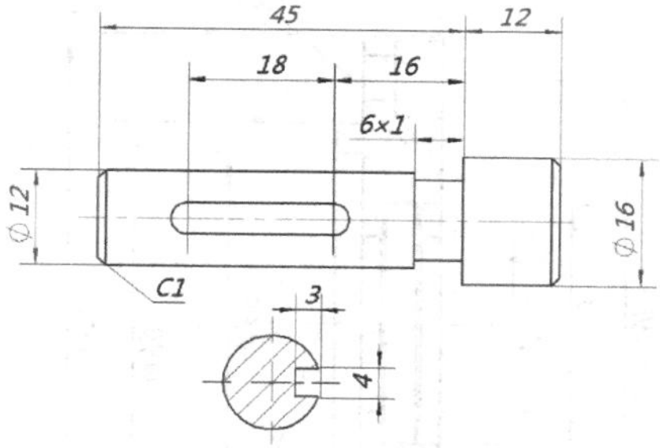

随堂练习 1

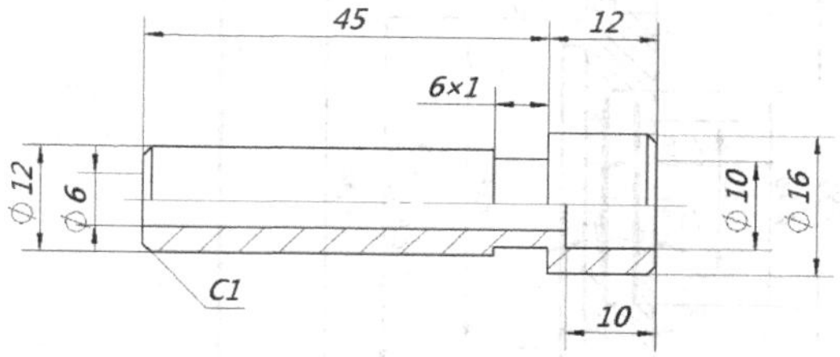

随堂练习 2

8.2　盘类零件设计

本节知识点：盘类零件设计的一般方法。

8.2.1　盘类零件的表达分析

这类零件包括齿轮、手轮、皮带轮、飞轮、法兰盘、端盖等。

1. 结构特点

轮盘类零件的主体一般也称为回转体，与轴套零件不同的是，轮盘类零件轴向尺寸小而径向尺寸较大，一般有一个端面是与其他零件联结的重要接触面。这类零件上常有退刀槽、凸台、凹坑、倒角、圆角、轮齿、轮辐、筋板、螺孔、键槽和作为定位或连接用孔等结构。

2. 表达方法

由于轮盘类零件的多数表面也是在车床上加工的，为方便工人对照看图，主视图往往也按加工位置摆放。

(1) 选择垂直于轴线的方向作为主视图的投射方向。主视图轴线侧垂放置。

(2) 若有内部结构，主视图常采用半剖或全剖视图或局部剖表达。

(3) 一般还需左视图或右视图表达轮盘上连接孔或轮辐、筋板等的数目和分布情况。

(4) 还未表达清楚的局部结构，常用局部视图、局部剖视图、断面图和局部放大图等补充表达。

8.2.2 盘类零件设计实例

铣刀头上的端盖如图 8-16 所示。

1. 设计理念

端盖轴向尺寸及基准和径向尺寸及基准，如图 8-17 所示。

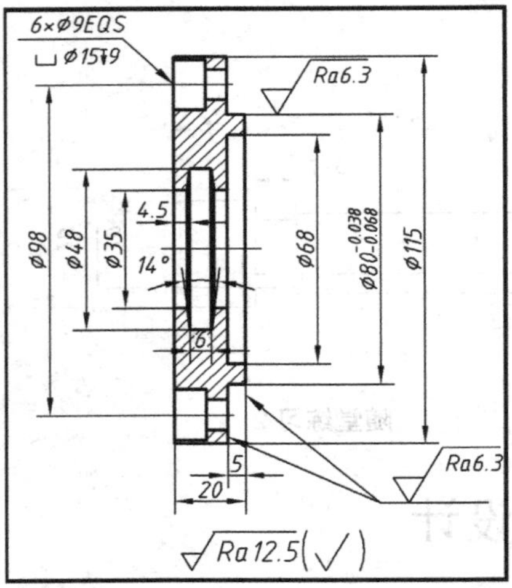

图 8-16 端盖

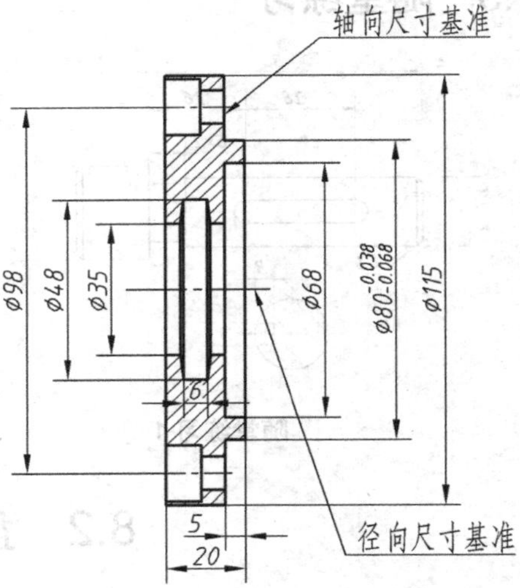

图 8-17 端盖轴向尺寸及基准和径向尺寸及基准

建模步骤如表 8-2 所示。

表 8-2 建模步骤

步骤一	步骤二	步骤三

2. 操作步骤

步骤一：新建文件，创建毛坯

(1) 新建文件“Cover.prt”。

(2) 单击【基础特征】工具栏中的【拉伸】按钮，弹出【拉伸】操作面板。

① 单击【盲孔】按钮，在【深度】下拉列表框中输入 20。

② 单击【放置】按钮，弹出【放置】下拉面板。

③ 单击【定义】按钮，弹出【草绘】对话框。

④ 在图形区选择 FRONT 基准面作为草绘平面。

⑤ 选择 TOP 基准面作为参照平面；

⑥ 从【方向】下拉列表框中选择【顶】选项，单击【草绘】按钮，进入草绘模式。

⑦ 绘制草图，如图 8-18 所示。

⑧ 单击【完成】按钮，返回【拉伸】操作面板，单击【视图】工具栏中的【保存的视图列表】按钮，切换视图为【标准方向】，如图 8-19 所示，单击【确定】按钮。

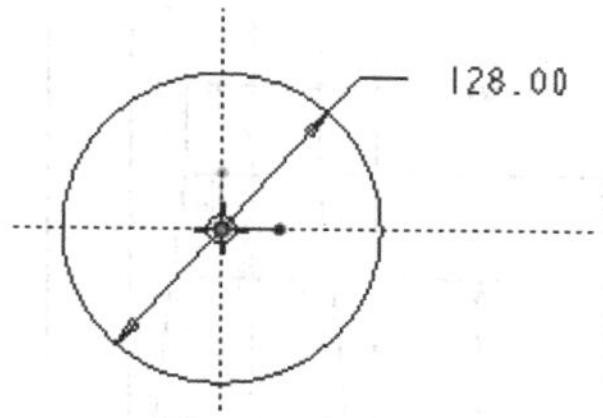

图 8-18　绘制草图

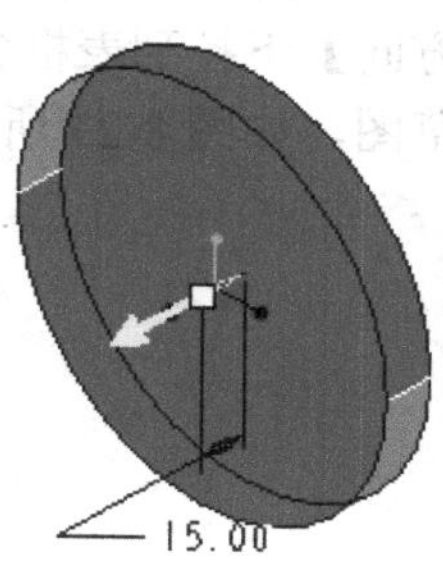

图 8-19　生成实体特征

(3) 单击【草绘工具】按钮，弹出【草绘】对话框，单击【使用先前的】按钮，进入草绘模式，绘制草图，如图 8-20 所示，单击【完成】按钮。

(4) 单击【基础特征】工具栏中的【拉伸】按钮，弹出【拉伸】操作面板。

① 单击【视图】工具栏中的【保存的视图列表】按钮，切换视图为【标准方向】。

② 单击【盲孔】按钮，在【深度】下拉列表框中输入 5，如图 8-21 所示，单击【确定】按钮。

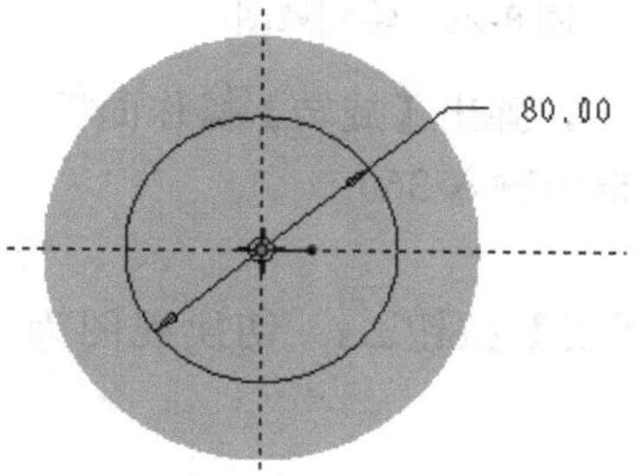

图 8-20　绘制草图

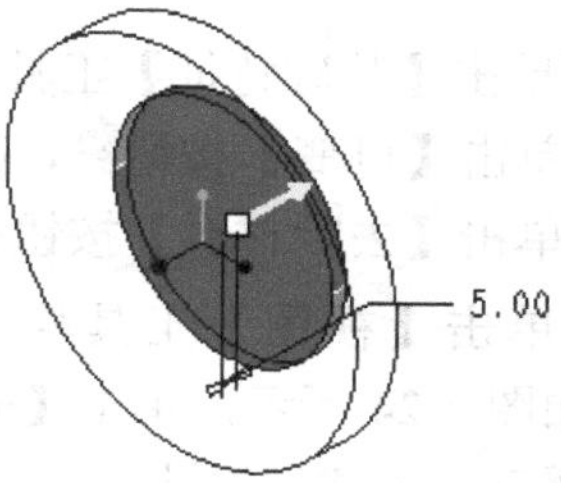

图 8-21　建立凸台

步骤二：打密封孔

(1) 单击【工具特征】工具栏中的【孔工具】按钮，弹出【孔】操作面板。

① 单击【创建标准孔】按钮。

② 在【直径】下拉列表框中输入38。

③ 单击【穿透】按钮。

④ 单击【添加沉孔】按钮。

⑤ 单击【放置】按钮，弹出【放置】下拉面板。

⑥ 激活【放置】收集器，在图形区，按住Ctrl键，选择基准轴和后表面，单击【确定】按钮。

⑦ 单击【形状】按钮，弹出【形状】下拉面板，输入参数，如图8-22所示，单击【确定】按钮。

(2) 单击【草绘工具】按钮，弹出【草绘】对话框。

① 选择RIGHT基准面作为草绘平面。

② 选择TOP基准面作为参照平面。

③ 从【方向】下拉列表框中选择【顶】选项，单击【草绘】按钮，进入草绘模式。

④ 绘制草图，如图8-23所示。

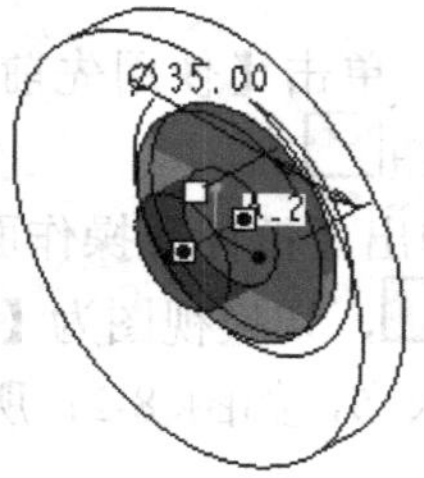

图8-22 确定孔形状

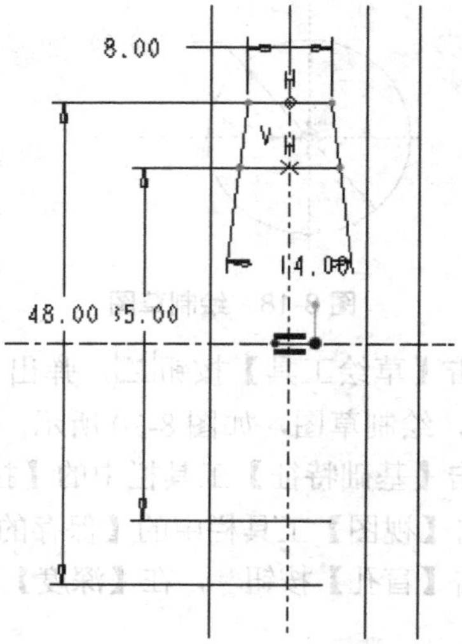

图8-23 绘制草图

(3) 单击【基础特征】工具栏中的【旋转】按钮，弹出【旋转】操作面板。

① 单击【可变】按钮，在【角度】下拉列表框中输入360。

② 单击【去除材料】按钮。

③ 单击【视图】工具栏中的【保存的视图列表】按钮，切换视图为【标准方向】，如图8-24所示，单击【确定】按钮。

步骤三：创建螺栓孔

(1) 单击【工具特征】工具栏中的【孔工具】按钮，弹出【孔】操作面板。

① 单击【创建标准孔】按钮。

② 在【直径】下拉列表框中输入 9。

③ 单击【穿透】按钮。

④ 单击【添加沉孔】按钮。

⑤ 单击【放置】按钮，弹出【放置】下拉面板。

⑥ 选取前端面来放置孔。

⑦ 从【类型】下拉列表框中选择【直径】选项。

⑧ 激活【偏移参照】收集器，在图形区，按住 Ctrl 键，选择基准轴和 RIGHT 基准面，与 RIGHT 基准面角度为 0，基准值直径输入 98；单击【确定】按钮。

⑨ 单击【形状】按钮，弹出【形状】下拉面板，输入参数，如图 8-25 所示，单击【确定】按钮。

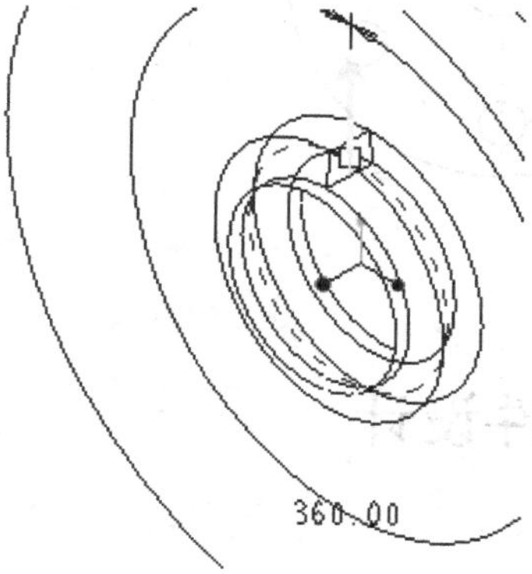

图 8-24 创建密封槽

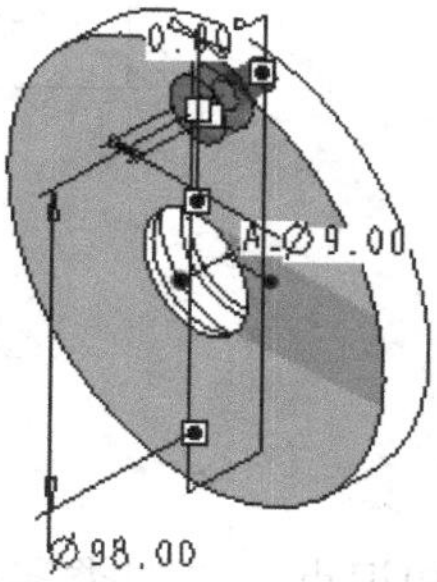

图 8-25 设置孔参数

(2) 选择 $\phi 9$ 的孔，选择【编辑】|【阵列】菜单命令，弹出【阵列工具】操作面板，如图 8-26 所示。

① 从【阵列种类】下拉列表框中选择【轴】选项。

② 选取基准轴作为阵列的中心。系统就会在角度方向创建默认阵列。阵列成员以黑点表示。

③ 在【阵列成员数】文本框中输入 6。

④ 在【在阵列成员间角度】下拉列表框中输入 60。

⑤ 单击【确定】按钮。

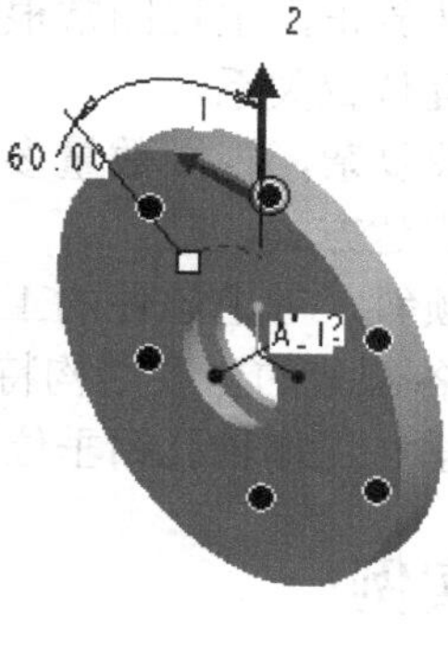

图 8-26 圆周阵列

步骤四：存盘

选择【文件】|【保存】菜单命令，保存文件。

8.2.3 随堂练习

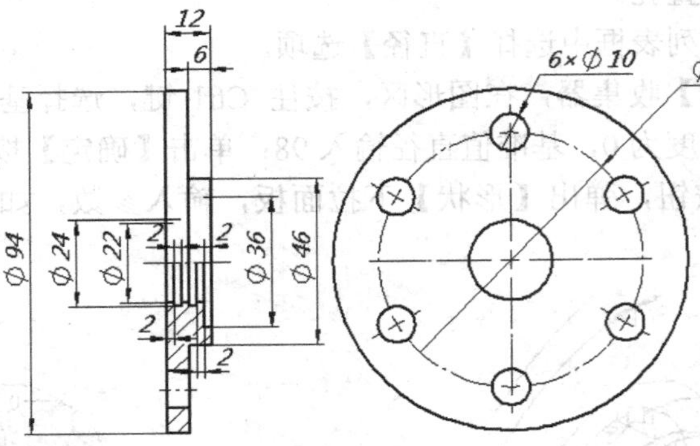

随堂练习 3

8.3 叉架类零件设计

本节知识点：支架类零件设计的一般方法。

8.3.1 叉架类零件的表达分析

1. 结构特点

叉架类零件包括各种用途的拨叉和支架。拨叉主要用在机床、内燃机等各种机器的操纵机上，用以操纵机器、调节速度等。支架主要起支承和连接作用，其结构形状虽然千差万别，但其形状结构按其功能可分为工作、安装固定和连接三个部分，常为铸件和锻件。

2. 常用的表达方法

(1) 常以工作位置放置或将其放正，主视图常根据结构特征选择，以表达它的形状特征、主要结构和各组成部分的相互位置关系。

(2) 叉架类零件的结构形状较复杂，视图数量多在两个以上，根据其具体结构常选用移出断面、局部视图、斜视图等表达方式。

(3) 由于安装基面与连接板倾斜，考虑该件的工作位置可能较为复杂，故将零件按放正位置摆放，选择最能反映零件各部分的主要结构特征和相对位置关系的方向设计，即零件处于连接板水平、安装基面正垂、工作轴孔铅垂位置。

8.3.2 叉架类零件设计实例

支架如图 8-27 所示，它由空心半圆柱带凸耳的安装部分、T 型连接板和支承轴的空心圆柱等构成。

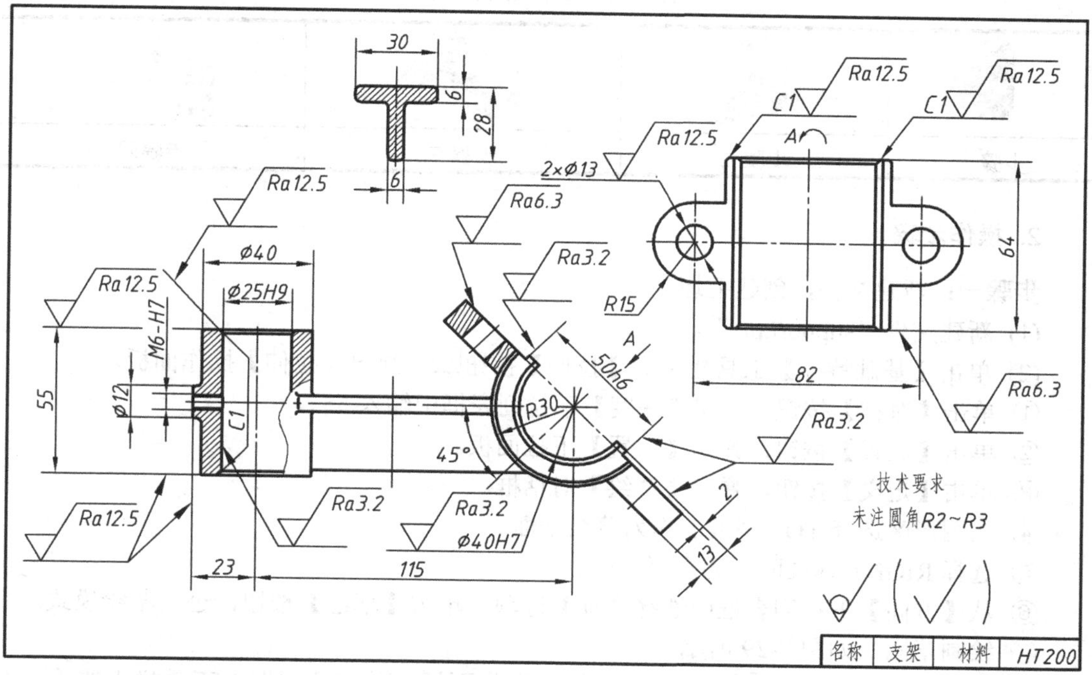

图 8-27　叉架

1. 设计理念

支架长度尺寸及基准、宽度尺寸及基准和高度尺寸及基准，如图 8-28 所示。

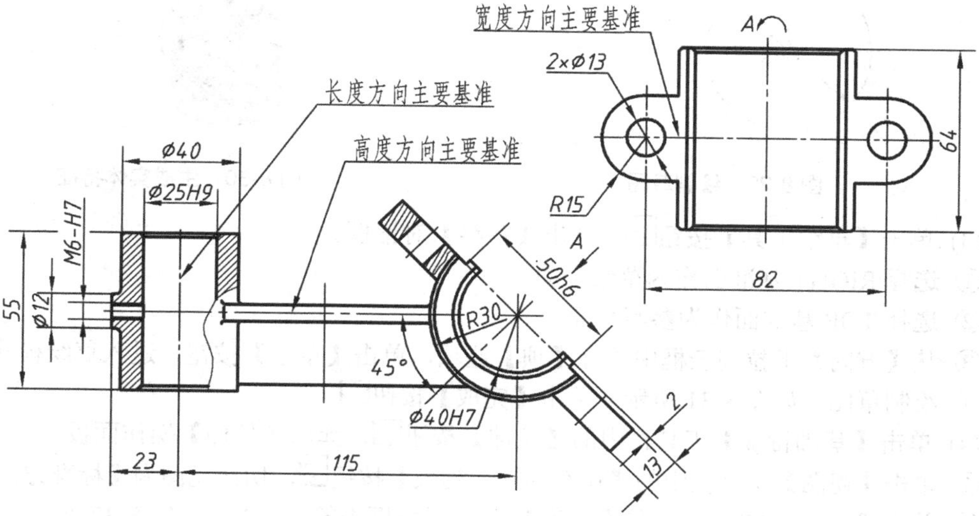

图 8-28　支架长度尺寸及基准、宽度尺寸及基准和高度尺寸及基准

支架建模步骤如表 8-3 所示。

表 8-3　支架类建模步骤

	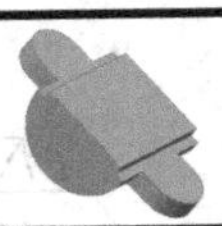		
步骤一	步骤二	步骤三	步骤四

2. 操作步骤

步骤一：新建文件，创建毛坯

(1) 新建文件“support.prt”。

(2) 单击【基础特征】工具栏中的【拉伸】按钮，弹出【拉伸】操作面板。

① 单击【对称】按钮，在【深度】下拉列表框中输入 55。

② 单击【放置】按钮，弹出【放置】下拉面板。

③ 单击【定义】按钮，弹出【草绘】对话框。

④ 在图形区选择 TOP 基准面作为草绘平面。

⑤ 选择 RIGHT 基准面作为参照平面。

⑥ 从【方向】下拉列表框中选择【顶】选项，单击【草绘】按钮，进入草绘模式。

⑦ 绘制草图，如图 8-29 所示。

⑧ 单击【完成】按钮，返回【拉伸】操作面板，单击【视图】工具栏中的【保存的视图列表】按钮，切换视图为【标准方向】，如图 8-30 所示，单击【确定】按钮。

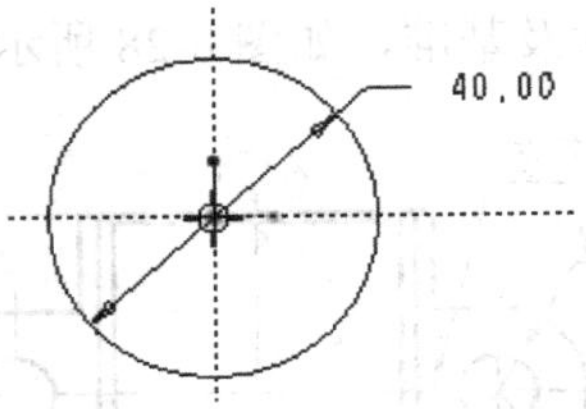

图 8-29　绘制草图

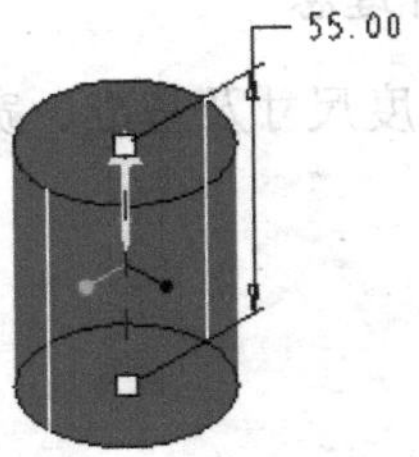

图 8-30　生成实体特征

(3) 单击【草绘工具】按钮，弹出【草绘】对话框。

① 选择 RIGHT 基准面作为草绘平面。

② 选择 TOP 基准面作为参照平面。

③ 从【方向】下拉列表框中选择【顶】选项，单击【草绘】按钮，进入草绘模式。

④ 绘制草图，如图 8-31 所示，单击【完成】按钮。

(4) 单击【基础特征】工具栏中的【拉伸】按钮，弹出【拉伸】操作面板。

① 单击【视图】工具栏中的【保存的视图列表】按钮，切换视图为【标准方向】。

② 单击【盲孔】按钮，在【深度】下拉列表框中输入 23，如图 8-32 所示，单击【确定】按钮。

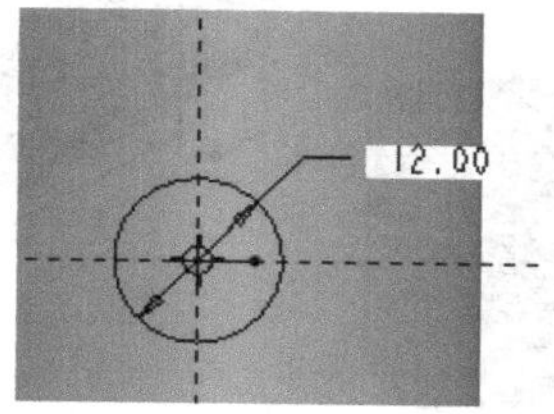

图 8-31　绘制草图

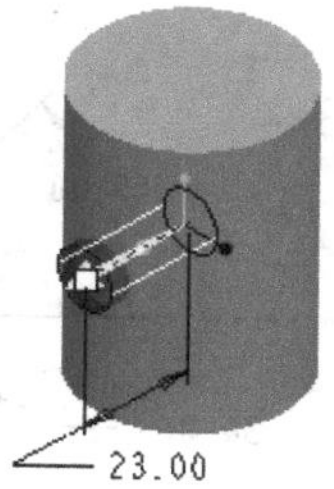

图 8-32　创建 A

步骤二：创建轴毛坯 B

(1) 单击【基准】工具栏中的【平面】按钮，弹出【基准平面】对话框，如图 8-33 所示。

① 在图形区选择 FRONT 基准面。

② 曲面的约束条件为【偏移】。

③ 在【平移】下拉列表框中输入 115。

④ 单击【确定】按钮，建立基准面 1。

(2) 单击【基准】工具栏中的【轴】按钮，弹出【基准轴】对话框，如图 8-34 所示。

① 按住 Ctrl 键，在图形区选择前表面和 FRONT 基准面。

② 前表面的约束条件为【穿过】。

③ FRONT 基准面的约束条件为【穿过】。

④ 单击【确定】按钮。

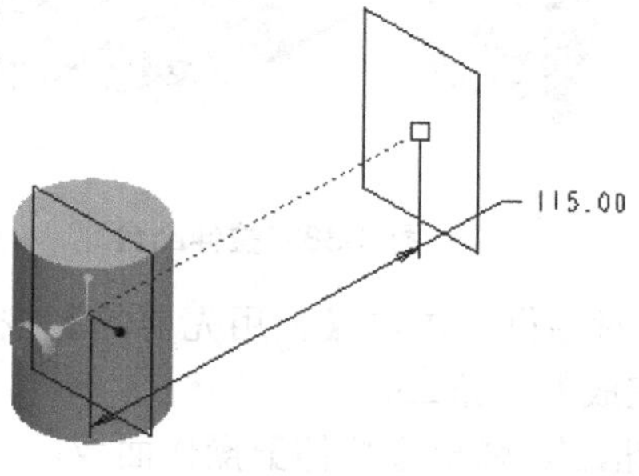

图 8-33　建立基准面 1

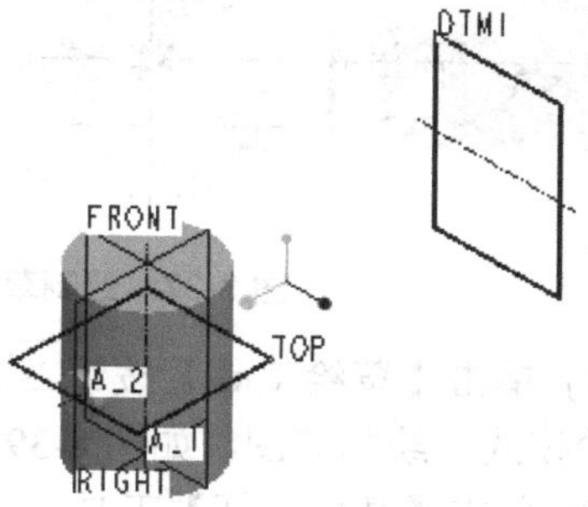

图 8-34　建立基准轴 1

(3) 单击【草绘工具】按钮，弹出【草绘】对话框。

① 选择 FRONT 基准面作为草绘平面。

② 选择基准面 1 为参照平面。

③ 从【方向】下拉列表框中选择【左】选项，单击【草绘】按钮，进入草绘模式。

④ 绘制草图，如图 8-35 所示，单击【完成】按钮。

(4) 单击【基础特征】工具栏中的【拉伸】按钮，弹出【拉伸】操作面板。

① 单击【视图】工具栏中的【保存的视图列表】按钮，切换视图为【标准方向】。

② 单击【对称】按钮，在【深度】下拉列表框中输入 64，如图 8-36 所示，单击【确定】按钮。

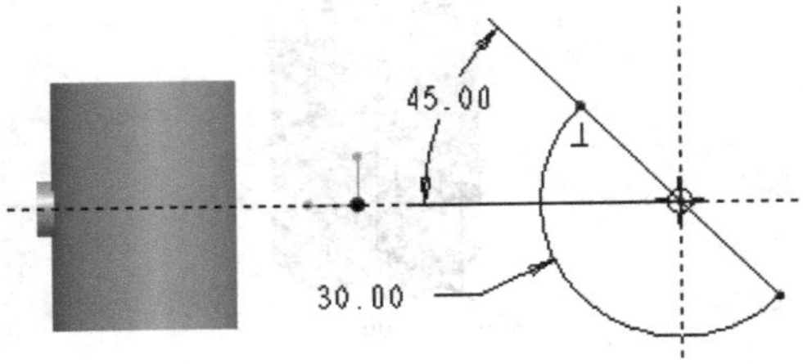

图 8-35　绘制草图

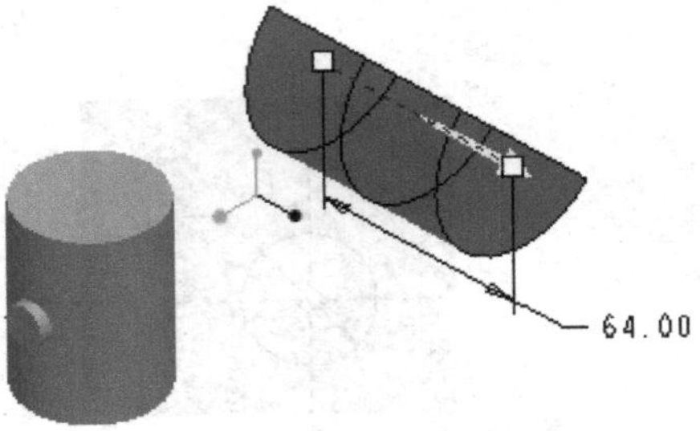

图 8-36　拉伸凸台

(5) 单击【草绘工具】按钮，弹出【草绘】对话框。

① 选择上表面为草绘平面。

② 选择 RIGHT 基准面作为参照平面。

③ 从【方向】下拉列表框中选择【底】选项，单击【草绘】按钮，进入草绘模式。

④ 绘制草图，如图 8-37 所示，单击【完成】按钮。

(6) 单击【基础特征】工具栏中的【拉伸】按钮，弹出【拉伸】操作面板。

① 单击【视图】工具栏中的【保存的视图列表】按钮，切换视图为【标准方向】。

② 单击【盲孔】按钮，在【深度】下拉列表框中输入 11，如图 8-38 所示，单击【确定】按钮。

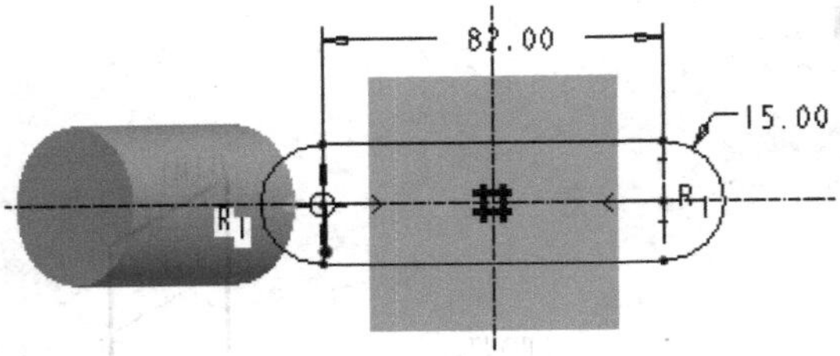

图 8-37　绘制草图

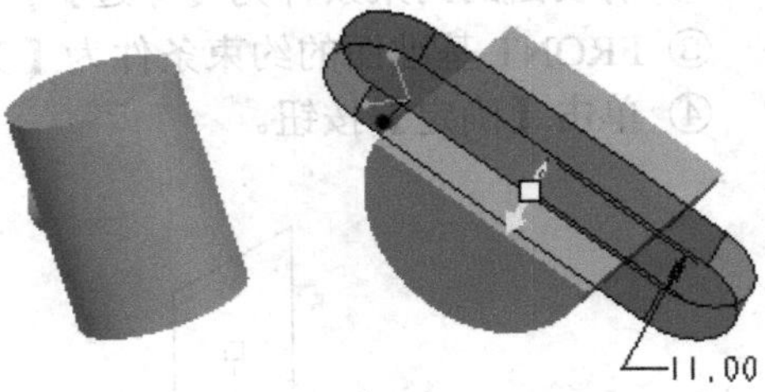

图 8-38　拉伸凸台

(7) 单击【草绘工具】按钮，弹出【草绘】对话框，单击【使用先前的】按钮，进入草绘模式，绘制草图，如图 8-39 所示，单击【完成】按钮。

(8) 单击【基础特征】工具栏中的【拉伸】按钮，弹出【拉伸】操作面板。

① 单击【视图】工具栏中的【保存的视图列表】按钮，切换视图为【标准方向】。

② 单击【盲孔】按钮，在【深度】下拉列表框中输入 5，如图 8-40 所示，单击【确定】按钮。

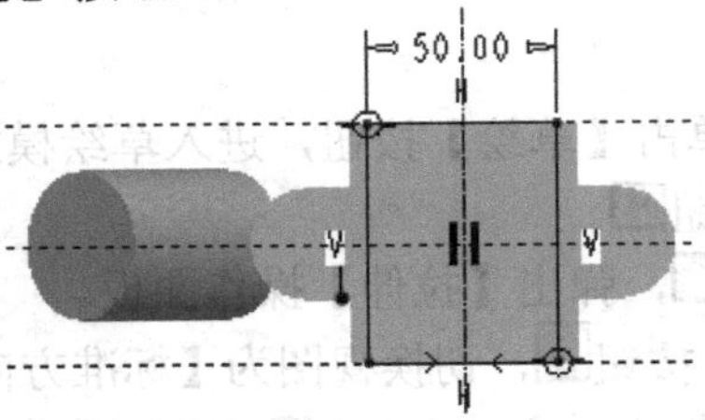

图 8-39　绘制草图

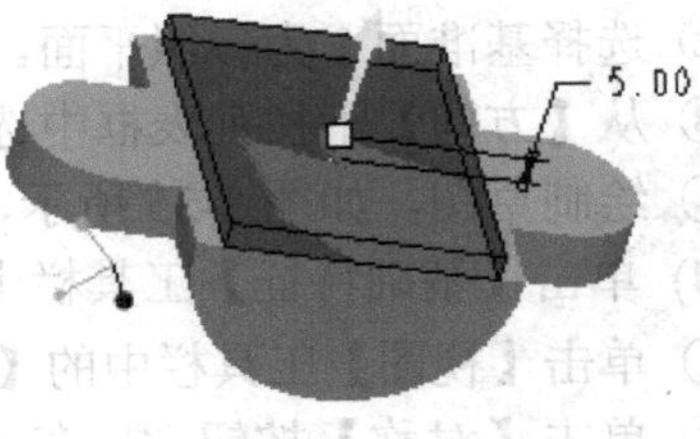

图 8-40　拉伸

步骤三：链接

(1) 单击【草绘工具】按钮，弹出【草绘】对话框。

① 选择 FRONT 基准面作为草绘平面。

② 选择 TOP 基准面作为参照平面。

③ 从【方向】下拉列表框中选择【顶】选项，单击【草绘】按钮，进入草绘模式。

④ 绘制草图，如图 8-41 所示，单击【完成】按钮。

(2) 单击【基础特征】工具栏中的【拉伸】按钮，弹出【拉伸】操作面板。

① 单击【视图】工具栏中的【保存的视图列表】按钮，切换视图为【标准方向】。

② 单击【拉伸至下一曲面】按钮，在图形区选择目标面，如图 8-42 所示，单击【确定】按钮。

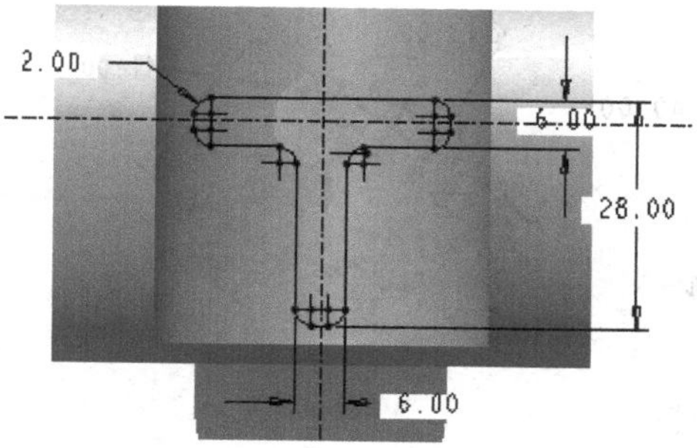

图 8-41 绘制草图

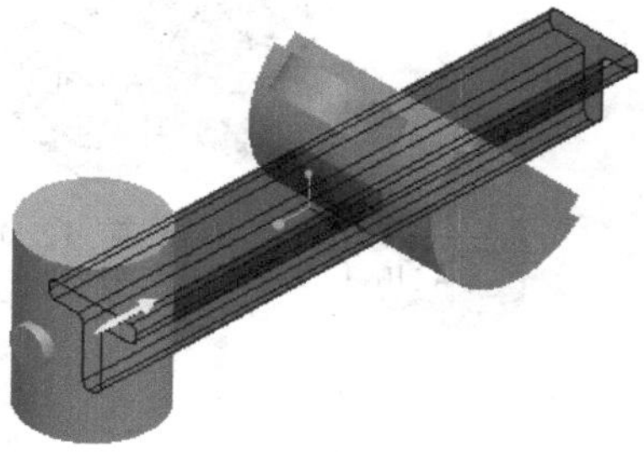

图 8-42 拉伸凸台

步骤四：打孔

(1) 单击【工具特征】工具栏中的【孔工具】按钮，弹出【孔】操作面板，如图 8-43 所示。

① 单击【创建简单孔】按钮。

② 在【直径】下拉列表框中输入 25。

③ 单击【穿透】按钮。

④ 单击【放置】按钮，弹出【放置】下拉面板。

⑤ 激活【放置】收集器，在图形区，按住 Ctrl 键，选择基准轴和凸台上表面。

⑥ 单击【确定】按钮。

(2) 单击【工具特征】工具栏中的【孔工具】按钮，弹出【孔】操作面板，如图 8-44 所示。

① 单击【创建标准孔】按钮。

② 从【螺钉直径】下拉列表框中选择 M6×1 选项。

③ 单击【钻孔至下一曲面】按钮。

④ 单击【放置】按钮，弹出【放置】下拉面板。

⑤ 激活【放置】收集器，在图形区，按住 Ctrl 键，选择基准轴和前端面。

⑥ 单击【确定】按钮。

(3) 按同样方法完成其余孔，如图 8-45 所示。

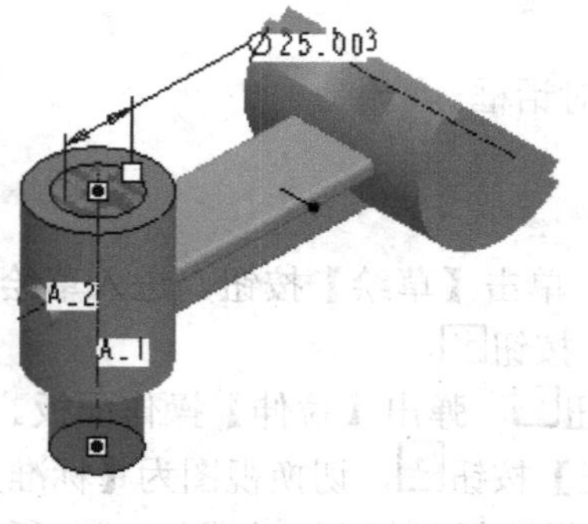

图 8-43　打孔

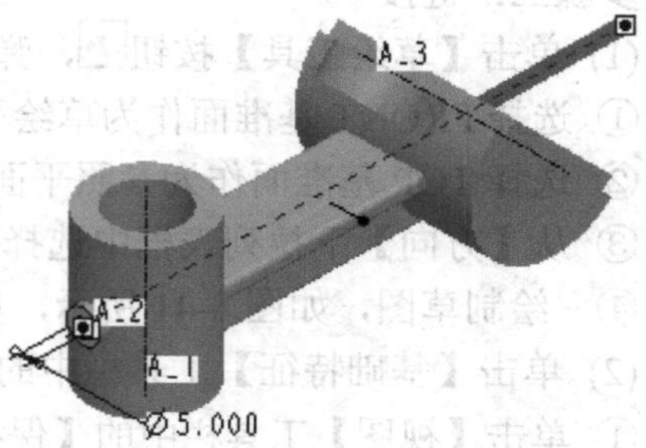

图 8-44　创建螺纹孔

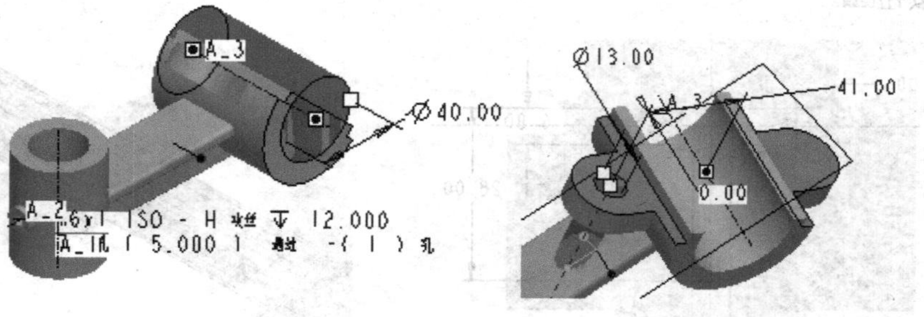

图 8-45　打孔

步骤五：存盘

选择【文件】|【保存】菜单命令，保存文件。

8.3.3　随堂练习

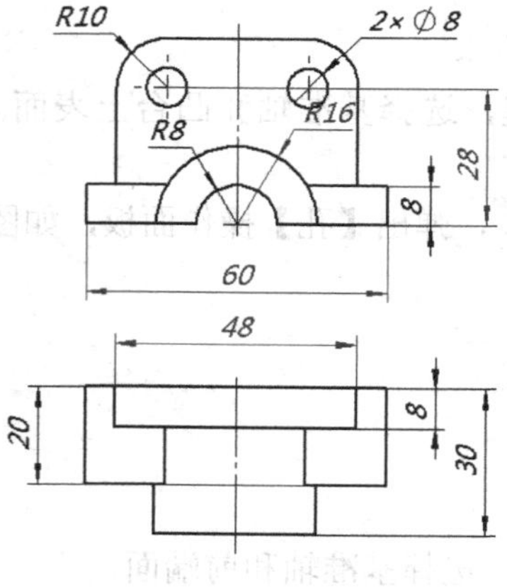

随堂练习 4

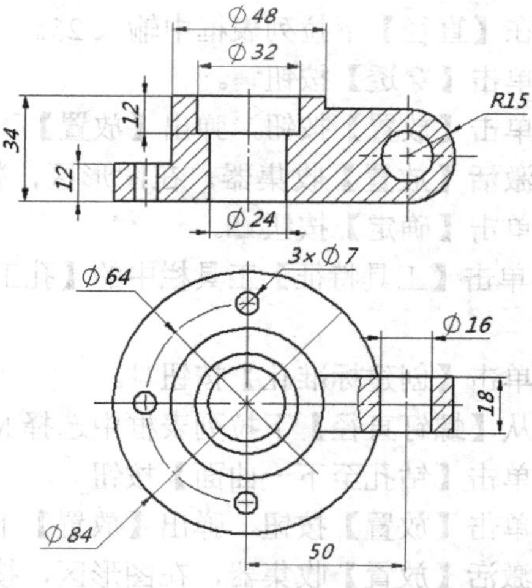

随堂练习 5

8.4　盖类零件设计

本节知识点：盖类零件设计的一般方法。

8.4.1　盖类零件的表达分析

这类零件包括各种垫板、固定板、滑板、连接板、工作台、箱盖等。

1．结构特点

板盖类零件的基本形状是高度方向尺寸较小的柱体，其上常有凹坑、凸台、销孔、螺纹孔、螺栓过孔和成形孔等结构。此类零件常由铸造后，经过必要的切削加工而成。

2．表达方法

(1) 板盖类零件一般选择垂直于较大的一个平面的方向作为主视图的投射方向。零件一般水平放置(即按自然平稳原则放置)。

(2) 主视图常用阶梯剖或复合剖的方法画成全剖视图。

(3) 除主视图外，常用俯视图或仰视图表示其上的结构分布情况。

(4) 未表示清楚的部分，常用局部视图、局部剖视来补充表达。

8.4.2　盖类零件设计实例

蜗杆减速器的箱盖如图 8-46 所示。

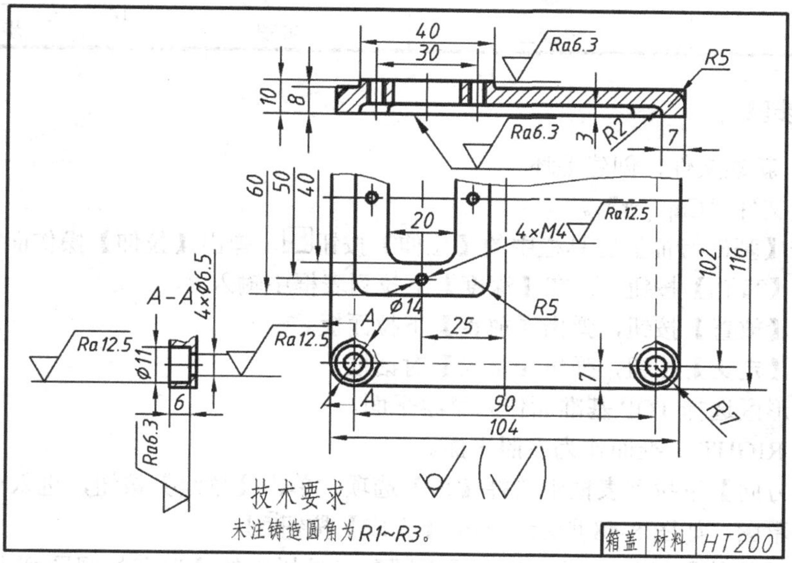

图 8-46　端盖

1. 设计理念

盖轴向尺寸及基准和径向尺寸及基准，如图 8-47 所示。

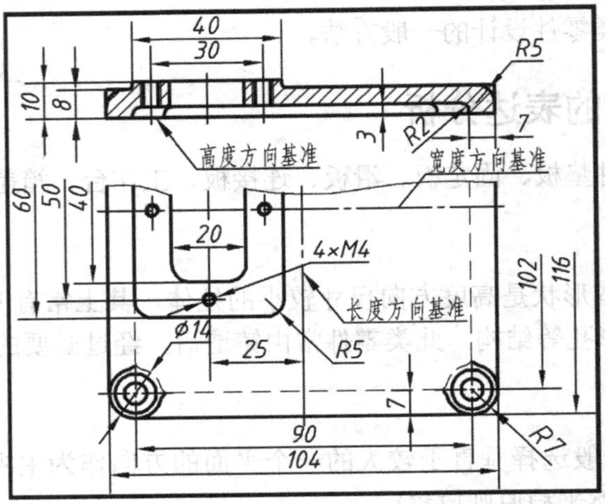

图 8-47　盖轴向尺寸及基准和径向尺寸及基准

盖建模步骤如表 8-4 所示。

表 8-4　盘盖类建模步骤

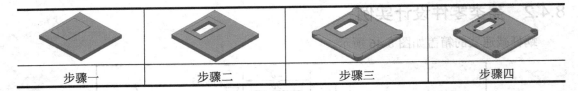

步骤一	步骤二	步骤三	步骤四

2. 操作步骤

步骤一：新建文件，创建毛坯

(1) 新建文件“Cap.prt”。

(2) 单击【基础特征】工具栏中的【拉伸】按钮，弹出【拉伸】操作面板。

① 单击【盲孔】按钮，在【深度】下拉列表框中输入 8。

② 单击【放置】按钮，弹出【放置】下拉面板。

③ 单击【定义】按钮，弹出【草绘】对话框。

④ 在图形区选择 TOP 基准面作为草绘平面。

⑤ 选择 RIGHT 基准面作为参照平面。

⑥ 从【方向】下拉列表框中选择【顶】选项，单击【草绘】按钮，进入草绘模式。

⑦ 绘制草图，如图 8-48 所示，单击【完成】按钮。

⑧ 返回【拉伸】操作面板，单击【视图】工具栏中的【保存的视图列表】按钮，切换视图为【标准方向】，如图 8-49 所示，单击【确定】按钮。

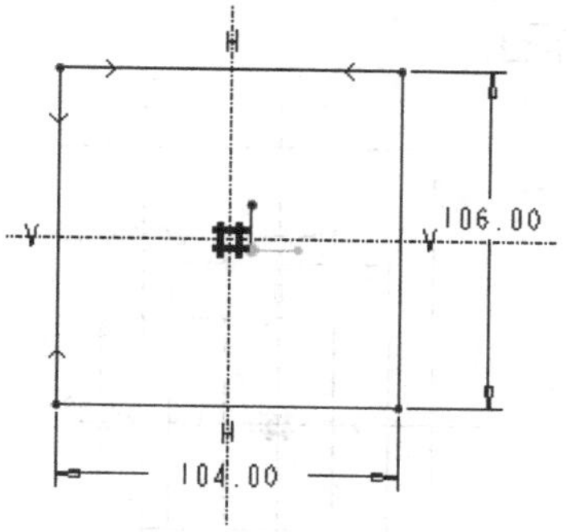

图 8-48 绘制草图 1

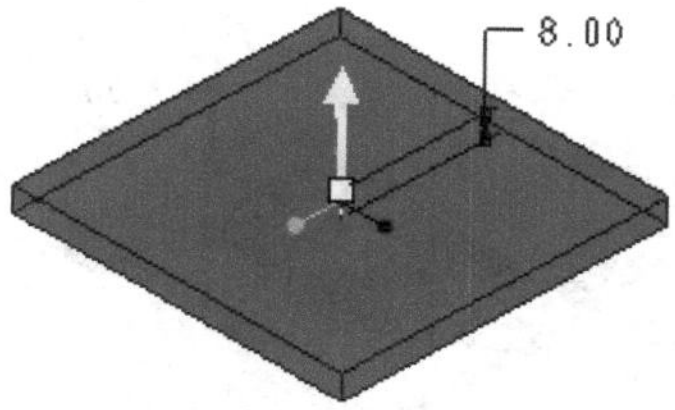

图 8-49 生成实体特征

(3) 单击【基准】工具栏中的【平面】按钮，弹出【基准平面】对话框，如图 8-50 所示。

① 在图形区选择 FRONT 基准面。

② 激活【参照】收集器，曲面的约束条件为【偏移】。

③ 在【平移】下拉列表框中输入 25。

④ 单击【确定】按钮，建立基准面 1。

(4) 单击【草绘工具】按钮，弹出【草绘】对话框。

① 选中上表面作为草绘平面。

② 选择 FRONT 基准面作为参照平面。

③ 从【方向】下拉列表框中选择【底】选项，单击【草绘】按钮，进入草绘模式。

④ 绘制草图，如图 8-51 所示，单击【完成】按钮。

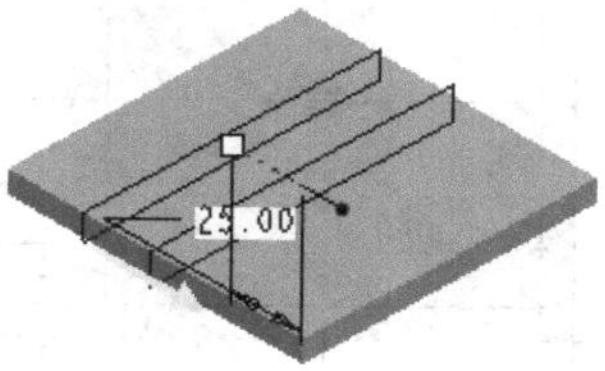

图 8-50 建立基准面

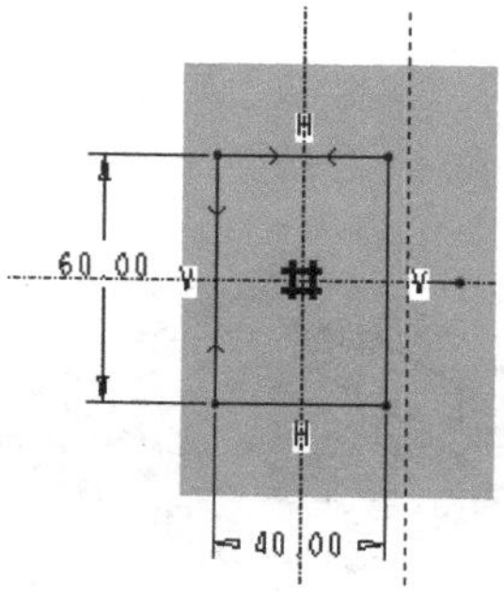

图 8-51 绘制草图 2

(5) 单击【基础特征】工具栏中的【拉伸】按钮，弹出【拉伸】操作面板。

① 单击【视图】工具栏中的【保存的视图列表】按钮，切换视图为【标准方向】。

② 单击【盲孔】按钮，在【深度】下拉列表框中输入 2，如图 8-52 所示，单击【确定】按钮。

步骤二：打孔

(1) 单击【草绘工具】按钮，弹出【草绘】对话框。

① 选中上表面作为草绘平面。

② 选择 FRONT 基准面作为参照平面。

③ 从【方向】下拉列表框中选择【底】选项，单击【草绘】按钮，进入草绘模式。

④ 绘制草图，如图 8-53 所示，单击【完成】按钮。

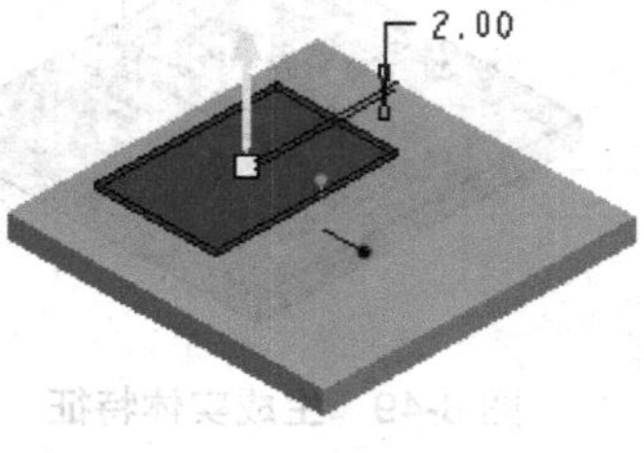

图 8-52 拉伸凸台

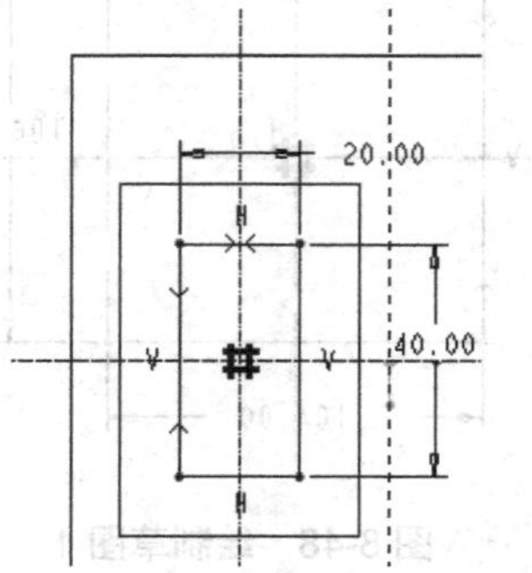

图 8-53 绘制草图 3

(2) 单击【基础特征】工具栏中的【拉伸】按钮，弹出【拉伸】操作面板。

① 单击【视图】工具栏中的【保存的视图列表】按钮，切换视图为【标准方向】。

② 单击【穿透】按钮。

③ 单击【去除材料】按钮，如图 8-54 所示，单击【确定】按钮。

(3) 单击【草绘工具】按钮，弹出【草绘】对话框。

① 选中下表面作为草绘平面。

② 选择 FRONT 基准面作为参照平面。

③ 从【方向】下拉列表框中选择【顶】选项，单击【草绘】按钮，进入草绘模式。

④ 绘制草图，如图 8-55 所示，单击【完成】按钮。

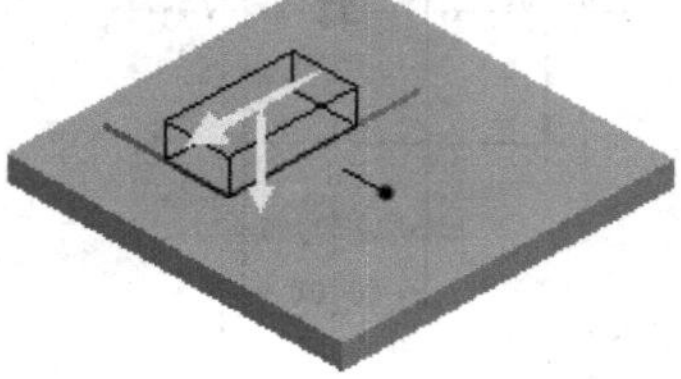

图 8-54 拉伸切除

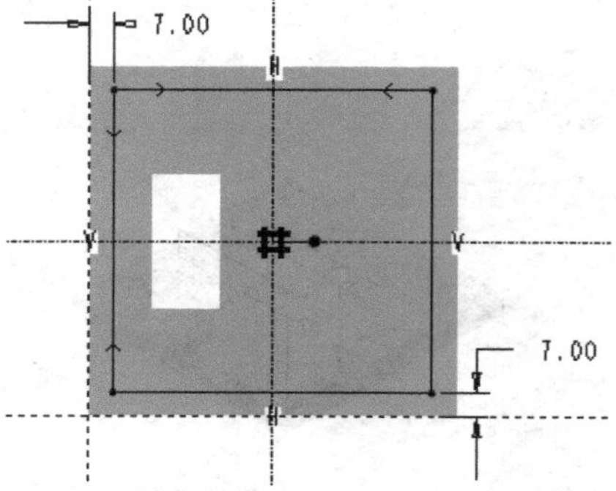

图 8-55 绘制草图 4

(4) 单击【基础特征】工具栏中的【拉伸】按钮，弹出【拉伸】操作面板。

① 单击【视图】工具栏中的【保存的视图列表】按钮，切换视图为【标准方向】。

② 单击【盲孔】按钮，在【深度】下拉列表框中输入 25，单击【确定】按钮。

③ 单击【去除材料】按钮，如图 8-56 所示，单击【确定】按钮。

步骤三：到圆角

(1) 单击【工程特征】工具栏中的【圆角工具】按钮，弹出【圆角工具】操作面板，如图 8-57 所示。

① 在【半径】下拉列表框中输入 7。

② 按住 Ctrl 键，在图形区选择 4 边。

③ 单击【确定】按钮☑。

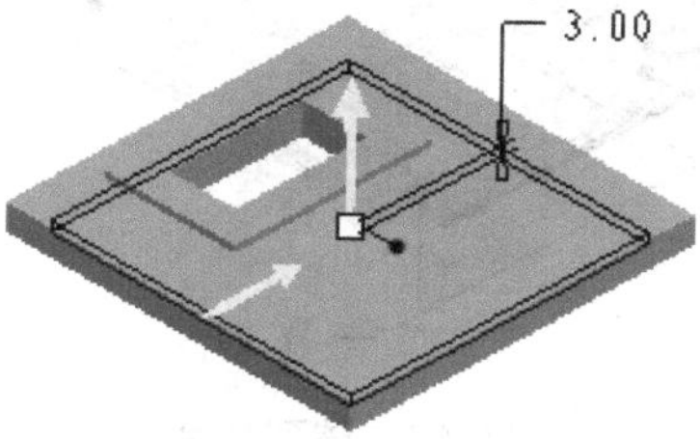

图 8-56　切除拉伸

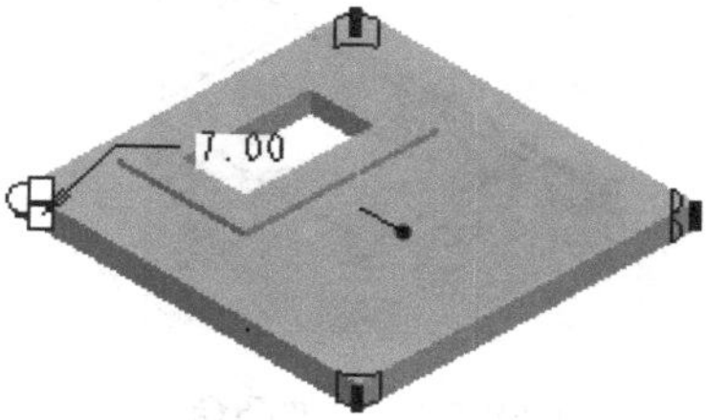

图 8-57　倒圆角 1

(2) 单击【工程特征】工具栏中的【圆角工具】按钮，出现【圆角工具】操作面板，如图 8-58 所示。

① 在【半径】下拉列表框中输入 5。

② 按住 Ctrl 键，在图形区选择 8 边。

③ 单击【确定】按钮☑。

步骤四：建立凸台

(1) 单击【草绘工具】按钮，弹出【草绘】对话框。

① 单击【使用先前的】按钮。

② 单击【草绘】按钮，进入草绘模式。

③ 绘制草图，如图 8-59 所示，单击【完成】按钮☑。

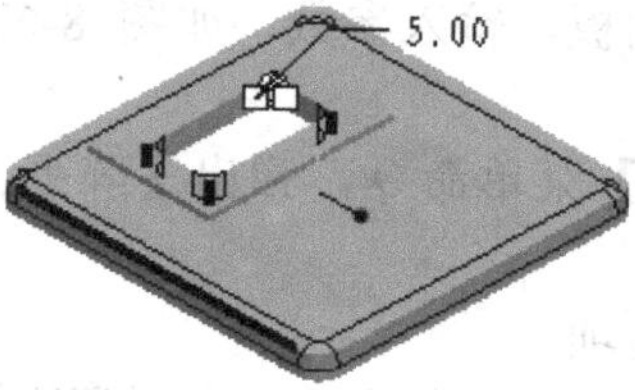

图 8-58　倒圆角 2

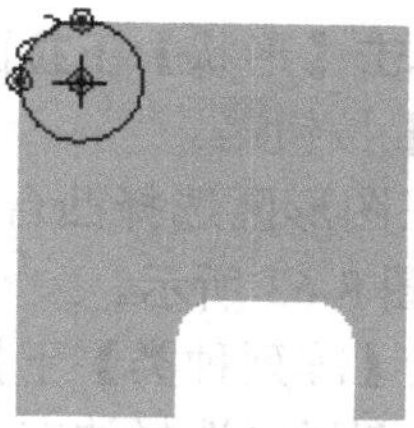

图 8-59　绘制草图 5

(2) 单击【基础特征】工具栏中的【拉伸】按钮，弹出【拉伸】操作面板。

① 单击【视图】工具栏中的【保存的视图列表】按钮，切换视图为【标准方向】。

② 单击【到选定项】按钮，在图形区选择目标面，如图 8-60 所示，单击【确定】按钮☑。

(3) 在图形区选择凸台，选择【编辑】|【阵列】菜单命令，弹出【阵列工具】操作面板，如图 8-61 所示。

① 从【阵列种类】下拉列表框中选择【方向】选项。

② 在图形区选择边左边线作为第 1 方向，在【成员数】文本框中输入 2，在【间距】下拉列表框中输入 92。

③ 在图形区选择边前边线作为第 2 方向，在【成员数】文本框中输入 2，在【间距】下拉列表框中输入 90。

④ 单击【确定】按钮☑。

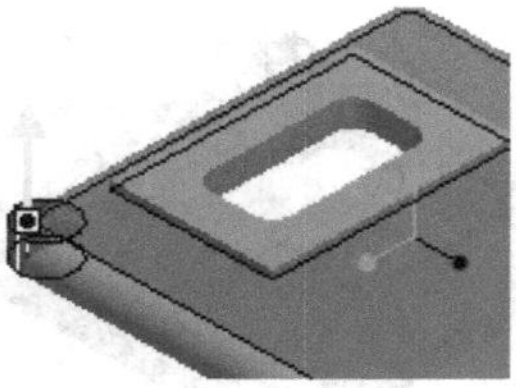

图 8-60　拉伸凸台

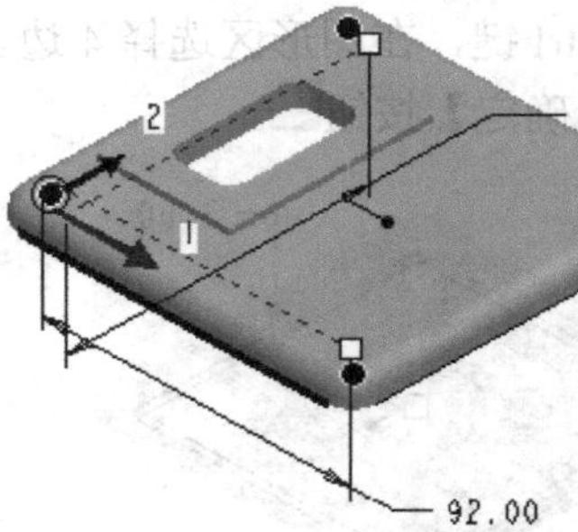

图 8-61　阵列凸台

步骤五：创建螺栓孔

(1) 单击【工具特征】工具栏中的【孔工具】按钮，弹出【孔】操作面板。

① 单击【创建标准孔】按钮。

② 在【直径】下拉列表框中输入 6.5。

③ 单击【穿透】按钮。

④ 单击【添加沉孔】按钮。

⑤ 单击【放置】按钮，弹出【放置】下拉面板。

⑥ 选取上表面来放置孔。

⑦ 从【类型】下拉列表框中选择【线性】选项。

⑧ 激活【偏移参照】收集器，在图形区，按住 Ctrl 键，选择 FRONT 基准面和 RIGHT 基准面，与 FRONT 基准面偏移为 45，与 RIGHT 基准面偏移为 46，单击【确定】按钮。

⑨ 单击【形状】下拉面板，弹出【形状】下滑面板，输入参数，如图 8-62 所示，单击【确定】按钮。

(2) 在图形区选择凸台，选择【编辑】|【阵列】菜单命令，弹出【阵列工具】操作面板，如图 8-63 所示。

① 从【阵列种类】下拉列表框中选择【方向】选项。

② 在图形区选择边左边线作为第 1 方向，在【成员数】输入 2，在【间距】下拉列表框中输入 92。

③ 在图形区选择边前边线作为第 2 方向，在【成员数】输入 2，在【间距】下拉列表框中输入 90。

④ 单击【确定】按钮。

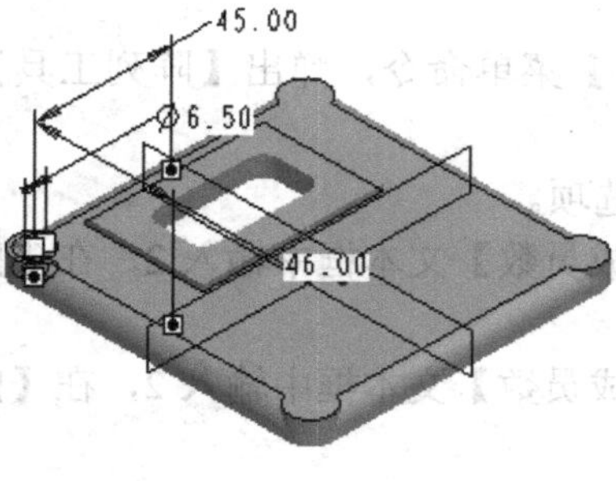

图 8-62　设置孔参数

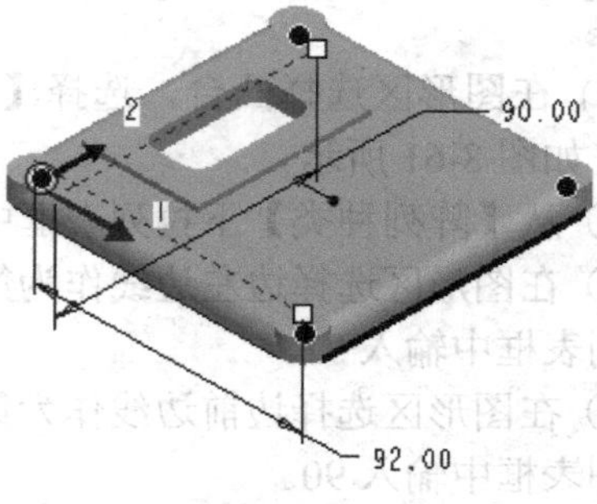

图 8-63　阵列孔

(3) 单击【工具特征】工具栏中的【孔工具】按钮，弹出【孔】操作面板，如图 8-64 所示。

① 单击【创建标准孔】按钮。

② 从【螺钉直径】下拉列表框中选择 M4×7 选项。

③ 单击【穿透】按钮。

④ 单击【放置】按钮，弹出【放置】下拉面板。

⑤ 选取上表面来放置孔。

⑥ 从【类型】下拉列表框中选择【线性】选项。

⑦ 激活【偏移参照】收集器，在图形区，按住 Ctrl 键，选择基准面和 FRONT 基准面，与基准面偏移为 15，与 FRONT 基准面偏移为 15。

⑧ 单击【确定】按钮。

⑨ 按同样方法完成其余孔，如图 8-65 所示。

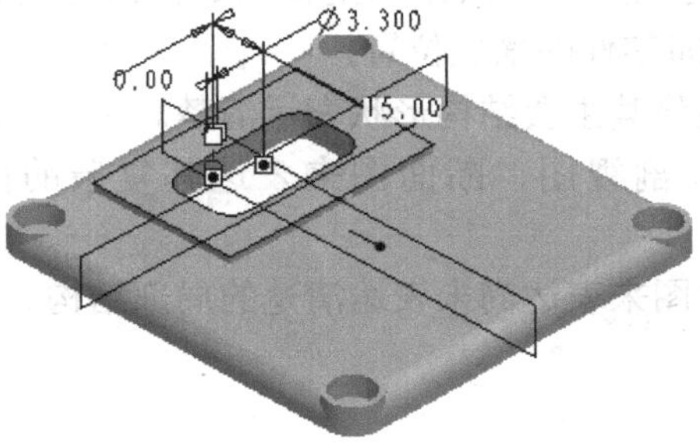

图 8-64　打螺纹孔

图 8-65　编辑孔位置

步骤六：存盘

选择【文件】|【保存】菜单命令，保存文件。

8.4.3　随堂练习

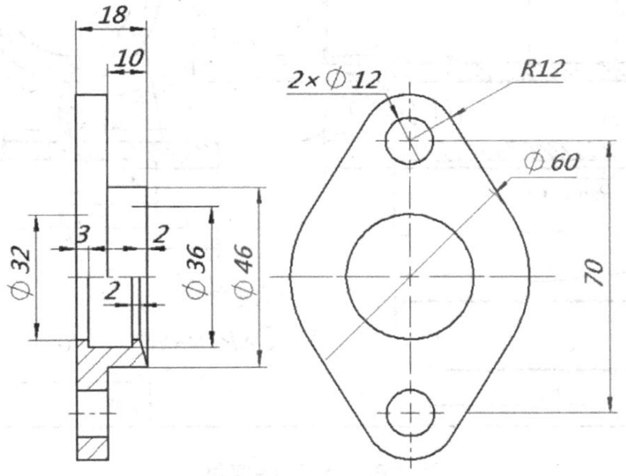

随堂练习 6

8.5 箱体类零件设计

本节知识点：箱体类零件设计的一般方法。

8.5.1 箱壳类零件

这类零件包括箱体、外壳、座体等。

1. 结构特点

箱壳类零件是机器或部件上的主体零件之一，其结构形状往往比较复杂。

2. 表达方法

(1) 通常以最能反映其形状特征及结构间相对位置的一面作为主视图的投射方向。以自然安放位置或工作位置作为主视图的摆放位置(即零件的摆放位置)。

(2) 一般需要两个或两个以上的基本视图才能将其主要结构形状表示清楚。

(3) 一般要根据具体零件选择合适的视图、剖视图、断面图来表达其复杂的内外结构。

(4) 往往还需局部视图或局部剖视或局部放大图来表达尚未表达清楚的局部结构。

8.5.2 箱壳类零件设计实例

铣刀头座体如图 8-66 所示，座体大致由安装底板、连接板和支承轴孔组成。

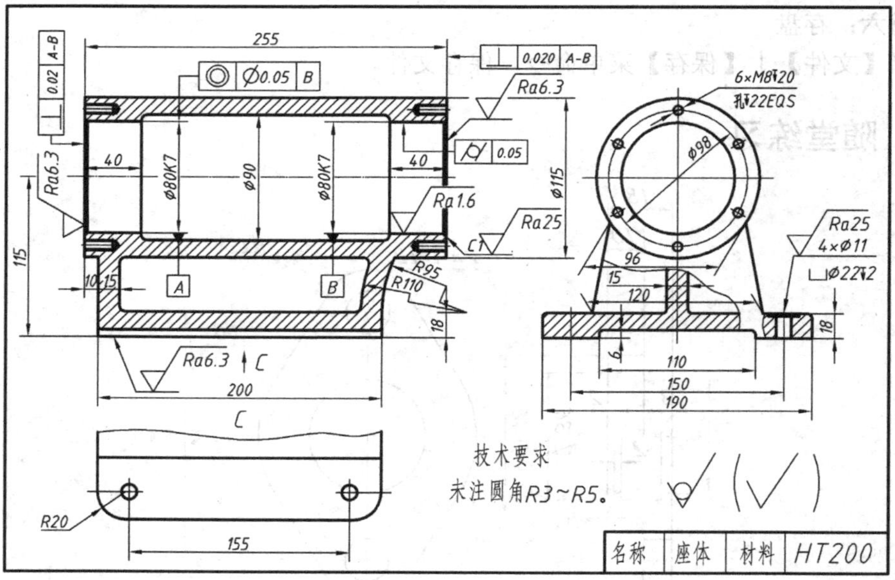

图 8-66 铣刀头座体

设计理念：

铣刀头座体长度尺寸及基准、宽度尺寸及基准和高度尺寸及基准，如图 8-67 所示。

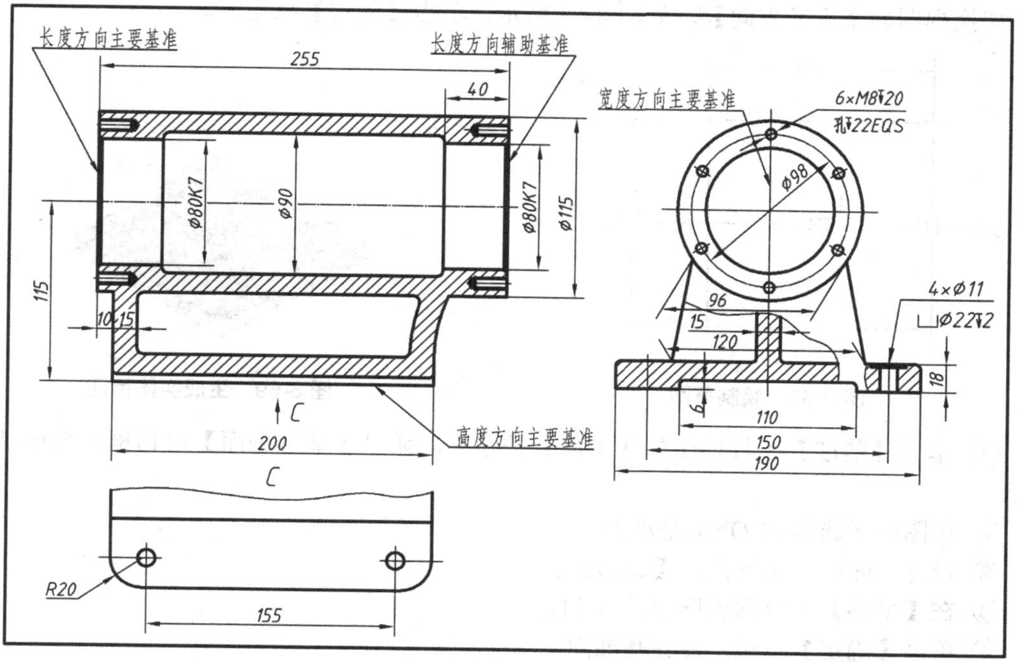

图 8-67　铣刀头座体长度尺寸及基准、宽度尺寸及基准和高度尺寸及基准

建模步骤如表 8-5 所示。

表 8-5　建模步骤

	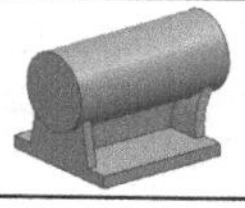	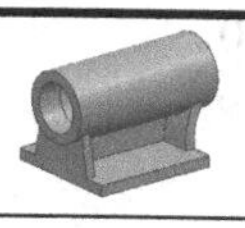		
步骤一	步骤二	步骤三	步骤四	步骤五

8.5.3　操作步骤

步骤一：新建文件，创建毛坯

(1) 新建文件“Base”。

(2) 单击【基础特征】工具栏中的【拉伸】按钮，弹出【拉伸】操作面板。

① 单击【盲孔】按钮，在【深度】下拉列表框中输入 18。

② 单击【放置】按钮，弹出【放置】下拉面板。

③ 单击【定义】按钮，弹出【草绘】对话框。

④ 在图形区选择 TOP 基准面作为草绘平面。

⑤ 选择 RIGHT 基准面作为参照平面。

⑥ 从【方向】下拉列表框中选择【顶】选项，单击【草绘】按钮，进入草绘模式。

⑦ 绘制草图，如图 8-68 所示，单击【完成】按钮。

⑧ 返回【拉伸】操作面板，单击【视图】工具栏中的【保存的视图列表】按钮，切换视图为【标准方向】，如图 8-69 所示，单击【确定】按钮。

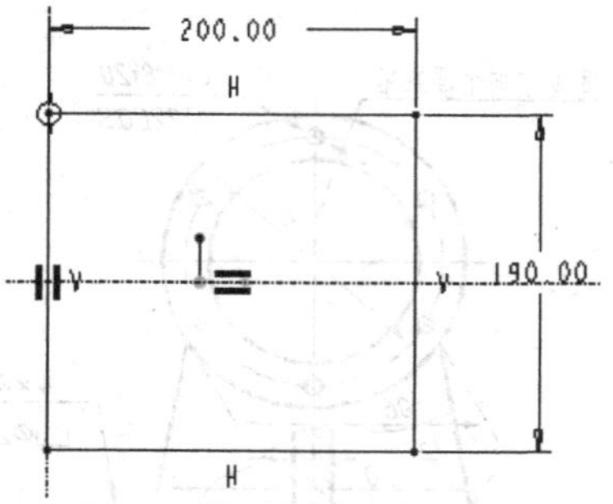

图 8-68　绘制草图

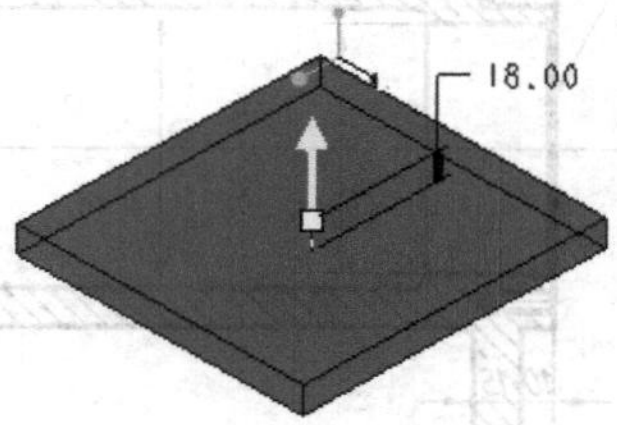

图 8-69　生成实体特征

(3) 单击【基准】工具栏中的【平面】按钮，弹出【基准平面】对话框，如图 8-70 所示。

① 在图形区选择 FRONT 基准面。

② 设置曲面的约束条件为【偏移】。

③ 在【平移】下拉列表框中输入 115。

④ 单击【确定】按钮，建立基准面 1。

(4) 单击【基准】工具栏中的【平面】按钮，弹出【基准平面】对话框，如图 8-71 所示。

① 在图形区选择 FRONT 基准面。

② 设置曲面的约束条件为【偏移】。

③ 在【平移】下拉表表框中输入 10。

④ 单击【确定】按钮建立。

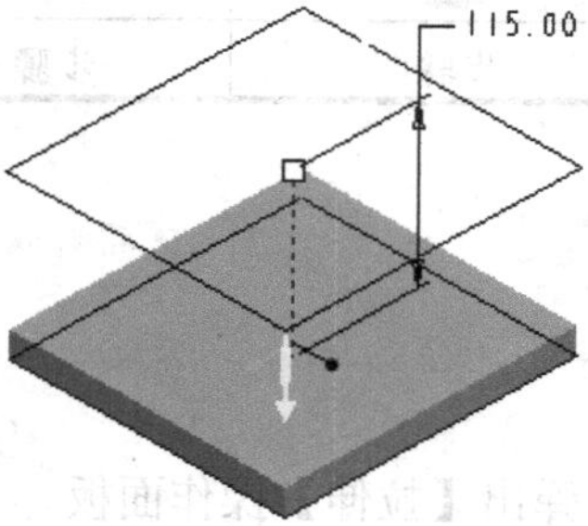

图 8-70　建立基准面 1

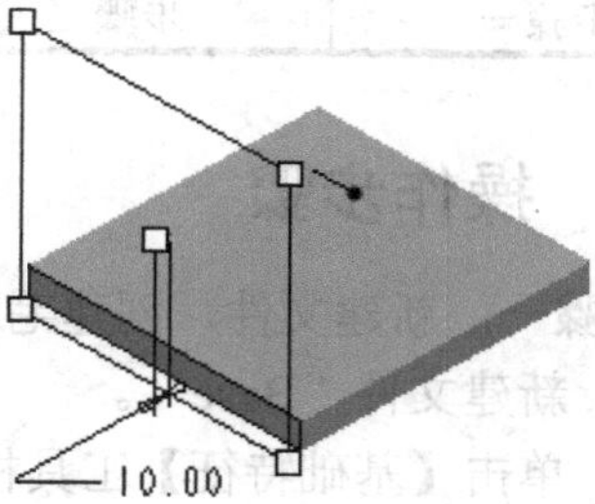

图 8-71　建立基准面 2

(5) 单击【草绘工具】按钮，弹出【草绘】对话框。

① 选择基准面 2 作为草绘平面。

② 选择基准面 1 作为参照平面。

③ 从【方向】下拉列表框中选择【底部】选项，单击【草绘】按钮，进入草绘模式。

④ 绘制草图，如图 8-72 所示。

(6) 单击【基础特征】工具栏中的【拉伸】按钮，弹出【拉伸】操作面板。

① 单击【视图】工具栏中的【保存的视图列表】按钮，切换视图为【标准方向】。

② 单击【盲孔】按钮，在【深度】下拉列表框中输入 255，如图 8-73 所示，单击【确定】按钮。

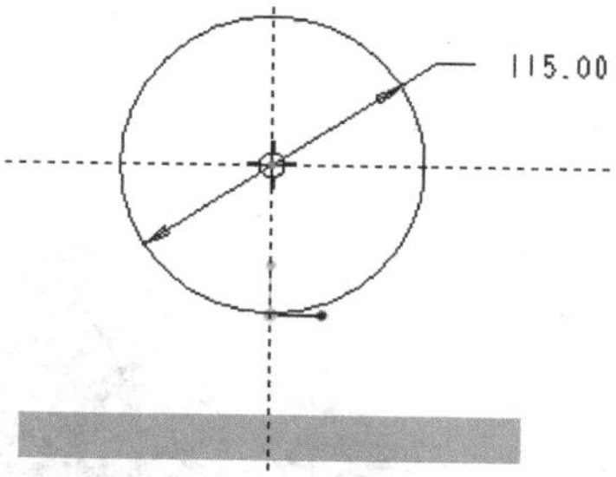

图 8-72　绘制草图

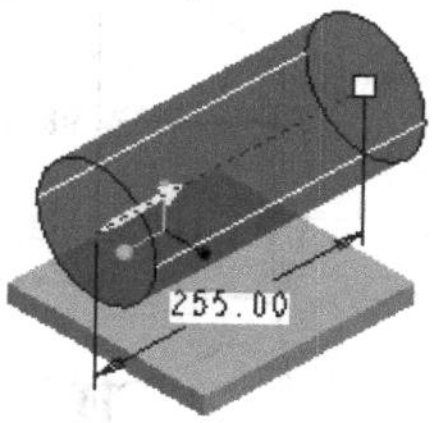

图 8-73　拉伸凸台

步骤二：创建连接筋板

(1) 单击【草绘工具】按钮，弹出【草绘】对话框。

① 在图形区选择 RIGHT 基准面作为草绘平面。

② 选择底座上表面为参照平面。

③ 从【方向】下拉列表框中选择【顶】选项，单击【草绘】按钮，进入草绘模式。

④ 绘制草图，如图 8-74 所示。

(2) 单击【基础特征】工具栏中的【拉伸】按钮，弹出【拉伸】操作面板，如图 8-75 所示。

① 单击【视图】工具栏中的【保存的视图列表】按钮，切换视图为【标准方向】。

② 单击【拉伸为曲面】。

③ 单击【对称】按钮，在【深度】下拉列表框中输入 100。

④ 单击【确定】按钮。

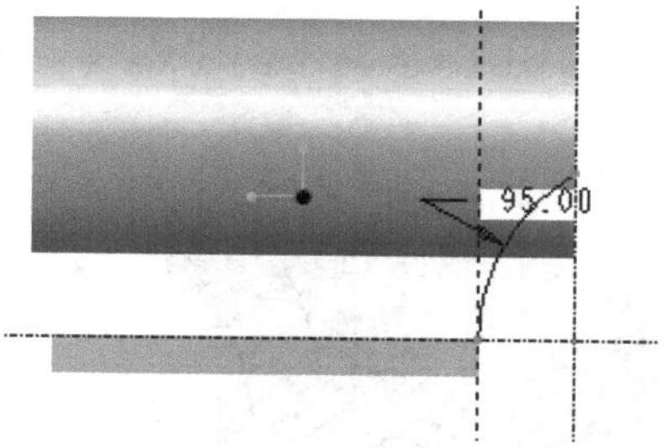

图 8-74　绘制草图

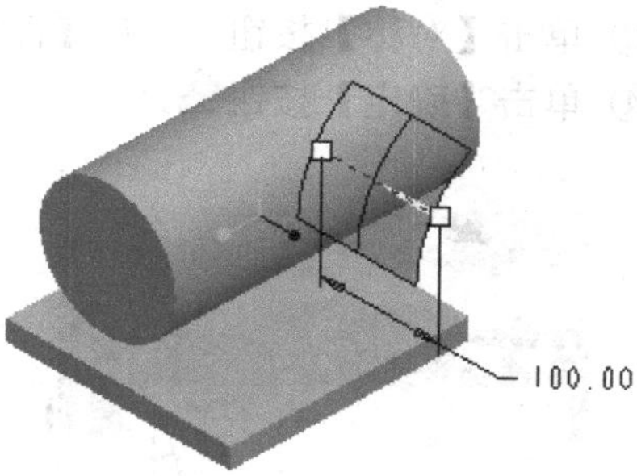

图 8-75　拉伸凸台

(3) 单击【草绘工具】按钮，弹出【草绘】对话框。

① 选择前端面作为草绘平面。

② 选择底座上表面作为参照平面。

③ 从【方向】下拉列表框中选择【顶】选项，单击【草绘】按钮，进入草绘模式。

④ 绘制草图，如图 8-76 所示。

(4) 单击【基础特征】工具栏中的【拉伸】按钮，弹出【拉伸】操作面板。

① 单击【视图】工具栏中的【保存的视图列表】按钮，切换视图为【标准方向】。

② 单击【拉伸至选定的点】按钮，在图形区选择新建的曲面，如图 8-77 所示，单击【确定】按钮。

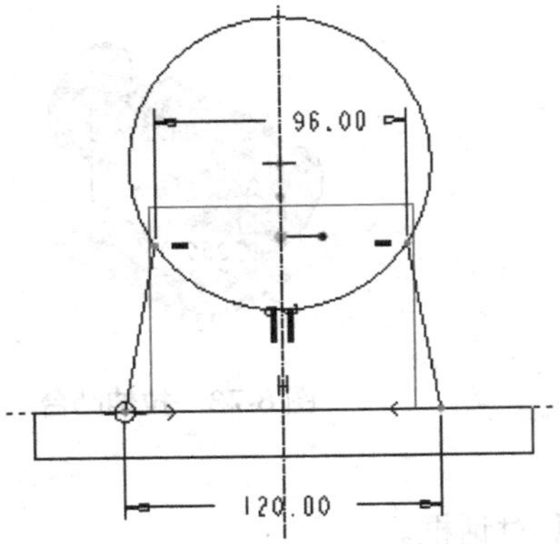

图 8-76　绘制草图

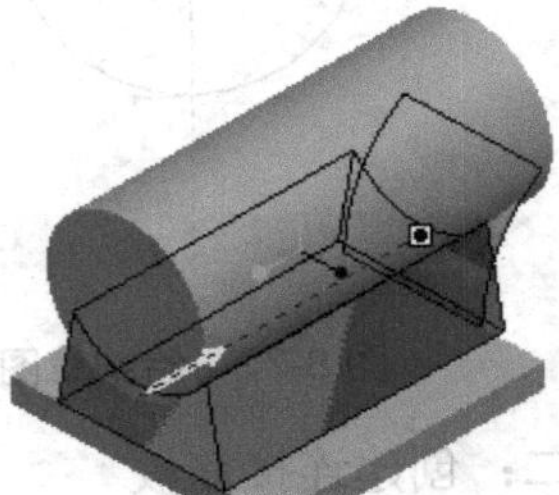

图 8-77　拉伸凸台

(5) 单击【草绘工具】按钮，弹出【草绘】对话框。

① 在图形区选择 RIGHT 基准面作为草绘平面。

② 选择底座上表面为参照平面。

③ 从【方向】下拉列表框中选择【顶】选项，单击【草绘】按钮，进入草绘模式。

④ 绘制草图，如图 8-78 所示。

(6) 单击【基础特征】工具栏中的【拉伸】按钮，弹出【拉伸】操作面板，如图 8-79 所示。

① 单击【视图】工具栏中的【保存的视图列表】按钮，切换视图为【标准方向】。

② 单击【拉伸为曲面】。

③ 单击【对称】按钮，在【深度】下拉列表框中输入 100。

④ 单击【确定】按钮。

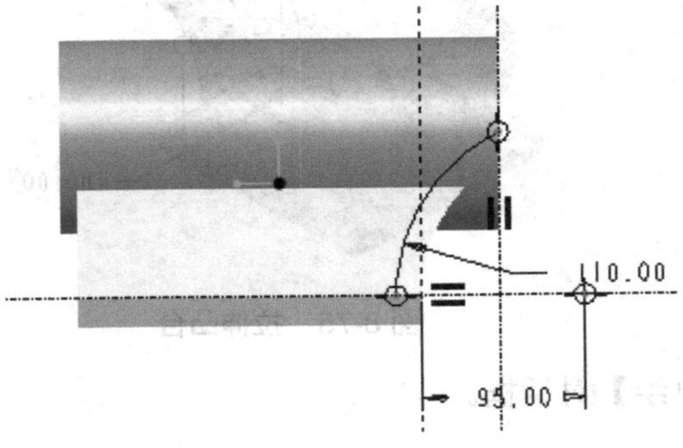

图 8-78　绘制草图

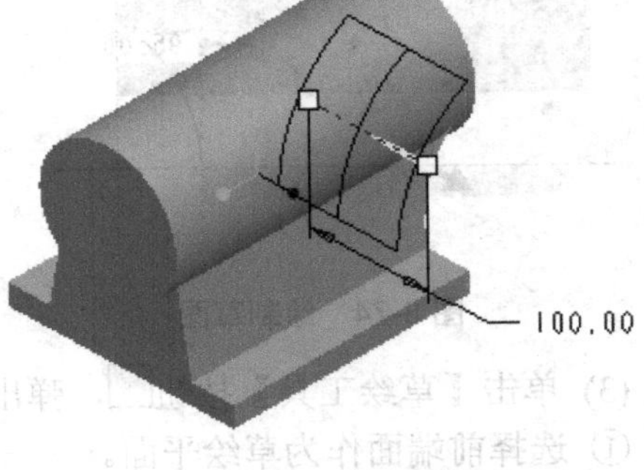

图 8-79　拉伸曲面

(7) 单击【基准】工具栏中的【平面】按钮，弹出【基准平面】对话框，如图 8-80 所示。

① 在图形区选择前端面面。

② 曲面的约束条件为【偏移】。

③ 在【平移】下拉列表框中输入 15。

单击【确定】按钮建立。

(8) 单击【草绘工具】按钮，弹出【草绘】对话框。

① 选择新建基准面作为草绘平面。

② 选择底座上表面作为参照平面。

③ 从【方向】下拉列表框中选择【顶】选项，单击【草绘】按钮，进入草绘模式。

④ 绘制草图，如图 8-81 所示。

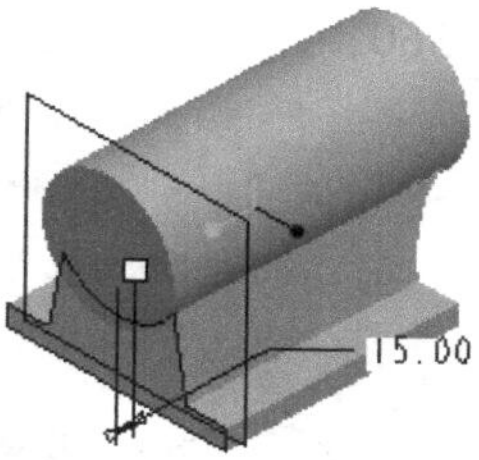

图 8-80　建立基准面

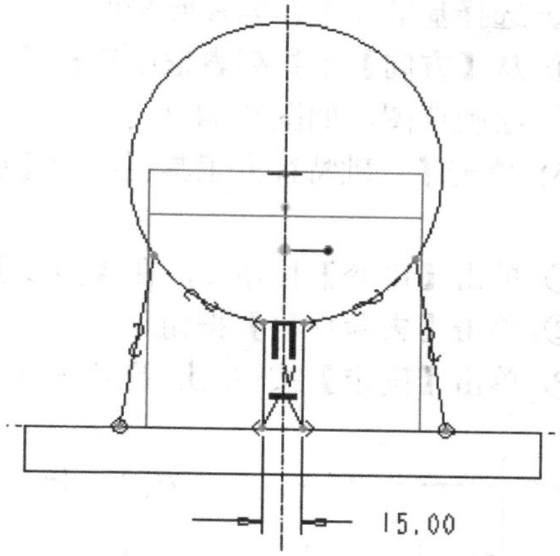

图 8-81　绘制草图

(9) 单击【基础特征】工具栏中的【拉伸】按钮，弹出【拉伸】操作面板。

① 单击【视图】工具栏中的【保存的视图列表】按钮，切换视图为【标准方向】。

② 单击【拉伸至选定的点】按钮，在图形区选择新建的曲面。

③ 单击【去除材料】按钮，如图 8-82 所示，单击【确定】按钮。

步骤三：打轴承孔

(1) 单击【工具特征】工具栏中的【孔工具】按钮，弹出【孔】操作面板，如图 8-83 所示。

① 单击【创建简单孔】按钮。

② 在【直径】下拉列表框中输入 80。

③ 单击【穿透】按钮。

④ 单击【放置】按钮，弹出【放置】下拉面板。

⑤ 激活【放置】收集器，在图形区，按住 Ctrl 键，选择基准轴和前表面。

⑥ 单击【确定】按钮。

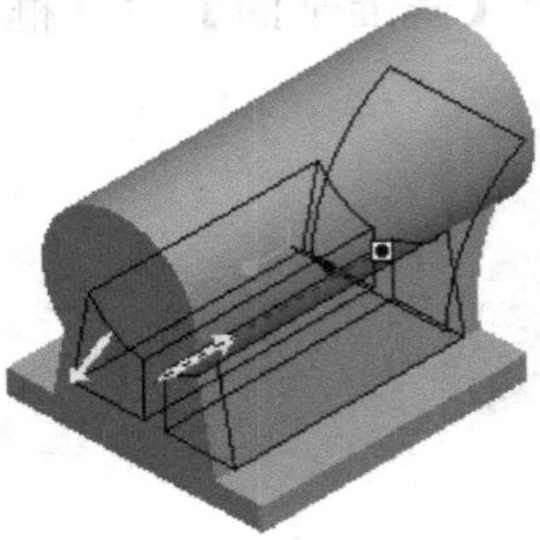

图 8-82 切除

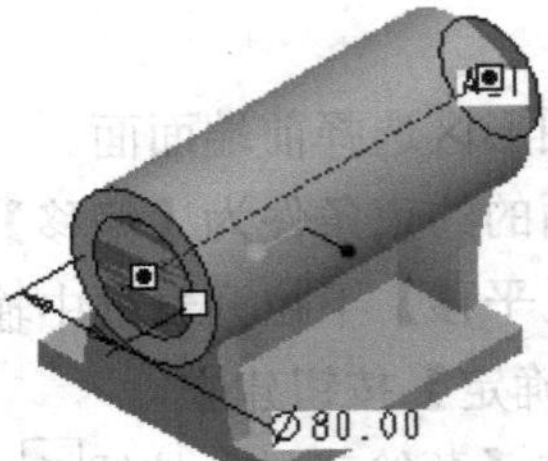

图 8-83 打孔

(2) 单击【草绘工具】按钮，弹出【草绘】对话框。

① 在图形区选择 RIGHT 基准面作为草绘平面。

② 选择基准面 1 作为参照平面。

③ 从【方向】下拉列表框中选择【顶】选项，单击【草绘】按钮，进入草绘模式。

④ 绘制草图，如图 8-84 所示。

(3) 单击【基础特征】工具栏中的【旋转】按钮，弹出【旋转】操作面板，如图 8-85 所示。

① 单击【可变】按钮，在【角度】下拉列表框中输入 360。

② 单击【去除材料】按钮。

③ 单击【确定】按钮，完成操作。

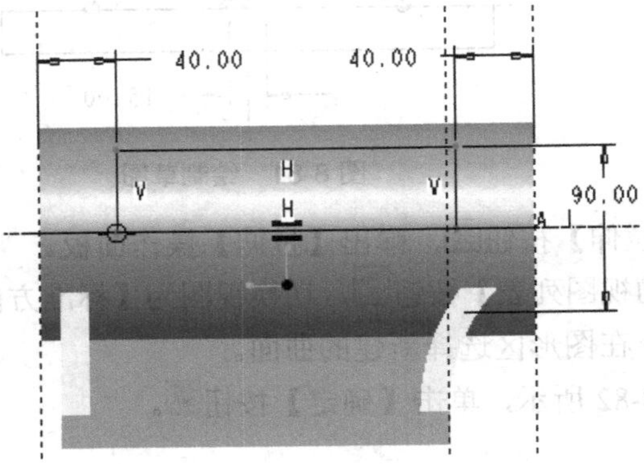

图 8-84 绘制草图

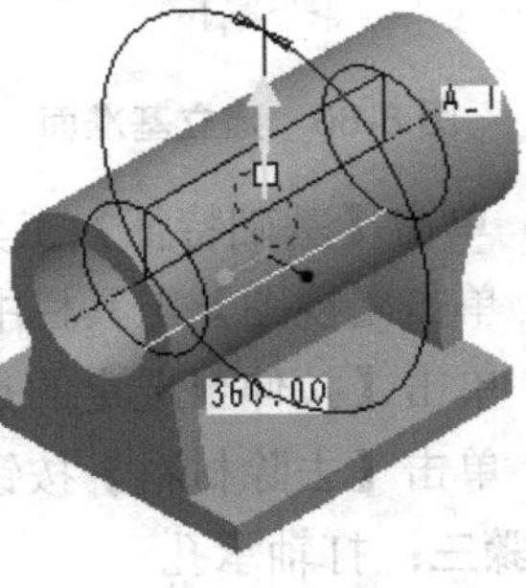

图 8-85 旋转切除

(4) 单击【草绘工具】按钮，弹出【草绘】对话框。

① 选择前端面作为草绘平面。

② 选择底座上表面作为参照平面。

③ 从【方向】下拉列表框中选择【顶】选项，单击【草绘】按钮，进入草绘模式。

④ 绘制草图，如图 8-86 所示。

(5) 单击【基础特征】工具栏中的【拉伸】按钮，弹出【拉伸】操作面板。

① 单击【视图】工具栏中的【保存的视图列表】按钮，切换视图为【标准方向】。

② 单击【穿透】按钮。

③ 单击【去除材料】按钮，如图 8-87 所示，单击【确定】按钮。

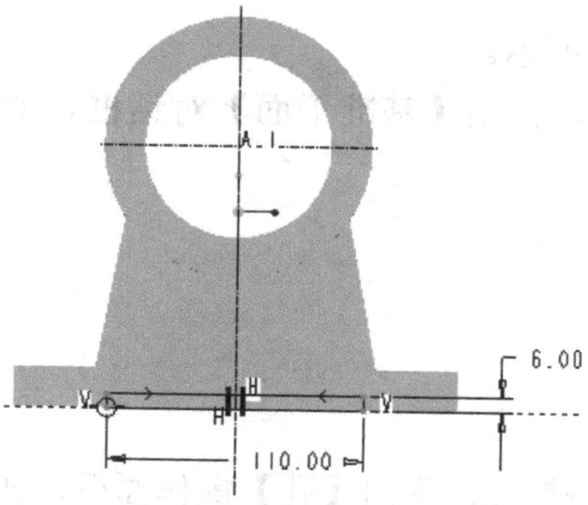

图 8-86 国绘制草图

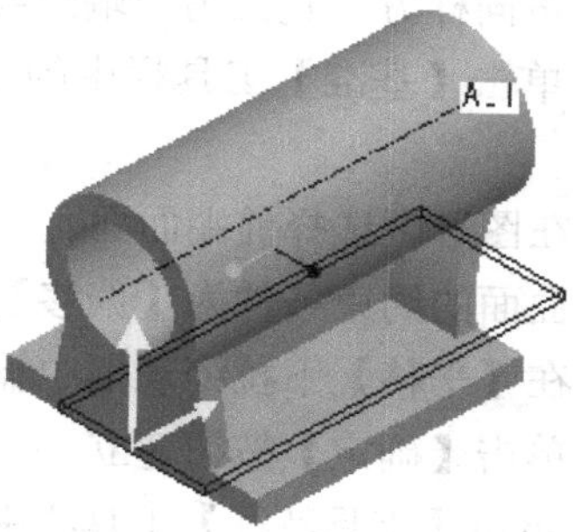

图 8-87　切除

步骤四：打安装孔

(1) 单击【工具特征】工具栏中的【孔工具】按钮，弹出【孔】操作面板，如图 8-88 所示。

① 单击【创建标准孔】按钮。

② 从【螺钉直径】下拉列表框中选择 M8×1.25 选项。

③ 单击【盲孔】按钮，在【深度】下拉列表框中输入 20。

④ 单击【放置】按钮，弹出【放置】下拉面板。

⑤ 选取前端面来放置孔。

⑥ 从【类型】下拉列表框中选择【直径】选项。

⑦ 激活【偏移参照】收集器，在图形区，按住 Ctrl 键，选择基准轴和 RIGHT 基准面，与 RIGHT 基准面角度为 0，基准值直径输入 98。

⑧ 单击【确定】按钮。

(2) 选择 M8×1.25 的孔，选择【编辑】|【阵列】菜单命令，弹出【阵列工具】操作面板，如图 8-89 所示。

① 从【阵列种类】下拉列表框中选择【轴】选项。

② 选取基准轴作为阵列的中心。系统就会在角度方向创建默认阵列。阵列成员以黑点表示。

③ 在【阵列成员数】文本框中输入 6。

④ 在【在阵列成员间角度】下拉列表框中输入 60。

⑤ 单击【确定】按钮。

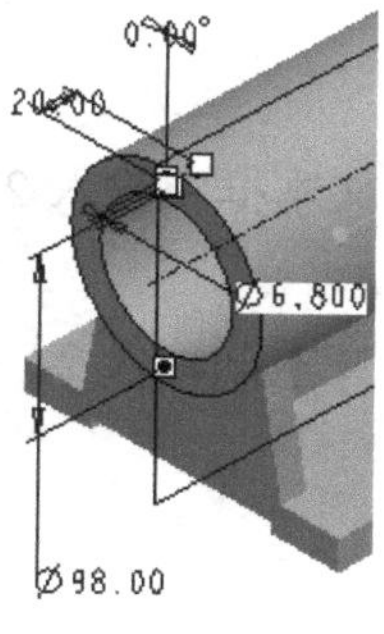

图 8-88　打孔

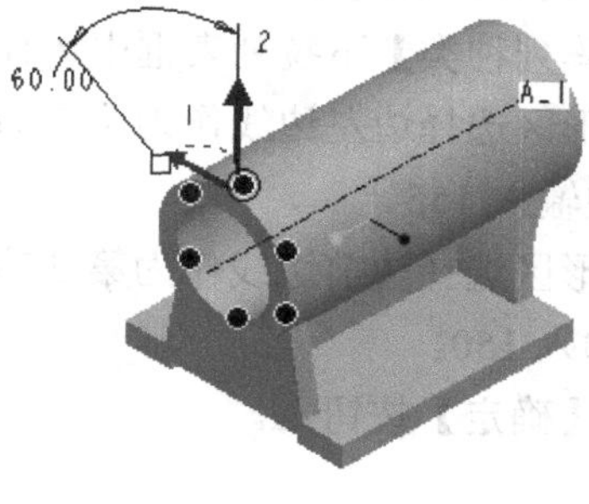

图 8-89　圆周阵列

(3) 按同样方法建立另一端螺纹孔，如图 8-90 所示。

(4) 单击【基准】工具栏中的【平面】按钮，弹出【基准平面】对话框，如图 8-91 所示。

① 在图形区选择前端面面。

② 曲面的约束条件为【偏移】。

③ 在【平移】下拉列表框中输入 100。

④ 单击【确定】按钮建立。

(5) 单击【工具特征】工具栏中的【孔工具】按钮，弹出【孔】操作面板，如图 8-92 所示。

① 单击【创建标准孔】按钮。

② 从【螺钉直径】下拉列表框中选择 M10×1.25 选项。

③ 单击【穿透】按钮。

图 8-90　建立基准面 1

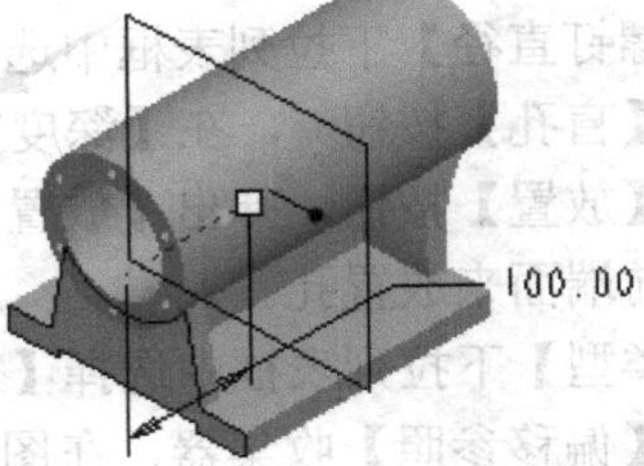

图 8-91　建立基准面 2

④ 单击【添加沉孔】按钮。

⑤ 单击【放置】按钮，弹出【放置】下拉面板。

⑥ 选取上表面来放置孔。

⑦ 从【类型】下拉列表框中选择【线性】选项。

⑧ 激活【偏移参照】收集器，在图形区，按住 Ctrl 键，选择基准面和 RIGHT 基准面，与基准面偏移输入“77.5”，RIGHT 基准面偏移为 75。

⑨ 单击【确定】按钮。

(6) 在图形区选择 M10×1.25，选择【编辑】|【阵列】菜单命令，弹出【阵列工具】操作面板，如图 8-93 所示。

① 从【阵列种类】下拉列表框中选择【方向】选项。

② 在图形区选择边左边线作为第 1 方向，在【成员数】文本框中输入 2，在【间距】下拉列表框中输入 155。

③ 在图形区选择边前边线作为第 2 方向，在【成员数】文本框输入 2，在【间距】下拉列表框中输入 150。

④ 单击【确定】按钮。

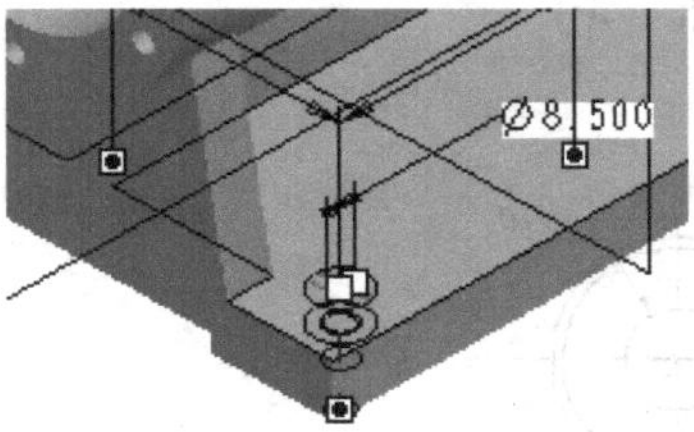

图 8-92　打地脚孔

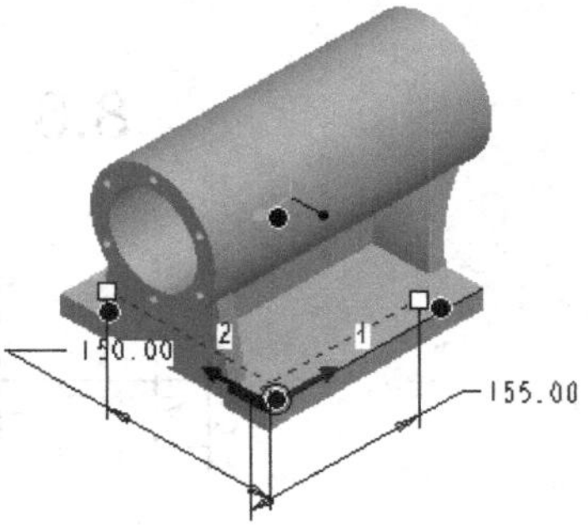

图 8-93　阵列地脚孔面

步骤五：打安装孔

单击【工程特征】工具栏中的【圆角工具】按钮，弹出【圆角工具】操作面板，如图 8-94 所示。

(1) 在【半径】下拉列表框中输入 20。

(2) 按住 Ctrl 键，在图形区选择 4 边。

(3) 单击【确定】按钮。

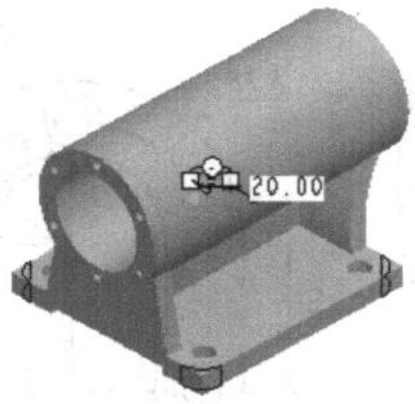

图 8-94　倒圆角

步骤六：存盘

选择【文件】|【保存】菜单命令，保存文件。

8.5.4　随堂练习

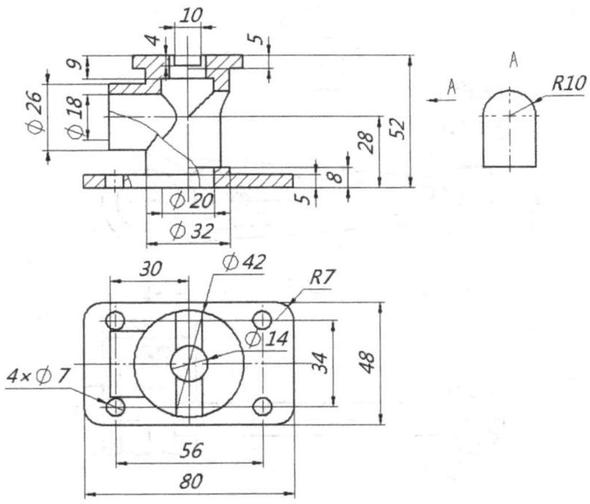

随堂练习 7

8.6 上 机 练 习

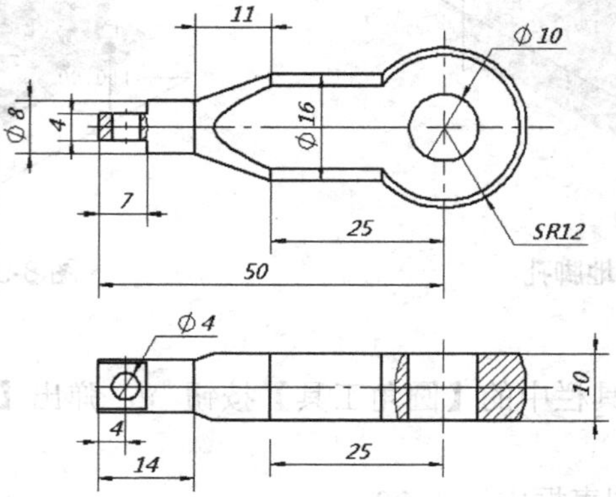

上机练习图 1

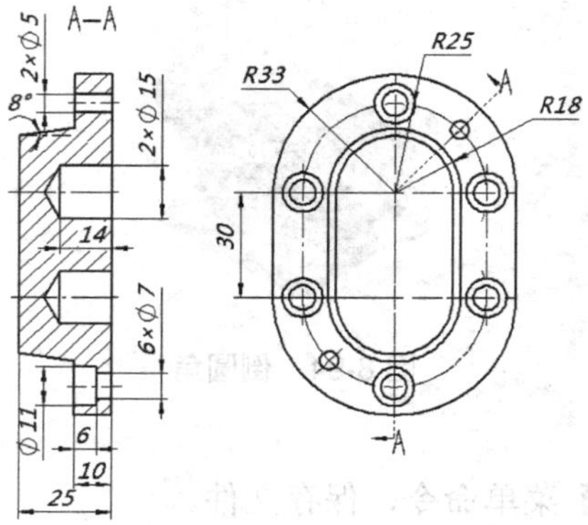

上机练习图 2

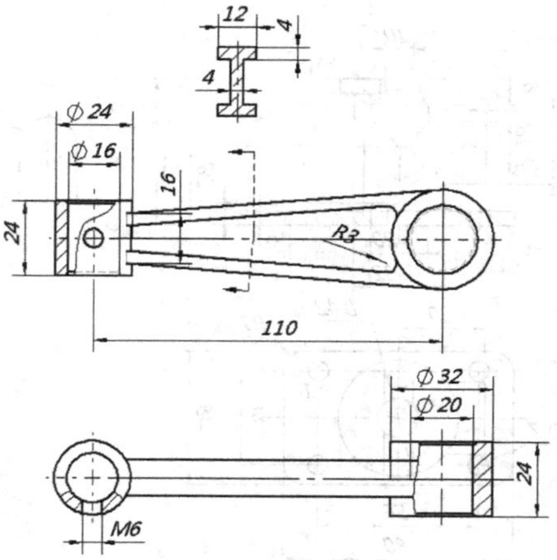

上机练习图 3

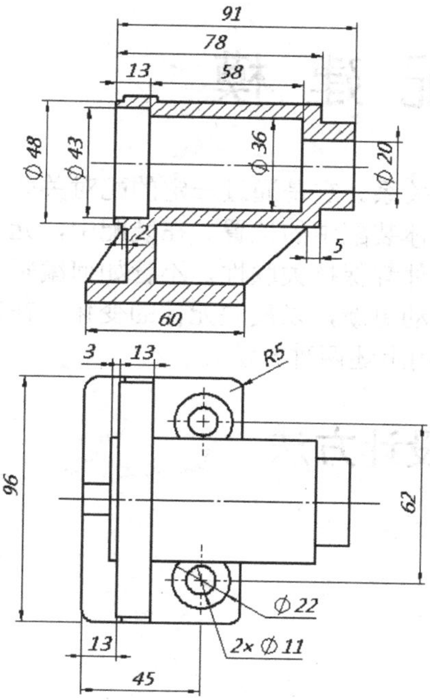

上机练习图 4

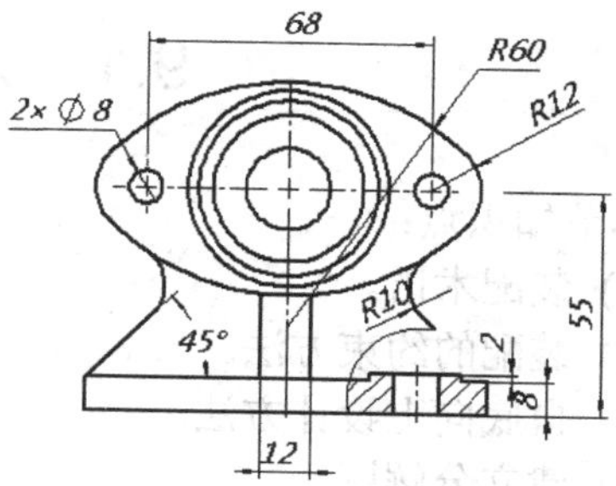

上机练习图 5

第 9 章　装 配 建 模

装配过程就是在装配中建立各元件之间的链接关系。它是通过一定的配对关联条件在元件之间建立相应的约束关系，从而确定元件在整体装配中的位置。在装配中，元件的几何实体是被装配引用，而不是被复制，整个装配元件都保持关联性，不管如何编辑元件，如果其中的元件被修改，则引用它的装配元件会自动更新，以反映元件的变化。在装配中可以采用自底向上或自顶向下的装配方法或混合使用上述两种方法。

9.1　从底向上设计方法

本节知识点：

(1) 装配术语。

(2) 装配的约束方法。

(3) 自底向上设计方法。

(4) 建立分解图。

9.1.1　术语定义

装配引入了一些新术语，其中部分术语定义如下。

1. 装配

一个装配是多个零部件或子装配的引用实体的集合。任何一个装配是一个包含元件对象的.asm 文件。

2. 元件

元件是装配中的引用的模型文件，它可以是元件也可以是一个由其他元件组成的子装配。需要注意的是，元件是被装配件引用，而并没有被复制，如果删除了元件的模型文件，装配将无法检索到元件。

3. 子装配

子装配本身也是装配，它拥有元件构成装配关系，而在高一级的装配中用元件组件。子装配是一个相对的概念，任何一个装配可在更高级的装配中用作子装配。例如汽车发动机是装配，但同时也可作为汽车装配中的元件。

4. 激活元件

激活元件是在装配中进行编辑或建立几何体的元件。

激活元件是指用户当前进行编辑或建立的几何体元件。当装配中的元件被激活时，即可对此元件进行修改，同时显示装配中的其他元件以便作为参考。当装配本身被激活时，可以对装配进行编辑。

装配、子装配、元件之间的相互关系如图 9-1 所示。

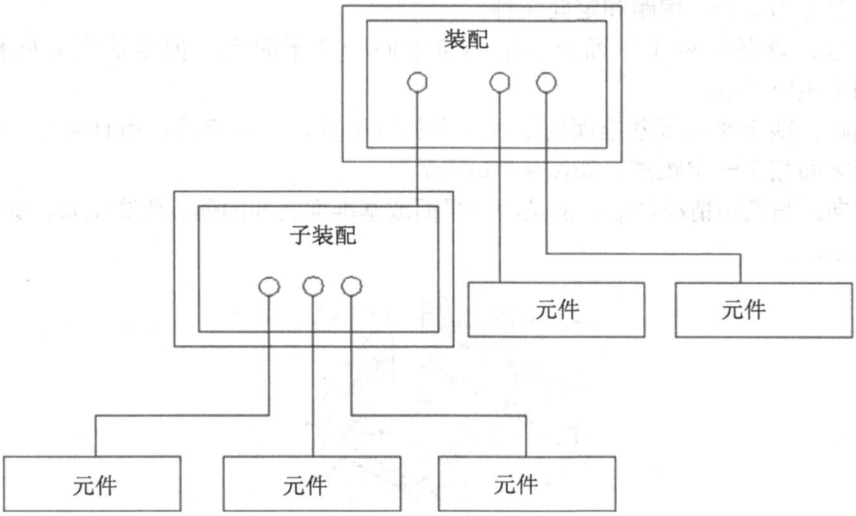

图 9-1 装配关系示意

9.1.2 零件装配的基本步骤和流程

1. 零件装配基本步骤

(1) 启动 Pro/E，进入零件装配模式，修改装配体名称。

(2) 在零件装配模式中，直接单击右侧工具箱中【工程特征】工具栏中的按钮，或选择【插入】|【元件】|【装配】菜单命令，调入欲装配的主体零件到设计窗口中；然后用同样的方法调入欲装配的另一个零件到设计窗口中。

(3) 根据装配体的要求定义零件之间的装配关系。

(4) 再次执行步骤(2)和(3)，直到全部装配完成。

(5) 如果装配满意，则存盘退出。如果不满意，则对装配关系进行修改操作。

2. 零件装配基本流程

零件装配的基本过程，如图 9-2 所示。

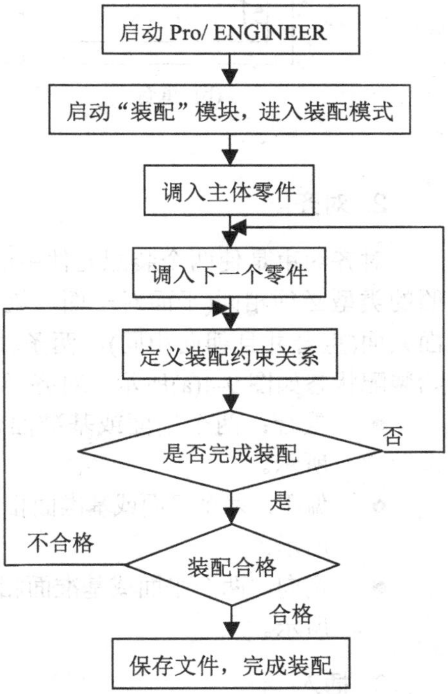

图 9-2 零件装配基本流程

9.1.3 装配约束

1. 匹配

匹配约束是使两个参照形成“面对面”，法向方向相互平行且方向相反，约束的参照类型必须相同(平面对平面、旋转对旋转、点对点和轴对轴)，原始装配状态如图 9-3(a)所示。匹配类型分为重合、偏距和定向 3 种。

- 重合：就是让两个平面或基准面位于同一个平面上，但是法线方向相反，如图 9-3(b)所示。
- 偏距：两个平面或基准面的法线方向相互平行，方向相反，而且两个平面或基准面之间相距一定距离，如图 9-3(c)所示。
- 定向：与偏距情况类似，但是两个平面或基准面之间的偏移距离未知，如图 9-3(d)所示。

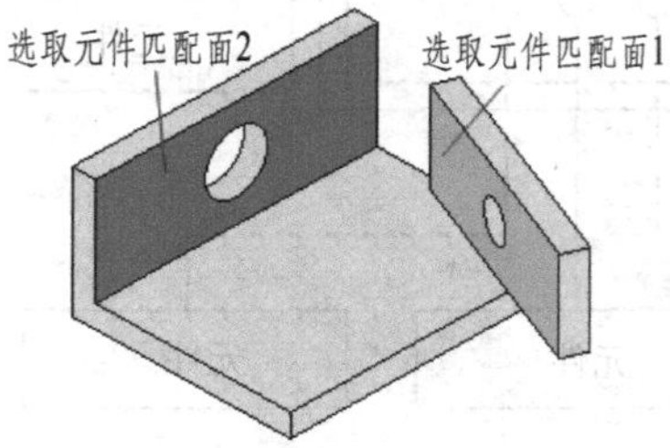

(a) 匹配前

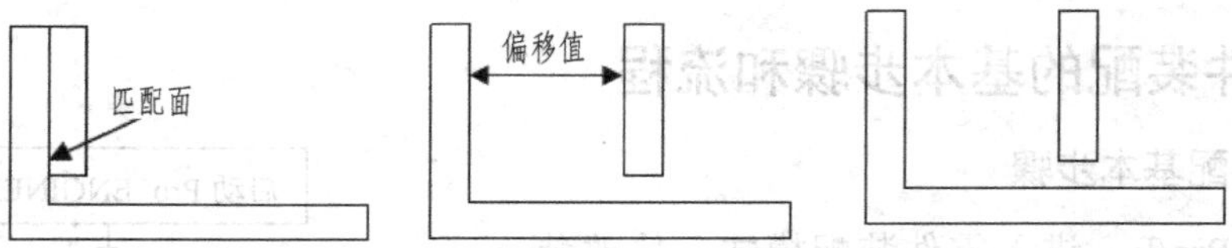

(b) 重合　　(c) 偏移　　(d) 定向

图 9-3　匹配约束

2. 对齐

对齐约束是使两个装配元件中的两个平面重合并且朝向相同方向。使用对齐约束时参照的类型必须相同(平面对平面、旋转对旋转、点对点和轴对轴)。对齐约束可以使两个平面共面(重合并且朝向相同)，两条轴线同轴或两个点重合，也可以对齐旋转曲面或边。原始装配状态如图 9-4(a)所示。对齐类型分为重合、偏距和定向 3 种。

- 重合：两个平面或基准面位于相同的平面上，而且法线方向相同，如图 9-4(b)所示。
- 偏距：两个平面或基准面相互平行，相距一定距离，而且法线方向相同，如图 9-4(c)所示。
- 定向：两个平面或基准面相互平行，法线方向相同，之间的距离未知，如图 9-4(d)所示。

3. 插入

插入约束是将一个旋转曲面插入到另一旋转曲面中，且使它们各自的轴同轨。注意，两个旋转曲面的直径不要求相等。当轴线选取无效或不方便时，可以用这个约束。原始装配状态如图 9-5(a)所示，插入状态后的模型如图 9-5(b)所示。

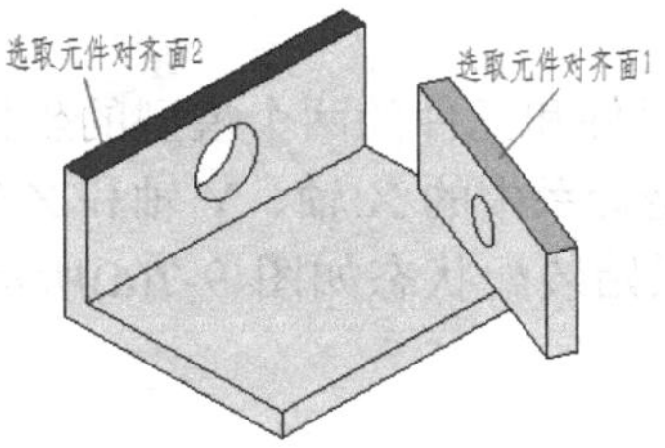

(a) 对齐前

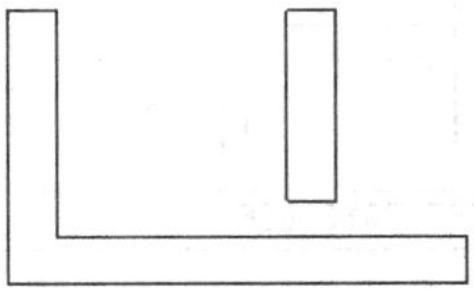

(b) 重合

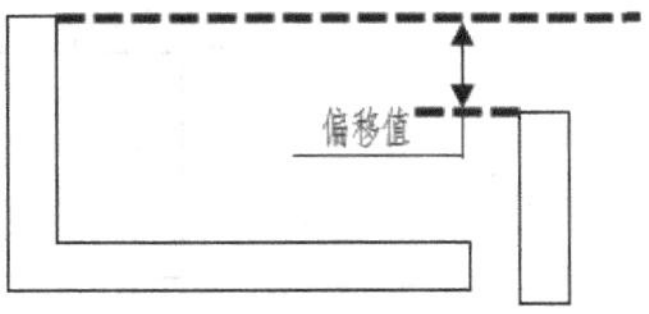

(c) 偏移

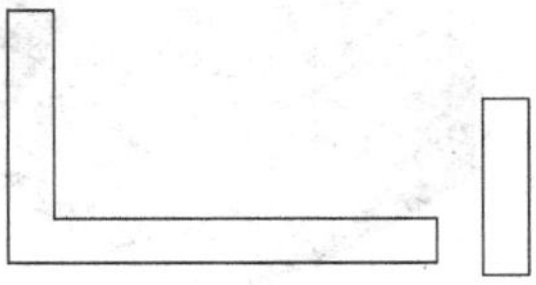

(d) 定向

图 9-4　对齐约束

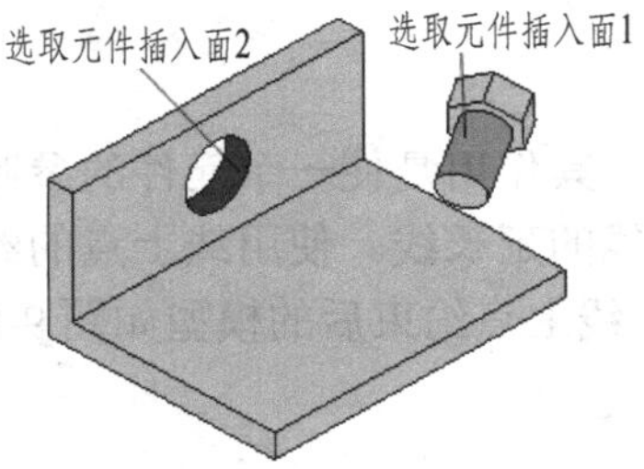

(a) 匹配前

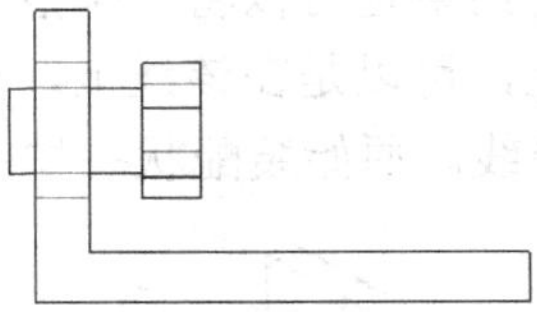

(b) 插入约束

图 9-5　插入约束

4．相切

相切约束是使不同的元件上的两个参照呈相切状态，可以用“相切”约束控制两个曲面在切点的接触。该放置约束的功能与“匹配”功能相似，因为该约束匹配曲面，而不对齐曲面。原始装配状态如图 9-6(a)所示，相切状态后的模型如图 9-6(b)所示。

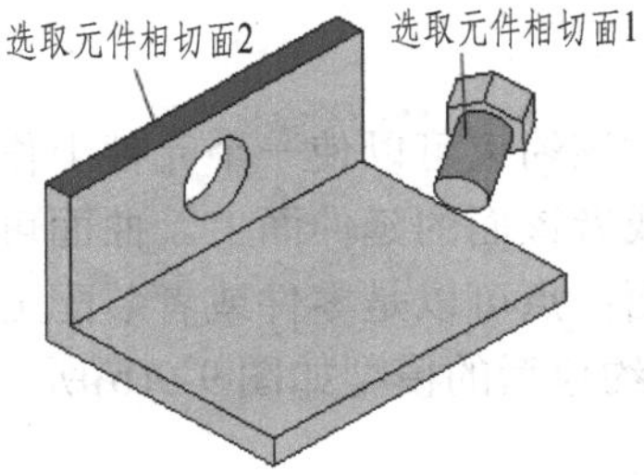

(a) 匹配前

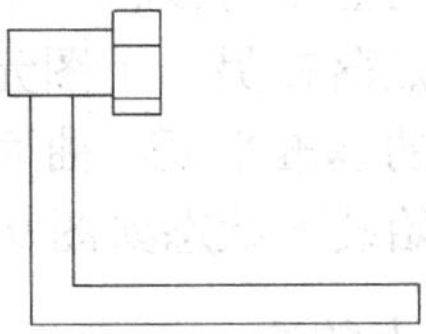

(b) 相切约束

图 9-6　相切约束

5. 坐标系

坐标系约束是可以使作为组件和元件的两个模型的坐标系相互重合，包括原点和各坐标轴分别重合，即一个元件的坐标系中的X轴、Y轴和Z轴与另一个元件的坐标系中的X轴、Y轴和Z轴分别对齐。原始装配状态如图9-7(a)所示，坐标系约束状态后的模型如图9-7(b)所示。

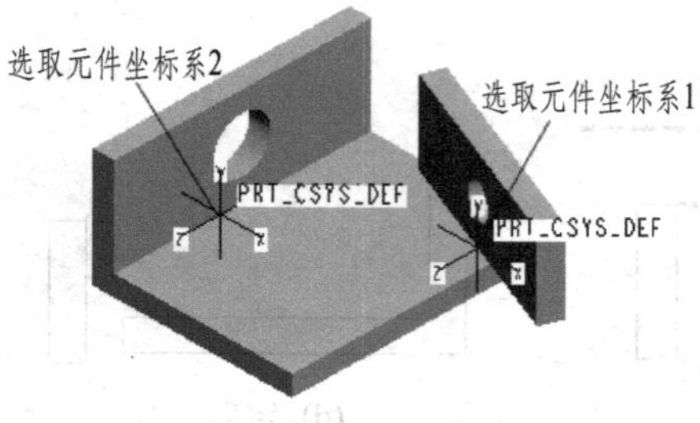

(a) 匹配前

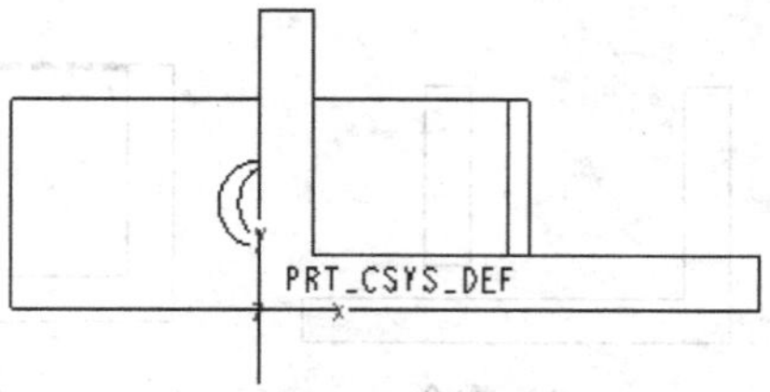

(b) 坐标系约束

图9-7　坐标系约束

6. 线上点

线上点的约束是可以将一个点和一条线对齐，其作用是使一个元件的参照点落于另一个图元参照上，可以是在该线上，也可以位于该线的延长线。使用线上点的约束需要先取点，然后选择线。原始装配状态如图9-8(a)所示，线上点约束后的模型如图9-8(b)所示。

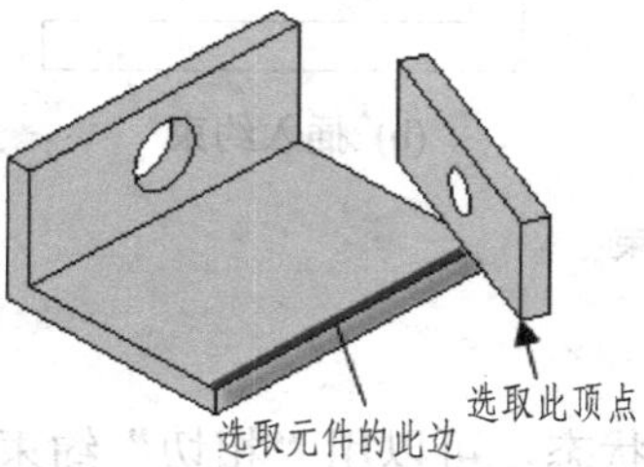

(a) 匹配前

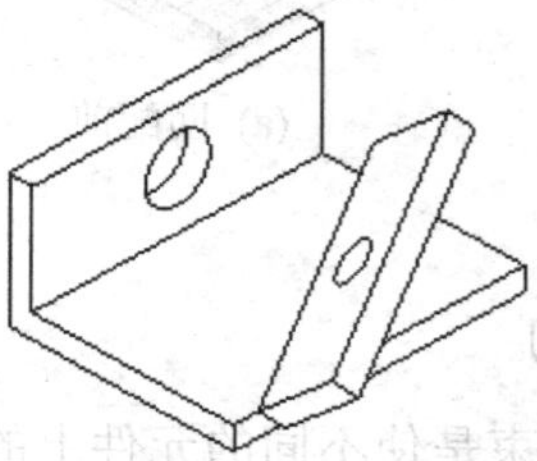

(b) 线上点约束

图9-8　线上点约束

7. 曲面上的点

曲面上的点是可以将一个点和一个曲面对齐，该约束可以使一个元件上作为参照的基准点或者顶点落在另一个图元的某一参照面上，或者该面的延伸面上。曲面可以是零件或者装配件上的基准平面、曲面特征或者零件的表面；点可以是零件或者装配上的顶点或者基准点。原始装配状态如图9-9(a)所示，曲面上点约束后的模型如图9-9(b)所示。

8. 曲面上的边

曲面上的边是可以将一条边和一个曲面对齐，通过将一个元件上作为参照的边落在另一个图元的某一参照面上，或者该面的延伸面上来约束两者之间的关系。曲面可以是零件或者装配件上的基准平面、曲面特征或者零件的表面；边可以是零件或者装配上的边。原始装配状态如图 9-10(a)所示，曲面上的边约束后的模型如图 9-10(b)所示。

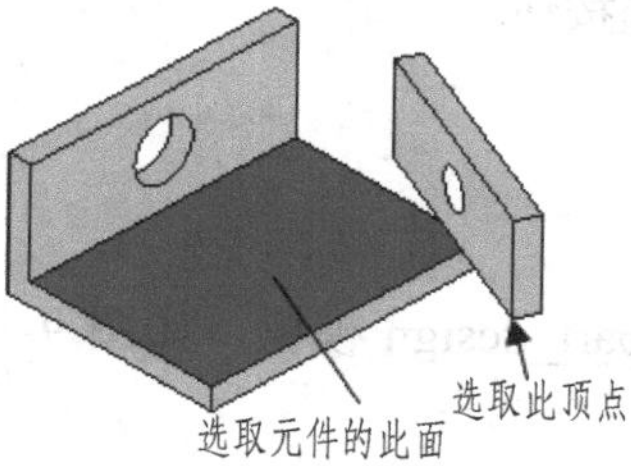

(a) 匹配前

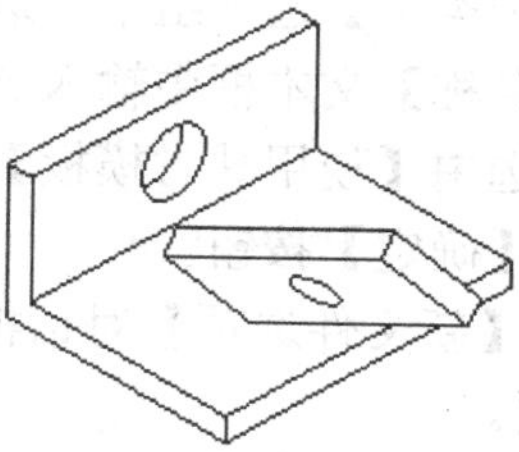

(b) 曲面上点约束

图 9-9 曲面上点约束

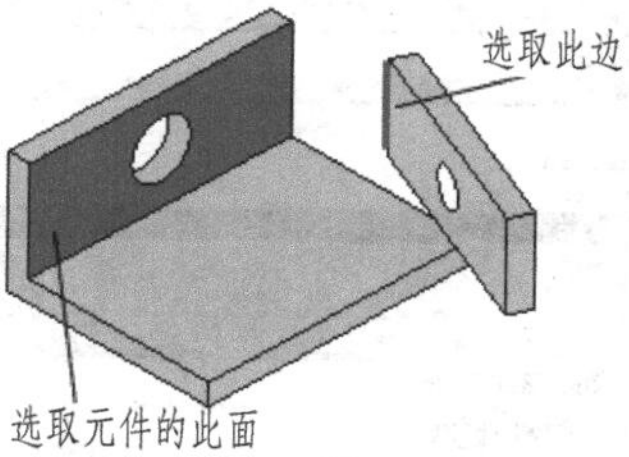

(a) 匹配前

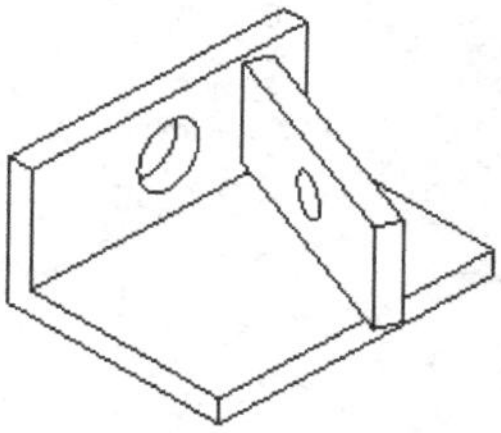

(b) 曲面上的边约束

图 9-10 曲面上的边约束

9.1.4 从底向上设计方法建立装配实例

1. 要求

利用装配模板建立一新装配，添加组件，建立约束，如图 9-11 所示。

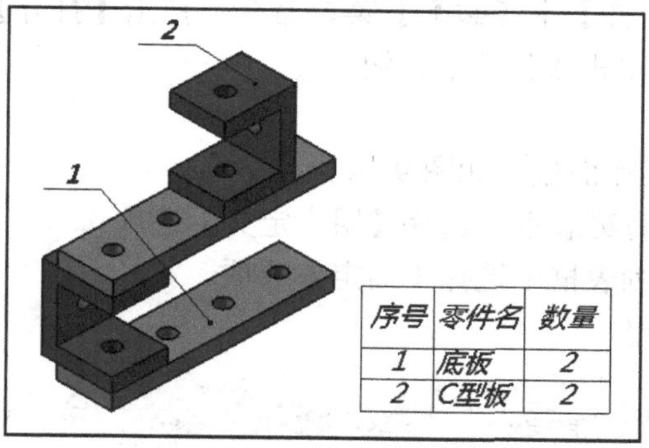

图 9-11 从底向上设计装配组件

2. 操作步骤

步骤一：新建组件

(1) 选择【文件】|【设置工作目录】菜单命令，在弹出的【选取工作目录】对话框中设定到路径“E:\ProE\10\Study”，单击【确定】按钮。

(2) 选择【文件】|【新建】菜单命令，弹出【新建】对话框，如图 9-12 所示。

① 在【类型】选项组中，选中【组件】单选按钮。

② 在【子类型】选项组中，选中【设计】单选按钮。

③ 在【名称】文本框中输入 Assm。

④ 取消选中【使用缺省模板】复选框。

⑤ 单击【确定】按钮。

(2) 弹出【新文件选项】对话框，选用 mmns_part_design 模板，如图 9-13 所示，单击【确定】按钮。

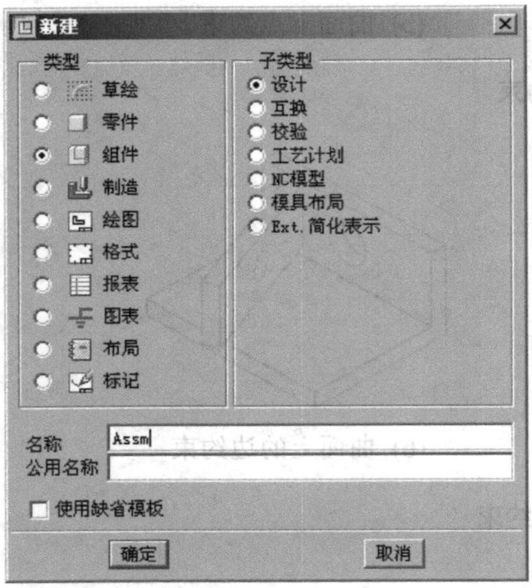

图 9-12　【新建】对话框

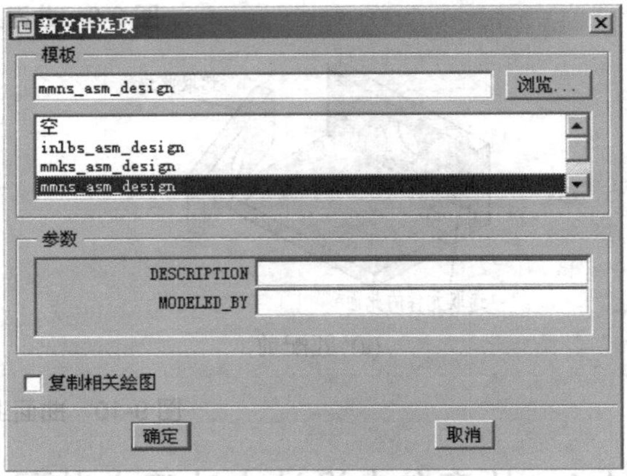

图 9-13　【新文件选项】对话框

步骤二：添加第一个元件“Assm_Base”

(1) 引入元件。

选择【插入】|【元件】|【装配】菜单命令，弹出【打开】对话框，在对话框中选定文件“Assm_Base”，单击【打开】按钮。

(2) 约束元件。

弹出【放置元件】操作面板，如图 9-14 所示。

① 从【约束集】下拉列表框中选择【用户定义】选项。

② 从【约束】下拉列表框中选择【固定】选项。

③ 单击按钮完成。

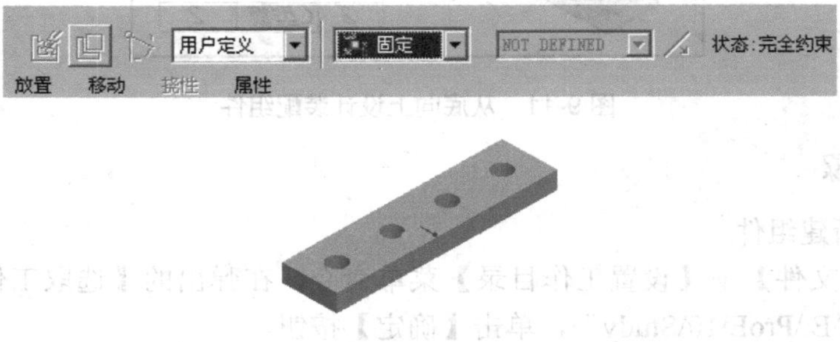

图 9-14　添加第一个元件“Assm_Base”

步骤三：添加元件“Assm_C”

(1) 引入元件。

选择【插入】|【元件】|【装配】菜单命令，弹出【打开】对话框，在对话框中选定文件“Clamp_C”，单击【打开】按钮。

(2) 约束元件。

弹出【放置元件】操作面板中，单击【放置】按钮，弹出【放置】下拉面板，如图 9-15 所示。

① 从【约束类型】下拉列表框中选择【插入】选项。

② 激活【选取元件项目】，在图形区选择 CLAMP_C 孔表面。

③ 激活【选取组件项目】，在图形区选择 CLAMP_BASE 孔表面。

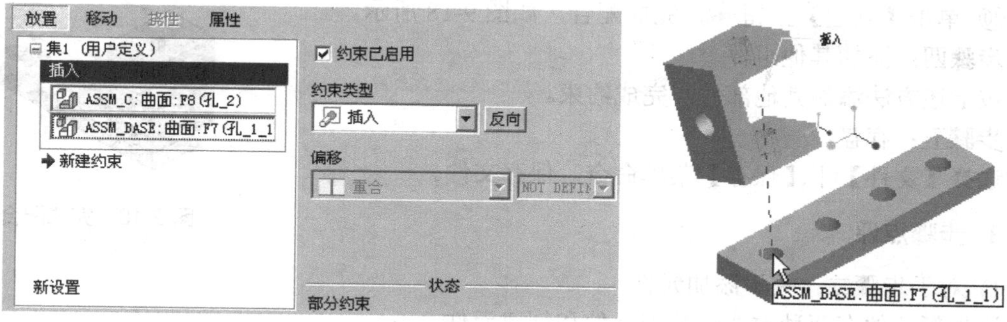

图 9-15　添加“插入”约束

④ 单击【新建约束】，从【约束类型】下拉列表框中选择【对齐】选项，从【偏移】下拉列表框中选择【重合】选项，如图 9-16 所示。

⑤ 激活【选取元件项目】，在图形区选择 CLAMP_CAP 的右视基准面。

⑥ 激活【选取组件项目】，在图形区选择 CLAMP_BASE 的右视基准面。

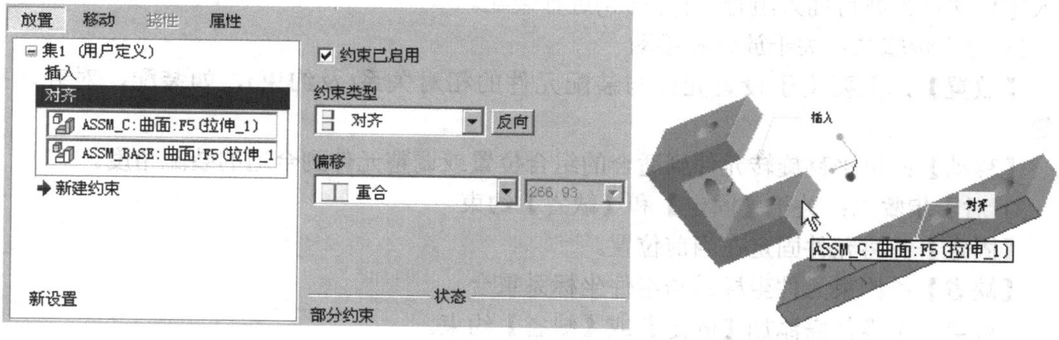

图 9-16　添加“对齐”-“重合”约束

⑦ 单击【新建约束】，从【约束类型】下拉列表框中选择【对齐】选项，从【偏移】下拉列表框中选择【角度偏移】选项，在【角度】文本框中输入 0，如图 9-17 所示。

⑧ 激活【选取元件项目】，在图形区选择 CLAMP_CAP 的上表面。

⑨ 激活【选取组件项目】，在图形区选择 CLAMP_BASE 的上表面。

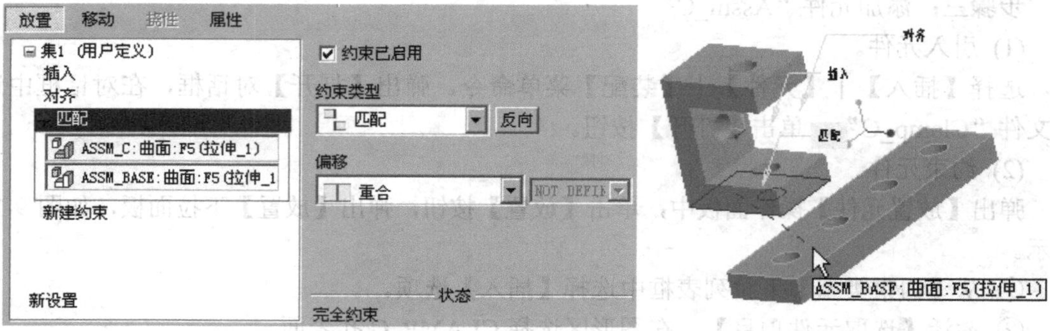

图 9-17　添加“匹配”-“重合”约束

⑩ 单击【确定】按钮，完成配合，如图 9-18 所示。

步骤四：添加其他组件

按上述方法添加其他部件，完成约束。

步骤五：存盘

选择【文件】|【保存】菜单命令，保存文件。

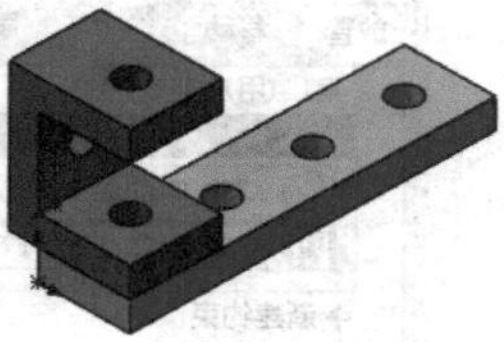

图 9-18　完成配合

3. 步骤点评

1) 对于步骤二：关于添加元件

添加新元件有两种方式：装配元件和创建元件。

装配元件：欲将已创建完成的零件插入组合元件，进行组合的方法为选择【插入】|【元件】|【装配】菜单命令。

创建元件：在组合环境中创建零件，创建的方法为选择【插入】|【元件】|【创建】菜单命令。

一个组件文件，不仅只适用于零件的装配，还可结合数个【子组件】进行装配，即除插入零件文件外亦可插入组合文件(.asm)进行装配。

2) 对于步骤二：关于放置和移动

【放置】：主要用于设置元件与装配元件的相对关系(及约束)，如装配、对齐、插入等。

【移动】：可平移旋转元件到适合的组合位置或调整元件到合适的装配角度。

3) 对于步骤二：关于【固定】和【缺省】约束

【固定】：将元件固定在当前位置。

【缺省】：约束元件坐标系与组件坐标系重合。

一般第一个零件需添加【固定】或【缺省】约束。

9.1.5　随堂练习

(1) 完成底板，C 型板建模。

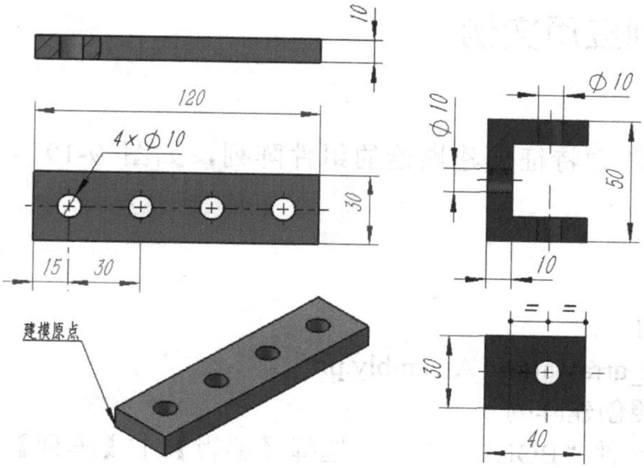

底板 C 型板

(2) 完成装配。

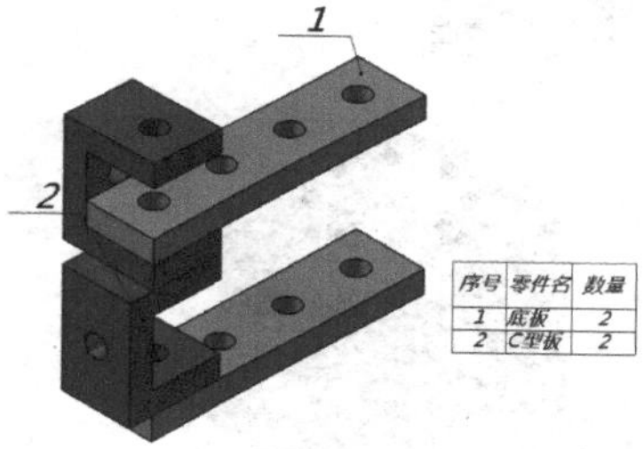

随堂练习 1

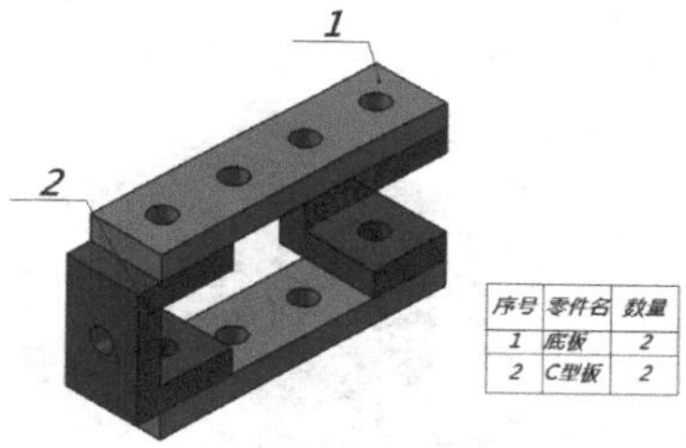

随堂练习 2

9.2　创建组件阵列

本节知识点：

(1) 按照参照创建阵列。

(2) 按照方向创建线性阵列。

(3) 按照轴创建圆周阵列。

9.2.1　组件阵列

在装配中，需要在不同的位置装配同样的组件，如果一个个组件按照配对条件等装配起来，那么工作量非常大，而且都是重复的劳动。我们在单个零件设计中有特征阵列的功能，那么在装配的状态中，使用的就是组件阵列，与特征阵列不同的是，组件阵列是在装配状态下阵列组件。

有三类组件阵列：线性、圆形和参考。

9.2.2　组件阵列应用实例

1. 要求

根据法兰上孔的阵列特征创建螺栓的组件阵列，如图 9-19 所示。

图 9-19　创建组件阵列

2. 操作步骤

步骤一：打开文件

打开文件"\Assm_array\array_Assembly.prt"。

步骤二：按照参照创建阵列

在模型树中选择元件"BOLT.PRT"，选择【编辑】|【阵列】菜单命令，出现【阵列】操作面板。从【阵列】下拉列表框中选择【参照】选项，BOLT 将参照元件建模时打孔的阵列特征进行装配阵列，如图 9-20 所示。单击☑按钮完成阵列装配。

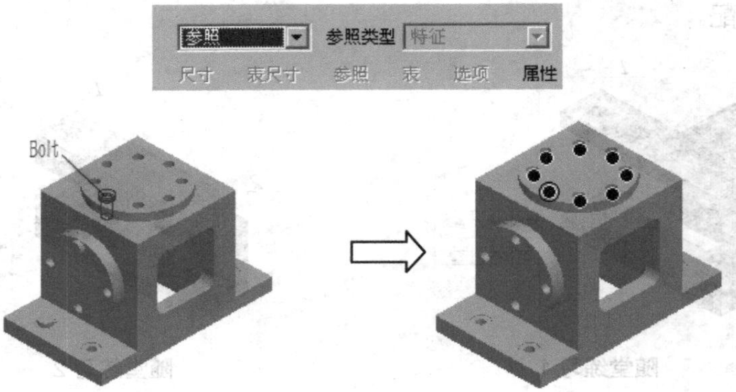

图 9-20　按照参照创建阵列

步骤三：方向阵列

在模型树中选择元件"BOLT.PRT"，选择【编辑】|【阵列】菜单命令，弹出【阵列】操作面板，如图 9-21 所示。

① 从【阵列】下拉列表框中选择【方向】选项。

② 在图形区选择方向 1，在【阵列成员】文本框中输入 2，在【间距】下拉列表框中输入 170。

③ 在图形区选择方向 2，在【阵列成员】文本框中输入 2，在【间距】下拉列表框中输入 56。

④ 单击☑按钮完成阵列装配。

步骤四：轴的阵列

在模型树中选择元件"BOLT.PRT"，选择【编辑】|【阵列】菜单命令，弹出【阵列】操作面板，如图 9-22 所示。

① 从【阵列】下拉列表框中选择【轴】选项。

② 在图形区选择基准轴。

③ 在【阵列成员数】文本框中输入 4，在【角度】下拉列表框中输入 90。

④ 单击☑按钮完成阵列装配。

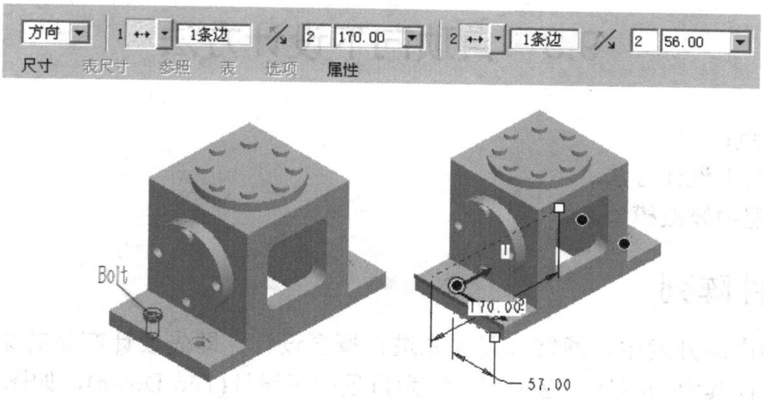

图 9-21 按照方向创建阵列

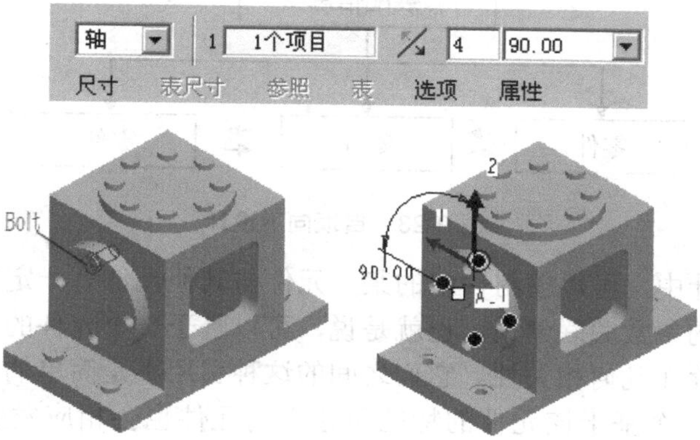

图 9-22 按照轴创建阵列

步骤五：存盘

选择【文件】|【保存】菜单命令，保存文件。

3. 步骤点评

对于步骤二：关于阵列方法

如果元件的建模使用了特征的阵列，在装配中使用【参照】方式可以快速根据特征阵列的数据进行元件阵列装配；如果元件的建模中没有使用阵列，则可以使用其他方式进行自定义的阵列装配。

9.2.3 随堂练习

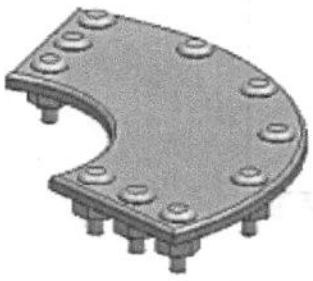

随堂练习 3

随堂练习 4

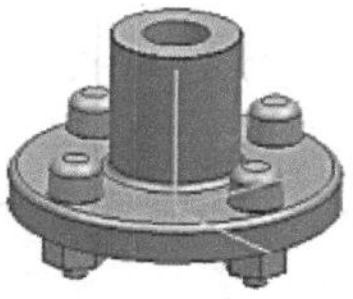

随堂练习 5

9.3 自顶向下设计方法

本节知识点：

(1) 从顶向下设计方法。

(2) 在装配中修改模型。

9.3.1 组件阵列

在实际的产品开发中，通常都需要先进行概念设计，即先设计产品的原理和结构，然后再进一步设计其中的零件，这种方法称为自顶向下设计(Top-Down)，如图 9-23 所示。

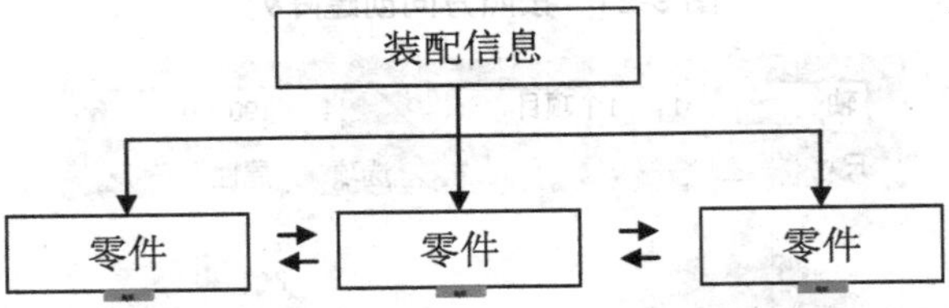

图 9-23 自顶向下设计

在自顶向下设计中，可以使组件中的某一元件与其他元件有一定的几何关联性。该技术可以实现元件间的参数关联建模。也就是说，可以基于一个元件的几何体或位置去设计另一个元件，二者存在几何相关性。它们之间的这种引用不是简单的复制关系，当一个元件发生变化时，另一个基于该元件的特征所建立的元件也会相应发生变化，二者是同步的。用这种方法建立关联几何对象可以减少修改设计的成本，并保持设计的一致性。

9.3.2 自顶向下设计方法建立装配实例

1. 要求

根据已存箱体去相关地建立一个垫片，如图 9-24 所示，要求垫片①来自于箱体中的父面②，若箱体中父面的大小或形状改变时，装配④中的垫片③也相应改变。

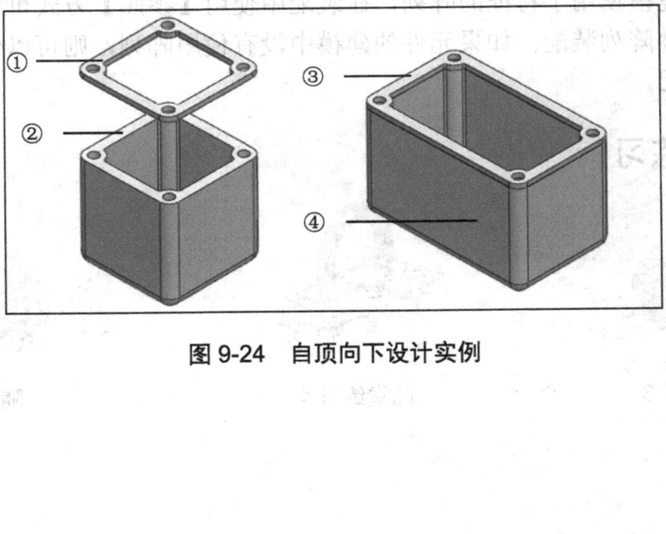

图 9-24 自顶向下设计实例

2. 操作步骤

步骤一：新建组件

新建组件“TopDown”。

步骤二：添加箱体模型“Box”

(1) 选择【插入】|【元件】|【装配】菜单命令，弹出【打开】对话框，在对话框中选定文件“Boxe”，单击【打开】按钮。

(2) 约束元件。

弹出【放置元件】操作面板中，如图 9-25 所示。

① 从【约束集】下拉列表框中选择【用户定义】选项。

② 从【约束】下拉列表框中选择【固定】选项。

③ 单击按钮完成。

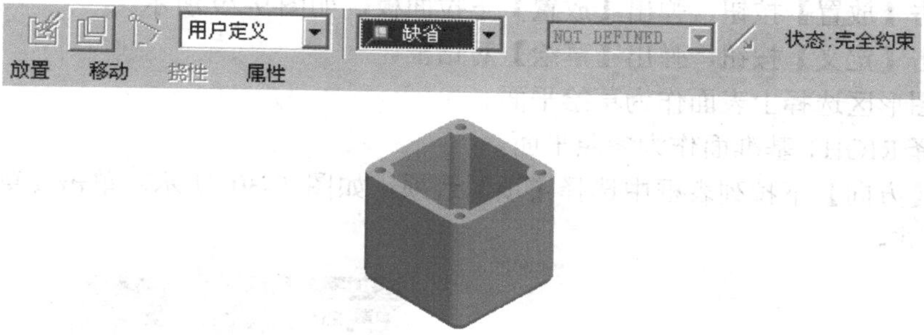

图 9-25　添加第一个元件“Box”

步骤三：新建垫片模型“spacer”

(1) 新建元件。

选择【插入】|【元件】|【创建】命令，弹出【元件创建】对话框，如图 9-26 所示。

① 在【类型】选项组选中【零件】单选按钮。

② 在【子类型】选项组选中【实体】单选按钮。

③ 在【名称】文本框中输入“spacer”。

④ 单击【确定】按钮。

⑤ 弹出【创建选项】对话框，在【创建方法】选项组中，选中【空】单选按钮，如图 9-27 所示。

⑥ 单击【确定】按钮。

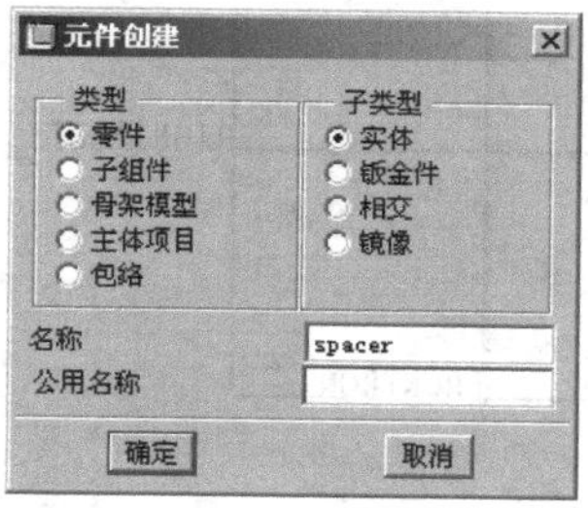

图 9-26　【元件创建】对话框

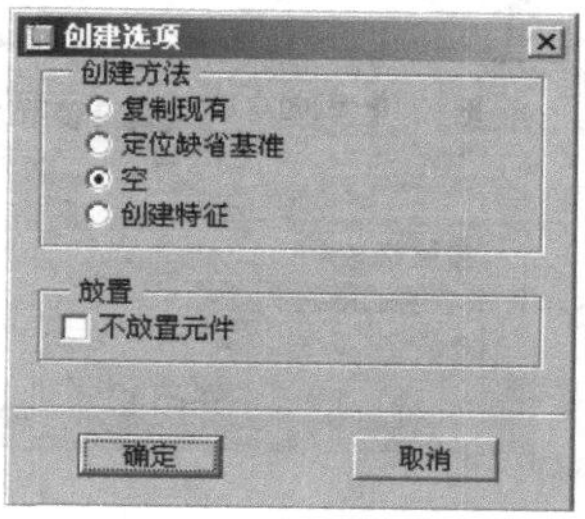

图 9-27　【创建选项】对话框

(2) 激活元件。

在模型树中选中上一步创建好的元件“SPACER.PRT”，右击，在弹出的快捷菜单中选择【激活】命令，元件“spacer”被激活，如图9-28所示。

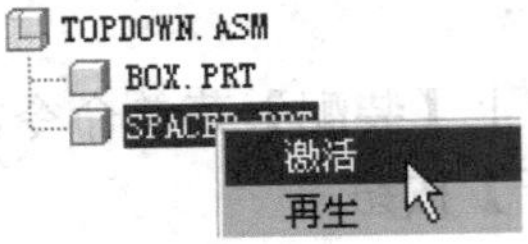

图9-28 激活元件

(3) 创建特征。

单击【基础特征】工具栏中的【拉伸】按钮，弹出【拉伸】操作面板。

① 单击【盲孔】按钮，在【深度】下拉列表框中输入3。

② 单击【放置】按钮，弹出【放置】下拉面板，如图9-29所示。

③ 单击【定义】按钮，弹出【草绘】对话框。

④ 在图形区选择上表面作为草绘平面。

⑤ 选择RIGHT基准面作为参照平面。

⑥ 从【方向】下拉列表框中选择【顶】选项，如图9-30所示，单击【草绘】按钮，进入草绘模式。

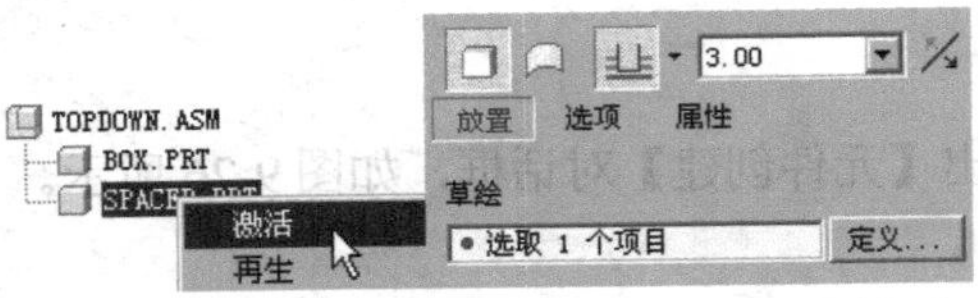

图9-29 【拉伸】操作面板

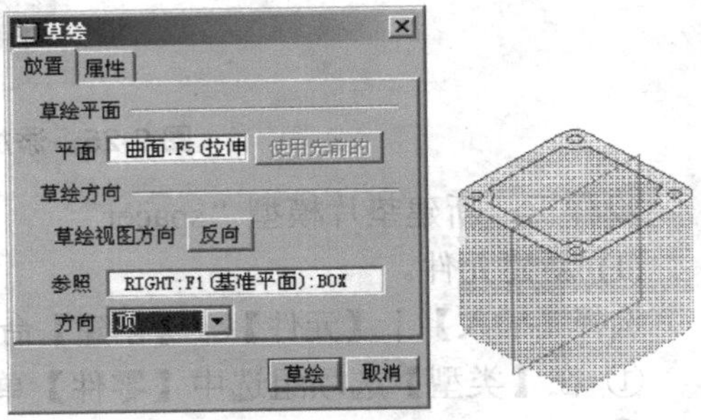

图9-30 选择基准面

⑦ 出现【参照】对话框，选择ASM_RIGHT和ASM_FRONT基准面，如图9-31所示。

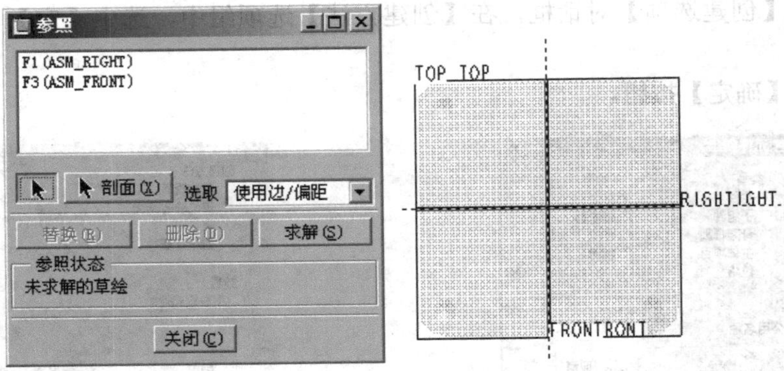

图9-31 建立参照面

⑧ 单击【草绘】工具栏中的【使用】按钮，在绘图区依次拾取轮廓，完成草图，如图 9-32 所示，单击【完成】按钮。

⑨ 返回【拉伸】操作面板，单击【视图】工具栏中的【保存的视图列表】按钮，切换视图为【标准方向】，如图 9-33 所示，单击【确定】按钮。

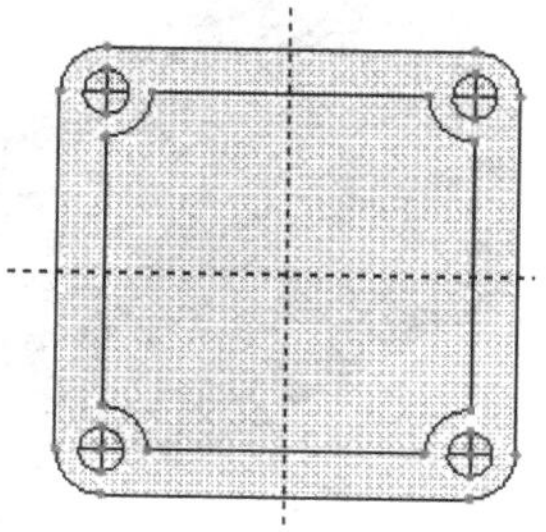

图 9-32　草绘轮廓

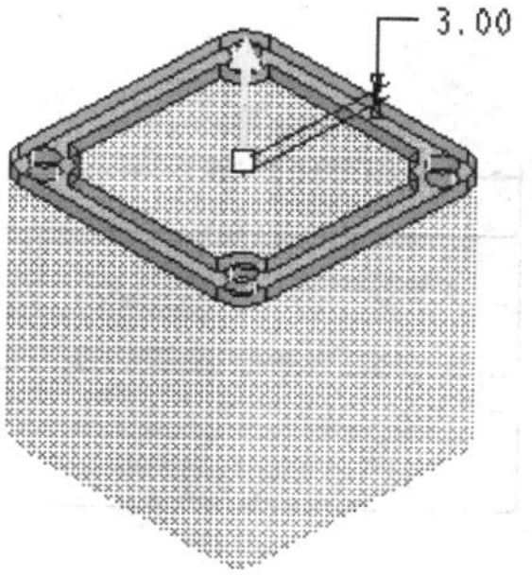

图 9-33　拉伸

步骤四：激活组件模型

在模型树中选中组件“TOPDOWN.ASM”，右击，在弹出的快捷菜单中选择【激活】命令，组件被激活。

步骤五：在组件下修改元件

(1) 在模型树中选择【设置】|【树过滤器】菜单命令，弹出【模型树项目】对话框，在【显示】选项组选中【特征】复选框，这样零件的特征都将在组件模式下显示，此时模型树中的各元件前面会出现一个“+”号，如图 9-34 所示。

(2) 在模型树中选中组件“BOX.PRT”，右击，在弹出的快捷菜单中选择【激活】命令，元件“box”被激活。

(3) 在模型树中单击 BOX.PRT 前的“+”，展开模型树，选中拉伸 1 草图，右击，在弹出的快捷菜单中选择【编辑定义】命令，如图 9-35 所示。

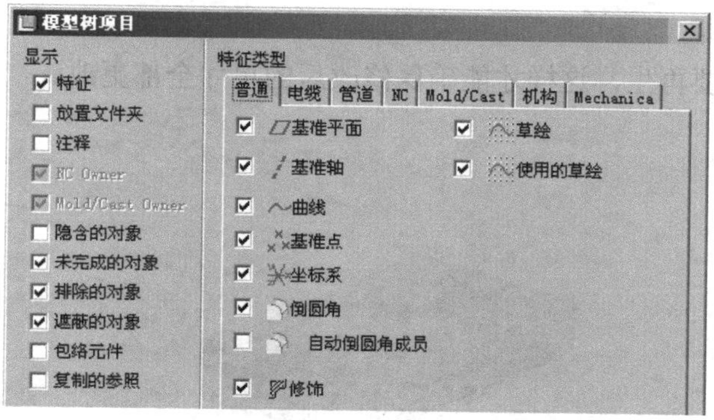

图 9-34　【模型树项目】对话框

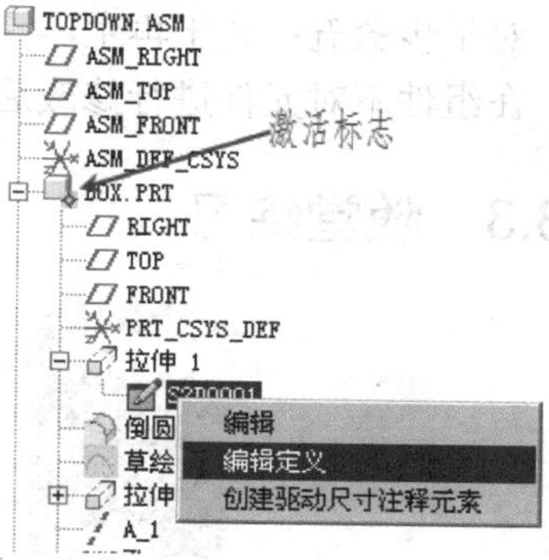

图 9-35　激活“BOX.PRT”

(4) 进入草绘环境，编辑草图，如图 9-36 所示，单击【完成】按钮。

(5) 返回【拉伸】操作面板，单击【视图】工具栏中的【保存的视图列表】按钮，切换视图为【标准方向】，如图 9-37 所示。

(6) 在模型树中选中组件"TOPDOWN.ASM"，右击，在弹出的快捷菜单中选择【激活】命令，组件被激活，如图 9-38 所示。

(7) 单击工具栏中【再生】按钮，对装配体进行再生，箱体模型和垫片模型都将发生对应的改变，如图 9-39 所示。

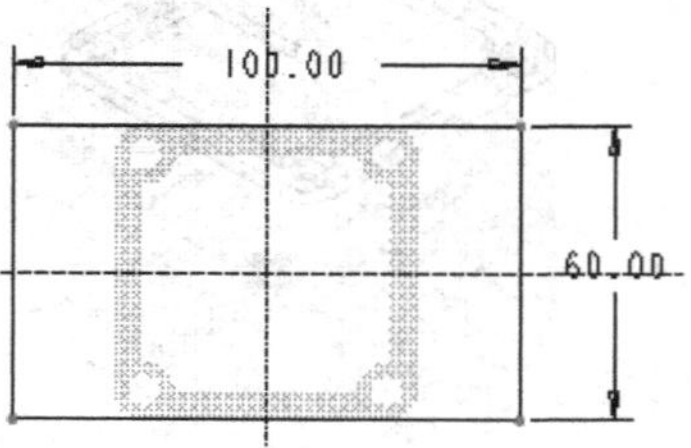

图 9-36　编辑草图

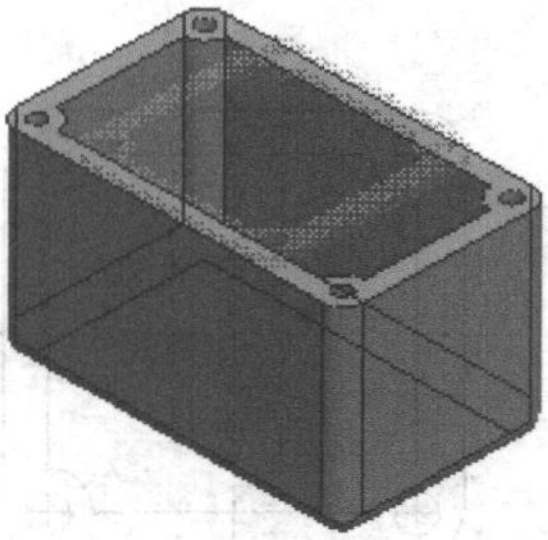

图 9-37　完成修改

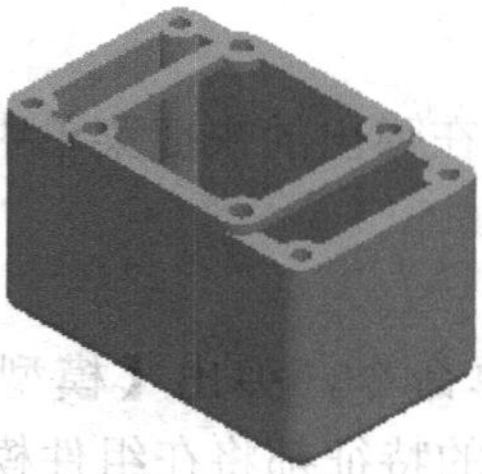

图 9-38　激活 TOPDOWN.ASM

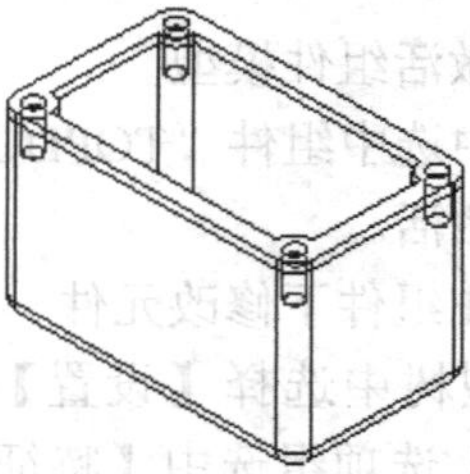

图 9-39　更新模型

步骤六：存盘

选择【文件】|【保存】菜单命令，保存文件。

3. 步骤点评

对于步骤五：关于再生

在组件下对元件进行修改后，需要再生，这样才能确保修改后的尺寸全部更改。

9.3.3　随堂练习

随堂练习 6

随堂练习 7

9.4 上机指导

9.4.1 建模理念

利用装配功能建立一新装配模型，添加组件，建立约束，如图 9-40 所示。

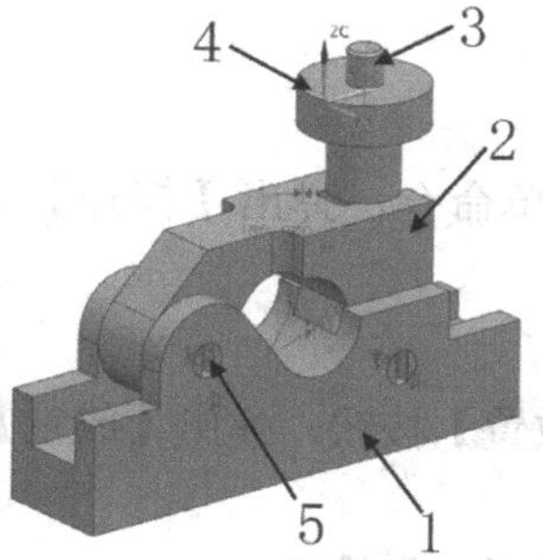

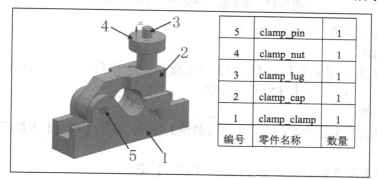

5	clamp_pin	1
4	clamp_nut	1
3	clamp_lug	1
2	clamp_cap	1
1	clamp_clamp	1
编号	零件名称	数量

图 9-40 从底向上设计装配组件

9.4.2 操作步骤

步骤一：新建组件

(1) 选择【文件】|【设置工作目录】菜单命令，在弹出的【选取工作目录】对话框中设定到路径“E:\ProE\10\Study”，单击【确定】按钮。

(2) 选择【文件】|【新建】菜单命令，弹出【新建】对话框。

① 在【类型】选项组选中【组件】单选按钮。

② 在【子类型】选项组选中【设计】单选按钮。

③ 在【名称】文本框中输入“clamp”。

④ 取消选中【使用缺省模板】复选框。

⑤ 单击【确定】按钮。

(3) 弹出【新文件选项】对话框，选用 mmns_part_design 模板，单击【确定】按钮。

步骤二：添加第一个元件“Clamp_base”

(1) 引入元件。

选择【插入】|【元件】|【装配】菜单命令，弹出【打开】对话框，在对话框中选定文件“Clamp_Base”，单击【打开】按钮。

(2) 约束元件。

弹出【放置元件】操作面板中，如图 9-41 所示。

① 从【约束集】下拉列表框中选择【用户定义】选项。

② 从【约束】下拉列表框中选择【固定】选项。

③ 单击✔按钮完成。

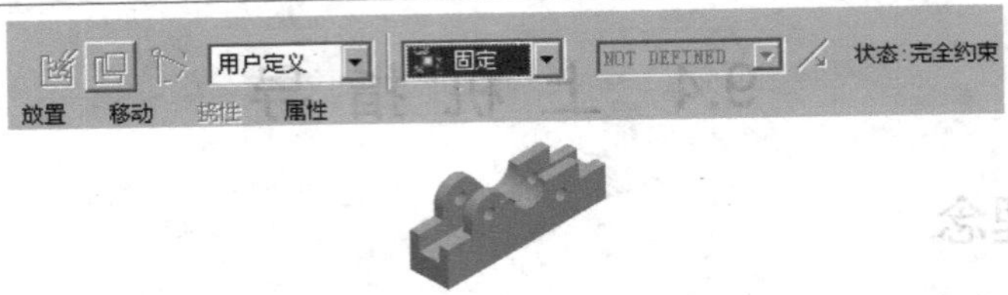

图 9-41　添加第一个元件“Clamp_base”

步骤三：添加元件“Clamp_cup”

(1) 引入元件。

选择【插入】|【元件】|【装配】菜单命令，弹出【打开】对话框，在对话框中选定文件“Clamp_cup”，单击【打开】按钮。

(2) 约束元件。

弹出【放置元件】操作面板中，单击【放置】按钮，弹出【放置】下拉面板，如图 9-42 所示。

① 从【约束类型】下拉列表框中选择【插入】选项。

② 激活【选取元件项目】，在图形区选择 CLAMP_CAP 孔表面。

③ 激活【选取组件项目】，在图形区选择 CLAMP_BASE 孔表面。

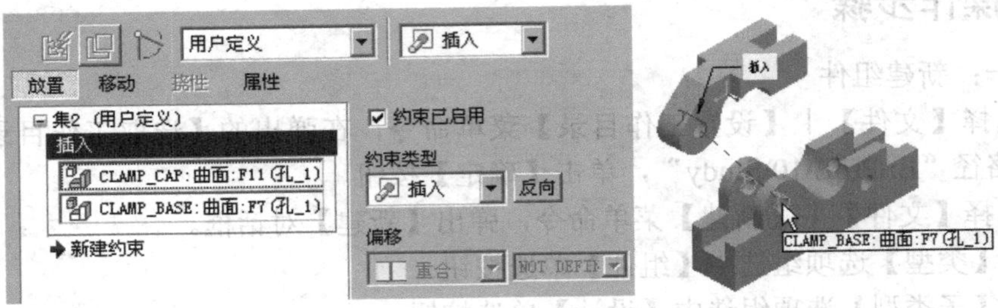

图 9-42　添加“插入”约束

④ 单击【新建约束】，从【约束类型】下拉列表框中选择【对齐】选项，从【偏移】下拉列表框中选择【重合】选项，如图 9-43 所示。

⑤ 激活【选取元件项目】，在图形区选择 CLAMP_CAP 的右视基准面。

⑥ 激活【选取组件项目】，在图形区选择 CLAMP_BASE 的右视基准面。

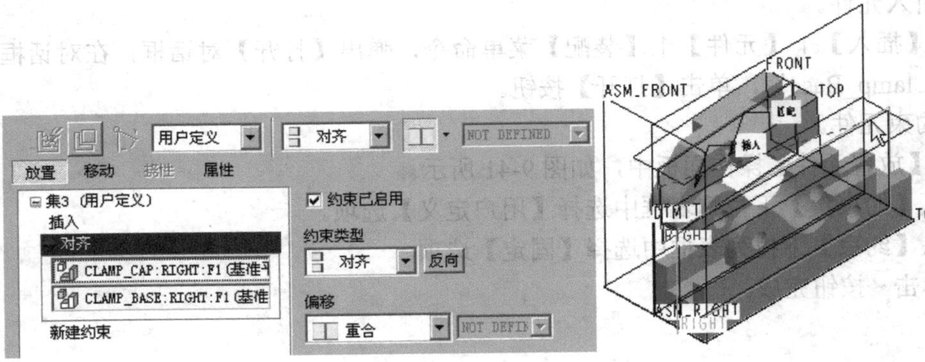

图 9-43　添加“对齐”-“重合”约束

⑦ 单击【新建约束】，从【约束类型】下拉列表框中选择【对齐】选项，从【偏移】下拉列表框中选择【角度偏移】选项，在【角度】下拉列表框中输入 0，如图 9-44 所示。

⑧ 激活【选取元件项目】，在图形区选择 CLAMP_CAP 的上表面。

⑨ 激活【选取组件项目】，在图形区选择 CLAMP_BASE 的上表面。

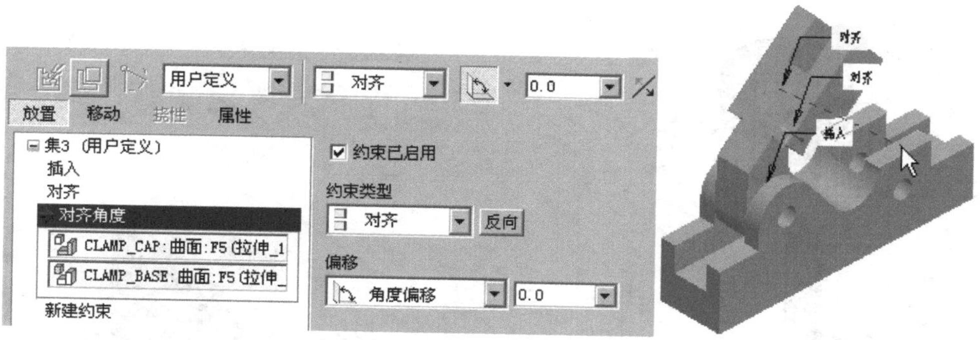

图 9-44 添加“对齐”-“角度偏移”约束

步骤四：添加其他元件

按上述方法添加“clamp_lug”、“clamp_nut”和“clamp_pin”，完成约束，如图 9-45 所示。

步骤五：创建分解图

(1) 新建分解图。

选择【视图】|【视图管理器】菜单命令，弹出【视图管理器】对话框，切换到【分解】选项卡，单击【新建】按钮，创建一个以默认名称“Exp0001”为名称的分解图，按 Enter 键确定，如图 9-46 所示。

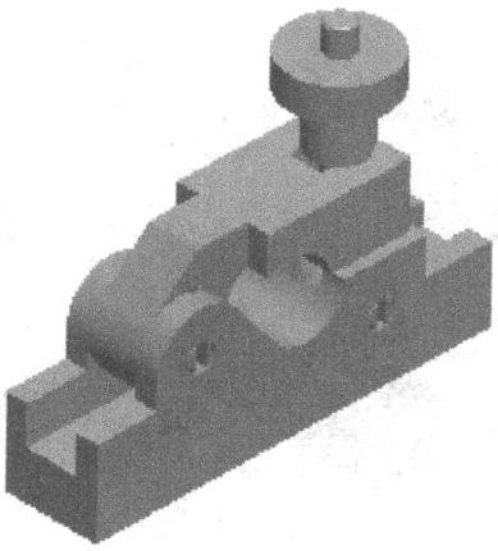

图 9-45 装配模型

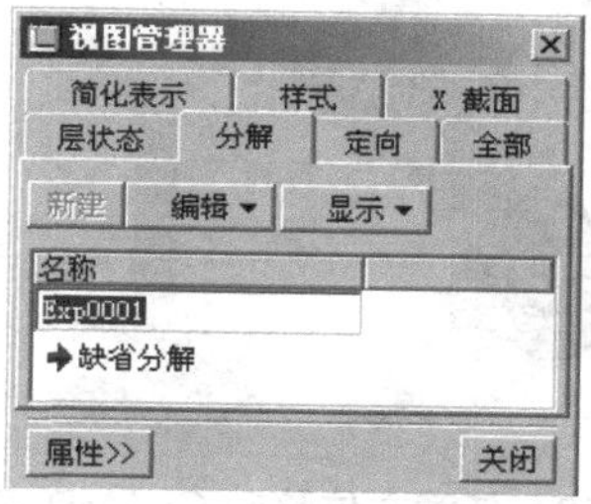

图 9-46 【试图管理器】窗口

(2) 编辑分解图。

选择【视图】|【分解】|【编辑位置】菜单命令，弹出【编辑位置】操作面板，如图 9-47 所示。

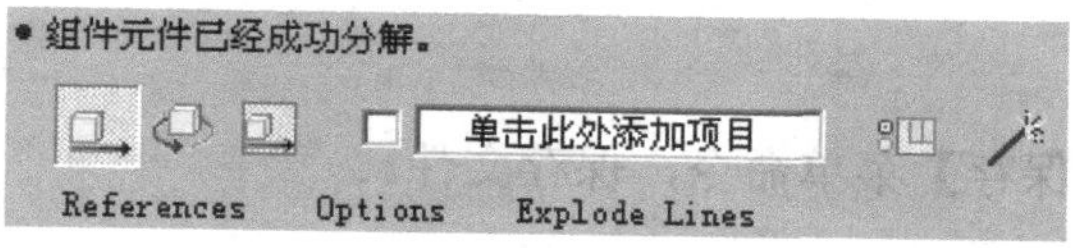

图 9-47 【编辑位置】操作面板

① 单击【平移】按钮，在图形区选择 CLAMP_NUT，拖动 CLAMP_NUT 上坐标系的纵向轴向上移动元件并在合适的位置停止拖动，如图 9-48 所示。

② 单击【旋转】按钮，在图形区选择 CLAMP_CAP，选择基准轴为参照，旋转 CLAMP_CAP，如图 9-49 所示。

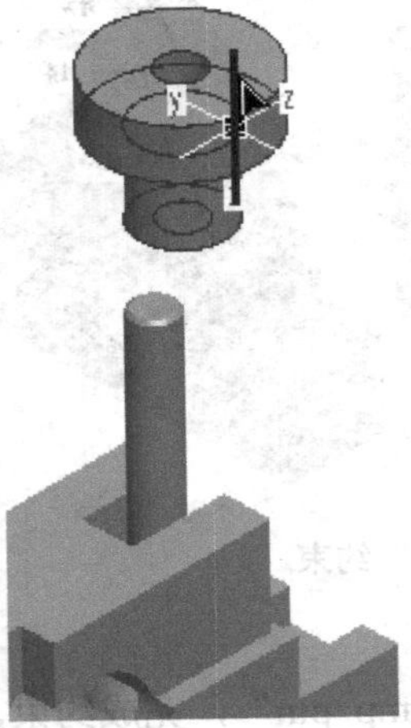

图 9-48　拖动 CLAMP_NUT

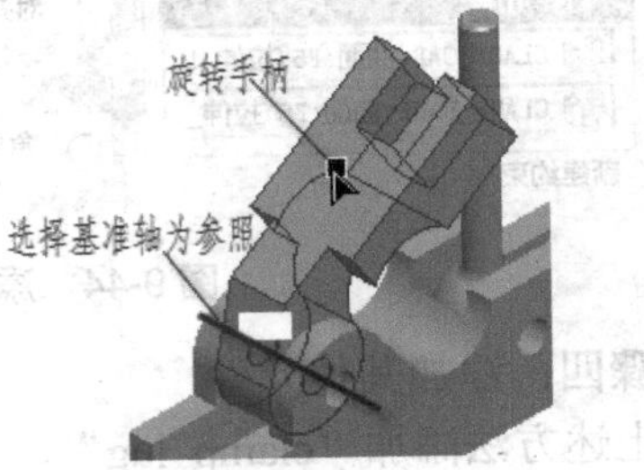

图 9-49　旋转 CLAMP_CAP

③ 单击【视图平面】按钮，在图形区选择 CLAMP_CAP，移动元件至合适的位置，如图 9-50 所示。

④ 选择其他零件并拖动各坐标轴移动到合适的位置，如图 9-51 所示。单击按钮完成分解。

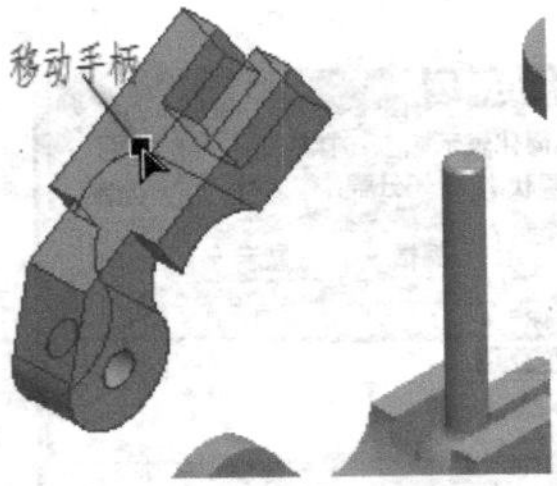

图 9-50　任意方位移动 CLAMP_CAP

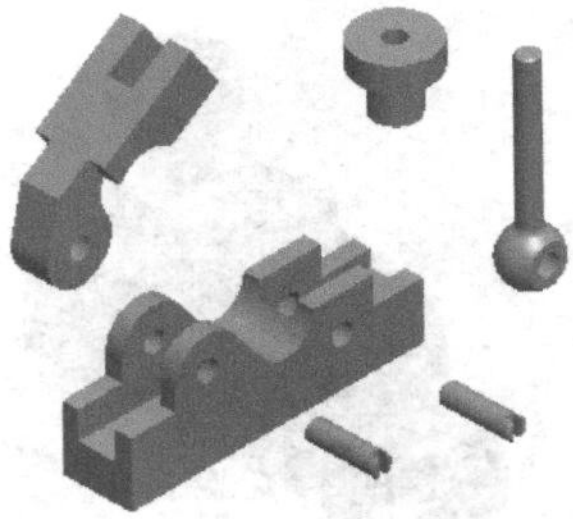

图 9-51　分解图

(3) 取消分解图。

选择【视图】|【分解】|【取消分解视图】菜单命令，即可实现从分解状态返回。

说明： 可以创建多个分解视图，但只能有一个处于激活状态。

步骤六：存盘

选择【文件】|【保存】菜单命令，保存文件。

9.5 上机练习

1. 制作小齿轮油泵装配体的装配图及其爆炸视图、轴侧剖视图

工作原理：小齿轮油泵是润滑油管路中的一个元件。动力传给主动轴 4，经过圆锥销 3 将动力传给齿轮 5，并经另一个齿轮及圆锥销传给从动轴 8，齿轮在旋转中造成两个压力不同的区域：高压区与低压区，润滑油便从低压区吸入，从高压区压出到需要的润滑的部位。此齿轮泵负载较小，只在泵体 1 与泵盖 2 端面加垫片 6 及主动轴处加填料 9 进行密封。

小齿轮油泵简图，如习题图 1 所示。

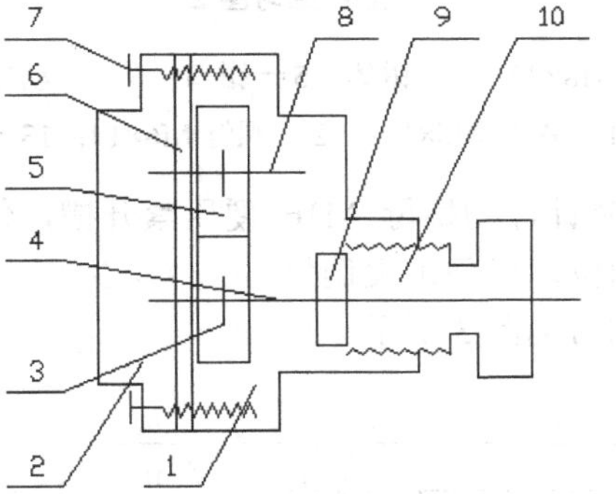

上机练习图 1

1—泵体；2—泵盖；3—圆锥销 3×20；4—主动轴；5—齿轮；
6—垫片；7—螺栓 M6×18；8—从动轴；9—填料；10—压盖螺母

2. 制作磨床虎钳装配体的装配图及其爆炸视图、轴侧剖视图。

工作原理：磨床虎钳是在磨床上夹持工件的工具。转动手轮 9 带动丝杆 7 旋转，使活动掌 6 在钳体 4 上左右移动，以夹紧或松开工件。活动掌 6 下面装有两条压板 10，把活动掌 6 压在钳体 4 上，钳体 4 与底盘 2 用螺钉 12 连接。底盘 2 装在底座 1 上，并可调整任意角度，调好角度后用螺栓 13 拧紧。

磨床虎钳简图，如习题图 2 所示。

3. 制作分度头顶尖架装配体的装配图及其爆炸视图、轴侧剖视图

工作原理：此分度头顶尖架与 160 型立、卧式等分度头配套使用，可在铣床、钻床、磨床上用以支承较长零件进行等分的一种辅助装置。其主要零件为底座 1、滑座 2、丝杆 5、螺母 6、滑块 4 和顶尖 3 等。丝杆由于其自身台阶及轴承盖 7 限制了其轴向移动，故旋转手把 11 迫使螺母 6 沿轴向移动，从而带动滑块 4 及顶尖 3 随之移动，以将工件顶紧或松开。

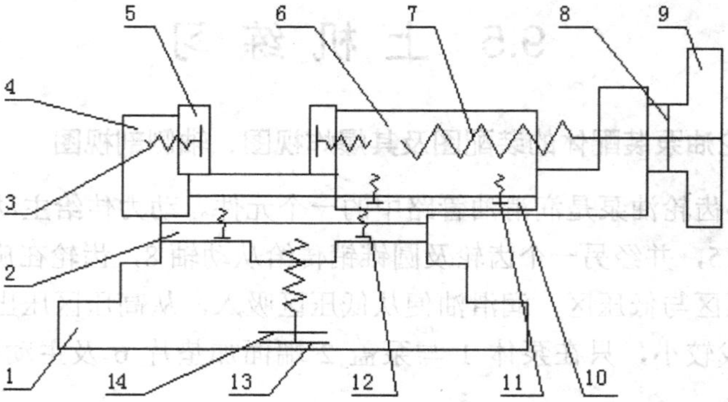

上机练习图 2

1—底座；2—底盘；3—螺钉 M8×32；4—钳体；5—钳口；6—活动掌；7—丝杆；8—圆柱销 4×30；9—手轮；10—压板；11—螺钉 M6×18；12—螺钉 M6×14；13—螺栓 M16×35；14—垫圈

滑座 2 上有开槽，顺时针拧动螺母 M16 便压紧开槽，使之夹紧顶尖。反时针拧动螺母，由于弹性作用，开槽回位，以便顶尖调位。

分度头顶尖架简图，如习题图 3 所示。

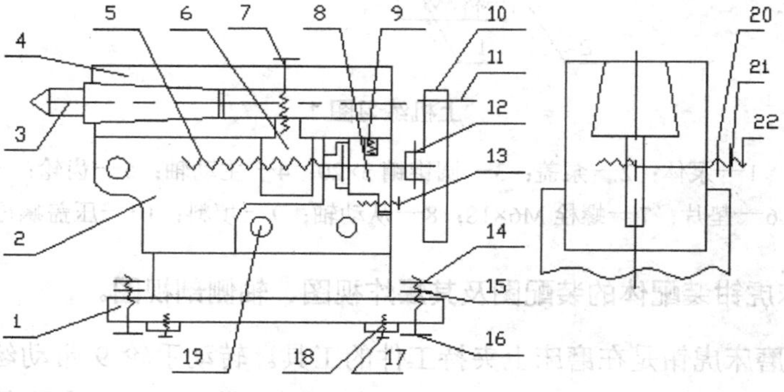

上机练习图 3

1—底座；2—滑座；3—顶尖；4—滑块；5—丝杆；6—螺母；7—轴承盖；8—端盖 9—油杯 GB 1155—79；10—手轮；11—把手；12—销 4×25；13—螺钉 M4×10；14—螺母 M16；15—垫圈；16—螺钉 M6×65；17—螺钉 M6×16；18—定位销；19—圆柱销；20—垫圈；21—螺母 M16；22—螺柱 M16×70

第 10 章　工程图的构建

绘制产品的平面工程图是从模型设计到生产的一个重要环节，也是从概念产品到现实产品的一座桥梁和描述语言。因此，在完成产品的零部件建模、装配建模及其工程分析之后，一般要绘制其平面工程图。

10.1　物体外形的表达——视图

本节知识点：建立基本视图、向视图、局部视图和斜视图的方法。

10.1.1　视图

视图通常有基本视图、向视图、局部视图和斜视图。

1. 基本视图

表示一个物体可有六个基本投射方向，如图 10-1 所示中的 A、B、C、D、E、F 方向，相应地有六个基本投影面垂直于六个基本投射方向。物体向基本投影面投射所得的视图称为基本视图，如图 10-2 所示。

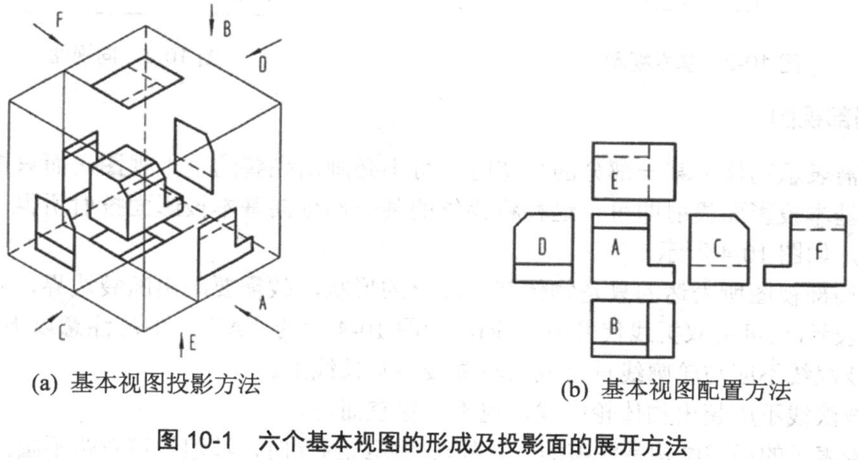

(a) 基本视图投影方法　　(b) 基本视图配置方法

图 10-1　六个基本视图的形成及投影面的展开方法

画六个基本视图时应注意以下问题。

(1) 六个基本视图的投影符合“长对正、高平齐、宽相等”的投影关系。即主、俯、仰、后视图等长；主、左、右、后视图等高；左、右、俯、仰视图等宽的“三等”关系。

(2) 六个视图的方位仍然反映物体的上、下、左、右、前、后的位置关系。尤其注意左、右、俯、仰视图靠近主视图的一侧代表物体的后面，而远离主视图的那侧代表物体的前面，后视图的左侧对应物体的右侧。

(3) 在同一张图样内按上述关系配置的基本视图，一律不标注视图名称。

(4) 在实际制图时，应根据物体的形状和结构特点，按需要选择视图。一般优先选用主、俯、左三个基本视图，然后再考虑其他视图。在完整、清晰地表达物体形状的前提下，使视图数量为最少，力求制图简便。

2. 向视图

向视图是可自由配置的视图。

向视图的标注形式：在视图上方标注“X”(“X”为大写拉丁字母)，在相应视图附近用箭头指明投射方向，并标注相同的字母，如图10-3所示。

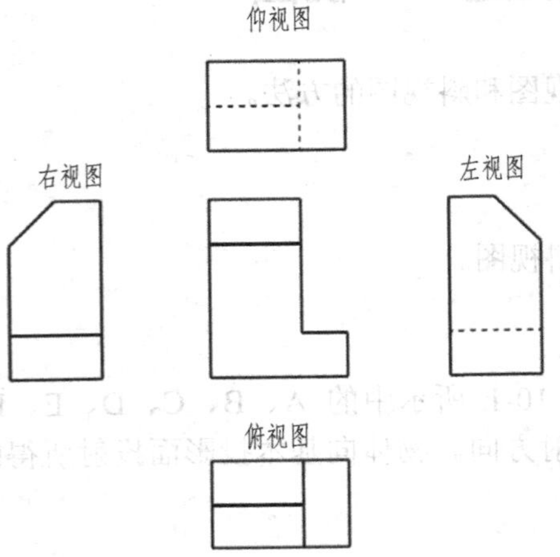

图10-2　基本视图

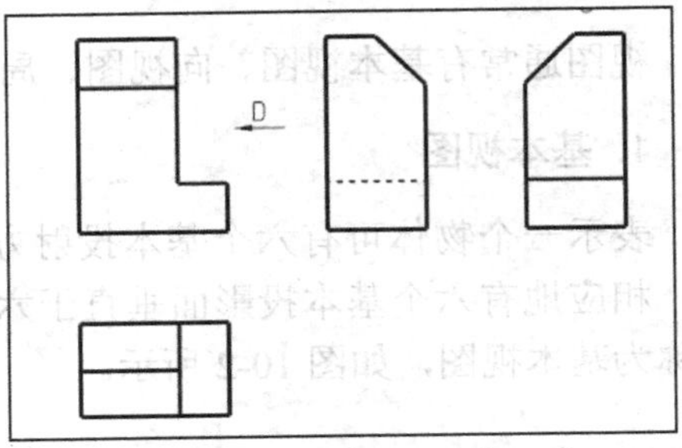

图10-3　向视图

3. 局部视图

若只需表示物体上某一部分的形状时，可不必画出完整的基本视图，而只把该部分局部结构向基本投影面投射即可。这种将物体的某一部分向基本投影面投射所得的视图称为局部视图，如图10-4所示。

由于局部视图所表达的只是物体某一部分的形状，故需要画出断裂边界，其断裂边界用波浪线表示(也可用双折线代替波浪线)，如图10-4中的“A”。但应注意以下几点。

(1) 波浪线不应与轮廓线重合或在轮廓线的延长线上。

(2) 波浪线不应超出物体轮廓线，也不应穿空而过。

(3) 若表示的局部结构是完整的，且外形轮廓线封闭时，波浪线可省略不画，如图10-4中的“B”。

画局部视图时，一般在局部视图上方标出视图的名称“X”，在相应的视图附近用箭头指明投射方向，并注上同样的大写拉丁字母。

4. 斜视图

当机件具有倾斜结构，如图10-5所示，在基本视图上就不能反映该部分的实形，同时也不便标注其倾斜结构的尺寸。为此，可设置一个平行于倾斜结构的垂直面(图中为正垂面

P)作为新投影面，将倾斜结构向该投影面投射，即可得到反映其实形的视图。这种将物体向不平行于基本投影面的平面投射所得的视图称为斜视图。

斜视图主要是用来表达物体上倾斜部分的实形，故其余部分不必全部画出，断裂边界用波浪线表示，如图 10-5 所示。当所表示的结构是完整的，且外形轮廓线封闭时，波浪线可省略不画。

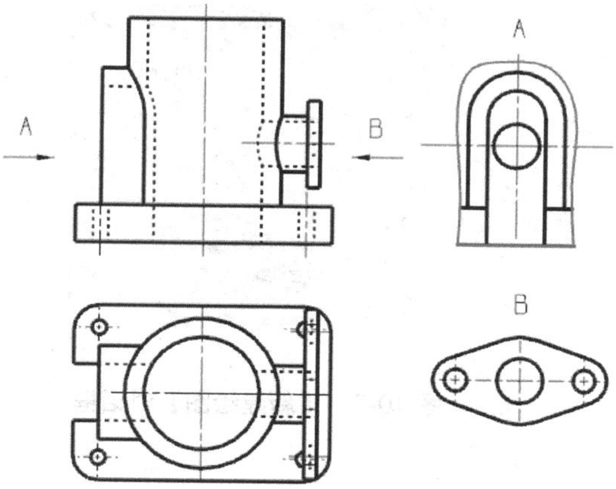

图 10-4　局部视图

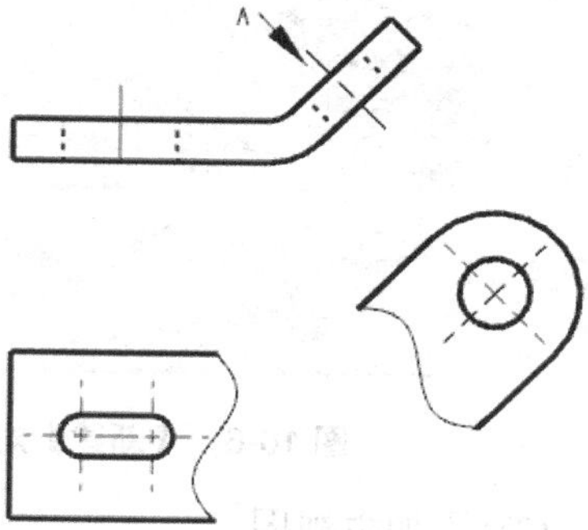

图 10-5　斜视图

10.1.2　视图应用实例

1. 要求

(1) 建立基本视图，如图 10-2 所示。
(2) 建立向视图，如图 10-3 所示。
(3) 建立局部视图，图 10-4 所示。
(4) 建立斜视图，图 10-5 所示。

2. 操作步骤

步骤一：建立基本视图

(1) 新建零件。

选择【文件】|【新建】菜单命令，弹出【新建】对话框，如图 10-6 所示。

① 在【类型】选项组中选中【绘图】单选按钮。
② 在【名称】文本框中输入“Base_view_dwg”。
③ 取消选中【使用缺省模板】复选框。
④ 单击【确定】按钮。

(2) 设置图纸格式。

弹出【新建绘图】对话框，如图 10-7 所示。

① 单击【浏览】按钮，将会弹出【打开】对话框，在其中选择 Base_view 文件。
② 在【指定模板】选项组中，选中【空】单选按钮。
③ 在【方向】选项组中，单击【横向】按钮。

④ 在【大小】选项组的【标准大小】下拉列表框中选择 A3 选项。

⑤ 单击【确定】按钮。

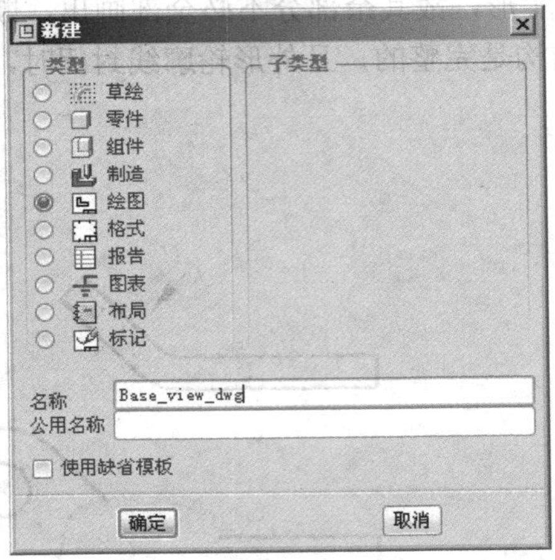

图 10-6 【新建】对话框

图 10-7 【新建绘图】对话框

(3) 添加主视图。

① 单击【布局】工具栏中的【一般】按钮，在绘图区域的中心位置单击鼠标左键，将会出现第一个视图，并弹出【绘图视图】对话框，如图 10-8 所示。

② 在【类别】列表框中选择【视图类型】选项。

③ 在【模型视图名】列表框中选择 RIGHT 选项。

④ 从【缺省方向】下拉列表框中选择【等轴测】选项，如图 10-8 所示。

⑤ 单击【正确】按钮。

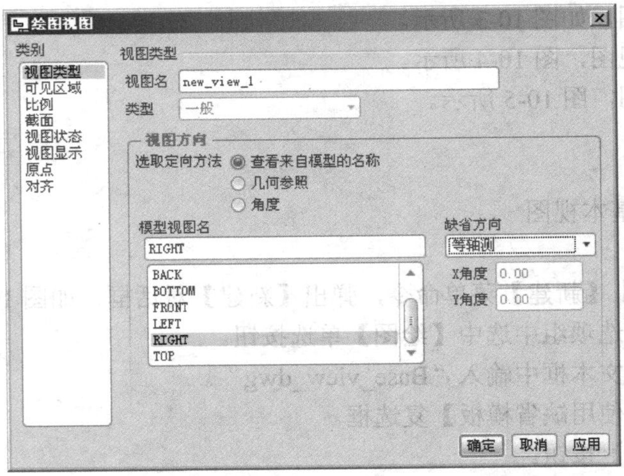

图 10-8 【绘图视图】对话框

⑥ 在绘图区将出现设置好的主视图，如图 10-9 所示。

(4) 添加投影视图。

① 创建左视图。

在绘图区选中主视图，单击【布局】工具栏中的【投影】按钮，将鼠标指针移动到主视图的右侧，如图 10-10 所示，单击鼠标左键放置左视图。

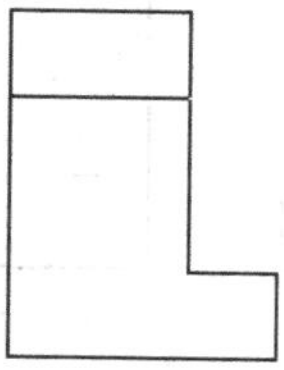

图 10-9　主视图

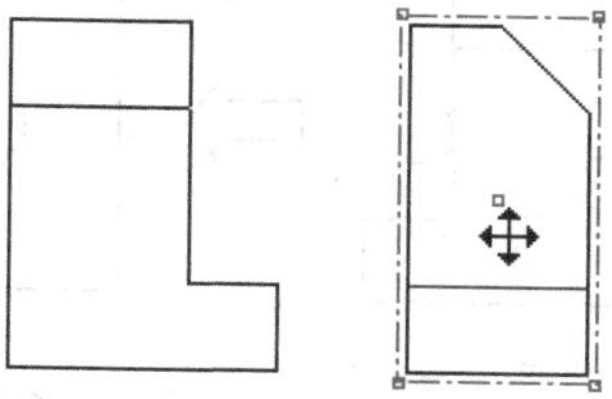

图 10-10　放置左视图

② 创建右视图。

在绘图区选中主视图，单击【布局】工具栏中的【投影】按钮，将鼠标指针移动到主视图的左侧，单击鼠标左键放置右视图。

③ 创建俯视图。

在绘图区选中主视图，单击【布局】工具栏中的【投影】按钮，将鼠标指针移动到主视图的上方，单击鼠标左键放置俯视图。

④ 创建仰视图。

在绘图区选中主视图，单击【布局】工具栏中的【投影】按钮，将鼠标指针移动到主视图的下方，单击鼠标左键放置仰视图。

完成后如图 10-11 所示。

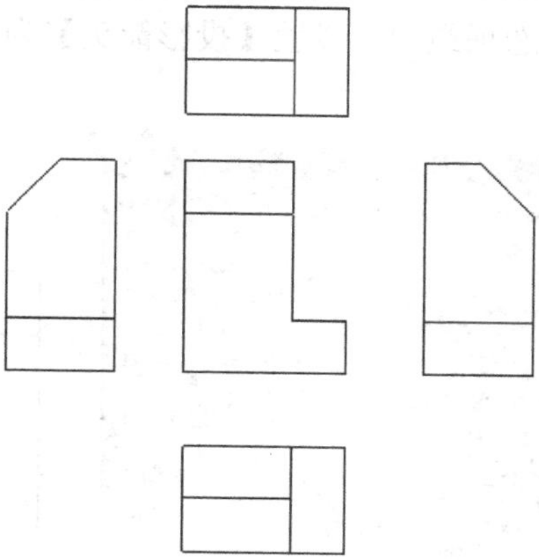

图 10-11　放置视图

注意： 选中仰视图，按 Delete 键删除，再选中右视图，按 Delete 键删除，为做向视图准备。

说明： 视图四周显示红色的虚线边框，说明此视图当前被选中。

步骤二：建立向视图

(1) 单击【布局】工具栏中的【辅助】按钮，在主视图上选择一条与投影方向垂直的边，在合适的位置放置辅助视图，如图 10-12 所示。

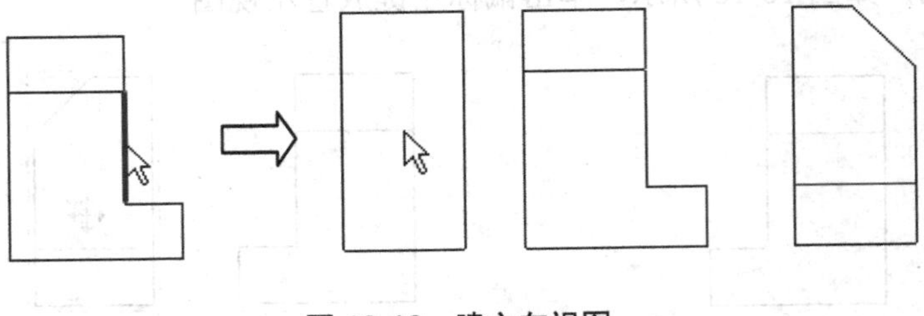

图 10-12　建立向视图

(2) 移动到左视图右边，如图 10-13 所示。

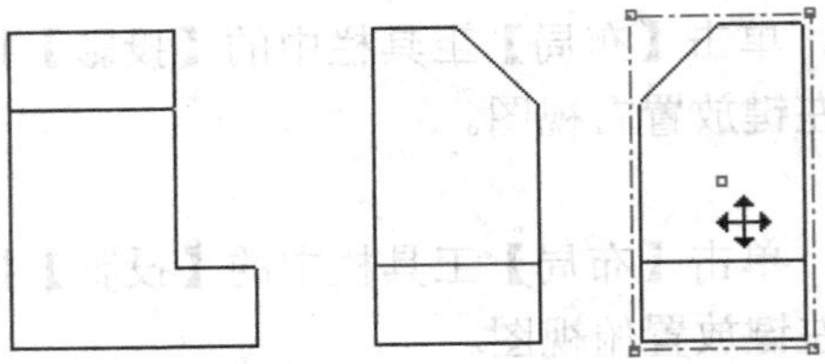

图 10-13　移动向视图

(3) 在相应视图附近用箭头指明投影方向。

双击新创建的辅助视图，弹出【绘图视图】对话框，如图 10-14 所示。

① 在【视图类型】选项组中，在【视图名】文本框中输入 D。

② 在【辅助视图属性】选项组中，设置【投影箭头】为【单一】。

③ 单击【确定】按钮。

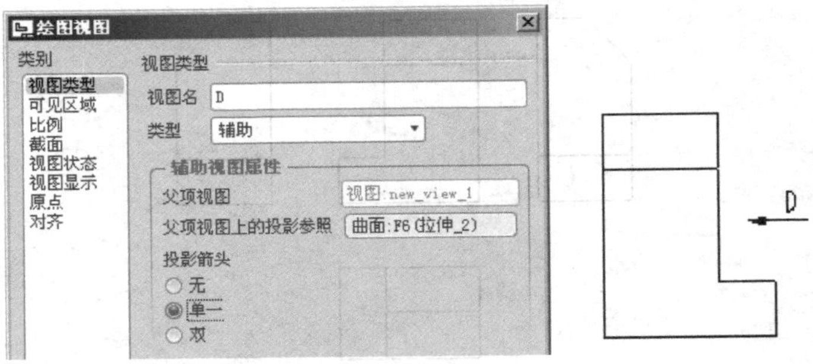

图 10-14　设置投影箭头

(4) 在视图上方标注。

① 单击【注释】工具栏中的【注释】按钮，弹出【注解类型】菜单管理器，如图 10-15 所示。

② 保持默认，选择【进行注解】命令。

③ 弹出【获得点】菜单管理器，选择【选出点】命令，如图 10-16 所示。

图 10-15 【注解类型】菜单管理器

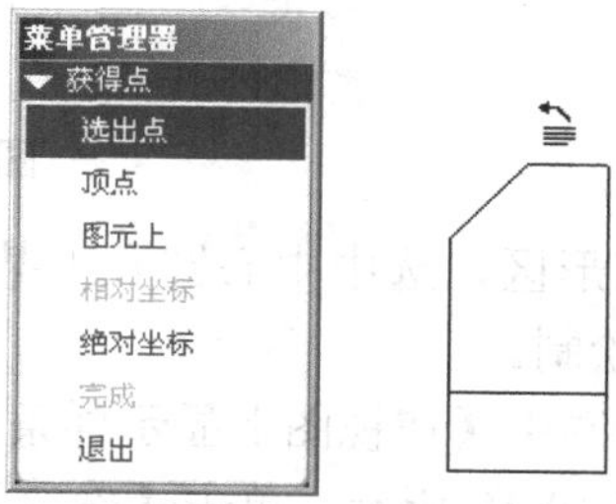

图 10-16 【获得点】菜单管理器

(5) 单击屏幕上的点，弹出【消息输入窗口】对话框，在【输入注释】文本框中输入 D，单击两次【接受值】按钮。

制作好的向视图如图 10-17 所示。

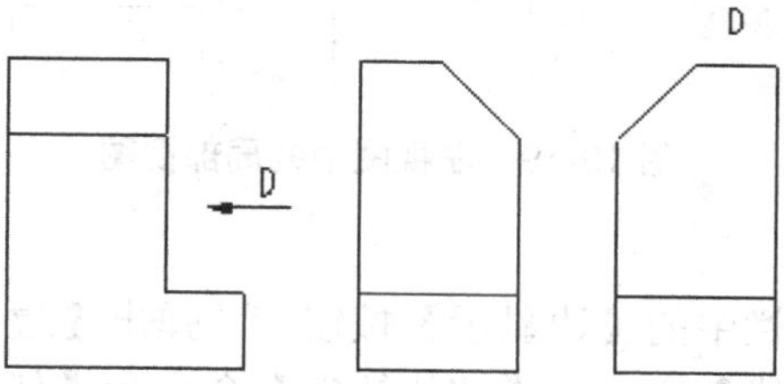

图 10-17 向视图

步骤三：建立局部视图

(1) 打开 Partial_View_dwg 文件，在图纸中已经绘制完成了主视图、左视图和右视图。

(2) 将左视图设置为局部视图。

① 双击左视图，弹出【绘图视图】对话框。

② 在【类别】列表框中选择【可见区域】选项。

③ 在【可见区域选项】选项组中，从【视图可见性】下拉列表框中选择【局部视图】选项。

④ 在图形区，选中中心圆孔上的某一点，围绕此点绘制样条曲线，单击鼠标中键结束样条曲线绘制。

⑤ 如图 10-18 所示，单击【确定】按钮完成局部视图的创建。

(3) 创建右视图中的局部视图。

① 双击右视图，弹出【绘图视图】对话框。

② 在【类别】列表框中选择【可见区域】选项。

③ 在【可见区域选项】选项组中，从【视图可见性】下拉列表框中选择【局部视图】选项。

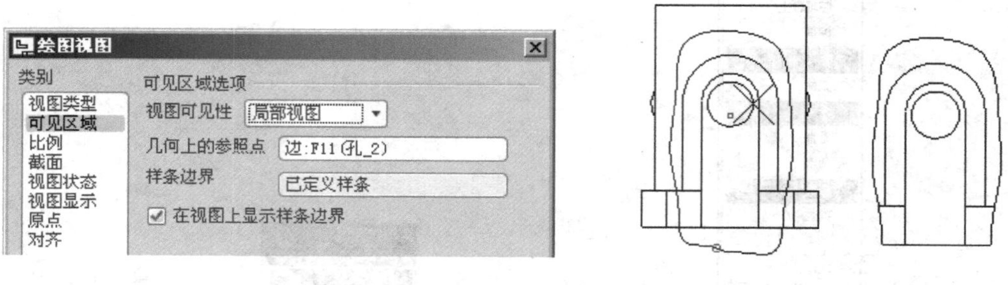

图 10-18　局部视图

④ 在图形区，选中中心圆孔上某一点，围绕此点绘制样条曲线，单击鼠标中键结束样条曲线的绘制。

⑤ 取消选中【在视图上显示样条边界】复选框。

⑥ 如图 10-19 所示，单击【确定】按钮完成局部视图的创建。

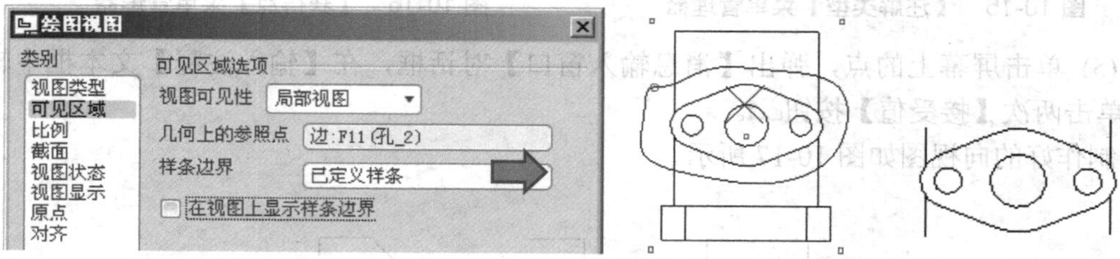

图 10-19　左视图中的局部视图

(4) 擦除直线。

① 单击【布局】工具栏中的【边显示】按钮，弹出【边显示】菜单管理器。

② 分别选择【拭除直线】命令、【切线缺省】命令和【任意视图】命令。

③ 按住 Ctrl 键，在图形区选择要擦除的直线。

④ 单击【确定】按钮，效果如图 10-20 所示。

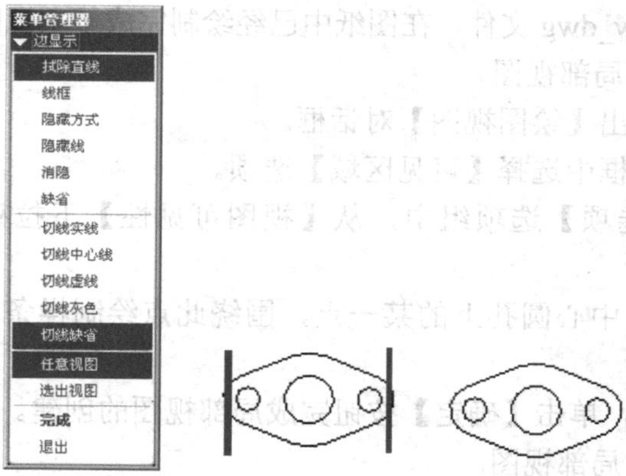

图 10-20　右视图中的局部视图

步骤四：建立斜视图

(1) 打开 Oblique_view_dwg，在图纸中已经绘制完成了主视图和俯视图。

(2) 添加投影视图。

① 单击【布局】工具栏中的【辅助】按钮，在主视图上选择一条与投影方向垂直的边，在合适的位置放置辅助视图，如图 10-21 所示。

② 双击新创建的辅助视图，弹出【绘图视图】对话框。

③ 在【视图类型】选项组中，在【视图名】文本框中输入 A。

④ 在【辅助视图属性】选项组中，设置【投影箭头】为【单一】，如图 10-22 所示。

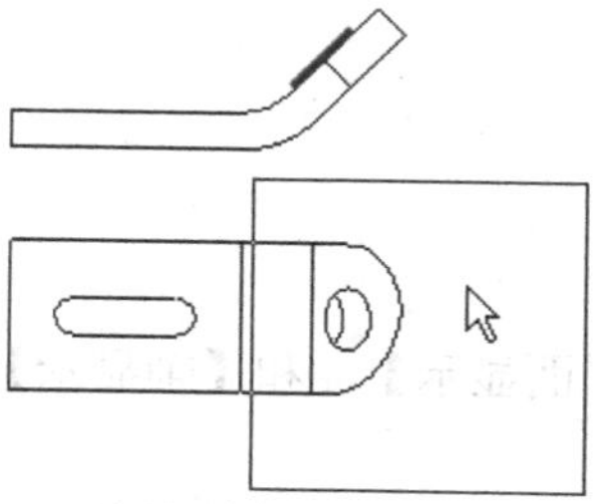

图 10-21 放置辅助视图

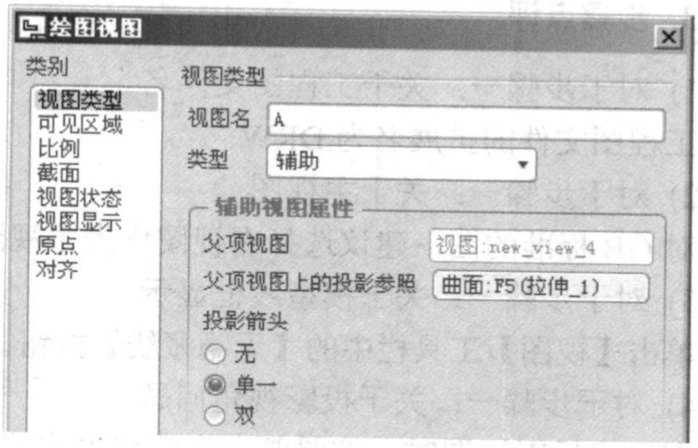

图 10-22 设置视图类型

⑤ 从【类别】列表框中选择【视图显示】选项，从【相切边显示样式】下拉列表框中选择【无】选项，如图 10-23 所示。

⑥ 单击【确定】按钮，结果如图 10-24 所示。

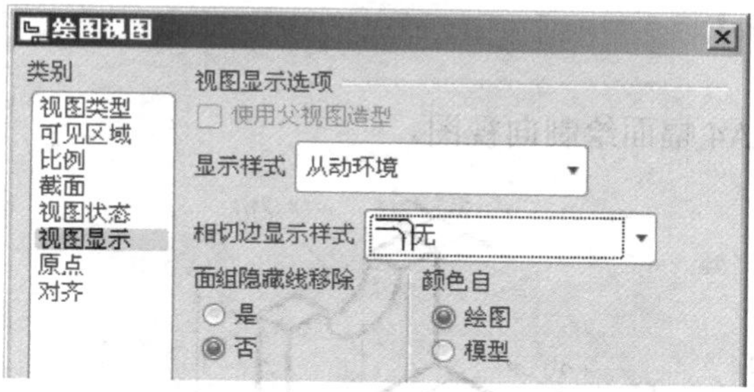

图 10-23 设置视图显示

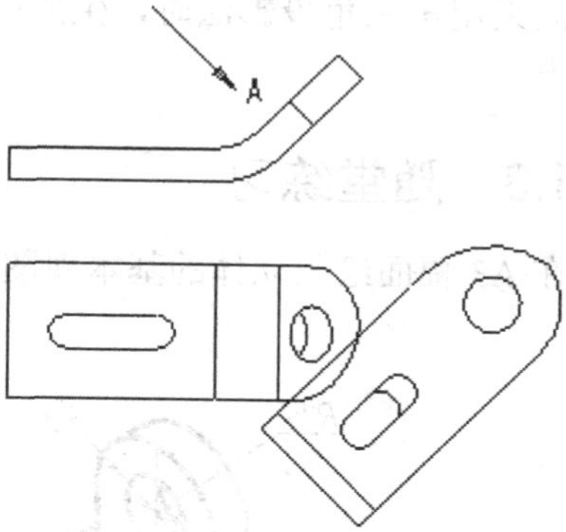

图 10-24 添加设置视图

(3) 创建局部视图。

双击向视图，弹出【绘图视图】对话框。

① 在【类别】列表框中选择【可见区域】选项。

② 在【可见区域选项】选项组中，从【视图可见性】下拉列表框中选择【局部视图】选项。

③ 在图形区选中中心圆孔上某一点，围绕此点绘制样条曲线，单击鼠标中键结束样条曲线的绘制。

④ 如图 10-25 所示，单击【确定】按钮完成局部视图的创建。

(4) 用同样的方法将俯视图修改为局部视图，如图 10-26 所示。

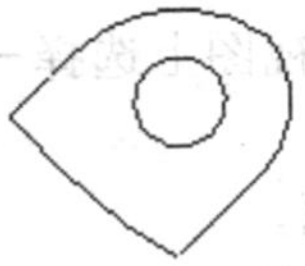

图 10-25　局部视图

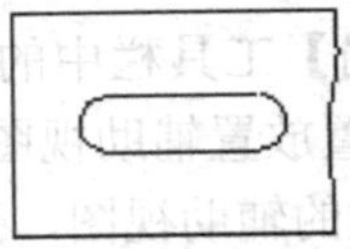

图 10-26　将俯视图修改为局部视图

3. 步骤点评

1) 对于步骤一：关于工程图文件名

工程图文件的扩展名为.DRW。

2) 对于步骤一：关于主视图

对 GB 标准的图，建议选择右视图作为主视图。

3) 对于步骤一：关于模型线框显示

单击【视图】工具栏中的【无隐藏线】按钮，关闭【平面显示】和【轴显示】。

4) 对于步骤一：关于投影视角问题

在生成投影视图时，按照既定步骤想生成俯视图时，发现 Pro/E 生成的是仰视图，同样的问题也会出现在其他投影视图中。这主要是由于选择的是第一角投影法还是第三角投影法引起的问题。

由于投影面的翻转，第一角投影法和第三角投影法生成的视图位置正好相反。简单地说，用第一角投影法时，生成的左视图是在主视图的右侧，生成的俯视图是在主视图的下方，而采用第三角投影法时，生成的左视图是在主视图的左侧，生成的俯视图是在主视图的上方。

10.1.3　随堂练习

在 A3 幅面绘制立体的基本视图，在 A4 幅面绘制向视图。

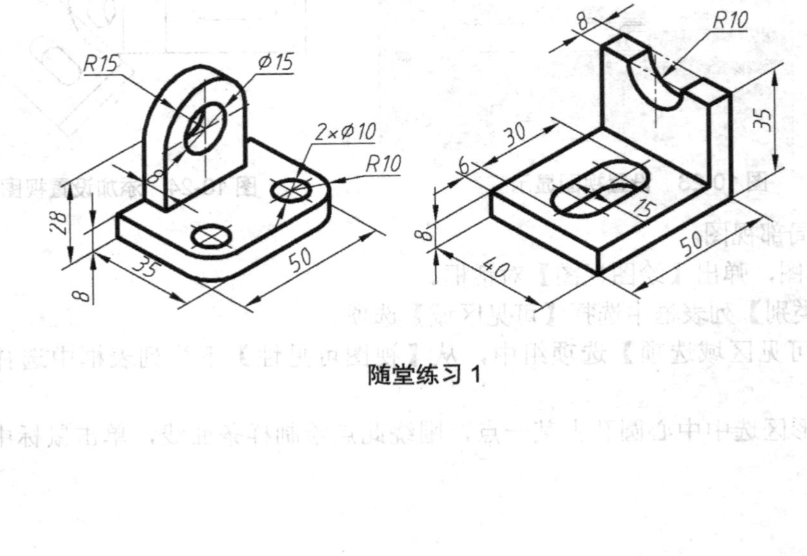

随堂练习 1

10.2 物体内形的表达——剖视图

本节知识点：

(1) 创建全剖视图的方法。

(2) 创建半剖视图的方法。

(3) 创建局部剖视图的方法。

(4) 创建阶梯剖视图的方法。

(5) 创建旋转剖视图的方法。

(6) 创建装配剖视图的方法。

10.2.1 剖视图的种类

1. 全剖视图

用剖切平面，将机件全部剖开后进行投影所得到的剖视图，称为全剖视图(简称全剖视)，如图 10-27 所示。全剖视图一般用于表达外部形状比较简单，内部结构比较复杂的机件。

2. 半剖视图

当机件具有对称平面时，在垂直于对称平面的投影面上投影得到的视图，可以对称中心线为界，一半画成剖视图，另一半画成视图，这样的图形称为半剖视图。

半剖视图既充分表达了机件的内部结构，又保留了机件的外部形状，因此它具有内外兼顾的特点。但半剖视图只适于表达对称的或基本对称的机件，如图 10-28 所示。

3. 局部剖视图

将机件局部剖开后进行投影得到的剖视图称为局部剖视图。局部剖视图也是在同一视图上同时表达内外形状的方法，并且用波浪线作为剖视图与视图的界线，如图 10-29 所示。

4. 阶梯剖视图

用两个或多个互相平行的剖切平面把机件剖开的方法，称为阶梯剖，所画出的剖视图，称为阶梯剖视图。它适于表达机件内部结构的中心线排列在两个或多个互相平行的平面内的情况，如图 10-30 所示。

5. 旋转剖视图

用两个相交的剖切平面(交线垂直于某一基本投影面)剖开机件的方法称为旋转剖，所画出的剖视图，称为旋转剖视图。适用于有明显回转轴线的机件，而轴线恰好是两剖切平面的交线，并且两剖切平面一个为投影面平行面，一个为投影面垂直面，采用这种剖切方法画剖视图时，先假想按剖切位置剖开机件，然后将被剖切的结构及其有关部分绕剖切平面的交线旋转到与选定投影面平行后再投射，如图 10-31 所示。

10.2.2 剖视图应用实例

1. 要求

(1) 建立全剖视图，如图 10-27 所示。

(2) 建立半剖视图，如图 10-28 所示。

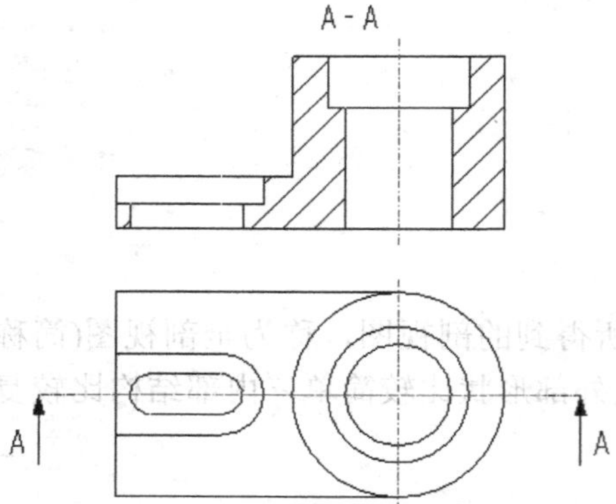

图 10-27 全剖视图

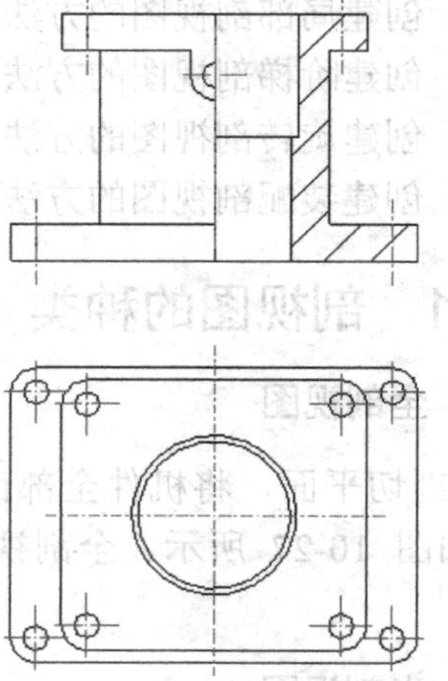

图 10-28 半剖视图

(3) 建立局部剖视图，如图 10-29 所示。

(4) 建立阶梯剖视图，如图 10-30 所示。

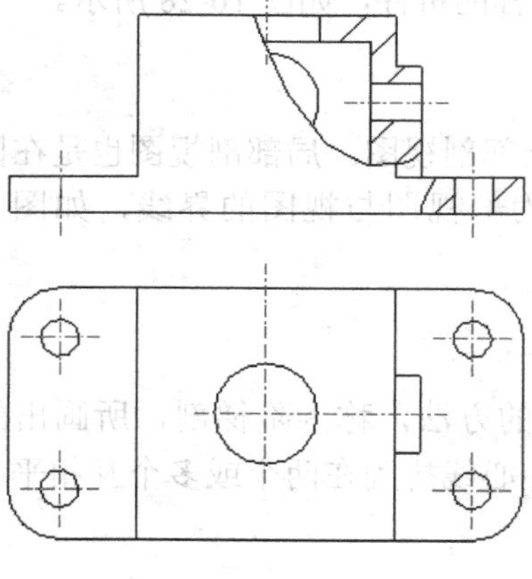

图 10-29 局部剖视图

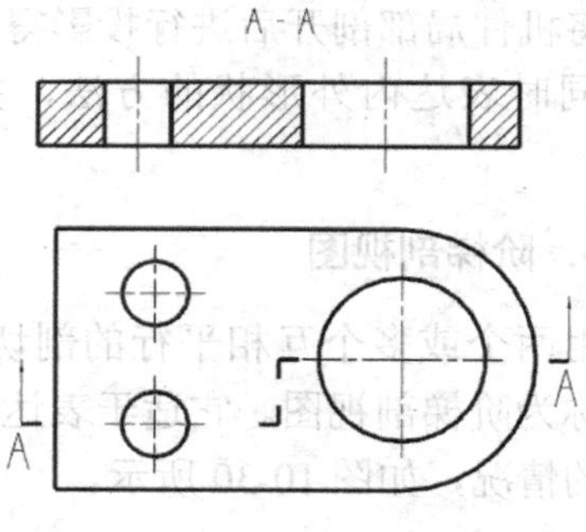

图 10-30 阶梯剖视图

(5) 建立旋转剖视图，如图 10-31 所示。

2. 操作步骤

步骤一：建立全剖视图

(1) 打开文件。

打开 full_section_drw 文件，在图纸中已经绘制完成了主视图和俯视图。

(2) 建立全剖视图。

① 双击主视图，弹出【绘图视图】对话框，在【类别】列表框中选择【截面】选项。

② 在【剖面选项】选项组中，选中【2D 剖面】单选按钮。

③ 单击【将横截面添加到视图】按钮，创建一个新的剖面。

④ 弹出【剖截面创建】菜单管理器，保持默认，选择【完成】命令，如图 10-32 所示。

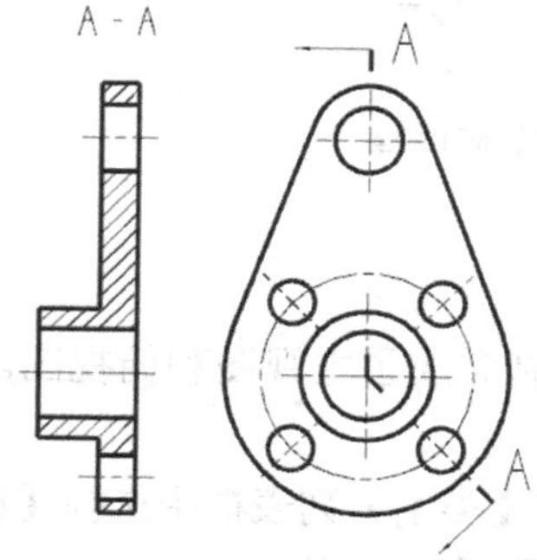

图 10-31　旋转剖视图

图 10-32　【剖截面创建】菜单管理器

⑤ 弹出【消息输入窗口】对话框，在【输入剖面名】文本框中输入 A，单击【完成】按钮，如图 10-33 所示。

⑥ 弹出【设置平面】菜单管理器，选择【平面】命令，如图 10-34 所示。

图 10-33　【消息输入窗口】对话框

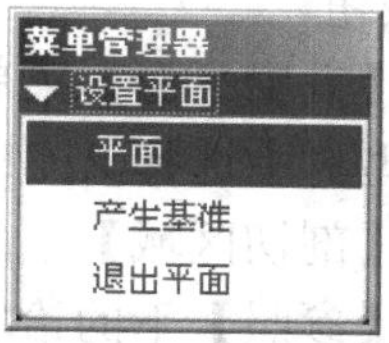

图 10-34　【设置平面】菜单管理器

⑦ 在模型树中选择 RIGHT 基准面。

⑧ 单击【剖切区域】下的拾取框，选择【完全】选项。

⑨ 单击【箭头显示】下的拾取框，然后在绘图区选择俯视图。

⑩ 如图 10-35 所示，单击【确定】按钮，完成全剖视图的创建。

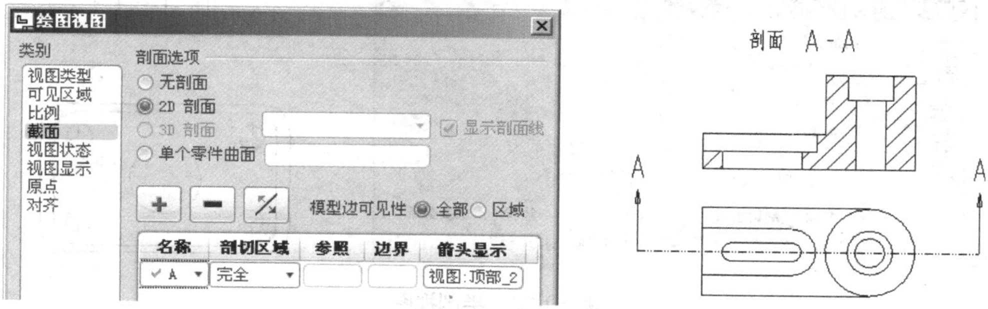

图 10-35　全剖视图

(3) 单击绘图工具栏中的【注释】标签，在绘图区双击剖视图下方的文本“剖面 A-A”，弹出【注解属性】对话框，删除“剖面”两字，如图 10-36 所示，单击【确定】按钮。

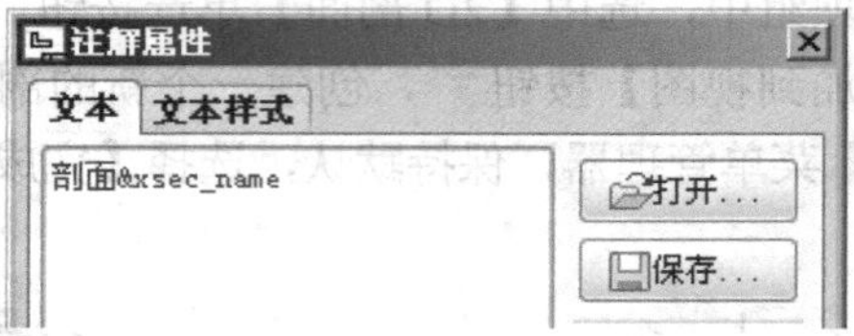

图 10-36 【注解属性】对话框

步骤二：建立半剖视图

(1) 打开文件。

打开 Half_Section_drw 文件，在图纸中已经绘制完成了主视图和俯视图。

(2) 建立半剖视图。

① 双击主视图，弹出【绘图视图】对话框，在【类别】列表框中选择【截面】选项。

② 在【剖面选项】选项组中，选中【2D 剖面】单选按钮。

③ 单击【将横截面添加到视图】按钮➕，创建一个新的剖面。

④ 弹出【剖截面创建】菜单管理器，分别选择【平面】命令和【单一】命令，再单击【完成】按钮。

⑤ 弹出【消息输入窗口】对话框，在【输入剖面名】文本框中输入“A”，然后单击【完成】按钮✔。

⑥ 弹出【设置平面】菜单管理器，选择【平面】命令。

⑦ 在模型树中选择 RIGHT 基准面。

⑧ 单击【剖切区域】下的拾取框，选择【一半】选项。

⑨ 单击【参照】下的拾取框，在模型树中选择 FRONT 面。

⑩ 如图 10-37 所示，单击【确定】按钮，完成半剖视图的创建。

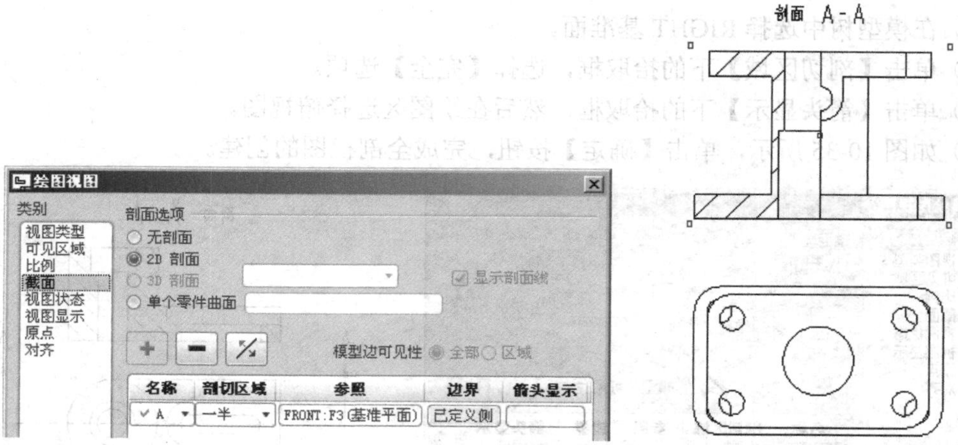

图 10-37 半剖视图

(3) 单击绘图工具栏中的【注释】标签，在绘图区选择“剖面 A-A”文字并按 Delete

键删除。

步骤三：建立局部剖视图

(1) 打开文件。

打开 break_out_view_drw 文件，在图纸中已经绘制完成了主视图和俯视图。

(2) 建立局部剖视图 1。

① 双击主视图，弹出【绘图视图】对话框，在【类别】列表框中选择【截面】选项。

② 在【剖面选项】选项组中，选中【2D 剖面】单选按钮。

③ 单击【将横截面添加到视图】按钮➕，创建一个新的剖面。

④ 弹出【剖截面创建】菜单管理器，分别选择【平面】命令和【单一】命令，再选择【完成】命令。

⑤ 弹出【消息输入窗口】对话框，在【输入剖面名】文本框中输入 A，单击【完成】按钮✔。

⑥ 弹出【设置平面】菜单管理器，选择【平面】命令。

⑦ 在模型树中选择 RIGHT 基准面。

⑧ 单击【剖切区域】下的拾取框，选择【局部】选项。

⑨ 单击【参照】下的拾取框，选中主视图右上角的某一点，接着围绕此点绘制样条曲线。

⑩ 如图 10-38 所示，单击【确定】按钮，完成局部剖视图 1 的创建。

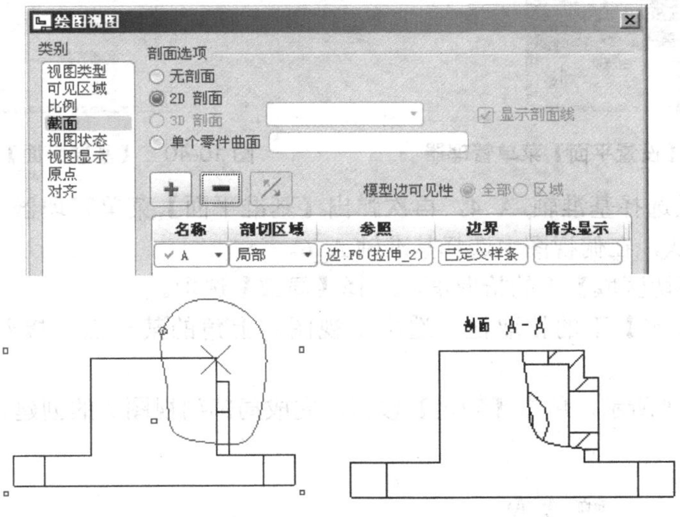

图 10-38　局部剖视图 1

(3) 建立局部剖视图 2。

① 双击主视图，弹出【绘图视图】对话框，在【类别】列表框中选择【截面】选项。

② 在【剖面选项】选项组中，选中【2D 剖面】单选按钮。

③ 单击【将横截面添加到视图】按钮➕，创建一个新的剖面。

④ 弹出【剖截面创建】菜单管理器，分别选择【平面】命令和【单一】命令，再选择【完成】命令。

⑤ 弹出【消息输入窗口】对话框，在【输入剖面名】文本框中输入 B，单击【完成】按钮✔。

⑥ 弹出【设置平面】菜单管理器，选择【产生基准】命令，如图 10-39 所示。

⑦ 弹出【基准平面】菜单管理器，选择【穿过】命令，其余保持默认，如图 10-40 所示。

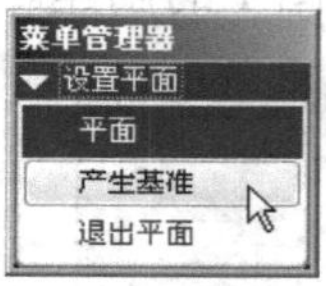

图 10-39 【设置平面】菜单管理器

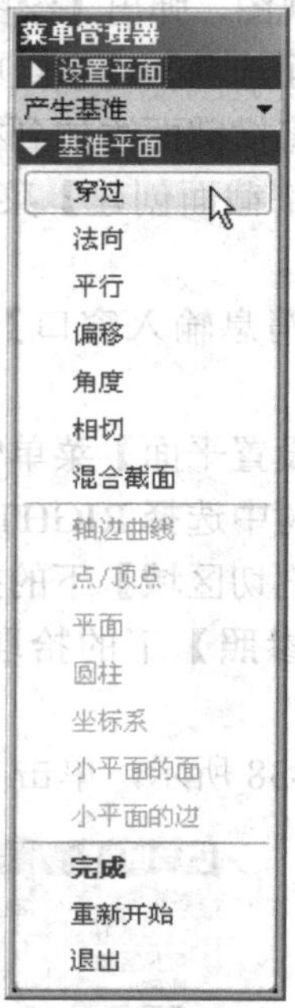

图 10-40 【基准平面】菜单管理器

⑧ 在图形区选择基准轴 A_4，再次弹出【基准平面】菜单管理器，选择【穿过】命令，其余保持默认，在俯视图中选择基准轴 A_6。

⑨ 单击【剖切区域】下的拾取框，选择【局部】选项。

⑩ 单击【参照】下的拾取框，选中主视图右上角的某一点，接着围绕此点绘制样条曲线。

⑪ 如图 10-41 所示，单击【确定】按钮，完成局部剖视图 2 的创建。

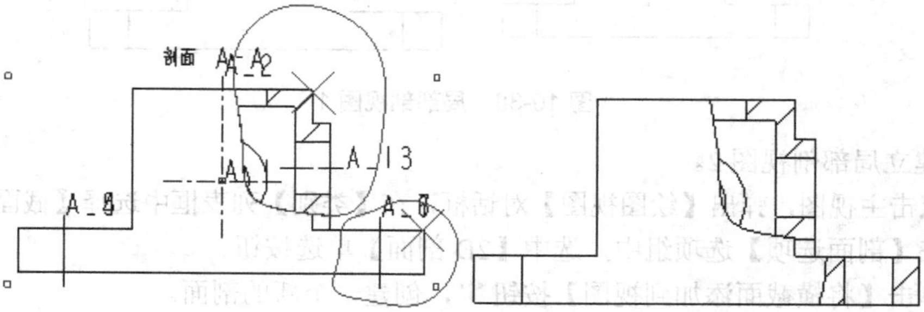

图 10-41 局部剖视图 2

步骤四：建立阶梯剖视图

(1) 打开三维模型文件。

打开 stepped_section_view.prt 文件。

(2) 创建剖面。

① 选择【视图】|【视图管理器】菜单命令，弹出【视图管理器】对话框。

② 切换到【剖面】选项卡，单击【新建】按钮，新建一个默认名称为“Xsec0001”的剖面，如图 10-42 所示。

③ 将剖面名称修改为“A”，按 Enter 键弹出【剖截面创建】菜单管理器，分别选择【偏移】命令、【双侧】命令、【单一】命令，再选择【完成】命令，如图 10-43 所示。

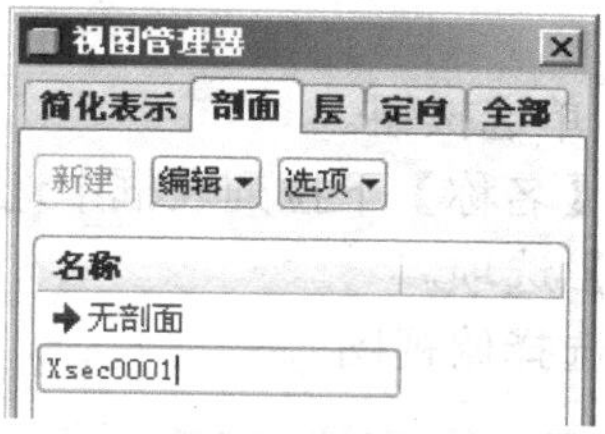

图 10-42　新建剖面

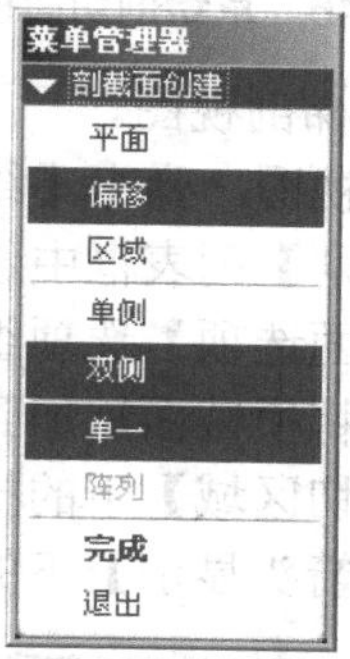

图 10-43　【剖截面创建】菜单管理器

④ 弹出【设置草绘平面】菜单管理器，选择【新设置】命令，再选择【平面】命令，在图形区选择 TOP 基准面，如图 10-44 所示。

⑤ 弹出【方向】菜单管理器，选择【确定】命令，弹出【草绘视图】菜单管理器，选择【缺省】命令，如图 10-45 所示，进入草绘环境。

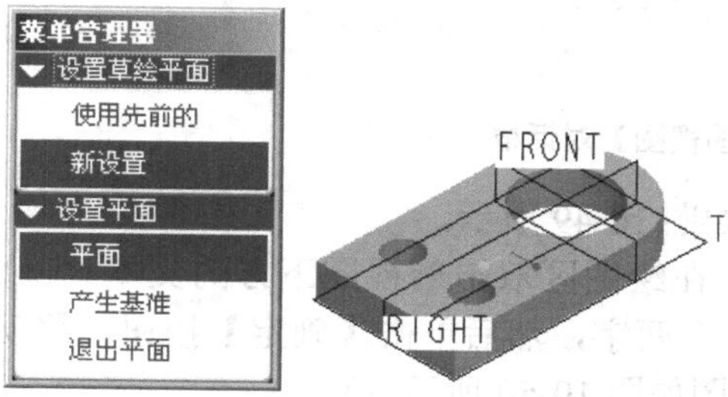

图 10-44　设置草绘平面

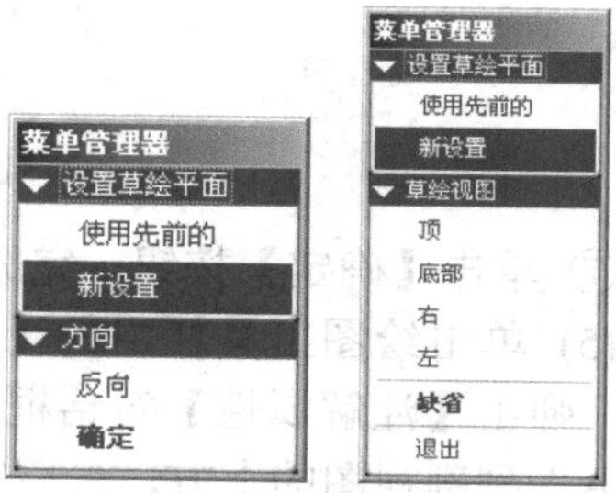

图 10-45　确定方向

⑥ 在草绘模式下，确定右下侧的孔为新的参照，画一条通过右下侧孔圆心的中心线，并绘制三段直线，如图 10-46 所示，这三段直线就是阶梯剖切面的投影线。

⑦ 单击【完成】按钮，在绘图区中将显示创建好的剖面，如图 10-47 所示，在【视图管理器】对话框中单击【关闭】按钮。

⑧ 选择【文件】|【保存】菜单命令，保存文件。

(3) 打开文件。

打开 stepped_section_view_drw.prt 文件，在图纸中已经绘制完成了主视图和俯视图。

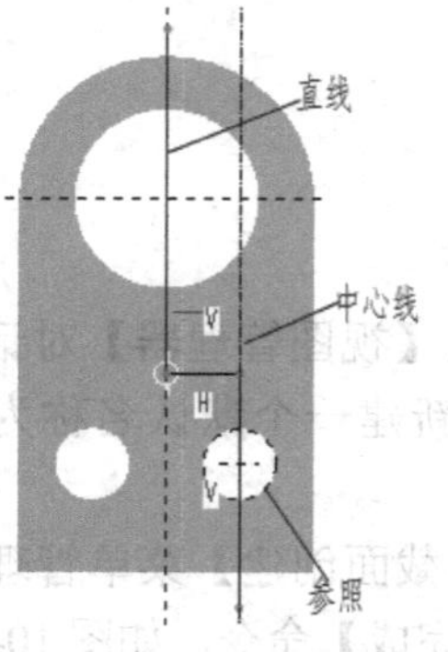

图 10-46　草绘剖切面投影线

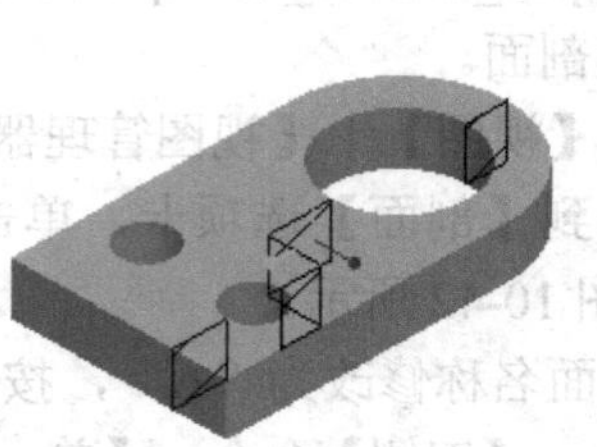

图 10-47　剖切面

(4) 建立阶梯剖视图。

① 双击主视图，弹出【绘图视图】对话框，如图 10-48 所示。

② 在【类别】列表框中选择【剖面】选项。

③ 在【剖面选项】选项组中选中【2D 剖面】单选按钮。

④ 单击【将横截面添加到视图】按钮✚，从【名称】下拉列表框中选择 A 选项。

⑤ 从【剖切区域】下的拾取框中选择【完全】选项。

⑥ 单击【箭头显示】下的拾取框，在绘图区选择俯视图。

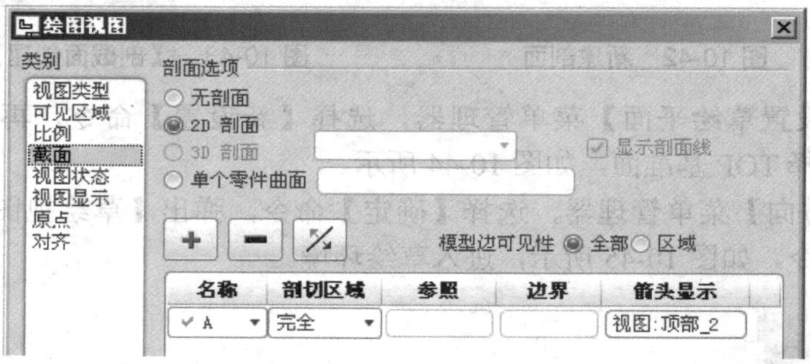

图 10-48　【绘图视图】对话框

⑦ 单击【确定】按钮，完成阶梯剖切，如图 10-49 所示。

(5) 单击绘图工具栏中的【注释】标签，在绘图区双击剖视图下方的文本“剖面 A-A”，弹出【注解属性】对话框，删除“剖面”两字，然后单击【确定】按钮。移动注释“A-A”到剖视图的上方，最后完成的全剖视图如图 10-50 所示。

步骤五： 旋转剖视图

(1) 打开三维模型文件。

打开 revolver_section_view.prt 文件。

(2) 创建剖面。

① 选择【视图】|【视图管理器】菜单命令，弹出【视图管理器】对话框。

② 切换到【剖面】选项卡，单击【新建】按钮，新建一个默认名称为“Xsec0001”的剖面。

③ 将剖面名称修改为“A”，按 Enter 键弹出【剖截面创建】菜单管理器，分别选择【偏移】命令、【双侧】命令、【单一】命令，再选择【完成】命令。

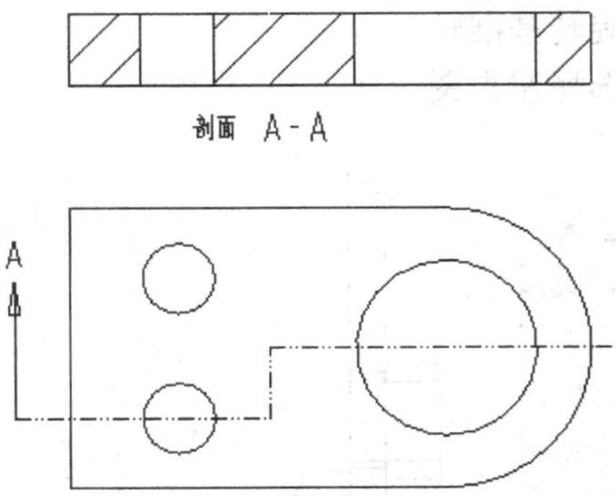

图 10-49 阶梯剖切

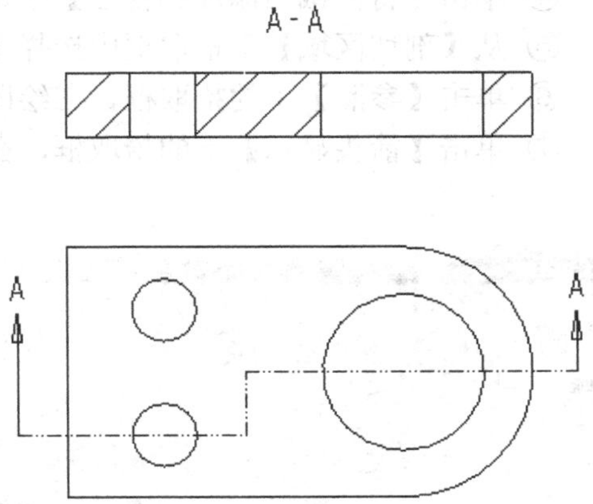

图 10-50 阶梯剖视图

④ 弹出【设置草绘平面】菜单管理器，选择【新设置】命令，再选择【平面】命令，在图形区选择 TOP 基准面，弹出【方向】菜单管理器，如图 10-51 所示。

⑤ 选择【正向】命令，弹出【草绘视图】菜单管理器，进入草绘环境。

⑥ 在草绘模式下，确定中间孔和右下侧的孔为新的参照，画一条通过中间孔和右下侧孔的中心线，并绘制两段直线，如图 10-52 所示，这三段直线就是阶梯剖切面的投影线。

⑦ 单击【完成】按钮，在绘图区中将显示创建好的剖面，如图 10-53 所示，在【视图管理器】对话框中单击【关闭】按钮。

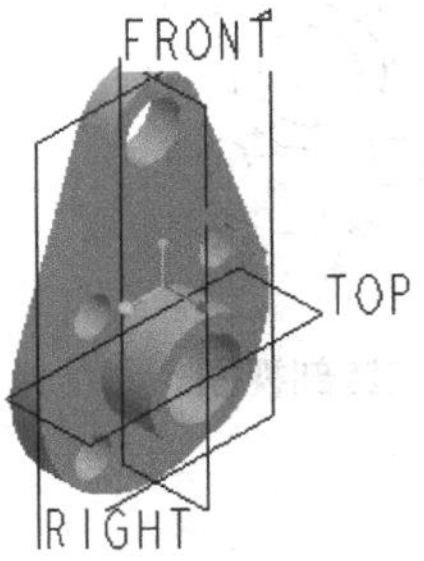

图 10-51 确定草绘平面

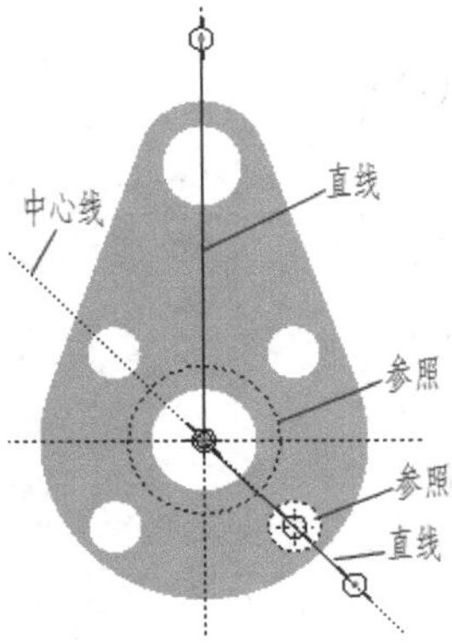

图 10-52 草绘剖切面投影线

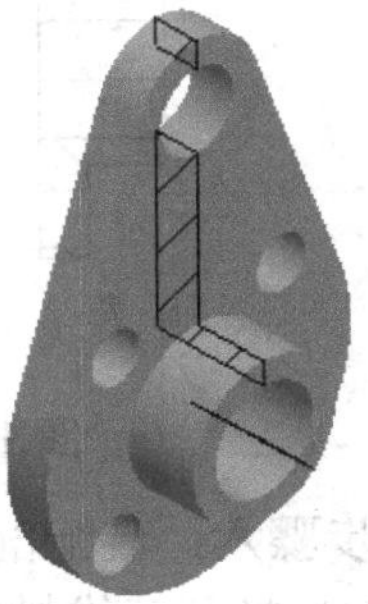

图 10-53 剖切面

⑧ 选择【文件】|【保存】菜单命令，保存文件。

(3) 打开文件。

打开 revolver_section_view _drw.prt 文件，在图纸中已经绘制完成了主视图和左视图。

(4) 建立旋转剖视图。

① 双击主视图，弹出【绘图视图】对话框，如图 10-54 所示。

② 在【类别】列表框中选择【剖面】选项。

③ 在【剖面选项】选项组中选中【2D 剖面】单选按钮。

④ 单击【将横截面添加到视图】按钮➕，从【名称】下拉列表框中选择 A 选项。

⑤ 从【剖切区域】下拾取框中选择【全部(对齐)】选项。

⑥ 单击【参照】下的拾取框，在绘图区选择旋转基准轴。

⑦ 单击【箭头显示】下的拾取框，在绘图区选择左视图。

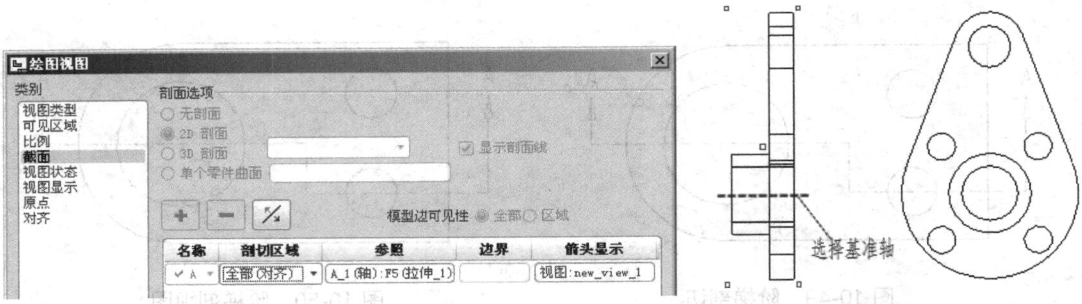

图 10-54 【绘图视图】对话框

⑧ 单击【确定】按钮，完成旋转剖切，如图 10-55 所示。

(5) 单击绘图工具栏中的【注释】标签，在绘图区双击剖视图下方的文本“剖面 A-A”，弹出【注解属性】对话框，删除“剖面”两字，单击【确定】按钮。移动注释“A-A”到剖视图的上方，完成的全剖视图如图 10-56 所示。

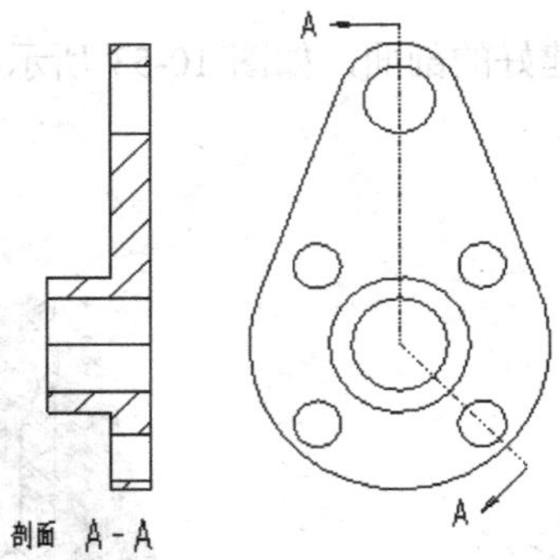

图 10-55 旋转剖切

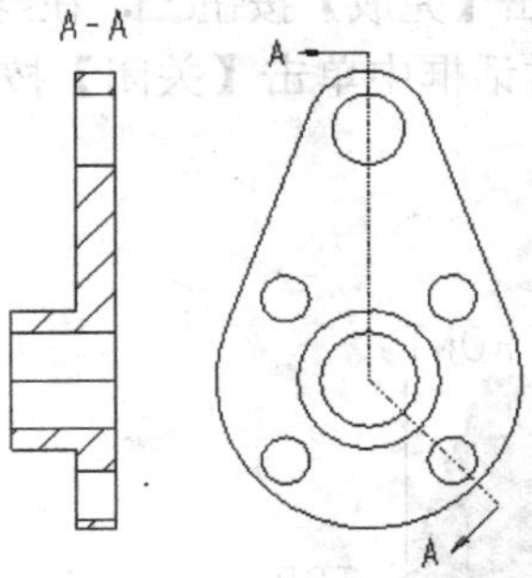

图 10-56 旋转剖视图

步骤六：装配剖视图

(1) 打开三维模型文件。

打开 counter_asm.prt 文件。

(2) 建立剖切基准面。

① 单击【基准】工具栏中的【平面】按钮▱，弹出【基准平面】对话框，如图 10-57 所示。

② 按住 Ctrl 键，在图形区选择 A_2 轴和前表面。

③ 设置 A_2 轴的约束条件为【穿过】。

④ 设置曲面的约束条件为【平行】。

⑤ 单击【确定】按钮。

(3) 创建剖面。

① 选择【视图】|【视图管理器】菜单命令，弹出【视图管理器】对话框。

② 切换到【剖面】选项卡，单击【新建】按钮，新建一个默认名称为“Xsec0001”的剖面。

③ 将剖面名称修改为“A”，按 Enter 键弹出【剖截面选项】菜单管理器，分别选择【平面】命令、【单一】命令，再选择【完成】命令，如图 10-58 所示。

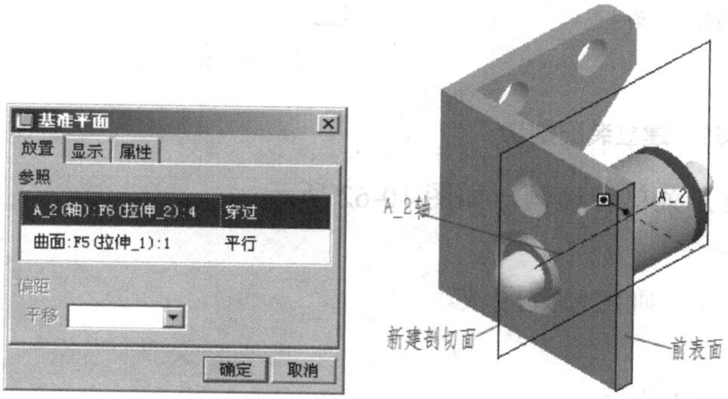

图 10-57　新建剖切面

图 10-58　【剖截面选项】菜单管理器

④ 弹出【设置平面】菜单管理器，单击【平面】按钮，在图形区选择新建剖切基准面，如图 10-59 所示。

⑤ 在【视图管理器】对话框中单击【关闭】按钮，创建的剖切面如图 10-60 所示。

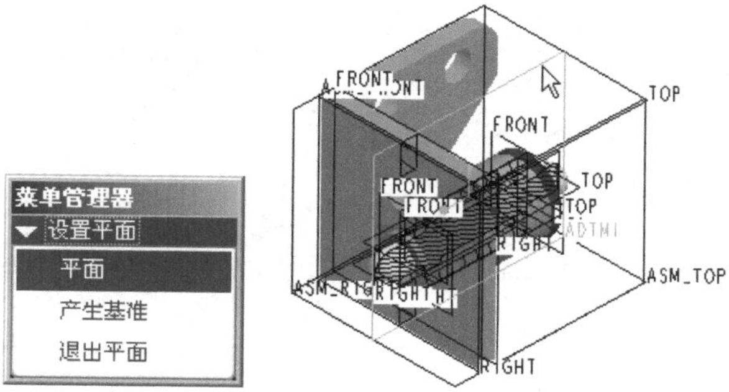

图 10-59　设置平面

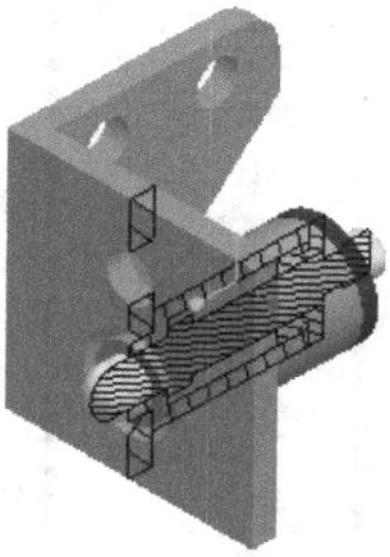

图 10-60　剖切面

⑥ 选择【文件】|【保存】菜单命令，保存文件。

(4) 打开文件。

打开 counter_asm _drw.prt 文件，在图纸中已经绘制完成了主视图。

(5) 建立装配剖视图。

① 双击主视图，弹出【绘图视图】对话框，如图 10-61 所示。

② 在【类别】列表框中选择【截面】选项。

③ 在【剖面选项】选项组中选中【2D 剖面】单选按钮。

④ 单击【将横截面添加到视图】按钮 ➕，从【名称】下拉列表框中选择 A 选项。

⑤ 从【剖切区域】下拾取框中选择【完全】选项。

⑥ 单击【确定】按钮，完成装配剖切。

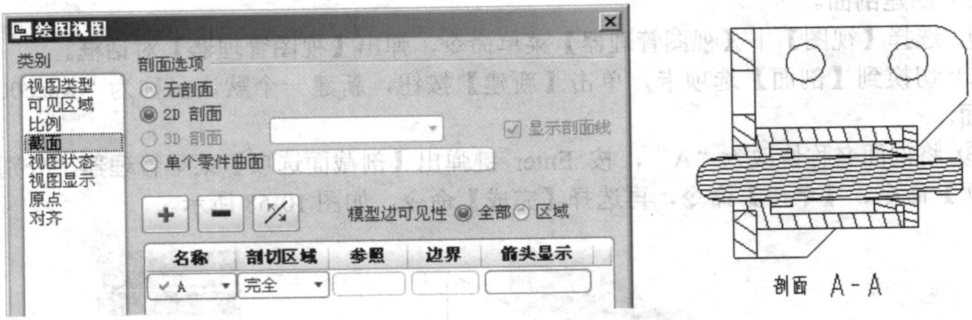

图 10-61　建立装配剖切

(6) 双击剖切线，弹出【修改剖面线】菜单管理器，如图 10-62 所示。

① 选择【X 元件】命令。

② 选择【下一个】或【上一个】命令，确定修改区域。

③ 选择【排除】命令。

④ 选择【完成】命令，结果如图 10-63 所示。

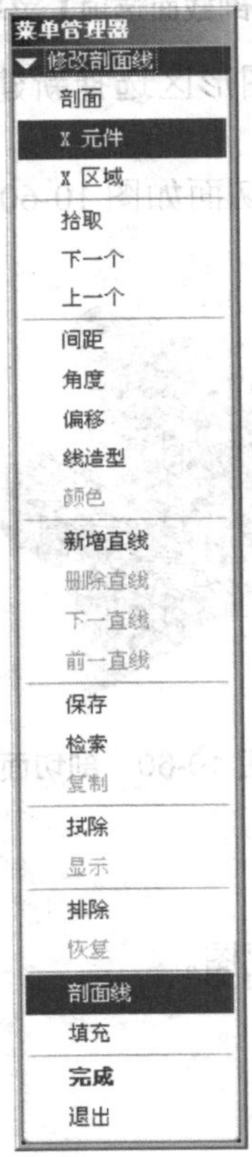

图 10-62　【修改剖面线】菜单管理器

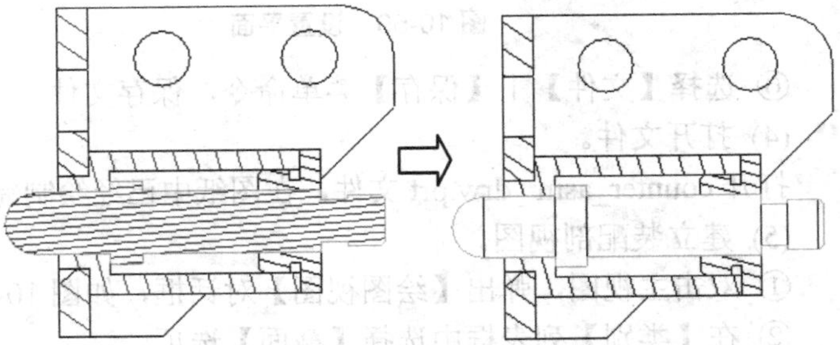

图 10-63　修改剖面线

3. 步骤点评

1) 对于步骤一：关于截面

创建截面一般用两种方法：一种方法是在工程图环境中创建剖视图的同时创建剖截面；第二种方法是在建模的同时预先创建好剖截面，以备绘制工程图使用。

2) 对于步骤一：关于定义剖切平面

方法一：采用选取现有的基准平面或模型表面。

方法二：创建基准平面。

3) 对于步骤二：关于半剖视图所需的参照平面

创建半剖视图时需选取一个基准平面来作为参照平面(此平面在视图中必须垂直于屏幕)，视图中只显示此基准平面指定一侧的视图，另一侧不显示。

4) 对于步骤四：关于 X 截面

X 截面(X-Section)也称剖面或横截面，它的主要作用是查看模型剖切的内部形状和结构。创建工程图前，在零件模块或装配模块中创建的剖截面，可用于在工程图模块中生成剖视图。

在 Pro/E 中，剖截面分为以下两种类型。

- “平面”剖截面：用平面对模型进行剖切，如图 10-64 所示。
- “偏距”剖截面：用草绘的曲面对模型进行剖切，如图 10-65 所示。

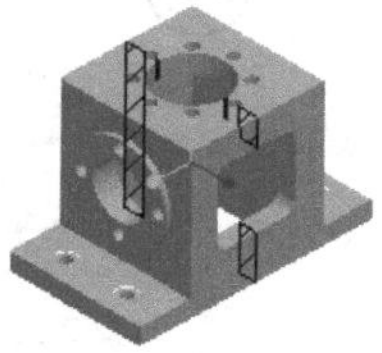

图 10-64 “平面”剖截面

图 10-65 “偏距”剖截面

10.2.3 随堂练习

完成全剖

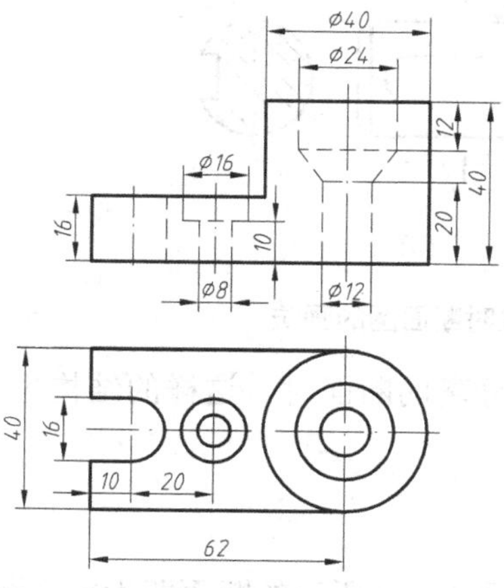

随堂练习 2

视图完成半剖视图

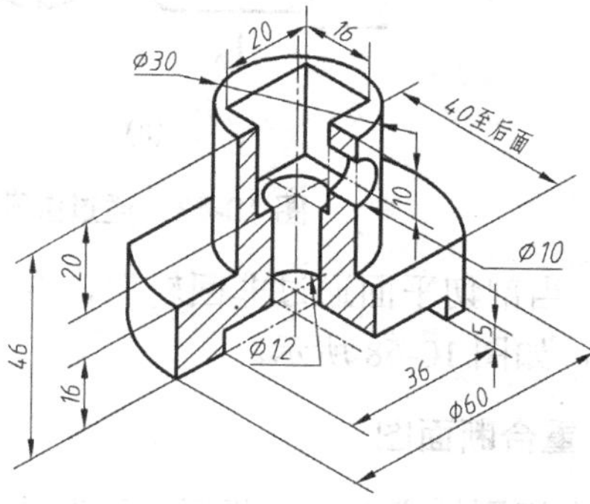

随堂练习 3

10.3　断面图、断裂视图和局部放大视图

本节知识点：

(1) 创建移出断面的方法。

(2) 创建重合断面的方法。

(3) 创建断裂视图的方法。

(4) 创建局部放大视图的方法。

10.3.1　断面图、断裂视图和局部放大视图概述

1. 移出断面图

画在视图轮廓之外的断面图称为移出断面图。如图 10-66 所示断面即为移出断面。

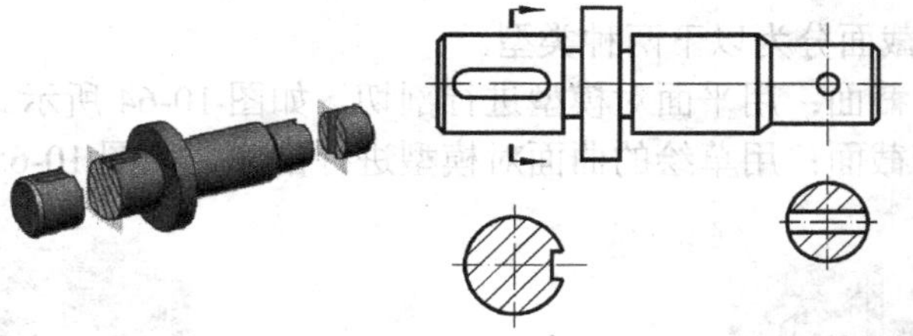

图 10-66　移出断面图

移出断面图的画法如下。

(1) 移出断面的轮廓线用粗实线画出，断面上画出剖面符号。移出断面应尽量配置在剖切平面的延长线上，必要时也可以画在图纸的适当位置。

(2) 当剖切平面通过由回转面形成的圆孔、圆锥坑等结构的轴线时，这些结构应按剖视画出，如图 10-67 所示。

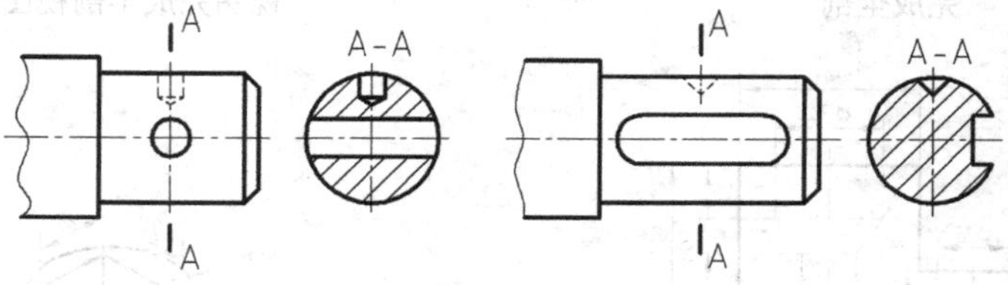

(a)　　(b)

图 10-67　通过圆孔等回转面的轴线时断面图的画法

(3) 当剖切平面通过非回转面，会导致出现完全分离的断面时，这样的结构也应按剖视画出，如图 10-68 所示。

2. 重合断面图

画在视图轮廓之内的断面图称为重合断面图。如图 10-69 所示的断面即为重合断面。

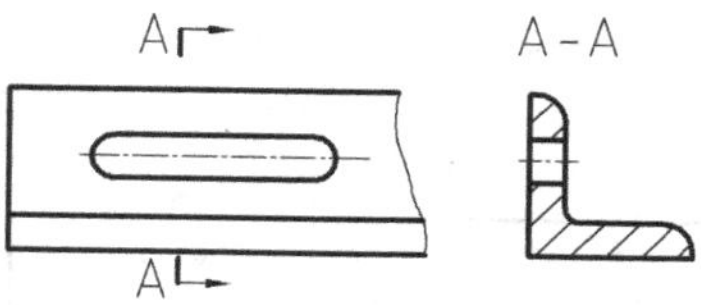

图 10-68　断面分离时的画法

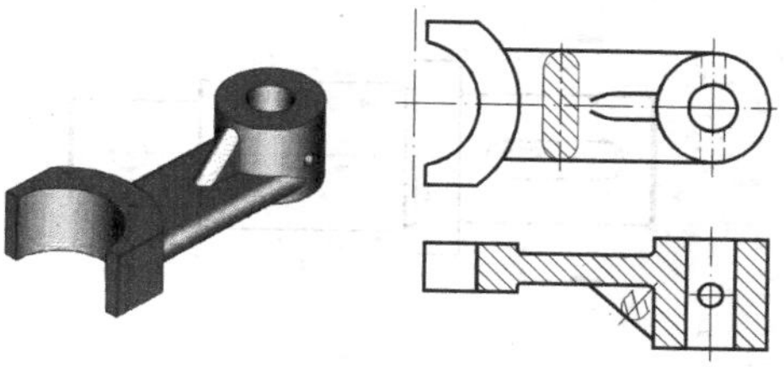

图 10-69　重合断面图

为了使图形清晰，避免与视图中的线条混淆，重合断面的轮廓线用细实线画出。当重合断面的轮廓线与视图的轮廓线重合时，仍按视图的轮廓线画出，不应中断。

3. 断裂视图

较长的零件如轴、杆、型材、连杆等沿长度方向的形状一致或按一定规律变化时，可以断开后缩短绘制。

4. 局部放大图

机件上某些细小结构在视图中表达得还不够清楚，或不便于标注尺寸时，可将这些部分用大于原图形所采用的比例画出，这种图称为局部放大图，如图 10-70 所示。

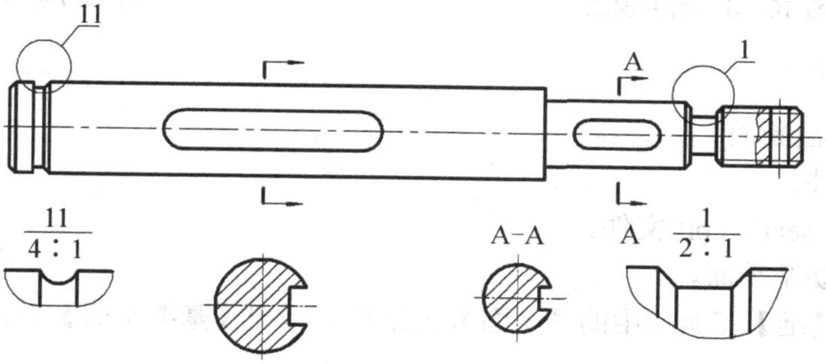

图 10-70　局部放大图

局部放大图的标注方法：在视图上画一细实线圆，标明放大部位，在放大图的上方注明所用的比例，即图形大小与实物大小之比(与原图上的比例无关)，如果放大图不止一个时，还要用罗马数字编号以示区别。

注意： 局部放大图可画成视图、剖视图、断面图，它与被放大部位的表达方法无关。局部放大图应尽量配置在被放大部位的附近。

10.3.2　断面图、断裂视图和局部放大视图应用实例

1. 要求

(1) 建立移出断面图，如图 10-71 所示。

(2) 建立重合断面图，如图 10-72 所示。

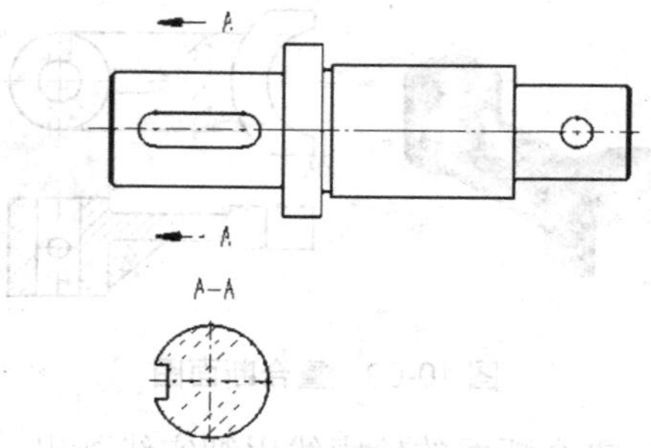

图 10-71　移出断面图

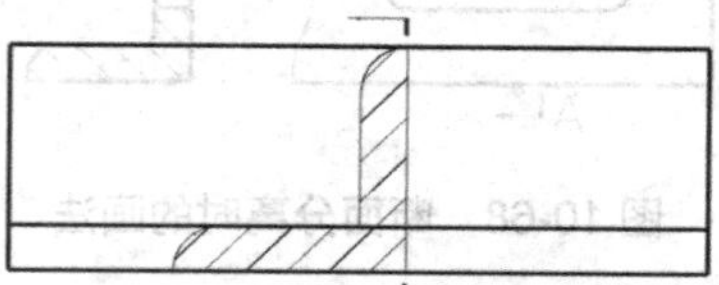

图 10-72　重合断面图

(3) 建立断裂视图，如图 10-73 所示。

(4) 建立局部放大视图，如图 10-74 所示。

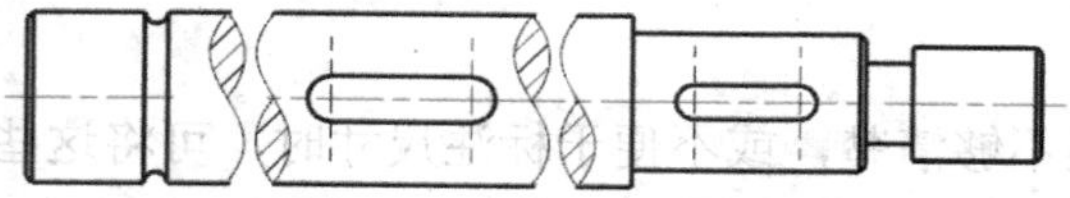

图 10-73　断裂视图

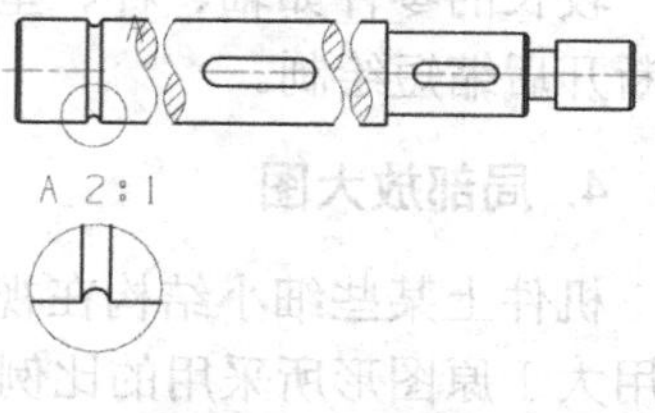

图 10-74　局部放大视图

2. 操作步骤

步骤一：移出断面

(1) 打开文件。

打开 out_of_section.prt 文件。

(2) 建立剖切基准面。

① 单击【基准】工具栏中的【平面】按钮，弹出【基准平面】对话框，如图 10-75 所示。

② 在图形区选择基体的上表面。

③ 设置曲面的约束条件为【偏移】。

④ 在【平移】下拉列表框中输入 50。

⑤ 单击【确定】按钮。

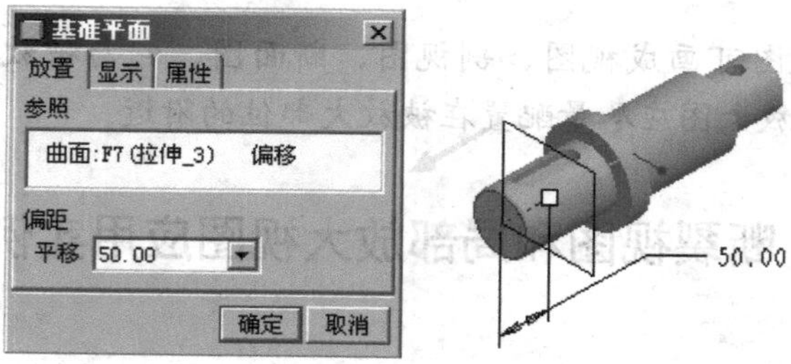

图 10-75　新建剖切面

(3) 创建剖切面。

① 选择【视图】|【视图管理器】菜单命令，弹出【视图管理器】对话框。

② 切换到【剖面】选项卡，单击【新建】按钮，新建一个默认名称为“Xsec0001”的剖面。

③ 将剖面名称修改为“A”，按 Enter 键弹出【剖截面创建】菜单管理器，分别选择【平面】命令、【单一】命令，再选择【完成】命令。

④ 弹出【设置平面】菜单管理器，选择【平面】命令，在图形区选择新建剖切基准面，如图 10-76 所示。

⑤ 在【视图管理器】对话框中单击【关闭】按钮，创建的剖切面如图 10-77 所示。

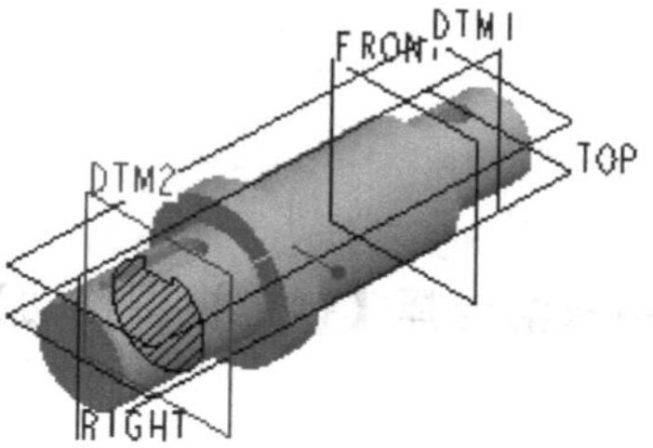

图 10-76 设置平面

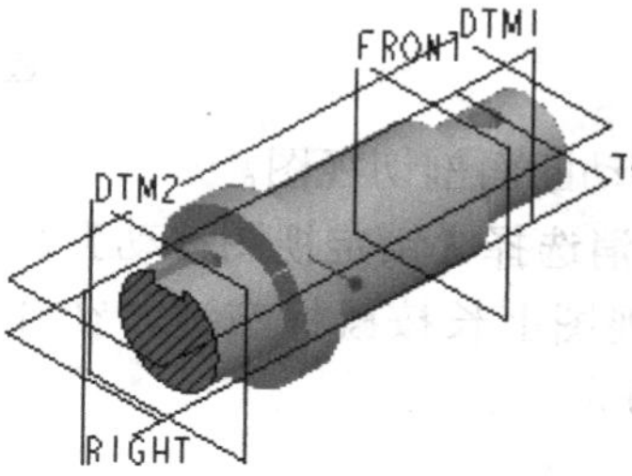

图 10-77 剖切面

⑥ 选择【文件】|【保存】菜单命令，保存文件。

(4) 打开文件。

打开 out_of_section_drw.drw 文件，在图纸中已经绘制完成了主视图和右视图。

(5) 建立断面图。

① 打开【绘图视图】对话框，如图 10-78 所示。

② 在【类别】列表框中选择【截面】选项。

③ 在【剖面选项】选项组中选中【2D 剖面】单选按钮。

④ 单击【将横截面添加到视图】按钮，从【名称】下拉列表中选择 A 选项。

⑤ 从【剖切区域】下拾取框中选择【完全】选项。

⑥ 在【模型边可见性】选项组选中【区域】单选按钮。

⑦ 如图 10-78 所示，单击【确定】按钮，完成断面剖切。

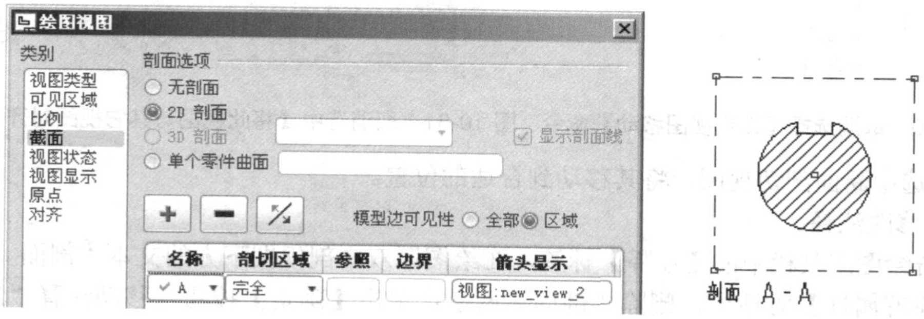

图 10-78 建立断面剖切

(6) 添加箭头。

右击断面剖视图，从弹出的快捷菜单中选择【添加箭头】命令，单击主视图，系统自动生成箭头，如图 10-79 所示。

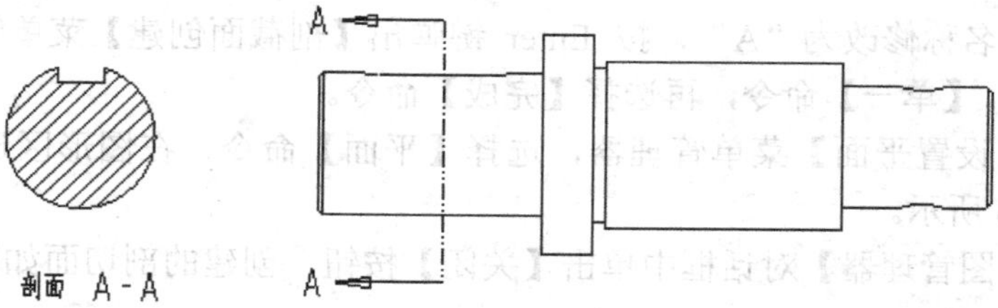

图 10-79　添加箭头

(7) 移动断面剖切视图。

① 取消选择【锁定视图移动】命令。

在主视图上长按鼠标右键，在弹出的快捷菜单中取消选择【锁定视图移动】命令，如图 10-80 所示。

说明： 只要在任一视图上设置取消选择【锁定视图移动】命令，所有视图都可以通过拖动改变位置。

② 取消【对齐视图】。

双击左视图，弹出【绘图视图】对话框，在【类别】列表框中选择【对齐】选项，在【视图对齐选项】选项组中，取消选中【将此视图与其它视图对齐】复选框，如图 10-81 所示，然后单击【应用】按钮。

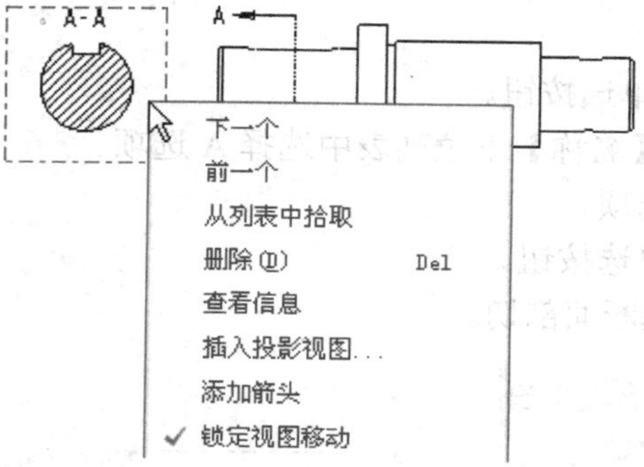

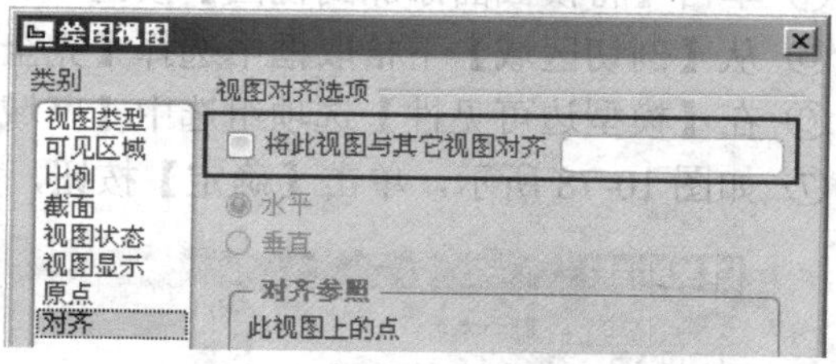

图 10-80　取消选择【锁定视图移动】命令　图 10-81　取消选中【将此视图与其它视图对齐】复选框

③ 选中断面剖切视图，将其移动到合适的位置。

(8) 修改注释。

单击绘图工具栏中的【注释】标签，在绘图区双击剖视图下方的文本“剖面 A-A”，弹出【注解属性】对话框，删除“剖面”两字，单击【确定】按钮。移动注释“A-A”到剖视图的上方，完成的断面剖切视图如图 10-82 所示。

步骤二：重合断面。

(1) 打开文件。

打开 superposition_of_section.prt 文件。

(2) 建立剖切基准面。

① 单击【基准】工具栏中的【平面】按钮，弹出【基准平面】对话框，如图 10-83 所示。

② 在图形区选择基体的上表面。

③ 设置曲面的约束条件为【偏移】。

④ 在【平移】下拉列表框中输入 50。

⑤ 单击【确定】按钮。

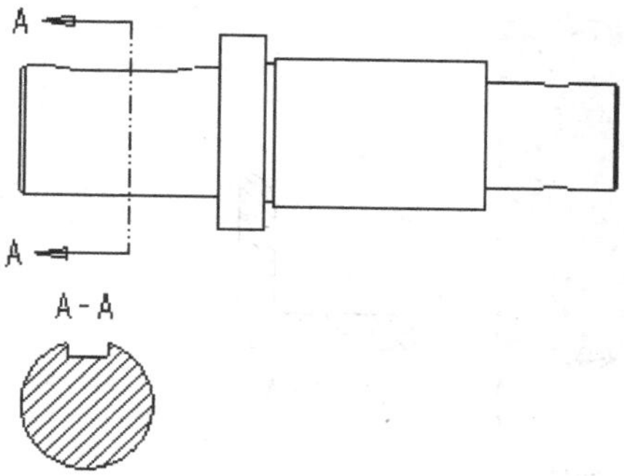

图 10-82　完成的断面剖切视图

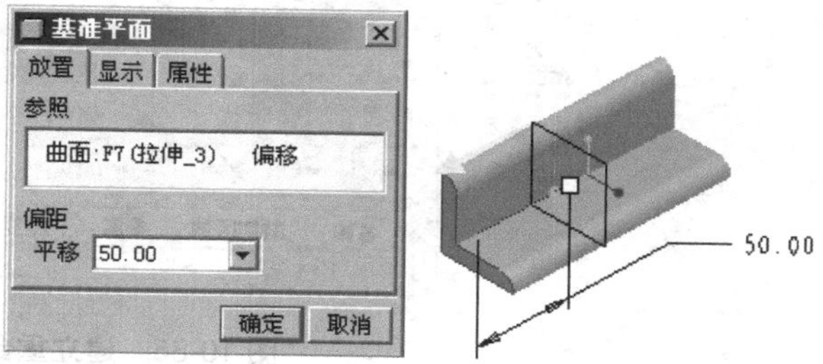

图 10-83　新建剖切面

(3) 创建剖面。

① 选择【视图】|【视图管理器】菜单命令，弹出【视图管理器】对话框。

② 切换到【剖面】选项卡，单击【新建】按钮，新建一个默认名称为“Xsec0001”的剖面。

③ 将剖面名称修改为“A”，按 Enter 键弹出【剖截面创建】菜单管理器，分别选择【平面】命令、【单一】命令，再选择【完成】命令。

④ 弹出【设置平面】菜单管理器，选择【平面】命令，在图形区选择新建剖切基准面，如图 10-84 所示。

⑤ 在【视图管理器】对话框中单击【关闭】按钮，结果如图 10-85 所示。

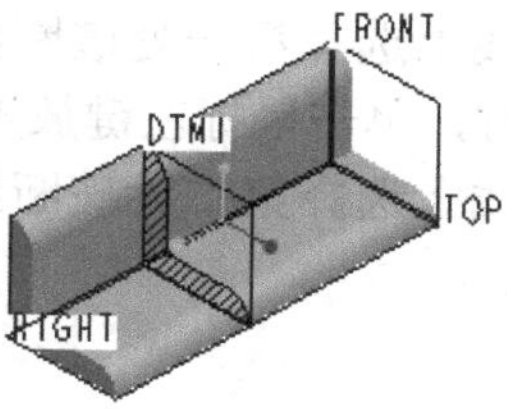

图 10-84　设置平面

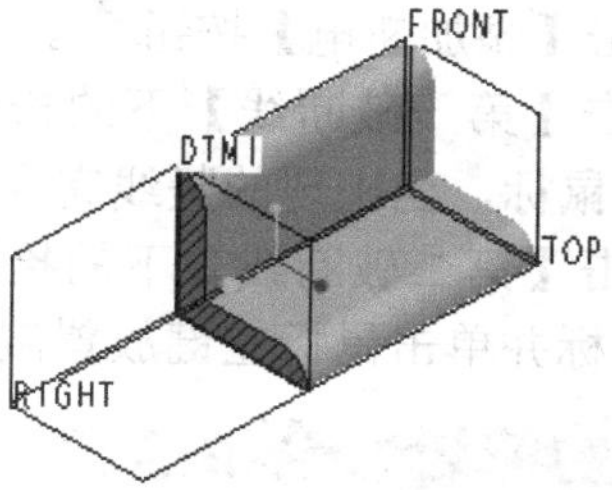

图 10-85　剖切面

⑥ 选择【文件】|【保存】菜单命令，保存文件。

(4) 打开文件。

打开 superposition_of_section _drw.drw 文件，在图纸中已经绘制完成了主视图和左视图。

(5) 建立重合断面。

① 双击左视图，弹出【绘图视图】对话框，如图 10-86 所示。

② 在【类别】列表框中选择【截面】选项。

③ 在【剖面选项】选项组中选中【2D 剖面】单选按钮。

④ 单击【将横截面添加到视图】按钮➕，从【名称】下拉列表框中选择 A 选项。

⑤ 从【剖切区域】下拾取框中选择【完全】选项。

⑥ 单击【确定】按钮，完成重合断面剖切。

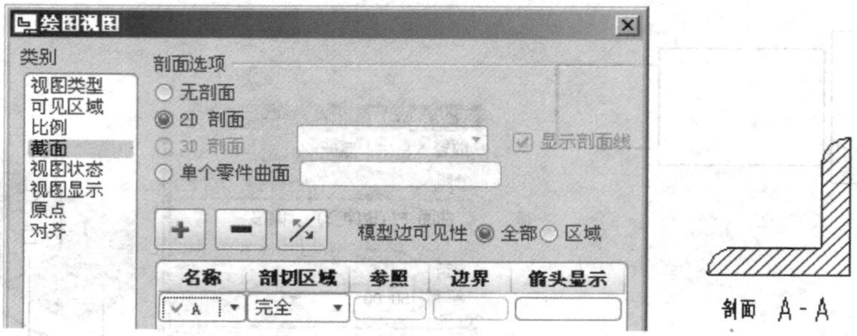

图 10-86 建立重合端面剖切

(6) 移动断面剖切视图。

将“剖面 A-A”移动到合适的位置，删除标记，如图 10-87 所示。

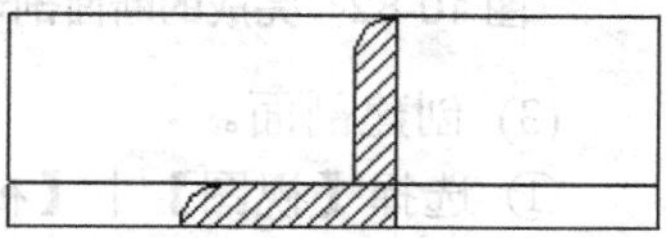

图 10-87 重合断面视图

步骤三：断裂视图

(1) 打开文件。

打开 broken_view_drw. Drw 文件。

(2) 创建断开视图。

① 双击主视图，弹出【绘图视图】对话框，如图 10-88 所示。

② 在【类别】列表框中选择【可见区域】选项。

③ 在【可见区域选项】选项组中，从【视图可见性】下拉列表框中选择【破断视图】选项。

④ 单击【添加断电】按钮➕。

⑤ 单击【第一破断线】下的拾取框，在视图的投影线上选择第一处破断线的起点，并向下移动鼠标，当出现的竖线完全超出最下方的投影线时，单击鼠标左键放置破断线。

⑥ 单击【第二破断线】下的拾取框，在视图的投影线上选择第二处破断线的起点，向下移动鼠标并单击鼠标左键放置破断线，如图 10-88 所示。

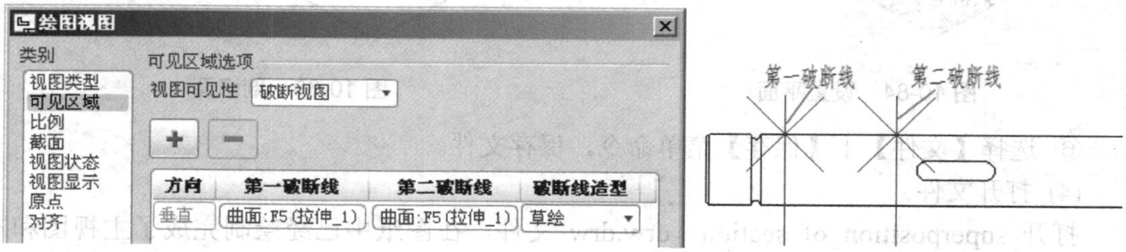

图 10-88 确定破断线位置

⑦ 在【破断线造型】下拉列表框中选择【草图】选项，在图形区绘制阳台曲线，草绘完成后单击鼠标中键，此时生成草绘样式的破断线，如图 10-89 所示。

⑧ 单击【确定】按钮，生成破断视图，如图 10-90 所示。

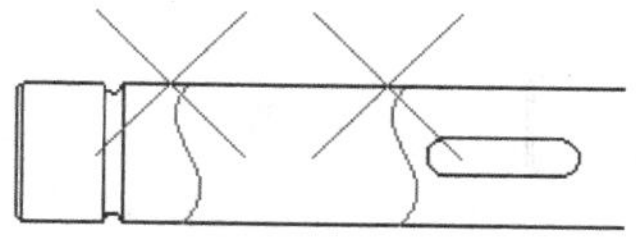

图 10-89　破断线样式

图 10-90　生成破断视图

⑨ 选中破断视图右侧部分，向左拖动使其靠近左边部分，从而缩短视图的总长度，如图 10-91 所示。

⑩ 按同样的方法建立另一个断裂视图，如图 10-92 所示。

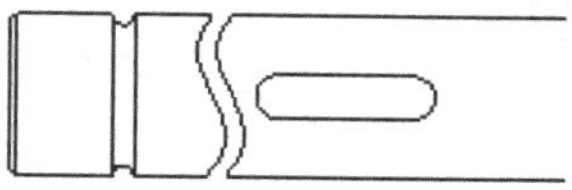

图 10-91　调整破断视图

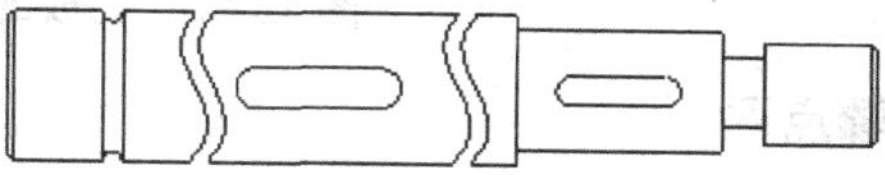

图 10-92　建立的断裂视图

步骤四：局部放大视图

(1) 打开文件。

打开 detail_view_drw.drw 文件。

(2) 定义局部放大视图。

① 单击【布局】工具栏中的【详细】按钮，弹出【选取】对话框，在绘图区的主视图上选择一个点作为局部放大视图的中心点，此点将被标记为叉号，如图 10-93 所示。

② 围绕中心点使用鼠标左键围成封闭的样条曲线，在主视图下方空白的区域单击鼠标左键生成一个局部放大视图，如图 10-94 所示。

图 10-93　定义标记

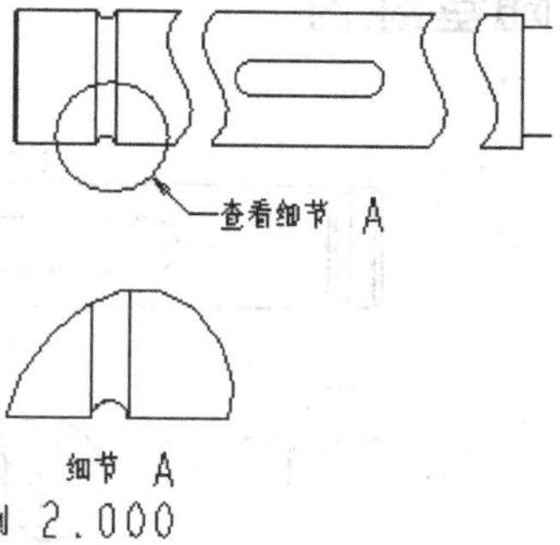

图 10-94　生成局部放大视图

③ 双击局部放大视图，弹出【绘图视图】对话框，在【类别】列表框中选择【视图类型】选项，将【视图名】由“A”修改为“I”，然后单击【确定】按钮。

④ 单击工具栏中的【注释】标签，双击主视图上的注释“查看细节 I”，弹出【注解属性】对话框，删除“查看细节”四个字，然后单击【确定】按钮。拖动注释“I”到合

适的位置。

⑤ 双击主视图上的注释“细节 I 比例 2.000”，弹出【注解属性】对话框，删除“细节”两个字，单击【确定】按钮，如图 10-95 所示。

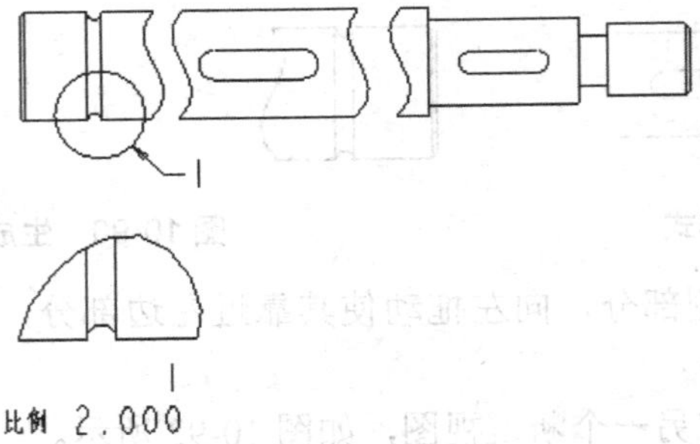

图 10-95　完成的局部放大视图

3. 步骤点评

1) 对于步骤一：关于模型边可见性

当只显示剖切面而不显示剖切面之外的投影线时，可以在【模型边可见性】选项组选中【区域】单选按钮。

2) 对于步骤四：关于局部放大视图比例

局部放大视图的默认比例为 2∶1，若需要设置为其他比例，可以按如下操作进行。

- 单击工具栏中的【布局】标签，双击局部放大视图，弹出【绘图视图】对话框，在【类别】列表框中选择【比例】选项，在【定制比例】文本框中输入比例值，然后单击【确定】按钮。
- 单击工具栏中的【注释】标签，双击局部放大视图的标签并修改比例注释。

10.3.3 随堂练习

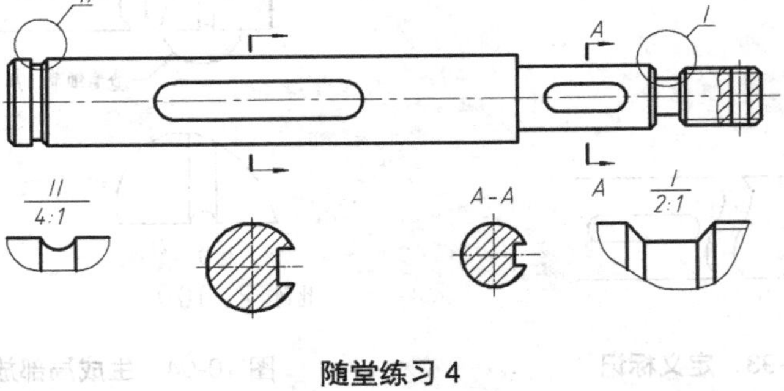

随堂练习 4

10.4 零件图上的尺寸标注

本节知识点：

(1) 创建中心线的方法。

(2) 各种类型尺寸标注的方法。

10.4.1　标注组合体尺寸的方法

标注尺寸时，先对组合体进行形体分析，选定长度、宽度、高度三个方向尺寸基准，如图 10-96 所示，逐个形体标注其定形尺寸和定位尺寸，再标注总体尺寸，最后检查并进行尺寸调整。

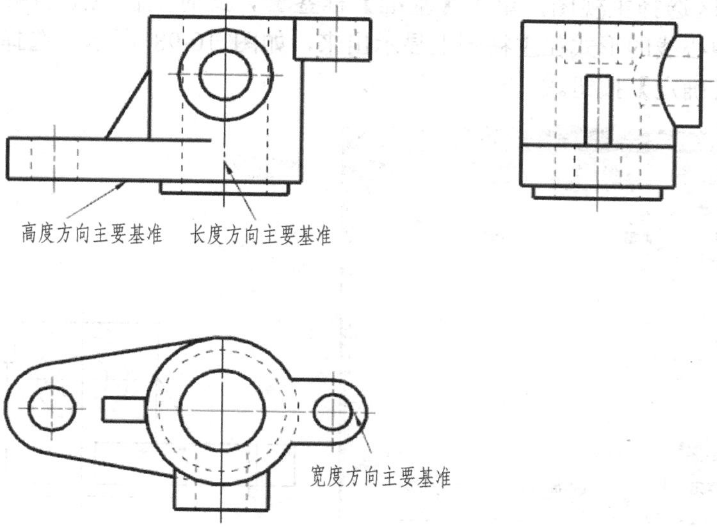

图 10-96　形体分析，确定尺寸基准

10.4.2　尺寸标注应用实例

1. 要求

创建中心线与各种类型的尺寸标注，如图 10-97 所示。

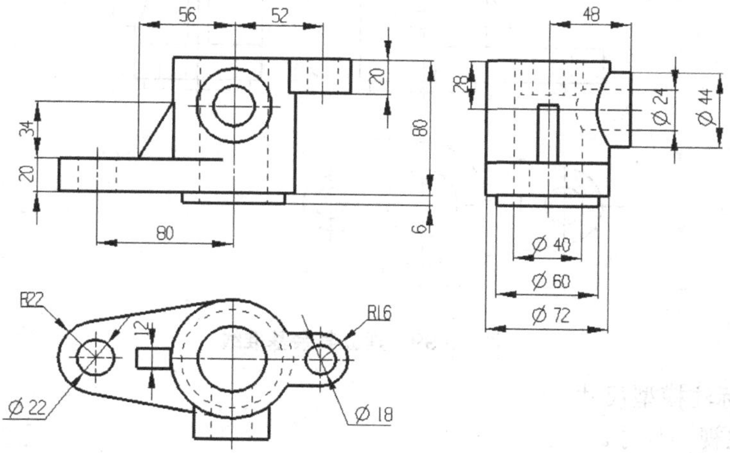

图 10-97　创建各种类型的尺寸标注

2. 操作步骤

步骤一：创建中心线

(1) 打开 dim_view_drw.drw 文件。

(2) 创建中心线。

① 单击【注释】工具栏中的【显示模型注释】按钮，弹出【显示模型注释】对话框。

② 在图形区选择主视图，单击【基准】标签，此时主视图上的所有基准轴和基准面的投影将以中心线的形式在主视图上显示出来，如图 10-98 所示。选择需要显示的中心线，然后单击【确定】按钮。

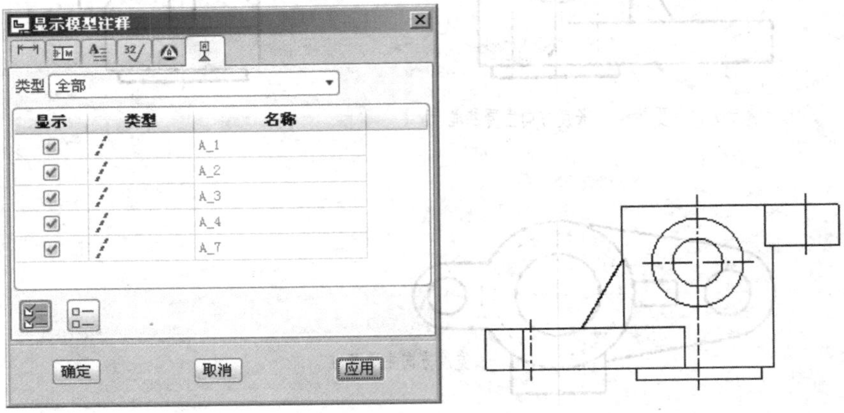

图 10-98　建立基准线

③ 选中一条主视图上的中心线，拖动中心线的两端点改变中心线的长度，并调整主视图上各中心线的长度，使各中心线长短合适。

(3) 使用同样的方法在左视图和俯视图上创建中心线并调整长度，如图 10-99 所示。

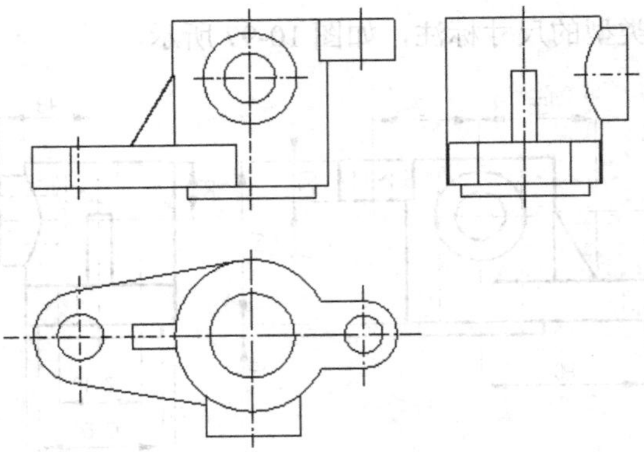

图 10-99　建立其余基准线

步骤二：标注模型尺寸

(1) 标注主视图尺寸。

① 单击【显示模型注释】按钮，弹出【显示模型注释】对话框。

② 单击【尺寸】标签，在图形区选择主视图。

③ 此时主视图上的所有尺寸将在主视图上显示出来，在主视图上依次选取需要保留的尺寸 56、52、20、34、80、20、80、6。

④ 单击【确定】按钮。

⑤ 选中主视图上的某一尺寸，拖动尺寸值移动可以改变标注的放置位置。通过调整主视图上各尺寸标注，可以使主视图上的标注变得更加美观，如图 10-100 所示。

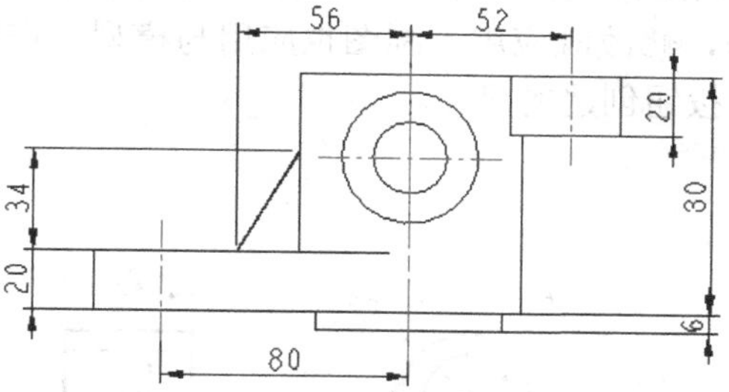

图 10-100　调整主视图上各尺寸标注

(2) 标注左视图和俯视图尺寸。

使用与上一步同样的方法在左视图和俯视图上创建尺寸标注，并合理安排各标注的放置位置。结果如图 10-101 所示。

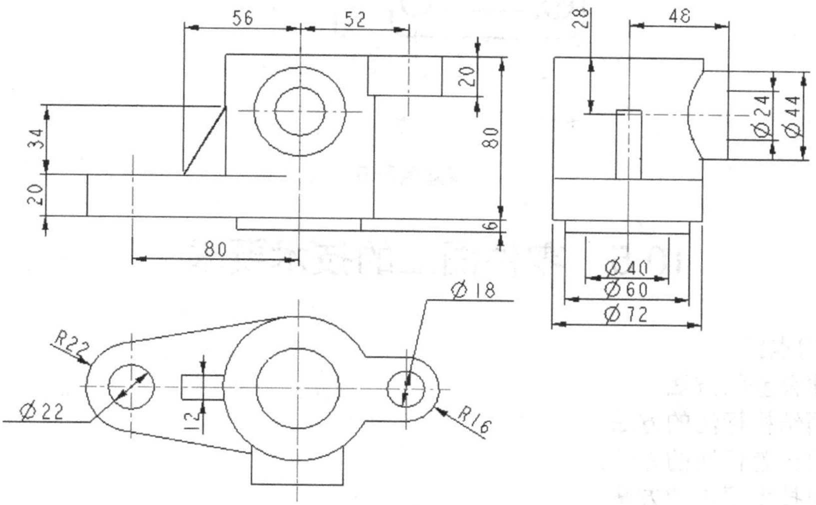

图 10-101　标注定位尺寸，并调整尺寸

3. 步骤点评

1) 对于步骤一：关于模型基准

工程图中的模型基准和尺寸标注是与模型相关联的，只有模型中存在的基准和尺寸才能在视图中被引用为中心线和尺寸标注，而且模型中的变更会反映到工程图中。在模型中改变尺寸会更新工程图，在工程图中改变插入的尺寸也会改变模型。

2) 对于步骤二：关于创建和移动尺寸

(1) 若某一尺寸已经在一个视图中被显示，则在另一视图中创建尺寸时将不会显示出来。

(2) 使用【显示模型注释】按钮不能创建模型中没有的尺寸，例如若在主视图中标注总长度，就不能使用【显示模型注释】按钮，这种情况可以使用【标注新参照】按钮，手动创建尺寸标注。

(3) 只有在【注释】标签下才能创建、删除、移动尺寸标注和中心线。

(4) 制图中的尺寸可以反馈到模型中，选中标注的尺寸值，双击尺寸值可以修改，输入新的数值然后再生模型，修改既应用于制图也应用与模型。在制图中对尺寸的修改仅限于使用【显示模型注释】按钮创建的尺寸。

10.4.3 随堂练习

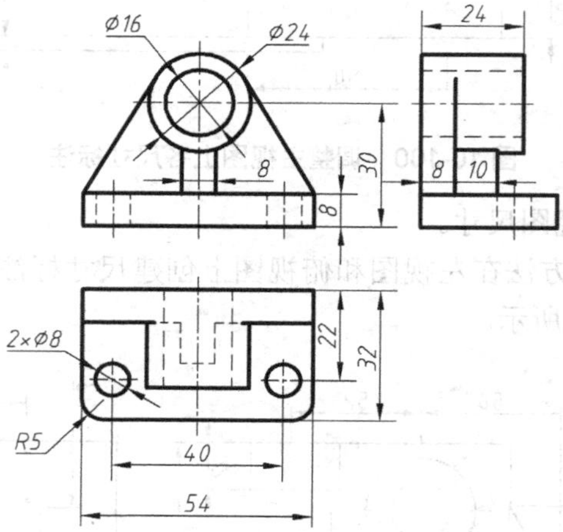

随堂练习 5

10.5 零件图上的技术要求

本节知识点：

(1) 创建公差的方法。

(2) 表面结构标注的方法。

(3) 几何公差标注的方法。

(4) 创建技术要求的方法。

10.5.1 零件图的技术要求

零件图上的技术要求主要包括：尺寸公差、表面形状和位置公差、表面粗糙度和技术要求。

1. 极限与配合的标注

1) 极限与配合在零件图中的标注

在零件图中，线性尺寸的公差有三种标注形式：一种是只标注上、下偏差；第二种是只标注公差带代号；第三种是既标注公差带代号，又标注上、下偏差，但偏差值用括号括起来。标注极限与配合时应注意以下几点。

(1) 上、下偏差的字高比尺寸数字小一号，且下偏差与尺寸数字在同一水平线上。

(2) 当公差带相对于基本尺寸对称时，即上、下偏差互为相反数时，可采用“±”加偏差的绝对值的注法，如 ϕ30±0.016(此时偏差和尺寸数字为同字号)。

(3) 上、下偏差的小数位必须相同、对齐，当上偏差或下偏差为 0 时，用数字“0”标出，如 ϕ。小数点后末位的“0”一般不必注写，仅当为凑齐上下偏差小数点后的位数时，才用“0”补齐。

2) 极限与配合在装配图中的标注

在装配图上一般只标注配合代号。配合代号用分数形式表示，分子为孔的公差带代号，分母为轴的公差带代号。对于与轴承等标准件相配的孔或轴，则只标注非基准件(配合件)的公差带符号。如轴承内圈孔与轴的配合，只标注轴的公差带代号；外圈的外圆与箱体孔的配合，只标注箱体孔的公差带代号。

2. 表面形状和位置公差的标注

形位公差采用代号的形式标注，代号由公差框格和带箭头的指引线组成。

3. 表面结构要求在图样中的标注方法

表面结构符号中注写了具体参数代号及数值等要求后即称为表面结构代号。表面结构的要求在图样中的标注就是表面结构代号在图样中的标注。具体注法如下。

(1) 表面结构要求对每一表面一般只注一次，并尽可能注在相应的尺寸及其公差的同一视图上。除非另有说明，所标注的表面结构要求是对完工零件的表面要求。

(2) 表面结构的注写和读取方向与尺寸的注写和读取方向一致。表面结构要求可标注在轮廓线上，其符号应从材料外指向并接触表面。必要时，表面结构也可用带箭头或黑点的指引线引出标注。

(3) 在不引起误解的情况下，表面结构要求可以标注在给定的尺寸线下。

(4) 表面结构要求可标注在几何公差框格的上方。

(5) 圆柱和棱柱的表面结构要求只标注一次。如果每个棱柱表面有不同的表面结构要求，则应分别单独标注。

10.5.2 零件图的技术要求填写实例

1. 要求

零件图上的技术要求，如图 10-102 所示。

2. 操作步骤

步骤一：标注尺寸。

(1) 打开 drill_bush_drw.drw 文件，在图纸中已经绘制完成了全部的主视图。

(2) 标注尺寸。

① 单击【注释】工具栏中的【显示模型注释】按钮，弹出【显示模型注释】对

话框。

② 单击【尺寸】标签，在绘图区选择视图。

③ 在显示的所有尺寸中选择需要标注的尺寸。

④ 单击【确定】按钮，结果如图 10-103 所示。

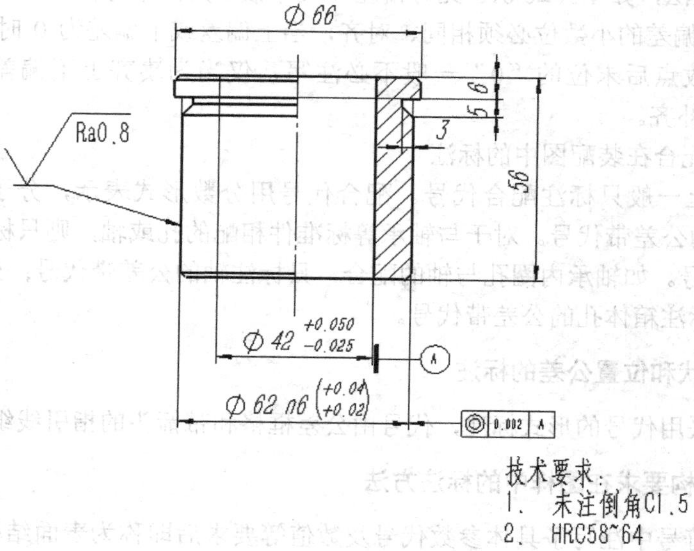

图 10-102　钻套

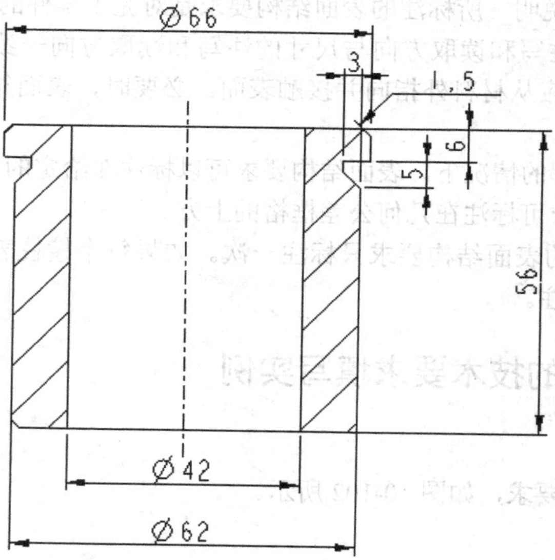

图 10-103　带尺寸的视图

(3) 添加公差。

① 选择尺寸“$\phi 42$”，右击，从弹出的快捷菜单中选择【属性】命令，弹出【尺寸属性】对话框，如图 10-104 所示。

② 在【值和显示】选项组中，在【小数位数】文本框中输入 3。

③ 在【公差】选项组中，从【公差模式】下拉列表框中选择【加-减】选项，并在【上公差】文本框中输入+0.050、【下公差】文本框中输入-0.025。

④ 单击【确定】按钮，结果如图 10-104 所示。

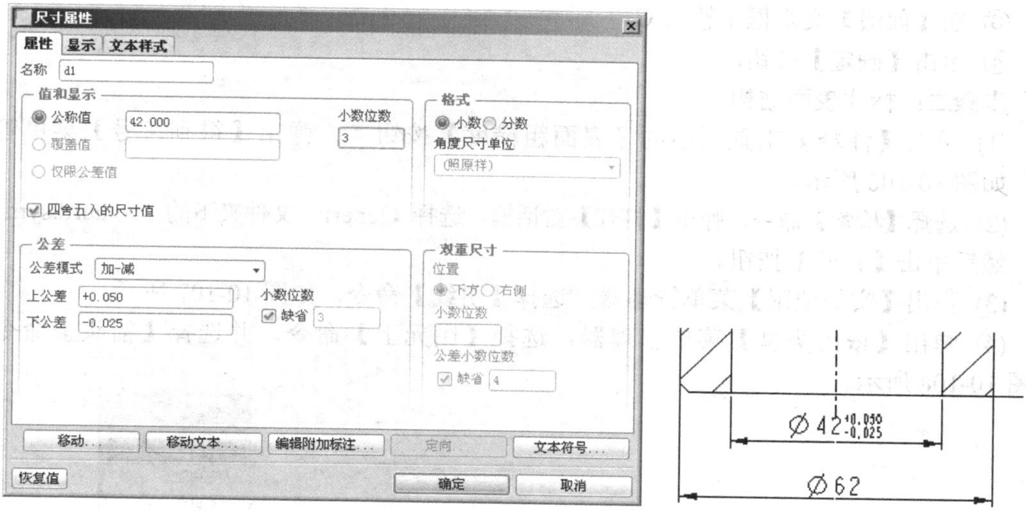

图 10-104　设置“ϕ42”公差

(4) 添加后缀。

① 选择尺寸“ϕ60”，右击，从弹出的快捷菜单中选择【属性】命令，弹出【尺寸属性】对话框，如图 10-105 所示。

② 切换到【显示】选项卡，在【显示】选项组中选中【两者都不】单选按钮。

③ 在【后缀】文本框中输入 n6。

④ 单击【确定】按钮，结果如图 10-105 所示。

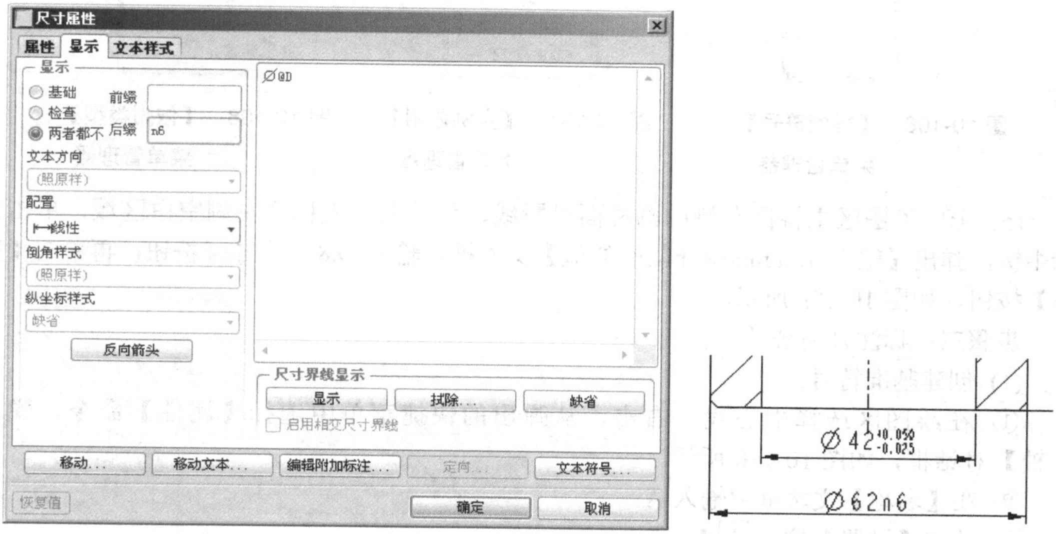

图 10-105　设置“ϕ62”公差

(5) 添加前缀。

① 选择倒角尺寸“1.5”，右击，从弹出的快捷菜单中选择【属性】命令，弹出【尺寸属性】对话框。

② 切换到【显示】选项卡，在【显示】选项组中选中【两者都不】单选按钮。

③ 在【前缀】文本框中输入 C。

④ 单击【确定】按钮。

步骤二：标注表面结构

(1) 单击【注释】工具栏中的【表面粗糙度】按钮，弹出【得到符号】菜单管理器，如图 10-106 所示。

(2) 选择【检索】命令，弹出【打开】对话框，选择 Generic 文件夹下的 standard.sym 文件，然后单击【打开】按钮。

(3) 弹出【实例依附】菜单管理器，选择【引线】命令，如图 10-107 所示。

(4) 弹出【依附类型】菜单管理器，选择【图元上】命令，并选择【箭头】命令，如图 10-108 所示。

图 10-106 【得到符号】菜单管理器

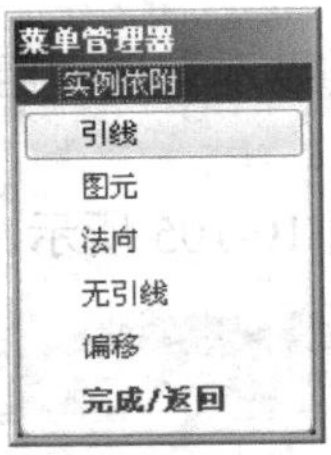

图 10-107 【实例依附】菜单管理器

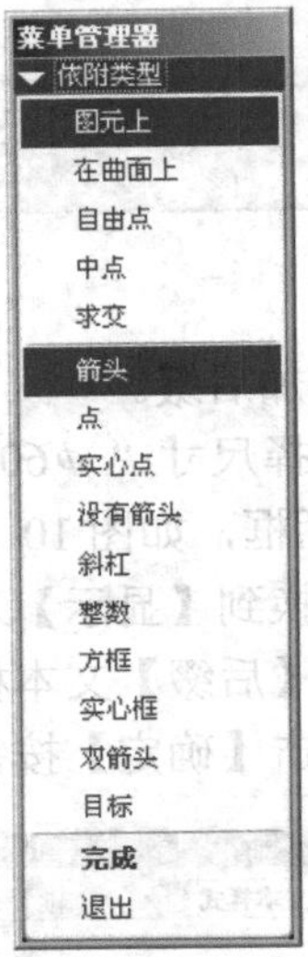

图 10-108 【依附类型】菜单管理器

(5) 选中绘图区主视图左侧的圆柱面投影线，移动鼠标光标至左侧空白区域，单击鼠标中键，弹出【输入 roughness_hight 的值】文本框，输入 0.8，单击按钮，再单击【完成】按钮，如图 10-109 所示。

步骤三：标注几何公差

(1) 创建基准符号。

① 在绘图区选择中心线，右击，从弹出的快捷菜单中选择【属性】命令，弹出【轴】对话框，如图 10-110 所示。

② 在【名称】文本框中输入 A。

③ 单击【设置】按钮。

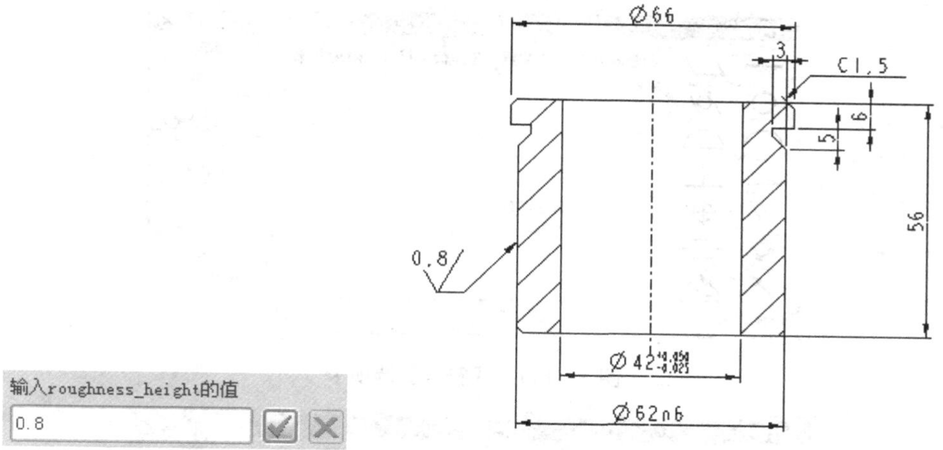

图 10-109　标注表面粗糙度

④ 在【放置】选项组中选中【在尺寸中】单选按钮。

⑤ 单击【拾取尺寸】按钮，在绘图区的视图上选择尺寸“$\varnothing 42^{+0.050}_{-0.025}$”。

⑥ 单击【确定】按钮，结果如图 10-110 所示。

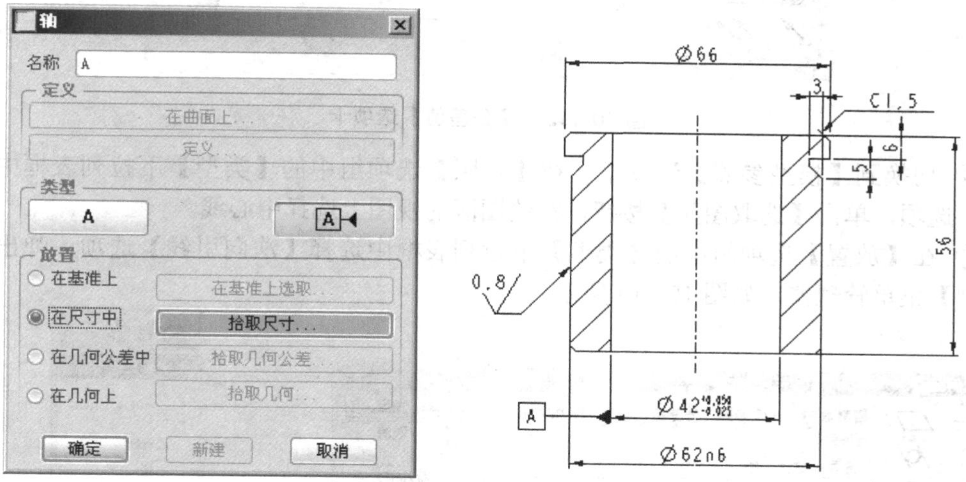

图 10-110　创建基准符号

(2) 标注同轴度。

① 单击【注释】工具栏中的【几何公差】按钮，弹出【几何公差】对话框，如图 10-111 所示。

② 单击【同轴度】按钮◎。

③ 切换到【符号】选项卡，选中【Ø直径符号】复选框。

④ 切换到【公差值】选项卡，选中【总公差】复选框，在其后的文本框中输入 0.002，如图 10-112 所示。

⑤ 切换到【基准参照】选项卡，在【基准参照】中切换到【首要】选项卡。从【基本】下拉列表框中选择 A 选项，如图 10-113 所示。

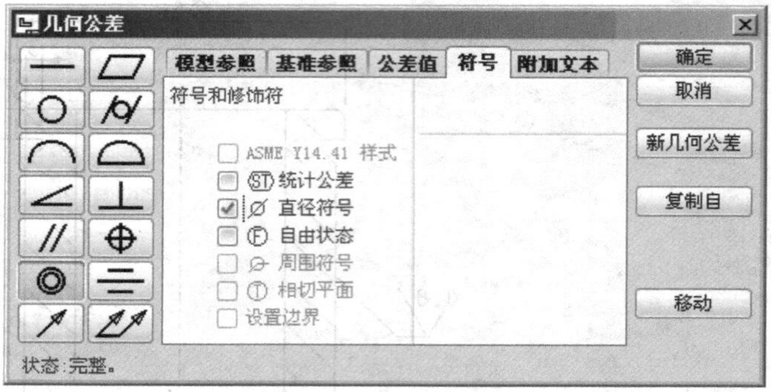

图 10-111　【符号】选项卡

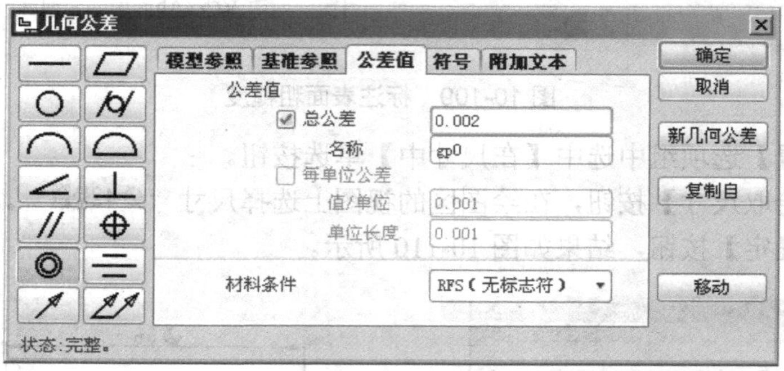

图 10-112　【公差值】选项卡

⑥ 切换到【模型参照】选项卡，在【参照】选项组中的【类型】下拉列表框中选择【轴】选项，单击【选取图元】按钮，在绘图区的视图上选择中心线。

⑦ 在【放置】选项组中的【类型】下拉列表框中选择【法向引线】选项，弹出【引线类型】菜单管理器，如图 10-114 所示。

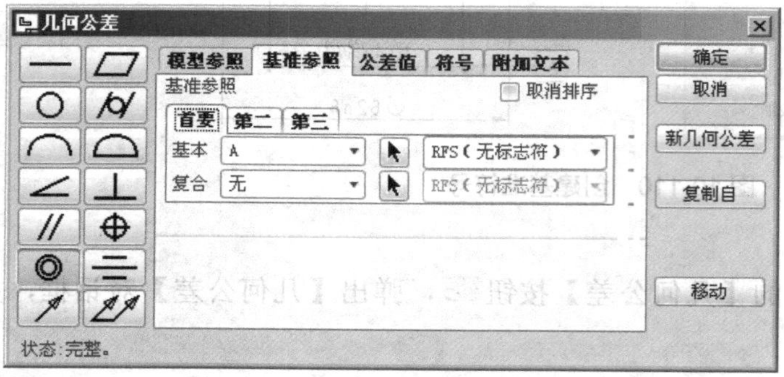

图 10-113　【基准参照】选项卡

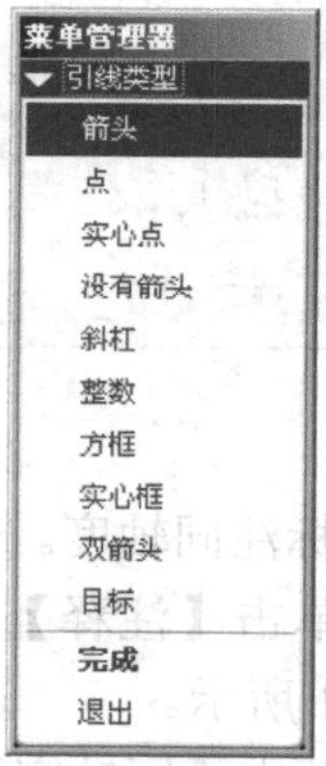

图 10-114　【引线类型】菜单管理器

⑧ 单击【放置几何公差】按钮，在绘图区的视图上选择“ϕ62n6”右侧的尺寸界线，将鼠标光标移动到右侧空白区域并单击鼠标中键，如图 10-115 所示。

⑨ 单击【确定】按钮。选中同轴度标注，拖动标注使其与“ϕ62n6”的尺寸线对齐，如图 10-116 所示。

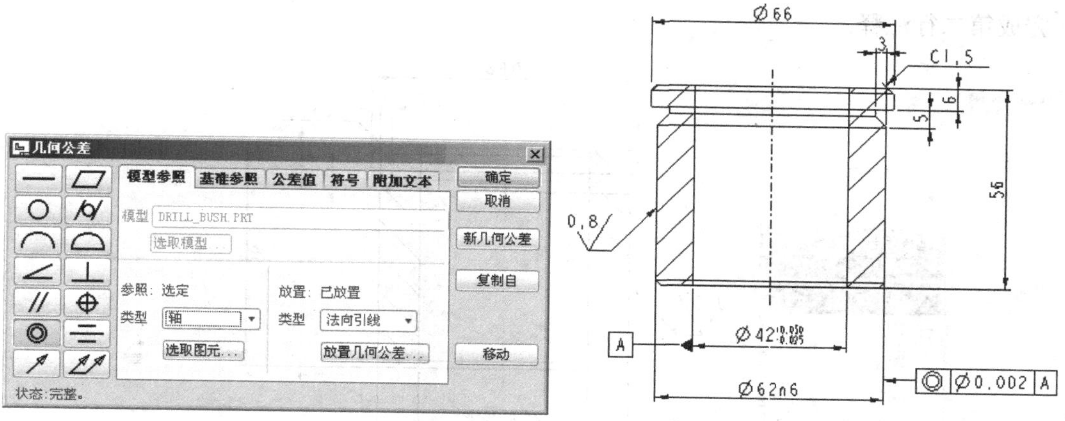

图 10-115 【模型参照】选项卡

步骤四：创建技术要求

(1) 单击【注释】工具栏中的【注解】按钮，弹出【注解类型】菜单管理器。

(2) 保持默认选项，如图 10-117 所示，单击【进行注解】按钮。

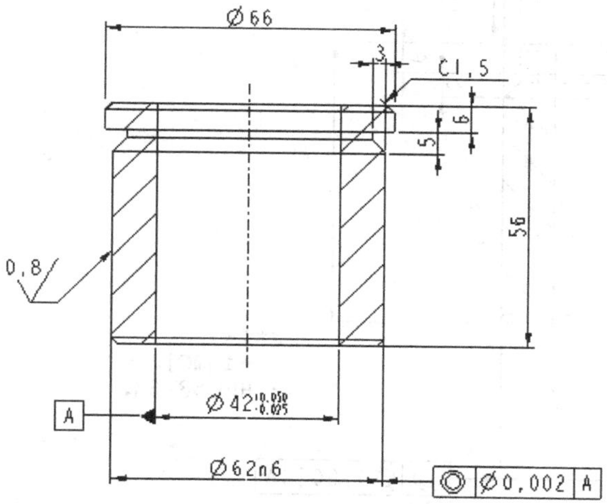

图 10-116 创建几何公差

图 10-117 【注解类型】菜单管理器

(3) 弹出【获得点】菜单管理器，在视图右下方的空白位置单击鼠标左键，如图 10-118 所示。

(4) 弹出【输入注解】文本框，输入“技术要求：”，单击【接受值】按钮完成第一行注释。

(5) 继续在【输入注解】文本框中输入“1、未注倒角 C1。”， 单击【接受值】按钮完成第二行注释。

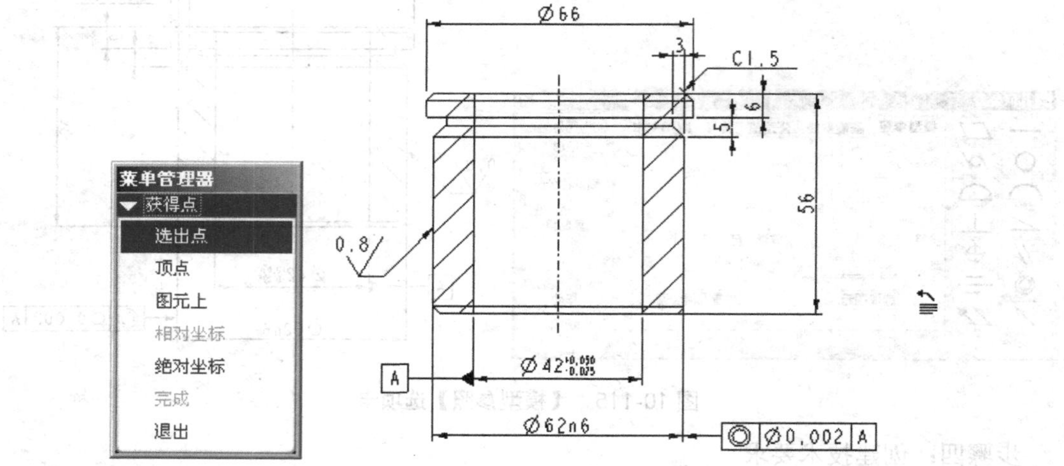

图 10-118 【获得点】菜单管理器

(6) 继续在【输入注解】文本框中输入“2、HRC58-64。”，单击【接受值】按钮完成第三行注释。

(7) 保持【输入注解】文本框为空，单击【接受值】按钮完成，如图 10-119 所示。

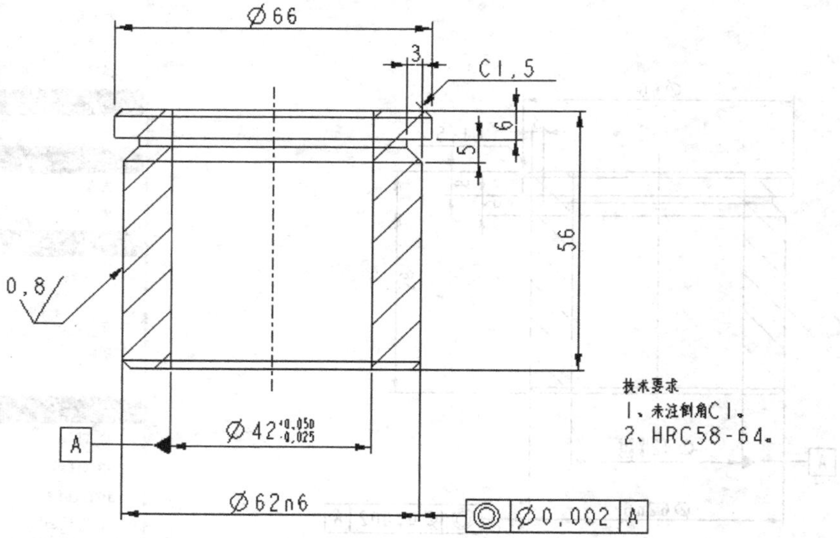

图 10-119 创建技术要求

3. 步骤点评

1) 对于步骤一：关于公差模式

在【尺寸属性】对话框中的【公差模式】选项共有 5 种。

- 公称：只显示基本尺寸。
- 限制：以极限尺寸的形式表示。

- 加-减：以基本尺寸加上、下偏差的形式表示。
- +-对称：以对称偏差的形式表示。
- +-对称(上标)：以对称偏差的形式表示，对称偏差上标。

2) 对于步骤二：关于检索粗糙度符号

在检索表面粗糙度符号时，Pro/E 在安装目录下提供了 3 种表面粗糙度符号，分别放在了三个文件夹中。

- Generic：以任何方法获得的表面粗糙度。符号：√。
- Machined：通过去除材料的方法获得，如车、铣、磨等。符号：∀。
- Unmachined：用不去除材料的方法获得，如铸造、锻造等。符号：∀。

3) 对于步骤三：关于【几何公差】对话框

创建几何公差符号的所有条件都在此对话框中来设置，下面对各选项卡的作用介绍如下。

- 【模型参照】：在该选项卡中，可以指定模型、选取参照以及指定公差符号的放置方式。
- 【基准参照】：在该选项卡中，可以指定基准参照、材料状态与复合公差，其中基准参照是可在基准工具栏中单击按钮或按钮创建的。
- 【公差值】：该选项卡主要用来设置总公差或单位公差，同时在此处也可以设置材料状态。
- 【符号】：该选项卡用于在几何公差中加入符号、注释与投影公差区域等内容，不同的几何公差类型，可以加入的符号也不尽相同。

10.5.3 随堂练习

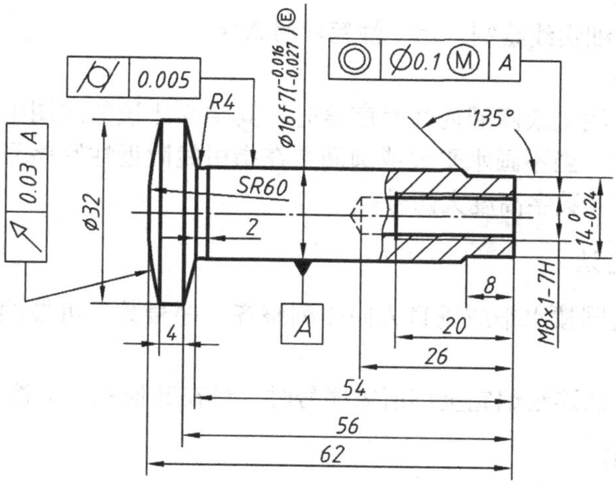

随堂练习 6

10.6　标题栏、明细表

本节知识点：

(1) 创建标题栏。

(2) 调用模型参数。

(3) 创建明细表。

(4) 标注零件序号。

10.6.1　装配图中零部件的序号及明细栏

1. 一般规定

(1) 装配图中所有零、部件都必须编写序号。

(2) 装配图中，一个部件可只编写一个序号，同一装配图中，尺寸规格完全相同的零、部件，应编写相同的序号。

(3) 装配图中的零、部件的序号应与明细栏中的序号一致标注一个完整的序号，一般应有三个部分：指引线、水平线(或圆圈)及序号数字。也可以不画水平线或圆圈。

2. 序号的标注形式

1) 指引线

指引线用细实线绘制，应自所指部分的可见轮廓内引出，并在可见轮廓内的起始端画一圆点。

2) 水平线或圆圈

水平线或圆圈用细实线绘制，用于注写序号数字。

3) 序号数字

在指引线的水平线上或圆圈内注写序号时，其字高比该装配图中所注尺寸数字高度大一号，也允许大两号，当不画水平线或圆圈并在指引线附近注写序号时，序号字高必须比该装配图中所标注尺寸数字高度大两号。

3. 序号的编排方法

序号在装配图周围按水平或垂直方向排列整齐，序号数字可按顺时针或逆时针方向依次增大，以便查找。

在一个视图上无法连续编完全部所需序号时，可在其他视图上按上述原则继续编写。

4. 明细栏的填写

(1) 明细栏直接画在装配图中时，明细栏中的序号应按自下而上的顺序填写，以便发现有漏编的零件时，可继续向上填补。如果是单独附页的明细栏，序号应按自上而下的顺序填写。

(2) 明细栏中的序号应与装配图上编号一致，即一一对应。

(3) 代号栏用来注写图样中相应组成部分的图样代号或标准号。

10.6.2　装配图中零部件的序号及明细栏应用实例

1. 要求

(1) 填写标题栏，如图 10-120 所示。

轮		比例	材料	SDUT-01-04
		1,000	Q235A	
制图	郭洋	2013.12.12	山东理工大学	
校对				

图 10-120　标题栏

(2) 填写明细栏，如图 10-121 所示。

5	SDUT-01-05	轮	1	Q235A	
4	SDUT-01-04	轴	1	45	
3	SDUT-01-03	轴承	2	Q235A	
2	SDUT-01-02	支架	2	Q235A	
1	SDUT-01-01	底座	1	Q235A	
序号	代号	零件名称	数量	材料	备注

									山东理工大学
标记	处数	分区	更改文件号	签名	年、月、日				轮
设计	郭洋		标准化			阶段标记	重量	比例	SDUT-01
校核								1:1	
审核									
工艺			批准			共　张		第　张	

图 10-121　明细栏

2. 操作步骤

步骤一：设置模型参数

(1) 打开模型文件。

打开 wheel.prt 文件。

(2) 计算模型重量参数。

① 选择【文件】|【属性】菜单命令，弹出【模型属性】对话框，如图 10-122 所示。

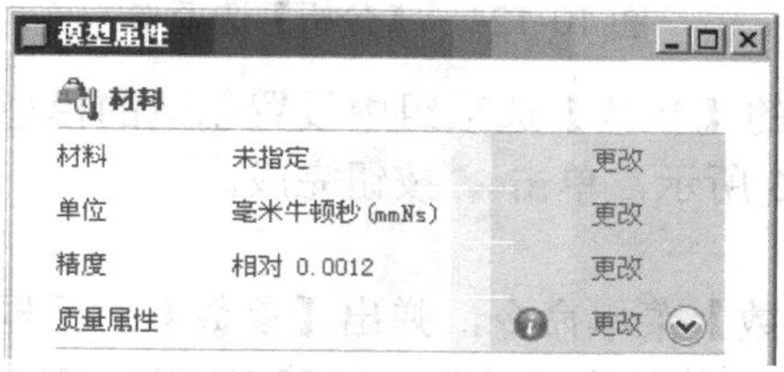

图 10-122　【模型属性】对话框

② 单击【材料】右侧的【更改】按钮，弹出【材料】对话框，从【库中的材料】选项组中选择 Steel.mtl 材料，单击【加入】按钮▶▶▶，被选中的材料将被添加到模型中，如图 10-123 所示，单击【确定】按钮，返回到【模型属性】对话框，单击【关闭】按钮。

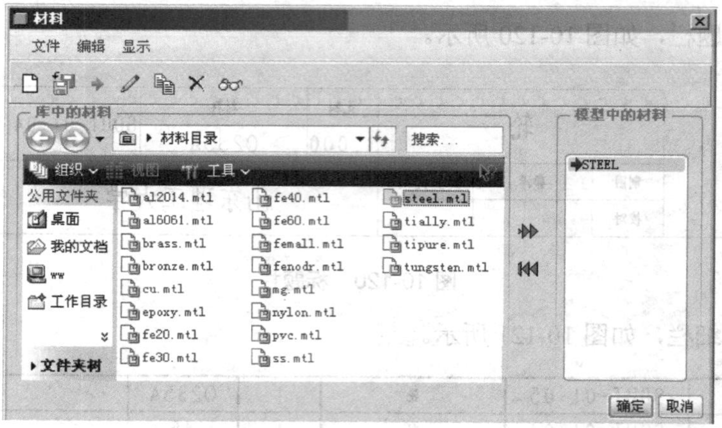

图 10-123 选择材料

③ 选择【分析】|【模型】|【质量属性】菜单命令，弹出【质量属性】对话框，在【分析】选项卡下，修改分析的类型为【特征】，单击【预览】按钮将显示模型的体积、质量等结果，如图 10-124 所示。

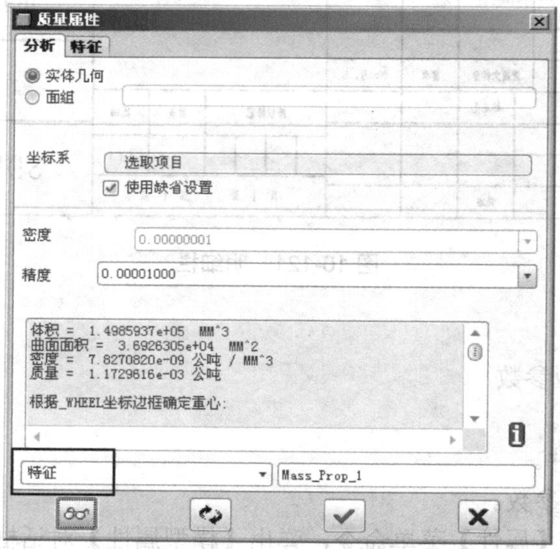

图 10-124 【分析】选项卡

④ 在【特征】选项卡的【参数】选项组中设置创建的模型质量名称为“MASS”，其余参数不创建，如图 10-125 所示，单击✔按钮完成。

(3) 设置其他参数。

① 选择【工具】|【参数】菜单命令，弹出【参数】对话框，如图 10-126 所示。设置已存在的参数 DESCRIPTION 的值为“轮”、MODELED_BY 的值为“郭洋”。

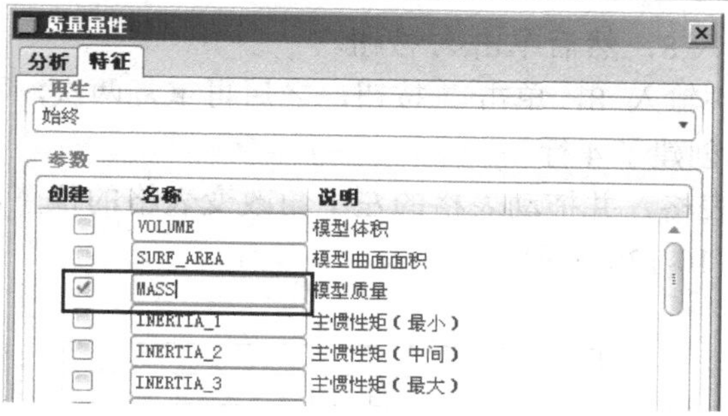

图 10-125　【特征】选项卡

② 在【参数】对话框中，单击【添加新参数】按钮➕，创建一个新的参数，设置参数的名称为 DRW_NO、类型为【字符串】、值为 SDUT-01-04。

③ 继续添加字符串类型的参数：参数 MATERIAL，值为 Q235A；参数 COMPANY，值为【山东理工大学】，如图 10-126 所示，单击【确定】按钮。

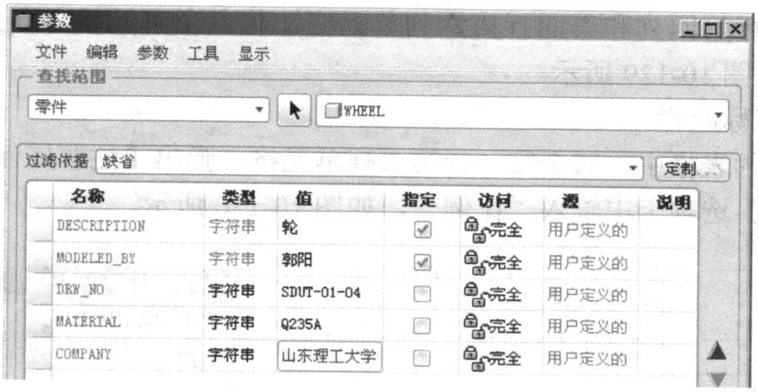

图 10-126　零件参数

(4) 选择【文件】|【保存】菜单命令，保存文件。

步骤二：绘制标题栏

(1) 打开绘图文件。

打开 wheel_Drw.drw 文件，视图已绘制完成，但没有标题栏。

(2) 绘制标题栏表格。

① 单击【表】工具栏中的【表】按钮，弹出【创建表】菜单管理器，选择【按长度】命令，其余保持默认，如图 10-127 所示。

② 在绘图区主视图的下方任意空白位置单击鼠标左键，在弹出的【用绘图单位(mm)输入第一列的宽度[退出]】文本框中输入 15，然后单击✔按钮。

③ 分别输入 25、20、15、35、30。不输入值直接单击✔按钮完成列宽的设定。

④ 在新弹出的【用绘图单位(mm)输入第一行的高

图 10-127　【创建表】菜单管理器

度[退出]】文本框中输入 8，然后单击✔按钮。

⑤ 继续在文本框中输入 8，单击✔按钮，之后再重复两次，不输入值直接单击✔按钮完成行高的设定，共创建了 4 行。

⑥ 选中创建好的表格，并拖动表格的左下角改变表格的位置，使表格的左下角与图框的左下角对齐，如图 10-128 所示。

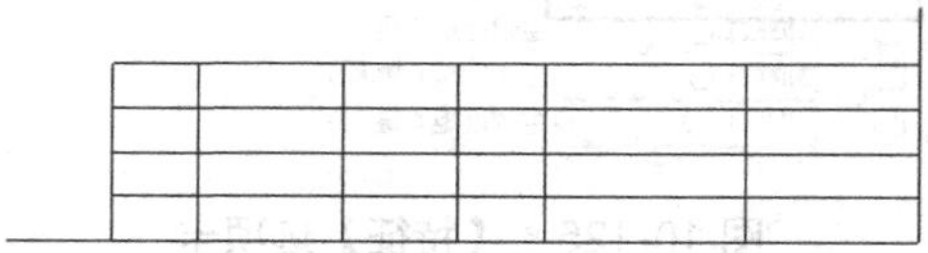

图 10-128　标题栏表格

⑦ 单击【表】工具栏中的【合并单元格】按钮，在标题栏表格中依次单击第一行第一列和第二行第三列单元格，将六个单元格合并为一个。

⑧ 单击第一行第六列和第二行第六列单元格，将两个单元格合并为一个。

⑨ 单击第三行第四列和第四行第六列单元格，将六个单元格合并为一个，单击鼠标中键完成合并，如图 10-129 所示。

步骤三：填写标题栏

(1) 在合并后的表格中，双击第一行第二列单元格，弹出【注解属性】对话框。

(2) 在【文本】选项卡中输入“比例”，如图 10-130 所示。

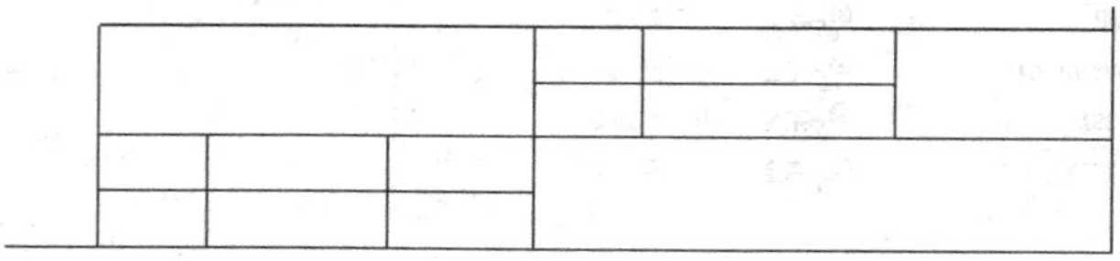

图 10-129　合并单元格

图 10-130　输入文本

(3) 在【文本样式】选项卡的【注解/尺寸】选项组中，从【水平】下拉列表框中选择【中心】选项。

(4) 从【垂直】下拉列表框中选择【中间】选项，如图 10-131 所示，单击【确定】按钮。

图 10-131　设置文本样式

(5) 使用同样的方法，按照图 10-132 所示的位置分别填写“材料”、“制图”、“校对”单元格。

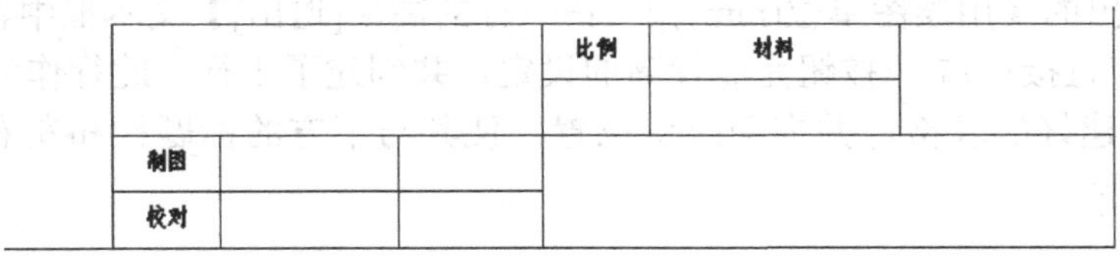

图 10-132　填写文本

(6) 双击第一行第一列单元格，弹出【注解属性】对话框。

(7) 在【文本】选项卡中输入“&DESCRIPTION”。

(8) 在【文本样式】选项卡的【字符】选项组中，在【高度】文本框中输入 7。

(9) 在【注解/尺寸】选项组中，从【水平】下拉列表框中选择【中心】选项。

(10) 从【垂直】下拉列表框中选择【中间】选项。

(11) 单击【确定】按钮，单元格中的内容显示为“轮”。

(12) 使用同样的方法，分别填写其他单元格。

① 以文本&MODELED_BY 调用制图者姓名“郭阳”，文字高度为 3.5。

② 以&scale 调用绘图比例值 1.000，文字高度为 3.5。

③ 以&MATERIAL 调用材料名称值 Q235A，文字高度为 3.5。

④ 以&DRW_NO 调用图号值 SDUT-01-04，文字高度为 3.5。

⑤ 以&COMPANY 调用单位名称值“山东理工大学”，文字高度为 7。

⑥ 双击制图者名称右侧的单元格，输入 2013.12.12，文字高度为 3.5，宽度因子为 0.5。

(13) 单击【确定】按钮，结果如图 10-133 所示。

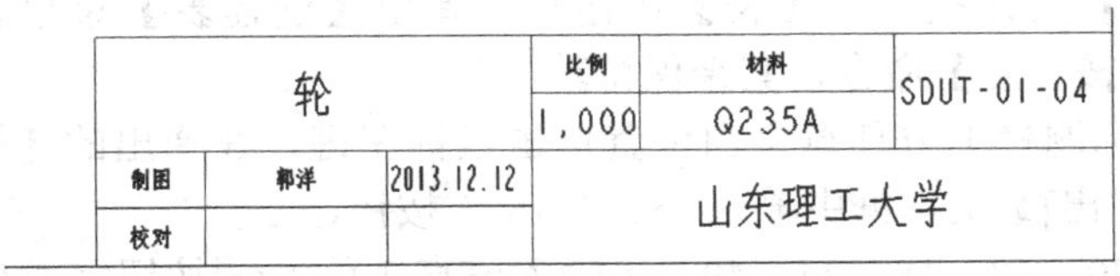

图 10-133　填写标题栏

步骤四：创建明细表

在企业生产组织过程中，BOM 表是描述产品零件基本管理和生产属性的信息载体。工程图中的材料明细表相当于简化的 BOM 表，通过表格的形式罗列装配体中零部件的各种信息。

(1) 打开绘图文件。

打开 wheel_Asm_Drw.drw 文件，已经绘制完成了视图并带有标题栏。

(2) 添加零件明细表头。

① 单击【表】工具栏中的【表】按钮▦，弹出【创建表】菜单管理器，选择【按长度】命令，其余保持默认。

② 在绘图区标题栏上方任意空白位置左击，在弹出的【用绘图单位(mm)输入第一列

的宽度[退出]】文本框中输入 18，然后单击按钮。

③ 分别输入 40、40、18、24、40。不输入值直接单击按钮完成列宽的设定。

④ 在新弹出的【用绘图单位(mm)输入第一行的高度[退出]】文本框中输入 8，单击按钮。不输入值直接单击按钮完成行高的设定，共创建了 1 行，此行作为明细表表头。

⑤ 选中创建好的表格，并拖动改变位置，使其与下方的标题栏和左右的图框对齐，如图 10-134 所示。

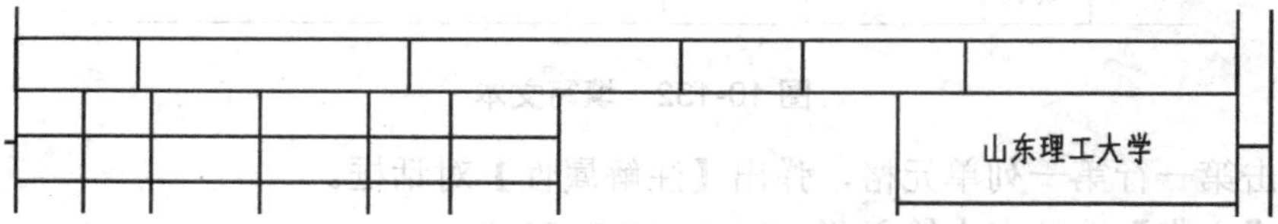

图 10-134　明细表表头

⑥ 在明细表头中选中最左侧单元格并双击鼠标左键，弹出【注解属性】对话框，在【文本】选项卡中输入“序号”。切换到【文本样式】选项卡，在【注解/尺寸】选项组中，从【水平】下拉列表框中选择【中心】选项。

⑦ 依次在各单元格内输入相应的文字并设置居中，如图 10-135 所示。

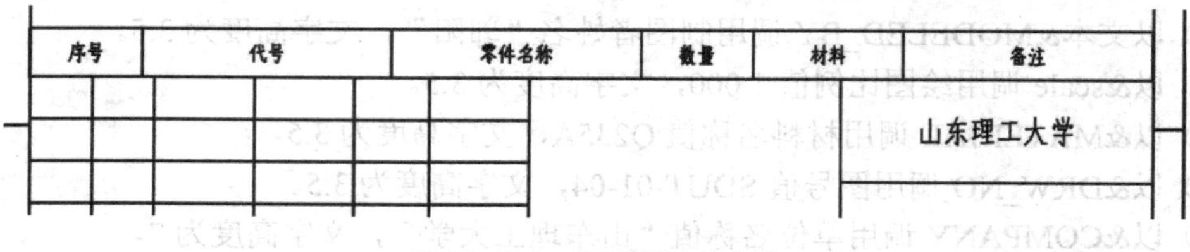

图 10-135　填写明细表表头

(3) 填写明细表内容。

① 单击【表】工具栏中的【表】按钮，弹出【创建表】菜单管理器，分别选择【升序】命令、【按长度】命令，其余保持默认。

② 在绘图区标题栏上方任意空白位置单击鼠标左键，在弹出的【用绘图单位(mm)输入第一列的宽度[退出]】文本框中输入 18，单击按钮，

③ 分别输入 40、40、18、24、40。不输入值直接单击按钮完成列宽的设定。

④ 在新弹出的【用绘图单位(mm)输入第一行的高度[退出]】文本框中输入 8，然后单击按钮，不输入值直接单击按钮完成行高的设定，此表格的规格和明细表表头一致。将表格拖动到表头的上方并与之对齐，如图 10-136 所示。

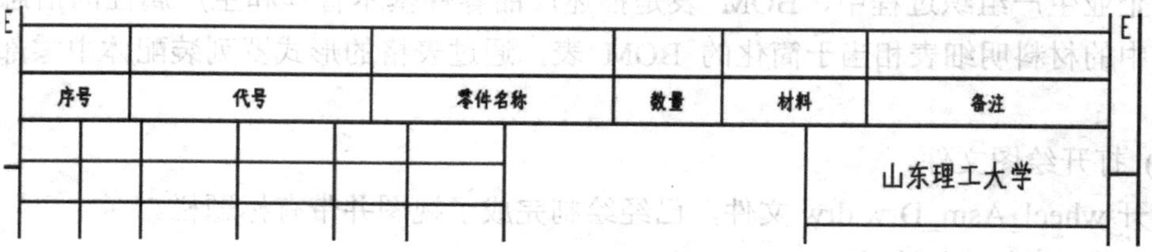

图 10-136　明细栏行

⑤ 单击【表】工具栏中的【重复区域】按钮，弹出【表域】菜单管理器如图 10-137 所示。单击【添加】按钮，在绘图区选择明细表最左侧单元格(即“序号”上方的单元格)，再单击最右侧单元格(即“备注”上方的单元格)，单击【完成】按钮，则首尾两单元格之间的表格被设置为重复区域。

⑥ 双击明细表最左侧单元格(即“序号”上方的单元格)，弹出【报告符号】对话框，从中选择 rpt 选项进入【报告符号】下一级内容，从中选择 index 选项，如图 10-138 所示。

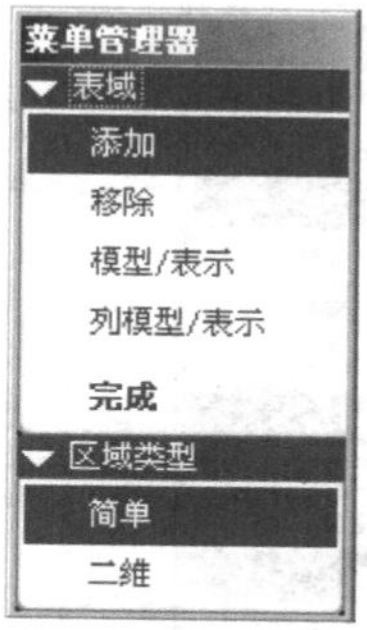

图 10-137　【表域】菜单管理器

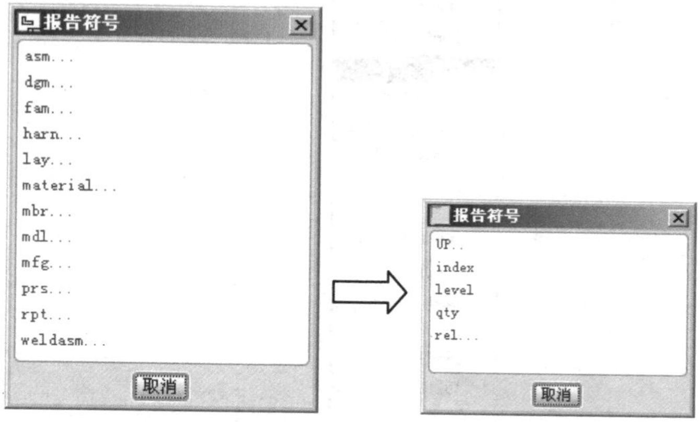

图 10-138　【报告符号】对话框

⑦ 设置第二个单元格时分别选择 asm\mbr\name 选项。

⑧ 设置第三个单元格时分别选择 asm\mbr\User Defined 选项，在出现的文本框中输入“description”，然后单击按钮。

⑨ 设置第四个单元格时分别选择 rpt\qty 选项。

⑩ 设置第五个单元格时分别选择 asm\mbr\User Defined 选项。在弹出的文本框中输入“material”，然后单击按钮。

⑪ 单击【表】工具栏中的【切换符号】按钮，会自动生成列表，如图 10-139 所示。

7	SDUT-01-05	轮		Q235A	
6	SDUT-01-04	轴		45	
5	SDUT-01-03	轴承		Q235A	
4	SDUT-01-03	轴承		Q235A	
3	SDUT-01-02	支架		Q235A	
2	SDUT-01-02	支架		Q235A	
1	SDUT-01-01	底座		Q235A	
序号	代号	零件名称	数量	材料	备注

图 10-139　重复区域生成的明细栏

(4) 合并重复记录。

从图 10-139 可以看出，多次装配的零件被重复记录，不符合制图规范，因此要对重复区域进行修改。

① 单击【表】工具栏中的【重复区域】按钮，弹出【表域】菜单管理器，如图 10-140 所示，选择【属性】命令，在绘图区选择重复区域表格的边框。

② 弹出【表域】菜单管理器，选择【无多重记录】命令，如图 10-141 所示。选择【完成/返回】命令，再单击【完成】命令。重复区域中相同的项目将被合并，同时被装配的数量也显示出来了。

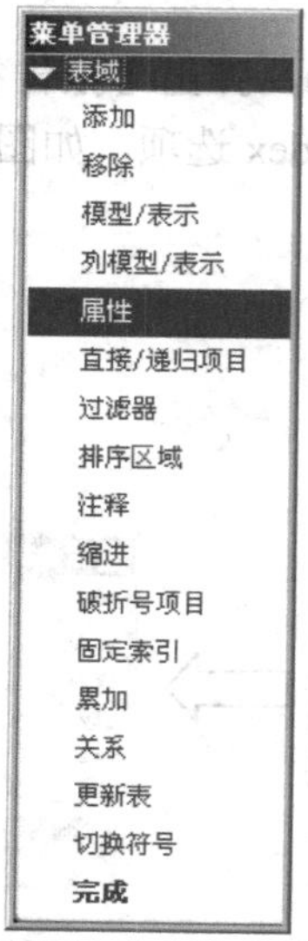

图 10-140　【表域】菜单管理器

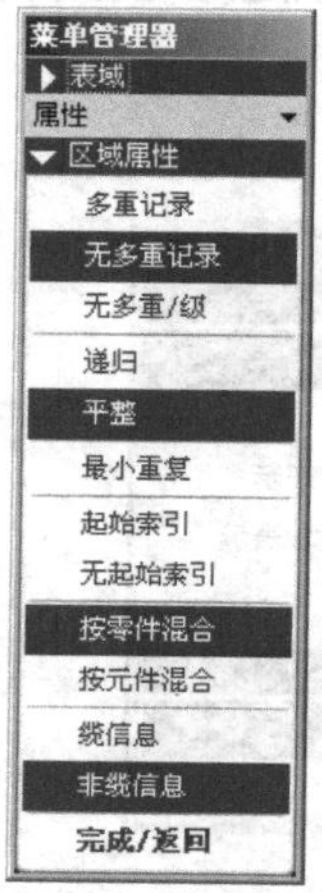

图 10-141　【表域】菜单管理器

(5) 居中单元格。

使用表格的属性功能，将所有单元格内容居中，如图 10-142 所示。

5	SDUT-01-05	轮	1	Q235A	
4	SDUT-01-04	轴	1	45	
3	SDUT-01-03	轴承	2	Q235A	
2	SDUT-01-02	支架	2	Q235A	
1	SDUT-01-01	底座	1	Q235A	
序号	代号	零件名称	数量	材料	备注

图 10-142　明细栏完成结果

步骤五：创建球标

① 单击【表】工具栏中的【BOM 球标】按钮，弹出【BOM 球标】菜单管理器，如图 10-143 所示，选择【设置区域】命令，在绘图区单击明细表的边框。

② 在【BOM 球标】菜单管理器中选择【创建球标】命令，弹出【BOM 视图】菜单管理器，选择【根据视图】命令，如图 10-144 所示。

③ 在绘图区选择视图，如图 10-145 所示。

3. 步骤点评

1) 对于步骤三：关于参数引用

只有在零件三维模型中存在的参数，才能在绘图中通过注释被引用，引用的格式为“&+参数名称”。

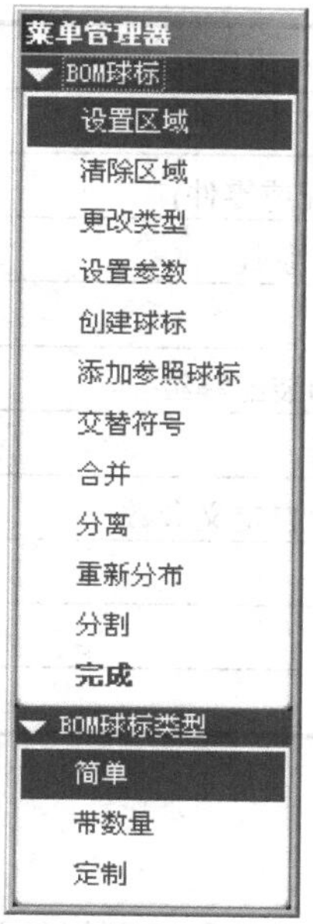

图 10-143　【BOM 球标】菜单管理器

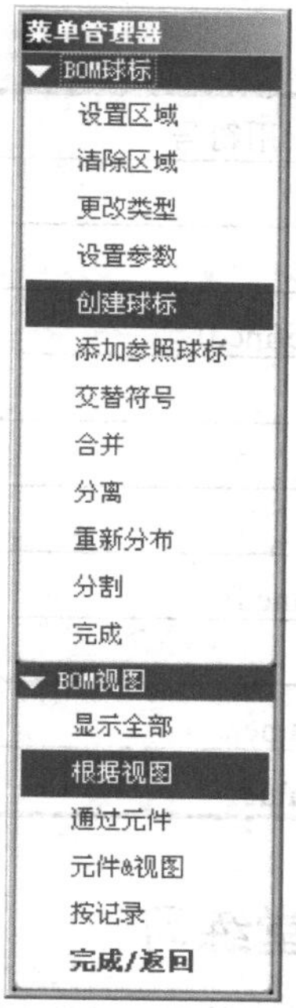

图 10-144　【BOM 视图】菜单管理器

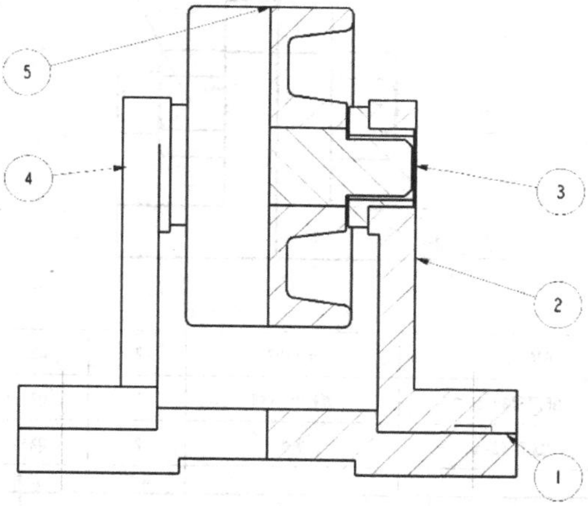

图 10-145　BOM 球标

2) 对于步骤四：关于填写明细表内容

绘制重复区域表格时，在表格创建的方向必须是升序，才能使明细表的顺序为向上排列，向下排列将会与标题栏重叠。

3) 对于步骤四：关于重复区域引用内容

在重复区域中可以引用零件和装配模型中的参数，也可以引用统计信息，例如“asm.mbr.name”使重复区域引用模型名称；“rpt.index”使重复区域统计零件序号。此外，还可以引用其他信息，如表 10-1 所示。

表 10-1 引用符号及引用内容

引用符号	引用内容
asm.mbr.name	装配中的成员名称
asm.mbr.type	装配中的成员类型(装配或零件)
asm.mbr.(User Defined)	装配成员的用户自定义参数
rpt.index	统计报表索引号
rpt.level	统计报表中成员所处的装配等级
rpt.qty	统计报表中成员的数量
rpt.rel. (User Defined)	统计报表关系中的用户自定义参数
fam.inst.name	族表的实例名
fam.inst.param.name	族表实例的参数名
fam.inst.param.value	族表实例的参数值

10.6.3 随堂练习

建立螺栓连接装配工程图和螺母零件工程图，完成明细表和标题栏的设置。

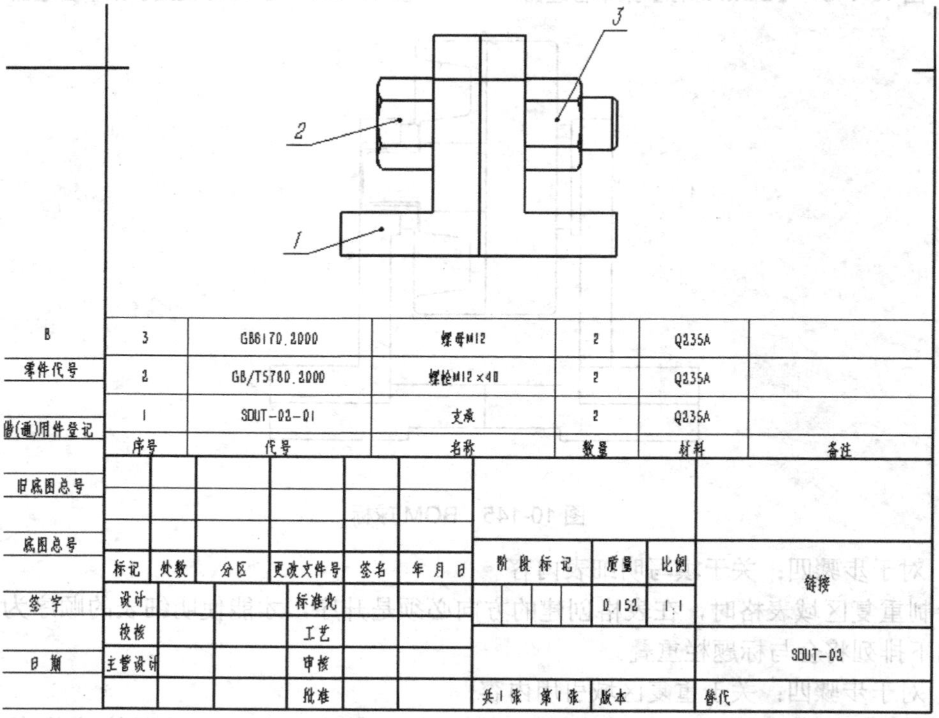

随堂练习 7

10.7　上 机 指 导

10.7.1　操作要求

(1) 绘制计数器装配工程图，如图 10-146 所示。

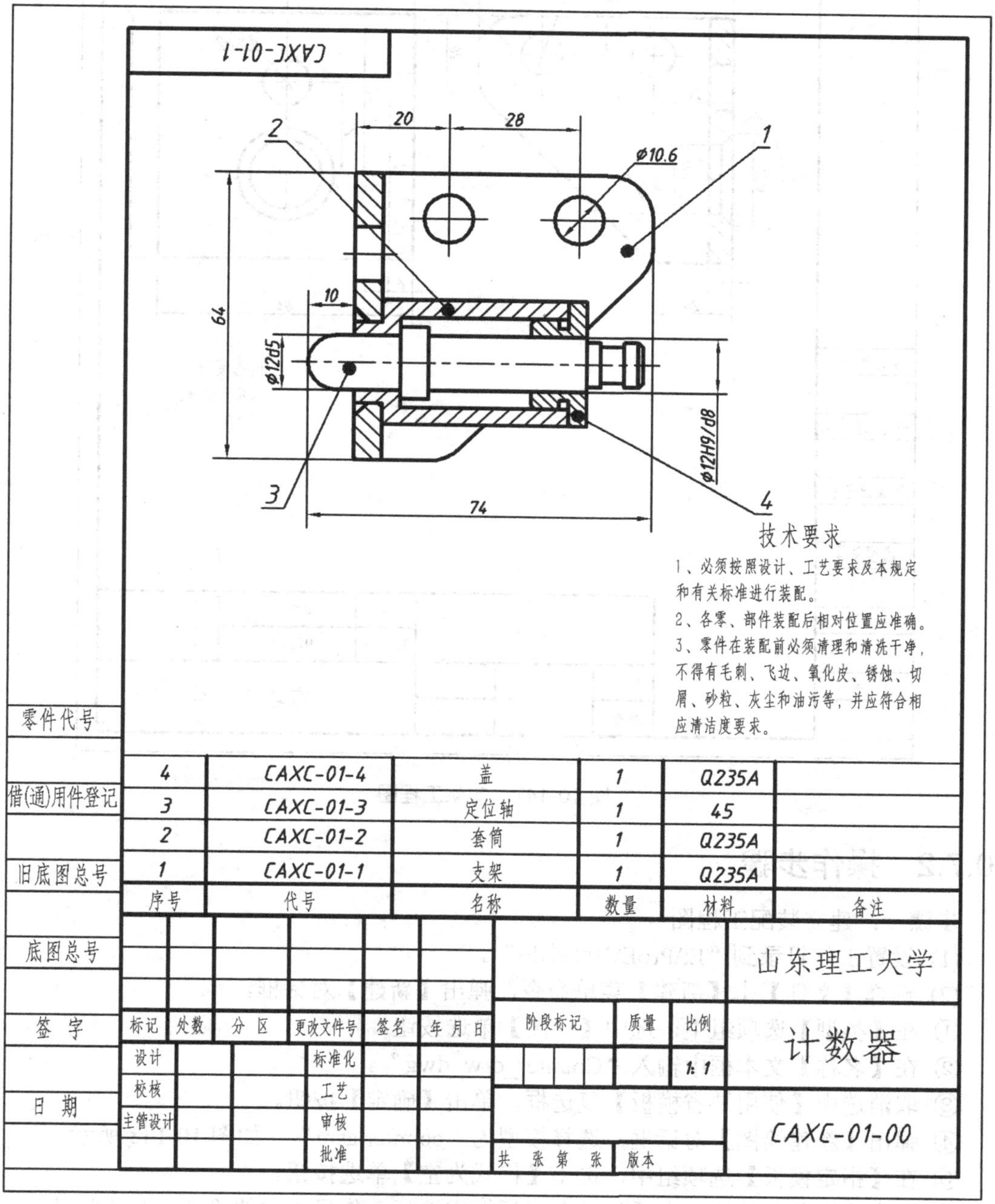

图 10-146　计数器装配工程图

(2) 绘制支架零件工程图，如图 10-147 所示。

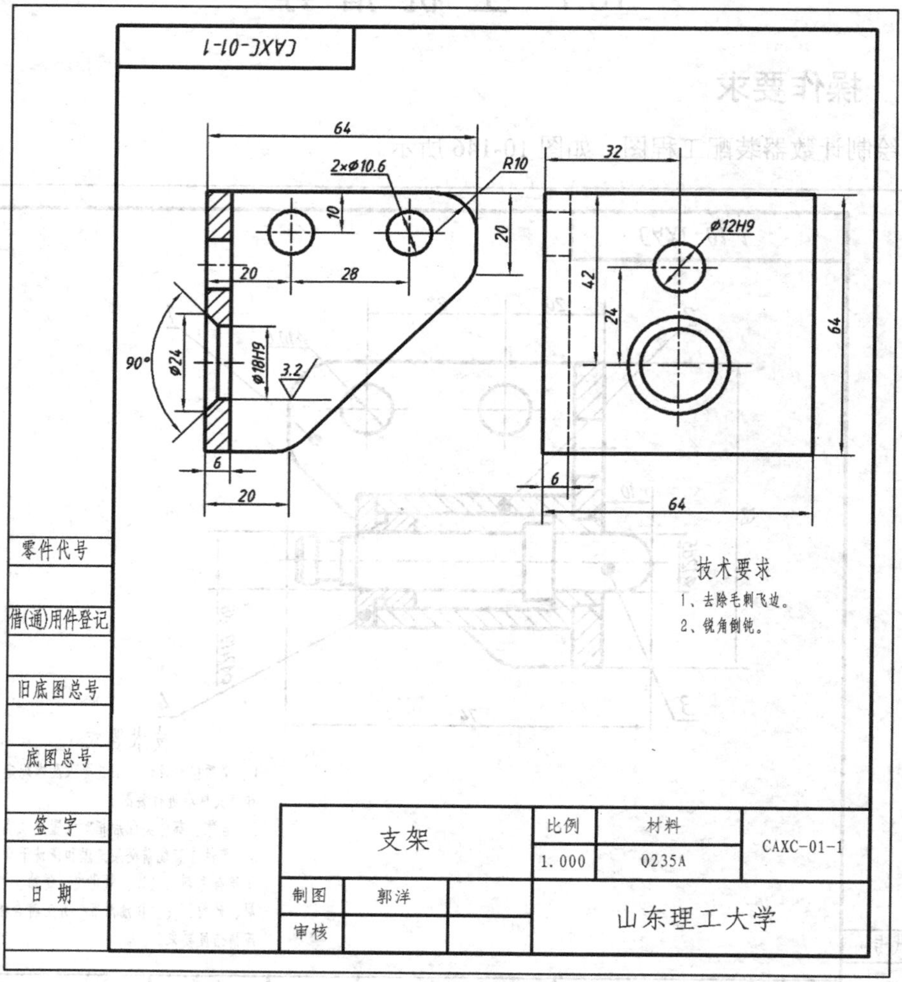

图 10-147 支架工程图

10.7.2 操作步骤

步骤一：建立装配工程图

(1) 设置工作目录到“E:\ProE\10\Study”。

(2) 选择【文件】|【新建】菜单命令，弹出【新建】对话框。

① 在【类型】选项组中，选中【绘图】单选按钮。

② 在【名称】文本框中输入“Counter_drw_dwg”。

③ 取消选中【使用缺省模板】复选框，单击【确定】按钮。

④ 弹出【新建绘图】对话框，选择模型为“counter.asm”，如图 10-148 所示。

⑤ 在【指定模板】选项组中，选中【格式为空】单选按钮。

⑥ 单击【浏览】按钮，在【打开】对话框中选择工作目录中的“gb_a4_cj.frm”。

⑦ 单击【确定】按钮开始绘图。

(3) 添加基本视图。

① 单击【布局】工具栏中的【一般】按钮，弹出【选取组合状态】对话框，选中【无组合状态】，然后单击【确定】按钮。

② 在绘图区域的中心位置单击鼠标左键将会出现第一个视图，并弹出【绘图视图】对话框。

③ 在【类别】列表框中选择【视图类型】选项。

④ 在【模型视图名】下拉列表框中选择 RIGHT 选项，然后单击【应用】按钮。

⑤ 在【类别】列表框中选择【剖面】选项。

⑥ 在【剖面选项】选项组中选中【2D 剖面】单选按钮。

⑦ 单击【将横截面添加到视图】按钮，从【名称】下拉列表框中选择 A 选项。

⑧ 从【剖切区域】下拾取框中选择【完全】选项，然后单击【应用】按钮。

⑨ 排除轴剖面，双击剖面线，修改套筒的剖面线角度为 135°。

⑩单击【注释】工具栏中的【模型注释】按钮，单击【基准】标签，为模型加入所需的中心线，如图 10-149 所示。

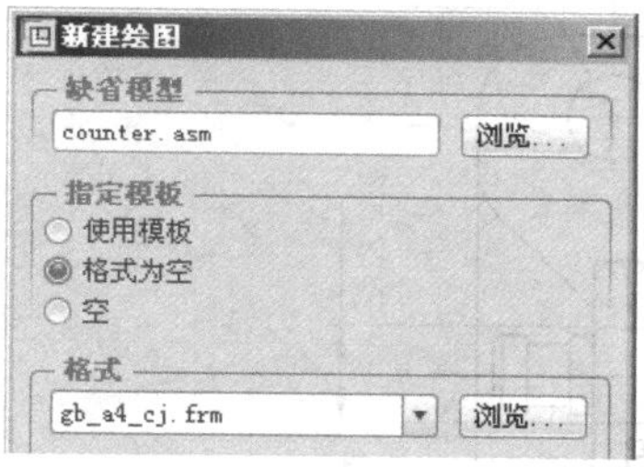

图 10-148　新建绘图

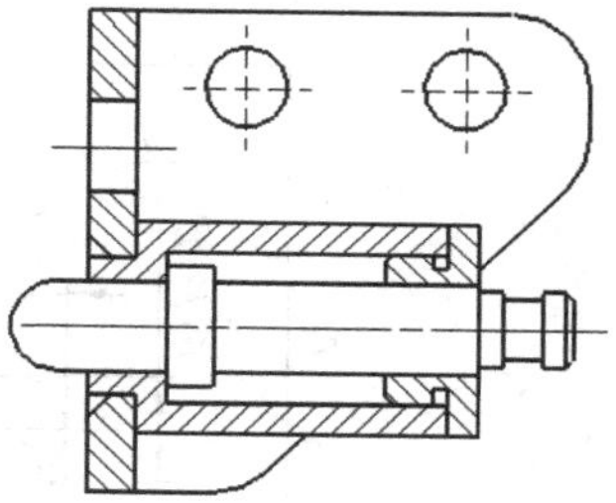

图 10-149　带剖切的主视图

(4) 标注尺寸。

标注性能尺寸、装配尺寸、安装尺寸、外形尺寸和其他重要尺寸，如图 10-150 所示。

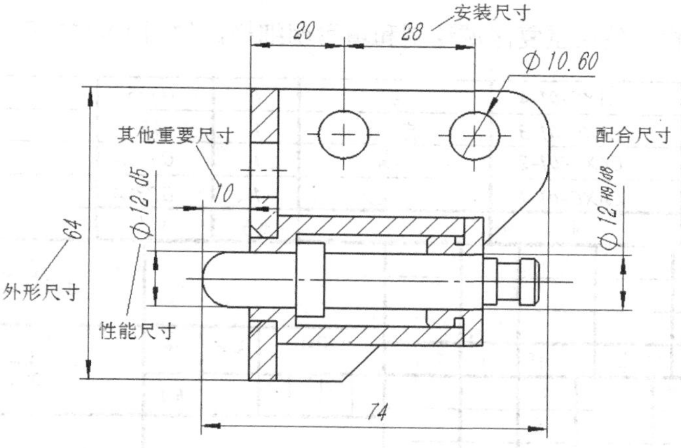

图 10-150　标注尺寸

(5) 填写技术要求。

使用注释填写技术要求，如图 10-151 所示。

技术要求

1. 必须按照设计、工艺要求及本规定和有关标准进行装配。
2. 各零、部件装配后相对位置应准确。
3. 零件在装配前必须清理和清洗干净，不得有毛刺、飞边、氧化皮、锈蚀、切削、沙粒、灰尘和油污，并应符合相应清洁度要求。

图 10-151 填写技术要求

(6) 填写明细栏和零件序号。

① 设置零件序号，如图 10-152 所示。

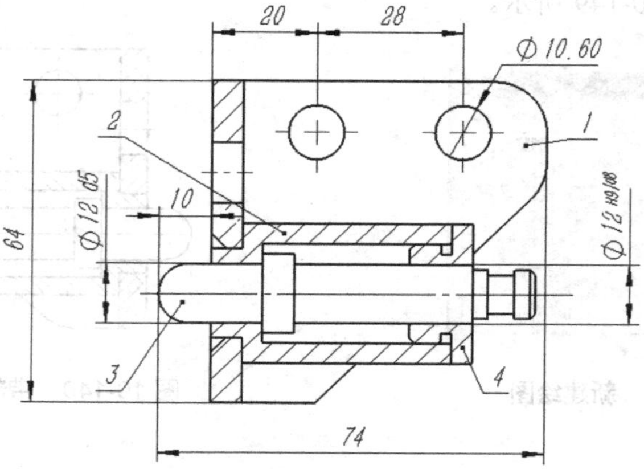

图 10-152 设置零件序号

② 填写标题栏，使用重复区域绘制和填写明细栏，如图 10-153 所示。

4	CAXC-01-4	盖	1	Q235A	
3	CAXC-01-3	定位轴	1	45	
2	CAXC-01-2	套筒	1	Q235A	
1	CAXC-01-1	支架	1	Q235A	
序号	代号	名称	数量	材料	备注

									山东理工大学
标记	处数	分 区	更改文件号	签名	年 月 日	阶段标记	质量	比例	计数器
设计	郭洋		标准化					1:1	
校核			工艺						CAXC-01-00
主管设计			审核						
			批准			共 张 第 张	版本		

图 10-153 填写明细栏及标题栏

步骤二：建立零件工程图

(1) 新建工程图。

单击【布局】工具栏中的【新建页面】按钮，新建页面 2。

(2) 添加基本视图。

① 单击【布局】工具栏中的【绘图模型】按钮，弹出【绘图模型】菜单管理器，选择【添加模型】命令，如图 10-154 所示。弹出【打开】对话框，从工作目录中选中“caxc-01-01.prt”文件。

② 单击【布局】工具栏中的【一般】按钮，弹出【选取组合状态】对话框，选中【无组合状态】单选按钮，然后单击【确定】按钮。

③ 在绘图区域的中心位置单击鼠标左键将会出现第一个视图，并弹出【绘图视图】对话框。

④ 在【类别】列表框中选择【视图类型】选项。

⑤ 在【模型视图名】下拉列表框中选择 RIGHT 选项，然后单击【应用】按钮。

⑥ 在【类别】列表框中选择【截面】选项。

⑦ 在【剖面选项】选项组中选中【2D 剖面】单选按钮。

⑧ 单击【将横截面添加到视图】按钮，从【名称】下拉列表框中选择 A 选项。

⑨ 从【剖切区域】下拾取框中选择【完全】选项，然后单击【应用】按钮。

⑩ 单击【注释】工具栏中的【模型注释】按钮，再单击【基准】标签，为模型加入所需的中心线，如图 10-155 所示。

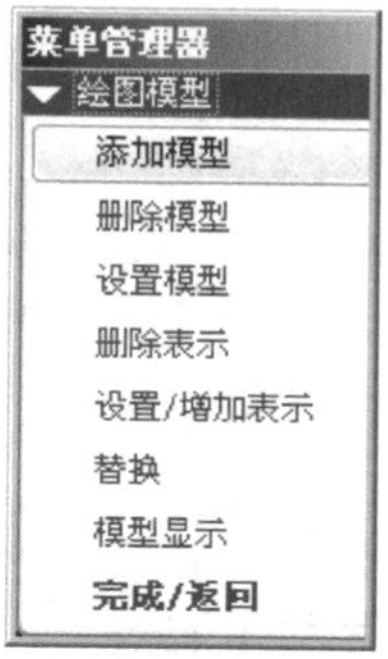

图 10-154　【绘图模型】菜单管理器

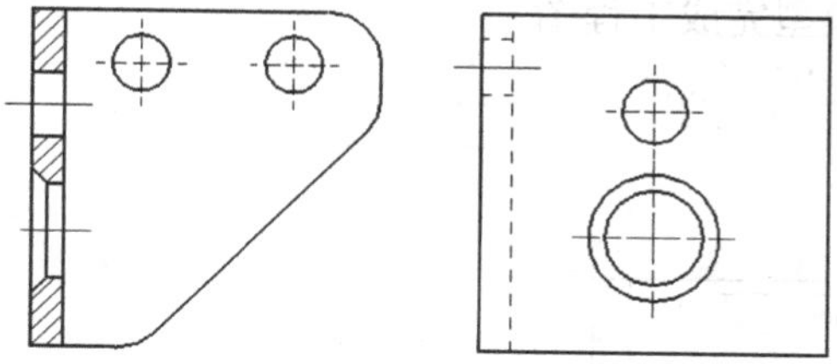

图 10-155　确定视图表达方案

(3) 标注尺寸。

标注尺寸，如图 10-156 所示。

(4) 填写技术要求。

填写技术要求，如图 10-157 所示。

(5) 填写标题栏。

绘制并填写标题栏，如图 10-158 所示。

步骤三：存盘

选择【文件】|【保存】菜单命令，保存文件。

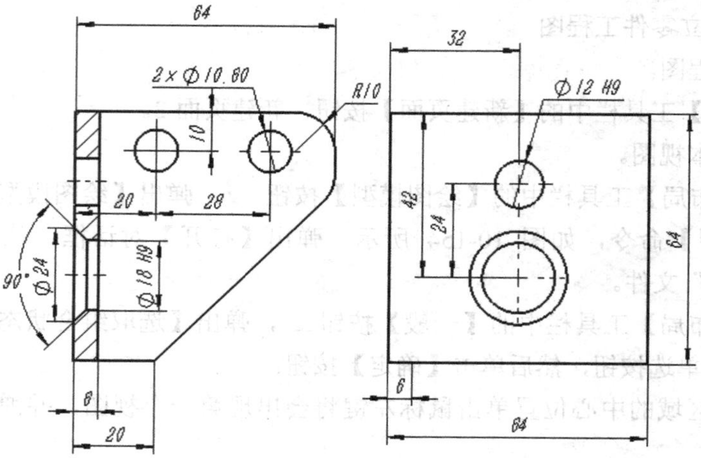

图 10-156 标注尺寸

技术要求
1、去毛刺飞边
2、锐角倒钝

图 10-157 填写技术要求

支架	比例	材料	CAXC-01-1
	1.000	Q235A	
制图	郭洋		山东理工大学
审核			

图 10-158 填写标题栏

10.8 上机练习

创建模型完成工程图。

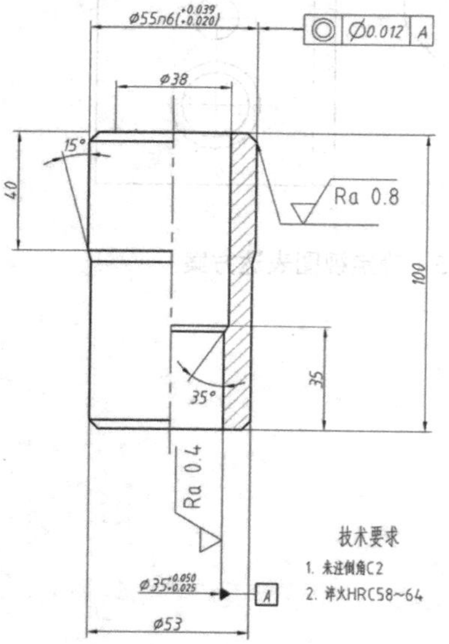

上机练习图 1

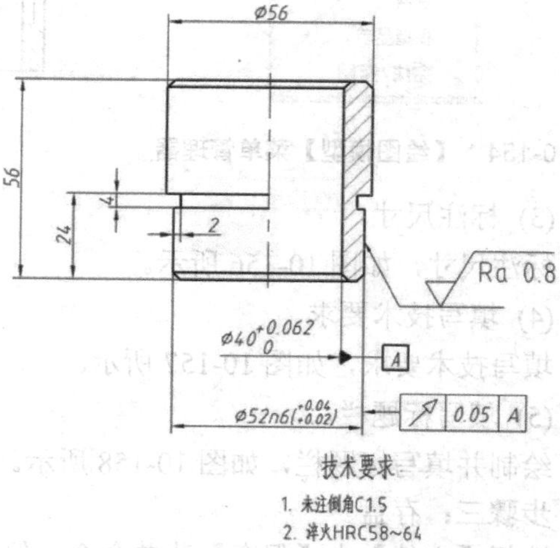

上机练习图 2

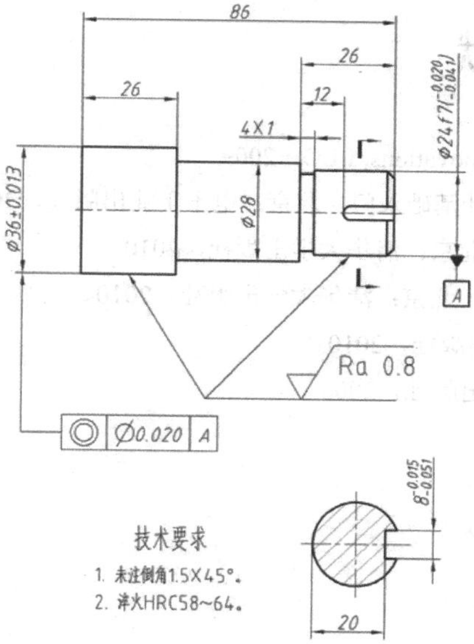

上机练习图 3

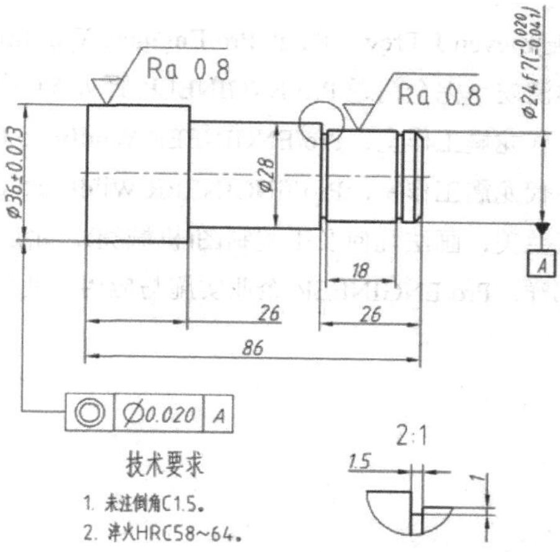

上机练习图 4

参 考 文 献

[1] (美)Steven J. Frey．Think Pro/Engineer Wildfire 4.0．Frey Innovations, LLC，2009

[2] 林清安．完全精通 Pro/ENGINEER 野火 5.0 中文版零件设计基础入门．北京：电子工业出版社，2010

[3] 二代龙震工作室．Pro/ENGINEER Wildfire 5.0 基础设计．北京：清华大学出版社，2010

[4] 二代龙震工作室．Pro/ENGINEER Wildfire 5.0 工程图设计．北京：清华大学出版社，2010

[5] 王兰美．画法几何及工程制图(机械类)．北京：机械工业出版社，2010

[6] 郭洋．Pro/ENGINEER 企业实施与应用．北京：清华大学出版社，2008